KB092976

차량기술사

SERIES 3

자율주행 및 제동·전기·전자통신·
안전충돌·소음진동·제품설계·소재가공

GoldenBell

이 책을 엮으면서

자동차 산업은 고도의 첨단 기술을 요하는 기술 집약 산업으로, 자동차 수요층의 다양한 요구 증대와 시장구조의 변화, 이에 따른 자동차 생산 업체 간 치열한 경쟁 등으로 인해 자동차는 끊임없이 새롭게 개발되고 있습니다. 특히 환경을 고려한 배기가스의 감축과 대체에너지용 엔진 개발, 리사이클링을 통한 자원 순환 등 자동차 관련 기술력을 높이고, 차세대 자동차를 개발하기 위한 노력은 계속되고 있습니다.

이러한 자동차 산업에서 차량기술사는 자동차에 관한 공학 원리를 이용하여 자동차의 구조재·파워트레인·안전장치·편의장치 및 기타 자동차 관련 설비에 대한 새로운 디자인을 설계하거나 개발하며, 자동차의 성능, 경제성, 안전성, 환경 보전 등을 연구, 분석, 시험, 운영, 평가 또는 이에 대한 지도, 감리 등의 기술 업무를 수행하고 있습니다.

기술사는 국가기술 자격 제도의 최고 자격인 만큼 차량기술사 자격을 취득하기 위해서는 여러 가지 응시 자격을 갖춰야 하고, 필답형의 1차 시험과 구술형의 까다로운 2차 면접까지 통과해야 합니다. 그런 후에 명예로운 [차량기술사] 자격을 취득하게 됩니다.

(1) 1차 시험 – 필답형(논술시험)

1차 시험은 필기 시험으로 서론, 본론, 결론의 형식을 갖춰야 하는 논술형이다.

따라서 객관식 시험인 기사(자격증) 시험보다 방대한 양의 학습이 필요하며, 이것을 서술형으로 풀어낼 수 있는 글쓰기(작문) 실력을 요하고 있다(1차 합격률은 보통 10~20% 이내).

원리를 정확하고 충분히 알고 있어야 서술하는데 막힘이 없고, 주어진 답지를 모두 작성할 수 있으므로 드디어 명쾌한 반열에 오르게 된다.

만약, 주어진 문항에서 답안의 필요·충분 조건을 기술할 수 없다면 원하는 점수를 얻을 수 없다.

(2) 2차시험 – 구술형(면접시험)

2차 시험은 구술형으로서 면접시험으로 평가를 가름한다.

면접관은 보통 차량기술사 두 분과 대학교수 한 분으로 구성되어 있으며, 총 30여 분 정도 구술로 시험을 보게 된다.

필기시험 합격 후 2년 동안 2차 시험이 유효하며, 면접에서는 기술사로서의 자질, 품위, 일반상식, 전공 상식 등을 심층적으로 질문한다. 문제는 차량기술사의 경우 면접에서 탈락할 확률은 매우 높다(2차 구술형 면접 합격비율은 약 20~30% 정도).

1차에 합격할 정도로 차량이나 기출문제에 대해 잘 알고 있다 하더라도 쓰는 것과 말하는 것은 다른 영역이며, 차량기술사는 다른 기술사와는 달리 학원도 거의 없고 모의 면접시험을 연습할 수 있는 환경도 조성되어 있지 않아 구술시험을 효율적으로 준비하기가 어려운 상황입니다. 따라서 평상시 수험 준비하실 때, 녹음이나 스터디 그룹을 통한 문답 연습하시는 것을 추천드립니다.

차량기술사를 준비하면서 시간이 부족하시거나, 역량은 뛰어나지만 답안 작성이 익숙지 못한 분들에게 조금이나마 도움이 되고자 집필하게 되었습니다. 따라서, 이 책이 제시하고 있는 답안이 100% 완벽하진 않겠지만, 적어도 방대한 차량기술사 기출문제를 정리하고 답안을 작성하는 데 도움이 되는 방향성을 제시하려고 노력하였습니다. 본 서에 수록된 내용을 참고하여 좀 더 전문화된 수검자의 노하우와 경험을 덧붙인다면 합격 점수인 60점을 훨씬 넘을 것으로 예상합니다.

끝으로 초고를 마친 후 바쁘다는 이유로 미처 교정하지 못한 내용을 수정해주시고, 적절한 그림과 사진 등을 선정해 주신 이상호 간사님, 편집에 불철주야 몰두해주신 김현하 선생님, 조경미 국장님, 책이 출간될 수 있게 물심양면으로 지원해주신 ㈜골든벨 김길현 대표님을 비롯한 모든 임직원분들께 고마움을 전합니다.

또한 방대한 분량을 집필하는데 시간과 노력을 아끼지 않고 헌신한 노선일기술사께 감사드리며 어려운 집필을 위하여 내조로 힘써 준 집사람과 가족 그리고, 항상 응원해주신 지도교수님께 감사드립니다.

이 책이 수험생 여러분들의 합격에 진정한 마중물이 되기를 기원드립니다.
감사합니다.

2022. 11월
표상학, 노선일

1 **포괄적 집필 구도는 …… ?**

① 다양한 기출문제마다 관련된 참고자료를 찾아볼 시간을 단축

② 문제 유형별로 명확하게 구분한 다음 연상 기법을 통해 짧은 시간에 정확한 답을 유도

③ 10여 년간 수집된 기출문제를 일일이 분석하여 출제빈도가 잦은 총 1,350여 문제를 각출

2 **집필 방법의 주안점은 … ?**

① 문제 유형별로 어떻게 구성해야 할지 모르는 문제들에 대해서 구성 예시를 보여주어 1차 답안작성에 도움이 되게 만들었다.

② 그림, 표 등을 적절히 넣어주어 이해가 쉽고, 답안 작성에 도움이 되게 만들었다.

③ 어려운 단어를 최대한 쉽게 풀어써서 이해하기 쉽도록 하였고, 실제 시험에서도 활용이 가능할 수 있도록 만들었다.

④ 중복되는 문제들에 대해 유형별로 분류하여 효율적으로 공부할 수 있도록 하였다.

⑤ 기출 문제뿐만 아니라 예상 문제를 수록하여 기술사 시험에 합격할 수 있는 확률을 높이는 데 도움이 될 수 있도록 하였다.

3 **차량기술사 시험정보 및 수험전략**

1. 수험자 기초 통계 자료

2. 필기 출제기준 및 수험전략

3. 면접 출제기준 및 수험전력

　※ 자세한 내용은 큐넷 (https://www.q-net.or.kr)에 있습니다.

❹ 시험 세부 항목별 분석표

Main			Sub Subject		문항수
1	연료	1	연료		33
		2	대체연료		18
		3	윤활유		26
2	엔진_1	4	엔진 흡기_밸브_과급		46
		5	엔진 기계장치_연소실		28
		6	엔진 종류_가솔린_디젤_LPG_전자제어		62
		7	엔진 센서_냉각장치		35
3	엔진_2	8	점화 점화장치		17
		9	엔진 공연비_혼합기		31
		10	엔진 연소_노킹		44
		11	엔진 열역학		20
4	엔진_3	12	엔진 연비_연비규제_시험		28
		13	엔진 배출가스_배기후처리장치		97
		14	엔진 배기규제_시험		58
5	변속기	15	변속기		59
6	동력전달	16	4WD_동력전달		27
7	섀시	17	현가_현가장치		35
		18	현가_컴플라이언스, 동역학		34
		19	현가_휠얼라인먼트		25
		20	제동		52
		21	제동_VDC, ESP		28
		22	타이어		45
		23	조향장치		24
		24	공조_램프		33
8	소음진동	25	소음진동_엔진		17
		26	소음진동_차량현가		20
		27	소음진동_차체타이어		21
9	주행성능	28	주행성능		58
10	전기	29	배터리		21
		30	전동기		11
		31	발전기		14
11	친환경	32	전기자동차		45
		33	하이브리드자동차		32
		34	수소연료전지차		28
12	전자	35	ITS_미래기술 등		34
		36	전장품(이모빌라이저, SMK 등), EMC, EMI		
13	안전충돌	37	에어백/안전벨트		13
		38	충돌관련 법규		20
		39	자율주행		34
16	차체_의장	40	차체		15
		41	의장		
17	제품설계	42	설계_기타		56
18	소재	43	소재, 가공		43
19	생산품질	44	생산_품질_모듈화		25
		총 문항수			1412

저는 개인적으로 차량기술사를 준비하면서 너무 막막했었고 시간이 많이 걸렸던 것 같습니다. 제가 차량기술사를 준비하면서 어려웠던 점과 이에 대한 대책을 간단히 정리를 해보았습니다.

① 차량기술사 시험을 준비하면서 막막했던 점과 그 대책들…!

① 분량이 너무 방대해서 어디서부터 어떻게 시작해야 할지 막막하다?

⇨ 아는 분야부터 시작, 기출문제가 잘 정리된 서적으로 공부를 시작하는 것을 추천

② 아는 분야도 문제를 정리하려니 시간이 많이 걸린다?

⇨ 기출문제가 잘 정리된 서적에 본인이 정리한 부분을 추가하는 방법을 추천 (시간이 단축됨)

③ 모르는 분야는 용어도 생소해서 공부하는데 시간이 많이 걸린다?

⇨ 쉬운 용어로 정리된 책으로 공부를 시작해서 일단 이해를 하고 어려운 전문 용어로 된 책을 보는 것을 추천

④ 분량이 많으니 외워도 외워도 끝이 없는 것 같다?

⇨ 분야별, 종류별, 문제유형별로 분류하는 것을 추천 (큰 줄기에서 보면 비슷한 부분이 여서 충분히 답변할 수 있음, 용어를 약간 바꿔서 문제를 내는 경우도 있음)

⑤ 자동차 분야 서적이 너무 방대해서 차량기술사를 준비하려고 하면 어떤 책을 봐야 할지 모르겠다?

⇨ 기출문제가 잘 정리된 기본 서적 한~두 권, 「(주)골든벨」서적 추천(최신자동차공학시리즈-김재휘 저, 모터팬 등)

⑥ 차량기술사 시험에 맞게 정리되어 있는 자료가 많지 않다?

⇨ 그래서 이 책을 만들었고 앞으로도 더 좋은 책들이 나오길 기대한다.

⑦ 필기시험을 어느 정도까지 써야 하고 구술 면접은 어떻게 준비해야 할지 모르겠다?

⇨ 이 책에 있는 정도로만 쓰면 70점~80점 정도로 합격점수(60점)를 충분히 넘을 수 있을 것으로 기대된다. (실제, 제 경험상 1차 시험 시 이 서적에 나와 있는 답변의 80% 정도만 쓴 것 같지만 64.66점으로 합격했다).

⑧ 어떻게 합격하는지 잘 모르겠다. 다른 사람은 잘만 붙는데...?

⇨ 아는 문제에 최대한 집중해서 쓰고 모르는 문제라도 최대한 아는 한도 내에서 답변을 하려고 노력하면 부분 점수가 있다. 이것을 최대한 활용해야 한다. 정확하고 어려운 용어를 쓰는 것이 좋지만 생각이 안 나면 쉽고 자주 사용하는 말로 대체해서 쓸 수 있어야 한다.

⑨ 왜 이 시험이 이렇게 어려운지 모르겠다. 내가 왜 이렇게 어렵게 공부해야 하는지 모르겠다(실질적인 이득도 별로 없는데...)?

⇨ 차량기술사는 자동차 분야에서 상징적인 자격증입니다. 실질적인 이득은 차량 기술이 어떻게 시작해서 어떻게 발전해 가는지 이해하게 되고 쓸 수 있고 말 할 수 있게 된다는 점이다. 또한 생소한 분야를 공부할 때, 어떻게 공부를 시작하고, 정리를 하고, 말을 해야 할지 공부할 수 있는 계기가 된다는 것이다. 따라서 합격 여부와 관계없이 자동차 분야에 몸담고 있는 분들에게는 자기계발을 할 수 있는 아주 좋은 기회라고 생각한다.

❷ 기존 차량기술사 서적으로 공부했을 때의 문제점

① 문제에 대한 답안 형식이 아니어서 구성을 어떻게 해야 할지 막막하다.

② 나에게 맞는 방식으로 새롭게 정리하려면 시간이 많이 소요된다.

③ 어려운 단어가 많아서 이해하기 어렵고 찾아보는데 시간이 많이 소요된다.

CONTENTS

❷ ESC

CONTENTS

CONTENTS

PART Ⅱ　전기

❶ 배터리

CONTENTS

PART IV 안전 충돌

❶ 에어백/안전벨트

CONTENTS

PART V 소음 진동

1 엔진 소음 진동

2 차량 현가장치 소음 진동

CONTENTS

PART VI　　제품 설계

❶ 제품 개발

CONTENTS

PART VII 소재 가공

1 소재 가공

CONTENTS

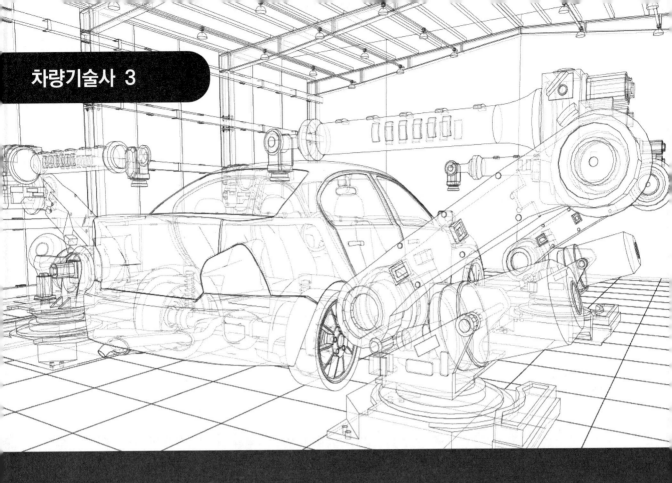

PART 1. 자율주행 및 제동

① 제동
② ESC
③ 자율주행

01 제동

기출문제 유형

✦ 자동차에서 제동 방법은 어떤 것이 있는가?(42)

01 개요

제동장치는 자동차의 운동에너지를 제동을 하는 동안 마찰을 통해 열에너지로 변환하여 주행 중의 자동차를 감속, 정지를 유지시키는 역할을 한다. 제동장치의 구비 조건으로는 작동이 확실하고, 제동효과가 커야 하며, 신뢰성과 내구성이 좋아야 한다. 또한 점검 및 정비가 쉬워야 한다.

브레이크는 용도에 따라 주 브레이크(제1 브레이크), 주차 브레이크(제2 브레이크), 보조 브레이크(제3 브레이크)로 분류할 수 있으며, 브레이크 페달을 밟거나, 주차 브레이크를 손 또는 발로 조작에 의해서 작동할 수 있으며, 보조 브레이크의 경우 작동 조건에 따라 전자식으로 전자제어장치에 의해 자동으로 작동하여 주브레이크를 보조하는 역할을 한다.

02 주 브레이크(Service Brake) : 제1 브레이크

주 브레이크(service brake)는 상용 브레이크라고 부르며, 주로 주행 중인 자동차를 감속 또는 정지 시 사용되며, 일반적으로 브레이크 페달을 밟아서 작동시킨다. 일반적으로 운전자가 발로 조작하는 방식이며, 운전자의 페달 답력(페달 조작력)은 유압 또는 공압을 통해서 각 휠(wheel)의 제동력으로 변환된다.

(1) 유압 브레이크 작동 원리

유압식 브레이크는 파스칼의 원리를 이용하며, 유압을 발생시키는 마스터 실린더 피스톤의 직경을 작게 하고, 브레이크 패드에 유압을 전달하는 캘리퍼의 피스톤 직경을 크게 하면 면적이 비율만큼 전달되는 힘은 커지게 된다.

1) 파스칼의 원리

파스칼의 원리는 완전히 밀폐된 용기 안의 액체에 작용하는 압력은 어디에서든 일정하게 전달되는 것을 의미한다.

$$P = \frac{F}{A}$$

여기서, P : 압력(kPa), F : 힘(N), A : 힘이 작용하는 단면적(m^2)

(2) 브레이크 페달 작동 시 제동력 작동 원리

① 브레이크 페달을 밟아 마스터 실린더 내의 브레이크 오일에 압력을 가한다.
② 마스터 실린더를 통하여 브레이크 장치 내에 유압이 발생한다.
③ 유압은 브레이크 파이프 라인을 통하여 각 휠에 장착된 캘리퍼의 휠 실린더에 전달된다.
④ 캘리퍼의 휠 실린더 피스톤을 움직여서 브레이크 패드를 밀어내어 마찰력을 발생한다. 드럼 브레이크의 경우는 슈를 확장하여 마찰력을 발생한다.
⑤ 마찰력에 의해 차량을 감속하거나 정지하게 만든다.

(3) 구성과 기능

1) 마스터 실린더(Master Cylinder)

브레이크 페달을 밟아 마스터 실린더 내의 브레이크 오일에 압력을 가하면 마스터 실린더를 통하여 브레이크 장치 내에 유압이 발생한다. 반대로 브레이크 페달을 놓으면 즉시 브레이크 장치 내부의 압력을 감소시킨다.

2) 진공 브레이크 부스터(Vacuum Brake Booster)

진공 브레이크 부스터(Vacuum Brake Booster)의 브레이크 배력은 대기압과 일반적으로 흡기 매니폴드에 연결된 호스의 절대 압력과의 압력차를 이용하여 다이어프램(Diaphragm)에 장착된 피스톤을 동작시켜 작은 힘으로 큰 힘을 얻어 브레이크를 작동할 수 있게 하는 장치이다.

> **참고 압력의 예**
> • 대기압(Atmosphere Pressure) : 공기 무게에 의해 생기는 대기의 압력
> • 게이지압(Gauge Pressure) : 대기압을 기준으로 하여 측정한 압력
> • 절대압(Absolute Pressure) : 완전 진공을 기준으로 측정한 압력(절대압 = 게이지압 + 대기압)

3) 디스크 브레이크

각 휠과 함께 회전하는 디스크를 유압에 의해 작동하는 한 쌍의 브레이크 패드가 있으며, 브레이크 페달을 밟을 경우에 각 휠 실린더 피스톤에 유압이 작용하여 양쪽에서 브레이크 패드를 밀어내어 발생하는 마찰력으로 제동력을 얻는다.

① 고정형 캘리퍼(Fixed Caliper Type) : 캘리퍼는 고정된 상태이고 양쪽 피스톤이 브레이크 패드를 밀어내어 발생하는 마찰력으로 제동을 한다.

② 부동형 캘리퍼(Floating Caliper Type) : 한쪽 피스톤이 브레이크 패드를 디스크 방향으로 밀어내면 그 반력에 의해 캘리퍼가 움직이면서 브레이크 패드를 디스크에 압착시켜 발생하는 마찰력으로 제동을 한다.

03 주차 브레이크(Parking Brake) : 제2 브레이크

주차 브레이크(Parking Brake)는 평지 또는 언덕길에 차량을 손 또는 발로 조작을 하여 케이블 또는 링키지를 통해 작동시켜 주차 또는 정지 상태를 유지하도록 하는 기능을 한다. 주 브레이크(Service brake)가 본래의 기능을 상실했을 경우 주차 브레이크 (Parking Brake)는 보조 브레이크로서의 역할도 할 수 있도록 고려된 장치이다. 기술적인 안전성을 이유로 대부분 기계식을 사용하였으나, 기술의 발전과 더불어 최근에는 전자식 주차 브레이크(EPB : Electronic Parking Brake)를 사용하여 다양한 기능을 적용하여 운전자의 편의성 및 안전성을 증대하고 있다.

04 보조 브레이크 : 제3 브레이크

적재량이 많은 트럭이나 대형 차량이 긴 내리막길을 주행할 경우 차량의 속도를 감속하는데 사용되는 브레이크로서 주 브레이크(Service Brake)나 주차 브레이크 이외의 제동장치를 말한다. 적재량이 많은 트럭이나 대형 차량의 경우 운동에너지가 크기 때문에 긴 내리막길에서 주 브레이크(Service Brake)를 자주 사용하게 되면 브레이크 패드 또는 라이닝의 마모와 많은 마찰열이 발생하여 페이드 현상이 일어나면 브레이크 제동력을 상실하여 매우 위험하므로 보조 브레이크를 사용하여 제동력을 주 브레이크(Service Brake)와 분담하는 역할을 한다. 이런 보조 브레이크로는 배기 브레이크(Exhaust Brake), 감속 브레이크(Retarder Brake), 제이크 브레이크(Jake Brake) 등이 있다.

(1) 배기 브레이크(Exhaust Brake)

디젤 엔진의 대형차에 주로 사용하며, 배기행정에서의 압력을 조절하기 위하여 배기계통에 밸브를 설치한 형식으로 배기계통의 중간에 설치된 밸브를 닫으면 배기관 내의 압력 상승으로 인하여 배기행정의 압력을 증가시켜서 발생하는 부압(負壓)을 이용하여 엔진 브레이크 효과를 얻는 보조 브레이크이다.

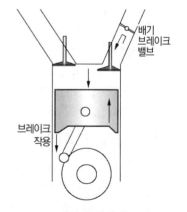

배기 브레이크

(2) 감속 브레이크(Retarder Brake)

감속 브레이크(Retarder Brake)는 주로 동력전달계에 설치된 보조 브레이크이다.

1) 전자기식 감속 브레이크(Electromagnetic Retarder 또는 와전류식 브레이크,)

추진축에 설치되어 회전하는 금속 디스크와 여자코일 등으로 구성된다. 작동 원리는 렌츠의 법칙에 의해 발생하는 맴돌이 전류(와전류, Eddy Current)가 자기장 내에서 움직이는 도체의 운동을 방해하는 방향으로 작용하는 것을 이용하여 제동력을 발생하는 방식이다. 제동력에 의한 에너지로 인하여 디스크에 열이 발생하므로 디스크에 설치된 방열 팬에 의해 냉각이 이루어진다.

① 작동의 예(현대자동차 블루시티 버스) : 회전 로터에서 자기장을 발생하고 와전류의 회전 저항력을 이용해서 긴 내리막길을 운전할 경우, 엔진 브레이크를 사용하지 않고 차량을 감속할 때 사용한다. 작동을 위하여 감속 브레이크(Retarder Brake) 스위치를 차량의 진행 방향으로 밀 경우 감속 브레이크가 작동하여 차량의 속도가 줄어들게 된다. 감속 브레이크(Retarder Brake) 스위치를 차량 진행 반대 방향으로 당길 경우 감속 브레이크가 작동하지 않아 제동력을 발생하지 않는다.

2) 유체식 감속 브레이크(Hydraulic Retarder Brake)

오토 트랜스미션의 토크 컨버터와 비슷한 유체 마찰력을 이용하며 추진축에 로터와 스테이터로 구성된 하우징을 설치하고, 하우징 내의 오일로 인한 회전저항을 로터가 받아서 감속되는 원리 이용한 방식이다. 오일로 인한 회전저항으로 흡수된 운동에너지는 열로 변환되며 라디에이터에서 냉각하는 구조이다. 유체의 냉각방법에 따라 중력식과 펌프식으로 구분한다. 오일을 사용하는 경우는 오일 쿨러(Oil Cooler)를 장착하여 엔진 냉각수를 통하여 오일을 냉각한다.

(3) 제이크 브레이크(Jake Brake : Compression Release Brake)

1) 정의

제이크 브레이크(Jake Brake)는 압축행정에서 엔진에 공급되는 연료를 중지시켜 폭발행정이 일어나지 않도록 하고 배기밸브를 열어 압축공기를 내보낸 후 다시 닫아 피스톤이 하사점으로 이동할 때 부압을 발생하여 차량속도와 엔진 구동력을 감소시키는 엔진 브레이크의 일종이다.

배기 브레이크(Exhaust Brake)는 내연기관에서 폭발행정이 이루어진 후 배기 행정 동안 배기가스를 배출하려고 할 때 배기 밸브를 막아 엔진 브레이크 효과를 발생시키는 원리를 이용하며, 제이크 브레이크(Jake Brake)는 압축 행정에서 엔진에 연료 분사를 중지시켜 강제로 배기 밸브를 개폐하여 피스톤이 하사점으로 움직일 때 부압을 발생하여 엔진 브레이크 효과를 발생시키는 원리를 이용하므로 서로 상이하다.

2) 작동 원리

① 흡기행정 동안에 흡기 밸브 열어서 실린더 안으로 공기를 유입한다.

② 압축행정 동안에 피스톤이 상사점에 도달하면 연료를 차단하고 배기 밸브를 열어 실린더 내의 압축된 공기를 배기로 내보낸 후 닫는다.

③ 팽창행정 동안에 실린더 내에 발생된 부압은 피스톤이 하사점으로 움직일 때 상사점 방향으로 힘이 작용하게 되어 엔진을 감속하게 한다.

3) 작동의 예(현대자동차 트라고 예)

① 1단을 작동할 경우 6개 실린더 중 4개 실린더(예 : 1, 2, 5, 6)를 작동시켜 전체 제동력의 60~70%를 출력한다.

② 2단을 작동할 경우 6개 실린더를 작동시켜 전체 제동력을 출력한다.

③ 제이크 브레이크(Jake Brake) 작동 조건

아래 조건이 만족될 경우 클러치 페달에서 발을 떼면 자동으로 작동된다.

㉮ 엔진의 온도가 어느 정도 높을 경우(충분한 웜업 상태)

㉯ 엔진 회전수가 1,000rpm 이상인 경우

㉰ 연료가 분사가 없는 경우

㉱ ABS 제어가 없는 경우

㉲ 제이크 브레이크(Jake Brake) 스위치가 ON 된 경우

㉳ 크루즈 또는 PTO 제어 상태가 아닌 경우

기출문제 유형

✦ 제동장치의 하이드로부스터 어드바이스(hydro booster advice)에 대해 설명하시오.(117-1-7)

✦ 배력식 Brake의 종류와 작동 원리에 대해 설명하시오.(80-2-2)

✦ 차량의 유압 제동 제어 장치에서 제동력을 향상시키는 동력 배력 장치의 원리와 기능에 대해 서술하시오.(39)

---

01 배력식 브레이크 개요

배력식 브레이크는 브레이크 페달을 작은 답력으로 작동 할 경우 큰 답력으로 작동하는 것처럼 제동력을 크게 하여 차량을 감속 또는 정지시킬 수 있는 장치이다. 진공 유압식 브레이크는 파스칼의 원리를 이용하며 브레이크 페달을 밟으면 압력이 발생하는 마스터 실린더, 브레이크 패드 또는 슈(Shoe)를 움직여 제동력을 발생하는 휠 실린더, 브레이크 파이프 및 호스 등으로 구성되어 있다.

(1) 브레이크 제동력을 증가시키기 위한 장치인 배력식 브레이크의 종류

1) 진공 브레이크 부스터(Vacuum Brake Booster)

엔진 흡입행정에서 발생하는 부압(진공 압력)을 이용하여 마스터 실린더의 유압을 증가시키는 방식이다.

2) 압축공기 브레이크 부스터(Hydro Air Brake Booster)

공기 압축기에서 만들어진 압축공기를 이용하여 휠 실린더에 가해지는 힘을 증가시키는 방식이다.

3) 유압 브레이크 부스터(Hydraulic Brake Booster)

유압을 통하여 마스터 실린더의 유압을 증가시키는 방식이다.

02 진공 브레이크 부스터(Vacuum Brake Booster)

(1) 작동 원리 및 구조

가솔린 자동차의 경우(디젤 자동차의 경우 별도의 진공장치가 장착되어 있다.) 흡입행정 동안에 흡기 매니폴드의 상태가 진공이 되는 것을 이용하며 흡기 매니폴드에 연결된 호스를 통하여 공급되는 흡기 매니폴드의 절대압력과 대기압과의 압력차를 이용하여 다이어프램(Diaphragm)에 장착된 피스톤을 움직여 배력을 얻는다. 진공 브레이크 부스터(Vacuum Brake Booster)의 배력은 다이어프램(Diaphragm)의 유효 면적에 비례하므로 큰 배력을 얻기 위해서는 다이어프램의 유효 면적이 넓으면 좋다. 진공을 위한 충전과 방출에 비교적 긴 시간이 소요된다는 단점이 있다.

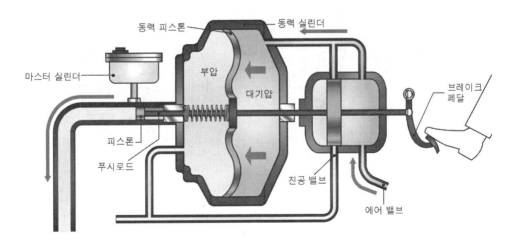

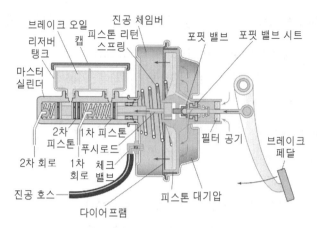

진공 브레이크 부스터 작동 원리

가솔린 엔진의 경우 흡기 매니폴드나 디젤 엔진의 경우 진공 펌프에 연결되어 공급되는 진공이 피스톤의 양쪽에 압력의 차이가 없이 동일하게 작용한다. 브레이크 페달을 밟을 경우 피스톤의 한쪽에 공기가 유입되어 대기압이 형성되어 피스톤의 좌우에 압력차가 발생하여 피스톤이 왼쪽으로 움직여 마스터-실린더의 푸시로드를 밀어준다.

① 브레이크 페달을 동작하지 않을 경우 : 가솔린 엔진의 경우 흡기 매니폴드나 디젤엔진의 경우 진공 펌프에 연결되어 공급되는 진공이 피스톤의 양쪽에 압력 차이가 없고 동일하게 작용하여 푸시로드가 정지한 상태로 있다.

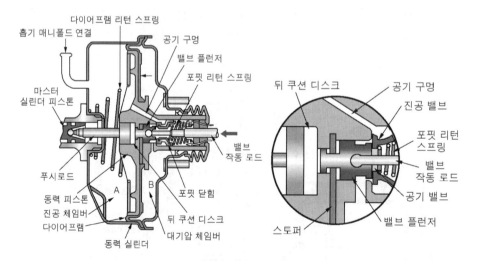

브레이크 페달을 동작하지 않을 경우

② 브레이크 페달을 동작할 경우 : 브레이크 페달이 푸시로드를 밀어 대기 포트를 열면 대기압은 피스톤의 뒤 방향으로 유입되어 피스톤의 좌우에 압력차가 발생하여 마스터 실린더의 푸시로드를 밀고 마스터 실린더의 피스톤을 움직여 작은 힘으로 큰 힘을 발생시켜 제동력을 형성한다.

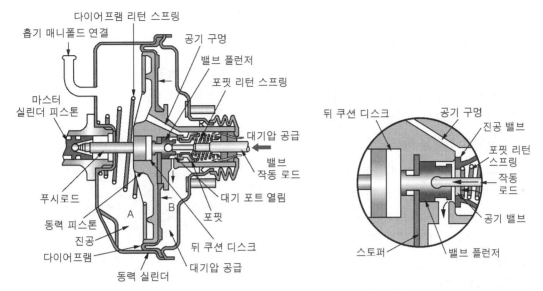

브레이크 페달을 동작할 경우

(2) 진공 체크 밸브(Vacuum Check Valve)

진공 체크 밸브(Vacuum Check Valve)는 진공 배력 장치와 흡기 매니폴드에 연결된 호스 사이에 설치되어 있으며, 배력 장치의 진공도가 흡기 매니폴드의 진공도보다 높을 때는 밸브가 열리고, 낮을 때는 닫혀 진공으로 배력의 효과를 높이는 역할을 한다. 또한 엔진이 정지할 경우 배력 장치 내부에 진공도를 유지하여 2~3회 정도의 제동을 할 수 있도록 하는 역할을 한다.

03 압축공기 브레이크 부스터(Hydro Air Brake Booster)

(1) 작동 원리 및 구조

엔진에 의해 구동되는 공기 압축기(Air Compressor)에 의해 형성되는 압축 공기와 대기압의 압력 차이로 배력 작용을 하여 제동력을 크게 한다. 엔진에 의해 구동되는 공기 압축기에 의해 만들어지는 압축 공기가 공기 밸브를 통하여 연결되어 있으며, 구조와 작동방법은 진공 브레이크 부스터(Vacuum Brake Booster)와 유사하다.

(2) 특징

① 약 7bar에 달하는 공기 압력을 사용하여 큰 제동력을 발생할 수 있다.
② 공기 브레이크에 비해 공기 소비량이 적으며 가격이 비싸다.
③ 엔진 동력을 사용하므로 연비가 나쁘며, 공기 탱크가 필요하여 구조가 복잡하다.

(3) 작동

1) 브레이크 페달을 동작하지 않을 경우

실린더의 왼쪽 공간(대기압력 표시부분)과 오른쪽 공간(작동실 부분)은 각각 대기압력이며 작동 피스톤은 스프링의 힘으로 오른쪽 공간 방향으로 밀려져 있으며, 흡입포트는 닫힘, 배출 포트는 열림 상태에 있다.

2) 브레이크 페달을 동작할 경우

브레이크 페달을 작동하면 작동 피스톤이 실린더의 왼쪽 공간 방향으로 움직이면서 밸브태핏에 의해 배출포트 닫힘, 흡입포트 열림상태가 되면서 압축된 공기(예 : 7bar)가 작동실로 유입되어 작동 피스톤에 배력이 형성되어 작동하게

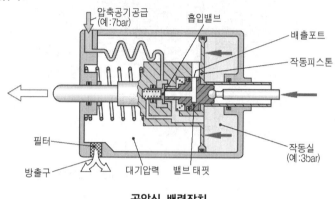

공압식 배력장치

되고, 작동 피스톤이 계속 움직이면서 흡입포트는 닫힘상태로 된다.

04 유압 브레이크 부스터(Hydraulic Brake Booster)

(1) 작동 원리 및 구조

유압식에 의한 동력 조향일 경우에는 엔진의 동력에 의해 구동되는 유압 펌프를 이용하여 유압식 배력 장치를 사용할 수 있으며 유압 브레이크 부스터(Hydraulic Brake Booster)는 마스터 실린더 뒷부분에 장착되어 유압 펌프에 의해 발생된 유압이 브레이크에 동력을 제공하여 브레이크를 보조한다. 유압 브레이크 부스터는 유압식 동력 조향 장치용 유압 펌프에서 토출되는 유량의 일부를 어큐뮬레이터(Accumulator)에 고압 상태로 유지하고 있으며, 제동 시에 배력 작용을 할 수 있도록 해준다.

(2) 진공식 대비 유압 브레이크 부스터 특징

① 진공식 브레이크 부스터(Vacuum Brake Booster) 대신으로 유압식 동력 조향용 유압 펌프를 사용하므로 설치공간을 작게 차지한다.

② 유압식은 엔진의 부하와 상관없이 일정한 배력를 발생할 수 있고, 배력 계수를 크게 할 수 있다.

③ 유압식은 응답시간이 짧아 민감한 제동이 가능하고, 안정성이 향상된다.

④ 엔진이 정지할 경우 진공식은 진공 체크 밸브(Vacuum check valve)에 의해 2~3회 정도의 제동이 가능하나, 유압식의 경우 약 10회 정도의 제동이 가능하다.

(3) 유압 브레이크 부스터의 작동

브레이크 페달을 작동할 경우 스풀 밸브를 앞쪽으로 움직이고 고압의 오일이 파워 피스톤의 뒤쪽 공간에 채워지며 증가된 유압은 파워 피스톤을 앞쪽으로 움직인다. 따라서 운전자가 브레이크 페달을 밟은 힘보다 더 큰 힘으로 마스터 실린더의 푸시로드를 밀어준다.

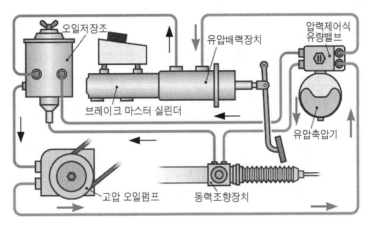

유압식 배력장치

기출문제 유형

✦ 공기식 브레이크의 작동 원리와 제어 밸브에 대해 설명하시오.(96-2-2)

✦ 유압 브레이크 및 공기 브레이크를 비교 설명하시오.(48)

01 개요

공기 브레이크는 엔진으로 공기 압축기를 작동시키고, 공기 압축기로부터 발생한 압축 공기를 이용하여 브레이크슈를 드럼에 압착시켜 발생하는 마찰력으로 제동 작용을 하는 브레이크이며, 주로 대형차에 사용된다.

02 장점 및 단점

① 승용에 사용하는 유압 브레이크는 오일이 누설될 경우 큰 제동력의 저하가 발생하여 위험하나 공기 브레이크는 공기가 누설되어도 심한 제동력의 저하가 없어 안전하다.
② 오일 대신 공기를 사용하므로 베이퍼 록(Vapor Lock) 현상이 발생하지 않는다.
③ 유압 브레이크는 브레이크 페달을 밟는 힘과 제동력이 비례하지만, 공기 브레이크는 브레이크 페달을 밟는 양과 제동력이 비례하므로 페달의 조작이 쉽다.

④ 압축 공기의 압력을 높이면 큰 제동력을 더 쉽게 얻을 수 있다.

⑤ 구조가 복잡하고, 가격이 비싸다.

⑥ 엔진으로 구동되므로 연료소비가 높다.

03 시스템 구성

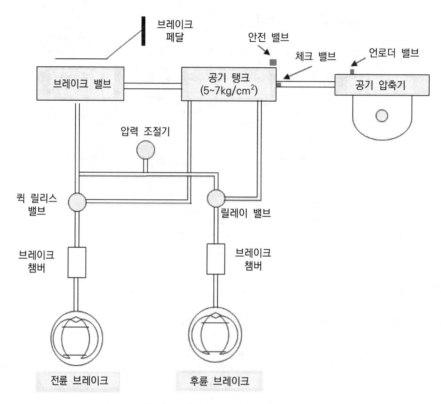

공기 브레이크 시스템의 구성

(1) 공기 압축기(Air Compressor)

왕복형 방식인 공기 압축기는 압축 공기를 만드는 역할을 하며, 실린더 헤드에 압력을 유지하게 하는 언로더 밸브(Unloader Valve)가 있다.

(2) 압력 조정기와 언로더 밸브(Unloader Valve)

압력 조절기는 공기 압축기에 위치한 언로더 밸브(Unloader Valve)를 작동시켜 공기 탱크 내의 압력을 7bar로 유지하게 조절하는 역할을 한다.

(3) 공기 탱크(Air Tank or Air Reservoir)

압축기에서 압축된 공기를 저장하며, 탱크 내의 압력이 규정 압력으로 유지하도록 안전 밸브가 설치되어 있다.

(4) 브레이크 밸브(Brake Valve)

브레이크 페달이 브레이크 밸브와 바로 연결되어 있어 브레이크 페달의 작동량에 따라 공기의 압력을 릴레이 밸브 방향으로 보내는 역할을 한다.

(5) 릴레이 밸브(Relay Valve) 또는 딜레이 밸브(Delay Valve)

브레이크 챔버와 브레이크 밸브 사이에 위치하여 브레이크 챔버로 공기 압력을 조절하여 공기 압력을 지연하는 P-밸브 역할을 한다.

(6) 브레이크 챔버(Brake Chamber)

각 바퀴마다 설치되어 다이어프램 앞에 푸시로드가 있어 브레이크 캠을 작동시킨다.

(7) 브레이크 챔버(Brake Chamber)

각 바퀴마다 장착되어 있고 다이어프램(Diaphragm) 앞부분에 푸시로드를 움직여 브레이크 캠을 작동시킨다.

04 유압 브레이크

(1) 유압 브레이크 작동 원리

유압식 브레이크는 파스칼의 원리를 이용하며, 유압을 발생시키는 마스터 실린더 피스톤의 직경을 작게 하고, 브레이크 패드에 유압을 전달하는 캘리퍼의 피스톤 직경을 크게 하면 면적이 비율만큼 전달되는 힘은 커지게 된다.

1) 파스칼의 원리

파스칼의 원리는 완전히 밀폐된 용기 안의 액체에 작용하는 압력은 어디에서든 일정하게 전달된다는 것이다.

$$P = \frac{F}{A}$$

여기서, P : 압력(kPa), F : 힘(N), A : 힘이 작용하는 단면적(m^2)

(2) 제동 시 제동력 작동 원리

① 브레이크 페달을 밟아 마스터 실린더 내의 브레이크 오일에 압력을 가한다.
② 마스터 실린더를 통하여 브레이크 장치 내에 유압이 발생한다.
③ 유압은 브레이크 파이프 라인을 통하여 각 휠에 장착된 캘리퍼의 휠 실린더에 전달된다.
④ 캘리퍼의 휠 실린더 피스톤을 움직여서 브레이크 패드를 밀어내어 마찰력을 발생한다. 드럼 브레이크의 경우는 슈를 확장하여 마찰력을 발생한다.
⑤ 마찰력에 의해 차량이 감속하거나 정지한다.

(3) 구성과 기능

1) 마스터 실린더(Master Cylinder)

브레이크 페달을 밟아 마스터 실린더 내의 브레이크 오일에 압력을 가하면 마스터 실린더를 통하여 브레이크 장치 내에 유압이 발생한다. 반대로 브레이크 페달을 놓으면 즉시 브레이크 장치 내부의 압력을 감소시킨다.

2) 진공 브레이크 부스터(Vacuum Brake Booster)

진공 브레이크 부스터(Vacuum Brake Booster)의 브레이크 배력은 대기압과 일반적으로 흡기 매니폴드에 연결된 호스의 절대압력과의 압력차를 이용하여 다이어프램(Diaphragm)에 장착된 피스톤을 동작시켜 작은 힘으로 큰 힘을 얻어 브레이크를 작동할 수 있게 하는 장치이다.

3) 디스크 브레이크

각 휠과 함께 회전하는 디스크를 유압에 의해 작동하는 한 쌍의 브레이크 패드가 있으며, 브레이크 페달을 밟을 경우에 각 휠 실린더 피스톤에 유압이 작용하여 양쪽에서 브레이크 패드를 밀어내어 디스크를 압착할 때 발생하는 마찰력으로 제동력을 얻는다.

① 고정형 캘리퍼(Fixed Caliper Type) : 캘리퍼는 고정된 상태이고 양쪽 피스톤이 브레이크 패드를 밀어내어 디스크를 압착할 때 발생하는 마찰력으로 제동을 한다.
② 부동형 캘리퍼(Floating Caliper Type) : 한쪽 피스톤이 브레이크 패드를 디스크 방향으로 밀어내면 그 반력에 의해 캘리퍼가 움직이면서 브레이크 패드를 디스크에 압착시켜 발생하는 마찰력으로 제동을 한다.

기출문제 유형

✦ 마스터 실린더를 설명하시오.(60-1-8)

✦ 재래식 유압-드럼형 제동 장치의 기본 작동 원리와 주요 구성품의 기능을 흐름도로 설명하시오.(45)

---

01 개요

제동장치는 자동차의 운동에너지를 제동을 하는 동안 마찰을 통해 열에너지로 변환하여 주행 중의 자동차를 감속, 정지를 유지시키는 역할을 한다. 유압 브레이크 장치는 브레이크 페달(Brake Pedal), 마스터 실린더(Master Cylinder), 진공 브레이크 부스터(Vacuum Brake Booster), 드럼 브레이크(Drum Brake), 디스크 브레이크(Disc Brake), 주차 브레이크(Parking Brake)등으로 구성된다.

02 드럼 브레이크(Drum Brake)

브레이크 드럼(Brake Drum), 브레이크 슈(Brake Shoe), 브레이크 라이닝(Brake Lining), 휠 실린더(Wheel Cylinder), 백 플레이트(Support Plate) 등으로 구성되어 있다.

(1) 브레이크 드럼(Brake Drum)

브레이크 드럼(Brake Drum)은 브레이크 라이닝(Brake Lining)과 접촉하면서 마찰에 의하여 제동력을 발생하는 역할을 한다. 브레이크 드럼(Brake Drum)의 요구 조건으로는 휠과 같이 회전하므로 밸런스가 좋고, 브레이크 슈(Brake Shoe)가 작동 시 변형이 없으며, 방열성과 내마모성이 좋아야 한다.

(2) 브레이크 슈(Brake Shoe)

브레이크 슈는 휠 실린더로부터 유압에 의해 브레이크 내부 안쪽 부위에 접촉하는 부품으로 브레이크 드럼과 접촉하여 제동력을 발생시키는 브레이크 라이닝(Brake Lining)이 부착되어 있다.

(3) 브레이크 라이닝(Brake Lining)

브레이크 라이닝(Brake Lining)은 마찰계수가 크고 고온에서도 마찰계수가 떨어지지 않도록 하는 내마모성, 내열성이 있어야 하며, 페이드(Fade) 현상이 없어야 한다.

(4) 휠 실린더(Wheel Cylinder)

휠 실린더는 마스터 실린더를 통하여 전달된 브레이크 오일은 휠 실린더로 유입되어 브레이크 슈(Brake Shoe)를 작동시켜 제동을 발생한다.

(5) 백 플레이트(Suport Plate)

백 플레이트는 휠 실린더(Wheel Cylinder)와 브레이크 슈(Brake Shoe) 등이 장착되는 곳이며, 제동 시에 힘에 의한 변형 방지하기 위해 리브(Rib)를 둔다.

(6) 제동시 드럼 브레이크의 제동력 작동 원리

브레이크 페달을 밟으면 마스터 실린더를 통하여 발생된 유압으로 브레이크 슈(Brake Shoe)를 외부로 확장시켜 드럼과 슈의 마찰에 의해 제동력이 발생한다.

① 브레이크 페달을 밟아 마스터 실린더 내의 브레이크 오일에 압력을 가한다.
② 마스터 실린더를 통하여 브레이크 장치 내에 유압이 발생한다.
③ 유압은 브레이크 파이프 라인을 통하여 각 휠의 백 플레이트에 장착된 휠 실린더에 전달된다.
④ 전달된 유압은 휠 실린더 피스톤을 움직여서 브레이크 슈(Brake Shoe)를 확장하여 마찰력을 발생한다.
⑤ 마찰력에 의해 차량이 감속하거나 정지한다.

03 마스터 실린더(Master Cylinder)

브레이크 페달을 밟아 마스터 실린더 내의 브레이크 오일에 압력을 가하면 마스터 실린더를 통하여 브레이크 장치 내에 유압이 발생한다. 반대로 브레이크 페달을 놓으면 즉시 브레이크 장치 내부의 압력을 감소시킨다. 탠덤 마스터 실린더(Tandem Master Cylinder)는 한쪽에 고장이 발생해도 다른 한쪽으로 작동하도록 독립된 2개의 유압회로와 2개의 실린더를 갖은 마스터 실린더이다.

싱글 마스터 실린더 2개를 직렬로 나란히 둔 형식으로 동일한 실린더 내에 1차 피스톤과 2차 피스톤이 배치되어 있고 2차 피스톤 전후로 리턴 스프링이 지지되어 있다. 페달 쪽의 피스톤을 1차 피스톤(복동식), 안쪽에 배치되어 있는 피스톤을 2차 피스톤(복동식)이라 한다.

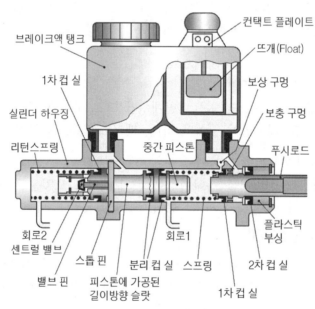

마스터 실린더

(1) 작동 원리

1) 브레이크 페달을 작동할 경우

브레이크 페달을 작동할 경우, 작동순서는 다음과 같다.

① 1차 피스톤의 컵 실(seal)이 보상 구멍을 지나면서 1차 피스톤 회로에 압력이 발생한다.

② 2차 피스톤의 센트럴 밸브가 스톱 핀으로부터 밀려나가게 되어 닫히게 되면서 2차 피스톤 회로에 압력이 높아진다.

③ 2차 회로에 발생한 압력을 통하여 유압이 형성되고 제동력이 생긴다.

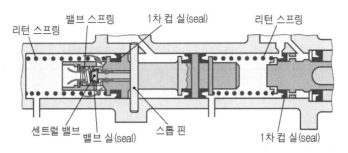

초기

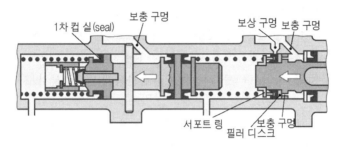

제동

2) 브레이크 페달을 놓았을 경우

브레이크 페달을 놓았을 경우, 작동순서는 다음과 같다.

① 피스톤 스프링의 장력에 의해 피스톤은 뒤로 밀려나면서 1차 피스톤의 컵 실(seal)은 브레이크 리저버로부터 브레이크 오일이 1차 피스톤 회로 방향으로 들어온다.

② 2차 피스톤은 초기 위치로 복귀하고, 2차 피스톤에 설치된 센트럴 밸브가 스톱 핀에 의해 열리면서 압력은 낮아진다.

③ 2차 회로에 발생한 압력이 감소하고, 제동력이 해제된다.

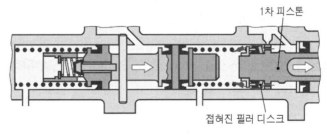

자동 해제

기출문제 유형

✦ 전기 유압식 콤비 브레이크(Electric Hydraulic Brake)에 대해 설명하시오.(117-1-2)

01 개요

친환경 자동차를 기반으로 하는 자율주행 자동차의 기술 개발과 함께 자동차 제동장치는 수동 시스템에서 능동 시스템으로서 역할을 하고 있으며 제동장치는 유압 시스템에서 전동 시스템으로 기술 개발이 활발히 이루어지고 있다. 일반 내연기관을 기반으로 하는 승용차의 제동장치는 4휠(wheel)에 유압식 브레이크가 적용되고 있으며, 전기 모터로 펌프를 작동하여 유압 제동력을 생성하는 EHB(Electro Hydraulic Brake) 시스템은 일부 고급 승용차와 하이브리드 자동차, 전기자동차, 연료전지 자동차 등에 적용되고 있다.

앞바퀴 유압식 브레이크와 뒷바퀴 전동식 브레이크로 구성된 전기 유압식 콤비 브레이크는 1996년 GM EV1에 적용된 사례가 있었다. 4휠(wheel)에 전동식 브레이크(EMB : Electro-Mechanical-Brake)로 구성된 브레이크 바이 와이어(BBW : Brake By Wire)시스템은 고장(Failsafe)시 안전에 대한 법적인 문제와 고성능의 고출력 전동식 브레이크에 대한 기술적 문제로 인하여 양산에 적용하기 어려움이 있는 실정이다.

02 전기-유압식 콤비 브레이크(Electric Hydraulic Brake)의 장점

① 4휠(Wheel) 유압 브레이크와 비교하여 브레이크 드래그가 적어 연비 향상이 가능하다.
② 제동 응답성이 좋아 긴급 제동이 필요한 상황에 대한 기능 개발에 유리하다.
③ 뒷바퀴에 필요한 유압 부품이 삭제되어 패키지 레이아웃 측면에서 유리하다.
④ EMB로 능동제어가 가능하여 제동감이 우수하다.

03 전가-유압 콤비 브레이크(Electric Hydraulic Brake) 시스템 구성 및 성능

(1) 구성

진공 부스터 및 마스터 실린더로 구성되는 앞바퀴 유압 브레이크 시스템과 EPB가 포함되어 장착된 뒷바퀴 전동식 브레이크(EMB)로 구성된다. 이러한 앞바퀴 측 브레이크 시스템은 기존의 유압식 브레이크 시스템과 동일하나, 뒷바퀴 측 브레이크 시스템은 유압 부품의 삭제 가능하다.

(2) 성능

전기-유압식 콤비 브레이크 제어 시스템은 콤비 브레이크 제어기(상위 제어기)와 2개의 EMB 액추에이터 제어기(하위 제어기)로 구성된다. 전기-유압식 콤비 브레이크 제어 시스템 입력은 다음과 같다.

① 앞바퀴의 유압 브레이크 압력 센서 입력 : 운전자 요구 제동력을 계산하기 위해 사용
② EPB 스위치 신호 입력 : EMB에 내장된 EPB를 제어하기 위해 사용
③ 섀시 캔(C-CAN) : 전기-유압식 콤비 브레이크 제어기와 타제어기와 연결하여 필요한 데이터 송수신
④ 로컬 캔(Local-CAN) : 전기-유압식 콤비 브레이크 제어기와 EMB 액추에이터 제어기와 연결하여 필요 데이터 송수신

(3) 후륜 EMB 시스템의 구성 및 원리

① BLDC 모터, 감속 기어, 스크루-너트 축, 장력 센서, 제어기 등으로 구성된다.
② EMB 액추에이터를 통한 제동력 발생 원리는 다음과 같다.
   BLDC 모터 회전력 → 스크루-너트 메커니즘(회전운동→직선운동으로 변환)
   → 캘리퍼 휠 실린더 작동 → 제동력(클램핑력) 발생

(4) 시스템 성능 및 제어 시 고려 사항

① 제동감, 제동거리, 제동 안정성 및 EPB 제동(파킹) 성능 등 동등 또는 우세 수준으로 개발이 가능하다.
② 앞·뒷바퀴 콤비제어(앞바퀴 : 유압제어, 뒷바퀴 : EMB 제어)에 대한 앞·뒷바퀴 제어 동기화 및 앞·뒷바퀴 제어량에 대한 정보를 서로 간에 충분히 고려되어야 한다.

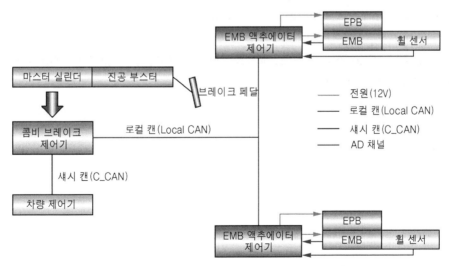

전기 유압식 콤비 브레이크 시스템의 구성도

(자료 : KSAE 학술대회 2011년 11월)

✦ 브레이크 오버라이더 시스템(Brake Override System)에 대해 설명하시오.(117-1-13)

01 배경

2000년 중반 이후에 토요타 차량에 대해 급발진 사고가 발생하여 전 세계에 판매된 차량에 대해 대대적으로 리콜을 하였다. 기술의 발전과 더불어 배기가스 규제, 성능 향상 및 편의성 증대를 위하여 수많은 전자제어 장치가 장착된 자동차에 어떠한 문제로 급발진이 발생 했을 때 운전자가 자동차를 제어할 수 있도록 도와주는 장치의 필요성이 증대되었고, 이런 장치가 브레이크 오버라이드 시스템(BOS : Brake Override System) 이다.

해외의 완성차 회사들은 전자 스로틀장치(ETC : Electronic Throttle Control)가 적용되기 시작한 1990년대 후반부터 브레이크 오버라이드 시스템(BOS : Brake Override System)의 장착을 시작하였고, 우리나라에서는 2010년부터 브레이크 오버라이드 시스템(BOS : Brake Override System)을 장착하기 시작하였다. 또한 미국 교통당국은 브레이크 오버라이드 시스템(BOS : Brake Override System)의 효과를 인정하고 2012년 4월부터 의무 장착을 권고하고 있다.

02 브레이크 오버라이더 시스템(Brake Override System)

엔진에서 가속과 감속은 가속 페달이나 브레이크 페달을 작동하였을 때 발생하는 전기 신호를 EMS(Engine Management Control)에 전송하여 차량을 가속시키거나 정지시킨다. 브레이크 오버라이더 시스템(Brake Override System)은 가속 페달이 어떤 원인에 의해 걸려서 눌렸을 경우 브레이크 페달을 계속 밟고 있으면 엔진의 출력을 높이지 않고, 자동으로 줄여서 안전하게 차량을 감속할 수 있도록 도와주는 시스템이다.

01 개요

제동장치는 자동차의 운동에너지를 마찰을 통해 열에너지로 변환하여 주행 중의 자동차를 감속, 정지 또는 주차 상태를 유지시키는 역할을 한다. 제동장치의 구비 조건으로는 작동이 확실하고, 제동효과가 커야 하며, 신뢰성과 내구성이 좋아야 한다. 또한 점검 및 정비가 쉬워야 한다.

브레이크는 용도에 따라 주 브레이크(제1 브레이크), 주차 브레이크(제2 브레이크), 보조 브레이크(제3 브레이크)로 분류할 수 있으며, 브레이크 페달을 밟거나, 주차 브레이크를 손 또는 발로 조작에 의해서 작동할 수 있으며, 보조 브레이크의 경우 작동 조건에 따라 전자식으로 전자제어 장치에 의해 자동으로 작동하여 주브레이크를 보조하는 역할을 한다.

02 보조 브레이크 : 제3 브레이크

적재량이 많은 트럭이나 대형 차량이 긴 내리막길을 주행할 경우 차량의 속도를 감속하는데 사용되는 브레이크로서 주 브레이크(Service brake)나 주차 브레이크 이 외의 제동장치를 말한다.

적재량이 많은 트럭이나 대형 차량의 경우 운동에너지가 크기 때문에 긴 내리막길에서 주 브레이크(Service brake)를 자주 사용하게 되면 브레이크 패드 또는 라이닝의 마모와 많은 마찰열이 발생하여 페이드 현상이 일어나면 브레이크의 제동력을 상실하여 매우 위험하므로 보조 브레이크를 사용하여 제동력을 주 브레이크(Service brake)와 분담하는 역할을 한다. 이런 보조 브레이크로는 배기 브레이크(Exhaust Brake), 감속 브레이크(Retarder Brake), 제이크 브레이크(Jake brake) 등이 있다.

03 주차 브레이크(Parking Brake) : 제2 브레이크

주차 브레이크(Parking Brake)는 평지 또는 언덕길에 차량을 손 또는 발로 조작을 하여 케이블 또는 링키지를 통해 작동시켜 주차 또는 정지 상태를 유지하도록 하는 기능을 한다. 주 브레이크(Service brake)가 본래의 기능을 상실했을 경우 주차 브레이크 (Parking Brake)는 보조 브레이크로서의 역할도 할 수 있도록 고려된 장치이다. 기술적인 안전성을 이유로 대부분 기계식을 사용하였으나, 기술의 발전과 더불어 최근에는 전자식 주차 브레이크(EPB : Electronic Parking Brake)를 사용하여 다양한 기능을 적용하여 운전자의 편의성 및 안전성을 증대하고 있다.

04 보조 브레이크의 종류 : 제3 브레이크의 종류

적재량이 많은 트럭이나 대형 차량이 긴 내리막길을 주행할 경우 차량의 속도를 감속하는데 사용되는 브레이크로서 주 브레이크(Service brake)나 주차 브레이크 이 외의 제동장치를 말한다.

적재량이 많은 트럭이나 대형 차량의 경우 운동에너지가 크기 때문에 긴 내리막길에서 주 브레이크(Service brake)를 자주 사용하게 되면 브레이크 패드 또는 라이닝의 마모와 많은 마찰열이 발생하여 페이드 현상이 일어나면 브레이크의 제동력을 상실하여 매우 위험하므로 보조 브레이크를 사용하여 제동력을 주 브레이크(Service brake)와 분담하는 역할을 한다. 이런 보조 브레이크로는 배기 브레이크(Exhaust Brake), 감속 브레이크(Retarder Brake), 제이크 브레이크(Jake brake) 등이 있다.

(1) 배기 브레이크(Exhaust Brake)

디젤 엔진의 대형차에 주로 사용하며, 배기행정에서 압력을 조절하기 위하여 배기계통에 밸브를 설치한 형식으로 배기계통의 중간에 설치된 밸브를 닫으면 배기관 내의 압력 상승으로 인하여 배기행정의 압력을 증가시켜서 발생하는 부압(負壓)을 이용하여 엔진 브레이크 효과를 얻는 보조 브레이크이다.

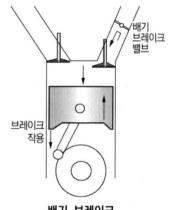

배기 브레이크

(2) 감속 브레이크(Retarder Brake)

감속 브레이크(Retarder Brake)는 주로 동력 전달계통에 설치된 보조 브레이크이다.

1) 전자기식 감속 브레이크(Electromagnetic Retarder 또는 와전류식 브레이크)

추진축에 설치되어 회전하는 금속 디스크와 여자코일 등으로 구성된다. 작동 원리는 렌츠의 법칙에 의해 발생하는 맴돌이 전류(와전류, eddy current)가 자기장내에서 움직이는 도체의 운동을 방해하는 방향으로 작용하는 것을 이용하여 제동력을 발생하는 방식이다. 제동력에 의한 에너지로 인하여 디스크에 열이 발생하므로 디스크에 설치된 방열 팬에 의해 냉각이 이루어진다.

작동의 예   현대자동차 블루시티 버스

회전 로터에서 자기장을 발생하고 와전류의 회전 저항력을 이용해서 긴 내리막길을 운전할 경우, 엔진 브레이크를 사용하지 않고 차량을 감속할 때 사용한다. 작동을 위하여 감속 브레이크(Retarder Brake) 스위치를 차량의 진행 방향으로 밀 경우 감속 브레이크가 작동하여 차량의 속도가 줄어들게 된다. 감속 브레이크(Retarder Brake) 스위치를 차량의 진행 반대 방향으로 당길 경우 감속 브레이크가 작동하지 않아 제동력이 발생하지 않는다.

2) 유체식 감속 브레이크(Hydraulic Retarder Brake)

오토 트랜스미션의 토크 컨버터와 비슷한 유체 마찰력을 이용하며, 추진축에 로터와 스테이터로 구성된 하우징을 설치하고, 하우징 내의 오일로 인한 회전저항을 로터가 받아서 감속되는 원리 이용한 방식이다. 오일로 인한 회전저항으로 흡수된 운동에너지는 열로 변환되며 라디에이터에서 냉각하는 구조이다. 유체의 냉각방법에 따라 중력식과 펌프식으로 구분한다. 오일을 사용하는 경우는 오일 쿨러(oil cooler)를 장착하여 엔진 냉각수를 통하여 오일을 냉각한다.

(3) 제이크 브레이크(Jake Brake : Compression Release Brake)

1) 정의

제이크 브레이크(Jake Brake)는 압축행정에서 엔진에 공급되는 연료를 중지시켜 폭발행정이 이루어지지 않도록 하고 배기밸브를 열어 압축공기를 내보낸 후 다시 닫아 피스톤이 하사점으로 이동할 때 부압을 발생하여 차량의 속도와 엔진의 구동력을 감소시키는 엔진 브레이크의 일종이다.

배기 브레이크(Exhaust Brake)는 내연기관에서 폭발행정이 발생된 후 배기행정 동안 배기가스가 배출하려고 할 때 배기밸브를 닫아 엔진 브레이크 효과를 발생시키는 원리를 이용하며, 제이크 브레이크(Jake Brake)는 압축행정에서 엔진에 연료 분사를 중지시켜 강제로 배기밸브를 닫아 피스톤이 하사점으로 움직일 때 부압을 발생하여 엔진 브레이크 효과를 발생시키는 원리를 이용하므로 서로 상이하다.

2) 작동 원리

① 흡기행정 동안에 흡기밸브를 열어서 실린더 안으로 공기를 유입한다.

② 압축행정 동안에 피스톤이 상사점에 도달하면 연료를 차단하고 배기밸브를 열어 실린더 내의 압축된 공기를 배기로 내보낸 후 닫는다.

③ 팽창행정 동안에 실린더 내에 발생된 부압은 피스톤이 하사점으로 움직일 때 상사점 방향으로 힘이 작용하게 되어 엔진을 감속시키게 한다.

현대자동차 트라고

작동의 예

① 1단을 작동할 경우 6개 실린더 중 4개 실린더(예 : 1, 2, 5, 6)를 작동시켜 전체 제동력의 60~70%를 출력한다.

② 2단을 작동할 경우 6개 실린더를 작동시켜 전체 제동력을 출력한다.

③ 제이크 브레이크(Jake Brake) 작동조건

아래 조건이 만족될 경우 클러치 페달에서 발을 떼면 자동적으로 작동된다.

㉮ 엔진의 온도 어느 정도 높을 경우(충분한 웜업 상태)

㉯ 엔진 회전수가 1000rpm 이상인 경우

㉰ 연료가 분사가 없는 경우

㉱ ABS 제어가 없는 경우

㉲ 제이크 브레이크(Jake Brake) 스위치가 ON 된 경우

㉳ 크루즈 또는 PTO 제어 상태가 아닌 경우

기출문제 유형

✦ 제동력 향상을 위하여 엔진 브레이크를 사용할 경우, 제동력에 영향을 주는 메커니즘(mechanism)을 수식으로 설명하고, 파워 트레인(power train, 엔진과 변속기)이 갖추어야 할 요소에 대해 설명하시오.(92-2-6)

---

01 개요

(1) 배경

제동장치는 자동차의 운동에너지를 제동을 하는 동안 마찰을 통해 열에너지로 변환하여 주행 중의 자동차를 감속, 정지를 유지시키는 역할을 한다. 브레이크의 제동력은

파스칼의 원리에 의해 운전자가 브레이크 페달을 밟는 유압이 바퀴에 전달되어 형성되며, 브레이크 드럼과 라이닝의 마찰계수, 드럼 반지름, 타이어의 반지름, 타이어에 걸리는 압력 등에 의해 크기가 결정된다.

풋 브레이크만 사용할 경우 브레이크 라이닝과 타이어가 많이 마모되어 수명이 저하되며, 미끄러운 길에서는 슬립을 발생하여 위험한 상황을 초래할 수 있다. 이런 경우 엔진 브레이크를 적절히 사용해 주면 빠르게 감속이 가능하며, 브레이크 구성 부품의 내구성을 증가시키고, 제동거리를 줄일 수 있다는 장점이 있다.

(2) 엔진 브레이크의 정의

엔진 브레이크는 기어의 저단 변속을 통해 엔진 회전수를 높여 제동 효과를 얻는 것이다.

02 엔진 브레이크의 작동 원리

엔진 브레이크는 엔진에서 제동력이 발생하는 것으로 좁은 의미로는 운전자가 임의로 기어를 저단으로 변경할 경우 발생하는 제동력을 의미하며, 넓은 의미로는 운전자가 가속을 위한 액셀러레이터 페달에서 발을 뗄 때 자동차의 속도가 감소하는 것을 의미한다.

운전자가 액셀러레이터 페달에서 발을 떼면, 그 순간 엔진의 흡기 매니폴드에 위치한 공기량을 조절하는 스로틀 밸브가 닫히게 되어 흡기행정에서 공기의 유입이 없이 실린더 내부의 체적이 증가하게 되어, 펌핑 저항이 발생하게 된다. 또한, 액셀러레이터 페달에서 발을 떼면, 엔진으로 공급되는 연료의 공급이 차단되는 연료 컷(Fuel cut)이 작동하게 되어 폭발행정 시 폭발력 없이 실린더 내부의 체적이 증가하게 되어 펌핑 저항이 발생하게 된다.

따라서 액셀러레이터 페달에서 발을 떼면, 일차적으로 구동력이 발생하지 않고 저항이 발생하게 되어 자동차의 속도가 줄어들게 된다. 기어를 저단으로 변속하는 경우, 엔진의 회전속도에 맞게 형성되었던 변속비가 낮아지기 때문에 엔진은 부하가 걸리게 되어 회전할 때 저항이 발생하게 된다. 따라서 엔진의 rpm은 증가하게 되고, 자동차의 속도는 감소하게 된다.

03 엔진 브레이크가 제동력에 영향을 주는 메커니즘

주행 중인 차량에서 기어의 단수를 낮추는 방법으로 엔진 브레이크를 사용할 수 있다. 따라서 자동차의 속도는 변속비에 비례하여 감소한다. 6단 변속기와 4단 변속기의 변속비는 각각 4단에서 1:1이고, 3단에서 1:1로 구성된다. 저단 기어로 갈수록 변속비가 커지고, 고단 기어로 갈수록 작아지게 된다.

따라서 차량이 현재의 주행 속도에서 사용하고 있는 변속비를 기어의 변속을 통하여 낮춰서 엔진 브레이크를 작동시키면, 변속비가 커져 차량의 속도가 변화하게 된다. 차량의 속도는 아래의 수식과 같이 엔진 회전수와 동력 전달효율, 변속비, 최종감속비, 타이어 반경에 따라서 달라진다. 자동차의 초기 속도가 줄어들게 되면, 운동에너지가 감소하게 되고, 이로 인해 동일한 제동력을 발생했을 경우, 제동거리가 줄어들게 된다.

$$V = 2\pi r_D \times \frac{N \times \eta}{r \times r_f} \times \frac{60}{1,000}$$

여기서, V : 자동차의 주행속도(km/h), r_D : 구동륜의 유효반경(m), r : 변속기의 변속비, r_f : 종감속기의 감속비, i : 총감속비($r \times r_f$), η : 동력전달효율(%)

(1) 운동에너지

$$W = F \cdot S = \frac{1}{2} m V^2$$

(2) 제동거리

$$\text{정지거리 } (S) = \frac{V}{3.6} \times t + \frac{V^2}{254} \times \frac{W(1+\varepsilon)}{F}$$

여기서, V : 제동 초속도(km/h), t : 공주시간(sec), W : 자동차 총중량(kgf)
$\varepsilon : \dfrac{\triangle W}{W}$(회전부 상당 관성질량(중량)계수, 승용 : 0.05, 화물차 : 0.07)
F : 제동력의 합계(kgf)

04 엔진 브레이크를 사용할 경우 파워트레인(엔진, 변속기)이 갖추어야 할 요소

(1) 내구성

엔진 브레이크를 사용할 경우 엔진에 부하가 걸리게 되고, 변속기가 강제적으로 낮은 단수로 변속되기 때문에 엔진의 회전수 변동 및 펌핑 저항 등으로 인하여 일정량의 충격이 발생한다. 따라서 파워트레인은 내구성이 필요하다

(2) 변속기 오일 냉각 성능

엔진 브레이크가 작동 될 때 변속비의 변경으로 인해, 토크 컨버터에 적용되는 변속기 오일의 온도가 일정량 올라간다. 따라서 변속기 오일의 냉각 성능이 요구된다.

- ✦ 자동차의 이상 제동의 원인 및 대책에 대해 설명하시오.(87-2-5)
- ✦ 차량의 제동 장치에서 증기 폐쇄 현상에 대해 서술하시오.(39)
- ✦ 브레이크에서 베이퍼 록(Vapor Lock)을 설명하시오.(60-1-9)
- ✦ 브레이크 페이드 현상을 설명하시오.(63-1-10)
- ✦ 브레이크 저더(Judder) 현상을 설명하시오.(66-1-11, 83-1-9)

01 개요

제동장치는 자동차의 운동에너지를 마찰을 통해 열에너지로 변환하여 주행 중의 자동차를 감속, 정지 또는 주차 상태를 유지시키는 역할을 한다. 그러나 긴 내리막길에서 브레이크를 연속해서 빈번하게 사용함으로써 마찰열이 과도하게 발생하여 브레이크 주변에 온도가 올라가 브레이크 오일이 비등하여 기포가 발생하거나 브레이크 패드(마찰재) 또는 라이닝의 성능 저하가 발생하는 베이퍼 록(Vapor Lock), 워터 페이드(Water Fade), 페이드(Fade) 등과 같은 브레이크의 이상 제동(Abnormal Braking)현상이 발생할 수 있다.

02 자동차 이상 제동의 종류

(1) 베이퍼 록(Vapor Lock) 현상

유압 브레이크에서 주로 여름철에 발생하는 현상으로 주변의 온도 상승과 함께 긴 내리막길에서 브레이크를 연속하여 빈번하게 사용함으로써 마찰열이 과도하게 발생하여 브레이크 주변의 온도 상승으로 브레이크 오일이 비등하여 기포가 발생하면 브레이크를 작동할 때 마치 스펀지처럼 브레이크가 푹 들어가 정상적으로 브레이크가 작동하지 않는 현상을 말한다.

1) 대책

① 브레이크 오일의 특성상 흡습 효과가 있어 주기적으로 브레이크 오일을 교환한다.
② 디스크 지름과 두께를 크게 하여 열용량을 개선하여 냉각 성능을 높인다.
③ 디스크에 홀(구멍) 또는 방사형 형상을 적용하여 디스크의 냉각 성능을 향상시킨다.
④ 브레이크 파이프를 열원으로부터 가능한 멀리 떨어지도록 레이아웃을 잡는다.
⑤ 내열 성능이 우수한 브레이크 오일을 사용한다.(예 : DOT3→DOT4)
⑥ 긴 내리막길에서 주행 할 경우 엔진 브레이크 또는 보조 브레이크를 사용한다.

(2) 워터 페이드(Water Fade)

비가 많이 오거나 물이 많이 고인 도로를 주행할 경우 브레이크 패드(마찰재) 또는 라이닝이 물에 젖어서 일시적으로 마찰계수가 떨어져 제동 성능이 저하되는 현상을 말한다.

2) 대책

① 워터 페이드(Water Fade) 현상에 영향을 적게 받는 패드 재질(NAO보다는 세미 메탈릭 재질, 로 스틸 재질 유리)을 사용한다. 브레이크 패드(마찰재) 종류에는 섬유재료가 스틸섬유인 세미 메탈릭 재질, 섬유재료의 일부에 스틸섬유를 포함하는 로 스틸 재질, 섬유재료로서 스틸섬유를 포함하지 않는 NAO(Non Asbestos Organic)재질이 있다.

② 레인 센서에서 비가 내리는 양의 정보를 ESC(Electronic Stability Control)가 받아 사전에 미세 제동으로 브레이크 패드(마찰재)와 디스크 사이의 물을 제거하는 기능을 적용한다.

(3) 페이드(Fade) 현상

고속주행 중에 지속적인 브레이크를 사용하거나 긴 내리막길에서 브레이크를 연속하여 빈번하게 사용할 경우 브레이크 패드(마찰재) 또는 라이닝의 온도가 약 350도 이상으로 상승하여 브레이크 성능이 저하되는 것을 페이드 현상이라 한다.

2) 원인

브레이크 패드(마찰재) 또는 라이닝의 표면 온도가 일정온도 이상이 되면, 마찰재를 결합하고 있는 성분과 유기성분이 분해되면서 가스가 발생되며 발생한 가스의 윤활작용으로 인하여 마찰계수가 저하되어 발생한다.

3) 대책

① 브레이크 오일의 특성상 흡습 효과가 있어 주기적으로 브레이크 오일을 교환한다.
② 디스크 지름과 두께를 크게 하여 열용량을 개선하여 냉각 성능을 높인다.
③ 디스크에 홀(구멍) 또는 방사형 형상을 적용하여 디스크의 냉각 성능을 향상시킨다.
④ 브레이크 파이프를 열원으로부터 가능한 멀리 떨어지도록 레이아웃을 잡는다.
⑤ 내열 성능이 우수한 브레이크 오일을 사용한다(예 : DOT3→DOT4).
⑥ 긴 내리막길에서 주행 할 경우 엔진 브레이크 또는 보조 브레이크를 사용한다.

03 브레이크 저더(Judder)

브레이크 저더(Judder)는 차량이 고속으로 주행하는 동안 브레이크를 작동할 경우 브레이크 마찰면의 불균일로 인하여 제동력의 변화에 의해 발생하는 진동 현상으로 현가장치 또는 조향장치를 통해서 전달되어 브레이크 페달 및 스티어링 휠의 진동으로 감지될 수 있으며, 심할 경우 차체의 진동으로 감지될 수 있다.

저더는 고속에서 발생하는 진동 현상이기 때문에 운전자가 불안을 느낄 수 있는 브레이크 이상 동작으로, 브레이크 저더(Judder)는 핫 저더(Hot Judder 또는Thermal Judder)와 콜드 저더(Cold Judder)로 구분된다. 브레이크 저더(Judder)의 진동수는 5~30Hz 정도이며, 보통 저더는 80~120km/h에서 발생하며, 핫 저더는 130km/h 이상에서 고속 주행 중 제동 시 발생한다.

(1) 콜드 저더(Cold Judder)

디스크 자체의 기하학적 결함에 의한 제동토크의 변동(BTV : Brake Troque Variation)이 주요 요인이다.

① 디스크의 정렬이 불량(Lateral run out of disc)한 경우
② 디스크 마모가 불균일하게 발생한 경우
③ 디스크 두께의 변화(DTV : Disc Thickness Variation)가 일어난 경우
④ 드럼의 진원 불량 또는 일그러짐이 발생한 경우

(2) 핫 저더(Hot Judder)

제동 시 마찰열에 의해 디스크에 미세한 열점(Hot spot)이 생기거나 브레이크 패드(마찰재)와 디스크 마찰면 사이의 전달 막(Transfer film)의 특성이 변하여 마찰계수의 불균일성이 주요 요인이다.

- 마찰열에 의한 디스크의 특정 부위가 일시적으로 뒤틀림이 발생한 경우

(3) 브레이크 저더 개선 방법

① 디스크의 기하하적 형상 및 브레이크 패드(마찰재)의 최적화
② 현가장치 또는 조향장치의 전달원에 대한 진동 절연

기출문제 유형

✦ 자동차의 제동역학(制動力學) 모델을 정립한 후, 이를 바탕으로 이상적인 제동력 배분 개념과 공차(空車) 및 적차(積車) 시의 제동 안정성(Braking Stability)에 대해 비교 서술하시오.(75-2-3)

01 개요

제동역학은 제동능력과 제동력 배분으로 구분할 수 있으며, 제동력 배분은 앞바퀴와 뒷바퀴의 하중 배분, 이상 제동력 배분과 휠 고착(Wheel Lock) 한계, 제동력 배분과

휠 고착(Wheel Lock) 관점에서 언급이 가능하다. 브레이크 성능은 제동 시 제동거리와 차량 안정성의 측면이 중요한 요소이다.

02 제동력(Brake Force)

(1) 제동력과 정지거리

총 제동력은 앞바퀴 제동력과 뒷바퀴 제동력의 합이며, 차량의 총중량 W와 차량 감속도 a를 중력가속도 g로 나눈 것과 같다.

$$B = B_{front} + B_{rear} = W \cdot \frac{a}{g} \cdots\cdots ①$$

여기서, B_{front} : 앞바퀴 제동력, B_{rear} : 뒷바퀴 제동력, W : 차량총중량, a : 차량 감속도

차량이 제동을 시작하기까지의 공주거리에 제동거리를 합한 정지거리는 제동 시 초속도의 제곱에서 차량 감속도 a로 나눈 값의 1/2과 같다.

$$S = \frac{V^2}{2a} \cdots\cdots ②$$

여기서, S : 정지거리, V : 제동초속도

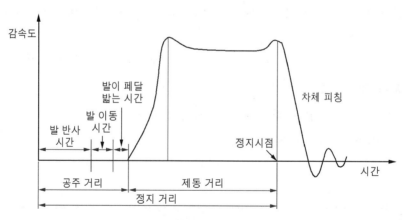

제동력과 정지거리

(2) 제동력과 마찰력

차량의 제동력은 타이어와 노면 사이의 마찰력을 이용하며, 최대 마찰력은 타이어의 슬립(미끄럼)에 의해 제한된다. 따라서 먼저 앞바퀴와 뒷바퀴의 브레이크 사양은 차량 중량 배분에 맞추어 선정하여야 한다. 또한 앞바퀴와 뒷바퀴의 동적인 중량 변동에 대해 노면의 상황에 따라 적절하게 배분이 되어야 한다.

(3) 주행 안정성과 슬립(미끄럼)

타이어의 노면 마찰계수는 일반적으로 슬립률(미끄럼 비)이 20% 근처에서 최대가 되며, 슬립률이 증가하면 마찰계수는 감소한다. 차량의 주행 안정성은 타이어의 사이드 포스인 횡방향(Lateral) 마찰계수가 슬립률이 0일 때 최대가 되며, 슬립률이 증가하면 감소한다.

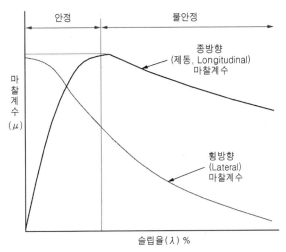

마찰계수와 슬립률의 관계

03 제동력 배분

(1) 하중 배분

제제동 중에는 감속도에 의한 관성력으로 인하여, 하중이 뒷바퀴에서 앞바퀴로 이동하므로, 앞바퀴의 동적하중은 앞바퀴의 하중에 감속도에 의한 관성력의 변동량을 더하고(③), 뒷바퀴의 동적하중은 뒷바퀴의 하중에 감속도에 의한 관성력의 변동량을 뺀 것(④)과 같다. 따라서 앞바퀴와 뒷바퀴의 동적하중 식은 아래와 같다.

$$W'_{front} = W_{front} + W \cdot \frac{a}{g} \cdot \frac{h}{L} \quad \cdots\cdots ③$$

$$W'_{rear} = W_{rear} - W \cdot \frac{a}{g} \cdot \frac{h}{L} \quad \cdots\cdots ④$$

W'_{front} : 앞바퀴 동적하중, W'_{rear} : 뒷바퀴 동적하중, h : 무게 중심 높이

W_{front} : 앞바퀴 정적하중, W_{rear} : 뒷바퀴 동적하중, L : 축간거리 (휠베이스)

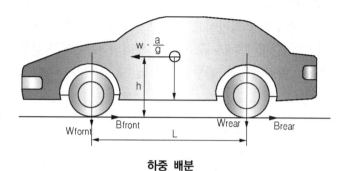

하중 배분

(2) 이상 제동력의 배분과 휠 잠김(Wheel Lock)

차량을 감속도 a로 제동을 할 때 이상 제동력의 배분을 고려하면 앞바퀴와 뒷바퀴의 제동력 B_{front}, B_{rear}은 차량의 동적하중 배분과 비례한다.

$$B_{front} = \frac{a}{g}(W_{front} + W \cdot \frac{a}{g} \cdot \frac{h}{L}) \cdots\cdots ⑤$$

$$B_{rear} = \frac{a}{g}(W_{rear} - W \cdot \frac{a}{g} \cdot \frac{h}{L}) \cdots\cdots ⑥$$

타이어와 노면사이의 마찰계수 μ를 고려할 경우,

$$B_{front} = \mu \cdot \frac{a}{g}(W_{front} + W \cdot \frac{a}{g} \cdot \frac{h}{L}) \cdots\cdots ⑧$$

$$B_{rear} = \mu \cdot \frac{a}{g}(W_{rear} - W \cdot \frac{a}{g} \cdot \frac{h}{L}) \cdots\cdots ⑨$$

$$B = B_{front} + B_{rear} = W \cdot \frac{a}{g} \cdots\cdots ①$$

식 ①과 식 ⑧, ⑨를 이용하여 휠 잠김(Wheel Lock)식을 유도하면 식⑩과 같다.

$$B_{rear} = B_{front}(\frac{L}{\mu h} - 1) - \frac{L}{h}W_{front}$$

$$B_{rear} = -B_{front}(\frac{1}{L/\mu h + 1}) + \frac{1}{1/\mu + h/L}W_{rear} \cdots\cdots ⑩$$

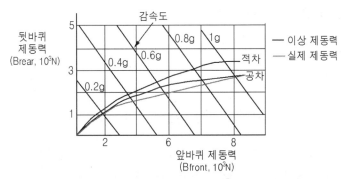

그림 1. 제동력 배분과 실제 제동력 배분 곡선(예 : 승용)
(자료 : KSAE 자동차 기술핸드북, 1990년)

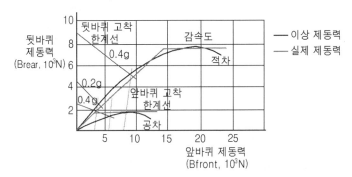

그림 2. 제동력 배분과 실제 제동력 배분 곡선(예 : 상용)
(자료 : KSAE 자동차 기술핸드북, 1990년)

그림 1은 승용차의 제동력 배분과 실제 제동력 배분의 곡선을 보여준다. 앞바퀴가 뒷바퀴보다 작은 제동력으로 잠김(Wheel Lock)이 발생됨을 알 수 있고, 적차보다는 공차에서 작은 제동력으로 뒷바퀴 잠김(Wheel Lock)이 발생됨을 알 수 있다.

식 ⑩을 이용한 그림 2는 앞바퀴와 뒷바퀴 잠김(Wheel Lock)의 한계를 나타내며, 이상 제동력의 배분 곡선에서는 마찰계수가 다른 노면에서도 앞바퀴와 뒷바퀴가 거의 동시에 잠김(Wheel Lock)이 됨을 알 수 있으며, 이때 노면으로부터 최대 제동력을 얻을 수 있다. 또한 상용 공차 상태인 경우 제동 시 뒷바퀴의 잠김(Wheel Lock)이 먼저 발생하고, 적차 상태인 경우 마찰계수가 낮은 노면에서 제동 시 앞바퀴의 잠김(Wheel Lock)이, 마찰계수가 높은 노면에서 제동 시 뒷바퀴의 잠김(Wheel Lock)이 먼저 발생한다.

뒷바퀴의 잠김(Wheel Lock)이 일어날 경우 뒷바퀴의 좌우 사이드 포스가 없어져 차량에 요 모멘트(Yaw Moment)가 발생하여 차량의 거동이 상당히 불안해져 심할 경우에는 스핀이 발생하므로 앞바퀴의 잠김(Wheel Lock)보다 더욱 더 위험할 수 있다. 앞바퀴의 잠김(Wheel Lock)이 일어날 경우 뒷바퀴의 좌우 코너링 포스가 없어져 조향이 불가능해지나 차량은 직진 상태로 정지한다.

(3) 제동력 배분과 휠 고착(Wheel Lock)

실제 제동력은 앞바퀴 및 뒷바퀴의 휠 실린더 크기, 디스크 크기 및 타이어에 의해 결정된다.

$$B'_{front} = (BEF)_{front} \cdot A_{front} \cdot \frac{r_{front}}{R_{front}}$$

BEF : 브레이크 효력계수, P : 브레이크 유효압력, A : 실린더 단면적

r : 디스크 유효반경 또는 드럼 반경, R : 타이어 반경

$$B'_{rear} = (BEF)_{rear} \cdot A_{rear} \cdot \frac{r_{rear}}{R_{rear}}$$

$$B_{front} = W \cdot \frac{a}{g} \cdot K_{front} \quad \cdots\cdots ⑤, \quad B_{rear} = W \cdot \frac{a}{g} \cdot K_{rear} \quad \cdots\cdots ⑥$$

$$K_{front} = \frac{B'_{front}}{B'_{front} + B'_{rear}}, \quad K_{rear} = \frac{B'_{rear}}{B'_{front} + B'_{rear}}$$

식 ②, ③, ⑤, ⑥으로부터 노면의 마찰계수와 타이어가 고착(Wheel Lock)되는 감속도비인 아래 식을 얻는다. 앞바퀴와 뒷바퀴가 동시에 휠 고착(Wheel Lock)될 때의 마찰계수 μ_c일 경우,

- $\mu < \mu_c$: 전륜 먼저 고착(Wheel Lock)

- $\mu > \mu_c$: 후륜 먼저 고착(Wheel Lock)

- $$\frac{a_{front}}{g} = \frac{\mu}{K_{front} - \mu(h/l)} \cdot \frac{W_{front}}{W}$$

- $$\frac{a_{rear}}{g} = \frac{\mu}{K_{rear} - \mu(h/l)} \cdot \frac{W_{front}}{W}$$

이상 제동력 배분과 실제 제동력 배분의 관계에 있어서, 이상 제동력의 배분보다 앞바퀴 배분이 높은 영역에서는 앞바퀴부터 먼저 고착(Wheel Lock)이 시작되고, 반대로 뒷바퀴 배분이 높은 영역에서는 뒷바퀴가 먼저 고착(Wheel Lock)이 된다.

✦ 슬립률을 정의하고, 마찰력, 제동력, 코너링 포스의 관계와 최적 슬립 제어를 설명하시오.(125-3-1)

✦ 브레이크 저항 계수와 슬립률을 정의하고, 효과적인 제동을 위한 이 두 요소의 상관관계를 설명하시오.(105-4-5)

✦ PBC(Peak Braking Coefficient)에 대해 설명하시오.(89-1-10)

✦ 정지 마찰계수와 동 마찰계수를 설명하시오.(80-1-12)

01 제동 마찰계수와 ABS(Anti-lock Brake System)

마찰력은 물체와 물체 사이의 접촉하고 있는 면에서 물체의 운동을 서로 방해하도록 작용하는 힘을 말한다. 마찰력은 물체가 움직이는 방향과 항상 반대방향으로 작용한다.

① 정지 마찰력은 지면 위의 물체에 지면과 수평방향으로 힘을 가할 때, 물체가 움직이지 않고 정지해 있을 때 물체에 가한 힘과 크기는 같지만 방향은 반대인 마찰력을 말한다.

② 최대 정지 마찰력은 지면 위의 물체에 지면과 수평방향으로 힘을 계속 가할 때 움직이는 순간의 마찰력을 말한다. 최대 정지 마찰력은 정지 마찰계수와 수직항력의 곱으로 나타낼 수 있다. 정지 마찰계수는 접촉면(노면)에 따라 달라질 수 있다.

최대 정지 마찰력 $F_s = \mu_s N = \mu_s mg$ (N : 수직항력, μ_s : 정지 마찰계수)

③ 운동 마찰력은 물체에 가한 힘으로 인하여 물체가 움직이는 동안 마찰력을 말한다. 운동 마찰력은 최대 정지 마찰력 보다 작으며, 항상 일정한 값을 갖는다.

운동 마찰력 $F_k = \mu_k N = \mu_k mg$ (μ_k : 운동 마찰계수)

운동 마찰력은 운동 마찰계수와 수직항력의 곱으로 나타낼 수 있다. 운동 마찰계수는 접촉면(노면)에 따라 달라질 수 있다.

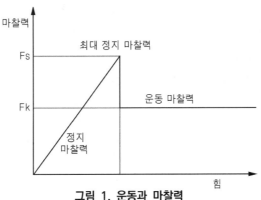

그림 1. 운동과 마찰력

02 ABS(Anti-lock Brake System) 제동 마찰계수(μ)와 제동 슬립률(λ)

(1) ABS(Anti-lock Brake System)와 최대 정지 마찰력

ABS(Anti-lock Brake System)의 경우 타이어와 노면 사이의 마찰력(최대 정지 마찰력, 운동 마찰력) 중에서 최대 정지 마찰력에 해당하는 최대 마찰계수 영역을 이용하는 시스템이다.

(2) ABS(Anti-lock Brake System) 제동 마찰계수(μ)와 제동 슬립률(λ)

① 자동차를 멈추기 위해 급제동하는 경우 타이어의 잠김(Wheel Lock)이 발생하여 노면과 슬립(미끄러짐)이 발생하게 되는데 ABS(Anti-lock Brake System)에서는 이런 슬립이 최소가 되는 최대 마찰계수 영역(슬립률 λ 기준 약 20% 근방)을 유지하기 위하여 각 휠(wheel)별로 유압(증압 모드, 유지 모드, 감압 모드)을 노면의 상황에 맞게 제어하는 시스템이다.(그림2) 각 휠(Wheel)의 타이어에 작용하는 제동력이 노면에 따라 너무 크면 타이어는 노면과 슬립이 발생(휠 잠김 발생)하여 조향이 불가능해지고, 제동거리가 길어지며 경우에 따라 차량에 요 모멘트 발생하여 차량의 주행 안정성에 영향을 준다. 최대 마찰계수 영역(슬립률 λ 기준 약 20% 근방)에서 타이어와 노면간의 점착력(정지마찰 : μ)이 최대가 된다. 슬립률(λ)이 80% 이상이 되면 바퀴는 급격하게 잠김(Wheel Lock) 상태로 되어 타이어는 완전한 미끄러지는 상태가 된다. 이것은 타이어 공기압과 트레드 상태, 노면의 상황 등에 따라 차이가 생긴다.

② 슬립률 λ 약 20% 근방에서 최대 마찰계수(μ)는 노면 상황에 따라 다르다. 건조 아스팔트(Dry Asphalt) 노면에서는 최대 마찰계수(μ) 약 1.0, 젖은 아스팔트(Wet Asphalt) 노면에서는 최대 마찰계수(μ) 약 0.7, 다진 눈(Packed Snow) 노면에서는 최대 마찰계수(μ) 약 0.2, 빙판(ICE) 노면에서는 최대 마찰계수(μ) 약 0.1이하이다. 여기서, 최대 마찰계수(μ)가 큰 경우 고마찰 노면(High-μ), 최대 마찰계수(μ)가 작은 경우 저마찰 노면(Low-μ)이라 부른다.

③ ABS(Anti-lock Brake System)는 슬립률 λ 약 20% 근방에서 최대 마찰계수(μ)를 이용하기 위하여 각 휠별 제동력에 따른 휠 속도(Wheel Speed)의 변화를 통하여 노면의 판단이 중요하다.(그림3)

참고 자동변속기 클러치의 정지 마찰계수와 동 마찰계수

마찰 특성(동마찰, 정지 마찰계수)은 동 마찰계수가 작을 경우 접촉면과의 슬립(미끄러짐)이 발생하여 온도가 올라갈 수 있으며, 정지 마찰계수가 클 경우 충격이 발생할 수 있다.

① 동 마찰계수(Dynamic Friction Coefficient)는 시험속도 50% 지점에서의 토크와 클러치 압력을 통하여 계산된 마찰계수를 말한다.

② 정지 마찰계수(Static Friction Coefficient)는 시험속도 20% 이하에서의 토크와 클러치 압력을 통하여 계산된 마찰계수를 말한다.

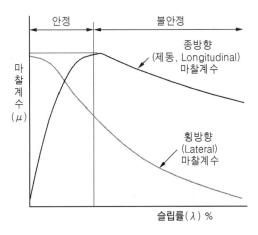

그림 2. 마찰계수와 슬립률(λ) 곡선

그림 3. 노면별 마찰계수와 슬립률 곡선

$$제동 슬립률 \; \lambda(미끄럼비) = \frac{V_{ref} - V_{wheel}}{V_{ref}} \times 100\%$$

여기서, V_{ref} : 차량 속도(Vehicle Speed), V_{wheel} : 휠 속도(Wheel Speed)

03 PBC(Peak Braking Coefficient)

PBC는 차량 제동 시 해당 축중(앞차축의 축중·뒤차축의 축중)에 작용하는 제동력의 비를 의미하며, ABS 작동 시 차량의 제동성능 평가를 위한 기준으로 활용 중이며, 산출 방법은 다음과 같다.

(1) PBC(Peak Braking Coefficient) 산출 방법

1) 시험 노면 : 저마찰로(Low-μ) 및 고마찰로(High-μ)

① 저마찰로 : 점착력 값(Adhesion Coefficient)이 0.4 이하인 평탄하고 수평한 직선 노면

② 고마찰로 : 점착력 값(Adhesion Coefficient)이 약 0.8인 평탄하고 수평한 직선 노면

2) ABS 작동 상태 : 작동 상태

3) 평균 제동률(Zm)$= \dfrac{0.566}{t_m}$ 을 구한다.

t_m : ABS(Anti-lock Brake System)가 최대 사이클로 작동되도록 제동하여 45km/h부터 15km/h까지의 감속시간(초)을 반복 측정한 후 3개 값의 평균값

4) 1개 앞차축의 점착력 값(K_f)과 1개의 뒤차축의 점착력 값(K_r)을 구한다.

$$K_f = \frac{Z_m \cdot W \cdot g - r \cdot F_2}{F_1 + \dfrac{h}{L} \cdot Z_m \cdot W \cdot g}, \qquad K_r = \frac{Z_m \cdot W \cdot g - r \cdot F_1}{F_2 + \dfrac{h}{L} \cdot Z_m \cdot W \cdot g}$$

여기서, K : 도로와 타이어 사이의 점착력 값

K_f : 1개 앞차축의 점착력 값, K_r : 1개 뒤차축의 점착력 값

W : 자동차 중량(kgf), g : 중력가속도(10m/s^2)

r : 구름저항 값(구동 차축 제동 : 0.01, 비구동 차축 제동 : 0.015)

F_1 : 정적 상태 앞차축의 축중(N), F_2 : 정적 상태 뒤차축의 축중(N)

h : 무게중심고(m), L : 축간거리(m)

5) 최대 제동률(Z_{AL})$= \dfrac{0.849}{t_m}$ 을 구한다.

t_m : ABS(Anti-lock Brake System)가 최대 사이클로 작동되도록 제동하여 45km/h부터 15km/h까지의 감속시간(초)을 반복 측정한 후 3개 값의 평균값

6) 동적 상태의 앞차축 축중(F_{fdyn})과 동적 상태의 뒤차축 축중(F_{rdyn})을 구한다.

$$F_{fdyn} = F_1 + \frac{h}{L} \cdot Z_{AL} \cdot W \cdot g, \quad F_{rdyn} = F_2 - \frac{h}{L} \cdot Z_{AL} \cdot W \cdot g$$

여기서, F_1 : 정적 상태 앞차축의 축중(N), F_2 : 정적 상태 뒤차축의 축중(N)

W : 자동차 중량(kgf), g : 중력가속도(10m/s^2)

h : 무게중심고(m), L : 축간거리(m)

7) 점착력 값(K_M)을 구한다.

$$K_M = \frac{K_f \cdot F_{fdyn} + K_r \cdot F_{rdyn}}{W \cdot g}$$

여기서, K_f : 앞차축의 점착력 값, K_r : 뒤차축의 점착력 값

W : 자동차 중량(kgf), g : 중력가속도(10m/s^2)

8) 점착력 이용값(ε)$= \dfrac{Z_{AL}}{K_M}$ 을 구한다.

9) 점착력 값(ε) 기준

각 시험노면 및 적재 조건에서 0.75 이상일 것

기출문제 유형

✦ 브레이크 효력계수(Brake Effective Factor)에 대해서 설명하시오.(59-1-7)

01 브레이크 효력계수(Brake Effective Factor) 정의

브레이크 효력계수(B_{EF} : Brake Effective Factor)는 브레이크 입력(Input)과 출력(Output)의 비를 의미한다. 브레이크 효력계수(BEF)는 브레이크 토크, 휠 실린더 단면적, 브레이크 유압 및 드럼 반경으로 결정되며, 다음과 같이 구할 수 있다.

$$B_{EF} = \frac{T}{A \cdot P \cdot R}$$

여기서, T : 브레이크 토크, A : 휠 실린더 단면적, P : 브레이크 유압

R : 드럼 반경(반지름)

드럼 브레이크의 경우 일반적으로 슈(Shoe)가 2개이므로 각각의 슈 팩터 S_F을 합하여 구할 수 있다.

$$S_F = \frac{\text{슈에 의한 브레이크 토크}}{\text{슈선단 입력} \cdot \text{드럼반경}} , B_{EF} = S_{F1} + S_{F2}$$

브레이크 효력계수(BEF : Brake Effective Factor)는 브레이크 타입 또는 동일한 브레이크 타입에서도 라이닝의 마찰계수, 휠 실린더 및 앵커의 기구적인 위치, 스프링의 힘 등에 의해 영향을 받는다.

02 브레이크 효력계수(Brake Effective Factor)와 마찰계수(μ)

브레이크의 자기 작동 작용(Self Servo Action ; 자기 배력 작용)이 낮은 것일수록 마찰계수와 그래프에서 직선과 비슷한 형태가 된다. 디스크 브레이크의 경우 브레이크 효력계수(BEF : Brake Effective Factor)는 약 1 이하이며, 드럼 브레이크의 경우 약 4~8 정도이다.

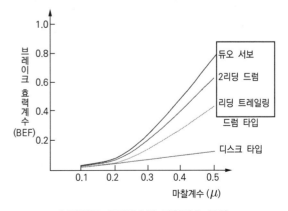

브레이크 효력계수와 마찰계수 곡선

01 개요

제동 성능의 기준은 일반적으로 제동거리로 판단하고 있으며, 제동거리에 대한 제동 성능은 차량 중량, 제동 초속도, 제동 슬립률, 제동압력 등 영향을 받고 있으며, 각각의 영향을 미치는 인자는 다음과 같다.

02 차량 중량과 제동거리

(1) 곡선 ①

일반적으로 차량의 앞바퀴와 뒷바퀴 브레이크의 제동압력을 동일하게 한 후, 차량 중량만을 고려하였을 경우 제동거리의 변화는 곡선 ①과 같다.

(2) 곡선 ②

차량 중량에 비하여 앞바퀴와 뒷바퀴 브레이크 제동압력이 충분히 큰 경우, 차량 중량과는 무관함을 알 수 있다.

(3) 곡선 ③

차량 총중량에 비하여 앞바퀴와 뒷 바퀴 브레이크의 제동압력이 작은 경우, 차량 중량이 증가 할수록 일정 기울기를 갖는 거의 직선 형태로 증가한다.

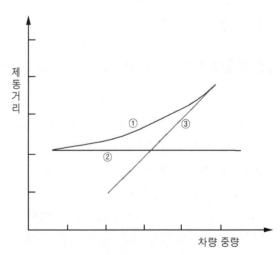

그림1. 제동거리와 차량 중량 곡선

(자료 : 자동차 구조학, 동신, 1998년)

03 제동 초속도와 제동거리

차량에서 앞바퀴 및 뒷바퀴 브레이크의 제동압력을 동일하게 한 후, 각각 정해진 시험 속도에서 동일한 제동압력으로 제동을 할 경우, 제동 초속도가 커지면, 일정한 감속도를 얻기까지 시간이 더 길어지며 제동거리는 길어진다.

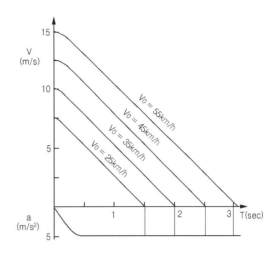

제동 초속도(V-T)와 감속도(a-T) 곡선
(자료 : 자동차 구조학, 동신, 1998년)

04 제동 슬립률(λ)과 제동거리

자동차를 멈추기 위해 급제동하는 경우 타이어 잠김(Wheel Lock)이 발생하여 노면과 슬립(미끄러짐)이 발생하게 되는데 ABS(Anti-lock Brake System)에서는 이런 슬립이 최소가 되는 최대 마찰계수 영역(슬립률 λ 기준 약 20% 근방)을 유지하기 위하여 각 휠(wheel) 별로 유압(증압 모드, 유지 모드, 감압 모드)을 노면의 상황에 맞도록 제어하는 시스템이다.

우측 그림에서 각 휠(Wheel)의 타이어에 작용하는 제동력이 노면에 따라 너무 크면 타이어는 노면과 슬립이 발생(휠 잠김 발생)하여 조향이 불가능해지고, 제동거리가 길어지며 경우에 따라 차량에 요모멘트 발생하여 차량의 주행 안정성에 영향을 준다. 최대 마찰계수 영역(슬립률 λ 기준 약 20% 근방)에서 타이어와 노면간의 점착력(정지마찰 : μ)이 최대가 된다. 슬립률(λ)이 80% 이상이 되면 바퀴는 급격하게 잠김(Wheel Lock) 상태로 되어 타이어는 완전히 미끄러지는 상태가 된다. 이 미끄러지는 상태가 지속될 경우 제동거리도 길어지게 된다. 이것은 타이어 공기압과 트레드 상태, 노면의 상황 등에 따라 차이가 생긴다.

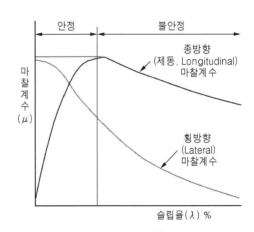

마찰계수와 슬립률(λ) 곡선

$$제동\ 슬립률\ \lambda(미끄럼비)= \frac{V_{ref} - V_{wheel}}{V_{ref}} \times 100\%$$

여기서, V_{ref} : 차량 속도(Vehicle Speed)

V_{wheel} : 휠 속도(Wheel Speed)

05 제동압력과 제동거리

자동차는 고속으로 주행하므로 앞바퀴 및 뒷바퀴 브레이크의 제동압력이 최대 값에 이를 때까지의 소요시간(T)의 증감에 따라 제동거리에 미치는 영향은 크다.

제동압력의 영향은 브레이크 페달을 빠르고 세게 밟아서 T가 0.3초 이내에서 제동압력이 커질수록 감속도는 커지며, 제동거리는 줄어든다. 그러나 T시간 이상의 경우, 제동압력이 일정 이상으로 커지면 휠 잠김(Wheel Lock)으로 인하여 감속도는 줄어든다. 따라서 초기 제동 시에는 빠르고 강하게 그 이후는 약하게 밟는 것이 제동거리 측면에서 유리할 수 있다.

기출문제 유형

✦ 무게가 16,000N, 앞바퀴 제동력이 각각 3,600N, 뒷바퀴 제동력이 각각 1,200N인 자동차가 120km/h 속도에서 급제동할 경우 멈출 때까지의 거리와 시간을 구하시오.(116-2-2)(단, 중력가속도 g=10m/s₂이다.)

---

01 참고해야 할 계산식

(1) 정지거리(S) = 공주거리(S_1) + 제동거리(S_2)

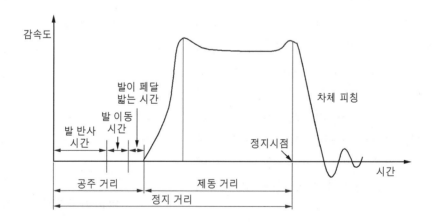

$$공주거리(S_1) = \frac{V}{3.6} \cdot t \quad \cdots\cdots ①$$

$$제동거리(S_2) = \frac{V^2}{2a} \quad \cdots\cdots ②$$

$$= \frac{1}{2} \cdot \left(\frac{V}{3.6}\right)^2 \cdot \frac{m}{F} = \frac{1}{2} \cdot \left(\frac{V}{3.6}\right)^2 \cdot \frac{1}{F} \cdot \left(\frac{W}{g}\right)$$

$$= \frac{V^2}{254} \cdot \frac{W}{F}$$

$$= \frac{V^2}{254} \cdot \frac{W(1+\varepsilon)}{F}$$

식 ①과 ②에서 정지거리(S)는 다음과 같다.

$$정지거리(S) = \frac{V}{3.6} \cdot t + \frac{V^2}{254} \cdot \frac{W(1+\varepsilon)}{F} \quad \cdots\cdots ③$$

여기서, V : 제동 초속도(km/h), t : 공주시간(sec), W : 자동차 총중량

$\varepsilon : \dfrac{\triangle W}{W}$(회전부 상당 관성질량(중량)계수, 승용 : 0.05, 화물차 : 0.07)

F : 총제동력(Kgf) $(= F_{FR} + F_{RR})$

(2) 정지시간(t_s) = 반응시간(t) + 제동시간(t′)

정지시간(t_s), 반응시간(t), 제동시간(t')을 고려하면

$$t_s = t + t' \quad \cdots\cdots ④$$

여기서, t_s : 정지시간, t : 반응시간, t' : 제동시간

식 ②를 이용하여 t'를 구하면

$$S_2 = \frac{V^2}{2a} = \frac{V^2}{2\left(\dfrac{V}{t'}\right)} = \frac{V \cdot t'}{2}, \quad t' = \frac{2 \cdot S_2}{V}$$

다시 정리하면, $t' = \dfrac{2 \cdot S}{V} \quad \cdots\cdots ⑤$

식 ④, ⑤에서 $\quad \therefore t_s = t + \dfrac{2 \cdot S}{V} \quad \cdots\cdots ⑥$

02 거리와 시간 구하기

공주거리(S_1), 반응시간 t와 회전부 상당 관성질량(중량)계수 ε은 무시(=0)한다.
식 ③에서 공주거리(S_1)=0으로 놓으면,

$$\text{정지거리}(S) = \frac{V^2}{254} \cdot \frac{W}{F} = \frac{V^2}{254} \cdot \frac{W}{(F_{FR} + F_{RR})}$$

$$= \frac{120^2}{254} \cdot \frac{16,000}{(7,200 + 2,400)} = 94.49 \,(\text{m})$$

식 ③에서 반응시간 $t = 0$으로 놓으면,

$$\text{정지시간}(t_s) = \frac{2 \cdot S}{V} = \frac{2 \cdot 94.49}{120/3.6} = 5.67 \,(\text{sec})$$

기출문제 유형

✦ 차량 중량이 990kgf인 자동차가 75km/h로 주행하고 있을 때 브레이크를 걸어 정지하였다. 주행 에너지가 전부 브레이크 드럼에 흡수되어 열로 변하였다면 몇 kcal가 되는가?(80-3-6)

✦ 차량 중량이 990kgf인 자동차가 75km/h로 주행하고 있을 때 브레이크를 걸어 정지하였다. 주행 에너지가 전부 브레이크 드럼에 흡수되어 열로 변하였다면 몇 kcal가 되는지 계산, 또한 이 열로서 물 1리터의 온도를 초당 몇도 상승할지 계산하시오.(33)

01 참고해야 할 계산식

(1) 일과 에너지 관계식

$$W_R = F_R \cdot S \cdot \cos\theta = \frac{1}{2}mV^2 - \frac{1}{2}mV_0^2 \quad * \text{ 마찰계수를 고려 할 경우 } S = \frac{V^2}{2\mu g}$$

여기서, F_R : 브레이크 저항력(마찰력), S : 이동거리, V : 나중속도, V_0 : 초기속도

$$W_R = F_R \cdot S \cdot \cos 180 = 0 - \frac{1}{2}mV_0^2$$

$$F_R \cdot S = \frac{1}{2}mV_0^2 \, \cdots\cdots ①$$

질량 m, 비열 c인 물체의 온도가 $\triangle t$로 변했을 때의 열량 Q는 다음과 같다.

$$Q = mc\triangle t \, \cdots\cdots ②$$

02 일 에너지(열량) 및 상승 온도 구하기

식 ①에서

$$W = F_R \cdot S = \frac{1}{2}mV_0^2 = \frac{1}{2} \cdot 990 \cdot \frac{75}{3.6} = 10,312.5\text{J} \quad (1\text{cal} = 4.18605\text{J 이므로})$$

$$= \frac{10,312.5}{4.18605} = 2,463.5\,\text{cal} = 2.46\text{kcal}$$

식 ②에서, $Q = mc\triangle t$

$$\triangle t = \frac{Q}{mc} = \frac{2.46\text{kcal}}{1\text{kg} \cdot 1\text{kcal}/(\text{kg} \cdot \text{℃})} = 2.46\text{℃}$$

기출문제 유형

✦ 일과 에너지의 원리를 이용하여 정지거리의 산출식을 구하시오. [단, 제동 초속도 V(km/h), 제동력 F(N), 차량중량 W(N), 제동거리 S1(m), 공주거리 S2(m), 회전부분 상당중량 △W(N), 공주시간 t(sec), 중력가속도 g(m/sec²)](122-4-1)

✦ 차량중량 W(kgf)인 자동차가 시속 V km/h로 운전하는 중에 제동력 F(kgf)의 작용으로 인해 제동거리 S(m)에서 정지하였을 때(이 때, 공주시간은 t시간으로 함) 단계적으로 제동되는 과정과 각 과정에서의 거리와 최종 정지거리를 산출하는 식을 쓰고 설명하시오.(120-2-5)

✦ 일과 에너지의 원리를 이용하여 제동거리를 산출하는 계산식을 나타내고 설명하시오.(105-3-6) (단, 제동 초기속도 : V(km/h), 총제동력 : F(kgf), 차량총중량 : W(kgf), 관성상당중량 : △W(kgf), 제동거리 : S(m))

✦ 차량의 제동 과정을 분석하고 바퀴가 고착되었을 때와 고착되지 않았을 때의 각각에 대해 제동거리 산출식을 설명하시오.(단, 수식기호는 임의로 정한다.)(87-3-2)

✦ 과도제동, 주요제동, 공주거리, 정지거리를 논하고, 제동거리, 공주거리, 정지거리 산출식을 유도하시오.(53-4-2)

✦ 차륜에 제동력이 발생되어 차량이 정지할 때까지의 과정을 시간과 감속도 발생의 관계를 표시하고, 차륜이 고착되었을 때와 고착되지 않았을 때의 제동거리 산출식을 유도하시오.(35)

01 개요

자동차의 브레이크는 운동에너지를 마찰을 통해 열에너지로 변환하여 주행 중의 자동차를 감속 또는 정지를 유지하도록 하는 역할을 한다. 정지거리는 운전자가 도로의 물체 또는 전방 자동차에 대한 위험을 인지하고 브레이크 조작을 시작하여 브레이크가 작동을 시작할 때까지의 자동차가 주행한 거리인 공주거리와 브레이크가 작동을 시작한 다음에 자동차가 정지하기까지 주행한 거리인 제동거리로 구분할 수 있다.

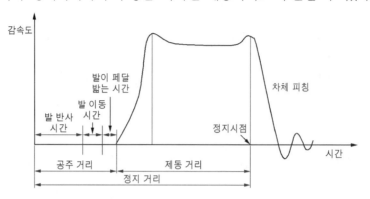

02 차량이 정지할 때까지 단계 분석

(1) 공주거리

공주거리는 운전자가 도로의 물체 또는 전방 자동차에 대한 위험을 인지하고 브레이크 조작을 시작하여 브레이크가 작동을 시작할 때까지의 자동차가 주행한 거리를 말한다.

① 발 반사시간은 운전자가 도로의 물체 또는 전방 자동차에 대한 위험을 인지하고 브레이크 조작을 시작할 때까지의 시간(약 0.4~0.6s)을 말한다.

② 발 이동 시간은 발이 브레이크 페달로 이동될 때까지의 시간(약 0.2 ~ 0.3s)을 말한다.

③ 발이 페달을 밟는 시간은 페달을 밟아서 브레이크가 작동하여 브레이크 유압회로 내에 유압이 상승하기 시작할 때까지의 시간(약 0.1~0.2s)을 말한다.

(2) 제동거리

제동거리는 브레이크가 작동을 시작한 다음에 자동차가 정지하기까지 주행한 거리를 말한다.

03 차량 정지거리 산출식 유도

(1) 공주거리(S_2)

공주시간은 운전자의 반응시간으로 발 반사시간, 발 이동시간과 발이 페달을 밟는 시간으로 구분된다.

$$공주거리\ (S_2) = \frac{V}{3.6} \cdot t\ \cdots\cdots ①$$

여기서, V : 제동 초속도(km/h), t : 공주시간(sec), 일반적으로 $t = 0.7 \sim 1.1 s$

(2) 제동거리(S_1)

1) 가정 : 제동력은 제동시간 동안 일정치를 유지하며, 구름저항, 공기저항을 무시한다.

$$제동거리(S_1) = \frac{V^2}{2a} \quad \cdots\cdots ②$$

$$= \frac{1}{2} \cdot (\frac{V}{3.6})^2 \cdot \frac{m}{F} = \frac{1}{2} \cdot (\frac{V}{3.6})^2 \cdot \frac{1}{F} \cdot (\frac{W}{g})$$

$$= \frac{V^2}{254} \cdot \frac{W}{F} = \frac{V^2}{254} \cdot \frac{W(1+\epsilon)}{F}$$

여기서, 회전부 상당 관성질량을 고려하면

$$W = W + \triangle W = W(1 + \frac{\triangle W}{W}) = W(1 + \epsilon)$$

2) 일과 에너지를 고려한 제동거리(S_1)

$$W_R = F_R \cdot S \cdot \cos\theta = \frac{1}{2}mV^2 - \frac{1}{2}mV_0^2$$

$$마찰계수를 \ 고려할 \ 경우 \ S = \frac{V^2}{2\mu g}$$

여기서, F_R : 브레이크 저항력(마찰력), S : 이동거리, V : 나중속도, V_0 : 초기속도

$$W_R = F_R \cdot S \cdot \cos180 = 0 - \frac{1}{2}mV_0^2$$

$$F_R \cdot S = \frac{1}{2}mV_0^2 \quad \cdots\cdots ①$$

(3) 정지거리(S)

1) 정지거리(S) = 공주거리(S_2) + 제동거리(S_1)

식 ①과 ②에서 정지거리(S)는 다음과 같다.

$$정지거리 \ (S) = \frac{V}{3.6} \cdot t + \frac{V^2}{254} \cdot \frac{W(1+\varepsilon)}{F} \quad \cdots\cdots ③$$

여기서, V : 제동 초속도(km/h), t : 공주시간(sec), W : 자동차 총중량(kgf),

$\varepsilon : \frac{\triangle W}{W}$(회전부 상당 관성질량(중량)계수, 승용 : 0.05, 화물차 : 0.07),

F : 제동력의 합계(kgf)

2) 반응시간 t = 0.1s로 가정할 경우의 정지거리(법규)

$$\text{정지거리}\ (S) = \frac{V}{36} + \frac{V^2}{254} \cdot \frac{W(1+\varepsilon)}{F}$$

여기서, V : 제동 초속도(km/h), t : 공주시간(sec), W : 자동차 총중량(kgf)

$\varepsilon : \dfrac{\triangle W}{W}$(회전부 상당 관성질량(중량)계수, 승용 : 0.05, 화물차 : 0.07),

F : 제동력의 합계(kgf)

3) 정지시간(t_s) = 반응시간(t) + 제동시간(t′)

정지시간(t_s), 반응시간(t), 제동시간(t′)를 고려하면

$$t_s = t + t' \cdots\cdots ④$$

여기서, t_s : 정지시간, t : 반응시간, t' : 제동시간

식 ②를 이용하여 t'를 구하면,

$$S_1 = \frac{V^2}{2a} = \frac{V^2}{2\left(\dfrac{V}{t'}\right)} = \frac{V \cdot t'}{2},\ t' = \frac{2 \cdot S_1}{V}$$

다시 정리하면, $t' = \dfrac{2 \cdot S}{V}\ \cdots\cdots ⑤$

식 ④, ⑤에서 $\therefore\ t_s = t + \dfrac{2 \cdot S}{V}\ \cdots\cdots ⑥$

✦ 아래 그림과 같이 주차할 경우, 최대 제동력을 얻을 수 있는 관계식을 설명하시오.(92-3-2)

여기서 W_r : 자동차를 수평노면에 두었을 때 뒷바퀴 하중 반발력(= $W \cdot \dfrac{l_1}{l}$)

W'_r : 자동차를 경사면에 놓았을 때 뒷바퀴의 수직방향의 하중 반발력 l

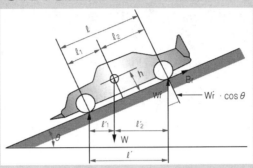

01 개요

주차 브레이크에 의한 최대 제동력은 주 브레이크(Service brake)와 유사하게 경사도와 노면의 마찰계수와 같이 노면의 상태에 영향을 받는다. 경사도 θ인 경사로에서 마찰계수(μ), 수평 노면의 뒷바퀴 하중 반발력(Wr), 경사로 노면의 뒷바퀴 수직 하중 반발력(W'r)을 고려하여 주차시키기 위한 브레이크의 제동력을 산출한다.

02 경사로 주차시 최대 제동력

경사도 θ인 경사로에 주차를 하기 위한 주차 브레이크의 제동력은 다음과 같다.

$$B_r = W \cdot \sin\theta \cdots \text{①}$$

여기서, W : 자동차의 CG점에서의 중량, B_r : 뒷바퀴의 브레이크 제동력

경사로에서의 뒷바퀴 수직 하중(W'_r)을 평지에서의 후륜 하중(W_r)의 관계식을 구하면 다음과 같다.

$$W'_r = \frac{W \cdot l_1}{l} \cdot \cos\theta - \frac{W \cdot h}{l} \cdot \sin\theta, \ W_r = W \cdot \frac{l_1}{l} \text{이므로}$$

$$W'_r = W_r \cdot \cos\theta - \frac{h}{l} \cdot W \sin\theta \cdots \text{②}$$

여기서, W'_r : 경사로 뒷바퀴의 수직 하중, W_r : 평지 뒷바퀴의 수직 하중

　　최대 제동력은 타이어와 노면의 마찰계수에 의해 정해지므로, 마찰계수를 고려하여 다음과 같이 나타낼 수 있다.

$$W_r' = \frac{W \cdot l_1}{l} \cdot \cos\theta - \frac{W \cdot h}{l} \cdot \sin\theta, \ \ W_r = W \cdot \frac{l_1}{l} \ \text{이므로}$$

$$W_r' = W_r \cdot \cos\theta - \frac{h}{l} \cdot W \cdot \sin\theta \cdots\cdots ②$$

$$B'_r = \mu \cdot W'_r = \mu \left(W_r \cdot \cos\theta - \frac{h}{l} \cdot W \cdot \sin\theta \right)$$

- $B_r < B'_r$: 언덕길에서 정지 가능한 제동력
- $B_r > B'_r$: 제동력을 가하여도 차량은 미끄러진다.

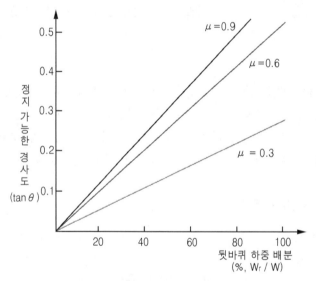

후륜 하중 배분과 정지 가능한 경사도

　　그림에서 노면 마찰계수(μ)에 따른 뒷바퀴의 하중 배분과 정지 가능한 경사도의 관계를 나타낸다. 노면 마찰계수가 작을수록 정지 가능한 경사로 기울기는 작아지며, 노면 마찰계수가 클수록 정지 가능한 경사로 기울기는 커진다.

01 개요

　브레이크 듣기는 브레이크의 제동력과 페달의 답력 비이며, 여러 가지 제동 사용 조건 하에서 브레이크 듣기의 최소한의 변화로 안정적인 것이 좋다. 듣기의 변화는 지속적인 제동을 하거나, 고속에서 제동을 반복하면 브레이크 패드(마찰재)의 온도가 상승(약 350도 이상)하여 브레이크 성능이 저하되는 페이드(Fade) 현상, 비가 많이 오거나 물이 고인 도로를 주행 할 경우 브레이크 패드(마찰재)가 물에 젖어서 일시적으로 제동 성능이 저하되는 워터 페이드(Water Fade) 현상, 주변 온도 상승과 함께 긴 내리막길에서 브레이크를 연속해서 빈번하게 사용하여 마찰열이 과도하게 발생하여 브레이크 주변에 온도가 올라가 브레이크 오일이 비등하여 기포가 발생하면 브레이크 페달을 밟을 때 마치 스펀지처럼 브레이크가 푹 들어가 정상적으로 작동하지 않는 베이퍼 록(Vapor Lock) 현상으로 나타난다. 주행 중 제동시 제동거리와 안정성에 대한 정보를 소비자에게 제공하고 고속주행시 안전거리의 중요성을 인식시켜 추돌사고 감소를 목적으로 하는 2가지 유형의 시험으로 급제동 제동거리 시험 및 차선이탈 시험이 있다.

02 페이드(Fade) 시험 및 리커버리(Recovery)

　페이드(Fade) 시험은 수차례 연속 제동을 실시하고 연속 제동에 의해 변하는 마찰재의 효력을 위한 시험으로 일정 감속도로 연속 제동하여 브레이크 패드(마찰재)의 온도를 상승시켜 온도 변화에 따른 마찰계수의 변화 유무를 확인하는 시험이다.

　고속주행 중에 연속적으로 브레이크를 사용하거나 긴 내리막길에서 브레이크를 빈번하게 사용할 경우 브레이크 패드(마찰재)의 온도가 상승할 때의 일정한 마찰계수를 확보 정도를 확인할 수 있다.

(1) 시험 조건

　페이드 시험 후 리커버리(Recovery) 개시까지의 냉각 간격은 120초 간격으로 한다.

1) 페이드(Fade) 시험

　제동초속도 100km/h, 제동 간격 35초, 제동 감속도 0.45g, 제동횟수 10회로 실시한다.

2) 리커버리(Recovery) 시험

　제동초속도 50km/h, 제동 간격 120초, 제동 감속도 0.3g, 제동횟수 12회로 실시한다.

03 워터 리커버리(Water recovery) 시험

비가 많이 오거나 많은 물이 고인 도로를 차량이 주행시 브레이크 패드(마찰재)가 물에 젖을 경우 물에 의한 브레이크 패드의 마찰계수 변화가 발생할 수 있으며, 이러한 마찰 변화에 의한 제동력의 변화 및 회복 정도를 평가하는 시험으로 마찰 면이 물에 젖으면 물의 윤활작용에 의해 마찰계수는 일반적으로 감소하는 현상을 보이며 연속적인 제동을 통하여 물이 젖기 전의 상태로 회복되어 가는 것을 평가한다.

(1) 시험 조건

물에 브레이크를 충분히 담근 후 꺼내서 시험을 실시한다. 제동초속도 50km/h, 제동 간격 60초, 제동 감속도 0.3g, 제동횟수 15회로 실시한다.

04 제동 안전성 시험

주행 중에 제동시 차량의 제동거리와 안정성에 대한 정보를 공지 및 제공하고 고속 주행시 차량간 안전거리의 중요성을 인식시켜 추돌사고를 줄이는 것을 목적으로 하는 시험(제동거리 및 정지 자세 측정)이다.

(1) 시험 방법(중립 또는 클러치 페달 차단)

1) 급제동 제동거리

마른 노면(Dry Asphalt @ 20~50℃) 및 젖은 노면(Wet Asphalt @ 17~37℃) 상태의 일반 아스팔트 도로에서 시험 속도 100km/h에서 브레이크 페달을 긴급으로 밟았을 때(Panic Braking)부터 자동차가 정지할 때까지의 이동거리를 측정한다.(그림1)

마른 노면(100km/h)

젖은 노면(100km/h)

그림1. 급제동 제동거리 시험

2) 차선 이탈 확인

급제동 제동거리 시험후 제동거리 측정시 차선 3.5m의 너비를 이탈하는지의 여부를 확인한다.(그림2)

3.5m

그림2. 차선 이탈 시험

(2) 평가 방법

① 대상 : ABS 장치를 장착한 자동차

② 마른 노면과 젖은 노면에서 측정된 결과 값에 각각의 가중치(마른 노면 0.6, 젖은 노면 0.4)를 곱하여 "조정된 제동거리"를 산출하고, 조정된 제동거리를 아래의 표에 따른 등급구간 내에서 보간법을 이용하여 제동성능 안전성 점수를 산정한다.

등급 간 점수	조정된 제동거리
5.0점	42.5m 미만
4.0점 ~ 4.9점	42.5m 이상 ~ 45.0m 미만
3.0점 ~ 3.9점	45.0m 이상 ~ 48.0m 미만
2.0점 ~ 2.9점	48.0m 이상 ~ 50.0m 미만
1점	50.0m 이상

③ 차선 이탈시 또는 마른노면의 제동거리가 자동차 및 자동차부품의 성능과 기준에 관한규칙 제 90조(제동장치) 1호에 적합하지 않을 경우 0점으로 간주한다.

④ 산출된 제동거리에 따라 점수를 산정하고 5점이 만점이다.

기출문제 유형

✦ 제동성능시험 방법 중 저더(Judder) 시험 방법에 대해 설명하시오.(90-4-1)

---

01 개요

브레이크 저더(Judder)는 차량이 고속으로 주행하는 동안 브레이크를 작동할 경우 브레이크 마찰면의 불균일로 인하여 제동력의 변화에 의해 발생하는 진동 현상으로 현가장치 또는 조향장치를 통해서 전달되어 브레이크 페달 및 스티어링 휠의 진동으로 감지될 수 있으며, 심할 경우 차체의 진동으로 감지될 수 있다.

저더(Judder)는 고속에서 발생하는 진동 현상이기 때문에 운전자가 불안을 느낄 수 있는 브레이크 이상 동작으로 브레이크 저더(Judder)는 핫 저더(Hot Judder 또는 Thermal judder)와 콜드 저더(Cold Judder)로 구분된다. 브레이크 저더(Judder)의 진동수는 5~30Hz 정도이며, 보통 저더(Judder)는 80~120km/h에서 발생하며, 핫 저더(Hot Judder)는 130km/h 이상 고속 주행 중 제동시에 발생한다.

(1) 콜드 저더(Cold Judder)

디스크 자체의 기하학적 결함에 의한 제동 토크의 변동(BTV : Brake Troque Variation)이 주요 요인이다.

① 디스크의 정렬이 불량(Lateral run out of disc)한 경우
② 디스크의 마모가 불균일하게 발생한 경우
③ 디스크의 두께 변화(DTV : Disc Thickness Variation)가 일어난 경우
④ 드럼의 진원불량 또는 일그러짐이 발생한 경우

(2) 핫 저더(Hot Judder)

제동시 마찰열에 의해 디스크에 미세한 열점(Hot spot)이 생기거나 브레이크 패드(마찰재)와 디스크 마찰면 사이의 전달 막(Transfer film) 특성이 변하여 마찰계수의 불균일성이 주요 요인이다.

① 마찰열에 의한 디스크의 특정부위가 일시적으로 뒤틀림이 발생한 경우

(3) 브레이크 저더 개선 방법

① 디스크의 기하하적 형상 및 브레이크 패드(마찰재)의 최적화
② 현가장치 또는 조향장치의 전달원에 대한 진동의 제진

02 저더(Judder) 시험 방법

(1) Type 1

제동 초기속도	제동 말기속도	제동 초기온도	제동 감속도
85% Vmax (130km/h)	50km/h	80℃	시험속도 160km/h 이하인 경우 (0.2g, 0.35g, 0.5g)
		150℃	
		200℃	
95% Vmax (160km/h)	50km/h	80℃	시험속도 160km/h 이하인 경우 (0.2g, 0.35g, 0.5g)
		150℃	
		200℃	

(2) Type 2

제동 초기속도	제동 말기속도	제동 초기온도	제동 감속도
90% Vmax (160km/h)	80km/h	80℃	0.4g~0.5g

(3) Noise Test

Type2 평가 완료 후 Brake 온도에서 Brake를 냉각시키면서 Noise Test를 실시한다.

Brake Temp	제동 초기속도	제동 감속도
250℃ → 50℃	50km/h	0.2g~0.7g

(4) 시험순서

Pre-Burnish → Type1 → Burnish → Type1 평가 → Type2 평가 → Noise Test(스퀼, 크론)

✦ 디스크 브레이크와 드럼 브레이크의 구조, 원리 및 특징을 기술하시오.(53)

✦ 디스크 브레이크와 내부 확장식 브레이크의 장·단점에 대해 기술하시오.(33)

01 개요

제동장치는 자동차의 운동에너지를 제동을 하는 동안 마찰을 통해 열에너지로 변환하여 주행 중의 자동차를 감속, 정지 상태를 유지시키는 역할을 한다. 유압 브레이크 장치는 브레이크 페달(Brake Pedal), 마스터 실린더(Master Cylinder), 진공 브레이크 부스터(Vacuum Brake Booster), 드럼 브레이크(Drum Brake), 디스크 브레이크(Disc Brake), 주차 브레이크(Parking Brake)등으로 구성된다.

02 디스크 브레이크(Disc Brake)

(1) 구성 요소

원형으로 휠과 같이 회전하는 디스크(Disk), 디스크 양측에 위치한 캘리퍼(Caliper), 디스크와 접촉하여 마찰력을 생성하는 브레이크 패드(마찰재)로 구성된다.

(2) 작동 원리

디스크 브레이크는 드럼을 사용하지 않는 대신 휠(Wheel)과 함께 회전하는 강주철재로 만든 디스크를 장착하여 디스크 양쪽에 캘리퍼가 위치하여 캘리퍼 내부의 휠 실린더 피스톤을 유압으로 움직여 브레이크 패드(Brake Pad)를 밀면서 디스크와의 접촉면의 마찰력에 의해 제동하는 원리이다. 구조는 디스크(Disk), 캘리퍼(Caliper), 피스톤(Piston), 패드(Pad) 등으로 구성된다.

(3) 특징

1) 장점

① 디스크가 노출되어 냉각성이 좋아 페이드(Fade) 현상이 잘 일어나지 않아 안정된 제동 성능을 갖는다.

② 연속적인 제동에 발생되는 마찰열로 인하여 디스크의 열팽창이 발생할 경우에도 디스크와 패드 사이의 간극의 변화는 거의 없다.

③ 구조가 간단하여 브레이크 패드의 교환이 쉽다.

④ 디스크가 물이 젖어도 회전력을 통하여 물을 빨리 제거할 수 있어 제동력의 회복이 빠르다.

2) 단점

① 디스크에 접촉하는 브레이크 패드의 면적이 작아 브레이크 패드를 밀어주는 압력이 커야 한다.

② 브레이크 패드의 내마모성 및 내열성이 좋아야 한다.

③ 디스크가 외부로 노출되어 있어 모래, 자갈, 진흙 등의 이물질에 의한 디스크 손상이 일어날 수 있다.

④ 자기 작동작용(Self Servo Action : 자기 배력작용)이 없어 제동력을 얻기 위해 작동하는 유압이 높아야 한다.

(4) 캘리퍼 종류

각 휠과 함께 회전하는 디스크를 유압에 의해 휠 실린더 피스톤을 통하여 움직이는 한 쌍의 브레이크 패드가 배치되어 있으며, 브레이크 페달을 밟을 경우 휠 실린더 피스톤을 유압으로 움직여 브레이크 패드(Brake Pad)를 밀면서 디스크와의 접촉면의 마찰력에 의해 제동력을 얻는다.

1) 고정형 캘리퍼(Fixed Caliper Type)

고정형 캘리퍼(Fixed Caliper Type)는 캘리퍼가 고정된 상태이고 양쪽 피스톤이 브레이크 패드를 밀어내면서 디스크와의 접촉면에서 발생되는 마찰력으로 제동 작용을 한다. 피스톤을 2개 사용하며 디스크 양쪽에 가까이 장착되어 차량의 바깥쪽에 위치한 실린더는 냉각이 불리하고 부품수가 많아 요즘은 거의 사용을 하지 않고 있다.(그림1)

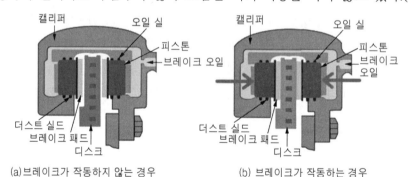

(a) 브레이크가 작동하지 않는 경우   (b) 브레이크가 작동하는 경우

그림1. 고정형 캘리퍼(Fixed Caliper Type)

2) 부동형 캘리퍼(Floating Caliper Type)

한쪽 피스톤이 브레이크 패드를 디스크 방향으로 밀어내면 그 반력에 의하여 캘리퍼가 움직이면서 브레이크 패드를 디스크에 압착시켜 디스크와의 접촉면의 마찰력에 의해 제동력을 얻는다.(그림2) 공기 흐름이 좋은 차량 안쪽에만 피스톤을 장착하여 고정형 캘리퍼(Fixed Caliper Type) 대비 냉각에 유리한 측면이 있다. 부동형 캘리퍼(Floating Caliper Type)에는 반부동형과 전부동형이 있다.

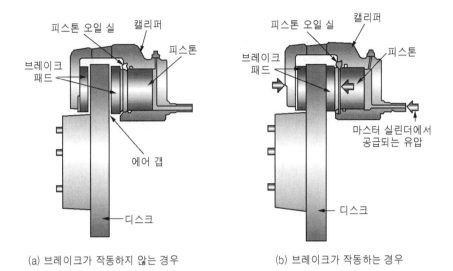

(a) 브레이크가 작동하지 않는 경우   (b) 브레이크가 작동하는 경우

그림2. 부동형 캘리퍼(Floating Caliper Type)

(5) 디스크 브레이크의 자동 간극 조정

1) 브레이크 패드의 마모가 없는 경우

디스크와 브레이크 패드 사이의 간격은 보통 0.15mm 정도이며, 브레이크 패드를 새로 교환한 새 제품인 경우에는 피스톤 실(seal)의 탄성력에 의하여 제동 전 또는 후에 원래의 위치로 돌아와 피스톤 위치의 변화가 없어 디스크와 브레이크 패드 사이의 간격을 유지한다.(그림3)

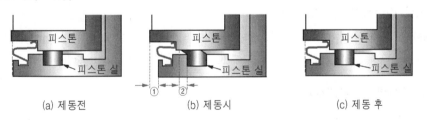

(a) 제동전   (b) 제동시   (c) 제동 후

그림3. 브레이크 패드의 마모가 없는 경우(자동간극 조정)

2) 브레이크 패드의 마모가 있는 경우

오랜 기간 사용되어 브레이크 패드가 마모된 경우에는 제동시에 피스톤이 이동한 후 제동 이후에 원복될 경우에 피스톤 실(seal)의 변형량보다 피스톤이 이동한 거리가 크므로, 피스톤실의 변형이 되돌아오더라도 피스톤이 브레이크 패드의 마모량만큼 디스크 방향으로 더 이동하게 되므로 브레이크 패드와 디스크가 일정한 간격을 유지하도록 자동 조정된다.(그림4)

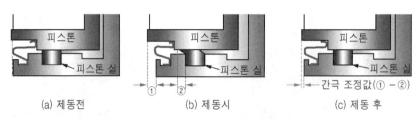

(a) 제동전   (b) 제동시   (c) 제동 후

그림4. 브레이크 패드의 마모가 없는 경우(자동간극 조정)

03 드럼 브레이크(Drum Brake)

브레이크 드럼(Brake Drum), 브레이크 슈(Brake Shoe), 브레이크 라이닝(Brake Lining), 휠 실린더(Wheel Cylinder), 백 플레이트(Support Plate) 등으로 구성되어 있다.

(1) 브레이크 드럼(Brake Drum)

브레이크 드럼(Brake Drum)은 브레이크 라이닝(Brake Lining)과 접촉하면서 접촉면의 마찰에 의하여 제동력을 발생하는 역할을 한다. 브레이크 드럼(Brake Drum)의 요구 조건으로는 휠과 같이 회전하므로 밸런스가 좋고, 브레이크 슈(Brake Shoe) 작동시 변형이 없으며, 방열성과 내마모성이 좋아야 한다.

(2) 브레이크 슈(Brake Shoe)

휠 실린더로부터 유압에 의해 브레이크 내부 면에 접촉하는 주요 부품으로 브레이크 드럼과 접촉하여 제동력을 발생시키는 브레이크 라이닝(Brake Lining)이 부착되어 있다.

(3) 브레이크 라이닝(Brake Lining)

브레이크 라이닝(Brake Lining)은 마찰계수가 크고 고온에서도 내마모성, 내열성이 좋아 마찰계수가 낮아지지 않아야 하며 페이드 현상이 없어야 한다.

(4) 휠 실린더(Wheel Cylinder)

마스터 실린더를 통하여 전달된 브레이크 오일은 휠 실린더로 유입되어 브레이크 슈(Brake Shoe)를 작동시켜 제동을 한다.

(5) 백 플레이트(Support Plate)

휠 실린더(Wheel Cylinder)와 브레이크 슈(Brake Shoe) 등이 장착되는 곳이며, 제동시에 힘에 의한 변형을 방지하기 위해 리브(Rib)를 둔다.

(6) 제동시 드럼 브레이크의 제동력 작동 원리

브레이크 페달을 밟으면 마스터 실린더를 통하여 발생된 유압으로 브레이크 슈(Brake Shoe)를 외부로 확장시켜 드럼과 슈의 마찰에 의해 제동력이 발생한다.

① 브레이크 페달을 밟아 마스터 실린더 내의 브레이크 오일에 압력을 형성한다.

② 마스터 실린더를 통하여 브레이크 장치 내에 유압이 발생한다.

③ 유압은 브레이크 파이프 라인을 통하여 각 휠에 장착된 드럼의 휠 실린더에 전달된다.

④ 드럼의 휠 실린더 피스톤을 움직여서 브레이크 슈(Brake Shoe)를 확장하여 마찰력을 발생한다.

⑤ 마찰력에 의해 차량이 감속되거나 정지한다.

기출문제

✦ 드럼 브레이크에서 이중 서보 브레이크(duo-servo brake) 작용과 제동 효율을 결정하는 정지 요인 4가지에 대해 설명하시오.(105-2-3)

✦ 드럼식 브레이크 장치에서 리딩슈(leading shoe)와 트레일링 슈(trailing shoe)의 설치 방식별 작동 특성에 대해 설명하시오.(104-3-3)

✦ 브레이크에서 자기 작동 작용과, 듀오서보 브레이크와 넌 서보 브레이크 작동 특성에 대해서 상세히 서술하시오.(65-4-6)

01 개요

드럼 브레이크(Drum Brake)는 휠(wheel)과 함께 회전하며, 라이닝과 접촉하는 마찰에 의하여 제동력을 발생하는 장치이며, 브레이크 드럼(Brake Drum), 브레이크 슈(Brake Shoe), 브레이크 라이닝(Brake Lining), 휠 실린더(Wheel Cylinder), 백 플레이트(Support Plate) 등으로 구성되며, 브레이크 슈(Shoe)의 설치방법이나 휠 실린더의 구조 등에 의해 종류가 구분된다.

드럼 브레이크(Drum Brake)는 앵커 핀과 어저스터의 위치, 휠 실린더의 종류, 브레이크슈의 조합에 따라 자기 작동 작용(Self Servo Action)을 하는 브레이크슈가 결정되며, 넌서보 브레이크(Non-Servo Brake)와 서보 브레이크(Servo Brake)가 있다. 차량의 제동성능은 노면의 마찰계수에 따라 다르고 성능을 측정하기 위하여 제동효율(ηb, Brake Efficiency) 개념이 사용된다. 제동효율(ηb, Brake Efficiency)은 주어진 노면에서 가능한, 최고의 성능을 얻을 수 있는 실제 감속 비율로 정의 된다. 특히 많은 차축을 가진 대형 트럭의 경우 유용하다.

02 자기 작동 작용(Self Servo Action ; 자기 배력 작용)

자기 작동 작용(Self Servo Action)은 회전중인 드럼 내측에 브레이크 슈(Brake Shoe)로 제동을 걸면 마찰력에 의해 브레이크 슈(Brake Shoe)가 드럼과 함께 회전하려는 경향이 생긴다. 이로 인하여 브레이크 슈(Brake Shoe)의 확장력이 커지게 되어 마찰력이 증대되는 현상을 말한다.

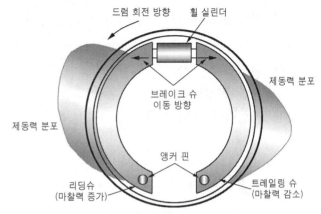

드럼 브레이크 자기 작동 작용

03 넌서보 브레이크(Non-Servo Brake)

넌서보 브레이크(Non-Servo Brake)는 복동식(피스톤 양방향 작동)의 휠 실린더를 사용하며, 차량의 전·후진방향 브레이크 슈(Brake Shoe) 아래에 앵커 핀이 있으며, 차량이 전진 할 경우 앞쪽의 브레이크 슈(Brake Shoe)가 자기 작동 작용을 하고, 뒤쪽의 브레이크 슈(Brake Shoe)는 자기 작동 작용을 하지 않는 방식이다.

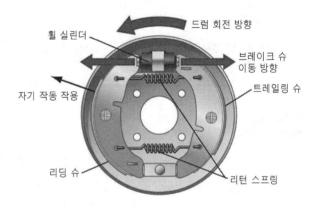

넌 서보 브레이크의 구조

① 자기 작동 작용을 하는 브레이크슈 : 리딩 슈(Leading Shoe)
② 자기 작동 작용을 하지 않는 브레이크슈 : 트레일링 슈(Trailing Shoe)

04 서보 브레이크(Servo Brake)

서보 브레이크(Servo Brake)는 모든 브레이크 슈(Brake Shoe)에 자기 작동 작용이 일어나는 브레이크 방식이다.

(1) 유니서보 브레이크(Uni-Servo Brake)

유니서보 브레이크(Uni-Servo Brake)는 피스톤이 한 방향으로만 작동(단동식)하는 휠 실린더를 사용하여 앞쪽의 브레이크 슈(Brake Shoe)에만 유압이 작용하고, 제동력이 아래의 어저스터를 거쳐 뒤쪽의 브레이크 슈(Brake Shoe)까지 작용하게 하는 방식이다.

전진시에는 모든 슈가 리딩 슈(Leading Shoe)가 되고 후진시에는 모든 슈가 트레일링 슈(Trailing Shoe)가 되어 제동력이 크게 저하되는 특징을 가지고 있다.

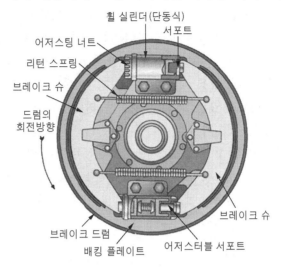

유니서보 브레이크의 구조

(2) 듀오서보 브레이크(Duo-Servo Brake)

듀오서보 브레이크(Duo-Servo Brake)는 피스톤이 양방향으로 작동(복동식)하는 휠 실린더를 사용하여 앞쪽과 뒤쪽의 브레이크 슈(Brake Shoe)에 유압이 작용하여 전진 및 후진시 모두 자기 작동 작용을 하는 방식이다. 이것은 아래에 어저스터 휠에 앞쪽과 뒤쪽의 브레이크 슈(Brake Shoe)가 연결된 형식으로, 유니서보 형식을 수정한 방식이다.(그림3)

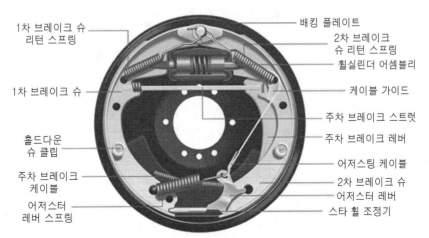

듀오서보 브레이크의 구조

05 제동 효율(Brake Efficiency)

(1) 개요

제동 효율(η, Brake Efficiency)은 차량의 제동성능이 노면의 마찰계수에 따라 다르기 때문에 제동성능을 측정하기 위하여 사용된다. 제동 효율(η, Brake Efficiency)은 주어진 노면의 상황에서 최고의 성능을 발휘할 수 있는 실제 감속의 비율로 의미한다. 특히 많은 차축을 가진 상용 대형 트럭의 경우 제동 효율의 개념은 유용할 수 있다. 제동시 차량이 발휘할 수 있는 최고의 성능은 타이어와 노면사이의 마찰계수와 동일한 제동 감속도(g)를 갖는 것이다.

또한, 제동계수(Braking Coefficient)는 각 바퀴나 차축에 작용하는 부하에 대한 제동력의 비로 정의되므로, 각 차축의 제동계수(Braking Coefficient ; 제동 마찰계수 μ)를 통하여 제동 시 압력, 제동력, 감속도, 차축의 부하에 따른 제동 효율(η, Brake Efficiency)을 구할 수 있다.

(2) 제동 효율의 영향 인자

1) 제동계수(Braking Coefficient : 제동 마찰계수 μ)

ABS의 작동 원리는 급제동시 노면의 마찰력이 가장 큰 최대 정지 마찰력이 발생하는 구간을 유지 하도록 브레이크의 작동을 짧은 시간에 반복하여 작동시키는 것이므로, 제동 효율은 제동계수(Braking Coefficient ; 제동 마찰계수 μ)의 영향을 받는다. 또한 제동력의 크기는 각 휠(Wheel)에서의 일정 수직하중 상태에서는 타이어와 노면에서 발생하는 슬립률에 크게 영향을 받는다.

$$제동 \ 슬립률 \ S(미끄럼비) = \frac{V_{ref} - V_{wheel}}{V_{ref}} \times 100\%$$

여기서, V_{ref} : 차량속도(Vehicle Speed), V_{wheel} : 휠 속도(Wheel Speed)

자동차를 멈추기 위해 급제동하는 경우 타이어 잠김(Wheel Lock)이 발생하여 노면과 슬립(미끄러짐)이 발생하게 되는데 ABS(Anti-lock Brake System)에서는 이런 슬립이 최소가 되는 최대 마찰계수 영역(슬립률 λ 기준 약 20% 근방)을 유지하기 위하여 각 휠(wheel) 별로 유압(증압 모드, 유지 모드, 감압 모드)을 노면의 상황에 맞게 제어하는 시스템이다.(그림1)

각 휠(Wheel)의 타이어에 작용하는 제동력이 노면에 따라 너무 크면 타이어는 노면과 슬립이 발생(휠 잠김 발생)하여 조향이 불가능해지고, 제동거리가 길어지며 경우에 따라 차량에 요모멘트 발생하여 차량의 주행 안정성에 영향을 준다. 최대 마찰계수 영역(슬립률 λ 기준 약 20% 근방)에서 타이어와 노면간의 점착력(정지마찰 : μ)이 최대가 된다. 슬립률(λ)이 80% 이상이 되면 바퀴는 급격하게 잠김(Wheel Lock) 상태로 되어 타이어는 완전한 미끄러지는 상태가 된다. 이 미끄러지는 상태가 지속될 경우 제동거리도 길어지게 된다. 이것은 타이어 공기압과 트레드 상태, 노면의 상황 등에 따라 차이가 생긴다.

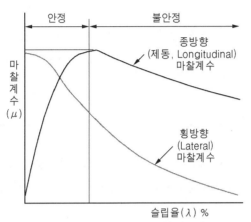

그림1. 마찰계수와 슬립률(λ) 곡선

2) 슬립률 λ 약 20% 근방에서 최대 마찰계수(μ)는 노면 상황에 따라 다르다.

건조 아스팔트(Dry Asphalt) 노면에서는 최대 마찰계수(μ) 약 1.0, 젖은 아스팔트(Wet Asphalt) 노면에서는 최대 마찰계수(μ) 약 0.7, 다진 눈(Packed Snow) 노면에서는 최대 마찰계수(μ) 약 0.2, 빙판(ICE) 노면에서는 최대 마찰계수(μ) 약 0.1이하이다. 여기서, 최대 마찰계수(μ)가 큰 경우 고마찰 노면(High-μ), 최대 마찰계수(μ) 작은 경우 저마찰 노면(Low-μ)이라 부른다. ABS(Anti-lock Brake System)는 슬립률 λ 약 20% 근방에서 최대 마찰계수(μ)를 이용하기 위하여 각 휠 별로 제동력에 따른 휠 속도(Wheel Speed) 변화를 통하여 노면 판단이 중요하다.(그림2)

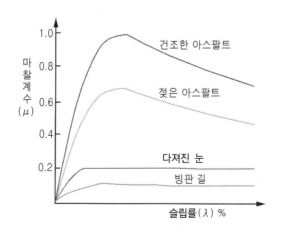

그림2. 노면별 마찰계수와 슬립률 곡선

3) 팽창 압력

마른 아스팔트 노면에서 최대 제동 마찰계수(μp)와 미끄럼 마찰계수(μs)는 팽창압력에 의해 영향을 받는다. 젖은 노면에서 팽창 압력의 증가는 두 계수를 크게 증가 시킨다.

4) 수직 하중

수직 하중의 증가는 마른 노면에서 견인력(Fx / Fz)을 항상 감소되도록 한다. 하중의 증가로 최대 마찰력과 미끄럼 마찰력은 동일하게 증가하지 않는다.

기출문제 유형

✦ 브레이크 패드의 요구 특성과 패드 마모시 간극 자동 조정 과정을 설명하시오.(107-2-4)

✦ 자동차 브레이크 패드의 에지(Edge)에 표시된 코드(예 : JB NF92 FF) 각각의 의미를 설명하시오.(116-1-13)

---

01 개요

운전자가 브레이크 페달을 밟으면 진공 부스터(Vacuum Booster)에서 큰 힘으로 변환을 하여 마스터 실린더를 통하여 브레이크 장치 내에 유압이 발생하여 브레이크 파이프 라인을 통하여 각 휠에 장착된 캘리퍼 내 휠 실린더 피스톤을 움직이면서 브레이크 패드와 디스크와의 마찰로 제동력을 발생하며, 자동차의 제동이 이루어지도록 한다.

브레이크 패드는 성분 기준에 따라 유기질 패드, 세미 메탈릭 패드, 세라믹 패드, 소결 패드 등으로 구분하며, 특징은 다음과 같다.

① 유기질 패드 : 저온에서 작동성이 우수하고, 소음이 적어 순정용 패드로 많이 사용

② 세미 메탈릭 패드 : 2세대 브레이크 패드로 불리우며, 소음과 분진이 많고 마모가 빠르다는 단점이 있지만, 고온에서 작동성이 좋아 레이싱용으로 많이 사용

③ 세라믹 패드 : 소음과 마모가 적고 분진이 적은 편이어서 최근 많이 사용

브레이크 종류와 사용 방법이 다르지만 일반적으로 브레이크 패드 교체 시기는 디스크 브레이크는 3만~4만 km 주행 후, 드럼 브레이크는 6만~8만 km 주행 후 교체하는 것을 권장하고 있다.

02 브레이크 패드 요구 특성

① 제동성능을 위해 마찰계수가 높고, 변동(산포)이 적어야 한다.

② 속도, 면압, 온도 등에 대한 사용범위가 넓어야 한다.

③ 마모가 적어야 한다.

④ 페이드(Fade) 발생이 적어야 하며, 고속에서 효력이 좋아야 한다.

⑤ 디스크에 손상을 줄 수 있는 공격성이 적어야 한다.

⑥ 소음, 떨림(저더=Judder)등의 마찰 진동이 적어야 한다.

03 패드(마찰재)의 구성

(1) 결합재(Binder)

패드의 결합재는 일반적으로 페놀 수지계를 사용하며, 마찰 조정제 등을 결합시키는 역할을 한다.

(2) 보강재(Fiber)

마찰재의 뼈대 역할을 하는 강화재를 사용하며, 과거에는 석면을 사용하였으나, 환경 규제에 의해 Aramd./Ceramic 섬유 등이 사용된다.

(3) 마찰 조정제(Friction Modifier)

형상유지 및 초기 마찰안정, 디스크 및 드럼 보호와 마모 저감을 위해 사용되는 마찰 조정제(Friction Modifier)는 충전제, 마찰 안정제, 윤할제 등이 포함되어 있다.

04 디스크 브레이크의 자동 간극 조정

(1) 브레이크 패드의 마모가 없는 경우

디스크와 브레이크 패드 사이의 간격은 보통 0.15mm 정도이며, 브레이크 패드가 새로 교환한 새 제품인 경우에는 피스톤 실(seal)의 탄성력에 의하여 제동 전 또는 후에 원래의 위치로 돌아와 피스톤 위치의 변화가 없어 디스크와 브레이크 패드 사이의 간격을 유지한다.(그림1)

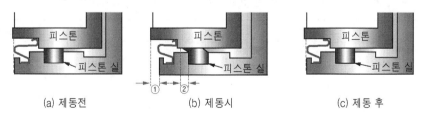

(a) 제동전   (b) 제동시   (c) 제동 후

그림1. 브레이크 패드의 마모가 없는 경우(간극 유지)

(2) 브레이크 패드의 마모가 있는 경우

오랜 기간 사용되어 브레이크 패드가 마모된 경우에는 제동시에 피스톤이 이동한 후 제동 이후에 원복될 경우 피스톤 실의 변형량보다 피스톤이 이동한 거리가 크므로, 피스톤

실의 변형이 되돌아오더라도 피스톤이 브레이크 패드의 마모량만큼 디스크 방향으로 더 이동하게 되므로 브레이크 패드와 디스크가 일정한 간격을 유지하도록 자동 조정된다.(그림2)

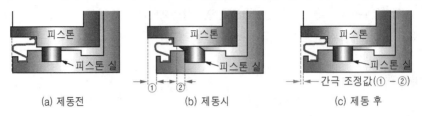

(a) 제동전   (b) 제동시   (c) 제동 후

그림2. 브레이크 패드의 마모가 없는 경우(자동간극 조정)

05 브레이크 패드의 에지(Edge)에 표시된 코드 (예 : JB NF92 FF)

(1) SAE J866 표준에 따르면 다음과 같은 정보가 표시되어야 한다.

To summarize SAE J866, Brakes must be marked with the following information, in the following order :

① 제조사 식별자(Manufacturer identifier)
② 패드 재질 식별자(Friction formula identifier)
③ 고온 및 저온 마찰계수(Hot and cold coefficients of friction)
④ 배치 코드(옵션) 또는 기타 옵션 사항(Optional batch code or other optional information)
⑤ 설계자와 제조년도(Environmental designator and year of manufacture)

(2) 브레이크 패드의 에지(Edge)에 표시된 코드(JB -- NF92 --- FF)

① JB : 제조사명(Manufacturer identifier)
② NF92 : 패드 재질 식별자(Friction formula identifier)
③ FF : 고온 및 저온 마찰계수(Hot and cold coefficients of friction)
  • 첫째 기호(F) : 상온 마찰계수(Normal Friction coefficient)
  • 두 번째 기호(F) : 고온 마찰계수(Hot Friction coefficient)

문자	마찰계수(Friction coefficient)
C	0.15미만
D	0.15 ~ 0.25
E	0.25 ~ 0.35
F	0.35 ~ 0.45
G	0.45 ~ 0.55
H	0.55 이상
Z	미분류

순정패드는 보통 EE, FE, FF 정도를 사용한다.

01 브레이크 디스크 경량화 개요

섀시 부품 중 서스펜션 스프링 아래 부분 부품들의 무게를 언스프링 질량(Unsprung Mass)이라 하며, 이러한 언스프링 질량은 승차감 및 조종 안정성 그리고 연비에 중요한 역할을 한다. 고성능 디스크 브레이크는 브레이크에서 발생하는 진동, 떨림 진폭 등이 없어야 하며, 열전도성이 좋아야하는 특성이 요구되며 브레이크의 제동성능은 디스크의 열전도성이 직접적인 영향을 미치게 되고 제동시 저더(Judder) 발생은 디스크의 기하하적 형상에 대한 가공 정밀도 및 사용되는 재질의 내열성 등이 중요한 역할을 한다.

이러한 디스크 브레이크는 휠(Wheel)과 함께 회전하는 일반적으로 강주철재로 만든 디스크를 장착하여 디스크 양쪽에 캘리퍼를 배치하여 캘리퍼 내부의 휠 실린더 피스톤을 유압으로 움직여 브레이크 패드(Brake Pad)를 밀면서 디스크와의 접촉면의 마찰력에 의해 제동하는 역할을 한다. 구조는 디스크(Disk), 캘리퍼(Caliper), 피스톤(Piston), 패드(Pad) 등으로 구성된다.

언스프링 질량(Unsprung Mass)을 경량화하기 위하여 디스크 브레이크에 대한 중량의 절감이 중요하나 이와 더불어 기술의 발전과 함께 개발된 고성능 엔진에 부합하는 디스크 열용량 및 제동 특성도의 향상이 필요하다는 서로 상반된 특성이 요구되고 있다. 따라서 경량화가 쉽지 않으며 제동성능에서 디스크의 크기는 매우 중요하다. 열에 대한 내구성을 의미하는 열용량은 일반적으로 디스크의 중량은 디스크의 마찰면과 비례한다.

차량의 고성능 엔진에 맞추어 제동성능과 및 열용량을 만족하기 위해 디스크의 크기를 크게 설정하지만 중량이 증가되므로 이는 언스프링 질량(Unsprung Mass)이 커지게 되어 승차감, 조종 안정성 및 연료소비에 영향을 주며, 따라서 디스크의 마찰재, 브리지 등의 구조를 변경하거나, 다른 소재를 사용하여 디스크의 크기와 중량을 증가시키지 않고 디스크의 제동성능을 향상시키는 방안이 필요하다.

디스크 브레이크는 HAT 부분과 마찰면, 브리지로 구분할 수 있으며, 특히 마찰면은 제동성능 및 내구성에 가장 영향을 줄 수 있는 인자이다.

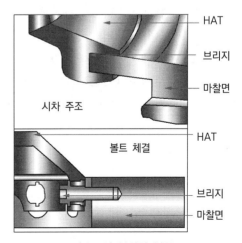

디스크의 부위별 분류

02 디스크 소재에 따른 물성 특성

(1) 알루미늄 금속 복합소재

① 인장강도, 열전도도, 내마모성이 높다.
② 경량화 효과가 크나, 열손실률이 많다

(2) 세라믹 복합소재

① 마찰력, 열특성, 고온 성능이 우수하다.
② 경량화 효과가 크나, 깨지기 쉽다.

(3) 카본-카본 복합소재

① 열전도도가 높다.
② 경량화가 효과가 크다.
③ 가격이 높지 않다

03 탄소-세라믹 브레이크 디스크

탄소-세라믹 브레이크 디스크는 SiC(Silicon Carbide) 재료에 탄소섬유(Carbon Fiber Reinforcement)를 보강재로 하여 만들어 진다. 카본 세라믹(1976년 던롭 개발)이 브라밤 F1 머신에 적용되면서 카본 계열의 재료를 사용한 브레이크 디스크가 대부분 모터 스포츠에서 사용된다.

(1) 특징

① 주철(Cast Iron) 디스크 브레이크 대비 비중이 낮아 언스프링 질량(Unsprung Mass)의 약 50%까지 줄일 수 있다.
② 고온(1,400℃ 이하)에서 매우 우수한 열 및 기계적 안정성을 가지므로 디스크의 열 변형에 의해 발생되는 저더(Judder) 및 소음(Noise)의 현상이 없다.
③ 고온에서 재료의 열화가 없어 페이드에 강하며, 내마찰성, 내마모성을 가지므로 강주철재 디스크 대비 4배 이상 수명이 길다
④ 기존 주철재 디스크보다 가격이 비싸다.

✦ 파킹 일체형 캘리퍼의 구조 및 작동 원리에 대해 설명하시오.(101-1-5)

01 개요

주차 브레이크는 주차 레버, 릴리즈 노브, 래치 어셈블리, 플렉시블 와이어 및 이퀄라이저 등으로 구성된다. 각 부품의 기능은 다음과 같다. 주차 레버는 손으로 직접 잡을 수 있는 역할을 하고, 릴리즈 노브는 브레이크 기능을 해제하는 역할을 하며, 래치 어셈블리 및 플렉시블 와이어는 릴리즈 노브를 조작하면 브레이크 슈에 조작력을 전달하고, 이퀄라이저는 뒷바퀴 브레이크 좌·우측 플렉시블 와이어 사이에 장착되어 조작력을 균등하게 배분하는 역할을 한다.

주차(파킹) 브레이크의 종류에는 드럼 브레이크 내장형, 캘리퍼 내장형, 캘리퍼에 드럼 기능 분리형 등이 있다.

02 주차(파킹) 브레이크의 기능

① 차량을 지속적으로 정지 및 유지하는 역할을 한다.
② 브레이크 시스템 고장시 브레이크 시스템의 대체 역할을 한다.

03 주차(파킹) 브레이크의 종류

(1) 드럼 브레이크 내장형

소형-대형 승용차급에 사용이 가능하며, NVH에 다소 불리하다.

(2) 캘리퍼 내장형

중소형 승용차급에 사용이 가능하며, NVH는 보통 수준이다.

(3) 캘리퍼 + 드럼 기능 분리형

소형-대형 승용차급에 사용이 가능하며, NVH는 우수하다.

04 파킹 일체형 캘리퍼(PIC : Parking in Caliper)의 작동 원리 및 종류

파킹 일체형 캘리퍼(PIC : ParkingR : Ball in Ramp Type)으로 구분된다.

(1) 캠 앤 스트러트 타입(C&S : Cam & Strut Type)

파킹 케이블을 조작할 경우 스트러트가 움직여 캠의 편위로 인하여 제동력을 발생하는 방식이다.

1) 작동 원리

캠 앤 스트러트 타입(C&S : Cam & Strut Type)은 운전자가 주차 브레이크 레버를 당기면 플렉시블 와이어를 통해 조작력이 캠 앤 스트러트 캘리퍼의 내부에서 스트러트(Strut)를 움직여 캠(Cam)의 변위에 따른 축 방향의 이동력이 브레이크 패드를 디스크 방향으로 밀어서 주차 제동력을 발생한다.

(2) 볼인 램프 타입(BIR : Ball in Ramp Type)

주차 케이블을 동작 할 경우 로터리 램프(Rotary Ramp)가 볼을 회전시키고 트러스트 램프가 상하로 움직여 제동력 발생한다.

1) 작동 원리

볼인 램프 타입(BIR : Ball in Ramp Type)은 운전자가 주차 브레이크 레버를 당기면 플렉시블 와이어를 통해 BIR 타입(Ball in Ramp Type) 캘리퍼의 내부에서 축 방향의 이동력이 발생되고, 이러한 축 방향의 이동력은 당겨지는 로터리 램프(Rotary Ramp)가 갖는 이동 경로를 통하여 그 내부에 위치하고 있는 볼(Ball)의 위치 변화가 발생하게 되어 이 볼의 위치 변화에 따른 축 방향의 이동력이 브레이크 패드를 디스크 방향으로 밀어서 주차 제동력을 발생한다.

2) 주차 브레이크 작동에 따른 제동력 흐름 순서

케이블을 작동한다 → 레버가 회전한다 → 로터리 램프(Rotary Ramp)가 회전한다 → 볼이 움직인다(구름 운동) → 스러스트 램프(Thrust Ramp)가 회전한다 → 클러치로드가 전진한다. → 피스톤이 전진한다 → 제동력이 발생한다.

02 ESC

기출문제

✦ 전자식 파킹 브레이크(EPB : Electronic Parking Brake)의 제어 모드 5가지를 들고 설명하시오.(99-1-9)

✦ EPB(Electronic Parking Brake)의 기능과 작동 원리를 설명하시오.(96-4-4)

01 개요

브레이크는 사용 용도에 따라 주 브레이크(제1 브레이크), 주차 브레이크(제2 브레이크), 보조 브레이크(제3 브레이크)로 분류할 수 있으며, 주 브레이크(제1 브레이크)의 브레이크 페달을 밟거나, 주차 브레이크(제2 브레이크)를 손 또는 발을 이용한 조작을 통해서 작동할 수 있으며, 보조 브레이크(제3 브레이크)의 경우 작동 조건에 따라 전자식으로 전자제어 유닛에 의해 자동으로 작동하여 주 브레이크를 보조하는 역할을 한다.

주차 브레이크(제2 브레이크)는 다시 수동식(레버식, 족동식 등)과 전자식(EPB : Electronic Parking Brake)으로 구분할 수 있다. 전자식 파킹 브레이크(EPB)는 주차 레버(레버식) 또는 주차 페달(족동식)로 운전자의 수동 조작을 통해서 작동되는 주차 브레이크 시스템과 다르게 뒷바퀴의 브레이크에 전자제어 액추에이터를 이용하여 제동을 하는 시스템이다.

전자식 파킹 브레이크(EPB)는 차량이 정지해 있을 때는 차량의 속도, 엔진의 회전수, 브레이크 동작 유무를 판단하여 운전자가 브레이크 페달에서 발을 뗄 때 자동으로 주차 브레이크를 작동시켜 주며, 차량이 정차한 후 출발시 주차 브레이크를 자동으로 해제시켜 준다. 이러한 전자식 파킹 브레이크(EPB)는 일반적으로 케이블 풀러형(Cable Puller Type)과 캘리퍼 일체형(MOC : Motor On Caliper Type)으로 구분할 수 있다.

02 작동 원리 및 구성 요소

브레이크는 사용 용도에 따라 주 브레이크(제1 브레이크), 주차 브레이크(제2 브레이크), 보조 브레이크(제3 브레이크)로 분류할 수 있으며, 주 브레이크(제1 브레이크)의 브레이크 페달을 밟거나, 주차 브레이크(제2 브레이크)를 손 또는 발을 이용한 조작을 통해서 작동할 수 있으며, 보조 브레이크(제3 브레이크)의 경우 작동 조건에 따라 전자식으로 전자제어 유닛에 의해 자동으로 작동하여 주 브레이크를 보조하는 역할을 한다.

주차 브레이크(제2 브레이크)는 다시 수동식(레버식, 족동식 등)과 전자식(EPB : Electronic Parking Brake)으로 구분할 수 있다. 전자식 파킹 브레이크(EPB)는 주차 레버(레버식) 또는 주차 페달(족동식)로 운전자의 수동 조작을 통해서 작동되는 주차 브레이크 시스템과 다르게 뒷바퀴의 브레이크에 전자제어 액추에이터를 이용하여 제동을 하는 시스템이다.

전자식 파킹 브레이크(EPB)는 차량이 정지해 있을 때는 차량의 속도, 엔진의 회전수, 브레이크 동작 유무를 판단하여 운전자가 브레이크 페달에서 발을 뗄 때 자동으로 주차 브레이크를 작동시켜 주며, 차량이 정차한 후 출발시 주차 브레이크를 자동으로 해제시켜 준다. 이러한 전자식 파킹 브레이크(EPB)는 일반적으로 케이블 풀러형(Cable Puller Type)과 캘리퍼 일체형(MOC : Motor On Caliper Type)으로 구분할 수 있다.

03 시스템 구성

전자식 파킹 브레이크(EPB : Electronic Parking Brake)는 EPB 스위치, 브레이크 스위치(BLS : Brake Light Switch), EPB ECU, 모터(후륜 좌우) 등으로 구성된다.

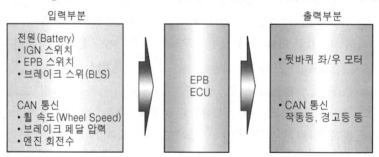

EPB 시스템 구성도

04 EPB(Electronic Parking Brake)의 기능

(1) 수동 체결(Static Apply)

주차 브레이크 레버와 유사하게 EPB 스위치를 당겨 EPB를 작동(브레이크 체결)시키는 것을 말한다.

(2) 수동 해제(Static Release)

브레이크 페달을 밟은 상태에서 EPB 스위치를 눌러 EPB의 체결을 해제(브레이크 해제)시키는 것을 말한다.

(3) P to X 자동 해제

차량이 공회전(Idle) 상태이고 EPB가 체결되어 있을 때 브레이크 페달을 밟은 상태에서 AT 레버를 P 또는 N단에서 D 또는 R단으로 조작할 경우 EPB가 자동으로 체결이 해제(브레이크 해제)되는 기능을 말한다.

(4) DAR(Drive Away Release) 자동 해제

차량이 공회전(Idle) 상태이고 EPB가 체결되어 있을 때 도어, 트렁크, 후드, 시트벨트가 정상적인 작동 상태(체결 및 닫힘)일 경우 AT 레버를 D 또는 R단에서 액셀러레이터 페달을 밟으면 자동으로 EPB의 체결이 해제(브레이크 해제)되는 기능을 말한다.

(5) Key Off Apply 자동 체결

AVH(Auto Vehicle Hold) 스위치를 작동한 상태에서 주행 중 차량을 멈추기 위해 브레이크 페달을 밟아 차량이 정차한 후 IGN 스위치를 OFF시킬 경우 EPB가 자동으로 체결되는 기능을 말한다.

(6) ECD(Electronic Control Deceleration)

ECD는 주행 중 브레이크 시스템에 문제가 발생하였을 경우 EPB 스위치를 당기면 ESC(Electronic Stability Control)가 일정 감속도로 차량을 정지시키는 기능을 말한다. EPB 스위치를 당기는 동안만 ECD(Electronic Control Deceleration)가 작동하며 일정 차속이하에서는 EPB의 체결(Static Apply)로 전환된다.

(7) RWU(Rear Wheel Unlocked)

RWU는 휠 센서(Wheel Speed Sensor)의 고장으로 ESC(Electronic Stability Control)의 정상 제어가 어려울 경우 주행 중 EPB 스위치를 당겨서 휠 잠김(Wheel Lock)이 발생하지 않도록 EPB를 작동시켜 차량이 정지할 수 있도록 하는 기능을 말한다.

(8) SRU(Slow Ramp Up)

SRU는 휠 속도 센서(Wheel Speed Sensor)의 고장으로 인해 ESC(Electronic Stability Control)의 정상 제어가 어려울 경우 주행 중 EPB 스위치를 당겨서 EPB를 작동시켜 제동력의 크기를 서서히 증가시켜 일정 감속도로 차량을 정지할 수 있도록 하는 기능을 말한다.

(9) RAR(Roll Away Reclamp)

RAR은 EPB가 체결(Apply) 상태인 경우임에도 제동력의 부족으로 인하여 차량의 움직임이 발생할 경우 EPB의 제동력을 증가시켜 차량의 정차 상태를 유지하도록 하는 기능을 말한다.

기출문제 유형

✦ BAS(Brake Assist System)의 목적과 장점에 대해 설명하시오.(102-1-7)

01 개요

유럽 안전성 및 위험성 분석 연구센터에 의하면 제동력 보조 시스템(BAS : Brake Assist System)을 장착한 차량은 브레이크를 작동할 경우 감속효과(약 6KPH, 70km/h → 64km/h)로 인하여 치사율이 32%(38명→26명)로 감소하는 효과가 있다.

제동력 보조 시스템(BAS : Brake Assist System)은 힘이 약한 여성 운전자 또는 노약 운전자가 긴급 상황에서 급제동을 할 경우 브레이크 작동 후반부에 힘이 약해 브레이크 페달 답력이 부족하여 제동거리가 길어질 수 있는데, 이런 상황에서 ESC(Electronic Stability Control)에서 정상적인 ABS 작동 수준까지 제동 압력을 증가하도록 제어하여 감속 효과를 통하여 위험의 발생을 감소시켜 주는 장치이다.

2012년 5월부터 신규로 제작되어 판매되는 모든 승용자동차, 총중량 3.5톤 이하인 승합·화물·특수자동차는 제동력 보조 시스템(BAS : Brake Assist System)과 ABS장치를 의무적으로 장착해야 한다. 참고로, 자동차 및 자동차부품의 성능과 기준에 관한 규칙 25의 8에서 제동력 지원 장치를 다음과 같이 정의하고 있다.

제동력 지원 장치란 주행 중 긴급한 제동 상황임을 감지하여 최대 제동효과가 발생하도록 하거나 바퀴 잠김방지식 주 제동장치가 최대로 작동되도록 지원하는 장치를 말한다.

02 시스템 구성

제동력 보조 시스템인 BAS(Brake Assist System)는 ESC(Electronic Stability Control)에서 제어하는 부가 기능(VAFs : Value Added Functions)중의 하나로 휠 스피드 센서(Wheel Speed Sensor), 브레이크 스위치(BLS : Brake Light Switch), 브레이크 제동 압력 센서(MCP : Master Cylinder Pressure), 액추에이터(모터, 밸브), ESC ECU로 구성된다.

ESC(BAS) 시스템 구성도

03 작동 원리

① 주행 중 위급 상황이 발생할 경우 급제동을 한다.

② ESC ECU는 휠 스피드 센서(Wheel Speed Sensor), 브레이크 스위치(BLS : Brake Light Switch)와 브레이크 제동 압력 센서(MCP : Master Cylinder Pressure)의 신호를 수신한다.

③ ESC ECU는 이들 신호를 기준으로 운전자의 제동 답력에 따른 제동 압력의 기울기를 계산하여 제동 압력을 증가시켜 제동력 보조 시스템(BAS : Brake Assist System)을 작동시킨다.

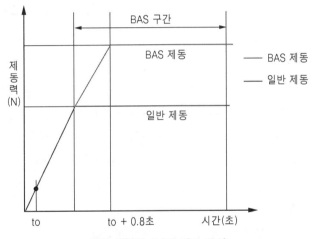

일반 제동과 BAS 제동 곡선

> **참고** 자동차 및 자동차부품의 성능과 기준에 관한 규칙 별표4의3에서 다음과 같은 기준으로 BAS 작동 확인 구간($t_0 + 0.8$초 이후)을 정의하고 있다.
>
> ① 제동을 시작한 후 브레이크 페달에 가해지는 힘이 20N에 도달하는 순간의 시간(t_0)
> ② BAS 작동 확인 구간($t0 + 0.8$초 이후)
> ③ $t_0 + 0.8$초 이후에 ABS가 작동될 때의 감속도(a_{ABS})
> ④ $t_0 + 0.8$초 이후에 BAS가 작동될 때의 감속도(a_{BAS})

04 BAS(Brake Assist System) 효과

① 감속 효과를 증대시켜 제동거리를 감소시킬 수 있어 위급한 상황에서 사고를 예방할 수 있다.

② 성별, 연령 등 운전자 차이에 따른 제동거리 편차를 감소시킬 수 있다.

③ ESC(Electronic Stability Control)는 하드웨어의 추가 없이 소프트웨어만 고려하여 기능의 구현이 가능하다.

01 개요

브레이크를 작동할 경우 항상 일정한 제동력을 앞바퀴와 뒷바퀴에 배분하면 제동 중에는 감속도에 의한 뒷바퀴에 작용하는 관성력의 일부가 앞바퀴로 이동하여 앞바퀴의 마찰력은 증가하고, 뒷바퀴의 마찰력은 감소한다. 따라서 뒷바퀴는 회전하려는 관성 모멘트가 감소하여 앞바퀴보다 먼저 잠김(Lock)이 발생하여 뒷바퀴의 좌우 사이드 포스가 없어져 차량에 요 모멘트(Yaw Moment)가 발생하여 차량의 거동이 불안해져 심할 경우에는 스핀이 발생할 수 있다.

이러한 앞·뒷바퀴 제동력의 배분 특성을 고려하여, 앞바퀴와 뒷바퀴의 제동력을 이상 곡선에 가깝게 하여 앞바퀴 제동 유압의 증가 비율에 비하여 뒷바퀴 제동 유압의 증가 비율을 작게 하도록 작용하면 앞바퀴와 뒷바퀴 제동력의 적절한 배분이 가능하여 차량의 안전성을 확보할 수 있다.

이러한 장치는 앞바퀴와 뒷바퀴의 제동력을 조절하는 프로포셔닝 밸브(PV : Proportioning Valve), 중량에 따라 앞바퀴와 뒷바퀴의 제동력 변화를 조절하는 중량 센싱 프로포셔닝 밸브(LSPV : Load Sensing Proportioning Valve)와 ABS/ESC 시스템에서 전자적으로 중량에 따라 앞바퀴와 뒷바퀴의 제동력 변화를 제어하는 전자식 제동력 배분 시스템(EBD : Electronic Brake force Distribution)이 있다.

02 중량 센싱 프로포셔닝 밸브(LSPV : Load Sensing Proportioning Valve)

중량 센싱 프로포셔닝 밸브(LSPV : Load Sensing Proportioning Valve)는 프로포셔닝 밸브(PV : Proportioning Valve)의 일종으로 프로포셔닝 밸브의 뒷바퀴 유압제어 개시 시점을 하중에 따라 변하도록 하는 장치이다. 차량의 공차 상태 또는 적차 상태에 따른 동적하중의 이동을 고려한 제동력의 배분이 되지 않으면 제동시 뒷바퀴의 잠김 (Wheel Lock)이 먼저 발생될 수 있으며, 이에 따라 사이드 포스(Side Force)가 감소되어 스핀 현상이 발생할 수 있다. 이러한 문제점을 해결하고 앞바퀴와 뒷바퀴의 제동력 배분을 적절하게 하기 위해 차량의 공차 상태 또는 적차 상태에 따른 동적하중의 이동을 고려한 제동력의 배분장치이다.

(1) 특징

① **프로포셔닝 밸브(PV : Proportioning Valve)** : 작동 개시점(일정 제동압력)이 넘으면, 앞바퀴측 유압을 기준으로 뒷바퀴측 유압을 선형적으로 조절을 하는 장치이다.

② **중량 센싱 프로포셔닝 밸브(LSPV : Load Sensing Proportioning Valve)** : 공차 상태 및 적차 상태의 하중이동을 고려한 뒷바퀴의 유압을 조절하여 제동력과 제동 안정성을 확보하는 장치이다.

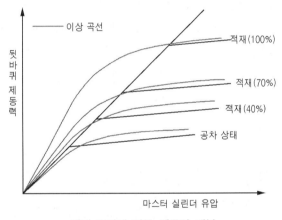

적재 중량에 따른 제동력 배분

(2) 종류

① **G볼형** : 유압이 차량의 중량에 따라 변화하는 원리를 이용하는 방식이다.

② **릴케이지형** : 중량에 따라 차체와 차축 사이의 거리가 변하면 이를 하중의 변화로 변환하여 제동 시에 뒷바퀴 유압의 작동 개시점을 조절하는 방식이다.

03 프로포셔닝 밸브(PV : Proportioning Valve)

프로포셔닝 밸브(PV : Proportioning Valve)는 브레이크를 작동할 경우 항상 일정한 제동력을 앞바퀴와 뒷바퀴에 분배하면 뒷바퀴는 회전하려는 관성 모멘트가 감소하여 앞바퀴보다 먼저 잠김(Lock)이 발생하여 뒷바퀴의 좌우 사이드 포스가 없어져 차량에 요 모멘트(Yaw Moment)가 발생하여 차량의 거동이 불안해져 심할 경우에는 스핀이 발생할 수 있다.

이러한 앞·뒷바퀴 제동력 배분의 특성을 고려하여, 앞바퀴와 뒷바퀴의 제동력을 이상 곡선에 가깝게 하여 앞바퀴 제동 유압의 증가 비율에 비하여 뒷바퀴 제동 유압의 증가 비율을 작게 하도록 작용하면 앞바퀴와 뒷바퀴 제동력의 적절한 배분을 가능하게 하는 장치이다.

프로포셔닝 밸브(PV : Proportioning Valve)는 작동 개시점(일정 제동 유압)이 넘으면 앞바퀴 제동 유압을 기준으로 뒷바퀴 제동 유압을 비례적으로 낮추어 제동력의 이상 곡선과 유사하게 조절하여 앞바퀴 제동 유압 대비 뒷바퀴 제동 유압을 낮게 하여 뒷바퀴의 휠 잠김(Wheel Lock) 및 스핀 발생을 방지한다. 프로포셔닝 밸브(PV : Proportioning Valve) 장착시 이상 제동 곡선보다 낮은 압력에서 감압을 수행하므로 그 부분만큼 뒷바퀴 제동력이 손실되는 단점이 있다.

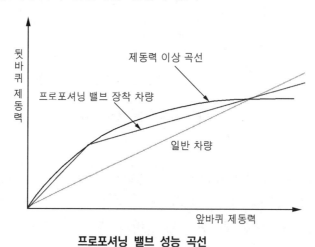

프로포셔닝 밸브 성능 곡선

04 EBD(Electronic Brake Force Distribution)

브레이크를 작동할 경우 항상 일정한 제동력을 앞바퀴와 뒤바퀴에 배분하면 제동 중에는 감속도에 의한 뒷바퀴 작용하는 관성력의 일부가 앞바퀴로 이동하여 앞바퀴의 마찰력은 증가하고, 뒷바퀴의 마찰력은 감소한다. 따라서 뒷바퀴는 회전하려는 관성 모멘트가 감소하여 앞바퀴보다 먼저 잠김(Lock)이 발생하여 뒷바퀴의 좌우 사이드 포스가 없어져 차량의 요 모멘트(Yaw Moment)가 발생하여 차량의 거동이 불안해져 심할 경우에는 스핀이 발생할 수 있다.

이러한 앞·뒷바퀴 제동력의 배분 특성을 고려하여, 앞바퀴와 뒷바퀴의 제동력을 이상 곡선에 가깝게 하여 앞바퀴 제동 유압의 증가 비율에 비하여 뒷바퀴 제동 유압의 증가 비율을 작게 하도록 작용하면 앞바퀴와 뒷바퀴에 제동력의 적절한 배분이 가능하여 차량의 안전성을 확보할 수 있다.(그림2)

이러한 장치로 앞바퀴와 뒷바퀴의 제동력을 조절하는 프로포셔닝 밸브(PV : Proportioning Valve), 중량에 따라 앞바퀴와 뒷바퀴 제동력의 변화를 조절하는 중량 센싱 프로포셔닝 밸브(LSPV : Load Sensing Proportioning Valve)를 대신하여 ABS/ESC 시스템에서 전자식 제동력 배분 시스템(EBD : Electronic Brake force Distribution)은 4개의 휠 스피트 센서(Wheel Speed Sensor)의 신호, 유압 제어용 솔레노이드 밸브를 이용하여 차량의 제동 압력을 전자적으로 제어함으로써 급제동시 중량의 전방 이동에 의한 스핀방지 및 제동성능을 향상시키는 시스템이다.

즉, 전자식 제동력 분배 시스템은 승객 탑승 유무 및 화물의 적재 여부에 따라 변화하는 앞바퀴와 뒷바퀴의 중량 변화에 따라 제동 압력을 최적화된 제어를 통하여 제동성능을 향상시킨다. EBD(Electronic Brake Force Distribution)를 전자식 제동력 배분 시스템이라고 한다.

(1) 작동 원리

① ABS/ESC는 운전자의 제동 의지와 4개 휠 스피드 센서의 신호를 기준으로 일정 감속도를 판단한다.

② 앞바퀴 대비 뒷바퀴가 먼저 잠김(Lock)이 발생하기 전에 유압 제어용 솔레노이드 밸브인 IV(Inlet Valve)를 닫아 제동압력이 증가되지 않도록 한다.

③ 뒷바퀴의 잠김(Lock)이 발생하면 IV(Inlet Valve)를 닫고 OV(Outlet Valve)열어 제동압력이 감소하도록 한다.

④ 앞바퀴 대비 뒷바퀴의 제동력이 감소하여 휠 속도(Wheel Speed)가 상승하면 IV(Inlet Valve)를 열고 OV(Outlet Valve)를 닫아 제동압력이 증가되도록 한다.

> **참고** ABS/ESC 시스템은 유압을 제어하기 위하여 다음과 같이 유압회로가 구성된다.(그림1)
> - 마스터실린더에 Normal Open TCV(Traction Control Valve)와 Normal Close HSV(High Pressure Valve)가 좌측과 우측에 각각 연결된다.
> - 그리고, 모터 & 펌프, Accumulator 및 압력 센서(PS)가 연결된다.
> - 각 휠에는 Normal Open IV(Inlet Valve), Normal Close OV(Outlet Valve)가 연결된다.

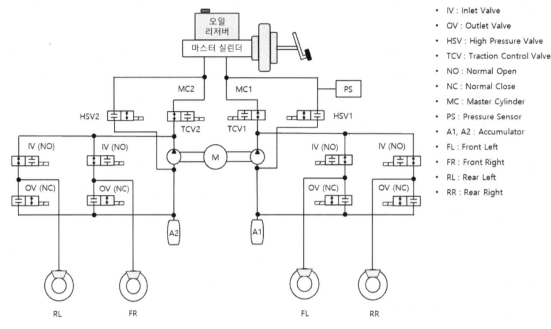

그림1. ESC 유압 회로도

- IV : Inlet Valve
- OV : Outlet Valve
- HSV : High Pressure Valve
- TCV : Traction Control Valve
- NO : Normal Open
- NC : Normal Close
- MC : Master Cylinder
- PS : Pressure Sensor
- A1, A2 : Accumulator
- FL : Front Left
- FR : Front Right
- RL : Rear Left
- RR : Rear Right

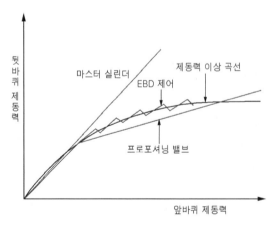

그림2. EBD 제어 성능 곡선

(2) 시스템 구성(그림3)

1) 휠 스피드 센서(Wheel Speed Sensor - Front Left/Front Right/Rear Left/Rear Right)
 : 각 바퀴의 휠 속도(Wheel Speed)의 신호를 ESC(Electronic Stability Control)
 에 보내면 이를 기준으로 ESC(Electronic Stability Control)는 휠 속도(Wheel
 Speed) 계산 및 차속(Vehicle Speed)을 계산한다.

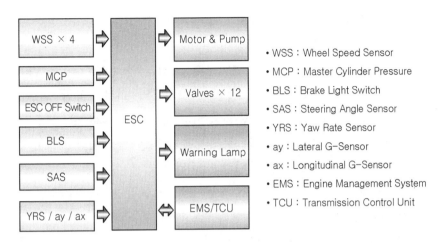

그림3. ESC 시스템 구성도

2) 브레이크 라이트 스위치(Brake Light Switch) : ESC(Electronic Stability Control) 내부에 있는 마스터 실린더 압력 센서(MCP : Master Cylinder Pressure Sensor) 와 함께 운전자 제동의지를 판단한다.

3) 마스터 실린더 압력 센서(MCP : Master Cylinder Pressure Sensor) : 브레이크 라 이트 스위치(Brake Light Switch)와 더불어 운전자의 제동의지를 판단한다.

4) ESC OFF 스위치(Switch) : ESC ON · OFF를 선택할 수 있는 스위치로 스포티한 운전영역을 제공한다.

5) 조향각 센서(Steering Angle Sensor) : 주행 중 운전자의 조향 신호를 ESC(Electronic Stability Control)에 보내면 ESC(Electronic Stability Control)는 운전자의 조향 의지를 판단하여 주행 안정성을 판단하기 위한 중요 신호로 사용한다.

6) 요레이트 센서(Yaw Rate Sensor) : 주행 중 차량의 거동 신호(차량 Z축 방향 회전 각속도-요 모멘트)를 ESC(Electronic Stability Control)에 보내면 ESC(Electronic Stability Control)는 조향각 센서(Steering Angle Sensor) 신호와 횡방향 가속도 센서(Lateral-G Sensor)의 신호와 함께 주행 안정성을 판단하기 위한 중요 신호로 사용한다.

7) 횡방향 가속도 센서(Lateral-G Sensor, ay) : 주행 중 차량의 횡방향(차량 Y축 방 향 가속도)에 대한 감·가속도의 신호를 ESC(Electronic Stability Control)에 보 내면 주행 안정성을 판단하기 위한 중요 신호로 사용한다.

8) 종방향 가속도 센서(Longitudinal-G Sensor, ax) : 주행 중 감·가속도의 신호를 ESC(Electronic Stability Control)에 보내면 ESC(Electronic Stability Control)는 경사각(차량 X축 방향 가속도) 또는 감·가속도를 판단한다.

9) 모터 & 펌프 : ABS·TCS·ESC 제어 동안 증압(Increase) 또는 감압(Decrease)이 필요할 경우 작동된다.

10) 밸브류(Valves) : 4휠에 각각 IV(Inlet Valve)와 OV(Outlet Valve)가 구성되어 있으며, 유압 회로1(마스터 실린더 1차 유압 회로), 유압 회로2(마스터 실린더 유압 회로 2)에 각각 TCV(Traction Control Valve), HSV(High Pressure Valve)로 구성되어 각 휠의 브레이크 압력을 증압(Increase), 감압(Decrease), 유지(Hold) 모드로 상황에 따라 작동된다.

11) 경고등(Warning Lamp) : ABS 또는 ESC의 고장이 발생할 경우 시스템이 고장임을 알려준다.

12) CAN 통신 : 다른 제어기에서 필요한 정보(경고등, 휠 속도, 마스터 실린더 압력, 조향각 신호 등)를 제공한다.

05 제동력 보조 시스템(BAS : Brake Assist System)

(1) 개요

유럽 안전성 및 위험성 분석 연구센터에 의하면 제동력 보조 시스템(BAS : Brake Assist System)을 장착한 차량은 브레이크를 작동할 경우 감속효과(약 6KPH, 70km/h → 64km/h)로 인하여 치사율이 32%(38명→26명)로 감소하는 효과가 있다. 제동력 보조 시스템(BAS : Brake Assist System)은 힘이 약한 여성 운전자 또는 노약 운전자가 긴급 상황에서 급제동을 할 경우 브레이크 작동 후반부에 힘이 약해 브레이크 페달의 답력이 부족하여 제동거리가 길어질 수 있는데, 이런 상황에서 ESC(Electronic Stability Control)는 정상적인 ABS의 작동 수준까지 제동 압력을 증가하도록 제어하여 감속 효과를 통하여 위험의 발생을 감소시켜 주는 장치이다.

2012년 5월부터 신규로 제작되어 판매되는 모든 승용자동차, 총중량 3.5톤 이하인 승합·화물·특수자동차는 제동력 보조 시스템(BAS : Brake Assist System)과 ABS 장치를 의무적으로 장착해야 한다. 참고로, 자동차 및 자동차 부품의 성능과 기준에 관한 규칙 25의 8에서 제동력 지원 장치를 다음과 같이 정의하고 있다.

제동력 지원 장치란 주행 중 긴급한 제동 상황임을 감지하여 최대 제동효과가 발생하도록 하거나 바퀴 잠김방지식 주 제동장치가 최대로 작동되도록 지원하는 장치를 말한다.

(2) 시스템 구성

제동력 보조 시스템인 BAS(Brake Assist System)는 ESC(Electronic Stability Control)에서 제어하는 부가기능(VAFs : Value Added Functions) 중의 하나로 휠 스

피드 센서(Wheel Speed Sensor), 브레이크 스위치(BLS : Brake Light Switch), 브레이크 제동 압력 센서(MCP : Master Cylinder Pressure), 액추에이터(모터, 밸브), ESC ECU로 구성된다.

그림1. ESC(BAS) 시스템 구성도

(3) 작동 원리

① 주행 중 위급 상황이 발생할 경우 급제동을 한다.

② ESC ECU는 휠 스피드 센서(Wheel Speed Sensor), 브레이크 스위치(BLS : Brake Light Switch)와 브레이크 제동 압력 센서(MCP : Master Cylinder Pressure)의 신호를 수신한다.

③ ESC ECU는 이들 신호를 기준으로 운전자의 제동 답력에 따른 제동압력의 기울기를 계산하여 제동압력을 증가시켜 제동력 보조 시스템(BAS : Brake Assist System)을 작동시킨다.

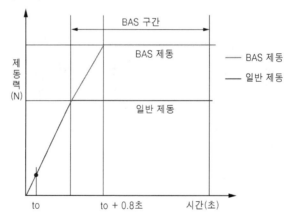

그림2. 일반 제동과 BAS 제동 곡선

> **참고** 자동차 및 자동차 부품의 성능과 기준에 관한 규칙 별표4의3에서 다음과 같은 기준으로 BAS 작동 확인 구간(t_0 + 0.8초 이후)을 정의하고 있다.
> ① 제동을 시작한 후 브레이크 페달에 가해지는 힘이 20N에 도달하는 순간의 시간(t_0)
> ② BAS 작동 확인 구간($t0$ + 0.8초 이후)
> ③ t_0 + 0.8초 이후에 ABS가 작동될 때의 감속도(a_{ABS})
> ④ t_0 + 0.8초 이후에 BAS가 작동될 때의 감속도(a_{BAS})

(4) BAS(Brake Assist System) 효과

① 감속 효과를 증대시켜 제동거리를 감소시킬 수 있어 위급한 상황에서 사고를 예방할 수 있다.

② 성별, 연령 등 운전자 차이에 따른 제동거리의 편차를 감소시킬 수 있다.

③ ESC(Electronic Stability Control)는 하드웨어의 추가 없이 소프트웨어만 고려하여 기능의 구현이 가능하다.

기출문제

◆ 자동차용 ABS(Anti-lock Brake System)에서 제동 시 발생되는 타이어와 노면 간에 슬립 제어 특성을 그림으로 그리고 설명하시오.(107-1-8)

◆ ABS의 기능을 작동 흐름도(Flow Chart)로 나타내고 작동을 설명하시오.(65-3-5)

◆ 자동차용 ABS(Anti-Lock Braking System)에 대해 상술하시오.(57-2-4)

◆ ABS의 기본 작동 원리와 주요 구성품의 기능을 흐름도로 설명하시오.(45)

◆ 자동차의 제동장치에서 ABS의 작용과 특징에 대해 기술하시오.(42)

◆ ABS의 작동 원리를 서술하시오.(39)

◆ ABS에 대해 서술하시오.(31)

◆ 트랙션 컨트롤(Traction Control)의 기능과 제어 방법에 대해 설명하시오.(120-4-1)

◆ ABS(Anti-Lock Braking System)와 TCS(Traction Control System)의 구동 원리를 상호 비교 설명하시오.(72-1-4)

◆ Electronic Traction Control에 대해 설명하시오.(69-1-10)

---

01 ABS(Anti-Lock Braking System)

(1) 개요

ABS(Anti-Lock Brake System)는 운전자의 급격한 브레이크 작동으로 노면과 타이어의 마찰계수 감소에 의해 차량의 휠 잠김(Wheel Lock)이 발생되는 현상을 방지하는 시스템이다. 따라서 차량의 휠 잠김(Wheel Lock)이 발생될 경우 긴 제동거리, 조향 상실, 차량의 스핀 등을 방지하는 시스템으로 휠 잠김(Wheel Lock)을 발생시키는 브레이크 유압을 유압 제어용 솔레노이드 밸브와 모터 펌프를 이용하여 노면 상태, 휠 상태 등의 조건을 고려한 감압, 유지, 증압 제어를 통하여 항상 최대 마찰계수의 범위를 갖게 함으로써 차량의 방향 안정성 확보, 조향 안정성 유지, 제동거리 최소화를 확보할 수 있는 시스템이다.

(2) 타이어와 노면의 슬립률(Slip Ratio) 관계

① 자동차를 멈추기 위해 급제동하는 경우 타이어 잠김(Wheel Lock)이 발생하여 노면과 슬립(미끄러짐)이 발생하게 되는데 ABS(Anti-lock Brake System)는 이러한 슬립이 최소가 되는 최대 마찰계수 영역(슬립률 λ 기준 약 20% 근방)을 유지하기 위하여 각 휠(wheel) 별로 유압(증압 모드, 유지 모드, 감압 모드)을 노면의 상황에 맞게 반복적으로 제어하는 시스템이다.(그림1) 각 휠(Wheel)의 타이어에 작용하는 제동력이 노면에 따라 너무 크면 타이어는 노면에서 슬립이 발생(휠 잠김 발생)하여 조향이 불가능해지고, 제동거리가 길어지며 경우에 따라 차량에 요 모멘트가 발생하여 차량의 주행 안정성에 영향을 준다. 최대 마찰계수 영역(슬립률 λ 기준 약 20% 근방)에서 타이어와 노면간의 점착력(정지마찰 : μ)이 최대가 된다. 슬립률(λ)이 80% 이상이 되면 바퀴는 급격하게 잠김(Wheel Lock) 상태가 되어 타이어는 완전한 미끄러지는 상태가 된다. 이것은 타이어의 공기압과 트레드 상태, 노면의 상황 등에 따라 차이가 생긴다.

② 슬립률 λ 약 20% 근방에서 최대 마찰계수(μ)는 노면의 상황에 따라 다르다. 건조 아스팔트(Dry Asphalt) 노면에서는 최대 마찰계수(μ) 약 1.0, 젖은 아스팔트(Wet Asphalt) 노면에서는 최대 마찰계수(μ) 약 0.7, 다진 눈(Packed Snow) 노면에서는 최대 마찰계수(μ) 약 0.2, 빙판(ICE) 노면에서는 최대 마찰계수(μ) 약 0.1이하이다. 여기서, 최대 마찰계수(μ)가 큰 경우 고마찰 노면(High-μ), 최대 마찰계수(μ)가 작은 경우 저마찰 노면(Low-μ)이라 부른다. ABS(Anti-lock Brake System)는 슬립률 λ 약 20% 근방에서 최대 마찰계수(μ)를 이용하기 위하여 각 휠별 제동력에 따른 휠 속도(Wheel Speed) 변화를 통하여 노면의 판단이 중요하다.(그림2)

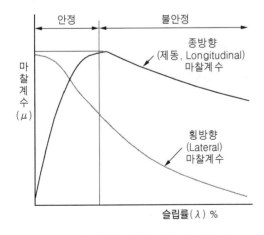

그림1. 마찰계수와 슬립률(λ) 곡선

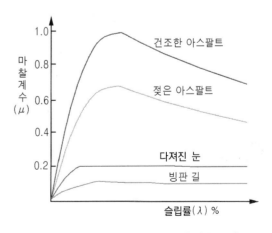

그림2. 노면별 마찰계수와 슬립률 곡선

$$제동\ 슬립률\ S(미끄럼비) = \frac{V_{ref} - V_{wheel}}{V_{ref}} \times 100\%$$

여기서, V_{ref} : 차량 속도(Vehicle Speed), V_{wheel} : 휠 속도(Wheel Speed)

(3) 시스템 구성

① 휠 속도 센서(Wheel Speed Sensor - Front Left/Front Right/Rear Left/Rear Right)
: 각 바퀴의 휠 속도(Wheel Speed) 신호를 ABS(Anti-Lock Brake System)에 보내면 이를 기준으로 ABS(Anti-Lock Brake System)는 휠 속도(Wheel Speed) 계산 및 차속(Vehicle Speed)을 계산한다.

② 브레이크 라이트 스위치(Brake Light Switch) : 운전자의 제동의지를 판단한다.

③ 모터 & 펌프 : ABS 제어 동안 증압(Increase), 유지(Hold), 감압(Decrease)이 필요 할 경우 작동된다.

④ 밸브류(Valves) : 4휠에 각각 IV(Inlet Valve)와 OV(Outlet Valve)가 구성되어 있으며, 각 휠의 브레이크 압력을 증압(Increase), 감압(Decrease), 유지(Hold) 모드로 상황에 따라 작동된다.

⑤ 경고등(Warning Lamp) : ABS 고장이 발생 할 경우 시스템이 고장임을 알려준다.

⑥ CAN 통신 : 다른 제어기에서 필요한 정보(경고등, 휠 속도 등)를 제공한다.

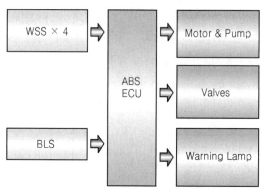

• WSS : Wheel Speed Sensor • BLS : Brake Light Switch

그림3. ABS 시스템 구성도

02 TCS(Traction Control System)

(1) 개요

TCS(Traction Control System)는 마찰계수가 낮은 노면인 눈 또는 빙판길에서 운전자가 출발 중 가속 또는 주행 중 가속을 할 경우 구동축은 휠 슬립(미끄럼)이 발생하여 정상적인 주행이 어려운 상황에서 엔진 토크 감소 제어(Engine Torque Down)와 병행하여 브레이크 유압을 유압 제어용 솔레노이드 밸브와 모터 펌프를 이용하여 노면 상태, 휠 상태 등의 조건을 고려한 증압, 감압, 유지를 제어하여 항상 최대 마찰계수의 범위에서 브레이크의 작동을 반복하여 최대 정지 마찰력으로 휠 슬립(미끄럼)을 억제하여 노면의 접지력을 높여 안정된 주행과 선회 주행을 할 수 있도록 하는 시스템이다.

일반 도로에서 차량이 고속 선회할 경우 상황에 따라 운전자의 의지대로 선회를 유지하기 힘들 수 있으며, 이때 오버 스티어(Over Steer)가 발생한다면 위험한 상황에 처할 수 있으며, 이런 상황에서 TCS는 운전자가 가속 페달(APS : Accel Pedal Sensor)을 밟아 스로틀 밸브를 완전히 열어 가속하더라도 엔진 토크 감소 제어(Engine Torque Down)를 통하여 운전자의 의지대로 안전한 선회가 가능하게 할 수 있다.

(2) 타이어와 노면의 슬립률(Slip Ratio) 관계

$$구동 \ 슬립률 \ S(미끄럼비) = \frac{V_{wheel} - V_{ref}}{V_{wheel}} \cdot 100\%$$

여기서, V_{ref} : 차량 속도(Vehicle Speed), V_{wheel} : 구동바퀴 휠 속도(Wheel Speed)

차량 주행시 가속으로 인하여 구동력 및 회전에 의한 횡력이 발생하여, 구동력의 과다 슬립(슬립률 0%에서 횡력이 커짐)을 제어하기 위하여, 구동 슬립률 20%근방(최대마찰계수)에서 구동륜 슬립제어 및 엔진제어를 한다. TCS(Full TCS)는 엔진 토크를 제어하는 ETCS(Engine TCS)와 브레이크를 제어하는 BTCS(Brake TCS)로 구분되며, 현재의 TCS는 일반적으로 Full TCS(Engine TCS+Brake TCS)를 의미한다.

(3) 효과

① 미끄러운 노면에서 차량을 급가속 할 경우, 구동바퀴의 휠 슬립이 발생하므로 앞바퀴와 뒷바퀴의 휠 속도를 비교하여 구동바퀴의 슬립제어를 통한 주행성능을 향상시킬 수 있다.

② 일반노면에서 차량을 선회 가속할 경우, 구동바퀴의 휠 슬립 제어(트랙션 제어)를 통하여 운전자의 의지대로 가속 안정성을 확보하며 주행성능을 향상시킬 수 있다.

③ ESC OFF 스위치의 적용으로 스포티한 운전영역을 제공한다.

(4) 시스템 구성(그림4)

① 휠 속도 센서(Wheel Speed Sensor - Front Left/Front Right/Rear Left/Rear Right) : 각 바퀴의 휠 속도(Wheel Speed)의 신호를 ESC(Electronic Stability Control)에 보내면 이를 기준으로 ESC(Electronic Stability Control)는 휠 속도(Wheel Speed)의 계산 및 차속(Vehicle Speed)을 계산한다.

② 브레이크 라이트 스위치(Brake Light Switch) : ESC(Electronic Stability Control) 내부에 있는 마스터 실린더 압력 센서(MCP : Master Cylinder Pressure Sensor)와 함께 운전자의 제동의지를 판단한다.

③ 마스터 실린더 압력 센서(MCP : Master Cylinder Pressure Sensor) : 브레이크 라이트 스위치(Brake Light Switch)와 더불어 운전자의 제동의지를 판단한다.

④ ESC OFF 스위치(Switch) : ESC ON · OFF를 선택할 수 있는 스위치로 스포티한 운전영역을 제공한다.

⑤ 조향각 센서(Steering Angle Sensor) : 주행 중 운전자의 조향 신호를 ESC(Electronic Stability Control)에 보내면 ESC(Electronic Stability Control)는 운전자의 조향 의지를 판단하여 주행 안정성을 판단하기 위한 중요 신호로 사용한다.

⑥ 요레이트 센서(Yaw Rate Sensor) : 주행 중 차량의 거동 신호(차량 Z축 방향 회전각속도-요 모멘트)를 ESC(Electronic Stability Control)에 보내면 ESC(Electronic Stability Control)는 조향각 센서(Steering Angle Sensor) 신호 및 횡방향 가속도 센서(Lateral-G Sensor)의 신호와 함께 주행 안정성을 판단하기 위한 중요 신호로 사용한다.

⑦ 횡방향 가속도 센서(Lateral-G Sensor, ay) : 주행 중 차량의 횡방향(차량 Y축 방향 가속도)에 대한 감·가속도 신호를 ESC(Electronic Stability Control)에 보내면 주행 안정성을 판단하기 위한 중요 신호로 사용한다.

⑧ 종방향 가속도 센서(Longitudinal-G Sensor, ax) : 주행 중 감·가속도 신호를 ESC(Electronic Stability Control)에 보내면 ESC(Electronic Stability Control)는 경사각(차량 X축 방향 가속도) 또는 감·가속도를 판단한다.

⑨ 모터 & 펌프 : ABS · TCS · ESC의 제어 동안 증압(Increase) 또는 감압(Decrease)이 필요할 경우 작동된다.

⑩ 밸브류(Valves) : 4휠에 각각 IV(Inlet Valve)와 OV(Outlet Valve)가 구성되어 있으며, 유압 회로1(마스터 실린더 1차 유압 회로), 유압 회로2(마스터 실린더 유압 회로 2)에 각각 TCV(Traction Control Valve), HSV(High Pressure Valve)로 구성되어 각 휠의 브레이크 압력을 증압(Increase), 감압(Decrease), 유지(Hold) 모드로 상황에 따라 작동된다.

⑪ 경고등(Warning Lamp) : ABS 또는 ESC의 고장이 발생할 경우 시스템이 고장임을 알려준다.

⑫ CAN 통신 : 다른 제어기에서 필요한 정보(경고등, 휠 속도, 마스터 실린더 압력, 조향각 신호 등)를 제공한다.

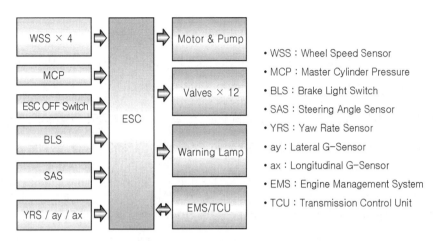

• WSS : Wheel Speed Sensor
• MCP : Master Cylinder Pressure
• BLS : Brake Light Switch
• SAS : Steering Angle Sensor
• YRS : Yaw Rate Sensor
• ay : Lateral G-Sensor
• ax : Longitudinal G-Sensor
• EMS : Engine Management System
• TCU : Transmission Control Unit

그림4. ESC 시스템 구성도

03 ABS(Anti-Lock Braking System)와 TCS(Traction Control System) 작동 원리의 차이

(1) 공통점

휠 슬립률(λ) 또는 구동바퀴의 슬립률(λ) 약 20% 근방에서 노면과의 최대 마찰계수 영역을 유지하기 위하여 각 휠(wheel) 별로 유압(증압 모드, 유지 모드, 감압 모드)을 노면의 상황에 맞도록 반복적으로 제어한다.

(2) 차이점

① ABS는 제동력에 의한 휠 슬립률(λ) 제어를 통하여 휠 잠김(Wheel Lock)을 방지하나, TCS는 구동바퀴 슬립률(λ) 제어를 통하여 휠 슬립(Wheel Slip)을 방지한다.

$$제동 \ 슬립률 \ S(미끄럼비) = \frac{V_{ref} - V_{wheel}}{V_{ref}} \times 100\%$$

여기서, V_{ref} : 차량 속도(Vehicle Speed), V_{wheel} : 휠 속도(Wheel Speed)

$$구동 \ 슬립률 \ S(미끄럼비) = \frac{V_{wheel} - V_{rwf}}{V_{wheel}} \cdot 100\%$$

여기서, V_{ref} : 차량 속도(Vehicle Speed), V_{wheel} : 구동바퀴 속도(Wheel Speed)

② TCS는 ABS 대비 엔진 토크 감소 제어(Engine Torque Down)가 필요하므로 EMS(Engine Management System)와 CAN 통신을 통하여 많은 정보의 송수신(엔진 토크, 엔진 회전수, 액셀러레이터 페달 등)이 필요하다.

기출문제

✦ 자동차 안정성 제어장치(ESP: Electronic Stability Program)에 대해 설명하시오.(122-1-10)

✦ ESP(Electronic Stability Program) 장치를 설명하시오.(75-1-4)

✦ 자세 제어장치(VDC, ESP)의 입·출력 요소를 유압과 진공방식에 따라 구분하시오.(93-4-6)

✦ 차량 자세 제어장치(VDC : Vehicle Dynamic Control)를 정의하고, 구성 및 작동 원리에 대해 설명하시오.(101-4-3)

✦ FF 형식의 자동차가 좌회전 선회 중 언더 스티어가 발생할 경우 ESP(Electronic Stability Program)가 휠을 제동하는 방법에 대해 설명하시오.(116-1-11)

✦ 진공 부스터 방식 VDC(Vehicle Dynamic Control) 시스템의 입력 및 출력 요소 각각 5가지를 쓰시오.(102-1-5)

✦ 현재 국내 차량에 적용하여 사용되고 있는 VDC(Vehicle Dynamic Control) 시스템의 개요를 상세히 설명하고, 제어의 종류를 나열한 다음 그 중 요-모멘트 제어(Yaw-Moment Control)에 대해 상세히 설명하시오.(65-2-5)

✦ VDC(Vehicle Dynamic Control) 장치에서 코너링 브레이크 시스템(Cornering Brake System)의 기능에 대해 설명하시오.(104-1-3)

✦ VSM 장치의 주 기능 및 부가 기능에 대해 설명하시오.(98-4-6)

01 개요

ESC(Electronic Stability Control)는 각종 센서들로부터 휠 속도, 제동압력, 조향 핸들 각도 및 차체의 기울어짐 등 신호를 수신하고 분석을 통하여 차량의 가속시, 제동시, 선회시, 급격한 스티어링시 차량의 불안정한 상태(오버 스티어, 언더 스티어)가 발생할 경우 각 휠의 브레이크 유압 제어와 함께 엔진 토크 감소 제어(Engine Torque Down)를 행하여 차량의 불안정한 자세를 안정적으로 잡아주는 시스템이다.

기본 기능으로 ABS, EBD, TCS, VDC, BAS 외에 부가 기능(VAFs : Value Added Functions)을 수행하며 ESC(Electronic Stability Control) 외에 ESP(Electronic Stability Program), VDC(Vehicle Dynamic Control), 액티브 요-모멘트 제어(AYC : Active Yaw Control) 등으로 부른다.

02 자동차 및 자동차 부품의 성능과 기준에 관한 규칙 제2조 25의7. 정의

자동차 안정성 제어장치란 자동차의 주행 중 각 바퀴의 브레이크 압력과 원동기 출력 등을 자동으로 제어하여 자동차의 자세를 유지시킴으로써 안정된 주행성능을 확보할 수 있도록 하는 장치를 말한다. 주행 중 아래의 경우를 제외하고 항상 작동할 수 있어야 한다.

① 운전자가 자동차 안정성 제어장치의 기능을 정지시킨 경우(ESC OFF 스위치로 정지)
② 자동차의 속도가 시속 20킬로미터 미만인 경우
③ 시동시 자가 진단하는 경우
④ 자동차를 후진하는 경우

03 시스템 구성

① 휠 속도 센서(Wheel Speed Sensor - Front Left/Front Right/Rear Left/Rear Right) : 각 휠의 속도(Wheel Speed) 신호를 ESC(Electronic Stability Control)에 보내면 이를 기준으로 ESC(Electronic Stability Control)는 휠 속도(Wheel Speed) 계산 및 차속(Vehicle Speed)을 계산한다.

② 브레이크 라이트 스위치(Brake Light Switch) : ESC(Electronic Stability Control) 내부에 있는 마스터 실린더 압력 센서(MCP : Master Cylinder Pressure Sensor)와 함께 운전자의 제동의지를 판단한다.

③ 마스터 실린더 압력 센서(MCP : Master Cylinder Pressure Sensor) : 브레이크 라이트 스위치(Brake Light Switch)와 더불어 운전자의 제동의지를 판단한다.

④ ESC OFF 스위치(Switch) : ESC ON · OFF를 선택할 수 있는 스위치로 스포티한 운전영역을 제공한다.

⑤ 조향각 센서(Steering Angle Sensor) : 주행 중 운전자의 조향 신호를 ESC(Electronic Stability Control)에 보내면 ESC(Electronic Stability Control)는 운전자의 조향 의지를 판단하여 주행 안정성을 판단하기 위한 중요 신호로 사용한다.

⑥ 요 레이트 센서(Yaw Rate Sensor) : 주행 중 차량의 거동 신호(차량 Z축 방향 회전 각속도-요 모멘트)를 ESC(Electronic Stability Control)에 보내면 ESC(Electronic Stability Control)는 조향 각 센서(Steering Angle Sensor) 신호와 횡방향 가속도 센서(Lateral-G Sensor)의 신호와 함께 주행 안정성을 판단하기 위한 중요 신호로 사용한다.

⑦ 횡방향 가속도 센서(Lateral-G Sensor, ay) : 주행 중 차량의 횡방향(차량 Y축 방향 가속도)에 대한 감·가속도 신호를 ESC(Electronic Stability Control)에 보내면 주행 안정성을 판단하기 위한 중요 신호로 사용한다.

⑧ 종방향 가속도 센서(Longitudinal-G Sensor, ax) : 주행 중 감·가속도 신호를 ESC(Electronic Stability Control)에 보내면 ESC(Electronic Stability Control)는 경사각(차량 X축 방향 가속도) 또는 감·가속도를 판단한다.

⑨ **모터 & 펌프** : ABS · TCS · ESC의 제어 동안 증압(Increase) 또는 감압(Decrease)이 필요할 경우 작동된다.

⑩ **밸브류(Valves)** : 4휠에 각각 IV(Inlet Valve)와 OV(Outlet Valve)가 구성되어 있으며, 유압 회로1(마스터 실린더 1차 유압 회로), 유압 회로2(마스터 실린더 유압 회로 2)에 각각 TCV(Traction Control Valve), HSV(High Pressure Valve)로 구성되어 각 휠의 브레이크 압력을 증압(Increase), 감압(Decrease), 유지(Hold) 모드로 상황에 따라 작동된다.

⑪ **경고등(Warning Lamp)** : ABS 또는 ESC의 고장이 발생할 경우 시스템이 고장임을 알려준다.

⑫ **CAN 통신** : 다른 제어기에서 필요한 정보(경고등, 휠 속도, 마스터 실린더 압력, 조향각 신호 등)를 제공한다.

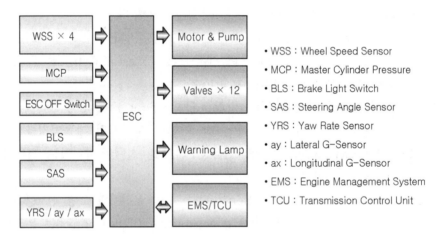

그림4. ESC 시스템 구성도

04 작동 원리

차량의 요 모멘트(Yaw Moment)에 의하여 오버 스티어(Oversteer) 또는 언더 스티어(Understeer)가 발생할 경우 다음과 같이 제어를 하며 필요에 따라 엔진 토크 감소 제어(Engine Torque Down)도 동시에 수행한다.

(1) 오버 스티어(Over Steer) 제어

주행하고자 하는 방향보다 안쪽으로 요 모멘트가 발생하므로 바깥쪽 뒷바퀴의 브레이크 유압을 제어하여 시계방향 요 모멘트를 발생시켜 차량의 주행 안정성을 확보한다.

(2) 언더 스티어(Under Steer) 제어

주행하고자 하는 방향보다 바깥쪽으로 요 모멘트가 발생하므로 안쪽 뒷바퀴의 브레이크 유압을 제어하여 반시계방향의 요 모멘트를 발생시켜 차량의 주행 안정성을 확보한다.

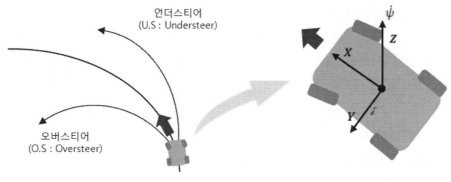

오버·언더 스티어(Steer) 특성

(3) 효과

차량을 불안정하게 하는 요 모멘트(Yaw Moment)에 대해 이를 제어하여 차량의 주행 안정성 및 선회 안정성을 향상시킬 수 있다.

05 ESC 작동등 및 경고등 심볼

심볼	명칭	설명
	ESC 경고등	ECS / TCS ESC 부가기능 제어 중지. 단, ESC / TCS 제어 시 점멸
	ABS 경고등	ABS / ESC / TCS / ESC 부가기능 제어 중지
	EBD 경고등	EBD / ABS / ESC / TCS / ESC 부가기능 제어 중지. *EPB 작동등으로 사용
	ESC OFF 경고등	ESC / TCS 제어 중지
	EPB 경고등	EPB 제어 중지

06 기능 및 작동 원리

(1) ABS(Anti-Lock Brake System)

ABS(Anti-Lock Brake System)는 운전자의 급브레이크 작동으로 노면과 타이어의 마찰계수가 감소함에 따라 차량의 휠 잠김(Wheel Lock)이 발생되는 현상을 방지하는 시스템이다. 따라서 차량의 휠 잠김(Wheel Lock)이 발생될 경우 긴 제동거리, 조향 상실, 차량의 스핀 등을 방지하는 시스템으로 휠 잠김(Wheel Lock)을 발생시키는 브레이크 유압을 유압 제어용 솔레노이드 밸브와 모터 펌프를 이용하여 노면 상태, 휠 상태 등의 조건을 고려한 감압, 유지, 증압 제어를 통하여 항상 최대 마찰계수의 범위를 갖게 함으로써 차량의 방향 안정성 확보, 조향 안정성 유지, 제동거리의 최소화를 확보할 수 있는 시스템이다.

(2) EBD(Electronic Brake Force Distribution)

브레이크를 작동할 경우 항상 일정한 제동력을 앞바퀴와 뒷바퀴에 배분하면 제동 중에는 감속도에 의한 뒷바퀴 관성력의 일부가 앞바퀴로 이동하여 앞바퀴의 마찰력은 증가하고, 뒷바퀴의 마찰력은 감소한다. 따라서 뒷바퀴의 회전하려는 관성모멘트가 감소하여 앞바퀴보다 먼저 잠김(Lock)이 발생하여 뒷바퀴의 좌우 사이드 포스가 없어져 차량의 요 모멘트(Yaw Moment)가 발생하여 차량의 거동이 불안해져 심할 경우에는 스핀이 발생할 수 있다. 이러한 앞·뒷바퀴 제동력 배분의 특성을 고려하여, 앞바퀴와 뒷바퀴의 제동력을 이상 곡선에 가깝게 하여 앞바퀴 제동유압의 증가 비율에 비하여 뒷바퀴 제동유압의 증가 비율을 작게 하도록 작용하면 앞바퀴와 뒷바퀴 제동력의 적절한 배분이 가능하여 차량의 안전성을 확보할 수 있다.

이러한 장치로 앞바퀴와 뒷바퀴의 제동력을 조절하는 프로포셔닝 밸브(PV : Proportioning Valve), 중량에 따라 앞바퀴와 뒷바퀴의 제동력 변화를 조절하는 중량 센싱 프로포셔닝 밸브(LSPV : Load Sensing Proportioning Valve)를 대신하여 ABS ·ESC 시스템에서 전자식 제동력 배분 시스템(EBD : Electronic Brake force Distribution)은 4개의 휠 속도 센서(Wheel Speed Sensor) 신호, 유압 제어용 솔레노이드 밸브를 이용하여 차량의 제동압력을 전자적으로 제어함으로써 급제동시 중량이 전방으로 이동함에 따른 스핀방지 및 제동성능을 향상시키는 시스템이다.

즉, 전자식 제동력 분배 시스템은 승객의 탑승 유무 및 화물의 적재 여부에 따라 변화하는 앞바퀴와 뒷바퀴의 중량 변화에 따라 제동압력을 최적화된 제어를 통하여 제동성능을 향상시킨다. EBD(Electronic Brake Force Distribution)를 전자식 제동력 배분 시스템이라고 한다.

(3) TCS(Traction Control System)

TCS(Traction Control System)는 마찰계수가 낮은 노면인 눈 또는 빙판길에서 운전자가 출발 중 가속 또는 주행 중 가속을 할 경우 구동축은 휠 슬립(미끄럼)이 발생하여 정상적인 주행이 어려운 상황에서 엔진 토크 감소 제어(Engine Torque Down)와 병행하여 브레이크 유압을 유압 제어용 솔레노이드 밸브와 모터 펌프를 이용하여 노면 상태, 휠 상태 등의 조건을 고려한 증압, 감압, 유지를 제어하여 항상 최대 마찰계수의 범위에서 브레이크의 작동을 반복하여 최대 정지 마찰력으로 휠 슬립을 억제하여 노면의 접지력을 높여 안정된 주행과 선회 주행을 할 수 있도록 하는 시스템이다.

일반 도로에서 차량이 고속으로 선회할 경우 상황에 따라 운전자의 의지대로 선회를 유지하기 힘들 수 있으며, 이때 오버 스티어(Over Steer)가 발생한다면 위험한 상황에 처할 수 있다. 이러한 상황에서 TCS는 운전자가 가속 페달(APS : Accel Pedal Sensor)을 밟아 스로틀 밸브를 완전히 열어 가속하더라도 엔진 토크 감소 제어(Engine Torque Down)를 통하여 운전자의 의지대로 안전한 선회가 가능하게 할 수 있다.

(4) CBC(Cornering Brake Control) 코너링 브레이크 컨트롤

차량이 선회(Cornering) 동안에 브레이크를 작동할 경우 일반적으로 ABS 제어를 하면 오버 스티어(Over Steer)가 발생할 수 있으며, 이런 상황에서 오버 스티어(Over Steer)가 발생하지 않도록 구동바퀴 선회 내측의 브레이크 압력을 부분적으로 낮추면 오버 스티어(Over Steer)가 발생하지 않으며, 선회 시에 운전자의 의도대로 선회를 할 수 있도록 주행 안정성을 확보하는 기능을 말한다. 즉, 횡가속도가 큰 선회, 약한 제동 시 선회 내측 앞바퀴와 뒷바퀴의 제동력을 제어하여 차량의 안정성을 확보한다.

1) 작동 원리

① 휠 속도(Wheel Speed), 요 레이트(Yaw Rate), 조향 각(Steering Angle)의 정보를 이용하여 선회를 인식한다.
② 운전자의 제동(브레이크 페달 신호 이용) 의지를 판단한다.
③ 선회 내측 제동압력의 유지 모드 또는 감압 모드로 제어를 한다.
④ 오버 스티어(Oversteer) 감소로 차량의 안정성이 확보된다.

(5) VSM(Vehicle Stability Management)

차량 바퀴의 좌우 노면이 다른 비대칭 노면(Split)에서 주행(15km/h 이상)동안 제동을 통한 ABS를 동작시키거나 주행(30km/h 이상)동안 급격한 조향으로 ESC를 동작시킬 경우 운전자에게 올바른 조향 조작을 유도할 수 있도록 조향 토크를 증가시켜 카운터 스티어를 유도하여 차량의 주행 안정성을 향상시키는 기능이다. VSM(Vehicle Stability Management)을 섀시 통합 제어 시스템이라고 한다.

1) 작동 원리

차량의 위험 상황에서 운전자의 최적 조향을 조작하도록 유도한다.

① 언더 스티어(Understeer) 상황에서는 운전자의 과도한 카운터 스티어로 인한 오버 스티어(Oversteer)를 방지하기 위하여 카운터 스티어를 미세하게 유도하도록 조향 토크를 증가시킨다.

② 오버 스티어(Oversteer) 상황에서는 조향 토크를 증가시켜 운전자의 카운터 스티어를 유도한다.

2) 효과

① 운전자의 올바른 조향 조작 유도로 차량의 안정성을 향상시킬 수 있다.

② 초보 운전자의 운전조작에 대한 능력을 향상시키도록 유도가 가능하다.

3) VSM(Vehicle Stability Management) 미작동 조건

① 경사도가 심한 도로인 경우

② 후진하는 경우

③ 전동 파워 스티어링 시스템(MDPS)에서 고장이 발생한 경우

④ ESC OFF 스위치로 ESC를 OFF시킨 경우

기출문제 유형

◆ 경사로 저속 주행 제어(Downhill Brake Control)에 대해 설명하시오.(117-2-5)

---

01 개요

경사로 저속 주행 제어(DBC : Downhill Brake Control)는 경사가 심한 경사로, 커브가 심한 경사로, 비포장로 등을 주행하면서 내려올 때 운전자가 직접 브레이크 페달을 작동하지 않아도 자동으로 일정 속도 이하(예 : 30km/h)로 주행할 수 있도록 하는 ESC(Electronic Stability Control)의 부가 기능(VAFs : Value Added Functions) 중의 하나로 브레이크의 부하를 줄여 브레이크에서 과열이 발생되는 것을 방지하여 내리막길을 안전하게 주행할 수 있도록 하는 시스템이다.

02 작동 방법

(1) 작동 대기

경사로에서 DBC 작동을 하기 위하여 먼저 DBC 스위치를 누르면 DBC 녹색 표시등이 켜지면서 작동대기 상태로 진입한다.

표 1. DBC 표시등 예

DBC 표시등		작동 구분
	녹색 점등	작동 대기
	녹색 점멸	작동
	황색	시스템 고장

(2) 작동

일정한 경사 구배 이상(예 : 6%)인 조건에서 작동대기 상태 동안 브레이크 페달에서 발을 떼면 일정속도 이하(예 : 30km/h)로 주행할 수 있으며 이때 녹색 표시등이 점멸하면서 DBC가 작동 상태로 된다. DBC 작동 중에는 제동등(Brake Lamp)은 자동으로 점등된다.

(3) 작동 해제

DBC 스위치를 눌러 DBC 녹색 표시등을 끄거나 가속 페달을 밟아 일정 속도(예 : 60km/h) 이상이 되면 작동이 해제된다.

(4) 작동 해제 후 작동 대기

브레이크 페달이나 가속 페달을 작동할 경우 또는 일정한 경사 구배 이하(예 : 4%)일 경우 작동은 해제되고, 작동대기 상태로 전환된다.

03 시스템 구성

① 휠 속도 센서(Wheel Speed Sensor - Front Left/Front Right/Rear Left/Rear Right) : 각 휠의 속도(Wheel Speed) 신호를 ESC(Electronic Stability Control)에 보내면 이를 기준으로 ESC(Electronic Stability Control)는 휠 속도(Wheel Speed)의 계산 및 차속(Vehicle Speed)을 계산한다.

② 브레이크 라이트 스위치(Brake Light Switch) : ESC(Electronic Stability Control) 내부에 있는 마스터 실린더 압력 센서(MCP : Master Cylinder Pressure Sensor) 와 함께 운전자의 제동의지를 판단한다.

③ 마스터 실린더 압력 센서(MCP : Master Cylinder Pressure Sensor) : 브레이크 라이트 스위치(Brake Light Switch)와 더불어 운전자의 제동의지를 판단한다.

④ ESC OFF 스위치(Switch) : ESC ON · OFF를 선택할 수 있는 스위치로 스포티한 운전영역을 제공한다.

⑤ 조향각 센서(Steering Angle Sensor) : 주행 중 운전자의 조향 신호를 ESC(Electronic Stability Control)에 보내면 ESC(Electronic Stability Control)는 운전자의 조향 의지를 판단하여 주행 안정성을 판단하기 위한 중요 신호로 사용한다.

⑥ 요 레이트 센서(Yaw Rate Sensor) : 주행 중 차량의 거동 신호(차량 Z축 방향 회전 각속도-요 모멘트)를 ESC(Electronic Stability Control)에 보내면 ESC(Electronic Stability Control)는 조향각 센서(Steering Angle Sensor) 신호와 횡방향 가속도 센서(Lateral-G Sensor)의 신호와 함께 주행 안정성을 판단하기 위한 중요 신호로 사용한다.

⑦ 횡방향 가속도 센서(Lateral-G Sensor, ay) : 주행 중 차량의 횡방향(차량 Y축 방향 가속도)애 대한 감·가속도 신호를 ESC(Electronic Stability Control)에 보내면 주행 안정성을 판단하기 위한 중요 신호로 사용한다.

⑧ 종방향 가속도 센서(Longitudinal-G Sensor, ax) : 주행 중 감·가속도 신호를 ESC(Electronic Stability Control)에 보내면 ESC(Electronic Stability Control)는 경사각(차량 X축 방향 가속도) 또는 감·가속도를 판단한다.

⑨ 모터 & 펌프 : ABS · TCS · ESC의 제어 동안 증압(Increase) 또는 감압(Decrease)이 필요할 경우 작동된다.

⑩ 밸브류(Valves) : 4휠에 각각 IV(Inlet Valve)와 OV(Outlet Valve)가 구성되어 있으며, 유압 회로1(마스터 실린더 1차 유압 회로), 유압 회로2(마스터 실린더 유압 회로 2)에 각각 TCV(Traction Control Valve), HSV(High Pressure Valve)로 구성되어 각 휠의 브레이크 압력을 증압(Increase), 감압(Decrease), 유지(Hold) 모드로 상황에 따라 작동된다.

⑪ 경고등(Warning Lamp) : ABS 또는 ESC의 고장이 발생할 경우 시스템이 고장임을 알려준다.

⑫ CAN 통신 : 다른 제어기에서 필요한 정보(경고등, 휠 속도, 마스터 실린더 압력, 조향각 신호 등)를 제공한다.

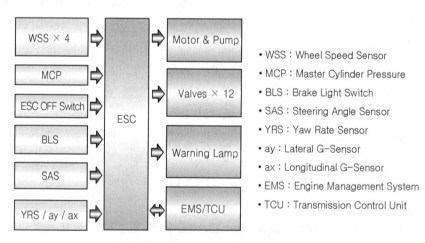

그림1. ESC 시스템 구성도

✦ 브레이크 프리필(Brake Prefill)을 정의하고, 개발시 고려사항을 설명하시오.(123-2-3)

01 개요

기술의 발전과 법규 및 소비자의 요구에 부응하기 위하여 자동차의 성능, 안전성, 상품성 및 편의성이 점점 증대되고 있으며, 특히 자율주행의 경우 레벨 4, 레벨 5의 완전 자율주행을 목표로 기술을 개발 중이며, 이와 더불어 안전성에 대한 우려도 높아지고 있다. 자동차의 사고를 사전에 예방하여 이러한 안전에 대한 우려를 낮출 수 있는 ESC(Electronic Stability Control)의 부가 기능(VAFs : Value Added Functions)중의 하나로 브레이크 프리 필(Brake prefill) 제어가 있다. 브레이크 프리 필(Brake prefill) 제어는 브레이크의 제동 응답 시간을 줄이고, 제동거리를 줄일 수 있으며, 자동 비상 제동 시스템(AEB : Autonomous Emergency Braking) 또는 스마트 크루즈 컨트롤(SCC : Smart Cruise Control)과 같은 다른 기능에도 적용할 수 있는 장점을 가지고 있다.

02 브레이크 프리 필(Brake prefill)

(1) 정의

브레이크 응답 시간을 줄이기 위하여 브레이크 패드가 디스크에 근접할 수 있는 미세 제동 압력(약 3~5bar)을 사전에 형성시켜 주는 것을 말하며, 다음과 같은 상황에서 브레이크 프리 필(Brake prefill) 제어를 적용할 수 있다.
① 운전자가 가속 페달을 밟고 있다가 갑자기 가속 페달에서 발을 떼고 브레이크 페달의 작동을 사전에 감지할 경우
② 자동 비상 제동 시스템(AEB : Autonomous Emergency Braking) 또는 스마트 크루즈 컨트롤(SCC : Smart Cruise Control)이 작동할 때

> **참고** ESC(Electronic Stability Control)에서 브레이크 응답 시간에 영향을 주는 요소
> • 모터를 작동하여 펌프를 돌리는데 걸리는 시간이 걸린다.
> • 모터 & 펌프의 성능 한계에 의한 응답시간의 한계가 있다.
> • 브레이크 오일의 마찰 및 유압 제어 솔레노이드를 작동하여 유압 형성에 걸리는 시간

(2) 작동 원리

① ESC(Electronic Stability Control)는 EMS의 가속 페달 포지션 센서(APS)의 신호를 받아 운전자 의지를 판단한다. 또는 AEB · SCC의 Prewarning 신호를 받는다.

② ESC(Electronic Stability Control)는 모터 & 펌프를 작동시켜 제동유압을 증압 (Increase)하여 약 3~5bar 수준의 미세 제동유압을 형성한다.

③ 각 휠의 IV(Inlet Valve)를 거쳐 캘리퍼의 휠 실린더 피스톤을 움직여 브레이크 패드가 디스크에 근접한다.

(3) 시스템 구성

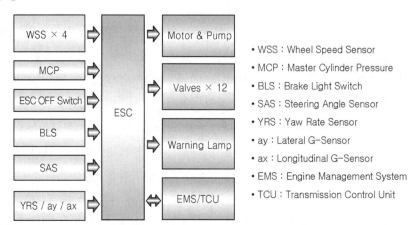

그림1. ESC(Brake Prefill) 시스템 구성도

- WSS : Wheel Speed Sensor
- MCP : Master Cylinder Pressure
- BLS : Brake Light Switch
- SAS : Steering Angle Sensor
- YRS : Yaw Rate Sensor
- ay : Lateral G-Sensor
- ax : Longitudinal G-Sensor
- EMS : Engine Management System
- TCU : Transmission Control Unit

1) 휠 속도 센서(Wheel Speed Sensor - Front Left/Front Right/Rear Left/Rear Right)

각 바퀴의 휠 속도(Wheel Speed) 신호를 ESC(Electronic Stability Control)에 보내면 이를 기준으로 ESC(Electronic Stability Control)는 휠 속도(Wheel Speed)의 계산 및 차속(Vehicle Speed)을 계산한다.

2) 브레이크 라이트 스위치(Brake Light Switch)

ESC(Electronic Stability Control)의 내부에 있는 마스터 실린더 압력 센서(MCP : Master Cylinder Pressure Sensor)와 함께 운전자의 제동의지를 판단한다.

3) 마스터 실린더 압력 센서(MCP : Master Cylinder Pressure Sensor)

브레이크 라이트 스위치(Brake Light Switch)와 더불어 운전자의 제동의지를 판단한다.

4) ESC OFF 스위치(Switch)

ESC ON · OFF를 선택할 수 있는 스위치로 스포티한 운전영역을 제공한다.

5) 조향각 센서(Steering Angle Sensor)

주행 중 운전자의 조향 신호를 ESC(Electronic Stability Control)에 보내면 ESC(Electronic Stability Control)는 운전자의 조향 의지를 판단하여 주행 안정성을 판단하기 위한 중요 신호로 사용한다.

6) 요 레이트 센서(Yaw Rate Sensor)

주행 중 차량의 거동 신호(차량 Z축 방향 회전 각속도-요 모멘트)를 ESC(Electronic Stability Control)에 보내면 ESC(Electronic Stability Control)는 조향각 센서 (Steering Angle Sensor) 신호와 횡방향 가속도 센서(Lateral-G Sensor) 신호와 함께 주행 안정성을 판단하기 위한 중요 신호로 사용한다.

7) 횡방향 가속도 센서(Lateral-G Sensor, ay)

주행 중 차량의 횡방향(차량 Y축 방향 가속도)에 대한 감·가속도 신호를 ESC(Electronic Stability Control)에 보내면 주행 안정성을 판단하기 위한 중요 신호로 사용한다.

8) 종방향 가속도 센서(Longitudinal-G Sensor, ax)

주행 중 감·가속도 신호를 ESC(Electronic Stability Control)에 보내면 ESC 는 경사각(차량 X축 방향 가속도) 또는 감·가속도를 판단한다.

9) 모터 & 펌프

ABS · TCS · ESC의 제어 동안 증압(Increase) 또는 감압(Decrease)이 필요할 경우 작동된다.

10) 밸브류(Valves)

4휠에 각각 IV(Inlet Valve)와 OV(Outlet Valve)가 구성되어 있으며, 유압 회로1(마스터 실린더 1차 유압 회로), 유압 회로2(마스터 실린더 유압 회로 2)에 각각 TCV(Traction Control Valve), HSV(High Pressure Valve)로 구성되어 각 휠의 브레이크 압력을 증압(Increase), 감압(Decrease), 유지(Hold) 모드로 상황에 따라 작동된다.

11) 경고등(Warning Lamp)

ABS 또는 ESC의 고장이 발생할 경우 시스템이 고장임을 알려준다.

12) CAN 통신

① 다른 제어기에서 필요한 정보(경고등, 휠 속도, 마스터 실린더 압력, 조향각 신호 등)를 제공한다.

② EMS에서 가속 페달 포지션 센서(APS)의 신호를 받으며, AEB · SCC에서 Prewarning 과 감속도 요구를 받는다.

13) DBC 스위치(Switch)

DBC 기능에 대한 사용 유무를 제공한다.

(4) 개발시 고려 사항

① EMS의 가속 페달 포지션 센서(APS)의 신호에 의한 브레이크 프리 필(Brake prefill) 제어를 하기 위한 긴급 제동 유무를 판단하는 방법

② 브레이크 프리 필(Brake prefill) 제어시 브레이크 페달에 대한 이질감을 최소화할 수 있는 방법

③ 운전자가 원하지 않는 브레이크 프리 필(Brake prefill) 제어로 차량의 감속 발생을 최소화할 수 있는 방법
예) 서행 중 또는 주행 상태에서 차량의 주행 흐름이 갑작스럽게 변동이 발생할 경우

기출문제 유형

✦ 리던던시(Redundancy) 안전설계를 정의하고, 섀시장치 중 소프트웨어적인 측면과 기구적인 측면의 적용사례를 1가지씩 설명하시오.(123-2-1)

---

01 개요

기술의 발전과 법규 및 소비자의 요구에 부응하기 위하여 자동차의 성능, 안전성, 상품성 및 편의성이 점점 증대되고 있으며, 특히 자율주행의 경우 레벨 4, 레벨 5의 완전 자율주행을 목표로 기술을 개발 중이며, 이와 더불어 안전성에 대한 우려도 높아지고 있다.

따라서 자동차의 안전 부품 중에서 가장 중요한 시스템으로 여겨지는 전자 브레이크(Electronic Brake)인 ESC(Electronic Stability Control)의 경우에도 자율 주행을 대비하여 리던던시(Redundancy)를 통하여 시스템의 신뢰성을 확보하여 이러한 안전성에 대한 우려를 줄이려는 연구가 활발한 진행이 계속되고 있다.

02 리던던시(Redundancy) 정의

① 리던던시(Redundancy)는 단어 상 단순히 이중화를 뜻하지만, 자동차의 경우 안전성 측면에서의 안전 이중화를 의미한다. 리던던시(Redundancy)는 하드웨어 이중화(Hardware redundancy)와 소프트웨어 이중화(Software redundancy)로 구분할 수 있으며, 특히, 하드웨어 이중화 적용시 가격(Cost)과 레이아웃(Layout)의 제한으로 인하여 적용이 쉽지 않기 때문에 소프트웨어 이중화를 통하여 이런 한계를 극복할 수 있다.

② SAE(Society of Automotive Engineers) 기준 자율주행 레벨을 기준으로 레벨 3은 조건부 자동화(Conditional Automation)로 상황에 따라 운전자의 개입이 가능하며, 센서 리던던시(Redundancy)가 요구되지만, 전자 브레이크에 대한 리던던시(Redundancy)는 요구되지 않는다. 그러나 레벨 4 이상에서는 고도 자동화

(High Automation)로 운전자는 해당 모드에서 개입이 불필요하므로 전자 브레이크에 대한 리던던시(Redundancy)가 필요하다.

03 전자 브레이크의 하드웨어 이중화(Hardware redundancy)와 소프트웨어 이중화(Software redundancy)

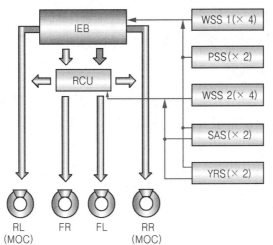

리던던시 아키텍처 예
(자료 : KSAE 춘계학술대회, 2020년)

(1) IEB(Integrated Electronic Brake)

정상 상태에서 통합 전자 브레이크(IEB)는 주 제동과 ESC(Electronic Stability Control)의 기능을 하며 메인 제어기 역할을 한다. 이런 정상적인 상황에서는 통합 전자 브레이크(Electronic Brake)는 4휠의 제동력을 직접 제어를 한다.

(2) RCU(Redundancy Control Unit)

통합 전자 브레이크(IEB)가 고장 상태로 메인 제어기 역할이 불가능 할 경우, 메인 제어기 대신하여 백업(Backup)의 역할을 한다. 따라서 메인 제어기인 통합 전자 브레이크(IEB)가 고장 상태로 인하여 긴급한 상황이 발생할 경우 즉시 백업(Backup)으로 대응이 가능하다.

(3) 브레이크 구성

브레이크 형태는 앞바퀴 2개는 캘리퍼 브레이크이고, 뒷바퀴 2개는 MOC 타입 캘리퍼 브레이크로 구성된다. 통합 전자 브레이크(IEB) 시스템에 4개 휠의 제동력을 직접 제어할 수 있도록 연결되며, 백업(Backup)의 역할을 하는 RCU(Redundancy Control Unit)가 4개 휠에 병렬로 연결되어 있다.

(4) 휠 속도 센서(Wheel Speed Sensor – FL · FR · RL · RR)

한 개의 휠당 휠 속도 센서가 2개씩 장착되어 각각 통합 전자 브레이크(IEB)와 RCU(Redundancy Control Unit)에 연결되며 나머지 3개 휠도 동일하게 연결된다. 통합 전자 브레이크(IEB)의 휠 속도 센서에서 고장이 발생할 경우 즉시 RCU(Redundancy Control Unit)는 정상적인 휠 속도 센서의 정보를 통합 전자 브레이크(IEB)에 보낸다. 각 휠의 휠 속도 센서(Wheel Speed Sensor)의 신호를 기준으로 통합 전자 브레이크(IEB)는 휠 속도(Wheel Speed)의 계산 및 차속(Vehicle Speed)을 계산한다.

(5) 조향각 센서(Steering Angle Sensor)

조향각 센서(Steering Angle Sensor)는 2개이며, 각각 통합 전자 브레이크(IEB)와 RCU(Redundancy Control Unit)에 연결된다. 통합 전자 브레이크(IEB)의 조향각 센서에서 고장이 발생할 경우 즉시 RCU(Redundancy Control Unit)는 정상적인 조향각 센서 정보를 통합 전자 브레이크(IEB)에 보낸다. 각각 주행 중 운전자의 조향 신호를 기준으로 통합 전자 브레이크(IEB)는 운전자의 조향 의지를 판단하여 주행 안정성을 판단하기 위한 중요 신호로 사용한다.

(6) 요 레이트 센서(Yaw Rate Sensor)

요 레이트 센서(Yaw Rate Sensor)가 2개이며, 각각 통합 전자 브레이크(IEB)와 RCU(Redundancy Control Unit)에 연결된다. 통합 전자 브레이크(IEB)의 요 레이트 센서에서 고장이 발생할 경우 즉시 RCU(Redundancy Control Unit)는 정상적인 요 레이트 센서의 정보를 통합 전자 브레이크(IEB)에 보낸다. 주행 중 차량의 거동 신호(차량 Z축 방향 회전 각속도-요 모멘트)를 기준으로 통합 전자 브레이크(IEB)는 조향각 센서(Steering Angle Sensor)의 신호와 횡방향 가속도 센서(Lateral-G Sensor)의 신호와 함께 주행 안정성을 판단하기 위한 중요 신호로 사용한다.

03 자율주행

기출문제 유형

✦ 후석 승객 알림(ROA : Rear Occupant Alert) 적용 배경 및 기능에 대하여 설명하시오(120-1-6)

01 개요

미국 어린이 안전사고 예방단체인 '키즈 앤 카스'(KIDS and CARS)의 조사에 따르면 미국에서 1990년부터 2018년까지 보호자의 실수로 차량 안에 방치되어 열사병에 의한 사망한 어린이(14세 미만)는 889명에 이르며, 매년 평균 38명의 어린이가 차량 안에 방치되어 열사병으로 숨지는 사고가 발생한다. 따라서 빈번히 발생하는 이런 사고를 예방하기 위한 대표적인 기능이 후석 승객 알림(ROA : Rear Occupant Alert) 시스템이다.

02 후석 승객 알림(ROA : Rear Occupant Alert) 정의 및 시스템 구성

(1) 정의

후석 승객 알림(ROA : Rear Occupant Alert) 시스템은 차량의 시동을 끄고 운전석 문을 열고 하차한 후 차량 도어를 잠글 경우 헤드라이닝에 장착된 초음파 센서를 통해 2열의 승객 유무를 감지하여 경고음, 비상등 점멸과 스마트 폰으로 메시지를 전송하여 안전사고의 발생을 미연에 방지하는 기술이다.

(2) 시스템 구성

후석 승객 알림 시스템은 초음파 모션 센서, BCM(Body Control Module), DDM(Drive Door Module), 통신 유닛(블루링크, UVO) 등으로 구성된다.

03 후석 승객 알림(ROA : Rear Occupant Alert) 시스템 작동 방법

① 운전자가 시동을 끄고 운전석 문을 열 때 2열 좌석 확인 메시지 표시와 경고음이 울린다.

② 운전자가 하차 후 차량의 도어를 잠글 경우 헤드라이닝에 장착된 초음파 센서가 2열 좌석 승객 유무를 감지하면 외부로 비상등 점멸 및 경고음이 울림과 동시에 스마트 폰으로 메시지를 전송한다.

㉮ 차량 단말기 가입 시 등록된 번호로 문자 메시지는 1회 전송된다.

㉯ 약 25초간 경고음과 비상등 점멸이 작동되며, 비상등 점멸은 10회 작동 및 8번 반복 작동된다. 스마트키의 도어 열림 버튼을 1회 누를 경우 해제된다.

㉰ 2열 좌석의 초음파 센서는 도어 잠금 후 24시간 동안 작동된다.

기출문제 유형

✦ 자동차 정속 주행 장치(Cruise Control System) 중 Smart Cruise Control과 Advanced Smart Cruise Control의 특징을 설명하시오.(126-4-1)

✦ 적응형 정속 주행 장치(adaptive cruise control system)의 개념과 시스템 구성, 작동 원리, 제어 특성에 대하여 설명하시오.(125-3-4)

✦ 차간 거리 제어 시스템(SCC : Smart Cruise Control) 또는 지능형 자동 주행 시스템(ACC : Adaptive Cruise Control)을 설명하시오.(84-1-4)

---

01 개요

크루즈 컨트롤(CC : Cruise Control)은 운전자가 차속을 설정하면 설정된 차량속도로 정속 주행을 하는 기능만을 가지고 있는 시스템을 말하며, 스마트 크루즈 컨트롤(SCC : Smart Cruise Control)은 기존 크루즈 컨트롤(CC : Cruise Control) 기능뿐만 아니라 전방의 차량을 감지하여 전방의 차량과 거리를 일정하게 유지하여 주행할 수 있도록 하는 기능이 추가된 시스템을 말한다. 즉, 차량의 레이더와 카메라를 통하여 전방의 차량과 거리를 감지하여 차량의 상대속도를 계산하고 전방의 차량과 차속의 변화(거리 변화)에 따라 가속 페달이나 브레이크 페달을 자동으로 제어하여 차량의 속도를 조절할 수 있는 시스템으로 운전자의 편의성 및 안전성을 높여 주며, 자율주행 자동차로 가기 위한 근간이 되는 기술이다.

02 시스템 구성

(1) 스마트 크루즈 컨트롤(SCC : Smart Cruise Control) 시스템

레이더 / 카메라 / SCC 제어기

(2) ESC(Electronic Stability Control) 시스템

조향각 센서(Steering Angle Sensor), 요레이트 센서(Yaw Rate Sensor), ESC(Electronic Stability Control) 제어기, 휠 스피드 센서(Wheel Speed Sensor)

(3) 엔진 시스템(EMS : Engine Management System)

03 스마트 크루즈 컨트롤(SCC : Smart Cruise Control) 기본 기능

① 크루즈 컨트롤(CC : Cruise Control) 기능은 전방에 차량이 없는 경우 운전자가 설정한 속도로 정속으로 주행을 하는 것을 의미한다.

② 스마트 크루즈 컨트롤(SCC : Smart Cruise Control) 기능은 전방에 차량이 있는 경우 전방 차량의 속도 변화에 따라 차량 가속도 및 감속도 제어를 통하여 전방 차량과의 거리를 유지하며 전방의 차량 속도로 주행하는 기능을 말한다. 전방에 차량이 있을 경우 전방의 차량 속도로 주행하며, 전방에 차량이 없어질 경우 운전자가 설정한 속도로 복귀하여 주행하는 기능을 한다. 전방 차량과의 거리 설정은 4단계까지 가능하다. 예를 들면 4단계 시 52.5m, 1단계 시 25m로 설정이 가능하다.

③ 어드밴스드 스마트 크루즈 컨트롤(ASCC : Advanced Smart Cruise Control) 기능은 기존의 스마트 크루즈 컨트롤(SCC : Smart Cruise Control)에서는 전방의 차량이 정지할 때는 경고 알림과 동시에 자동으로 기능이 해제되지만, 어드밴스드 스마트 크루즈 컨트롤(ASCC : Advanced Smart Cruise Control)은 전방의 차량이 정차 시에도 SCC가 해제되지 않고 정차 후 재출발이 가능한 스톱 & 고(Stop & Go)의 기능을 가지고 있으며, 스톱 & 고(Stop & Go)의 기능은 교통이 정체된 상황에서 매우 편리한 기능을 가지고 있다. 스톱 & 고(Stop & Go)의 기능을 구현하기 위하여 ESC(Electronic Stability Control)와 전자식 파킹 브레이크(EPB : Electronic Parking Brake) 시스템과 협조제어가 필요하다.

04 작동 원리

① 스마트 크루즈 컨트롤(SCC : Smart Cruise Control) 시스템은 운전자가 차로에 위치한 차량 간의 거리 및 차량의 속도를 설정한다.

② 전방에 설치된 레이더와 카메라를 통하여 전방 차량의 거리, 속도, 각도 등의 정보를 검출한다.

③ ESC(Electronic Stability Control) 시스템을 통하여 차량의 요레이트(Yaw Rate), 차량 속도(Vehicle Speed), 조향 각(Steering Angle) 등의 정보를 수신하여 차량이 주행하고 있는 도로 곡률을 계산한다.

④ 계산된 도로 곡률을 기준으로 주행 차선을 그리고, 레이더와 카메라를 통하여 주행 차량의 차선을 기준으로 같은 차로 또는 좌측, 우측 차로에 있는지 전방 차량의 위치를 검출한다.

⑤ 전방 차량이 주행 차량과 같은 차로에 있는 경우, 전방 차량의 위치와 속도에 따라 가속 페달이나 브레이크 페달을 자동으로 제어하여 운전자의 조작 없이 차량의 속도를 운전자가 설정한 조건에 맞추어 차량을 가속, 감속, 정속을 제어한다.

⑥ 스마트 크루즈 컨트롤(SCC : Smart Cruise Control)에서 가속, 감속, 정속을 위한 제어 방식은 일반적으로 2가지 방법으로 구분할 수 있다.

    ㉮ 스마트 크루즈 컨트롤(SCC : Smart Cruise Control)에서 필요한 가속량 및 감속량을 ESC(Electronic Stability Control)로 전송하면 ESC(Electronic Stability Control)에서는 엔진 제어(Torque Control)와 제동 제어(Brake Control)를 통하여 가속, 감속, 정속 명령을 수행한다.

    ㉯ 스마트 크루즈 컨트롤(SCC : Smart Cruise Control)에서 기본적으로 필요한 엔진 제어(Torque Control)를 수행하고, 필요한 제동 제어(Brake Control)에 대한 가속량 및 감속량을 ESC(Electronic Stability Control)로 전송하면 ESC(Electronic Stability Control)에서는 제동 제어(Brake Control)만을 수행하여 가속, 감속, 정속 명령을 수행한다.

기출문제 유형

✦ 차로 이탈 경고 장치(LDWS: Lane Departure Warning System)에 대하여 설명하시오.(122-1-9)

✦ "자동차 및 자동차 부품의 성능과 기준에 관한 규칙"에 따른 차로 이탈 경고 장치(LDWS:Lane Departure warning System)의 의무 장착 기준을 설명하고, 그 구성 부품과 작동 조건에 대하여 설명하시오.(111-2-1)

✦ 차선 이탈 경보 시스템(Lane Departure Warning System)에 사용되고 있는 차선 이탈 인식방법에 대해 설명하시오(89-1-4)

✦ 차량 이탈 경보 시스템(Lane Departure Warning System)에 관하여 설명하시오.(84-3-1)

01 개요

차로 이탈 경고 시스템(LDWS : Lane Departure Warning System)은 운전자의 의도와 상관없이 자동차가 주행하는 차로를 벗어나는 것을 운전자에게 경고하는 시스템을 말한다. 따라서 운전자의 졸음운전 또는 전방주시를 하지 않아 차량이 차선을 벗어날 경우 경고를 발생시켜 사고를 예방할 수 있으며, 운전자가 방향지시등을 작동할 경우 차선 변경으로 판단하여 차로 이탈 경고 시스템(LDWS : Lane Departure Warning System)은 경고를 하지 않는다.

02 시스템 구성

① 적외선 센서(30MHz) 또는 카메라
② 차로 이탈 경고시스템(LDWS : Lane Departure Warning System) 제어기
③ 표시등이 있는 트리거(Trigger) 스위치
④ 조향 핸들 진동기(Vibrator)
⑤ 전동식 파워 스티어링(MDPS : Motor Driven Power Steering)

03 작동 원리

① 자동차가 주행 차로를 벗어난다.
② 자동차가 연속된 백색선 또는 백색 점선 위를 주행하면 적외선 센서, 수신기 또는 카메라가 이를 감지하여 차로 이탈 경고 시스템(LDWS : Lane Departure Warning System) 제어기에 신호를 보낸다.
③ 운전자가 사전에 방향지시등을 작동하지 않을 경우 운전자 좌석 또는 조향 핸들에 장착된 진동기(Vibrator)를 작동시켜 운전자에게 경고한다.
④ 스스로 차선을 인식하여 MDPS(Motor Driven Power Steering)의 조향 제어(Steering Control)를 통하여 올바른 차로를 유지한다.
　　① ~ ④ : 차로 이탈 경고 장치(LDWS : Lane Departure Warning System)
　　① ~ ⑤ : 차선 유지 지원 시스템(LKAS : Lane Keeping Assist System)

04 자동차 및 자동차 부품의 성능과 기준에 관한 규칙 제14조의2 차로 이탈 경고장치

자동차 및 자동차 부품의 성능과 기준에 관한 규칙 제14조의2(차로 이탈 경고장치)에서 다음과 같이 규정하고 있다.

승합자동차(경형 승합자동차는 제외) 및 차량총중량 3.5톤을 초과하는 화물 및 특수자동차에는 차로 이탈 경고장치를 설치하여야 한다. 단, 아래에 해당하는 차량은 제외한다.
① 피견인자동차
② 자동차관리법 시행규칙 별표 1에서 규정한 덤프형 화물자동차
③ 자동차관리법 시행규칙 별지 제25호 서식에 따른 자동차 제원표에 입석정원이 기재된 자동차
④ 그 밖에 국토교통부장관이 자동차의 구조나 운행여건 등으로 차로 이탈 경고장치를 설치하기가 어렵거나 불필요하다고 인정하는 자동차

기출문제 유형

✦ **차선 변경 보조 시스템(BSD : Blind Spot Detection System & LCA : Lane Change Assistant System)의 특징과 구성에 대하여 설명하시오.(98-3-1)**

01 개요

일반적으로 차량이 주행 중에 차로를 변경 시 운전자가 좌우 사이드 미러(Side Mirror)로 볼 수 없는 사각지대가 존재하며 이런 사각지대에 차량을 인지를 못하여 경미하거나 심한 사고가 종종 발생한다. 이런 상황에서 사각지대의 감시 시스템(BSD : Blind Spot Detection System)은 사이드 미러(Side Mirror)에 장착된 LED(Light Emitting Diode)를 통해 사각지대를 포함한 후측방 주변으로 접근하는 자동차에 대한 정보를 운전자에게 제공하는 시스템을 말한다.

특히, 운전시야의 확보가 쉽지 않은 야간 운전, 우천 또는 눈이 오는 경우 운전 시 차로를 변경할 경우, 사각지대의 후측방 주변의 차량을 감지하여 위험 경보를 운전자에게 알려주어 사고를 사전에 방지하여 안전운전을 가능하게 한다. 사각지대 감시 시스템(BSD : Blind Spot Detection System)은 주변지역에 있는 자동차를 감지하고 운전자에게 경보와 더불어 차량의 거동을 직접 개입하는 능동형 시스템으로 발전하고 있다.

02 사각지대 감시 시스템(BSD : Blind Spot Detection System) 기능

차량 사각지대 감시 시스템(BSD : Blind Spot Detection System)은 차량 좌측 및 우측 후방에 24GHz의 레이더를 기반으로 다음과 같은 기능을 지원한다.

(1) 사각지대 감시 시스템(BSD : Blind Spot Detection System)

사이드 미러(Side Mirror)에 장착된 LED(Light Emitting Diode)를 통해 후측 방향 사각지대 주변으로 접근(예 : 6m 내외)하는 자동차에 대한 정보를 운전자에게 제공하는 시스템을 말한다.

(2) 차로 변경 지원(LCA : Lane Change Assistant)

차량이 주행하는 동안 차로를 변경할 경우 후측 방향 주변으로 고속으로 접근(예 : 70m 내외)하는 자동차를 감지하여 경보를 운전자에게 제공한다.

(3) 후측방 접근 경보 기능(RCTA : Rear Cross Traffic Alert)

차량을 전면으로 주차한 후 차량을 후진으로 주차장을 나올 때, 좌측 및 우측 후방에서 접근하는 차량을 감지해 운전자에게 차량 접근(예 : 20m)을 경보해 주는 기능을 제공한다.

03 작동 원리

CAN(Controller Area Network) 통신을 통하여 차속(Vehicle Speed), 조향 각 (Steering Angle), 요레이트(Yaw Rate), 변속단, 방향지시등의 정보를 받아 차량의 주행 상황 정보 및 운전자의 의도를 분석한다.

24GHz의 레이더로 구성된 후측방 경보 시스템(BSD : Blind Spot Detection System)에서 차량 자세 제어장치(ESC : Electronic Stability Control)와 클러스터로 신호를 보내며, 다음과 같이 시스템이 작동을 한다.

① 차량의 정보를 통하여 차량이 차로를 변경하는 것을 감지한다.

② 24GHz의 레이더로 좌측 및 우측 후방에 접근하는 차량을 감지한다.

③ 접근하는 차량 감지 시 클러스터에 경보 알림과 함께 ESC(Electronic Stability Control)로 제동 신호를 보내 브레이크 제어(Brake Control)에 의해 사고를 사전에 예방한다.

기출문제 유형

◆ FCWS(Forward Collision Warning System)에 대하여 설명하시오.(104-1-5)

01 개요

차량의 안전성과 편의성 증대를 위한 첨단 운전자 보조 시스템(Advanced Driver Assistance System)은 능동적인 안전기술을 기반으로 한 시스템으로 부분 자동화 (Partial Automation) 단계인 자율주행 레벨2 기술을 의미한다.

첨단 운전자 보조 시스템(Advanced Driver Assistance System) 중 전방충돌 경고 시스템(FCWS : Forward Collision Warning System)은 차량이 주행하는 동안 전방의 차량과 충돌할 위험 상황을 운전자에게 경고해 주는 시스템이고, 전방충돌 방지 보조 시스템(FCA : Forward Collision Avoidance Assist)은 차량이 주행하는 동안 전방의 차량과 충돌할 위험 상황을 운전자에게 경고를 해주며, 차량의 충돌을 회피할 수 있도록 제동을 제어하는 안전시스템이다. 전방충돌 방지 보조 시스템(FCA : Forward Collision Avoidance Assist)과 자동 비상 제동 시스템(AEB : Autonomous Emergency Braking)은 기능이 유사한 시스템이다.

02 전방충돌 경고 장치(FCWS : Forward Collision Warning System)의 정의

전방충돌 경고 시스템(FCWS : Forward Collision Warning System)은 차량이 주행하는 동안 LDWS(Lane Departure Warning System)의 전방 카메라에서 전송하는 신호를 이용하여 차선 및 전방 차량을 감지하고, 차량의 전방충돌 발생이 예상 될 때 경고음과 조향 핸들의 진동으로 운전자에게 경고해 주어 운전자가 스스로 충돌 상황을 대처하게 할 수 있도록 해주는 시스템이다. 일반적으로 주행하는 동안 전방 차량과의 상대속도가 20km/h 이상 차이가 날 경우 경고음과 경고등을 작동시켜 운전자에게 위험을 알려준다.

전방충돌 경고시스템(FCWS : Forward Collision Warning System)은 차량 주행동안 LDWS(Lane Departure Warning System)의 전방 카메라에서 전송하는 신호를 이용하여 차선 및 전방차량을 감지하고, 차량의 전방충돌 발생이 예상 될 때 경고음과 스티어링 휠 진동으로 운전자에게 경고해주어 운전자가 스스로 충돌 상황을 대처하게 할 수 있게 해주는 시스템이다. 일반적으로 주행동안 전방차와의 상대속도가 20KPH 이상 차이가 날 경우 경고음과 경고등을 작동시켜 운전자에게 위험을 알려준다.

03 전방충돌 경고 장치(FCWS : Forward Collision Warning System)의 구성

(1) 전방 카메라

전방의 차량 또는 물체에 의한 위험한 상황을 검지하기 위하여 전면 유리에 위치하고 있다.

(2) 전방 레이더 센서

전자파를 이용하여 전방의 차량 또는 물체를 감지하며 전방에 위치한 차량과의 거리를 파악하는데 사용된다.

(3) FCWS 제어기

레이더와 카메라를 통하여 입력된 정보를 기준으로 전방에 위치한 물체와의 거리를 연산하여 충돌을 방지하기 위한 경고를 클러스터로 전송한다.

(4) 전방충돌 경고 램프, 경고 알람

FCWS 제어기의 신호에 따라 클러스터 경고 문구, 경고등 또는 조향 핸들의 진동을 통하여 운전자에게 전방 물체 충돌 위험 상황을 알려준다.

✦ 자동차의 능동 안전 시스템(Active safety system)과 수동 안전 시스템(Passive safety system)의 정의를 설명하고, 다음의 안전기술에 대하여 설명하시오.(125-3-5)
 1) 액티브 후드 시스템(Active hood system)
 2) 자동 긴급 제동 장치(Autonomous emergency brake system)
 3) 차선 유지 보조 시스템(Lane keeping assist system)

✦ 비상 자동 제동 장치(AEBS: Autonomous Emergency Braking System)에 대하여 설명하시오.(122-1-11)

✦ 자동 긴급 제동 장치(Autonomous Emergency Braking)의 제어 해제 조건과 한계 상황(환경적 요인, 카메라 및 레이더 감지 한계)에 대하여 설명하시오.(120-1-7)

01 개요

자동 긴급 제동 시스템(AEB : Autonomous Emergency Braking)은 차량이 주행 중 전방으로 급차선 변경, 전방 차량의 급제동이나 보행자가 갑자기 뛰어들 경우 차량 간격과 차량 속도에 따른 전방충돌 상황을 예측하여 자동으로 브레이크 제어를 통하여 전방충돌을 사전에 방지하여 운전자와 보행자를 보호하는 능동적 안전 시스템이다. 향후 자율주행 자동차의 안전성을 향상시킬 수 있는 기반 기술이다.

02 종류 및 구성

(1) 자동 긴급 제동 시스템(AEB : Autonomous Emergency Braking)의 종류

자동 긴급 제동 시스템(AEB : Autonomous Emergency Braking)은 고출력의 펄스 레이저를 이용한 라이다(LiDAR : Light Detection And Ranging) 방식과 카메라와 레이더를 이용한 방식으로 구분할 수 있다. 라이다(LiDAR : Light Detection And Ranging) 방식은 가격은 비싸지만 저속이나 근거리에서 장점을 가지며, 카메라와 레이더를 이용한 방식은 빠른 속도와 근거리(예 : 60m와 ±45도) 및 원거리(예 : 200m와 ±10도)에서 장점을 가지고 있다.

(2) 카메라와 레이더 방식 구성

전방 카메라, 전방 레이더, 전측방 좌측/우측 레이더, 후측방 좌측/우측 레이더와 차량 자세 제어장치(ESC : Electronic Stability Control)로 구성된다.

03 작동 시나리오

차량이 주행 중 전방으로 급차선 변경, 전방 차량의 급제동, 자전거나 보행자가 갑자기 뛰어들 경우 차량의 간격과 차량의 속도에 따른 전방충돌 상황에서 동작한다. 주행 중에 돌발적인 충돌 가능성이 감지가 되면 1차적으로 운전자에게 경고를 제공하며, 충돌이 발생할 수 있는 상황이 되면, 전방의 차량 또는 보행자의 거리 등을 판단하여 ESC(Electronic Stability Control)에 감속도 신호를 전송하고, ESC(Electronic Stability Control)는 요청 받은 감속도 값에 맞도록 적절한 브레이크 제어를 통하여 제동력을 가하여 제동을 실시한다.

(1) 1차 경고(전방 주의)

① 클러스터에 경고문 표시 및 경고음이 울린다.

② ESC(Electronic Stability Control)에서는 브레이크의 제동 응답 시간을 줄이기 위하여 브레이크 프리필(Pre-fill)을 한다.

(2) 2차 경고(추돌 주의)

① 클러스터에 경고문 및 경고음이 울린다.

② ESC(Electronic Stability Control)에서는 약한 제동(Pre-Braking, 0.2g~0.5g 감속도 제동)을 한다.

(3) 3차 경고(긴급 제동)

① 클러스터에 경고문 및 경고음이 울린다.

② ESC(Electronic Stability Control)에서는 급제동(Full Braking)으로 일정 감속도(예 : 0.7g~1g)가 발생한다.

　㉮ 전방에 차량이 있는 경우 주행속도에 따라 감속제어가 다르다(80km/h 이하 : 급감속, 80km/h 이상 : 약한 감속)

　㉯ 전방에 보행자가 있는 경우 주행속도에 따라 감속제어가 다르다.(70km/h 이하 : 긴급 감속,　70km/h 이상 : 작동 안함)

(4) 작동 조건

AEB(Autonomous Emergency Braking) 시스템이 ON 상태에서 아래 조건이 만족할 경우 AEB(Autonomous Emergency Braking) 시스템은 작동한다.

① ESC(Electronic Stability Control) 시스템이 정상적으로 작동할 경우

② 전방에 보행자가 있는 경우 일정 속도(예 : 70km/h 이하)로 주행을 할 경우

③ 전방에 차량이 있는 경우 일정 속도(예 : 80km/h 이하)로 주행을 할 경우

(5) 해제 조건

① 충돌 위험이 있는 경우 운전자가 가속 페달을 밟는 경우

② 충돌 위험이 있는 경우 운전자가 급격한 조향을 하는 경우

③ 충돌 위험이 발생 후 없어지는 경우

④ ESC OFF 스위치를 작동하였을 경우

04 환경 제약 조건

카메라는 주변이 어두운 환경 또는 비나 눈이 오는 경우 센서의 성능에 영향을 받으며, 레이더는 물체의 전파 반사와 산란 특성에 의해 센서의 성능에 영향을 받는다.

(1) 전방 차량 감지가 어려운 환경 조건

① 주변이 어두워 카메라의 시야 확보가 어려운 경우

② 눈이나 비가 많이 오는 경우

③ 카메라 및 레이더가 오염이 심하거나 차단된 경우

④ 커브가 심한 도로의 경우

⑤ 비포장도로 또는 요철로나 경사가 심한 도로인 경우

⑥ 대상 물체의 폭이 자전거 또는 모터사이클과 같이 작은 경우

⑦ 카메라 및 레이더가 감지할 수 있는 영역 밖에 있는 경우

(2) 보행자 감지가 어려운 환경 조건

① 갑자기 보행자가 끼어드는 경우

② 보행자가 빨리 이동하는 경우

③ 사람과 유사하게 생긴 물체인 경우

④ 보행자가 가려져 있거나 직립보행을 하지 않는 경우

⑤ 카메라 및 레이더가 감지할 수 있는 영역 밖에 있는 경우 : 카메라는 주변이 어두운 환경 또는 비나 눈이 오는 경우 센서의 성능에 영향을 받으며, 레이더는 물체의 전파 반사와 산란 특성에 의해 센서의 성능에 영향을 받는다.

기출문제 유형

✦ 자율주행 자동차에서 사고 예방 분야, 사고 회피 분야, 사고 피해 저감 및 피해 확대 방지 분야에 대한 개요와 주요 기능을 각각 설명하시오.(126-3-3)

✦ 첨단 운전자 지원 시스템(ADAS: Advanced Driver Assistance System)에서 아래 명시된 시스템에 대하여 특징과 활용 기술을 설명하시오.(126-3-2)
  1) 감시 시스템   2) 능동 안전 시스템   3) 주행 지원 시스템   4) 상해 경감 시스템

✦ 첨단 운전자 보조 장치(ADAS)에 적용되는 장치 5가지를 설명하시오.(123-1-9)

✦ ADAS(Advanced Driver Assistance System)를 정의하고, 적용 사례를 설명하시오.(110-3-3)

✦ 고 안전도 차량 기술 중, 사고 예방 기술, 사고 회피 기술, 사고 피해 기술을 예로 들고 그 특성을 설명하시오.(98-4-5)

✦ 지능형 자동차 적용기술을 예방 안전, 사고 회피, 자율주행, 충돌 안전 및 편의성 향상 측면에서 설명하시오.(96-3-3)

✦ 지능형 안전 자동차에서 주요 시스템을 10가지 설명하시오.(95-3-6)

✦ 통합형 운전자 지원 시스템(Integrated Driver Assistance System)에 대하여 설명하시오.(89-3-1)

✦ 운전자의 운전 조작을 지원하기 위한 시스템에 대하여 설명하시오.(87-1-11)

✦ ASV(Advanced Safety Vehicle)의 적용 기술에 대하여 설명하시오.(84-2-4)

✦ 사고 회피 기술에 대하여 논하시오.(80-4-2)

✦ 자동차의 능동적 안전(Active Safety) 성능을 향상시키기 위한 대표적인 첨단 전자제어식 시스템 5가지에 대하여 서술하시오.(75-3-1)

✦ ASV(Advanced Safety Vehicle)에 대하여 설명하시오.(74-4-3)

✦ 차세대 고 안전 차량(스마트 카)의 예방 안전 기술에 대하여 기술하시오.(50)

01 개요

차량의 안전성과 편의성의 증대를 위한 첨단 운전자 보조 시스템(ADAS : Advanced Driver Assistance System)은 능동적인 안전 기술을 기반으로 한 시스템으로 부분 자동화(Partial Automation) 단계인 자율주행 레벨2의 기술을 의미한다.

02 첨단 운전자 보조 시스템(Advanced Driver Assistance System) 개발 방향

첨단 운전자 보조 시스템(Advanced Driver Assistance System)의 개발은 안전성과 편의성을 위한 운전자를 지원하는 목적으로 하는 시스템을 의미한다. 첨단 운전자 보조 시스템(Advanced Driver Assistance System)은 다음과 같은 3가지 원칙을 고려하여 예방 안전, 사고 회피, 자율주행이 적절하게 적용되어야 한다.

(1) 운전자 지원(Driver Assistance)

운전자 인지, 판단, 조작에 대한 지원을 통하여 인지 범위의 확대, 다양한 정보 제공, 사고 예방 지원, 사고 회피 지원 및 자율주행제어를 고려해야 한다.

(2) 운전자 수용성(Driver Acceptance)

안전과 편의를 위한 다양한 기능들이 운전자에게 적절하게 전달되어야 하고, 운전자와 자동차의 인지, 판단, 조작 등에 대한 효과적인 상호작용을 위하여 인간 공학적 설계가 고려된 HMI(Human Machine Interface) 기술이 이루어져야 한다.

(3) 사회 수용성(Social Acceptance)

운전자 인지, 판단, 조작에 대한 지원 및 부분 자동화(Partial Automation)를 위한 시스템으로 안전성, 사회적 그리고 경제적 편익성에 대한 제한적 제공에 대한 사회적 인식 제고 및 표준화가 이루어져야 한다. 이러한 사회 수용성(Social Acceptance)을 바탕으로 지속적인 수정 및 보완이 이루어진다면 향후 다가올 완전 자율주행(레벨 4~5) 시대에 많은 도움이 될 것으로 예상된다.

> **참고** 자율주행에 대한 사회적 수용성(Social Acceptance)
> (1) 자율주행 자동차 운전면허 제도 : 자율주행을 하는 동안 위급상황이 발생한 경우 운전자가 대응할 수 있는 자율주행 면허 제도에 대한 검토가 필요하다.
> (2) 자율주행 자동차 보험 제도 : 자율주행에 의한 자동차 사고 발생은 낮아 보험 지불은 낮아질 것으로 예상되나, 자율주행에 의한 사고 발생 시 사고에 대한 책임 소재 대한 문제 및 보험 비용 산정에 대한 연구 및 표준화가 이루어져야 한다.

03 시스템 구성

(1) ADAS(Advanced Driver Assistance System) 부문

스마트 크루즈 컨트롤(SCC : Smart Cruise Control), 자동 긴급 제동시스템(AEB : Autonomous Emergency Braking), 차로 이탈 경고시스템(LDWS : Lane Departure Warning System), 사각지대 감시 시스템(BSD : Blind Spot Detection System), 전방충돌 경고시스템(FCWS : Forward Collision Warning System), 전방충돌 방지 보조 시스템(FCA : Forward Collision Avoidance Assist) 등

(2) 섀시 부문

ESC(Electronic Stability Control), 조향 각 센서(Steering Angle Sensor), 요레이트 센서(Yaw Rate Sensor), MDPS(Motor Driven Power Steering), 어드밴스드 에어백(Advanced Air Bag) 등

(3) 파워트레인 부문

ETC(Electronic Throttle Control)가 적용된 EMS(Engine Management System), SBW(Shift By Wire), HEV(Hybid EV) 또는 PHEV(Plug in HEV)의 HCU(Hybrid Control Unit), FCEV(Fuel Cell EV)·EV(Elecric Vehicle)의 MCU(Motor Control Unit), FCU(Fuel Cell Control Unit) 등

04 안전기술 분류

(1) 예방 안전 기술

1) 운전자 상태 감지 시스템(DSM : Driver State Monitoring)

운전자 상태 감지 시스템(DSM : Driver State Monitoring)은 딥러닝으로 학습이 적용된 일반 카메라 또는 적외선 카메라를 통하여 차량이 주행하는 동안 운전자가 일정시간 전방주시를 하지 않거나 졸음운전을 할 경우 이를 감지하여 경보를 통하여 운전자에게 알려 주는 시스템이다.

2) 배광 가변형 전조등 시스템(AFS : Adaptive Front Lighting System)

배광 가변형 전조등 시스템(AFS : Adaptive Front Lighting System)은 야간에 주행하는 동안 발생되는 도로 상태, 주행 상태, 승차인원 등 다양한 운전상황의 변동에 적합한 전조등의 조명 상태를 제공하기 위한 시스템이다.

① 도로 상태 : 고속도로, 시내 도로(직진, 곡선로, 교차로), 국도 곡선로 등
② 주행 상태 : 급출발, 급제동, 정속주행 등

3) 차로 이탈 경고 시스템(LDWS : Lane Departure Warning System)

차로 이탈 경고 시스템(LDWS : Lane Departure Warning System)은 졸음운전과 같은 운전자의 의도와 상관없이 자동차가 주행하는 차로를 벗어날 경우 경고를 발생시켜 운전자에게 경고함으로써 사고를 예방할 수 있는 시스템이다.

4) 전방충돌 경고 시스템(FCWS : Forward Collision Warning System)

전방충돌 경고 시스템(FCWS : Forward Collision Warning System)은 차량이 주행하는 동안 LDWS(Lane Departure Warning System)의 전방 카메라에서 전송하는 신호를 이용하여 차선 및 전방의 차량을 감지하고, 차량의 전방충돌 발생이 예상될 때 경고음과 조향 핸들의 진동으로 운전자에게 경고해 주어 운전자가 스스로 충돌 상황을 대처하게 할 수 있도록 해주는 시스템이다. 일반적으로 주행하는 동안 전방 차량과의 상대속도가 20km/h 이상 차이가 날 경우 경고음과 경고등을 작동시켜 운전자에게 위험을 알려준다.

5) 긴급 제동 신호(ESS : Emergency Stop Signal)

긴급 제동 신호 시스템(ESS : Emergency Stop Signal)은 차량이 주행하는 동안 위험 상황에서 전방의 주행 차량이 긴급하게 브레이크를 작동할 경우 후방 차량의 운전자에게 긴급 브레이크 작동 유무를 알려주는 시스템이다.

(2) 사고 회피 기술

1) 자동 긴급 제동 시스템(AEB : Autonomous Emergency Braking)

자동 긴급 제동 시스템(AEB : Autonomous Emergency Braking)은 차량이 주행 중 전방으로 급차선 변경, 전방 차량의 급제동이나 보행자가 갑자기 뛰어들 경우 차량의 간격과 차량의 속도에 따른 전방충돌 상황을 예측하여 자동으로 브레이크 제어를 통하여 전방충돌을 사전에 방지하여 운전자와 보행자를 보호하는 능동적 안전 시스템이다. 향후 자율주행 자동차의 안전성을 향상시킬 수 있는 기반기술이다.

자동 긴급 제동 시스템(AEB : Autonomous Emergency Braking)은 고출력의 펄스 레이저를 이용한 라이다(LiDAR : Light Detection And Ranging) 방식과 카메라와 레이더를 이용한 방식으로 구분할 수 있다.

2) 사각지대 감시 시스템(BSD : Blind Spot Detection System)

일반적으로 차량이 주행 중 차로 변경 시 운전자가 좌우 사이드 미러(Side Mirror)로 볼 수 없는 사각지대가 존재하며 이런 사각지대에 차량을 인지를 못하여 경미하거나 심한 사고가 종종 발생한다. 이런 상황에서 사각지대 감시 시스템(BSD : Blind Spot Detection System)은 사이드 미러(Side Mirror)에 장착된 LED(Light Emitting Diode)를 통해 사각지대를 포함한 후측방 주변으로 접근하는 자동차에 대한 정보를 운전자에게 제공하는 시스템을 말한다.

특히, 운전시야의 확보가 쉽지 않은 야간 운전, 우천 또는 눈이 오는 경우 운전 시 차로를 변경할 경우, 사각지대의 후측방 주변의 차량을 감지하여 위험 경보를 운전자에게 알려주어 사고를 사전에 방지하여 안전운전을 가능하게 한다. 사각지대 감시 시스템(BSD : Blind Spot Detection System)은 주변지역에 있는 자동차를 감지하고 운전자에게 경보와 더불어 차량의 거동을 직접 개입하는 능동형 시스템으로 발전하고 있다.

3) 자동 주차 보조 시스템(SPAS : Smart Parking Assist System)

자동 주차 보조 시스템(SPAS : Smart Parking Assist System)은 운전자가 조향 핸들의 조작 없이 자동으로 차량의 주차를 수행하여 운전자의 운전과 주차를 도와주는 시스템이다.

최근에는 자동 주차 보조 시스템(SPAS)보다 기술이 진보된 시스템으로 운전자 없이 원격으로 주차를 자동으로 할 수 있는 원격 스마트 주차 보조 시스템(Remote Smart Parking Assist)이 개발되어 적용 중에 있으며, 직각 주차(Perpendicular Parking), 평행 주차(Parallel Parking), 평행 출차(Parallel Exiting), 전진 및 후진 출차(Forward & Backward Exiting) 기능 등을 지원하고 있다.

4) 차량 자세 제어 시스템(ESC : Electronic Stability Control)

차량 자세 제어 시스템(ESC : Electronic Stability Control)은 각종 센서들로부터 휠 속도, 제동 압력, 조향 핸들 각도 및 차체의 기울어짐 등 신호를 수신하여 분석을 통하여 차량 가속시, 제동시, 선회시, 급격한 조향시 차량의 불안정한 상태(오버 스티어, 언더 스티어)에서 발생할 경우 각 휠의 브레이크 유압 제어와 함께 엔진 토크 감소 제어(Engine Torque Down)를 행하여 차량의 불안정한 자세를 안정적으로 잡아주는 시스템이다.

기본 기능으로 ABS, EBD, TCS, VDC, BAS 외에 부가 기능(VAFs : Value Added Functions)을 수행하며 ESC(Electronic Stability Control) 외에 ESP(Electronic Stability Program), VDC(Vehicle Dynamic Control), 엑티브 요-모멘트 제어(AYC : Active Yaw Control) 등으로 부른다.

5) VSM(Vehicle Stability Management)

차량의 휠 좌우 노면이 다른 비대칭 노면(Split)에서 주행(15km/h 이상)하는 동안 제동을 통한 ABS를 동작시키거나 주행(30km/h 이상)하는 동안 급격한 조향으로 ESC 를 동작시킬 경우 운전자에게 올바른 조향 조작을 유도할 수 있도록 조향 토크를 증가시켜 카운터 스티어를 유도하여 차량의 주행 안정성을 향상시키는 능동적인 안전 기술이다. VSM(Vehicle Stability Management)을 섀시 통합 제어 시스템이라고 한다.

(3) 충돌 안전 기술

1) 어드밴스드 에어백(Advanced Airbag)

탑승자의 무게, 앉은 자세 등을 판단하여 에어백의 팽창 여부와 팽창 강도 등을 결정할 수 있어 에어백으로 인한 2차 사고를 방지할 수 있으므로 승객의 상해를 최소화할 수 있는 에어백이다. 3세대 스마트 에어백(Smart Air Bag)에 시트 벨트 프리텐셔너(Seat belt Pre-tensioner)가 추가 되었으며, 감지 범위와 정밀도가 높아진 승객 감지 센서가 적용된 에어백이다.

2) 후드 에어백(Hood Airbag)

보행자 보호 에어백(Pedestrian Protection Airbag)이라고도 하며, 주행하는 동안 차량이 보행자와 충돌할 경우 보행자의 머리가 차량의 전면 유리에 충돌하여 보행자의 상해가 확대되는 것을 방지하기 위한 에어백이다.

3) 액티브 후드 시스템(Active Hood System)

주행하는 동안 차량이 보행자와 충돌할 경우 차량의 후드를 위쪽으로 움직여 보행자의 머리와 후드와의 2차 충격을 사전에 방지하여 보행자의 머리 상해를 경감하는 시스템이다.

(4) 피해 확대 방지 기술

1) 도어 자동 해제 기능(Emergency door unlock system)

주행하는 동안 차량에 충돌이 발생할 경우 충돌 센서 등에 의해 감지 신호를 받아 긴급 상황을 판단하여 차량의 도어가 잠겨 있는 상태이면 자동으로 해제함으로써 승객의 구조를 쉽게 하여 승객의 2차 피해를 줄이기 위한 시스템이다.

2) 다중 충돌 방지 시스템(Multiple Collision Avoidance System)

다중 충돌 방지 시스템(Multiple Collision Avoidance System)은 안전성에 대한 개념을 확대한 기능으로 주행하는 동안 차량에 충돌이 발생할 경우 충돌 감지 센서가 충돌 신호를 에어백(Airbag)으로 전송하고 에어백(Airbag) 2차 사고 등 다중 충돌 발생을 판단하여 ESC(Electronic Stability Control)에 제동 요구 신호를 보내면 운전자의 조작 없이 차량을 자동으로 제동함으로써 1차 사고 후 차량의 이동을 방지하여 2차 사고 등 다중 충돌을 방지하는 시스템이다.

다중 충돌 방지를 위하여 일정한 속도(예 : 20km/h)로 제어하는 다중 충돌 방지 시스템(Multiple Collision Avoidance System)은 고속 주행(예 : 180km/h) 중 급제동으로 인한 위험성은 시스템의 작동이 제한되며, 시스템이 작동 중이더라도 운전자가 가속 의지가 있을 경우 시스템의 작동이 해제된다.

3) 차량 긴급 구난 시스템(e-Call : Emergency Call)

차량의 충돌사고 또는 심각한 사고가 발생할 경우 e-Call 단말기를 통하여 자동으로 사고 위치 및 사고 정보 데이터를 e-Call 관제센터에 전송하여 구조 기관에서 긴급 구조가 가능하도록 하는 시스템이다.

(5) 자율주행 기술

1) 스마트 크루즈 컨트롤(SCC : Smart Cruise Control)

크루즈 컨트롤(CC : Cruise Control)은 운전자가 차속을 설정하면 설정된 차량의 속도로 정속주행을 하는 기능만을 가지고 있는 시스템을 말하며, 스마트 크루즈 컨트롤(SCC : Smart Cruise Control)은 기존 크루즈 컨트롤(CC : Cruise Control) 기능뿐만 아니라 전방의 차량을 감지하여 전방의 차량과 거리를 일정하게 유지하여 주행할 수 있도록 하는 기능이 추가된 시스템을 말한다.

즉, 차량의 레이더와 카메라를 통하여 전방 차량의 거리를 감지하여 차량의 상대속도를 계산하고 전방의 차량과 차속의 변화(거리 변화)에 따라 가속 페달이나 브레이크 페달을 자동으로 제어하여 차량의 속도를 조절할 수 있는 시스템으로 운전자의 편의성 및 안전성을 높여 주며, 자율주행 자동차로 가기 위한 근간이 되는 기술이다.

참고 내비게이션 기반 스마트 크루즈 컨트롤(NSCC, Navigation-based Smart Cruise Control)
내비게이션 시스템과 연계한 스마트 크루즈 컨트롤(SCC : Smart Cruise Control) 시스템으로 내비게이션의 지도를 기반으로 차량의 제한속도와 도로 곡률에 대한 정보를 통하여 차량의 속도를 자동으로 제어하는 시스템이다.

2) V2X 통신 기반 자율주행

급속한 기술 발전을 통하여 머지않은 미래에 완전 자율주행이 가능할 것으로 예상되며, 자율주행을 위하여 차량과 차량 통신(V2V), 차량과 인프라 통신(V2I), 차량과 보행자 통신(V2P) 및 무선 네트워크를 통한 교통정보 센터(V2N) 등과 같은 V2X 통신이 필요하며, 차량의 상태나 교통정보 등의 정보를 받기 위하여 노변 기지국(RSE : Road Side Equipment)과 차량 간의 직접적인 통신이 필요하다.

이러한 차세대 교통시스템은 통신 방식에 따라 DRSC(Dedicated Short Range Communication) 기반의 와이파이 통신 방식인 웨이브(WAVE : Wireless Access in Vehicular Environments)와 셀룰러 통신 방식인 C-V2X(4G/5G-V2X)로 구분할 수 있다. V2X 통신을 기반으로 위치 정보 및 교통정보 등을 받아서 자율주행을 통하여 목적지까지 안전하게 도착할 수 있도록 하는 사회 기반 시스템이다.

3) HMI(Human Machine Interface) 기술

HMI(Human Machine Interface)는 사람과 기계의 상호작용을 의미하며, 안전과 편의를 위한 다양한 기능들이 운전자에게 적절하게 전달되어야 하고, 운전자와 자동차의 인지, 판단, 조작 등에 대한 효과적인 양방향의 상호작용을 위하여 인간 공학적 설계가 고려된 시스템이다.

단순한 편의 기능 위주의 수동적 방식인 기존의 HMI에서 음성, 영상, 모션 인식, 가상현실 등 새로운 개념을 제공하기 위한 양방향 상호작용의 능동적 방식인 자율주행 HMI는 운전자 및 승객의 특성에 대한 정보 제공, 다른 HMI와의 연계를 통한 정보 공유, 차량 내외부에 대한 정보 제공 등이 가능한 방향의 기술이 지속적으로 발전이 예상된다.

기출문제 유형

✦ 자동차에 사용되는 레이더와 라이다를 설명하고 장·단점을 비교하여 설명하시오.(122-4-2)

✦ 자율주행 자동차의 운전 지원 시스템(ADAS)에서 카메라(Camera), 레이더(Radar), 라이다(LiDAR)의 개념과 각 센서의 적용기술에 대하여 설명하시오.(116-3-5)

---

01 개요

차량의 안전성과 편의성의 증대를 위한 첨단 운전자 보조 시스템(ADAS : Advanced Driver Assistance System)은 능동적인 안전 기술을 기반으로 한 시스템으로 부분 자동화(Partial Automation) 단계인 자율주행 레벨2의 기술을 의미한다.

첨단 운전자 보조 시스템(Advanced Driver Assistance System) 기반 자율주행의

핵심은 첨단 센서 및 통신 기술이며, 첨단 운전자 보조 시스템(Advanced Driver Assistance System)은 크게 인지, 판단, 제어 세 분야의 기술로 구성된다. 인지 기술은 정밀도가 높은 센서를 이용해 도로표지, 교통신호, 장애물 등을 인식하는 것을 의미하며 인지 센서에는 카메라(Camera), 레이더(Radar), 라이다(LiDAR) 등이 있다.

카메라(Camera), 라이다(LiDAR)는 물체의 인식 및 위치 인식에 사용이 모두 가능한 센서이며, 레이더(Radar)는 물체의 인식에 한하여 사용이 가능한 센서로 차량이 주행 시 열악한 주변 환경에서도 신뢰성이 높은 인식 데이터를 제공하는 것이 가능하여 향후에도 지속적으로 적용될 것으로 예상된다.

(1) 카메라(Camera), 레이더(Radar), 라이다(LiDAR) 성능 비교

종류	유효거리(m)	해상도 / 데이터	신뢰성	속도(Hz)
카메라	100	HD / 2D	보통	30
레이더	250	Clutter / 거리	양호	15
라이다	100	QVGA / 3D	보통	10

자료 : 자율주행자동차 센서 기술 동향(TTA Journal Vol. 173, 2017년)

02 카메라(Camera)

카메라(Camera)는 레이더(Radar) 또는 라이다(LiDAR)보다 물체의 형상 정보를 정확하게 검출할 수 있기 때문에 첨단 운전자 보조 시스템(ADAS : Advanced Driver Assistance System)에서 가장 기본이 되는 센서이다. 카메라를 통하여 도로표지 인식, 사각지대 탐지, 차로 이탈 등을 판단할 수 있으므로 카메라를 통한 물체의 형상 데이터 분석이 중요하다.

스테레오 방식의 카메라를 이용할 경우 렌즈 간 시각차 방식을 이용하여 물체를 3차원으로 인식함으로써 형상의 정보와 거리의 정보를 동시에 얻을 수 있다. 다른 센서에 비해 해상도가 가장 뛰어난 장점이 있으며, 유효 거리는 레이더보다 짧다. 후방 감시 카메라, 모빌아이 다기능 전방 카메라, 안전 주차를 보조하는 어라운드 뷰 카메라, 야간 감시 카메라 등 여러 분야에서 사용되고 있다. 테슬라 모델3 오토파일럿에서는 전면 유리에 카메라 3개, 전방 범퍼 1개, 후방 카메라 1개, 측면 전방 카메라 2개, 측면 후방 카메라 2개로 총 9개의 카메라와 전면 레이더, 전·후면 범퍼 초음파 센서로 구성되어 있다.

03 레이더(Radar : Radio Detection And Ranging)

레이더(Radar : Radio Detection And Ranging)는 물체에 반사되어 돌아오는 전파의 왕복시간을 측정하여 탐지된 물체의 거리와 반사된 도플러 주파수를 통하여 물체의 속도 정보를 얻을 수 있는 시스템이다. 전파를 이용하므로 기상과 같은 주변 환경에 대한 영향성이 적어 거리 측정에 신뢰성이 우수하지만 해상도가 다른 센서에 비해 떨어져 카메라와 같이 사용된다.

레이더는 측정 거리와 측정 각도를 같이 늘리는 것은 어려워 물체의 검출거리를 기준으로 근거리(SRR), 중거리(MRR), 원거리(LRR) 레이더로 구분하여 사용되고 있다. 레이더는 과거 24GHz의 협대역(NB : Narrow Band)을 사용했으나, 고해상도의 거리를 검출하기 위해서 76~81GHz의 광대역(UWB : Ultra Wide Band)을 사용하고 있다.

(1) 24 GHz 레이더

사각지대 감시 시스템(BSD : Blind Spot Detection System), 차로 변경 지원(LCA : Lane Change Assistant) 등에 사용하고 있다.

(2) 76~81 GHz 레이더

고해상도와 검출거리가 우수하여 스마트 크루즈 컨트롤(SCC : Smart Cruise Control), 자동 비상 제동 시스템(AEB : Autonomous Emergency Braking) 등에 사용한다.

04 라이다(LiDAR : Light Detection And Ranging)

레이더와 원리는 비슷하지만 3D 플래시 방식의 경우 레이저 다이오드의 투광부에서 초당 수백만 번의 근적외선 고출력의 레이저 펄스를 출력하고 물체에 반사되어 돌아오는 빛이 포토다이오드의 수광부에서 입력되면 빛의 왕복시간을 측정하여 물체의 거리와 속도를 측정하는 시스템이다.

라이다는 360도 회전하면서 센서에 입력되는 정보를 통하여 실시간으로 변화하는 주행도로 및 신호 상황 등을 측정하여 사람의 움직임 및 다른 차량들의 움직임을 예측해 주행에 반영한다. 3D 화면에 정보 제공이 가능하지만 가격이 비싼 단점이 있다.

05 자율주행 센서 개발 방향 및 국내 자율주행 기술

자율주행 기술은 신뢰성이 높은 정보를 통하여 오류의 발생을 최소화하고 안전성의 확보가 가장 중요하며, 자율주행 센서에 있어 이중화 의미인 리던던시(redundancy)를 통하여 시스템의 고장과 같은 위급한 상황에서 최소한의 안전성을 높일 수 있다.

국내의 자율주행 기술은 지속적인 연구개발이 이뤄지고 있으나, 자율주행의 선진국 대비 자율주행 자동차를 상용화하는데 해결해야 할 과제들이 많은 실정이다. 자율주행의 센서 및 중요 요소 기술은 선진 기술 대비 약 70~80% 수준으로 기술의 확보가 필요한 실정이며, 자율주행에 필요한 시스템은 센서, 부품, 통신 등의 핵심 기술의 개발과 더불어 이런 핵심 분야를 융합한 기술로 발전이 요구된다.

✦ 자동차 커넥티비티(Connectivity)에 대한 개념과 적용된 기능 중 3가지를 설명하시오.(120-1-5)

✦ 자율주행 자동차가 상용화되기 위하여 해결해야 할 요건을 기술적, 사회적, 제도적 측면에서 설명하시오.(111-3-2)

01 개요

자율주행 자동차는 운전자의 조작 없이 운전자의 인지, 판단, 제어를 고정밀 감지 센서와 시스템이 대신함으로써 정해진 목적지까지 안전하게 자동차 스스로 이동하는 자동차를 말한다. 차량의 자율주행을 위하여 기술적인 측면에서는 주행차량의 위치 및 방향을 측정하는 측위 기술, 측위 기술을 보완하는 맵 매칭(Map Matching)기술과 차량의 고정밀 감지 센서와 커넥티드 드라이빙(Connected Driving)이 가능한 통신기술 등이 필요하며, 사회적·제도적 측면에서 자율주행에 맞는 제도 마련이 필요하다.

02 자율주행을 위한 기본 요소

자율주행 기본 구조 (자료 : 자율주행기술과 전망, KSAE 오토저널, 2014년 7월)

(1) 측위(Localization) 및 맵 매칭(Map Matching) 기술

자율주행의 시작이라 할 수 있는 측위 기술은 주행 차량의 위치 및 방향을 측정하여 추정하는 기술을 의미한다. 일반적인 차량용 내비게이션의 시스템 오차는 약 10m로, 자율주행을 하기 위해서는 차로 구분이 가능한 정도의 오차 범위가 0.5m이내 이어야 하며, 이러한 고정밀의 측위가 가능하기 위해서는 DGPS(Differential GPS)가 기본적으로 필요하다.

1) DGPS(Differential GPS) 정의

DGPS(Differential GPS) 원리는 수신지역 내의 GPS 수신기는 모두 비슷한 오차를 가지고 있으므로 알려진 정확한 위치에 GPS 고정 기지국(Station)을 설치하고 위성신호에서 수신된 측정위치와 알려진 정확한 위치의 오차를 계산하여 주위 이동 차량의 GPS 수신기에 정보를 주면 각 GPS 수신기는 보내진 오차만큼 보정하여 보다 정확한 차량의 위치를 얻게 되는 것을 말한다.

2) DGPS(Differential GPS) 단점과 보정 방법

DGPS(Differential GPS) 방법을 이용하더라도 전파가 난반사되어 오차가 많이 발생되어 위성이 측정할 수 없는 고층건물이 있는 도심 지역은 고정밀의 측위가 어려울 수 있다. 따라서 이를 보완하기 위한 방법으로 차량에 장착되어 있는 고정밀 센서와 요레이트(Yaw rate), 차량 속도(Vehicle Speed)와 같은 차량 센서를 사용한 추측 측위(DR : Dead Reckoning) 방법이다.

측위가 부정확한 경우 또는 터널 등 위성 측위가 불가능할 경우 차량의 센서를 이용하여 차량의 이동거리 및 궤적을 계산하여 위치를 추정할 수 있으나, 추측 측위 시간이 길면 길수록 보정오차가 누적될 수 있어 맵 매칭(Map Matching) 기술로 추가적인 보정 방식이 필요하다.

3) 맵 매칭(Map Matching)기술

맵 매칭(Map Matching)기술은 고층건물이 있는 도심 지역의 인공 구조물들의 위치와 형상을 미리 알고 있으므로 도로의 형상 및 인공 구조물의 위치를 사전에 측정된 정밀 지도를 이용하여 차량에 장착되어 있는 고정밀 센서와 차량의 센서에서 측정된 보정오차를 줄여 정밀 측위를 하는 것을 말한다.

(2) 인지 및 제어기술

1) 고정밀 센서의 필요성

자율주행 시스템은 스마트 크루즈 컨트롤(SCC : Smart Cruise Control), 비상 제동 시스템(AEB : Autonomous Emergency Braking), 사각지대 감시 시스템(BSD : Blind Spot Detection System) 등 기존의 ADAS(Advanced Driver Assistance System) 시스템을 기반으로 하고 있다.

ADAS(Advanced Driver Assistance System)는 주행하는 동안 특정한 상황에서 운전자를 지원 보조하는 시스템으로 특정한 물체를 인지하여 성능 구현을 하였다면, 자율주행을 위해서는 차로 및 차선, 도로의 형상, 차량의 주변 물체들의 위치, 종류, 크기, 형상 등을 정확하게 측정하여 인지할 수 있어야 한다.

현재 스마트 크루즈 컨트롤(SCC : Smart Cruise Control) 등에 사용되는 레이더(Radar) 센서는 중장거리의 물체 감지를 정확히 감지할 수 있으나, 물체의 형상 등을 측정하는데 한계를 가지고 있다. LKAS에 사용되는 전방 카메라는 물체의 식별(차량, 보행자, 표지판 등)은 가능하나 물체의 거리와 속도를 인식하는데 한계가 있다. 따라서 자율주행을 위해서는 추가적인 고정밀 센서가 필요하다.

2) 자율주행을 위한 고정밀 센서

① 카메라(Camera) : 카메라(Camera)는 레이더(Radar) 또는 라이다(LiDAR)보다 물체의 형상 정보를 정확하게 검출할 수 있기 때문에 첨단 운전자 보조 시스템(ADAS :

Advanced Driver Assistance System)에서 가장 기본이 되는 센서이다. 카메라를 통하여 도로 표지 인식, 사각지대 탐지, 차로 이탈 등을 판단할 수 있으므로 카메라를 통한 물체의 형상 데이터 분석이 중요하다. 스테레오 방식의 카메라를 이용할 경우 렌즈 간 시각차 방식을 이용하여 물체를 3차원으로 인식함으로써 형상 정보와 거리 정보를 동시에 얻을 수 있다. 다른 센서에 비해 해상도가 가장 뛰어난 장점이 있으며, 유효 거리는 레이더보다 짧다. 후방 감시 카메라, 모빌아이 다기능 전방 카메라, 안전 주차를 보조하는 어라운드 뷰 카메라, 야간 감시 카메라 등 여러 분야에서 사용되고 있다. 테슬라 모델3의 오토파일럿에서 전면 유리에 카메라 3개, 전방 범퍼 1개, 후방 카메라 1개, 측면 전방 카메라 2개, 측면 후방 카메라 2개로 총 9개의 카메라와 전면 레이더, 전·후면 범퍼 초음파 센서로 구성되어 있다.

② 레이더(Radar : Radio Detection And Ranging) : 레이더(Radar : Radio Detection And Ranging)는 물체에 반사되어 돌아오는 전파의 왕복시간을 측정하여 탐지된 물체의 거리와 반사된 도플러 주파수를 통하여 물체의 속도 정보를 얻을 수 있는 시스템이다. 전파를 이용하므로 기상과 같은 주변 환경에 대한 영향성이 적어 거리의 측정에 신뢰성이 우수하지만 해상도가 다른 센서에 비해 떨어져 카메라와 같이 사용된다. 레이더는 측정 거리와 측정 각도를 같이 늘리는 것은 어려워 물체의 검출거리를 기준으로 근거리(SRR), 중거리(MRR), 원거리(LRR) 레이더로 구분하여 사용되고 있다. 레이더는 과거 24 GHz의 협대역(NB : Narrow Band)을 사용했으나, 고해상도의 거리를 검출하기 위해서 76GHz의 광대역(UWB : Ultra Wide Band)을 사용하고 있다.

⑦ 24GHz 레이더 : 사각지대 감시 시스템(BSD : Blind Spot Detection System), 차로 변경 지원(LCA : Lane Change Assistant) 등에 사용하고 있다.

④ 76GHz 레이더 : 고해상도와 검출 거리가 우수하여 스마트 크루즈 컨트롤(SCC : Smart Cruise Control), 자동 비상 제동 시스템(AEB : Autonomous Emergency Braking) 등에 사용한다.

③ 라이다(LiDAR : Light Detection And Ranging) : 레이더와 원리는 비슷하지만 3D 플래시 방식의 경우 레이저 다이오드의 투광부에서 초당 수백만 번의 근적외선 고출력의 레이저 펄스를 출력하고 물체에 반사되어 돌아오는 빛이 포토다이오드의 수광부에 입력되면 빛의 왕복시간을 측정하여 물체의 거리와 속도를 측정하는 시스템이다. 라이다는 360도 회전하면서 센서에 입력되는 정보를 통하여 실시간으로 변화하는 주행도로 및 신호 상황 등을 측정하여 사람의 움직임 및 다른 차량들의 움직임을 예측해 주행에 반영한다. 3D 화면 정보 제공이 가능하지만 가격이 비싼 단점이 있다. 예로 구글 자율주행 자동차의 벨로다인(Velodyne)은 레이저 스캐너 방식으로 레이저 빔을 360도 회전을 통해 스캔하며 물체와의 거리를 측정하여 구현하였다.

03 커넥티드 드라이빙(Connected Driving)

(1) 개요

커넥티드 드라이빙(Connected Driving)은 무선 통신을 통하여 집, 스마트 폰, 인프라, 다른 차량 등과의 통신 네트워크를 연결하여 교통 상황, 원격회의 등 다양한 서비스를 주고받는 차량 통신기술로 커넥티드 드라이빙(Connected Driving)이 가능한 자동차를 커넥티드 카(Connected Car)라고 한다. 즉, 차량과 차량 통신(V2V), 차량과 인프라 통신(V2I) 및 차량과 보행자 통신(V2P), 모바일 기기의 통신(V2M) 및 무선 네트워크를 통한 교통정보 센터(V2N) 등을 의미하는 V2X 통신, 차량의 인터넷 접속을 통한 클라우드 서비스 등을 포함한다.

(2) 커넥티드 드라이빙(Connected Driving) 필요성과 V2X 통신

V2X 통신 기술은 차량이 도로 인프라 또는 다른 차량과의 통신을 통하여 주행에 필요한 정보를 주고받음으로써 저렴한 가격으로 차량의 안전성 향상과 편의성의 증대가 가능하고, 주행 차량의 위치, 주변 차량의 주행 정보 및 위치 정보를 송·수신한다면 다른 차량의 상대거리와 상대속도를 알 수 있어 위성항법, 고정밀 센서, 차량 센서 및 V2X 통신 기술을 접목하면 높은 신뢰성이 확보되어 보다 안전한 자율주행이 가능할 것으로 예상된다.

차량의 고정밀 센서를 통한 측위는 대략 250m 범위의 한계를 가지며, 차량과 인프라 통신(V2I) 웨이브(WAVE) 기준으로 통신 범위는 최대 1km 범위이므로 차량의 고정밀 센서를 통한 측위 한계 및 정확도에 대한 오차를 보완할 수 있으며 차량의 고정밀 센서의 동작 범위를 벗어난 위치에 교차로가 있는 경우 차량과 인프라 통신(V2I)을 이용하여 교차로의 신호등 정보, 교통정보 및 주행 차량의 정보를 받아 자율주행에 대한 보다 효율적인 대처가 가능하여 보다 안전한 주행을 할 수 있을 것이다.

(3) 커넥티드 카(Connected Car)의 적용 서비스 예

1) 위치 정보 및 교통 정보 서비스

GPS를 통한 사고나 정체 등 교통 상황의 정보 제공 및 위치 정보의 제공이 가능하다.

2) 차량 실내 환경 정보 제공 및 제어 서비스

스마트기기 또는 스마트 폰을 통하여 주차된 차량의 실내 환경의 정보를 제공 받고, 이를 원하는 환경으로 원격 제어가 가능하다.

3) 차량의 원격 진단을 통한 유지보수

부품의 교환 및 고장 등의 정보에서부터 정비 예약 서비스 제공이 가능하다.

4) 무선 업데이트(OTA : Over The Air)

스마트 폰 앱을 구매하여 설치하는 것처럼 소비자가 원하는 기능 구매 및 구매 소프트웨어에 대한 업데이트가 가능하다.

5) 쇼핑 등 주문형 서비스 및 원격회의 서비스 제공

인터넷을 통하여 주문 및 결재가 가능하며, 업무상 필요한 원격 회의가 가능하다.

04 자율주행에 대한 사회적 수용성(Social Acceptance)

(1) 자율주행 자동차 운전면허 제도

자율주행 동안 위급상황이 발생한 경우 운전자가 대응할 수 있는 자율주행 면허 제도에 대한 검토가 필요하다.

(2) 자율주행 자동차 보험 제도

자율주행에 의한 자동차 사고 발생은 낮아 보험의 지불은 낮아질 것으로 예상되나, 자율주행에 의한 사고 발생 시 사고에 대한 책임 소재 문제 및 보험 비용의 산정에 대한 연구 및 표준화가 이루어져야 한다.

기출문제 유형

✦ 자율주행 자동차의 주요기술 및 자율주행 수준에 따른 5단계를 설명하시오.(123-3-3)

✦ SAE(Society of Automotive Engineers)에서 정한 자율주행 자동차 레벨에 대해 설명하시오.(122-1-2)

✦ SAE(Society of Automotive Engineers)기준 자율주행 자동차 레벨에 대해 설명하시오.(114-4-6)

01 개요

2016년에 국제자동차엔지니어협회(SAE International)에서 자율주행에 대한 분류 단계가 세계적인 기준으로 통용되고 있으며, '레벨 0'에서 '레벨 5'까지 6단계로 구분하고 있다. 레벨 2까지는 시스템이 주행의 부분 보조 역할을 하지만, 레벨 3부터는 시스템이 전체 주행을 수행하며 스스로 차선 변경, 추월, 장애물 회피가 가능하여 자율주행 단계라 할 수 있다.

02 SAE(Society of Automotive Engineers)기준 자율주행자동차 레벨

SAE 분류	NHTSA 분류	특징	V2X 통신
레벨 5(Level 5)	레벨 5(Level 4)	완전 자동화(Full Automation)	
레벨 5(Level 4)		고등 자동화(High Automation)	
레벨 5(Level 3)	레벨 5(Level 3)	조건부 자동화(Conditional Automation)	
레벨 5(Level 2)	레벨 5(Level 2)	부분 자동화(Partial Automation)	
레벨 5(Level 1)	레벨 5(Level 1)	운전자 보조(Driver Assistance)	
레벨 5(Level 0)	레벨 5(Level 0)	비자동화(No Automation)	

그림1. 자율주행 레벨 분류 [자료 : 국제자동차 엔진니어협회(SAE International) 자율주행 표준 J3016]

(1) 레벨 0(Level 0)

① 비자동화(No Automation)의 단계이다.

② 운전자가 차량의 주행에 대한 제어를 모두 수행하며, 주행 중 위험 상황에 대한 단순한 경고 및 일시 개입하는 단계이다.

③ 전방충돌 경고 시스템(FCWS : Forward Collision Warning System), 후측방 충돌 경고 시스템(BCWS) 등이 해당된다.

(2) 레벨 1(Level 1)

① 운전자 보조(Driver Assistance)의 단계이다.

② 운전자가 차량의 주행에 대한 제어를 수행하며 시스템은 제한적인 모드에서 조향 또는 차속 제어를 수행하는 단계이다.

③ 제한적인 모드에서 조향 또는 차속 제어를 수행하는 차선 유지 지원 시스템(LKAS : Lane Keeping Assist System), 스마트 크루즈 컨트롤(SCC : Smart Cruise Control) 등이 해당한다.

(3) 레벨 2(Level 2)

① 부분 자동화(Partial Automation)의 단계이다.

② 운전자가 차량의 주행에 대한 제어를 수행하며 제한적인 모드에서 조향과 차속 제어를 수행하는 단계이다.

③ 제한적인 모드에서 조향과 차속 제어를 수행하는 고속도로 주행 보조(HDA) 시스템인 내비게이션 기반 스마트 크루즈 컨트롤(NSCC, Navigation-based Smart Cruise Control) 등이 해당된다.

(4) 레벨 3(Level 3)

① 조건부 자동화(Conditional Automation)의 단계이다.

② 시스템이 임의의 주행 모드에서 차량에 대한 제어를 전부 수행하며 시스템이 요구 시 운전자의 개입을 수행하는 단계이다.

③ 시스템은 주행 환경을 인식하여 차량에 대한 제어를 하며 위험 상황 시 차량의 주행에 대한 제어를 운전자에게 이양한다.

(5) 레벨 4(Level 4)

① 고등 자동화(High Automation)의 단계이다.

② 시스템이 임의의 주행 모드에서 차량에 대한 제어를 전부 수행하며 시스템은 운전자의 개입을 요구하지 않는 단계이다.

③ 시스템이 임의의 주행 모드에서 차량에 대한 제어를 전부 수행하며 위험 상황 시 시스템은 안전하게 대응해야 하며, 자율주행이 가능한 지역에 제한이 있을 수 있다.

(6) 레벨 5(Level 5)

① 완전 자동화(Full Automation)의 단계이다.

② 시스템이 모든 주행 모드에서 차량에 대한 제어를 전부 수행하는 단계이다.

③ 자율주행이 가능한 지역에 국한하지 않는다.

기출문제 유형

✦ 자율주행 자동차에서 V2X 통신 기술의 필요성과 V2X 기술 유형 4가지를 설명하시오.(125-1-7)

✦ 자율주행 자동차에 적용되는 V2X(Vehicle to Everything)에 대하여 설명하시오.(122-2-5)

✦ 자율주행 자동차 V2X 통신에 대하여 설명하시오.(120-1-8)

✦ 자율주행 자동차에 적용된 V2X(Vehicle to Everything)에 대하여 설명하시오.(119-3-3)

✦ 자율주행 자동차에 통신 적용의 필요성 및 자동차에 적용되는 5G의 특징을 설명하시오.(114-3-4)

01 개요

자율주행 자동차는 운전자의 조작 없이 운전자의 인지, 판단, 제어를 고정밀 감지 센서와 시스템이 대신함으로써 정해진 목적지까지 안전하게 자동차 스스로 이동하는 자동차를 말한다. 차량의 자율주행을 위하여 기술적인 측면에서는 주행 차량의 위치 및 방향을 측정하는 측위 기술과 차량의 고정밀 감지 센서와 커넥티드 드라이빙(Connected Driving)이 가능한 통신 기술인 V2X 통신이 필요하다.

V2X 통신은 차량과 차량 통신(V2V), 차량과 인프라 통신(V2I), 차량과 보행자 통신

(V2P) 및 차량과 무선 네트워크를 통한 교통 정보 센터 통신(V2N)을 의미하며 V2X 통신을 통하여 주행에 필요한 여러 가지 정보를 포함하며 통신 범위도 길기 때문에 차량의 고정밀 센서의 동작 범위를 넘어서는 경우에 인지 판단에 대한 정보 제공이 가능하다. 차량의 상태나 교통 정보 등의 정보를 받기 위하여 노변 기지국(RSE : Road Side Equipment)과 차량 간의 직접적인 통신이 필요하다.

이러한 차세대 교통 시스템은 통신 방식에 따라 DRSC(Dedicated Short Range Communication) 기반의 와이파이 통신 방식인 웨이브(WAVE : Wireless Access in Vehicular Environments)와 셀룰러 통신 방식인 C-V2X(4G/5G-V2X)로 구분할 수 있으며, 자율주행에 있어서 차량의 고정밀 센서와 협력적 측면에서 활용이 가능하다.

02 자율주행 자동차에서 V2X 통신의 필요성

① V2X 통신 기술은 차량이 도로의 인프라 또는 다른 차량과의 통신을 통하여 주행에 필요한 정보를 주고받음으로써 저렴한 가격으로 차량의 안전성 향상과 편의성의 증대가 가능하고, 주행 차량의 위치, 주변 차량의 주행 정보 및 위치 정보를 송·수신한다면 다른 차량의 상대거리와 상대속도를 알 수 있어 위성항법, 고정밀 센서, 차량 센서 및 V2X 통신 기술을 접목하면 높은 신뢰성이 확보되어 보다 안전한 자율주행이 가능할 것으로 예상된다. 차량의 고정밀 센서를 통한 측위는 대략 250m 범위의 한계를 가지며, 차량과 인프라 통신(V2I) 웨이브(WAVE) 기준으로 통신 범위는 최대 1km 범위이므로 차량의 고정밀 센서를 통한 측위 한계 및 정확도에 대한 오차를 보완할 수 있으며 차량의 고정밀 센서의 동작 범위를 벗어난 위치에 교차로가 있는 경우 차량과 인프라 통신(V2I)을 이용하여 교차로의 신호등 정보, 교통정보 및 주행 차량의 정보를 받아 자율주행에 대한 보다 효율적인 대처가 가능하여 보다 안전한 주행을 할 수 있을 것이다.

② 차량과 인프라 통신(V2I) 및 차량과 무선 네트워크를 통한 교통정보 센터 통신(V2N)은 차량과 차량 사이의 직접 통신이 아닌 차량과 통신 인프라 또는 네트워크 사이의 통신이므로 교통정보서버 등 필요한 서버와 연동이 가능하며, 자율주행 차량의 고정밀 센서 또는 차량과 차량 통신(V2V) 범위 밖의 교통 정보 및 차량 정보를 제공할 수 있다.

③ 자율주행 차량의 고정밀 센서는 주행하는 동안 주변의 모든 상황을 인지하여 정보를 전송하는데 한계가 있으며, V2X 통신 기술은 자율주행 차량의 고정밀 센서와는 다른 방법으로 자율주행 차량 주변의 정보를 전송해 주어 고정밀 센서의 한계를 보완해 주는 역할을 할 수 있어 고정밀 센서와 함께 사용된다면 자율주행에 대한 보다 효율적인 대처가 가능하여 보다 안전한 주행을 할 수 있을 것이다. 또

한 완전 자율주행이라고 할 수 있는 레벨 4 이상에서는 스마트한 주행 판단을 위해 주행에 필요한 교통 정보를 실시간으로 전송이 가능하고, 실시간 동적 맵을 지원할 수 있는 차량 통신 기술이 필수가 된다.

자율주행 레벨과 V2X 통신

SAE 분류	NHTSA 분류	특징	V2X 통신
레벨 5(Level 5)	레벨 5(Level 4)	완전 자동화(Full Automation)	
레벨 5(Level 4)		고등 자동화(High Automation)	
레벨 5(Level 3)	레벨 5(Level 3)	조건부 자동화(Conditional Automation)	
레벨 5(Level 2)	레벨 5(Level 2)	부분 자동화(Partial Automation)	
레벨 5(Level 1)	레벨 5(Level 1)	운전자 보조(Driver Assistance)	
레벨 5(Level 0)	레벨 5(Level 0)	비자동화(No Automation)	

(자료 : 국제자동차 엔지니어협회(SAE International) 자율주행 표준 J3016)

03 자율주행 자동차를 위한 5G 특징

자율주행은 차량의 이동성을 전제하므로 무선 네트워크와의 연결이 매우 중요하며 필수적이다. 특히, 5G 기술은 LTE에 비하여 전송 속도가 최대 1,000배 빠르므로 수많은 차량에서 보내는 대용량 데이터의 처리가 가능하며, 5G는 지연이 거의 없고, 대용량 전송이 가능하고, 높은 신뢰성의 특징을 갖는 차세대 통신 기술로 20Gbps 이상의 데이터 전송이 가능하다.

(1) 위치 정보 및 교통 정보 서비스

GPS를 통한 사고나 정체 등 교통 상황의 정보 제공 및 위치 정보의 제공이 가능하다.

(2) 무선 업데이트(OTA : Over The Air)

스마트 폰 앱을 구매하여 설치하는 것처럼 소비자가 원하는 기능 구매 및 구매 소프트웨어에 대한 업데이트가 가능하다.

(3) 대용량 데이터 전송

차량 내 엔터테인먼트(Entertainment)와 같은 대용량의 데이터 전송이 가능하다.

(4) 동적 정밀 맵 실시간 전송

차량과 차량 간 정보 공유 및 실시간 동적 정밀 맵을 실시간(Real time)으로 전송이 가능하다.

(5) 쇼핑 등 주문형 서비스 및 원격회의 서비스 제공

인터넷을 통하여 주문 및 결재가 가능하며, 업무상 필요한 원격 회의가 가능하다.

(6) 차량 실내 환경 정보 제공 및 제어 서비스

스마트기기 또는 스마트 폰을 통하여 주차된 차량의 실내 환경 정보를 제공 받고, 이를 원하는 환경으로 원격 제어가 가능하다.

(7) 차량의 원격 진단을 통한 유지보수

부품의 교환 및 고장 등의 정보에서부터 정비 예약 서비스 제공이 가능하다.

(8) 자율주행의 안전성 향상

5G 통신 기반 자율주행은 카메라(Camera), 레이더(Radar), 라이다(LiDAR) 등의 고정밀 센서와 V2X 통신과의 접목을 통한 상황 판단, 인지 거리 및 정확도, 돌발 위험에 대한 예측이 획기적인 향상으로 보다 안정적인 자율주행이 가능하다.

(9) 정밀 측위 기술

자율주행에 있어서 0.5m 이내의 높은 측위 정확도가 요구되는 정밀 측위 기술은 필수적이다. 이를 위해서 따라서 자율주행 자동차의 위치 측정에는 다양한 센서들이 융합되어 사용되며, 인공위성에서 발신하는 전파를 이용하여 수신자의 위치를 계산하는 전파 항법 측위 시스템인 글로벌 측위 정보 서비스 시스템(GNSS : Global Navigation Satellite System)은 그 중 하나의 필수적인 센서로 고려될 수 있다. GNSS(Global Navigation Satellite System)의 위치 측정은 정밀 측위를 위하여 정밀 측위 수신기는 2개~3개의 주파수를 위치 측정에 사용하며, 위성과 수신기 사이의 반송파를 이용한다.

04 V2X 통신 종류

(1) 차량과 차량 통신(V2V : Vehicle to Vehicle)

차량과 차량 통신은 차량과 차량 간 무선으로 데이터를 주고, 받을 수 있는 통신으로 데이터에는 차량의 위치, 차량의 속도, 주행 방향, 브레이크 작동 유무 등이 포함되며, 고정밀 센서의 가시거리(LOS : Line Of Sight) 내에서 동작하는 한계를 보완할 수 있어 가시거리 밖에 있는 교차로의 주행 안전성을 높일 수 있다. 교차로 이동 보조 시스템(IMA : Intersection Movement Assist), 좌회전 보조 시스템(LTA : Left Turn Assist) 등이 포함되며, 군집 주행도 가능하다.

(2) 차량과 인프라 통신(V2I : Vehicle to Infrastructure)

도로 표지판, 신호등 상태 등의 정보와 주행 중인 차량에서 주행 정보 데이터를 수신하여 교통상황, 차량접근, 위험지역 등을 무선으로 인프라(Infra)에서 차량으로 전송하는 통신하는 것을 말한다.

(3) 차량과 보행자 통신(V2P : Vehicle to Pedestrian)

차량과 주변 보행자 또는 자전거 운전자 간의 통신을 말하며, 주행하는 차량에 접근하는 보행자 또는 자전거 운전자의 정보를 전송받아 경고로 알려주고, 또한 보행자 또는 자전거 운전자에게도 경고로 알려주어 사고를 예방할 수 있다.

(4) 차량과 교통 정보 센터 통신(V2N : Vehicle to Nomadic Device)

차량과 교통 정보 센터와의 통신으로 차량의 정보 데이터를 전송할 수 있으며, 교통 정보 센터에 교통상황, 도로 정보 등의 정보 데이터를 받을 수 있다. 차량의 충돌사고 또는 심각한 사고가 발생할 경우 e-Call 단말기를 통하여 자동으로 사고 위치 및 사고 정보 데이터를 e-Call 관제 센터에 전송하여 구조 기관에서 긴급 구조가 가능하다.

기출문제 유형

✦ 자동차관리법 시행규칙에서 정하는 '자율주행자동차의 안전운행요건'에 대해 설명하시오.(126-1-10)

---

01 개요

자동차 관리법 시행규칙에서 자율주행 자동차 안전 운행 요건은 다음과 같이 규정하고 있다.

02 자율주행 안전 운행 요건

"일반 규정과 자율주행 자동차의 구조 및 기능"으로 구분하여 규정하고 있다.

(1) 자율주행 자동차의 구조 및 기능

1) 시험 운전자가 쉽게 조작이 가능한 조종 장치가 있어야 한다.

① 운전자 우선모드와 시스템 우선모드를 선택하기 위한 조종 장치

② 자율주행 시스템 우선 모드에서 강제적으로 운전자 우선 모드로 전환시키는 조종 장치

2) B형 자율주행 자동차의 경우는 다음 장치가 추가 되어야 한다.

① 시험 운전자가 비상 점멸표시등 점멸과 함께 자율주행 자동차를 비상정지 시킬 수 있도록 하는 조종 장치 및 비상정지 된 해당 자동차를 안전지역으로 이동시킬 수 있도록 하는 수동 제어 장치

② 탑승자가 비상 점멸표시등 점멸과 함께 자율주행 자동차를 비상정지 시킬 수 있게 하는 2개 이상의 조종 장치 및 안내문구

3) C형 자율주행 자동차의 경우는 다음 장치가 추가 되어야 한다.

① 시험 운전자가 원격으로 비상 점멸표시등 점멸과 함께 자율주행 자동차를 비상정지 시킬 수 있게 하는 조종 장치 및 비상정지 된 해당 자동차를 안전지역으로 이동시킬 수 있도록 하는 수동 제어 장치

② 해당 자동차의 좌·우측 외부에 자동차를 비상정지 시킬 수 있는 조종 장치 및 안내문구

4) 시동시마다 항상 운전자 우선 모드로 설정되어야 한다.

5) 기능 고장이 발생할 경우 항상 자동으로 감지하여야 한다.

기출문제 유형

✦ 자동차 관리 법령에서 정한 승용차의 긴급 제동 신호 발생기준 및 전기 회생 제동장치의 제동등 작동기준에 대하여 설명하시오.(123-4-5)

✦ '자동차 및 자동차 부품의 성능과 기준에 관한 규칙'에서 명시하는 긴급 제동 신호 장치의 차종별 작동기준을 설명하시오.(114-2-1)

01 개요

긴급 제동 신호 시스템(ESS : Emergency Stop Signal)은 차량이 주행하는 동안 위험 상황에서 전방 주행 차량이 긴급하게 브레이크를 작동할 경우 후방 차량의 운전자에게 긴급 브레이크의 작동 유무를 알려주는 시스템이다.

02 긴급 제동 신호(ESS : Emergency Stop Signal) 작동기준

긴급 제동 신호(ESS : Emergency Stop Signal)는 차량 속도(50km/h 이상) 이상에서 급제동으로 인하여 ABS가 작동하거나 제동 감속도가 일정 이상으로 발생할 경우 제동등(Brake Lamp) 또는 비상등(Hazard Lamp)을 점멸한다.

No.	자동차 구분	발생 기준
1	① 승용차 ② 차량총중량 3.5톤 이하 화물차 및 특수차	- 50km/h 초과 속도에서 주제동장치 작동 시 제동 감속도 $6.0m/s^2$ 이상일 때 작동될 것 - $2.5m/s^2$ 미만으로 감속되기 이전에 긴급 제동 신호가 해제될 것
2	① 승합차 ② 차량총중량 3.5톤 초과 화물차 및 특수차	- 50km/h 초과 속도에서 주제동장치 작동 시 제동 감속도 $4.0m/s^2$ 이상일 때 작동될 것 - $2.5m/s^2$ 미만으로 감속되기 이전에 긴급 제동 신호가 해제될 것
3	ABS 장착 자동차	- 상기 1, 2 조건 만족 시 또는 ABS가 최대 사이클로 작동하는 경우에 작동되고, 최대 사이클을 종료하였을 때 해제될 것

03 긴급 제동 신호에 의한 등화의 작동기준

① 긴급 제동 신호 발생의 신호 주기는 4.0 ± 1.0Hz(필라멘트 광원 : 4.0^{+0}_{-10}Hz)에 따라 제동등 또는 방향지시등이 점멸될 것

② 긴급 제동 신호에 의한 등화는 다른 등화와 독립적으로 작동할 것

③ 긴급 제동 신호에 의한 등화는 신호 발생 여부에 따라 자동으로 점등 또는 소등되는 구조일 것.

> **참고** 전기회생제동장치의 제동등 작동기준
> ① 감속도 0.7m/s^2 이하일 경우 : 미점등
> ② 감속도 $0.7 \sim 1.3$m/s^2 일 경우 : 점등가능
> ③ 감속도 1.3m/s^2 초과일 경우 : 점등
> ④ ②, ③의 수등 조건 : 0.7m/s^2 미만으로 되기 전 소등

기출문제 유형

✦ 지능형 최고속도 제어장치(ISA : Intelligent Speed Assistance)에 대하여 설명하시오.(114-1-8)

---

01 개요

주행하는 동안에 운전자의 과속, 졸음 및 주의 산만으로 인한 자동차 사고를 약 30%, 사망 사고를 약 20%까지 줄이고 향후 현실화될 자율주행 자동차 시대를 대비하기 위해서 지능형 최고속도 제어장치(Intelligent Speed Assistance, ISA)의 적용을 법규화하고 있다.

02 최고속도 제어장치 종류 및 정의

(1) 조절형 최고속도 제한장치(ASLD : Adjustable Speed Limitation Device)

조절형 최고속도 제한장치(ASLD : Adjustable Speed Limitation Device)는 운전자가 제한 속도를 임의로 설정하여 제한 속도를 초과할 경우 경고를 해주는 시스템이다.

(2) 지능형 최고속도 제한장치(ISA : Intelligent Speed Assistance)

지능형 최고속도 제한장치(ISA : Intelligent Speed Assistance)는 조절형 최고속도 제한장치의 제한 속도 알림기능과 결합되어 설정된 제한 속도를 운전자에게 수동 또는 자동으로 알려주는 시스템이다. 차량의 속도제한은 자동차가 제한 속도를 넘어서면 더 이상 가속이 되지 않도록 연료 분사를 제어하여 엔진의 출력을 자동으로 제한하는 개념이다.

✦ 프리크래시 세이프티(pre-crash safety)에 대하여 설명하시오.(95-1-5)

01 개요

차량이 주행 중 전방으로 급차선 변경, 전방 차량의 급제동 등으로 인한 전방 차량과의 충돌 위험성을 판단하고 위험성 상태에 따라 운전자에게 충돌 위험을 경고하거나 필요한 경우 충돌에 앞서 자동으로 브레이크 제어를 수행하여 차량 및 운전자의 피해를 최소화하는 기술이 프리크래시 세이프티(PCS : Pre-Crash Safety) 제어 기술이다.

02 프리크래시 세이프티(PCS : Pre-Crash-Safety) 기술

(1) 자동 긴급 제동시스템(AEB : Autonomous Emergency Braking)

자동 긴급 제동시스템(AEB : Autonomous Emergency Braking)은 차량이 주행 중 전방으로 급차선 변경, 전방 차량의 급제동이나 보행자가 갑자기 뛰어들 경우 차량의 간격과 차량의 속도에 따른 전방충돌 상황을 예측하여 자동으로 브레이크 제어를 통하여 전방충돌을 사전에 방지하여 운전자와 보행자를 보호하는 능동적 안전 시스템이다. 향후 자율주행 자동차의 안전성을 향상시킬 수 있는 기반기술이다.

차량이 주행 중 전방으로 급차선 변경, 전방 차량의 급제동, 자전거나 보행자가 갑자기 뛰어들 경우 차량의 간격과 차량의 속도에 따른 전방충돌 상황에서 동작한다. 주행 중에 돌발적인 충돌 가능성이 감지가 되면 1차적으로 운전자에게 경고를 제공하며, 충돌이 발생할 수 있는 상황이 되면, 전방 차량 또는 보행자 거리 등을 판단하여 ESC(Electronic Stability Control)에 감속도 신호를 전송하고, ESC(Electronic Stability Control)는 요청받은 감속도 값에 맞도록 적절한 브레이크 제어를 통하여 제동력을 가하여 제동을 실시한다.

자동 긴급 제동 시스템(AEB : Autonomous Emergency Braking)은 고출력의 펄스 레이저를 이용한 라이다(LiDAR : Light Detection And Ranging) 방식과 카메라와 레이더를 이용한 방식으로 구분할 수 있다.

(2) 프리세이프 시트 벨트(PSB : Pre-active Seat Belt)

프리세이프 시트 벨트는 충돌 및 위험 상황이 예상될 때 사전에 순간적으로 시트 벨트를 잡아 당겨 승객을 더 밀착시켜 주어 승객을 보호하는 역할을 하며, 시트 벨트의 성능을 높이고 에어백 등의 효과를 더 높여 준다.

1) 충돌 시 사전 작동 기능

충돌을 감지하고 충돌 직전에 시트 벨트를 순간적으로 잡아 당겨 승객을 밀착시켜 안전한 자세를 확보하는 기능을 말한다.

2) 주행 시 보조 기능

급제동, 급선회를 할 경우 시트 벨트를 되감아 승객의 쏠림을 완화시키는 역할을 말한다.

3) 안전띠 헐거움 제거 기능

시트 벨트가 헐거움 상태에서 충돌을 할 경우 시트 벨트의 기능 저하를 방지하기 위하여 차량의 일정 속도(예 : 15km/h) 이상에서 잡아 당겨 시트 벨트의 헐거움을 없애주는 기능을 말한다.

4) 복원 보조 기능

시트 벨트를 사용한 후 일정 시간(예 : 3초) 이후에 되감아 제 위치로 복귀하는 기능을 말한다.

기출문제 유형

✦ 승용차에 사용되는 보행자 피해 경감장치에 대하여 설명하시오.(93-1-5)

✦ 자동차에서 보행자의 보호 기술을 수동 보호, 능동 보호, 예방적 보호 시스템으로 분류하고 설명하시오.(92-4-1)

✦ 충돌 작동(Crash-Active) 보호 시스템을 설명하시오.(81-1-2)

---

01 개요

세계 각국의 교통안전 및 교통사고 사망자 감소를 위해 가장 큰 요소는 상대적으로 사고 위험에 노출이 큰 보행자 및 자전거 운전자 등과 취약한 도로 사용자(VRUs : Vulnerable Road Users)를 보호하는 것이다.

차량의 전방에 있는 취약한 도로 사용자(VRUs : Vulnerable Road Users)를 보호하기 위해서는 다음과 같은 3단계의 대책이 고려되어야 한다.

보행자 보호 기술은 작동 시점과 방법에 따라 수동(Passive) 보호 시스템, 능동(Active) 보호 시스템 및 예방적(Preventive) 보호 시스템으로 구분될 수 있다.

(1) 1단계

① 취약한 도로 사용자(VRUs : Vulnerable Road Users) 발견

② 1단계+2단계 : 예방적(Preventive) 보호 시스템

(2) 2단계

① 충돌 회피를 위한 경고 및 차량 제어

② 능동(Active) 보호 시스템

(3) 3단계

① 충돌 회피가 어려운 상황인 경우 취약한 도로 사용자(VRUs : Vulnerable Road Users) 보호 대책

② 충돌 작동(Crash-Active) 보호 시스템과 순수 수동(Pure Passive) 보호 시스템

02 수동(Passive) 보호 시스템

(1) 순수 수동(Pure Passive) 보호 시스템

순수 수동(Pure Passive) 보호 시스템은 차량의 충돌 시 차량의 전면부 충격점에서의 1차 충격 흡수 구조 및 엔진과 후드 사이의 충분한 변형이 될 수 있도록 공간을 확보하여 충돌 시 에너지를 흡수하도록 하는 차체 내부 및 엔진룸의 충격 흡수 구조를 통한 충격 완화를 말한다.

이러한 순수 수동(Pure Passive) 보호 시스템은 차량 전면부 디자인 또는 엔진 레이아웃에 영향을 많이 받는 단점이 있다.

(2) 충돌 작동(Crash-Active) 보호 시스템

1) 액티브 후드 시스템(Active Hood System)

액티브 후드 시스템(Active Hood System)은 충돌 감지 센서를 이용하여, 보행자와 차량의 충돌 순간을 감지하여 후드를 위쪽으로 작동시켜 보행자의 머리와 후드와의 2차 충격을 사전에 방지하여 보행자의 머리 상해를 경감하는 시스템이다.

2) 후드 에어백(Hood Airbag)

보행자 보호 에어백(Pedestrian Protection Airbag)이라고도 하며, 주행하는 동안 차량이 보행자와 충돌할 경우 보행자의 머리가 차량의 전면 유리에 충돌하여 보행자의 상해가 확대되는 것을 방지하기 위한 에어백이다.

3) 어드밴스드 에어백(Advanced Air Bag)

탑승자의 무게, 앉은 자세 등을 판단하여 에어백의 팽창 여부와 팽창 강도 등을 결정할 수 있어 에어백으로 인한 2차 사고를 방지할 수 있어 승객의 상해를 최소화할 수 있는 에어백이다. 3세대 스마트 에어백(Smart Air Bag)에 시트 벨트 프리텐셔너(Seat belt Pre-tensioner)가 추가 되었으며, 감지 범위와 정밀도가 높아진 승객 감지 센서가 적용된 에어백이다. 안전법규 추진을 통하여 미국을 비롯한 세계 각국에서 4세대 어드밴스드 에어백(Advanced Air Bag)을 기본으로 장착되고 있다.

03 능동(Active) 보호 시스템

(1) 자동 긴급 제동 시스템(AEB : Autonomous Emergency Braking)

자동 긴급 제동 시스템(AEB : Autonomous Emergency Braking)은 차량이 주행 중 전방으로 급차선 변경, 전방 차량의 급제동이나 보행자가 갑자기 뛰어들 경우 차량의 간격과 차량의 속도에 따른 전방충돌 상황을 예측하여 자동으로 브레이크 제어를 통하여 전방충돌을 사전에 방지하여 운전자와 보행자를 보호하는 능동적 안전 시스템이다.

(2) 사각지대 감시 시스템(BSD : Blind Spot Detection System)

일반적으로 차량을 주행하던 중 차로를 변경 시 운전자가 좌우 사이드 미러(Side Mirror)로 볼 수 없는 사각지대가 존재하며 이런 사각지대에 차량의 인지를 못하여 경미하거나 심한 사고가 종종 발생한다. 이러한 상황에서 사각지대 감시 시스템(BSD : Blind Spot Detection System)은 사이드 미러(Side Mirror)에 장착된 LED(Light Emitting Diode)를 통해 사각지대를 포함한 후측방 주변으로 접근하는 자동차에 대한 정보를 운전자에게 제공하는 시스템을 말한다.

특히, 운전시야의 확보가 쉽지 않은 야간 운전, 우천 또는 눈이 오는 경우 운전 시 차로를 변경할 경우, 사각지대의 후측방 주변의 차량을 감지하여 위험 경보를 운전자에게 알려줌으로써 사고를 사전에 방지하여 안전운전을 가능하게 한다. 사각지대 감시 시스템(BSD : Blind Spot Detection System)은 주변지역에 있는 자동차를 감지하고 운전자에게 경보와 더불어 차량 거동을 직접 개입하는 능동형 시스템으로 발전하고 있다.

> **참고** 에어백 시스템에서 보행자 보호 시스템 작동 5단계
>
> ① **단계 0(VRUs invisible)** : 취약한 도로 사용자(VRUs : Vulnerable Road Users)가 가시거리가 없어 감지되지 않은 상태이다.
> ② **단계 1(Acquisition)** : 취약한 도로 사용자(VRUs : Vulnerable Road Users) 인식(Acquisition) 단계로 감지가 가능한 상태이다.
> ③ **단계 2(Tracking)** : 취약한 도로 사용자(VRUs : Vulnerable Road Users)를 인지하여 추적(Tracking)하는 단계로 물체의 위치 정보를 이용하여 경로를 추정한다.
> ④ **Phase 3(Deployment)** : 취약한 도로 사용자(VRUs : Vulnerable Road Users)를 추적하여 충돌 시간(TTC : Time-To-Collision)과 물체의 위험성을 판단하여 전개(Deployment)하는 단계이다.
> ⑤ **Phase 4(Contact)** : 차량과 물체와의 충돌(Contact)이 발생한 단계로 취약한 도로 사용자(VRUs : Vulnerable Road Users) 보호 시스템은 최적인 상태의 작동으로 보호를 수행한다.

✦ 카 셰어링(Car sharing)과 카 헤일링(Car hailing)에 대하여 설명하시오.(111-1-1)

01 셰어링(Sharing)

셰어링(Sharing)은 공유라는 뜻으로 자동차를 공유하거나 승차를 공유하는 서비스를 말한다. 셰어링(Sharing)은 카 셰어링(Car sharing)과 라이드 셰어링(Ride sharing)으로 구분할 수 있다.

(1) 카 셰어링(Car sharing)

① 카 셰어링(Car sharing)은 하나의 자동차를 여러 사람이 공유하는 서비스이며, 운전을 직접할 수 있는 사람만이 이용이 가능하고 사용 시간에 따라 비용을 지불하므로 자동차를 소유했을 때 보다 차량 관리의 시간과 비용을 줄일 수 있다. 1987년 스위스에서 시작하였으며 쏘카(SOCAR), 그린카, 인도 레브(REVV) 등이 이에 속한다.

② 카 셰어링(Car sharing)은 대여 및 반납하는 방법에 따라 투웨이, 원웨이, 프리 플롯팅으로 구분한다,

　㉮ 투웨이(Two way)는 차량을 대여한 곳에 다시 반납하는 형식을 말한다.

　㉯ 원웨이(One way)는 지정된 주차장 어느 곳이나 반납이 가능한 형식을 말한다.

　㉰ 프리 플롯팅(Free plotting) 방식은 특정 지역 안에서 차량을 자유롭게 대여하고 반납이 가능한 형태를 말한다.

(2) 라이드 셰어링(Ride sharing, 카풀)

다른 사람이 운전하는 차에 함께 타고 목적지까지 이동하는 승차를 공유하는 서비스를 말한다. 카 셰어링(Car sharing)은 자동차를 공유한다는 의미라면 라이드 셰어링(Ride sharing)은 이동을 공유한다는 의미이다. 풀러스, 우버(Uber) 등이 이에 속한다.

02 헤일링(Hailing)

헤일링(Hailing)은 버스나 택시에 신호를 보낸다는 의미로 차량을 호출하는 서비스를 말한다. 헤일링(Hailing)은 카 헤일링(Car hailing)과 라이드 헤일링(Ride hailing)으로 구분할 수 있다.

(1) 카 헤일링(Car hailing)

카 헤일링(Car hailing)은 자동차를 호출해서 사용하는 호출형 차량 공유 서비스이다. 사용자가 원하는 장소와 시간에 자동차를 사용할 수 있어 카 셰어링(Car sharing)에 비해 더 편리하다. 쏘카(SOCAR)의 부름 서비스, 딜카, 인도 올라 등이 이에 속한다.

(2) 라이드 헤일링(Ride hailing)

라이드 헤일링(Ride hailing)은 운전할 수 없는 사람도 이용이 가능하며, 원하는 위치와 시간에 승차 서비스를 이용할 수 있는 호출형 승차 공유 서비스이다. 카카오 택시, 싱가포르의 그랩이 이에 속한다.

기출문제 유형

◆ 밀리(Milli)파 레이더를 설명하시오(86-1-3)

---

01 개요

1970년대 초부터 전파를 이용한 레이더(RADAR : Radio Detection And Ranging)의 개발이 시작됐고, 1980년대 초에 일본에서 레이저 레이더가 상용화 되었으나 레이저는 눈, 비, 흙이나 먼지 오염과 같은 주변 환경에 따라 성능에 영향성을 많이 받아 1980년대 후반부터 미국, 유럽 및 일본을 중심으로 밀리미터파(Millimeter Wave)를 이용한 시스템 개발 및 양산이 확산되었다.

그리고 미국과 유럽의 자동차에서 밀리파(Milli)를 사용하여 송신파와 수신파 사이의 도플러 주파수의 변화량을 이용하여 전방 차량, 측방과 후방 차량 또는 물체와의 거리와 상대속도를 측정하여 위치 정보를 운전자에게 알려주며 차량의 주행 상황에 따라 가속 페달이나 브레이크 페달을 자동으로 제어하여 차량의 속도를 조절할 수 있는 능동 시스템에 대한 의무화가 추진되었다.

02 밀리(Milli)파 레이더 주파수 대역

차량용 레이더의 주파수 대역은 과거 24GHz의 협대역(NB : Narrow Band)을 사용했으나, 안테나 모듈의 크기를 작게 할 수 있으며, 고해상도의 거리 검출을 위해서 76~81GHz의 광대역(UWB : Ultra Wide Band)을 사용하고 있다.

(1) 77GHz 주파수 대역

전방 및 후방 중거리 레이더(MRR : Middle Range Radar), 전방 장거리 레이더(LRR : Long Range Radar)

(2) 79GHz 주파수 대역

측방 및 후방 단거리 레이더(SRR : Short Range Radar)

03 밀리(Milli)파 레이더 작동원리

자동차에서 밀리파(Milli)를 사용하여 송신파와 수신파 사이의 도플러 주파수의 변화량을 이용해 차량의 전방, 측방 및 후방의 상대 차량 또는 물체와의 거리와 상대속도를 측정한다.

차량용 레이더의 종류에는 전파 형태에 따라 크게 연속파(Continuous Wave) 레이더와 펄스(Pulse) 레이더로 나뉘며, 연속파(Continuous Wave) 레이더는 도플러(Doppler) 레이더와 주파수 변조 연속파(FMCW : Frequency Modulated Continuous Wave) 레이더로 나뉘고, 펄스(Pulse) 레이더는 펄스 도플러(Pulse Doppler) 레이더와 펄스 압축 레이더로 나뉜다.

(1) 펄스 도플러(Pulse Doppler) 레이더

레이더의 송신 및 수신 시 약 1ns 이내의 펄스 신호를 이용하는 레이더이며 사용되는 펄스폭이 작을수록 우수한 거리 분해능을 갖는다. 전파를 짧은 펄스로 나누어 송출하는 송신기와 송신 안테나, 물체로부터 돌아오는 반사파를 수신하는 수신 안테나와 수신기 등으로 구성된다. 따라서 펄스 변조된 송신 전파는 물체에 도달하여 모든 방향으로 재반사되고 이중 수신 안테나에서 수신된 신호를 통하여 물체 인지, 물체 거리 측정 및 레이더와 물체의 반지름 방향 상대속도 등을 측정할 수 있다.

(2) 주파수 변조 연속파(FMCW : Frequency Modulated Continuous Wave) 레이더

변조 송신 신호가 끊김 없이 지속적으로 송출되며 동시에 수신이 이뤄지는 방식의 레이더이다. 안테나에서 송신 신호의 주파수를 주기적으로 계속 변화시켜 송출하고, 수신 주파수는 송신기가 송출하고 있는 신호의 주파수와는 다른 값을 가지므로 송신 및 수신 시 서로의 주파수 차이로 물체까지의 거리를 측정할 수 있다.

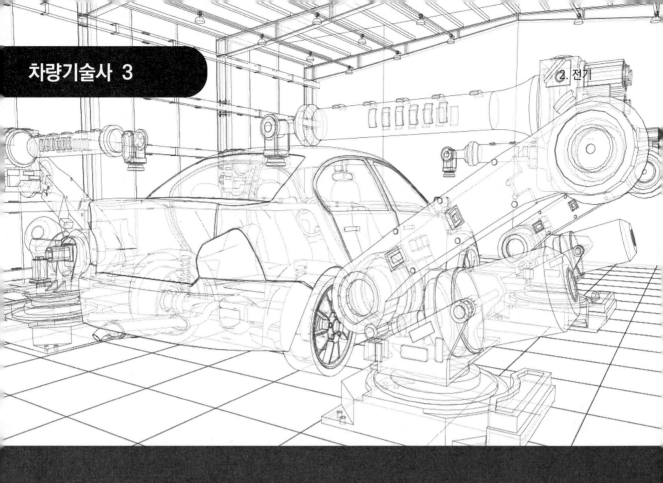

차량기술사 3

2. 전기

PART 2. **전기**

① 배터리
② 전동기
③ 발전기

PROFFESSIONAL ENGINEER TRANSPORTATION VEHICLES

01 배터리

01 개요

(1) 배경

배터리는 일차전지, 이차전지, 연료전지, 전기화학 전지, 태양전지 등으로 구분이 가능하다. 일차전지는 방전 기능만 있는, 충전이 불가능하고 반복 사용이 불가능한 전지이다. 망간, 알카라인, 수은전지 등이 있다. 이차전지는 충전과 방전을 할 수 있어서 반복 사용이 가능한 반영구적 화학 전지로 납축전지, 니켈-카드뮴 전지, 니켈수소전지, 리튬계 전지 등이 있다.

자동차에서 배터리는 엔진이 정지된 상태에서 배터리의 전기적인 힘으로 시동 모터를 동작시켜 엔진을 구동시키기 위해 주로 사용하며 시동이 꺼진 상태에서 자동차의 전장품에 전원을 공급해주기 위해서 사용한다. 기존에는 차량 전장품이 많지 않고 부가기능이 많지 않아 12V의 납축전지를 사용했지만 현재 차량 전장품이 급격히 늘어나는 추세이며 ISG(Idle Stop & Go System), 인휠모터, 회생제동 등의 적용으로 배터리의 용량이 증대될 필요성이 있다.

(2) 배터리의 정의

화학물질(활물질 : Active Material)의 화학 에너지(Chemical Energy)를 전기화학적 산화-환원 반응에 의해 전기 에너지(Electrical Energy)로 변환하는 장치로 양극, 음극, 전해질을 통해서 전자를 주고 받으며 전기 에너지를 발생시키는 장치이다. 자동차에 적용되는 납산 배터리는 여러 개의 전지를 연결해 만든 것으로 축전지라고 한다.

02 납 축전지 구조

납 축전지는 케이스 안에 6개의 단전지로 구성되어 있고 각 단전지마다 양극판과 음극판, 격리판 및 전해액이 들어 있다.

납 축전지의 구조

(1) 극판

납산 축전지의 극판은 납과 안티몬의 합금으로 이뤄져 있으며 양극판은 과산화납(PbO_2), 음극판은 해면상납(Pb)으로 되어 있다(MF 배터리는 납과 칼슘 합금으로 극판이 이뤄져 있다).

(2) 격리판

양극과 음극의 사이에 끼워져 양쪽 극판의 단락을 방지하며 플라스틱(합성수지), 고무, 강화섬유를 사용하기도 한다. 요구조건으로 비전도성, 전해액의 확산 용이성, 기계적 강도성, 전해액에 대한 내부식성 등이 있다.

(3) 전해액

순도가 높은 묽은 황산(H_2SO_4)을 사용하며 극판과 접촉하여 충전을 할 때에는 전류를 저장하고, 방전될 때에는 전류를 발생시켜 주어 셀 내부에서 전류를 전도하는 작용을 한다. 전해액의 비중은 20℃에서 완전 충전되었을 때 1.280, 완전 방전되었을 때 1.050이며 온도 1℃ 변화에 대해 0.0007이 변화한다. 전해액의 비중 계산식은 다음과 같다.

$$S_{20} = St + 0.0007 \times (t - 20)$$

여기서, S_{20} : 표준 온도 20℃로 환산한 비중, St : t℃에서 실제 측정한 온도,
　　　　t : 측정할 때의 전해액 온도

(4) 벤트 플러그, 가스 배출 구멍, 커버(케이스)

커버의 재료는 합성수지, 케이스와 접착제로 접착되어 기밀, 수밀을 유지한다. 단, 전지마다 전해액이나 증류수를 주입하기 위한 구멍(벤트 플러그)이 존재한다. 공기 구멍은 벤트 플러그의 중앙이나 가장자리에 배치되어 축전지에서 생성되는 가스를 배출시키는 구멍이다.

03 화학 반응식 및 충방전 원리

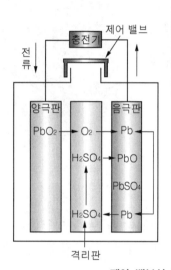

구분	충전		방전
양극	$PbO_2 + 4H^+ + SO_4^{2-} + 2e^-$	← 충방전 →	$PbSO_4 + 2H_2O$
음극	$Pb + SO_4^{2-}$	← 충방전 →	$PbSO_4 + 2e^-$
모든 전지	$PbO_2 + 2H_2SO_4 + Pb$	← 충방전 →	$PbSO_4 + 2H_2O$

① 양극판에서의 가스발생 반응

$$H_2O \rightarrow 2H^+ + 1/2O_2 \uparrow + 2e^-$$

② 음극판에서의 가스 흡수 반응

$$Pb + 1/2O_2 \rightarrow PbO$$

$$PbO + H_2SO_4 \rightarrow PbSO_4 + H_2O$$

$$PbSO_4 + 2H^+ + 2e^- \rightarrow Pb + H_2SO_4$$

제어 밸브식 납 축전지의 음극 흡수 반응의 원리

(1) 화학 반응식

① 전체 반응식 : $PbO_2 + Pb + 2H_2SO_4 \leftrightarrow 2Pb_SO_4 + 2H_2O$

② 양극 반응식: $PbO_2 + 4H^- + SO_4^{2-} + 2e^- \leftrightarrow PbSO_4 + 2H_2O$

③ 음극 반응식: $Pb + SO4^{2-} \leftrightarrow PbSO_4 + 2e-$

(2) 충방전 반응

① 방전 시에는 전해액의 황산이 양극판과 음극판에 작용하여 두 극판이 모두 황산납($PbSO_4$)으로 변화한다. 전해액에 남아 있는 수소는 양극판에서 나온 산소와 화합하여 물을 만든다. 따라서 전해액의 비중은 방전에 따라 점점 낮아진다.

   * **설페이션(황산화 현상)** : 배터리를 방전된 상태로 계속 방치하는 경우 극판에 쌓인 부드러운 황산납이 딱딱한 황 결정으로 변해버리게 되어 충전을 해도 없어지지 않는 현상

② 충전 시에는 극판에 있던 황산이 분리되어 전해액 속으로 방출된다. 따라서 양극판은 과산화납, 음극판은 해면상납이 되고 전해액은 묽은 황산이 되어 비중이 점점 높아진다.

③ 충전이 완료된 이후에는 전해액 속의 물을 전기 분해되어 양극판에서는 산소, 음극판에서는 수소가 발생된다.

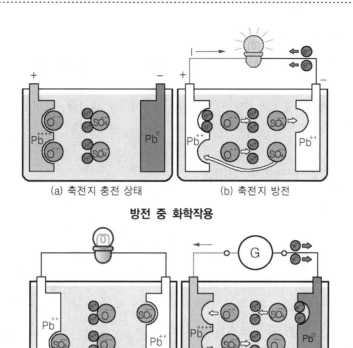

(a) 축전지 충전 상태   (b) 축전지 방전

방전 중 화학작용

(a) 축전지 방전 상태   (b) 축전지 충전

충전 중 화학작용

기출문제 유형

✦ MF(Maintenance Free) 배터리가 일반 배터리에 비해 다른 점을 납판의 재질과 충방전 측면에서
설명하시오.(99-1-5)

✦ MF(Maintenance Free) 배터리에 대해서 설명하시오.

---

01 개요

(1) 배경

일반 납축전지는 전해액이 묽은 황산을 사용하여 방전이 되면 물로 변화되고 이 물
이 자연적으로 증발이 되거나 충전을 할 때 수소와 산소로 분리되어 증발하는 경향이
있다. 이 때문에 주기적으로 증류수를 보충해 주어야 하는 단점이 있다. 또한 기온이
급격히 떨어지는 경우에는 외부 온도의 영향을 받아 전해액의 비중이 낮아져(물이 많아
져) 시동이 잘 걸리지 않는 단점이 있다.

(2) 무보수 배터리(MF ; Maintenance Free)의 정의

MF 배터리는 무보수 배터리(Maintenance Free), 무정비 배터리로 정비나 보수가 필요 없는 배터리를 말한다. SLA(Sealed Lead Acid) 배터리, 밀폐형 배터리라고도 한다. 배터리 케이스를 고주파 접착 등으로 완전히 밀폐시켜 배터리 전해액이나 가스가 밖으로 새거나 증류수를 보충할 수 없도록 만든 배터리이다.

02 MF 배터리와 일반 배터리의 차이점

(1) 납판의 재질

극판의 격자로 사용되는 재질은 납−안티몬 합금으로 안티몬은 격자의 기계적 강도를 높이고 주조성을 용이하게 하지만 충전 전압을 저하시키고 전해액 내에 포함된 물을 수소와 산소로 전기 분해하여 배터리 전해액을 감소시켜 배터리의 수명을 단축시킨다. 따라서 일반 배터리는 주기적인 증류수의 보충이 필요하다.

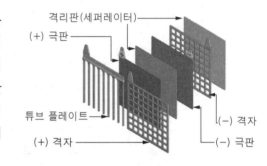

양극판과 음극판의 구조

MF 배터리는 납−안티몬 합금을 납−저안티몬 합금이나 납−칼슘 합금으로 대체하여 물의 전기분해를 최대한 감소시켜 배터리의 수명이 종료될 때까지 물의 보충을 해주지 않아도 될 수 있도록 제작하였다.

(2) 충방전 특성

장기간 보관하거나 사용하지 않을 경우 충전된 에너지가 자연적으로 소멸되는 것을 자기 방전 현상이라고 하는데 일반 배터리는 안티몬 이온의 효과로 인해 배터리 내부에서 국부적인 반응을 일으키며 자기 방전율이 높다.

MF 배터리는 안티몬을 감소시킨 저안티몬 합금이나 납−칼슘합금을 사용하기 때문에 전해액의 감소나 자기 방전량이 기존 일반 배터리에 비해 저감되어 수명이 2~3배 정도 증가 되었다. MF 배터리는 충전 시 만충전에 가까워질수록 충전전류가 급속히 낮아져 과충전의 위험이 기존 납 축전지에 비해 10~20% 정도 감소되었다.

03 장단점

① 기존 납축전지에 대비하여 수명이 길어졌다.
② 배터리의 증류수 보충을 해주지 않아도 되어 편리성이 증대되었다.
③ 한번 완전방전이 되면 배터리의 수명은 급격하게 감소되고 충전이 불가능하다.

04 배터리 상태 표시

배터리 위쪽의 점검 창 색이 녹색, 파란이면 정상, 투명, 검은색이면 충전부족, 적색 배터리액 부족 상태를 뜻한다.

(a) 구조 다이어그램 (b) 디스플레이 (c) 어셈블리 구조

배터리 점검창의 구조

기출문제 유형

✦ AMG(Absorptive Mat Glass) 배터리를 정의하고 특성을 설명하시오.(96-1-11)

---

01 개요

(1) 배경

최신 자동차는 연비 절감의 일환으로 ISG(Idle Stop and Go), 발전전류 제어 시스템, 회생 제동 등 운행 중 배터리의 충방전이 빈번하게 발생되고 있다. 배터리 사용의 부하가 이전보다 많이 증가되었으며 이를 위해 잦은 충방전에도 안전성과 내구성이 요구되는 배터리가 필요해졌다. 이를 위해 AMG(Absorptive Mat Glass) 배터리가 개발되었다.

(2) AMG(Absorptive Mat Glass) 배터리의 정의

유리 섬유 매트에 전해액을 흡수시켜 전해액의 유동을 방지한 배터리로 유리 섬유에 전해액이 흡수가 되어 있어서 전해액이 출렁거리지 않는다.

02 AMG(Absorptive Mat Glass) 배터리의 구성 및 종류

① 극판(양극판, 음극판) : 산화-환원 반응을 통해 전자를 생성하여 전기를 발생시키는 부품
② 유리 섬유 매트 : 저저항, 전해액 흡수됨(무누수), 전해액 유동 방지 가능
③ 독립형 가스 제어 밸브, 일방 통행 밸브(One Way Valve) : 외부 공기 유입을 차단하여 기판 부식방지, 개별 내부 압력 조절로 셀 밸런스를 유지하여 수명을 연장함, 일방통행 밸브 사용

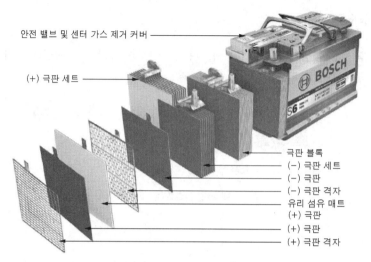

안전 밸브 및 센터 가스 제거 커버

(+) 극판 세트

극판 블록
(-) 극판 세트
(-) 극판
(-) 극판 격자
유리 섬유 매트
(+) 극판
(+) 극판
(+) 극판 격자

AGM 배터리(평판형)의 구조

(2) 종류

① 평판형 : 유리섬유 매트를 격리판에 흡착시켜서 극판을 끼운다.

② 실린더형 : 전지 용량에 맞는 긴 납판을 원통형으로 제작

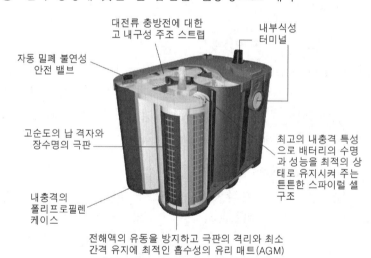

대전류 충방전에 대한
고 내구성 주조 스트랩

내부식성
터미널

자동 밀폐 불연성
안전 밸브

고순도의 납 격자와
장수명의 극판

최고의 내충격 특성
으로 배터리의 수명
과 성능을 최적의 상
태로 유지시켜 주는
튼튼한 스파이럴 셀
구조

내충격의
폴리프로필렌
케이스

전해액의 유동을 방지하고 극판의 격리와 최소
간격 유지에 최적인 흡수성의 유리 매트(AGM)

실린더형 AGM 배터리의 구조

03 AMG(Absorptive Mat Glass) 배터리의 기능

① 배터리 상단에 밸브를 적용하여 충전 중 발생한 가스가 밖으로 빠져 나가지 못하
게 하고 방전 중에 재결합시켜 전해액을 보호한다.

② 과충전에 의해 전해액 속의 물 분해로 수소와 산소의 기체가 발생, 외부로 나가지
못해서 내부에서 재결합 반응을 통해 배터리 내부로 환원된다.

04 AMG(Absorptive Mat Glass) 배터리의 장단점

(1) 장점

① 내구성 우수, 장수명 : 일반 MF 배터리보다 최대 3배 긴 배터리 수명을 가진다. 성능의 손실 없이 배터리가 반복적으로 충전 및 방전을 할 수 있다.

② 높은 CCA : 기존 배터리에 비해 CCA(Cold Cranking Amps)가 150% 정도 높은 성능을 갖고 있다.(냉시동성 좋음)

③ 내 진동성 우수, 안전성 우수 : 케이스가 완전히 밀봉되어 있고 전해액이 유리섬유 매트에 흡착되어 있어 누출되지 않는다. 외기가 전지 내부의 화학 반응에 참여할 수 없으므로 전지 내부에 불순물이 생기지 않는다. 심한 진동에 의한 극판의 단락 현상이 발생하지 않아 배터리의 손상을 최소화 할 수 있다.

④ 편리성 증대 : 기존 납산 배터리에 비해 증류수의 보충이 불필요

⑤ 상대적 저비용 : 일반 배터리에 비해 고비용이나 다른 하이브리드용 전지인 니켈수소 전지(Ni-MH), 리튬 배터리보다 상대적으로 저렴하다.

⑥ 고 충전효율 : 빠른 충전으로 ISG(Idle Stop & Go) 시스템 등 잦은 충방전에 효율적이며 연비 절감 효과까지 가능하다.

⑦ 낮은 자기방전 비율

(2) 단점

① 고비용 : 기존 납산 배터리보다 비용이 비싸다.

② 용량 감소 : 지속적으로 저온에 노출될 경우 전해질 내 전하 이동이 원활하지 않아 용량이 감소된다.

05 배터리의 종류별 특징

(1) 자동차용 배터리(납 축전지, Lead-Acid Accumulator) 종류

① 개방형 납산 배터리(FB : Flooded Battery), SLA(Sealed Lead Acid) 배터리(MF 배터리), EFB(Enhanced Flooded Battery), AGM(Absorptive Mat Glass) 배터리

② 개방형 납산 배터리(FB) : 1900년대부터 사용, 배터리 케이스 위에 증류수의 보충을 위한 구멍이 있고 주기적으로 증류수를 보충해야 하는 배터리

③ SLA 배터리 : MF 배터리라고도 하며 1970년대부터 사용, 전해액의 증발을 방지하기 위해 격자에 칼슘을 첨가하거나 전해액을 젤(Gel)화시켜 충방전 속도가 크게 느려졌음, 보통의 밀폐형 배터리, 납과 산성용액을 배터리 통에 채우고 뚜껑을 고주파 접착 등으로 완전히 밀폐시켜 배터리 액이 밖으로 새거나 또는 배터리 액을 보충할 수 없도록 만든 배터리

④ EFB 배터리 : 폴리에스터 직조포를 적용하여 배터리의 성능을 높인 제품

⑤ AGM 배터리 : 2000년대 이후 사용, 유리섬유 매트에 전해액을 흡수시켜 전해액 유동을 방지한 배터리

(2) 성능 비교

① 충방전 성능 : SLA는 180번, EFB는 360번, AGM은 540번까지 자기용량의 100%를 방전하고 충전할 수 있다.

② 내구성 및 가격 : SLA, EFB, AGM 순으로 성능이 좋고, 가격도 올라간다.

③ CA, CCA 성능 : SLA에 비해 EFB가 15%, AGM은 30% 우수하다.

④ Cyclic Endurance, Service Life, 딥사이클 충방전 수명 : SLA에 비해 EFB는 2배, AGM은 3배 길다.

⑤ 일반 중저가 차량엔 SLA 배터리, ISG 차량엔 EFB 배터리, ISG, 회생제동 기능 탑재 차량엔 AGM 배터리의 장착이 요망된다.

기출문제 유형

✦ 축전지의 방전율(Discharge Rate)을 설명하시오.(74-1-8)

✦ 자동차 배터리의 CCA에 대하여 설명하시오.(116-1-7)

---

01 축전지의 개요

(1) 축전지의 기본 성능

일반적으로 자동차에 사용되는 납축전지는 하나의 셀당 2.1V의 기전력을 발생시키며 6개가 직렬로 연결되어 있는 구조로 되어 있어 총 12.6V의 기전력을 발생시킨다. 축전지에 저장된 에너지를 사용할 경우, 배터리의 내부 전압 및 에너지가 감소하는데 이를 방전(Discharge)이라 하며, 반대의 경우를 충전(Charge)이라고 한다.

(2) 축전지의 성능 표시 방법

축전지의 성능은 12V 60AH 550CCA(CCP) RC430MIN 등으로 표시가 되는데 12V는 표준전압(공칭전압), 60AH는 배터리의 용량(방전율, 550CCA는 Cold Cranking Ampere로 저온 시동 성능, RC430MIN은 보유 용량(Reserve Capacity)이다.

02 축전지의 방전율

(1) 방전율(Discharge Rate)의 정의

완전 충전된 축전지의 단자 전압이 방전종지전압에 이를 때까지 방전할 수 있는 전류와 시간의 비율, 일반적으로 20시간율로 사용한다.

(2) 방전율 계산방법 및 종류

1) 20시간 방전율(25℃ 기준)

방전종지전압(10.5V)이 될 때까지 20시간 동안 방전시킬 수 있는 전류량, 60Ah로 표시된 경우 3A이다.

$$배터리\ 용량(Ah)=방전전류(A)×20h$$

60Ah/20h=3A, 60Ah인 경우 방전종지전압이 될 때까지 20시간 동안 방전시킬 수 있는 전류량은 3A이다.

2) 5시간 방전율(25℃ 기준)

방전종지전압(10.5V)이 될 때까지 20시간 동안 방전시킬 수 있는 전류량

$$배터리\ 용량(Ah)=방전전류(A)×5h$$

60Ah/5=12A, 12A로 방전종지전압에 도달하기 전까지 5시간 동안 방전 가능하다.

(3) 특성

① 방전전류는 전해액의 비중과 온도, 충전 상태(노화 상태) 등에 따라 변화한다.

② 온도가 높아지면 용량이 상승한다. 60℃ 이상의 고온에서는 극판이 약화(부식, 작용물질 분리)되고, 자기 방전이 현저하게 증가한다.

③ 온도가 낮아지면 용량이 감소된다. 낮은 온도에서는 배터리의 전기적 화학작용이 느리게 진행되기 때문이다. 참고로 -18℃에서는 기본 성능의 40%만 발휘된다.

03 저온 시동전류(CCA ; Cold Cranking Ampere)

(1) 정의

① 일정한 저온에서 얼마만큼의 방전 능력이 있는가를 나타내는 수치

② 저온(-18℃)에서 표기된 용량의 전류로 방전시킬 때 30초 경과 후의 전압이 7.2V 이상을 유지할 수 있는 능력을 말한다.

(2) 특성

저온에서 시동을 걸 때 엔진이 점화가 되어 시동이 걸릴 때까지 충분한 전압을 유지할 수 있는 전류량으로 겨울철 시동성이나 배터리의 성능이 높은 것을 원한다면 CCA 수치가 높은 것을 선택하여야 한다.

04 보유 용량(RC : Reserve Capacity)

보유 용량이란 27℃에서 25A로 방전했을 때 축전지 전압이 방전종지전압인 10.5V에 도달할 때까지의 시간을 분(MIN) 단위로 표시한 것이다. 차량에 장착된 전장품은 모두 켜져 있는 상태에서 알터네이터의 고장으로 배터리가 충전이 되지 않을 때 배터리가 견딜 수 있는 시간을 의미한다.

05 기타

(1) 냉간율

−18℃에서 300A로 방전 시 셀당 전압이 1V로 떨어지기까지 소요된 시간(분)

(2) SOC(State of Charge)

배터리의 현재 충전 상태를 의미

(3) SOH(State of Health)

배터리의 노화 상태, 0과 1의 범위를 나타냄, 0에 가까울수록 노화된 배터리의 상태를 뜻한다.

(4) 방전종지전압

배터리는 일전 전압 이하로 방전 그 후의 전압 강하는 매우 급격히 방전되는 지점의 전압이다. 방전종지전압 이하로 내려가면 유효한 전류를 사용할 수 없으며 그 이상 방전시키면 짧은 시간에 전압의 하강이 급격히 발생하고 이를 장기간 방치할 경우 극판에 산화(부식) 현상이 빠르게 진행되어 충전으로도 배터리의 공칭전압의 회복이 불가능하게 된다.

기출문제 유형

✦ 자동차용 배터리 1kWh의 에너지를 MKS 단위계인 줄(J)로 설명하시오.(107-1-3)

---

01 개요

자동차용 배터리는 차량의 시동을 걸어주기 위해 사용하거나 시동이 꺼진 상태에서 자동차의 전장품에 전원을 공급해 주기 위해서 사용한다. 자동차에 사용되는 납축전지는 하나의 셀당 2.1V의 기전력을 발생시키며 6개가 직렬로 연결되어 있는 구조로 되어 있어 총 12.6V의 기전력을 발생시킨다. 배터리는 전기를 충방전하는 부품으로 상태를 나타내는데 전압, 전력의 단위로 용량을 나타낼 수 있다.

02 1kWh의 정의

1Wh는 전기 에너지의 단위로 1[W]의 전력으로 1시간동안 공급된 전력량을 말한다. 1W는 전력의 단위로 전력(Power)은 전압[V], 전류[A]의 곱으로 나타낸다. 전기 에너지 (E=P×t)는 단위로 [J]을 사용한다. J=W×t이고 W=J/sec가 된다. 따라서 1kWh =1000×60×60=3.6×10^{6}J이 된다.

03 1줄의 정의

① 에너지 또는 일의 국제단위로 1뉴턴의 힘으로 물체를 1미터 이동하였을 때 한 일 이나 이에 필요한 에너지이다. 기호 N·m로 나타내기도 한다. 1[J]=1[N·m]

② 전기 에너지에서 1J은 1V의 전압이 1A의 전류로 1초 동안 흘렸을 때의 에너지이다.

③ 1[J]=1[V·A]×[t]=1[W]×[h]/3600=1/3600[Wh]

④ 1시간=3600초 → 1[h]=3600[t], 1[t]=1/3600[h]

* **줄(Joul)의 법칙** : 저항을 가지고 있는 전열기에 전압을 가하여 전류를 흘리면 전류의 발열작용에 의해 열이 발생한다. 이 때 발생하는 열을 주울 열(Joule's heat)이라 하며 저항에 전류가 t초 동안 흐를 때 발생한 열의 양은 [J]이 된다.

기출문제 유형

✦ 전기 자동차의 에너지 저장장치에서 비출력(specific power)이 필요한 이유에 대하여 설명하시오.(108-1-4)

01 개요

에너지 저장장치(Energy Storage System, ESS)는 생산한 전기를 저장장치에 저장 했다가 필요할 때 전기를 공급하여 전체 전력의 사용 효율을 높이는 장치로 전력 저장 원(배터리, 커패시터), 전력 변환장치(컨버터, 인버터), 전력 관리 시스템(BMS) 등으로 구성된다. 전력 저장원에 대한 성능을 나타내는 지표로 비출력(Specific Power)과 비에 너지(Specific Energy)가 있다. 전력 저장원으로는 주로 리튬이온 전지가 사용되는데 리튬이온 전지는 니켈수소 전지에 비해 출력의 밀도가 현저히 높다. 또한 높은 공칭 전 압에 의해 보다 높은 에너지의 밀도를 얻을 수 있다.

(1) 비출력(Specific Power, kW/kg)의 정의

에너지 저장시스템의 단위 질량당 출력 밀도

(2) 비에너지(Specific Energy, Wh/kg)의 정의

에너지 저장시스템의 단위 질량당 에너지 밀도

02 비출력이 필요한 이유

비출력은 단위 질량당 출력으로 비출력이 클수록 단위 질량당 출력이 크다는 말이 된다. 따라서 짧은 주기에 대량의 에너지를 저장하고 방전하는 일을 반복해야 하는 하이브리드 차량에 적합하다. 하이브리드 차량은 스타트/스톱(ISG), 가속 및 회생제동 (Recuperative braking) 기능이 적용되기 때문에 제한된 짧은 시간 동안 큰 출력을 끌어낼 수 있어야 하고, 큰 출력으로 충전할 수 있어야 한다.

전기 자동차는 이와 다르게 장거리 주행을 위해 배터리에 축적되는 에너지량이 커야 하므로 높은 에너지의 밀도를 갖춘 배터리가 필요하다. 현재 하이브리드 자동차용 배터리 셀은 비출력(specific power)이 3,000W/kg, 비에너지(specific energy)가 약 85Wh/kg이다. 전기 자동차용 배터리 셀의 비에너지는 110Wh/kg이다.

기출문제 유형

✦ 자동차 암 전류의 발생 특성과 측정 시의 유의사항을 설명하시오.(99-1-3)

---

01 개요

(1) 배경

일반적으로 차량의 시동을 끄면 차량 배터리에서 시동 장치 및 라디오 등과 같은 각종 액세서리 장치에 공급되는 전류의 흐름은 차단하게 된다. 하지만 전기장치의 기본적인 작동이 지속적으로 이뤄지도록 하고 추후에 다시 시스템을 실행시킬 때 즉각적인 웨이크 업을 시켜주기 위해 차량 시스템의 작동과 무관하게 전류의 공급이 이뤄지게 되는데 이 때 흐르는 전류를 암 전류라고 한다.

(2) 암 전류 발생 문제점

운전자의 편의를 위해 각종 자동화 전기 전자 모듈의 장착이 증가함에 따라 차량의 수출 또는 장기 주차 시와 같이 차량이 운행되지 않는 경우, 전장품의 의도치 않은 웨이크 업에 의한 암전류가 발생하여 배터리가 방전되는 문제가 발생한다.

02 암 전류 발생 특성

(1) 배터리와 전장품 장착 구조

배터리에서 각종 퓨즈를 거쳐 전장품으로 전원이 공급된다. 시동이 꺼져도 기본적으로 전장품에 흐르는 전류가 존재하며 주기적인 웨이크 업으로 인해서 암 전류가 발생한다.

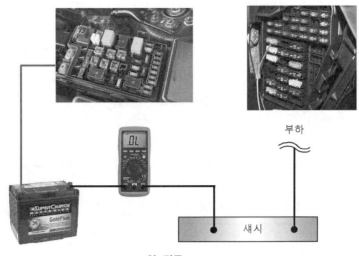

암 전류

(2) 암 전류 발생 특성

　　과거에는 차량의 전장품이 일부만 적용이 되어서 암 전류가 발생하는 원인은 주로 배선의 노후화로 인한 단락, 접지였다. 하지만 최근 차량의 경우에는 전장품의 장착이 늘어나고 이 전장품들의 기능을 파워 오프 시에도 관리하기 위해 전류를 소모함으로써 암 전류가 늘어나고 있다.

(3) 암 전류 발생 예시

　① 시동 오프 시에도 사용자의 키가 일정 반경 이내에 들어오면 웰컴 기능을 하기 위해 관련 제어기는 일정한 주기로 펄스 신호를 내보내서 확인을 한다. 이러한 신호의 불균형으로 인해 다른 제어기를 웨이크 업시켜 암 전류를 흐르게 한다.
　② 자동차 키의 주파수가 같을 때 제어기의 오인식으로 내부 제어기(BCM, SMK 등)가 웨이크 업이 되어 암 전류가 증가한다.
　③ 블랙박스 같은 경우에는 시동 OFF 시에도 동작을 하게 하여 차량의 배터리를 사용하여 암 전류가 많이 발생된다.

03 측정 방법

　　차량의 시동을 끄고 차량의 전장품이 작동하지 않도록 차량의 키를 일정 거리 이상 떨어지게 놔둔 후 차량 내부의 모든 제어기가 슬립이 들어가는 시간(약 20분) 후에 암 전류를 측정한다. 멀티미터나 암 전류 미터를 사용하여 암 전류를 측정한다. 멀티미터는 고리식(후크 타입)이 있고 일반 핀 타입이 있으며 후크 타입은 10A 이상 측정 시 사용하고 전류 측정은 전류계를 측정하고자 하는 회로에 직렬로 연결하여 사용한다.

04 암 전류 규제치

제작 자동차의 전체 암 전류는 배터리의 용량과 자동차의 전장품, 자동차의 제조사에 따라 10mA~15mA 이하로 관리되고 있다. 10mA는 배터리 용량 100Ah 일 때 암 전류가 10A 발생시 10시간 후 방전되는 것을 의미한다.

기출문제 유형

✦ 리튬이온 배터리에 대하여 설명하시오.(96-1-4)

01 개요

(1) 배경

① 오늘날과 같은 정보사회의 고도화 추세에 따라 자동차용 전지도 고집약적 능력을 요구 받기에 이르렀다. 2차전지의 경우에는 특히 고에너지 밀도화, 장수명화, 초소형화, 경량화, 안전성 확보, 환경 친화성 보장 등의 조건이 강력히 요구되어 이에 상응하는 2차전지가 현재도 계속 개발되고 있다. 소형 2차전지 시스템으로서 초기에 개발된 것으로는 니켈카드뮴(Ni-Cd) 및 납축전지 등이 있다. 그러나 니켈카드뮴과 납축전지는 환경 문제와 관련하여 한계가 드러났으며, 또한 고성능 전자기기에 필요한 높은 에너지 밀도와 출력 밀도의 요구 조건을 충분히 만족시키지 못하는 단점이 있다. 그리하여 고에너지 밀도가 가능한 재료로서 니켈수소(Ni-MH), 리튬계 2차전지가 대두하여 현재에 이르고 있다. 리튬계 2차전지에 있어서도 1990년대만 하여도 전지를 구성하는 기본 재료적 측면에서부터 다양한 조합이 이루어져 왔으며, 현재 가장 광범위한 품목이 되어 있는 리튬이온 2차전지(Lithium Ion Battery: LIB), 이어서 조만간 상용화가 이루어질 단계에 있는 리튬이온 폴리머 2차전지(Lithium Ion Polymer Battery: LIPB), 그 다음으로 현재 연구개발이 활성화되고 있는 리튬폴리머 2차전지(Lithium Polymer Battery: LPB) 등으로 발전하고 있다.

② 리튬은 지구상에 존재하는 금속 가운데 가장 가볍고 전자를 내놓는 성향이 강하다. 가볍고, 수명이 길며, 전압이 높은 전지를 만들기에 이상적이다. 하지만 공기 중 수분에도 반응할 만큼 물에 민감하여 다른 전지에 사용되는 물에 녹인 용액 대신 유기용매를 이용한 용액을 사용해 폭발을 예방한다.

(2) 정의

리튬을 함유한 금속산화물을 양극으로 하고 리튬이온을 가역적으로 흡장할 수 있는 탄소계 물질을 음극으로 한 전지이다. 전해액으로 리튬염이 함유된 유기용제를 사용한다.

02 구조

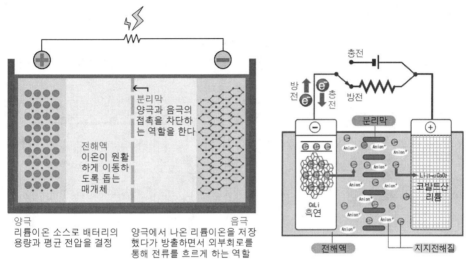

리튬이온 배터리의 구조

(1) 양극

① **구조** : 얇은 알루미늄 기재(양극의 틀을 잡아주는 부분), 리튬산화물로 구성된 활물질
② 양극은 배터리의 용량과 전압을 결정하며 리튬산화물이 활물질로 사용된다.
 * 활물질 : 양극에서 실제 배터리의 전극 반응에 관여하는 물질

(2) 음극

① **구조** : 얇은 알루미늄 기재, 흑연(Graphite)으로 구성된 활물질
② 음극은 리튬이온을 흡수/방출하면서 전류를 흐르게 하는 역할을 한다. 음극 활물질은 양극으로부터 나온 리튬이온을 흡수, 방출하면서 외부 회로를 통해 전자를 흐르게 하여 전기를 발생시키는 역할로 안정성, 낮은 전자 화학적 반응성, 가격 등의 조건을 만족해야 한다. 흑연, 리튬메탈, 실리콘 중에서 실리콘의 에너지 용량이 가장 크지만 이온 전도도와 가격적인 측면에서 흑연이 가장 적합한 재료로 사용되고 있다.

(3) 전해액

① **구성** : 염(리튬이온이 지나갈 수 있는 이동 통로), 용매(염을 용해시키기 위해 사용되는 유기 액체), 첨가제(특정 목적을 위해 소량으로 첨가되는 물질)
② 리튬이온을 이동할 수 있도록 하는 매개체로 이온들만 이동시키고 전자는 통과하

지 못하게 하는 역할을 한다. 리튬이온이 쉽게 이동할 수 있도록 점도가 낮아야 하고 전자 구성 성분과는 반응을 하면 안 되며 사용 온도 범위가 넓어야 한다. 육불화인산리튬(LiPF6) 등 리튬소금 계열의 액체가 사용된다.

(4) 분리막

분리막은 양극과 음극이 섞이지 않도록 막아주는 역할을 한다. 내부의 미세한 구멍을 통해 이온이 이동할 수 있도록 만들어 전하의 흐름을 가능하게 해준다. 다공성이 높고 얇을수록 좋다. 다공성 폴리에틸렌(PE), 폴리프로필렌(PP)과 같이 안정성을 위해 일정 수준 이상의 기계적 강도와 화학적 안정성, 전기 화학적 안정성이 요구되는 물질이 사용된다.

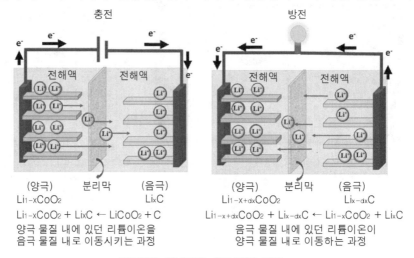

리튬이온 배터리의 충전·방전 반응

03 작동 원리(화학 반응)

① 리튬이온의 이동에 의한 충방전으로 전력이 생성된다. 충전시 양극 활물질에서 리튬이온이 방출되고, 방전 시 리튬이온이 양극 활물질에 저장되어 전류를 생성한다.

② 음극(산화) : $C+xLi^+ \leftrightarrow Li_xC$

③ 양극(환원) : $LiCoO_2 \leftrightarrow Li_{1-x}CoO_2+xLi^+$

④ 전체 반응식 : $LiCoO_2+C \leftrightarrow Li_{1-x}CoO_2+Li_xC_x$

04 리튬이온 배터리의 장단점

(1) 장점

① **동작전압** : 전지 한 개당 평균 동작전압이 3.6~3.8V로 니켈-카드뮴(Ni-Cd) 전지나 니켈-수소(Ni-MH) 전지의 동작전압(1.2V) 보다 높다.

② **자기방전율** : 한 달에 10% 이하로 Ni-Cd, Ni-MH 전지의 절반 이하이며 과방전

시에도 성능이 양호하다.

③ **무게, 크기, 수명** : 다른 2차전지들과 비교했을 때 경량, 긴 수명 확보가 가능하며 중량 및 부피 대비 에너지 밀도가 높아서 소형화가 가능하다.

④ **충방전 성능** : 500회 이상의 충방전 성능이 우수하며, Ni-Cd, Ni-MH 전지에서 볼 수 있는 메모리 효과가 없고 고속 충전이 가능하다.

⑤ **사용 온도 범위** : 온도 범위가 넓어서 전기 자동차 배터리로 적합하다.

(2) 단점

① **성능** : 대형 전지의 제조, 고용량화가 어렵고 1회 충전 시 내연기관에 비해 주행거리가 짧다.

② **인프라** : 충전 장소가 적고 충전 시간이 길다.

③ **비용** : 제조비용이 높다.

④ **안전성** : 물에 민감하게 반응하며 전해액이 액체여서 충격 시 누수 및 폭발의 위험성이 있다.

⑤ **수명** : 온도가 높을수록 노화가 빠르게 진행된다. 자연적인 상태에서도 노후가 진행되어 2~3년 마다 교체가 필요하다.

　* **출력 밀도** : 순간적으로 얻을 수 있는 출력
　* **에너지 밀도** : 출력 유지(체적 에너지 밀도 Wh/l, 질량 에너지 밀도 Wh/kg)

05 리튬이온 배터리 성능 제원

동작전압 3.7V, 중량당 에너지 : 100~150Wh/kg, 체적당 밀도 250~620Wh/L, 출력 밀도 260~340W/kg, Cycle Life 400~1200회

기출문제 유형

✦ 리튬폴리머 축전지(lithium polymer battery)의 특징에 대하여 설명하시오.(108-1)

---

01 개요

(1) 배경

리튬이온 전지는 리튬을 함유한 금속산화물을 양극으로 하고 리튬이온을 가역적으로 흡장할 수 있는 탄소계 물질을 음극으로 한 전지이다. 전해액으로 리튬염이 함유된 유기용제를 사용한다. 액체 전해질형 리튬이온 전지는 동작전압이 높고 수명이 길고 소형화가 가능하다는 장점이 있다. 하지만 액체이기 때문에 안전성이 낮고 제조비용이 고가

이며 대형화, 고용량화가 어렵다는 단점이 있다. 이를 해결하기 위해 리튬폴리머 축전지를 개발하였다.

(2) 리튬폴리머 전지의 정의

리튬계 2차전지 중 하나로 양극에 리튬 전이금속 산화물, 음극에 탄소재료, 전해질로 유기폴리머 화합물과 리튬염, 분리막에 겔형 폴리머를 사용하는 2차전지이다.

(3) 리튬계 2차전지의 개발 단계

리튬폴리머 전지인 경우는 음극으로 리튬금속을 사용하는 경우와 카본을 사용하는 경우가 있으며, 카본 음극을 사용하는 경우는 구별하여 리튬이온 폴리머 전지로 표기하는 경우가 있으나, 대부분의 경우 편의상 리튬폴리머 전지로 통용하고 있다. 리튬 금속을 음극으로 사용하는 전지의 경우는 충·방전이 진행됨에 따라 리튬 금속의 부피 변화가 일어나고 리튬 금속 표면에서 국부적으로 침상 리튬의 석출이 일어나며 이는 전지의 단락 원인이 된다. 그러나 카본을 음극으로 사용하는 전지에서는 충·방전시 리튬이온의 이동만 생길 뿐 전극 활물질은 원형을 유지함으로써 전지의 수명 및 안전성이 향상된다.

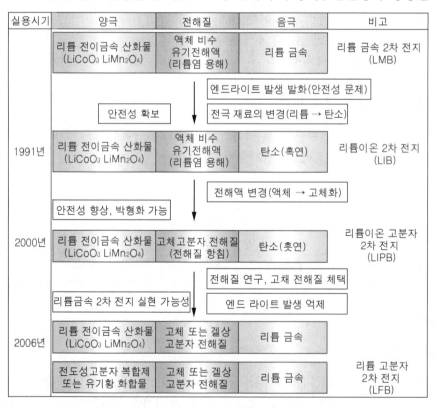

실용시기	양극	전해질	음극	비고
	리튬 전이금속 산화물 ($LiCoO_3$ $LiMn_2O_4$)	액체 비수 유기전해액 (리튬염 용해)	리튬 금속	리튬 금속 2차 전지 (LMB)
1991년	리튬 전이금속 산화물 ($LiCoO_3$ $LiMn_2O_4$)	액체 비수 유기전해액 (리튬염 용해)	탄소(흑연)	리튬이온 2차 전지 (LIB)
2000년	리튬 전이금속 산화물 ($LiCoO_3$ $LiMn_2O_4$)	고체고분자 전해질 (전해질 함침)	탄소(흣연)	리튬이온 고분자 2차 전지 (LIPB)
2006년	리튬 전이금속 산화물 ($LiCoO_3$ $LiMn_2O_4$)	고체 또는 겔상 고분자 전해질	리튬 금속	리튬 고분자 2차 전지 (LFB)
	전도성고분자 복합제 또는 유기황 화합물	고체 또는 겔상 고분자 전해질	리튬 금속	

엔드라이트 발생 발화(안전성 문제)
안전성 확보 / 전극 재료의 변경(리튬 → 탄소)
전해액 변경(액체 → 고체화)
안전성 향상, 박형화 가능
전해질 연구, 고채 전해질 체택
리튬금속 2차 전지 실현 가능성 / 엔드 라이트 발생 억제

재료 구성에 따른 리튬계 2차전지 개발 실용화

02 구조 및 작동 원리(화학반응)

① 구조 및 화학반응은 전해질을 제외하고 리튬이온 전지와 동일하다.

참고 리튬이온 배터리에 대하여 설명하시오.(96-1-4) 참조 요망(p.160)

② 전해질 : 겔 폴리머 전해질의 이온 전도도는 10^{-3}S/cm 이상으로 액체 유기 전해질만큼은 아니지만 비교적 양호하고 저온 특성과 고온 안정성도 우수하다. 단, 기계적 강도가 낮고 전해질 용량의 한계로 인해 성능이 저하되는 단점이 있다.

03 리튬 폴리머 축전지의 장단점

(1) 장점

① 초경량 : 무게당 에너지의 밀도가 기존 전지에 비해 월등하여 초경량 전지의 구현이 가능하다. 내부에 폴리머가 들어가서 내부 물질의 무게는 무겁지만 외장재가 월등히 가벼워 전체적으로 가볍다.

② 고에너지 밀도 : 150Wh/kg으로 리튬이온 전지보다 20% 가량 높고 수명도 2배 이상 길다.

③ 고안전성 : 액체 전해질 배터리의 단점인 누액과 폭발의 위험성이 없다.

④ 설계 자유도 : 3mm 정도의 얇은 두께나 소형으로 제작하는 것도 가능해 디자인 설계의 자유도 뛰어나다.

⑤ 고출력 전압 : 셀당 평균 전압은 3.6V

⑥ 낮은 자기 방전율 : 20℃에서 한 달에 약 5% 미만(니켈-카드뮴, 니켈수소 전지의 1/3 수준)

⑦ 저 메모리 효과 : 완전 충방전이 되지 않았을 때 용량의 감소가 생기는 현상이 없다.

⑧ 저 내부저항 : 전극과 분리막이 일체형으로 되어 있기 때문에 표면에서의 저항이 줄어들어 상대적으로 작은 내부 저항을 갖는다.

(2) 단점

① 제조 공정이 복잡, 가격 비싸다.

② 액체 전해질보다 이온의 전도율이 떨어진다.

③ 저온에서 전해질 반응성이 낮아져 전지로서 기능을 발휘하지 못한다. 사용 특성이 떨어진다. 고온에서 리튬이온 전지는 반응성이 빨라져 폴리머가 조금 더 안정하다.

④ 실제 용량은 리튬이온보다 떨어진다.

⑤ 리튬이온 부피당 에너지 밀도 300~350Ah/L 폴리머 전지는 250~300Ah/L 정도로 같은 부피일 경우 리튬이온 전지가 훨씬 오래 사용 가능하다(폴리머 전해질의 이온전도도가 액체 전해질보다 훨씬 낮고 반응성이 떨어지기 때문).

⑥ 고온(90℃ 이상)에서 폴리머 전지는 외장재가 약해 누액이 되는 형식으로 폭발이 일어나지만 리튬이온 전지는 외장재가 두꺼워 보다 크게 폭발이 일어날 수 있다.

✦ 하이브리드 전기 자동차용 배터리를 니켈수소, 리튬이온, 리튬폴리머 전지로 구분하고, 특성을 설명하시오.(자기방전, 수소가스의 발생, 장단점을 중심으로)(93-2)

✦ 전기 자동차의 전지 종류 및 특성에 대하여 설명하시오.(87-2-6)

* 리튬이온 전지, 리튬 폴리머 전지는 기존 문제 참조 요망

01 개요

(1) 배경

자동차용 전지에 요구되는 중요한 특성은 에너지 밀도, 출력 밀도, 안전성, 충방전 수명, 저장 수명, 가격이 다. 높은 에너지의 밀도는 동일 중량, 부피 내에 더 많은 에너지를 저장할 수 있어 제한된 차량의 공간 내에 더 많은 에너지를 저장하고 구동하기 위해 필수적이다. 출력의 밀도는 자동차의 동력 성능을 확보하는 데 중요하며, 가격은 상품성을 확보하기 위한 기본적인 요소로서 지속적인 원가 절감을 통해 가격 경쟁력을 확보해야 할 것이다.

충·방전 수명은 여러 차례 충전과 방전을 거듭할 경우 사용함에 따라 초기에 비해 줄어드는 용량을 몇 회 이상 유지할 것이냐에 대한 것으로 10만 km 이상의 주행에도 큰 주행거리의 저하 없이 유지하기 위해 필수적이다. 또한 저장 수명은 세워두는 시간이 길고, 폐차할 때까지 10년 이상 장기간 사용하는 자동차의 특성상 오랜 기간을 유지하기 위해 중요하다.

안전성은 각종 차량의 문제 발생기에 배터리로 인하여 추가적인 위험 요소가 발생하지 않도록 유지하기 위함으로, 특히 많은 에너지를 갖고 있는 자동차용 전지의 사고 발생 시에는 그만큼 위험도도 증가하므로 충분한 안전성이 확보되어야 할 것이다. 기존의 니켈-카드뮴 전지나 납축전지의 성능 향상은 거의 한계에 도달해 있으며, 환경오염이 사회문제로 대두됨에 따라서 카드뮴과 같은 공해유발 물질의 사용이 규제되고 있다.

또한 자동차 배기가스에 의한 대기오염을 줄일 목적으로 무공해 자동차의 하나로 전기 자동차의 개발이 활발히 진행되고 있는데, Ni-MH(니켈수소) 전지는 니켈-카드뮴전지에 비하여 에너지의 밀도가 크고 공해물질이 없어서 무공해 소형 고성능 전지로 뿐만 아니라 전기 자동차용 등의 무공해 대형 고성능 전지로 적용되고 있었다. 최근에는 Li-ion 2차전지가 보급됨으로써 소형 Ni-MH 전지의 시장 점유율이 감소하고 있는 실정이다. 리튬 2차전지는 높은 에너지의 밀도와 출력의 밀도 특성으로 인하여 하이브리드 및 전기 자동차에 점차 확대 적용되고 있다. 향후에는 리튬 폴리머 전지, 전고체 전지, 리튬황, 리튬공기 전지 등이 적용될 수 있도록 연구, 개발되고 있다.

(2) 니켈 수소 전지 정의

니켈 수소 전지는 음극으로 수소저장합금을 사용하고 양극으로 니켈을 사용하는 2차 전지이다.

02 구성, 작동 원리(화학 반응)

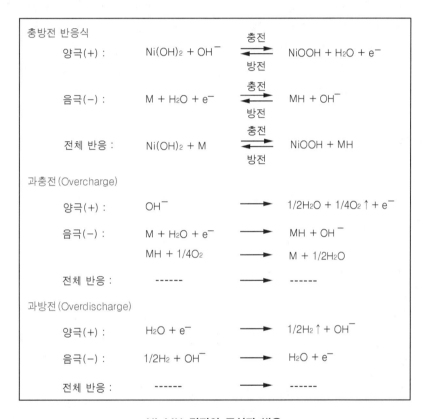

Ni-MH 전지의 구성과 반응

03 니켈 수소

① 음극에 수소저장합금(M), 양극에 수산화니켈($Ni(OH)_2$/NiOOH)이 사용되며, 분리막으로는 Ni-Cd 전지와 같은 내알칼리성의 나일론 부직포, 폴리프로필렌 부직포 및 폴리아미드 부직포 등이 사용되고 있다. 또한 전해액은 이온 전도성이 최대로 되는 5~8 M KOH 수용액이 사용되고 있다.l

② 충전시 음극에서는 물이 전기 분해되어 생기는 수소 이온이 수소저장합금에 저장되는 환원반응이, 양극에서는 $Ni(OH)_2$가 NiOOH로 산화되는 반응이 일어난다. 방전시에는 역으로 음극에서는 수소화합물의 수소 원자가 산화되어 물로 되고, 양

극에서는 NiOOH가 Ni(OH)$_2$로 환원되는 반응이 일어난다. 니켈 양극이 완전히 충전된 후에도 전류가 계속 흐르면, 즉 과충전이 되면, 양극에서는 산소가 발생된다. 그러나 음극의 용량이 양극보다 크면, 발생된 산소가 음극 표면으로 확산되어 산소 재결합 반응이 일어나게 된다. 음극에서는 산소를 소비시키기 위하여 수소가 감소하게 되어 동일한 전기량이 충전되므로 전체적으로는 변화가 없다. 역으로 과방전이 되면, 양극에서는 수소가 생성되고 이 수소는 음극에서 산화되므로 전체적으로 전지 내압은 상승하지 않는다. 이와 같이 Ni-MH 전지는 원리적으로는 과충전과 방전시 전지 내압이 증가하지 않고, 전해액의 농도가 변하지 않는 신뢰성이 높은 전지이다. 그러나 실제적으로는 충전효율의 문제로 인하여 전지 내압이 어느 정도 상승하게 된다.

04 장·단점

(1) 장점

① 전지 전압이 1.2~1.3V로 Ni-Cd 전지와 동일하여 호환성이 있다.
② 에너지의 밀도가 Ni-Cd 전지의 1.5~2배이다.
③ 급속 충·방전이 가능하고 저온 특성이 우수하다.
④ 밀폐화가 가능하여 과충전 및 과방전에 강하다.
⑤ 공해물질이 거의 없다.
⑥ 수지상(dendrite) 성장에 기인하는 단락이나 기억 효과가 없다.
⑦ 수소 이온 전도성의 고체전해질을 사용하면 고체형 전지로도 가능하다.
⑧ 충·방전 사이클 수명이 길다.

니켈수소, 리튬이온, 리튬폴리머 배터리의 비교

	니켈 수소	리튬 이온	리튬 폴리머
용량	큼	작음	큼
자연방전	큼	거의 없음	거의 없음
메모리 효과	보통	없음	없음
수소가스	발생됨	없음	없음

(2) 단점

① Ni-Cd 전지만큼 고율방전 특성이 좋지 못하다.
② 자기 방전율이 크다.
③ memory effect가 약간 있다.
④ 과충전 시 수소가 발생한다.

기출문제 유형

✦ 고체 배터리 기술을 정의하고, 기술 실현의 장애 요인과 기술개발 동향을 설명하시오.(107-4-4)

01 개요

(1) 배경

자동차업계를 중심으로 보다 높은 에너지 밀도를 갖는 차량용 전지 개발의 필요성이 높아지고 있으며, 관련되어 여러 차세대 전지 시스템이 후보로 거론되고 있다. 보쉬에서는 800Wh/L를 전기 자동차용 리튬 2차전지의 에너지 밀도 한계로 고려하고 있으며, 보다 높은 에너지 밀도를 확보하기 위하여 전고체 전지, 리튬-황 전지 등의 시스템이 2020년, 2025년 이후에 전개될 것으로 보인다.

리튬-메탈, 리튬-황, 리튬-공기, 전고체 전지(All Solid Battery) 등 전지 중에서 전고체 전지의 상용화가 가장 빠를 것으로 보이며 나머지 전지도 모두 고체 전해질 개발이 뒤따라야 상용화의 가능성이 높아질 것으로 예측되고 있다.

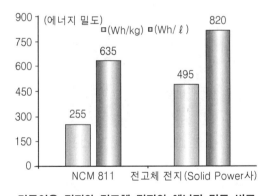

리튬이온 전지와 전고체 전지의 에너지 밀도 비교

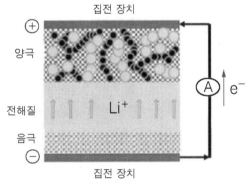

전고체 전지(전해질이 고체, 분리막이 없음)

(2) 전고체 2차전지의 정의

기존 리튬이온 배터리에서 사용하는 액체 전해질 대신 고체 전해질을 사용한 2차전지로 음극, 양극, 전해질이 모두 고체인 전지이다. 전해질로 폴리머, 황화물계, 산화물계 재료를 사용한다.

02 구조 및 작동 원리(화학 반응)

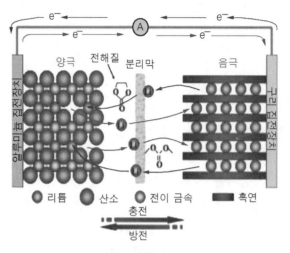

전통 리튬이온 전지

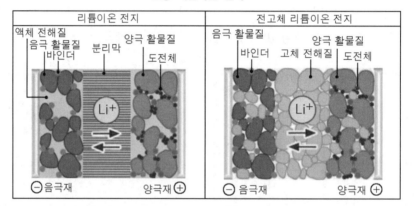

리튬이온 전지와 전고체 리튬이온 전지 개념도의 비교

참고 리튬이온 배터리에 대하여 설명하시오.(96-1-4) 참조 요망(p.160)

전고체 전지와 기존 리튬 2차전지의 화학 반응는 동일하며 전해질은 폴리머, 산화물, 황화물 등을 사용한다. 양극재, 음극재, 전해질 모두 고체로 충·방전 과정에서 리튬이온이 고체 전해질(Solid Electrolyte)을 통해 양극재와 음극재를 이동한다.

(1) 전해질

고체 전해질이 양극재 바인더(Binder)와 분리막 역할도 수행한다. 폴리머, 산화물, 황화물 등을 사용한다.

전해질의 종류 및 특성

	액체 전해질		겔 폴리머 전해질	고체 전해질	
	유기 전해질	이온성 액체		폴리머 전해질	무기 전해질
구성	유기용매+리튬염	이온성 액체 +리튬염	폴리머+유기용매+ 리튬염	폴리머(가교제+가 소제)+리튬염	산화계 황화계
이온 전도도	$\sim10^{-2}$(S/cm)	$\sim10^{-3}$(S/cm)	$\sim10^{-3}$(S/cm)	$\sim10^{-5}$(S/cm)	10^{-3}(S/cm)
저온 특성	좋음	좋음	좋음	나쁨	좋음
고온 안정성	나쁨	아주 좋음	좋음	아주 좋음	아주 좋음
예	$LiPF_6$in EC/DEC	LiTFSI in EMITFSI	$LiPF_6$ + PVdF-HFP + EC/DEC	LiTFSI + PEGDME + BPA	$Li_1+xAlxGe_{2-x}$ $(PO_4)_3Li_2SP_2S_5$

(자료 : 한국화학연구원)

① 산화물(LLZO)은 강도가 우수하여 안정성이 높으나, 이온 전도도가 낮으며 고온 열처리 공정이 요구되어 생산 용이성이 나쁘다.

② 폴리머(Polymer)는 생산이 용이하지만, 이온 전도도가 낮아 전지 출력이 나쁘다.

③ 황화물(LGPS)은 습도에 취약하여 H_2S(황화수소) 등 가스를 발생시키나, 이온 전도도·온도 안정성 등 고른 장점이 있어 고체 전해질 중 가장 우수한 소재를 사용한다.

　참고 현재 사용되고 있는 액체 전해질의 이온 전도도는 10^{-2}(S/cm) 수준으로 고체 전해질 대비 약 10 ~ 1,000배 우수하다.

(2) 특징

1) 장점

① 고안전성, 고에너지 밀도, 고동력 밀도 : 고체이기 때문에 에너지 밀도가 높으며 온도 변화와 외부 충격에 따른 위험이 적다. 고분자 전해질 사용으로 누액과 폭발의 위험성이 없다.

② 폭발 및 발화 특성이 없어 안전성이 우수하다. 고체 전해질은 온도 변화에 따른 증발이나 외부 충격에 따른 누액 위험이 없다. 부피 팽창이 발생하지 않고, 열과 압력 등 극한 외부 조건에서도 정상 작동할 수 있다.

② 높은 에너지 밀도를 구현할 수 있다. 이는 적층 가능한 바이폴라 구조의 장점이다. 유기 전해액을 고체 전해질로 대체하면 집전체 양면에 음극과 양극이 결합된 바이폴라 전극을 제조할 수 있다. 바이폴라 전극의 적용으로 단전지에서 10V 이상의 고전압이 발현할 수 있다. 예컨대 리튬이온 전지에서 14.4V를 구현하려면

3.6V 전지 4개를 배치해야 하는데, 전고체 전지는 단전지로 가능하다. 단전지화의 효과로 분리막, 집전체, 셀 외장재 파우치 등이 감소해 셀 부피가 줄어들고, BMS를 최소화하기 때문에 부피당 에너지 밀도를 높일 수 있다. 또한 전고체 전지의 안전성 장점으로 인해 배터리 팩에 냉각 및 안전 관련 부자재가 축소돼 팩의 에너지 밀도가 향상된다.

③ 고전압, 고용량 신규 양 음극 소재의 적용이 용이하다. 상용 유기 전해액에서는 채택하기 어려운 4.5V 이상 양극재를 적용할 수도 있다. 리튬메탈 음극재를 적용해 전고체 리튬메탈 전지로 진화하면 400Wh/kg 이상, 1,200Wh/L 이상의 에너지 밀도를 구현할 수 있다. 고출력이 가능하다.

④ 액체 전해질과 달리 리튬이온이 용매와 분리되는 탈용매 반응이 불필요하다. 충방전 반응이 곧 고체 내 리튬이온의 확산 반응으로 반영돼 높은 출력이 기대된다.

⑤ 사용 온도가 넓다. 기존 유기 전해액에 비해 넓은 온도 영역에서 안정적인 성능을 확보할 수 있다. 특히 저온에서 높은 이온전도도가 기대된다.

⑥ 전지 구조가 단순하다. 분리막이 필요 없다. 제조 공정상에서 슬러리 상태의 고체 전해질을 양극 활물질에 코팅한다. 액체 전해질의 주액 공정 없이 연속 공정을 통해 다양한 형태의 다층 구조 셀을 구현할 수 있다.

(3) 기술 실현의 장애 요인

① 고체 전해질 소재, 활물질 전해질 경계의 높은 계면 저항, 제조 공정 등의 장애가 있다.

② 고체 전해질은 액체 전해질에 비해 이온전도도가 낮다.

③ 고체이기 때문에 이질적인 파우더끼리 계면 저항, 전극과 전해질의 계면 저항을 피할 수 없다.

④ 기존 리튬이온 전지처럼 전극 제조 시 용량이나 특성이 현저하게 저하된다.

⑤ 셀 제조 과정에서 엄청난 압력과 온도를 필요로 하는데 양산 설비를 구축하기 어렵다.

⑥ 음극재까지 리튬메탈로 변경하면 새로운 생산 설비가 필요하기 때문에 제조원가가 높다.

⑦ 안전성 이외에는 리튬이온 전지에 비해 열등하며, 지속적인 개발이 필요하다.

고체 전해질의 종류별 장단점

		장점	단점
무기 고체 전해질	황화물계 재료	• 높은 리튬이온 전도도 (10^{-2}~10^{-3}S/cm) • 전극/전해질간 접촉 계면 형성 용이	• 공기 중 안전성 취약 (수분 반응성 높음) • 공간 전하층 형성에 따른 전극 전해질 계면에서의 고저항층 발생
	산화물계 재료	• 공기 중 안전성 우수 • 비교적 높은 리튬이온 전도도 (10^{-3}~10^{-4}S/cm)	• 고체 전해질 입계 저항 큼 (10^{-4}~10^{-6}S/cm) • 전극/전해질간 접촉 계면 형성 곤란 • 1,000℃ 이상의 높은 소결 온도 • 대면적 셀 구동 곤란
유기 고체 전해질	드라이 폴리머	• 전극 계면과 밀착성 우수 • Roll-to-Roll 공정 적용 용이	• 낮은 리튬이온 전도도 • 고온 환경에서만 사용 가능
	겔 폴리머	• 전극 계면과 밀착성 우수 • 리튬이온 전도도 양호	• 낮은 기계적 강도로 단락 우려

(자료 : 전자부품연구원)

(4) 기술 실현의 장애 요인

1) 소재 부분

고체 전해질은 전기 화학적 안정성, 열 안정성, 전기 절연성이 요구되며, 유기 액체 전해질 수준의 높은 이온 전도도(10^{-2}S/cm)를 갖춰야 한다. 이를 위해 황화물계, 산화물계, 폴리머로 나뉘어 연구 개발되고 있다. 하지만 현재는 3가지 전해질 모두 요구 성능을 갖추지 못하고 있다. 전고체 종류별로 가장 중요한 극복 과제는 황화물계는 수분 안전성, 산화물계는 전지 셀 가공성, 폴리머는 이온 전도도이다.

황화물계 소재는 결정형인 LGPS, LSPSCl, Argyrodite 등과 Glass ceramic형 인 LPS, LPS+LiCl 등이 연구되고 있고 산화물계 소재는 Perovskite(LLTO), NASICON, LISICON, Garnet 등이, 폴리머 소재는 PEO 등을 중심으로 활발한 연구가 이루어지고 있다. 이중에서 황화물계인 LGPS(LSPSCl), Glass Ceramic, 산화물계인 LLTO, LLZO 등의 상용화 가능성이 높다.

전고체 전지용 양극재와 음극재 소재에 대한 연구 또한 진행 중이다. 우선 양극재는 $LiCoO_2$, Li[Ni,Mn,Co] O, LiMn O 등이 연구되고 있다. 음극재는 리튬 금속(Li Metal)과 흑연(Graphite)이 함께 연구되고 있다. 리튬은 가장 가벼운 금속 원소이다. 흑연보다도 가볍다. 따라서 음극재를 리튬 금속으로 대체하면, 전지가 가벼워진다. 당연히 에너지 밀도가 향상된다. 리튬 금속을 음극재로 사용하면 전지의 수명(Cycle) 역시 늘어난다.

2) 이온 전도도 부분

고체 전해질은 액체 전해질과 달리 이온의 젖음성과 흐름성이 없다. 슬러리 제조 단계에서 활물질과 전해질을 무작위로 혼합하는 구조이다 보니 계면 형성이 어렵고, 전자와 이온의 통로를 만드는 것이 어렵다. 접착력을 향상시키기 위해 섞는 바인더가 계면형성을 방해하면서 계면 저항이 증가한다. 따라서 계면 접촉을 좋게 하기 위해 기술적으로 높은 압력과 열을 가해서 셀을 만든다.

황화물계는 펠렛(Pellet) 형태에서 냉간 압착(Cold Pressing) 공법으로 높은 압력을 가한다. 산화물계는 압착할 수 없기 때문에 고온으로 하여 동시 소결(Co sintering) 하는 공법이 있다. 계면 저항을 억제하기 위해서는 양극 활물질 표면에 $LiNbO_3$ 등의 재료를 코팅하여 버퍼층을 형성하는 기술이 활용되고 있다. 코팅재료를 10나노 이하로 균일하게 코팅해 준다. 또한 동시 소결이나 저온 결정화를 통해 계면의 기계적 안정화를 꾀함으로써 계면 저항을 낮출 수 있다.

3) 업계 동향

① 전고체 전지 기술은 일본이 앞서 있다. 토요타는 2020년에 전고체 전지 상용화를 시작하고, 2022년에 전고체 전지를 탑재한 전기차를 출시하겠다는 계획을 갖고 있다.

② 영국의 다이슨, BMW, 폭스바겐 등은 전고체 전지 원천 기술을 가진 신생기업들에 투자를 하고 파트너십을 체결하고 있다. 전고체 전지 원천 기술을 가진 신생 기업으로는 Solid Power, Sakti3, Ionic Materials, SolidEnergy, SEEO, QuantumScape 등을 꼽을 수 있다.

기출문제 유형

✦ 전기 자동차용 리튬이온(Li-ion)전지, 리튬황(Li-S) 전지, 리튬공기(Li-air) 전지에 대하여 설명하시오.(114-2-3)

---

01 개요

(1) 배경

현재 전기 자동차용 전지로는 리튬이온 전지가 적용되고 있다. 하지만 성능 개선의 한계 때문에 에너지 밀도를 높일 수 있는 차세대 전지 기술이 연구, 개발되고 있다. 이들 기술은 리튬-메탈, 리튬-황, 리튬-공기, 전고체 전지 등이 있다. 음극재로 리튬메탈을 채택한 리튬메탈 전지와 양극재로 황을 채택한 리튬황 전지, 양극재로 산소를 사용하는 리튬-공기 전지가 부분적인 상용화를 시도할 것이다. 모두 고체 전해질 개발이 뒤따라야 상용화의 가능성이 높아진다.

(2) 정의

① 리튬이온 전지 : 리튬 금속산화물을 양극으로, 탄소계 물질을 음극으로 한 2차전지
② 리튬황 전지 : 양극재로 황, 음극재로 리튬메탈을 사용한 2차전지
③ 리튬공기 전지 : 양극재로 공기(산소), 음극재로 리튬을 사용한 2차전지

02 작동 원리

(1) 리튬이온 전지

참고 리튬이온 배터리에 대하여 설명하시오.(96-1-4) 참조 요망(p.160)

(2) 리튬황 전지

방전 시 반응의 시작 물질은 고리 구조인 S8이다. 방전을 진행하면서 연속적인 환원 반응의 선형 구조인 리튬 폴리 설파이드(Li2S8 à Li2Sn à Li2S2)의 단계를 거치게 되고, 전해질에 용해된 상태로 양극에서 음극으로 이동하며 더 낮은 단량체의 폴리 설파이드로 순차적으로 환원된다.

최종적으로 불용해성 물질인 Li2S를 생성한다. 충전 시에는 역순으로 산화 반응을 거쳐 S8로 돌아오면서 '셔틀' 메커니즘이 발생한다. 각 리튬 폴리 설파이드로 환원되는 과정에 의해 리튬황 전지의 방전 거동은 리튬이온 전지와 달리 단계적으로 방전 전압을 나타내는 것이 특징이다.

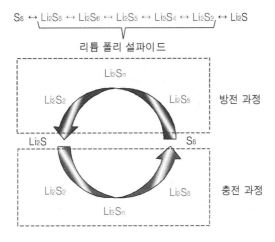

리튬황 전지의 충방전 과정

(3) 리튬공기 전지

방전 시 음극인 리튬 메탈로부터 리튬이온이 전해질을 통해 공기극으로 이동하고, 공기극에서는 공기 중의 산소와 리튬이온이 반응하여 과산화물인 Li_2O_2가 형성된다. 충전 반응은 반대로 진행된다. 공기극(양극)은 산소, 촉매, 리튬이온이 접촉하여 반응이 일어나는 장소의 역할을 하며, 다공질 탄소가 주성분이다. 음극으로는 공기와 전위차가 있는 리튬 메탈이 쓰인다. 아연(Zn), 마그네슘(Mg), 칼슘(Ca) 등 2가 이온이 되는 금속이나 알루미늄(Al) 등 3가 이온이 되는 금속이 음극으로 쓰이면 금속 공기 전지가 된다.

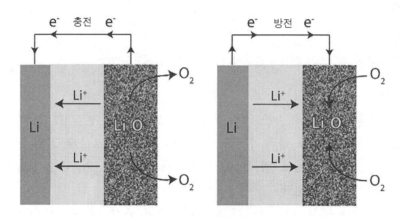

리튬공기 전지의 충방전 반응

03 장점

(1) 리튬황 전지

① 에너지 용량이 리튬이온 전지보다 5배 이상 높다.

② 양극 소재인 황은 자원이 풍부하고 가격이 저렴해 전지의 제조원가를 낮출 수 있다.

③ 기존 리튬이온 전지의 생산 공정을 활용할 수 있다

(2) 리튬공기 전지

① 대기 중의 산소를 양극 활물질로 사용하기 때문에 전지의 무게가 가볍고, 에너지의 밀도가 높다. 친환경적이고 안전성도 높다.

② 리튬공기 전지의 이론적 에너지 밀도는 3,500Wh/kg 이상으로 리튬이온 전지의 10배에 해당하고, 차세대 배터리 중 가장 높은 용량을 구현할 수 있다. 휘발유와 동급 효율이다.

차세대 배터리의 장단점

	구성요소	장점	단점
리튬–황 전지	▪ 양극: 황 또는 황화합물 ▪ 음극: 리튬 금속 ▪ 전해질: 유기계·고체 전해질	▪ 고용량 및 낮은 제조 원가 ▪ 기존 공정의 활용 가능	▪ 지속적인 충·방전 시 양극재(황)의 감소로 수명 저하 ▪ 황에 의한 제조설비의 부식
리튬–공기 전지	▪ 양극: 공기(산소) ▪ 음극: 리튬 금속 ▪ 전해질: 유기계·고체 전해질	▪ 전지 셀 구조 단순 ▪ 고용량 및 경량화 가능	▪ 고순도 산소 확보 어려움 ▪ 산소 여과 장치, 블로워 등 추가 장치로 인해 부피 증가 ▪ 양극재 후보 물질 적음 ▪ 긴 충·방전 시간
나트륨/마그네슘 전지	▪ 양극: 금속화합물 ▪ 음극: 나트륨·마그네슘 ▪ 전해질: 유기계·고체 전해질	▪ 저가화 및 고용량에 용이	
전고체 전지	▪ 양·음극: 기존 또는 타 차세대 전지의 양·음극 활용 가능 ▪ 전해질: 세라믹(황화물·산화물), 고분자, 복합재 등	▪ 높은 안전성 및 고용량 가능 ▪ 다양한 애플리케이션(초소형 전자기기~전기차)에 활용 가능	▪ 높은 계면 저항 ▪ 유해 가스인 황화수소 발생(황화물계) 또는 낮은 저온 특성(고분자)

(자료 : LG경제연구원)

04 단점 및 극복과제

(1) 리튬황 전지

① 황의 전기 전도도가 낮다.

② 충·방전 과정에서 황의 중간 생성물인 리튬 폴리 설파이드가 전해액에 쉽게 녹아 전지의 용량 및 수명 손실이 발생한다.

③ 실용화 문제로 유황을 이용하는 양극재의 내구성이 낮다.

④ 충·방전시 배터리 부피의 팽창과 수축이 심하다. 황의 단계적 환원 방전에 의해 생성되는 폴리 설파이드는 부피 팽창률이 80%에 육박하며, 산화 반응 충전 에는 다시 수축이 일어난다. 이 때 양극 전극은 스트레스를 받게 되고, 황과 전도성 물질의 접촉이 끊어져 배터리 열화를 가속화하는 원인이 된다.

⑤ 폴리 설파이드가 전해질에 용해돼 음극과 직접 반응해 새로운 표면층을 생성한다. 양극에서 환원돼야 할 폴리 설파이드 Li_2S_8과 Li_2Sn이 음극과 직접 반응하면 Li_2S_2와 Li_2S를 생성하게 되고, 이 물질은 음극에 계속 남아 리튬이온의 이동을 가로 막는다. 배터리의 내부 저항을 증가시키고, 계속적으로 축적되면 분리막을 손상시켜 내부 쇼트를 초래할 수 있다.

⑥ 양극 집전체인 알루미늄이 고온에서 황과 급격한 반응을 야기할 수 있고, 액체 전해질 환경에서는 폴리 설파이드가 유기 용매나 리튬염과 화학적 반응을 일으켜 셀 열화, 가스 발생과 같은 문제가 발생한다.

(2) 리튬공기 전지

① 불용성 반응물(Li_2O_2)의 처리, 낮은 수명 특성, 리튬메탈 사용으로 인한 안전성, 공기극의 높은 분극 저항 등의 문제가 있다.

② 충전 과정에서 방전 생성물인 리튬 과산화물(Peroxide)이 충분히 분해되지 못해 공기극에 축적됨으로써 충·방전이 일정 정도 진행되면 급격한 용량의 감소가 일어난다.

③ 리튬이온 전지는 100%을 충전하면 99.99%를 사용할 수 있는데, 리튬공기 전지는 100%을 충전하면 현재 기술로 60%만 사용할 수 있다.

05 기술개발 동향

(1) 리튬황 전지

① 국내연구팀 성균관대가 황과 그래핀의 복합체를 합성했다. 그래핀이 이온 전도도를 보완해 주고, 황과 그래핀이 강하게 결합해 황이 전해액으로 녹아드는 현상을 억제할 수 있을 것으로 기대된다.

② KAIST 연구팀은 새로운 리튬염(LiTf, LiBr)을 사용해 황화리튬의 용해도를 높여 황화리튬이 전극 표면에 달라붙는 대신 입체 구조로 전극에 수직으로 자라게 했다. 전극을 가리는 부분을 줄여 높은 용량을 구현하는 원리다.

③ 또 다른 KAIST 연구팀은 다차원 상분리 현상을 유도하는 합성법으로 티타늄질화물 소재 황 담지체를 개발했다. 티타늄질화물 담지체는 다공성 구조로 황을 안정적으로 담아낼 수 있고, 황의 반응 속도도 높여줘 리튬황 전지의 특성을 구현할 수 있다.

(2) 리튬공기 전지

국내 연구 성과로서 산소 지지체로 그래핀에 이리듐 나노 촉매를 혼합한 연구가 있다. 그래핀의 장점인 넓은 표면적과 뛰어난 전도성 이외에도 이리듐 나노 촉매는 리튬이온과 산소 반응에서 과산화리튬이 아닌 초산화리튬(LiO_2)을 생성한다. 방전 생성물인 리튬 과산화물의 형상 및 구조를 조절해 충전 과전위를 낮추고 전지 효율 성능을 향상시키는 연구도 진행되고 있다.

기출문제 유형

✦ 배터리의 충전 방법을 설명하시오.(56-1-10)

✦ 전기 자동차의 축전지 충전 방식에서 정전류, 정전압, 정전력 방식에 대해 설명하시오.(108-1-3)

---

01 개요

자동차에 사용되는 납축전지는 하나의 셀당 2.1V의 기전력을 발생시키며 6개가 직렬로 연결되어 있는 구조로 되어 있어 총 12.6V의 기전력을 발생시킨다. 셀당 전압이

1.75V 이하로 방전이 되어 총 전압이 10.5V 이하로 내려가면 방전종지전압이 되어 더이상 사용이 불가능하기 때문에 그 전에 충전을 해줘야 한다. 배터리가 방전되면 시동이 걸리지 않고 전장품의 사용이 불가하게 된다.

배터리가 방전이 되면 충전기를 통해 충전을 해주거나 다른 차량의 배터리를 이용하여 시동을 걸어주는 작업인 '점프'를 해서 시동을 걸어준다. 기존의 납축전지는 정전류, 정전압 등의 방법을 사용해주었다. 전기 자동차에는 리튬이온 전지가 적용되는데 리튬이온 전지의 충전 방식에는 정전력, 정전압, 정전력 방식에 더해 이들을 조합한 충전방식이 적용된다.

02 충전 방법

자동차 배터리 충전 시에는 차량을 고 rpm으로 유지하여 알터네이터에서 전류를 생성하여 충전하거나 차량용 배터리 충전기를 이용해 충전을 한다. 차량용 충전기를 이용한 충전 방법은 다음과 같다.

① 충전기의 전원이 꺼져 있는지 확인한다.
② 충전기의 충전전류 또는 전압 조정기가 최소 상태로 있는지 확인한다.
③ 충전기의 충전 케이블을 배터리의 극성과 서로 일치하도록 연결한다. 충전기의 (+) 연결선은 배터리의 (+) 단자에 연결하고 (−) 연결선은 (−) 단자에 연결한다.
④ 충전기의 전원을 켜고 충전기 설정 상태를 확인한다.
⑤ 충전기의 충전전류 또는 전압 조정기를 서서히 충전전류, 전압에 맞게 조정한다.
⑥ 충전이 완료되면 충전기의 설정을 원 상태로 조정한다.
⑦ 충전기의 전원을 OFF시키고 배터리의 단자에 연결된 연결선을 분리시킨다.

03 배터리 충전 방식(주로 납축전지에 적용됨)

(1) 초충전

축전지를 제조한 후 처음으로 사용할 때 전해액을 넣고 최초로 실시하는 충전으로 배터리를 처음 사용하기 전에 극판의 활성화를 시키기 위해 하는 충전이다. 전해액 주입 후 비교적 적은 전류로 장시간 통전하여 활물질을 충분히 활성화시켜야 한다.

(2) 보충전

자기 방전이나 사용 중 소비된 용량을 보충하기 위해 실시하는 충전으로 초충전 시충분한 충전이 되지 않았거나 전기 사용량이 과다할 때, 자동차 발전기의 동작이 불량하거나 자기 방전이 심할 경우 보충전을 해줘야 한다. 보충전의 종류로 정전류, 정전압, 정전력, 급속충전 등이 있다.

04 충전 방식별 상세 설명

(1) 정전류 충전(CC : Constant Current)

전류를 일정하게 설정하여 충전하는 방식으로 충전이 진행됨에 따라 배터리의 전압이 상승한다. 충전 초기에 충전 용량이 작아 극판의 손상이 적지만 충전 말기에 충전률이 높아 과충전의 우려가 있다. 따라서 배터리의 충전시간이나 충전전류에 대한 관리가 필요하다.

$$충전시간(H) = \frac{방전량(Ah)}{충전전류(A)} \times (1.2 \sim 1.5) \ 충전시간의 산출$$

(2) 정전압 충전(CV : Constant Voltage)

충전 시작부터 종료까지 일정한 전압으로 충전하는 방법으로 가스 발생이 거의 없고 충전 효율이 우수하다. 충전 초기에 전류값이 커져 극판의 손상이 쉬우나 충전 말기에는 배터리로 들어가는 전류가 점차 감소하여 충전률이 낮아져 과충전의 우려가 없다. 배터리의 과충전이 방지되어 충전시간이나 충전전류에 대한 관리 없이도 충전이 가능하다. 자동차 발전기에서의 충전법에 해당한다.

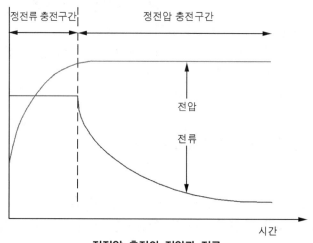

정전압 출전의 전압과 전류

충전 시작부터 종료까지 일정한 전력으로 충전하는 방식으로 충전 초기에는 전지 전압과 충전기와의 전위차가 크게 발생하여 높은 전류로 충전되다가 전지 전압이 상승함에 따라 점차 전위차가 작아져 충전전류가 낮아지게 된다. 충전이 진행 될수록 전지 전압이 상승하게 되고 결국 전지 과충전 보호 전압의 기준에 도달하면 BMS가 만충전이라고 판단하고 충전을 중단시키게 된다. 따라서 전지를 완전히 충전하지 못하는 경우가 발생한다. 초기 과전류에 의한 안전성에 대한 대책이 필요하다.

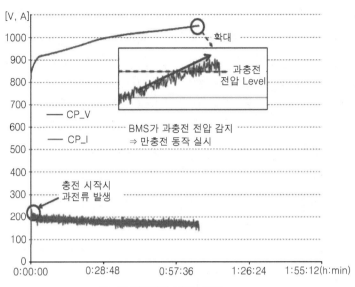

CP 방식에서의 전압, 전류

(4) 정전류-정전압 충전(CCCV : Constant Current Constant Voltage)

전지 만충전 감지 전압이 될 때까지는 정전류(CC : Constant Current)로 충전하고, 그 이후는 정전압(CV : Constant Voltage)으로 충전하는 방식이다. 충전 초기에는 전류를 일정하게 하여 충전하다가 충전 말기에는 전압을 일정하게 충전하는 방식으로 배터리 충전 시 발생되는 손상을 최소화하기 위해서 사용되는 충전법이다. CCCV 방식은 충전시간이 오래 걸리나 전지를 완전 충전이 가능하여 충전효율이 가장 높다. 충전시간은 CP 대비 약 1.4배 정도 된다.

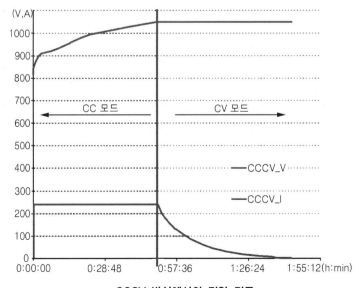

CCCV 방식에서의 전압 전류

(5) 정전력-정전압 충전(CPCV : Constant Current Constant Voltage)

충전 초기에 높은 전류로 충전하다가(CP 방식과 동일) 전지의 전압이 만충전 전압에 도달하게 되면 정전압 제어를 통해 전지의 전압 상승을 제한한다. SOC가 약 89% 정도에서 CV 모드로 전환되며 CCCV 방식 대비 충전 효율이 약 96% 수준이다. 충전 완료시까지 소요된 시간은 CP 방식 대비 약 1.3배 정도 소요된다.

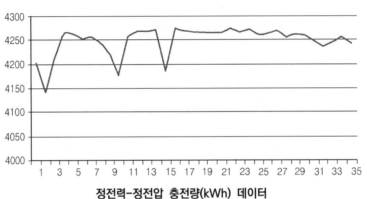

정전력-정전압 충전량(kWh) 데이터

기출문제 유형

✦ 자동차에 설치되는 휴대전화 무선 충전기의 충전 원리에 대하여 설명하시오.(116-1-1)

01 개요

(1) 배경

4차 산업혁명은 초연결성, 초지능성, 예측 가능성으로 요약된다. 사물 인터넷(IoT) 무인 운송수단, 로봇 공학, 센서 네트워크 등 4차 산업 혁명시대의 다양한 분야에서 무선 전력 전송 기술은 신에너지 공급기술로 주목 받고 있다. 무선 전력 전송(WPT : Wireless Power Transfer)은 전기 에너지를 다양한 방법을 통해 무선으로 전달하는 기술로 배터리 기반의 모든 전자기기에 응용이 가능하지만 아직은 시장 형성의 초기 단계에 머무르고 있어 국제 표준화가 진행되는 중이다.

무선 전력 전송 표준단체는 자기 유도 방식의 WPC(Wireless Power Consortium)와 자기 공명 방식과 자기 유도 방식을 병행하는 AFA(AirFuel Alliance), 파워매트의 기술을 기반으로 규격 개발을 진행하고 있는 PMA(Power Matters Alliance)등으로 구분된다.

(2) 차량용 무선 충전 시스템의 정의

차량에서 스마트 폰을 유선 케이블 없이 무선으로 충전할 수 있는 시스템

02 무선 충전의 원리

현재 무선 충전 기술은 자기 유도 방식, 자기 공명 방식, 전자기파 방식 등이 있다. 이 중에서 자동차에 설치되는 휴대전화 무선 충전기에는 자기 유도 방식이 사용되고 있다.

(1) 전자기 유도 현상

전류가 흐르는 도선 주위에 자기장이 만들어지는데 이와 반대로 자기장이 있는 곳에 도체가 있으면 전원이 연결되어 있지 않아도 도체에 전류가 흐르는 현상이 발생한다. 이 현상은 패러데이의 실험에 의해 증명되었는데 전류가 흐르지는 않는 코일 속에 자석을 넣다 뺐다 하면 코일이 전지와 연결되어 있지 않은 상태에서도 전류가 흐르게 된다. 이를 바탕으로 전자기 유도 법칙이 만들어졌다.

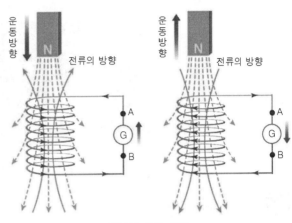

전자기 유도 현상

(2) 휴대폰 무선 충전 자기 유도 방식

스마트 폰과 무선 충전 시스템의 코일 사이에 전자기 유도 방식 등을 통하여 장착 위치에 놓여진 스마트 폰의 배터리를 충전한다. 휴대폰과 충전 패드에는 모두 코일이 내장되어 있다. 충전 코일에 교류 전류를 흘려 자기장을 형성시키면 휴대폰에 있는 코일에 자기력이 발생하여 유도 전류가 흐르게 되어 배터리에 충전이 된다.

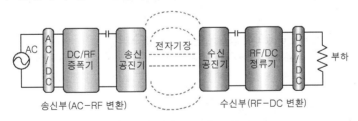

무선 충전 시스템의 기본 구성도

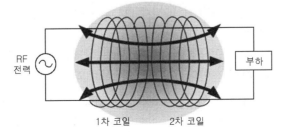

자기 유도의 원리

(3) 무선 충전 시스템의 주요 구성

① 클러스터 : 폰을 두고 내릴 경우 경보를 해준다.
② BCM(Body Control Module) : 폰을 두고 내릴 때를 판단하여 정보를 전송한다.
③ 무선 충전 모듈 : 패드, 인덕션 코일, 하우징 등으로 구성이 되어 있고 충전상태를 표시해 준다.

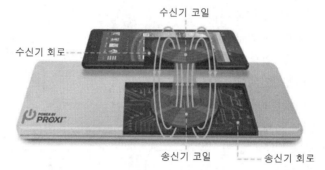

무선 충전 시스템의 구성

03 무선 충전의 원리

① 전력 전송 효율이 90% 이상으로 효율적이다.
② 전자파도 거의 발생하지 않아 인체에 무해하다.
③ 무선 충전을 위해 1차 코일의 자기장 범위 안에 2차 코일이 반드시 있어야 하고, 두 코일의 중심이 정확히 일치해야 충전이 이뤄지는 한계가 있다.

기출문제 유형

✦ 배터리 세이버(Battery Saver)의 기능을 설명하시오.(98-1-3)

---

01 개요

자동차 전기장치의 안정적인 사용은 배터리와 발전기의 성능에 의해 결정된다. 일반적으로 배터리의 성능이나 수명이 감소되는 원인으로는 배터리 노후로 인한 경우, 배터리 용량 이상으로 사용되는 경우가 있다.

보통 발전기에 의해 배터리 충전이 되지 않는 상태(시동은 끈 상태)에서의 전기장치의 사용에 따른 배터리 과방전이다. 운전자의 부주의에 의해 흔하게 발생되는 상황이 바로 미등을 켜 놓은 상태로 장시간 주차를 해 두는 경우이다. 특히, 어두운 새벽에 미등을 켠 상태에서 출발하여 목적지에 도착하면 환한 상태로 미등을 소등하지 않고 차량에서 내리는 경우에 배터리가 과방전이 될 수 있다.

02 배터리 세이버의 정의

차량 시동 OFF 시 미등이나 기타 장치로 인한 차량의 방전을 막는 시스템

03 배터리 세이버의 기능

차량의 시동 OFF 시에 미등이나 실내 등 1~10분 후 OFF

04 배터리 세이버 제어 방법

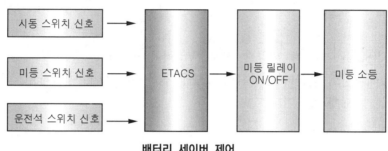

배터리 세이버 제어

(1) 배터리 세이버 기능 동작

ETACS(Electronic Time Alarm Control System)에서 시동 ON · OFF 신호, 미등 스위치 ON · OFF 신호, 운전석 도어 열림 · 닫힘 신호 감지를 파악하여 미등 릴레이 ON · OFF를 제어한다.

(2) 배터리 세이버 기능 해제

미등을 켜 놓은 상태로 주차 후 시동을 끈 다음 미등 스위치를 한번 OFF에서 ON하면 계속 켜진 상태를 유지한다.

기출문제 유형

✦ 태양전지의 구조와 발전 원리에 대해서 설명하시오.(86-3-3)

---

01 개요

(1) 배경

파리 기후협정에 따라, 한국 정부는 온실가스 배출량을 감축하기 위해 목표를 수립 · 시행 중이다. 저탄소 녹색성장 기본법 제9조에 따라 수립된 녹색성장 국가전략을 토대

로 신 기후 체제에 대해 중장기적으로 대비할 계획이다. 녹색성장의 정책 방향은 신·재생에너지 산업화 촉진 및 청정에너지 보급 확대의 내용을 포함하고 있다.

신·재생에너지는 신에너지와 재생에너지를 합쳐 부르는 말이다. 기존의 화석연료를 변환하여 이용하거나 햇빛, 물, 강수, 생물 유기체 등 재생 가능한 에너지를 변환하여 이용하는 에너지를 말한다. 재생에너지에는 태양광, 태양열, 바이오, 풍력, 수력 등이 있고 신에너지에는 연료 전지, 수소 에너지 등이 있다. 초기 투자 비용이 많이 든다는 단점이 있지만 화석에너지의 고갈과 환경 문제가 대두되면서 신재생에너지에 대한 관심이 높아지고 있다.

(2) 정의

태양전지(Solar cell)는 태양광 전지(PV : Photovoltaic cell)로 태양 광선의 빛에너지를 전기 에너지로 전환하는 장치로 햇빛을 받을 때 그 빛 에너지를 직접 전기 에너지로 변환하는 반도체 소자이다.

02 원리

반도체 접합으로 구성된 태양전지에 태양광이 조사되면 광전효과에 의해 기전력이 발생하고 발생된 전기를 축전지 또는 필요한 부하단에 연결하여 사용한다. 태양전지판에서 태양광을 흡수하고 흡수된 태양광은 결정질 실리콘 반도체 내에서 전자와 정공을 분리한다. 분리된 전자와 전하는 각각 앞면 전극과 뒷면 전극으로 이동하여 수집된다. 이렇게 수집된 전자와 전하들은 전위차를 일으키며, 축전지 및 인버터 등을 경유하여 전기 에너지를 필요로 하는 각종 전기기기에 사용된다.

생성되는 전류의 양은 햇빛의 강도와 시간, 태양전지판의 면적에 비례한다. 10cm²에 빛을 받으면 0.6V의 전압이 발생되고 1매당 최대 1.5W의 전력이 생성된다.

– 음극 : 규소-인, 양극 : 규소-붕소

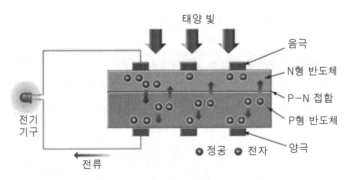

태양전지의 구조 및 원리

03 태양전지의 구성

① **셀** : 태양전지의 기본 단위이며 P형 반도체와 N형 반도체가 접합된 구조로, P형 반도체와 N형 반도체 표면에 전극을 달아 놓은 것이다.

② **모듈** : 여러 셀을 연결하고 유리와 프레임으로 보호한 것으로, 필요한 전력을 얻을 수 있는 최소 단위이다.

③ **어레이** : 여러 개의 모듈을 직렬 및 병렬로 연결하여 조립한 패널로, 태양광 발전기를 구성한다.

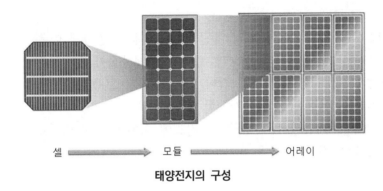

셀 ➡ 모듈 ➡ 어레이

태양전지의 구성

04 태양전지의 종류

(1) 실리콘 태양전지(1세대)

① 실리콘(Si, 규소)을 반도체의 주재료로 사용한 태양전지로, 가장 널리 이용된다.

② 결정질 실리콘 태양전지에는 단결정과 다결정 질이 있다. 단결정 실리콘은 순수 실리콘을 하나의 큰 결정으로 만들어서 효율은 높지만(20% 이상), 가격이 비싸 대량생산의 문제가 있다. 다결정 실리콘은 여러 개의 실리콘 결정으로 기판(웨이퍼)을 만들기 때문에 단결정 실리콘보다 생산단가가 저렴하지만, 효율은 낮다 (15~17%).

(2) 박막형 태양전지(2세대)

실리콘이나 그 외에 반도체적 특성을 갖는 화합물을 유리나 금속판과 같은 저렴한 기판(웨이퍼) 위에 살포시 얹어 만든 것이다. 실리콘 사용량이 적기 때문에 저렴하지만 그만큼 에너지 변환 효율이 떨어진다. 하지만 결정 실리콘 태양전지의 두께는 $200 \sim 300 \mu m$ ($10^{-6}6m$)인데 비해 박막형 실리콘 태양전지의 두께는 $0.3 \sim 2 \mu m$로서 상당히 얇게 제작할 수 있다.

(3) 염료 감응 태양전지(3세대)

산화타이타늄(TiO_2)에 색소를 입힌 태양전지이다. 산화타이타늄(TiO_2)이란 반도체 중 하나로써 전자가 이동하는 통로를 제공한다. 빛이 색소 분자를 때렸을 때 색소 분자의 전자가 산화타이타늄으로 전이되어 전류가 흐르게 된다. 색소 분자의 색에 따라 다양한 색을 낼 수 있는 특징을 갖고 있다.

05 태양전지의 종류

(1) 장점

① **자원의 무한정성** : 재생 에너지 자원인 태양빛을 무한하게 이용할 수 있다.
② **청정성** : 발전 과정에서 환경오염 배출물, 유해물질이 발생하지 않는다.
③ **다양성** : 전자계산기의 전원과 같이 작은 것부터 100kW 이상의 발전 시스템에 이르기까지 모두 태양전지를 사용할 수 있다.
④ **설치 자유성** : 태양전지는 사용하는 장소에 설치를 하여 발전할 수 있다.
⑤ **유지 보수성** : 유지 보수가 용이하고 비용이 거의 들지 않는다.

(2) 단점

① **시간적 제약** : 햇빛이 있는 낮에만 발전이 가능하다.
② **공간적 제약** : 음영이 지는 곳이나 비, 눈이 많이 오는 곳에서는 발전 효율이 떨어진다.
③ **에너지 밀도가 낮아 큰 설치 면적 필요** : 효율이 계속 상승하고 있으나 많은 면적이 필요하다.
④ **비싼 설치비용** : 최근 설치비용이 많이 떨어져 보조금 없이도 설치가 가능하지만 일반인들이 쉽게 설치하기에는 고가의 제품이다.

02 전동기

기출문제 유형

✦ 전기 자동차용 모터와 산업용 모터의 특성을 항목별로 구분하여 비교 설명하시오.(111-1-7)

01 개요

모터는 전기 에너지를 기계 에너지로 변환하는 장치로 산업기계로부터 일상적으로 사용하고 있는 가전품이나 자동차 등에 많이 사용되고 있다. 산업용 모터는 자동화기기, 공작기계, 로봇, 스테이지, 반도체 장비 등에 사용되고 있다. 주로 서보 모터가 이용되고 있으며 횡자속형 모터, 리니어 모터 등이 연구, 개발되고 있다. 전기 자동차용 모터는 차량을 구동시키기 위한 구동 모터로 주로 유도 모터, PM(Permanent Magnet) 모터, SR(Switched Reluctance) 모터가 사용되고 있다.

02 산업용 모터(서보 모터)

(1) 정의

서보(Servo) 전동기는 전동기 축의 속도, 위치, 방향 등을 피드백(feedback)방식으로 제어하여 목표치에 추종하게 하는 전동기를 의미한다. 특히 정밀 자동제어 분야에서 광범위하게 사용되고 있으며 정밀한 제어성능을 가지고 위치와 속도제어를 주목적으로 고안된 전동기 시스템이다.

(2) 특징

① 클로즈 루프 제어(비례-적분-미분 제어기, PID : Proportional-Integral-Differential controller)
② 광범위한 속도 제어 범위로 안정적 제어가 가능하다.
③ 응답성이 높으며 기동 토크 크다
④ 탈조(로터가 공급 전류를 따라가지 못할 때 회전하지 않고 구동 음만 발생하는 경우) 현상의 발생을 방지할 수 있다.

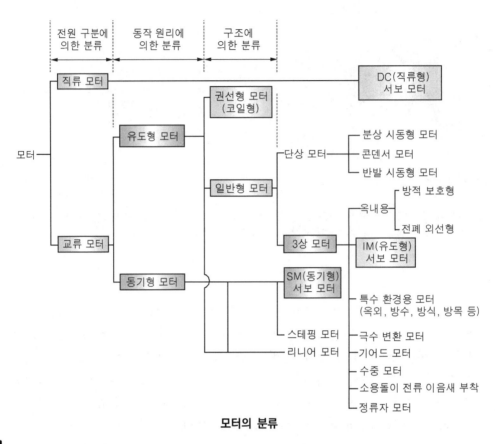

모터의 분류

03 전기 자동차용 모터

(1) 정의

전기 자동차의 배터리를 전원으로 하여 차량을 구동시키는 모터이다.

(2) 종류

유도 모터, PM(Permanent Magnet) 모터가 주로 사용되고 있으며 SR(Switched Reluctance) 모터가 연구되고 있다.

(3) 영구자석 모터 특징

① 자력이 강한 영구자석, 회전 센서의 이용으로 회전자와 회전자계를 정확히 동기화 시켜 제어성이 좋으며 효율과 출력이 높다.
② 소형 경량화에 적합하다.
③ 회전자에 영구자석이 직접 부착되어야 하므로 접착제로 인한 내환경성이 나쁘다.
④ 고 rpm으로 제작되기 불리하다.
⑤ 영구자석의 자력 감소에 대한 신뢰성 확보 및 제조비가 상승된다.

04 항목별 특성 비교

(1) 사용 부하 범위 특성

전기 자동차용 모터는 사용하는 부하 범위가 산업용 모터보다 넓고 구동 패턴이 다양하다. 다양한 교통상황과 노면 상황에 대해 구동이 되고 운전자에 따라 조작의 편차가 크다. 산업용 모터는 일정한 패턴, 장소에서 사용이 가능하며 정밀 제어가 가능하다.

(2) 전원 공급 특성

산업용 모터의 전원은 고정된 장소에서 안정적으로 공급받을 수 있기 때문에 안전성이 높다. 전기 자동차용 모터는 차량에 탑재된 에너지 스토리지로부터 전력이 공급되기 때문에 안전성이 높지 않아 전원 전압의 변동에 대한 고려가 필요하다. 보통 전류, 충전 상태, 온도, 습도 등 환경 요인에 따라 전압이 달라진다.

(3) 소음 진동 특성

전기 자동차용 모터는 동력전달 계통의 강성이 산업용보다 약하고 사용자에게 보다 밀접하게 구성이 되어 있기 때문에 구

기출문제 유형

✦ 전기 자동차에 적용되는 모터의 종류 중 직류 모터, 영구자석 모터 및 유도 모터의 특성에 대하여 설명하시오.(108-3-2)

✦ 전기 자동차의 장·단점과 직류 모터와 교류 모터에 대하여 설명하시오.(120-2-2)

---

01 개요

(1) 배경

전기 자동차는 엔진 대신 전기 모터를 이용하여 구동력을 발생시킨다. 따라서 토크, 출력 특성이 충분히 높아야 하고 제어성이 좋아야 한다. 모터의 종류는 크게 직류, 교류, 특수 모터로 나눌 수 있으며, 전기 자동차에는 주로 직류 모터, 영구자석 모터, 유도 모터 등이 사용되고 있다.

(2) 모터의 정의

모터는 자기장 안에 있는 도체에 전류가 흐를 때 발생하는 힘을 이용하여 전기 에너지를 기계적인 힘으로 바꾸는 장치이다.

(3) 모터의 분류

① 용도에 따른 분류 : 일반 전동기, 서보(Servo) 전동기
② 전원에 따른 분류 : 직류 모터, 교류 모터, 특수 모터

직류 모터는 브러시, 브러시리스 모터로 구분되고 영구자석 모터, 유도 모터는 교류 모터에 속하며 유도 모터는 단상, 삼상형이 있고 영구자석형 모터는 동기 모터에 속한다. 전기 자동차용 모터는 영구자석형, 릴럭턴스형이 주로 사용되고 있다.

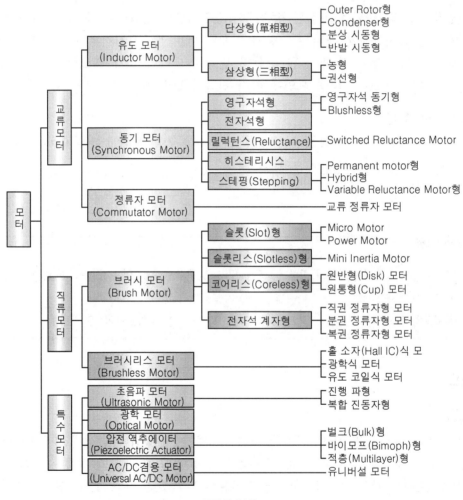

모터의 분류

02 모터 종류별 특성

(1) 직류 모터

1) 정의

직류 모터는 자기장 속에서 직류 전원을 인가한 도체가 받는 전자기적인 힘을 이용하여 전기 에너지를 기계적인 일로 변환하는 장치이다.

직류·교류 모터의 분류

직류 전동기	직류 타여자 전동기	
	직류 자여자 전동기	분권 전동기
		직권 전동기
		복권 전동기
교류 전동기	유도전동기	단상 유도 전동기
		3상 유도 전동기
	동기 전동기	
	정류자 전동기	

2) 원리

전류가 흐르는 도체에 자기장이 형성되면 도체는 플레밍의 왼손 법칙에 의해 힘을 받게 된다. 자기장의 방향은 N극에서 S극으로 형성되며, 왼손의 검지손가락이 가리키는 방향이 된다. 전류가 흐르는 방향은 왼손의 중지 방향이 되며, 이때 힘은 엄지손가락 방향으로 형성된다.

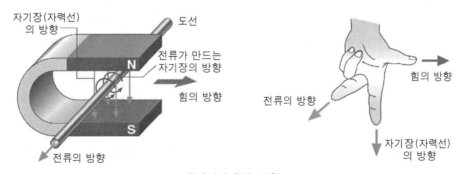

플레밍의 왼손 법칙

따라서 그림에서 N극에 가까운 도선은 아래 방향으로 힘을 받게 되고, S극에 가까운 도선에는 윗방향으로 힘을 받게 된다. 교류가 인가될 경우 자연적으로 극성이 바뀌어서 도체가 회전하게 되지만 직류가 인가될 경우에는 도체가 90°(지면과 수직)가 되는 순간 극성이 바뀌어야 계속 힘이 인가될 수 있다. 이를 위해 도체는 반으로 나뉘어진 정류자에 연결되어 있으며 도체가 회전함에 따라 직류의 입출력이 변경된다. 따라서 도선은 회전하게 된다. 시동기는 이러한 원리를 이용해서 전기를 인가하여 회전력을 발생시킨다.

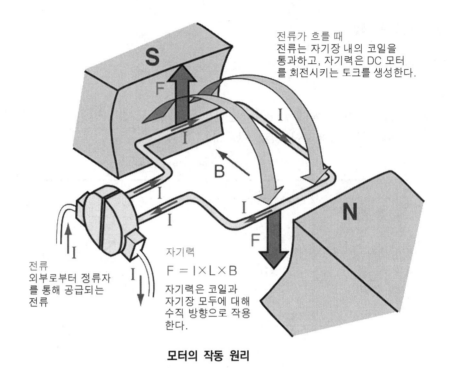

전류가 흐를 때
전류는 자기장 내의 코일을 통과하고, 자기력은 DC 모터를 회전시키는 토크를 생성한다.

자기력
$$F = I \times L \times B$$
자기력은 코일과 자기장 모두에 대해 수직 방향으로 작용한다.

전류
외부로부터 정류자를 통해 공급되는 전류

모터의 작동 원리

3) 특성
① 구조가 간단하고 효율 높으며 가격이 저렴하다.
② 시동 토크가 커서 발진 성능이 양호하다(시동 모터로 사용됨).
③ 동작 원리가 간단하고 간단한 제어장치로 변속 가능하다.
④ 브러시와 정류자의 마찰로 발열 현상이 발생하여 고속 회전에 부적합하다. 마모에 따른 주기적 교환이 필요하다(브러시 타입일 경우).

(2) 교류 유도 모터

1) 정의
교류 전원을 동력원으로 사용하는 모터로 자기장 속에서 교류 전원을 인가한 도체가 받는 전자기적인 힘을 이용하여 전기 에너지를 기계적인 일로 변환하는 장치이다.

2) 원리
회전 가능한 도체 원판(아라고의 원판) 위에서 자석의 N극을 시계 방향으로 회전시키면 플레밍의 오른손 법칙에 따라 원판의 중심으로 기전력이 유도된다. 이 기전력은 원판의 중앙으로 흐르는 맴돌이 전류를 만들고 이 맴돌이 전류는 자기장과 함께 플레밍의 왼손법칙에 의해 원판을 시계 방향으로 회전시킨다. 따라서 자석의 방향과 같이 원판이 돌아가게 된다(발명자 아라고의 이름을 따서 아라고의 원판이라고 한다).

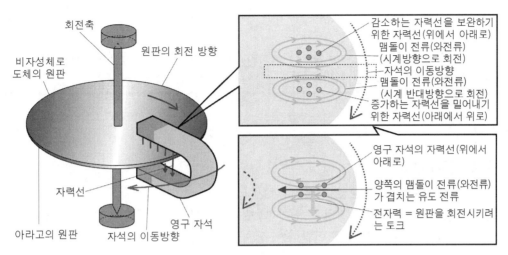

아라고 원판의 회전원리

3) 특성

① 직류 전동기에 비해 소형이고 견고하고 유지 보수비용이 상대적으로 적다. 같은 전력과 정격 속도에서 직류 전동기보다 저렴하다.

② 최고 효율이 높고 브러시가 없어 회전수를 높일 수 있다.

③ 비선형 요소가 많아 정밀한 제어가 어렵다.

(3) 영구자석 모터

1) 정의

회전자에 있는 영구자석을 이용하여 회전자의 회전각을 계자 자계와 동기화시킨 모터이다.

2) 원리

유도 모터의 원리와 동일하다. 회전자에 영구자석을 넣어주어 동기화를 시켜서 슬립을 저감시켰다. 회전자 표면에 영구자석을 붙인 표면 자석형 동기 모터(SPMM ; Surface Permanent Magnet Motor)와 회전자 안에 영구자석을 내장시킨 매입 자석형 동기 모터(IPMM ; Interior Permanent Magnet Motor)의 두 종류가 있다.

3) 특성

① 자력이 강한 영구자석을 사용하고 회전 센서를 이용해 회전자와 회전자계를 정확히 동기화시켜 효율이 높고 출력이 높은 정밀한 제어가 가능하다. 소형 경량화에 적합하다. 소음이 적다.

② 회전자에 영구자석이 직접 부착되어야 하므로 접착제로 인한 내환경성이 나쁘고 고속 rpm으로 제작되기 불리하다. 영구자석의 자력 감소에 대한 신뢰성 확보가 필요하다. 센서를 사용해서 구조가 복잡하며 정비성이 저하되고 제조비용이 높아진다.

기출문제 유형

✦ 전기 자동차 교류 전동기 중 유도 모터, PM(Permanent Magnet) 모터, SR(Switched Reluctance) 모터의 특징을 각각 설명하시오.(105-4-1)

01 개요

(1) 교류 전동기 정의

① 교류 전원을 동력원으로 사용하는 모터
② 자기장 속에서 교류 전원을 인가한 도체가 받는 전자기적인 힘을 이용하여 전기 에너지를 기계적인 일로 변환하는 장치

(2) 교류 전동기 종류

유도 모터(단상, 삼상), 동기 모터(영구자석, 전자석, 릴럭턴스, 히스테리시스)

02 교류 전동기의 종류별 원리

(1) 유도 모터의 원리

회전 가능한 도체 원판(아라고의 원판) 위에서 자석의 N극을 시계 방향으로 회전시키면 플레밍의 오른손 법칙에 따라 원판의 중심으로 기전력이 유도된다. 이 기전력은 원판의 중앙으로 흐르는 맴돌이 전류를 만들고 이 맴돌이 전류는 자기장과 함께 플레밍의 왼손법칙에 의해 원판을 시계 방향으로 회전시킨다. 따라서 자석의 방향과 같이 원판이 돌아가게 된다(발명자 아라고의 이름을 따서 아라고의 원판이라고 한다).

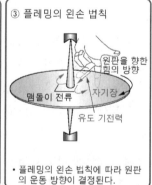

모터의 회전 원리

(2) 동기 모터의 원리

① 동기 모터는 유도 모터의 원리와 동일하지만 회전자에 여자된 코일이나 영구자석이 있어서 동기화가 가능하다.

② PM(Permanent Magnetic) 모터는 여자된 코일이나 영구자석을 이용하여 동기화를 시킨다.

③ SR(Switched Reluctance) 모터는 자기 회로 저항을 이용하여 동기화를 시키기 때문에 영구자석이나 코일과 같은 여자 장치 없이 간단한 구조로도 동기화가 가능하다.

03 교류 전동기의 종류별 특징

(1) 유도 모터

① 직류 전동기에 비해 소형, 경량이 가능하다.

② 최고 효율이 높고 브러시가 없어 회전수를 높일 수 있다.

(2) PM 모터

① 자력이 강한 영구자석을 사용하고 회전 센서를 이용해 회전자와 회전자계를 정확히 동기화시킬 수 있어 효율이 높다.

② 높은 출력이 가능하며 제어성이 좋아서 소형 경량화에 적합하다.

③ 회전자에 영구자석이 직접 부착되어야 하므로 접착제로 인한 내환경성이 나쁘고 고속 rpm으로 제작되기 불리하며 제조비가 상승된다.

④ 영구자석의 자력 감소에 대한 신뢰성 확보가 필요하다.

(3) SR 모터

① 정체 중인 언덕길 등에서 유도 전동기는 회전자의 발열이 문제가 되나 스위치드 릴럭턴스 전동기는 회전자에서 발열은 적고, 대부분의 열이 고정자에서 발생하므로 외부 방출과 냉각이 상대적으로 용이하다.

② 높은 속도 범위에서 운전이 가능하고 단위 면적당 높은 토크가 발생되어 견인용 전동기나 고속 구동에 유리하다.

③ 스위칭에 따른 구동으로 인한 진동 소음이 발생한다.

④ 회전자 위치별 인덕턴스의 비선형에 따른 토크 리플이 타전동기에 비해 크게 발생한다.

⑤ 회전자에 자계가 발생하지 않아 회생제동이 어렵다.

⑥ 기계적으로 견고하고 고속 운전에 유리하여 전기 자동차용으로 많이 검토되고 있으나 출력의 밀도, 효율, 토크 리플 등의 문제가 있어 개선 연구가 진행 중이다. 전기 자동차 인휠용 스위치드 릴럭턴스 전동기도 개발 중이다.

** **토크 리플**: 토크의 최소, 최대값이 차이가 나는 것으로 구동력이 균일하지 못하게 된다.*

✦ 삼상 유도 전동기를 설명하시오.(41회)

01 개요

(1) 배경

모터는 사용하는 전원에 따라 교류(AC) 모터와 직류(DC) 모터로 나뉜다. 교류 전동기는 다시 3상 교류용과 단상 교류용으로 구분된다. 3상 교류용은 1kW 정도 이상부터 수천 kW, 10,000kW를 넘는 대형기에도 적용되고 있으며, 단상은 수백 kW 이하의 소형기에만 채용되고 특성상 기동 토크를 발생하지 못한다. 이러한 단점을 극복하기 위해 3상 유도 전동기가 개발되었다.

(2) 정의

고정자에 삼상의 교류 전압을 가하여 회전자에 전류를 유도시켜 회전력을 발생시키는 교류 전동기

02 구성 및 제어 원리

① 회전자에 3상 교류를 가하여 제어한다. 서로 다른 위상을 가지는 3개의 교류가 코일을 순차적으로 전자석을 만들어주면 회전자는 계자의 자기장에 의해 회전동력을 얻는다.

② 철심에 코일을 감아 120도 각도로 배치한다. 3상 전압이 높은 쪽의 코일에 N극이 발생되고 낮은 쪽에 S극이 발생된다. 각각의 상은 정현파 상태로 변화하므로, 각 코일에서 발생하는 극(N극, S극)과 그 자계(자력)가 변화된다.

③ N극은 U → V → W → U상 코일의 순서로 돌아가게 되어 회전자는 회전되게 된다.

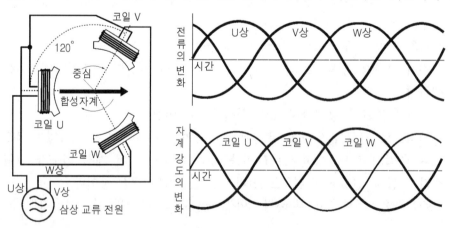

전류의 변화와 자계 강도의 변화

03 제어 방법

유도 모터는 인버터를 통해서 제어한다. 인버터는 전기적으로 DC(직류) 성분을 AC (교류) 성분으로 변환하는 장치로 AC Drive, VFD(Variable Frequency Drive), VVVF(Variable Voltage Variable Frequency), VSD(Variable Speed Drive)라고도 불린다. 인버터를 사용하여 전원의 주파수를 바꿔서 제어한다.

04 특성

① 단상 유도 전동기에 비해 기동 및 정격 토크가 높다. 기동 시 자체 회전이 가능하다.
② 구조가 간단하고 견고하기 때문에 고장이 적고 수리가 용이하다.
③ 가격이 저렴하다.
④ 속도 제어를 위해 인버터를 사용해야 한다.

기출문제 유형

✦ BLDC 모터(Brushless DC Motor)를 정의하고, 구조 및 장단점을 설명하시오.(111-2-6)

01 개요

(1) 배경

모터는 사용하는 전원에 따라 교류(AC) 모터와 직류(DC) 모터로 나뉜다. AC 모터는 수명이 길고 구동력이 강하다. 선풍기 등 가전에 적합하나 제어성이 없어서 지정한 위치만큼만 움직여야 하는 정밀한 제품에는 사용하기 어렵다. DC 모터는 이와 반대로 제어성은 있지만 브러시의 마찰이 있어 수명이 짧다. 브러시와 정류자가 직접 접촉하여 회전하는 방식으로 마찰열이 발생하고 브러시가 마모되어 수명이 짧아진다. BLDC 모터는 이러한 단점을 극복하기 위해 개발되었다.

(2) BLDC(Blushless Direct Current) 모터의 정의

BLDC 모터는 직류 전원을 사용하는 전동기의 일종으로 브러시와 정류자의 기계적인 마찰을 없앤 전동기이다.

02 BLDC 모터의 원리

정류자와 브러시의 직접 접촉을 없애고 고정자로 구성된 계자 코일에 직류 전원을 순차적으로 인가하여 영구자석으로 구성된 회전자가 회전하게 한다. 반도체 소자(트랜지스터)를 이용하여 직류 전압을 제어하여 고정자인 코일부에 인가하여 영구자석 부를 회전시켜 동력을 얻는다.

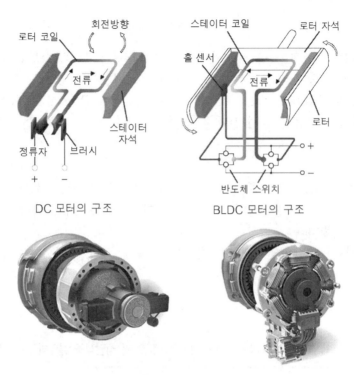

DC 모터의 구조   BLDC 모터의 구조

DC 브러시 모터와 BLDC 모터의 구조

03 구성

전기자(스테이터), 회전자(영구자석), 홀 센서, 전원 공급부로 구성되어 있다.

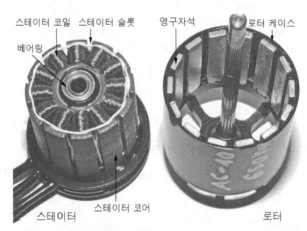

스테이터와 로터(회전자)의 구조

(1) 전기자(스테이터)

전기가 입력되면 전기자에 순차적으로 전자석으로 만들어주어 영구자석의 연속적인 회전이 되도록 한다. 이를 위해 보통 세 쌍, 여섯 개 이상의 전기자 코일, 철극이 필요하다.

(2) 회전부(영구자석)

영구자석으로 구성되어 있으며 고정자(전기자)가 자화됨에 따라 회전하는 부품이다. 외전형(외부측 회전), 내전형(내부측 회전)이 있다.

(3) 인버터부(전원 공급부, 제어부)

전원을 공급해 주며 회전속도를 제어해 주는 역할을 한다. 여섯 개의 트랜지스터로 구성되어 트랜지스터의 ON·OFF 순서에 따라 U, V, W의 극성이 달라져서 코일 철극의 N, S극이 달라진다.

(4) 홀 센서부

HALL IC에서 출력되는 전압을 검출하여 모터의 속도를 검출한다.

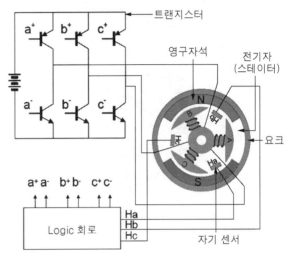

BLDC 모터의 제어

04 BLDC 모터의 종류

(1) 내전형

스테이터(전기자)는 케이스에 부착되어 있고 회전자(영구자석)는 내부 샤프트에 부착되어 있는 형식으로 외부 케이스는 회전하지 않고 내부의 영구자석이 회전하는 방식이다. 외경이 작아져 관성 모멘트를 작게 할 수 있어 속도를 빠르게 제어 할 수 있지만 스테이터(계자) 자석의 기계적 강도나 회전체와 영구자석의 접착 강도의 한계로 고속 회전이 제한된다.

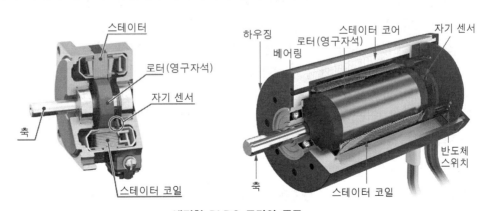

내전형 BLDC 모터의 구조

(2) 외전형

스테이터(전기자)는 내부에 배치되어 있고 회전자(영구자석)가 외부에 위치한 형태로 외부 케이스와 샤프트가 연결되어 있는 방식이다. 외경이 커서 관성 모멘트가 크고 속도 응답성이 떨어져 속도 변환용으로 적합하지 않으나 회전체의 내부에 자석을 부착할 수 있어서 고속회전이 가능하다.

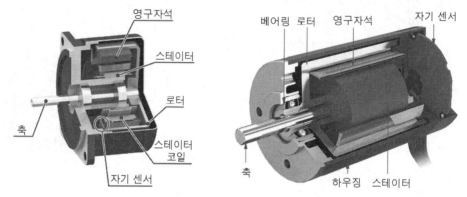

외전형 BLDC 모터의 구조

05 BLDC 모터의 장단점

(1) 장점

① **고 신뢰성, 내구성** : 일반 DC 모터의 최대 단점인 브러시와 정류자가 없기 때문에 정기적인 교환, 보수가 필요 없다.

② **제어성 우수** : 계자가 영구자석이므로 DC 모터와 유사한 속도 및 토크의 제어가 가능하며 고속 운전이 가능하다.

③ **안전성·고 효율성** : 일반 DC 모터에 비하여 브러시 전압 강하나 마찰 손실이 없어서 전기적(접촉부 불꽃 발생), 자기적 잡음이나 기계적 소음이 거의 없다. 일반 DC 모터 대비 30% 높은 효율을 갖고 있다.

④ **소형화·박형화 용이** : 브러시, 정류자가 없으므로 소형화 가능, 코어리스 및 평면 대향형 구성 시 박형화가 가능하다.

⑤ **최대 토크, 정격 토크비** : 정류 한계가 없어서 순간 허용 최대 토크를 크게 할 수 있다.

⑥ **냉각성 용이** : 일반 DC 모터에서는 회전자 측에서 열이 많이 발생하여 발열에 대한 대응이 미비하지만 BLDC 모터에서는 고정자에서 열이 발생하므로 방열이 용이하다.

(2) 단점

① **고비용** : 영구자석 위치 검출용 홀 센서(자기 센서)가 필요하다. 전류 제어를 위한 인버터부, 트랜지스터 소자 필요하다.

② **구조, 제조 공법 복잡** : 유도기(교류 전동기)에 비해 제조 공법이 복잡하다.

✦ 차량의 전자제어 시스템에 사용되는 스테핑 모터(Stepping Motor)(86-1-4)

01 개요

(1) 배경

모터는 운동 방식과 형태에 따라 스테핑 모터, 브러시 없는 직류(BLDC) 모터, 리니어 모터, 기어드 모터, 진동 모터, 초음파 모터, 인덕션 모터 등이 있다. AC 모터나 BLDC 모터는 구조가 간단하고 사용하기 편리하지만 정밀한 제어가 어렵고 서보 모터는 엔코더 등에 의한 피드백 시스템이 있어야 하므로 구조가 복잡하고 응답성이 떨어진다. 스테핑 모터는 이러한 단점들을 개선한 모터로 한 번 회전할 때 정확한 각도만큼만 회전해 정밀한 제어가 가능한 모터다.

(2) 정의

교류 모터의 일종으로 디지털 펄스를 기계식 운동, 축 회전(mechanical shaft rotation)으로 전환하는 브러시 없는 동기식 전기 모터이다.

02 제어 방법

스테핑 모터의 구동 방법은 그 권선 코일에 어떤 형태로 전류를 흐르게 하는가에 따라 구별된다. 이것은 모터의 종류에 따라서도 달라진다. 아래의 그림은 가장 많이 사용되고 있는 PM(Permanent Magnet)형 4상 모터의 권선 구조이다. 스텝각은 90°이지만 각도가 작은 모터에서도 기본적인 구조나 작동 방식은 같다. 각각 고정자(스테이터)의 이빨에 코일이 두 가닥씩 감겨져 있다. 이 모터의 코일에 전류를 어떻게 흘리는 가에 따라 구동(상여자) 방법이 달라진다. 일반적으로 유니폴러 구동과 바이폴러 구동으로 구별할 수 있다.

유니폴러 방식은 권선에 전류를 한쪽 방향으로만 흘리는 방식으로 큰 토크가 나오지 않지만 탈조 현상이 잘 생기지 않고 고속 회전이 가능하다. 바이폴러 방식은 권선에 흐르는 전류의 방향을 바꿔서 모터를 구동하는 방식으로 회로의 구성이 복잡하지만 저속에서 토크 성능이 좋고 유니폴러 방식에 비해 높은 정밀도를 가진다. 유니폴러 구동에 비해 2배의 트랜지스터가 필요하다.

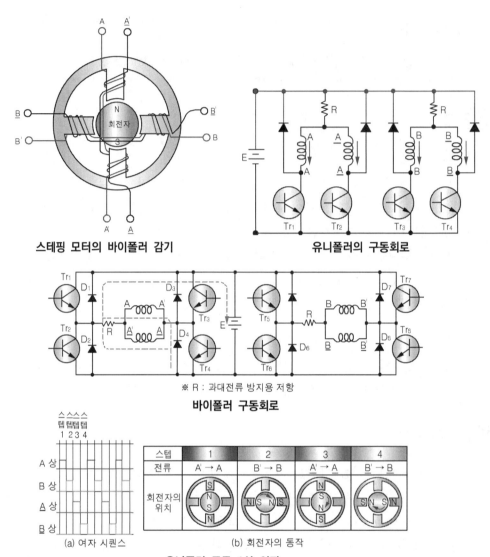

스테핑 모터의 바이폴러 감기

유니폴러의 구동회로

※ R : 과대전류 방지용 저항

바이폴러 구동회로

유니폴러 구동 1상 여자

위 그림은 4상 모터의 1상 여자 동작 상태를 나타낸 것이다. 스텝 1에서 Tr₁이 ON 되고 A'→A로 전류가 흐른다. 코일의 전류에 따라 고정자는 N, S극으로 여자되고 회전자는 돌아가게 된다. 스텝 2가 되면 ON 되어 있던 Tr₁이 OFF되고 Tr₃이 ON 된다. B'→B로 전류가 흐르고 12시의 S극이 3시 위치로 교체된다. 따라서 회전자도 시계 방향으로 90° 회전하게 된다.

스텝 3에서도 여자가 되면 6시 방향이 S극이 되어 회전자는 돌아가게 된다. 스텝 4 까지 여자를 반복함으로써 모터를 90°씩 진행시킬 수 있다. 고정자의 극수를 늘리거나 1상 여자를 2상 여자로 바꿈으로써 보다 정밀하게 제어를 할 수 있게 된다. 스테핑 모터의 회전속도는 펄스 신호의 주파수(=펄스 속도)에 비례한다. 주파수가 빠르면 빠르게, 느리면 느리게 회전한다.

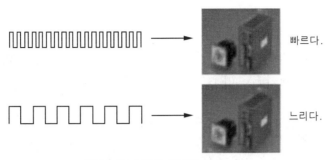

주파수와 스테핑 모터의 회전속도

참고 **스테핑 모터 여자 방식의 종류**

① **1상 여자 방식 구동**

항상 하나의 상에만 전류를 흐르게 하는 방식, 모터의 온도 상승이 낮고 전원이 낮아도 된다. 출력 토크는 크지만 스텝 시 감쇠 진동이 큰 난조를 일으키기 쉽다.

② **2상 여자 방식 구동**

항상 2개의 상에 직류를 흐르게 하는 방식, 난조가 일어나기 어렵다. 상 전환 시에도 1상은 여자 되어 있으므로 제동 효과가 있다. 모터의 온도 상승이 있고 소요 전원 용량이 커진다.

③ **1-2상 여자 방식 구동**

하나의 상과 2개의 상을 교대로 흐르게 하는 방식, 1상, 2상 여자 방식의 특징을 가지며 스텝각 이 1, 2상에 비해 1/2이 된다.

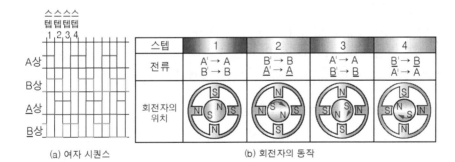

유니폴러 구동 2상 여자

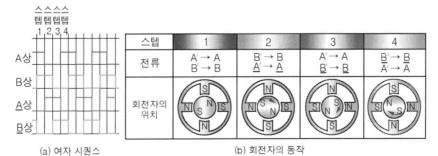

유니폴러 구동 1-2상 여자

03 스테핑 모터의 종류

스텝 모터의 종류로는 영구자석 영구자석(Permanent-Magnet, PM) 방식과 가변 릴럭턴스(Variable Reluctance, VR) 그리고 하이브리드(Hybrid Type, HB) 방식이 있다.

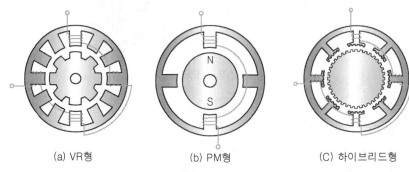

(a) VR형   (b) PM형   (C) 하이브리드형

스테핑 모터의 종류

(1) 가변 릴럭턴스(Variable Reluctance, VR) 방식

톱니 바퀴의 회전자는 연강으로 만들어져 있다. 고정자 권선에서 전류가 흐르면 자기장이 발생하게 되는데 회전자는 자기 저항이 최소가 되도록 스스로를 회전시킨다. 전류가 흐르는 권선이 바뀌면 회전자는 자기 저항이 최소화되는 위치로 회전한다. 영구자석이 쓰이지 않아 모터의 권선을 모두 오픈한 상태에서 회전축을 손으로 돌려도 걸리는 느낌이 생기지 않는다.

가변 릴럭턴스 스테핑 모터와 영구자석 방식 스테핑 모터의 가장 근본적인 차이점은 바로 이 잔류 토크이다. 영구자석의 회전자가 없기 때문에 일정한 위치에서 작동을 멈출 때 회전자를 유지하기 위한 잔류 토크가 발생하지 않는 것이다.

(2) 영구자석(Permanent-Magnet, PM) 방식

회전자로 영구자석을 사용하고 고정자 권선에서 만들어지는 전자력으로 당겨 붙어서 회전한다. 이 PM형은 영구자석을 사용하고 있기 때문에 무여자 시에도 유지 토크가 있다는 점이 큰 특징이다. 영구자석의 종류에 따라 스텝 각이 분류되어 있으며. 스텝 각도가 큰 90도, 45도 등의 모터에는 알니코계의 자석을, 18도, 15도, 11.25도, 7.5도 등의 모터에는 페라이트계 자석이 사용된다.

(3) 하이브리드(Hybrid Type, HB) 방식

PM형과 VR형을 복합한 타입인데, 회전자의 바깥쪽에 이빨이 만들어져 있다. 또 회전자에는 축 방향으로 자화된 영구자석이 끼워져 있으며, 그 바깥쪽에 이빨이 있는 2개의 철심으로 구성되어 있다. 하이브리드형은 고정밀도, 고토크, 저속의 용도에 많이 사용되고 있다.

04 특징

① 각도 제어 및 속도 제어가 간단하다. 위치 결정이 쉽다. 피드백이 필요 없으며 제어계가 단순하다.

② 디지털 신호로 제어하므로 마이크로 컴퓨터 등으로 정밀한 제어가 가능하다. 기동, 정지, 정, 역회전, 변속이 용이하며 응답성이 우수하다.

③ 모터 축에 직결함으로써 초저속 동기 회전이 가능하다.

④ 관성 부하에 약하고 큰 부하 및 고속 운전 시 탈조 현상이 발생한다.

⑤ 특정 주파수(200Hz)에서 공진과 진동 현상이 발생될 수 있다.

⑤ 권선의 인덕턴스 영향으로 Pulse비가 상승함에 따라 Toque의 저하로 인한 효율이 저하된다.

기출문제 유형

✦ 전기 자동차 구동모터에서 페라이트(Ferrite) 자석을 사용하는 모터에 비하여, 희토류(Rare Earth) 자석을 사용하는 구동 모터의 특징을 설명하시오.(104-4-6)

---

01 개요

자동차에는 영구자석을 응용한 기기가 많이 사용되고 있다. 자동차 1대당 50~60개, 고급차에서는 100개 이상 사용된다. 그 과반수가 모터로 종래에는 페라이트 자석이 많이 사용되고 있으나 최근에는 주로 네오디뮴(neodymium)·철·보론 자석인 희토류 자석이 많이 사용되고 있다. 전기 자동차의 구동 모터는 영구자석형 모터(PM, Permanent Motor)가 주로 사용되고 있으며 이 영구자석의 원료로 희토류가 사용되고 있다. 희토류는 대부분은 전 세계 희토류 공급량의 95%를 점유하고 있는 중국에서 수입되고 있다.

02 페라이트 자석 상세 설명

(1) 정의 및 특징

페라이트 자석은 코발트, 망간, 니켈 등의 산화물과 철로 만든 영구자석으로 분말을 압축 성형한 후 소결하여 만든다. 가격이 싼 편이고 비교적 높은 온도에서도 동작되어 보급형 자석으로 산업 및 가정용으로도 사용된다. 최대 540℃의 높은 온도에서도 자력이 감소되는 현상 없이 안정적인 사용이 가능하다. 화학적 안정성이 좋아 비교적 녹이 슬지 않으며 별도의 도금, 코팅 처리 없이도 사용이 가능하다.

(2) 용도

페라이트 자석은 자동차의 핵심 자석으로 스타터(starter), 발전기, 와이퍼, 파워 윈도, 연료 펌프, 에어컨디셔닝, 송풍기, 라디에이터 냉각 펌프, 시트 조절·시트 슬라이드·시트 리프터, 전동 파워 스티어링, 전동 미러, 도어 록 등의 각종 모터를 비롯해 오디오나 카 내비게이션 장치의 구동 모터, 오디오 스피커 등에 광범위하게 사용되고 있다. 소결 자석이 대부분이지만 일부 페라이트 본드 자석도 연료 계통과 수온 계통에 사용된다.

03 희토류 자석 상세 설명

(1) 정의

희토류 원소(원소 번호 58~71까지의 15개 원소, 네오디뮴, 디스프로슘, 프라세오디뮴 등)를 포함하고 있는 영구자석으로 다른 자석에 비해 자기 에너지가 강력한 자석이다.

(2) 특징

① 희토류 계열의 영구자석은 비희토류 계열의 영구자석보다 잔류 자속의 밀도가 높기 때문에 적은 자석의 사용량으로 동일한 자속을 발생시킬 수 있다.(전류 자속 밀도 : 페라이트 자석 대비 3배 높다.)
② 보자력이 높아 자석의 성능이 뛰어나다.
③ 재료의 공급이 제한되어 있고 가격이 비싸다.
④ 네오디뮴 자석은 현재까지 지구상에 존재하는 영구자석 가운데 가장 높은 자기 에너지를 가지고 있어 자동차 외에서도 활용범위가 넓다.

(3) 용도

희토류 자석은 센서 용도로 많이 사용되지만 HEV의 모터, 발전기, 전동 파워 스티어링, 리타더(브레이크 어시스트) 등에도 적용되고 있다. 센서류에는 ABS의 휠 속도 센서, 엔진 회전 센서, 캠 각 센서, 점화 코일(엔진 점화용 고전압 발생 장치)의 바이어스 자계 발생, 속도계, 타코미터 등이 있다. HEV의 모터, 전동 파워 스티어링에는 영구자석형(PM, Permanent Magnet) 모터가 적용되는데 여기에는 네오디뮴 자석이 사용되고 있다.

04 희토류 자석을 사용하는 구동 모터의 특징

① 기존 페라이트 영구자석이나 전자석을 사용하는 모터보다 자기 에너지, 자속의 밀도가 높기 때문에 소형화, 경량화, 저소음화가 가능하다.(자기 에너지 : 페라이트 자석 대비 10배 높다.)
② 저속 회전수에서 에너지 효율이 높아 약 30%의 에너지 저감 효과가 있다.
③ 모터의 고속화가 가능하며 가변 속도 제어를 할 수 있고 동작 안정성이 크다.
④ 자석 표면에 과전류가 발생하여 발열이 쉽다.

✦ 구동 모터와 회생 제동 발전기의 기능을 겸하는 전기 자동차용 전동기를 플레밍의 왼손과 오른손법칙을 적용하여 설명하고, 토크(T)와 기전력(E)의 수식을 유도하시오.(107-3-2)

01 개요

(1) 전동기 정의

전류가 흐르는 도체가 자기장 속에서 받는 힘을 이용하여 전기 에너지를 기계적인 힘으로 바꾸는 장치

(2) 전기 자동차 전동기 원리

1) 플레밍의 왼손 법칙

① 자기장이 형성된 곳에 놓인 도체에 전류가 흐르면 자기장의 방향에 수직한 방향으로 전자기적인 힘(로렌츠 힘)이 발생하여 도체가 회전하게 된다. 모터의 구동 원리이다.
② 도선에 작용하는 전자기력은 자기장의 세기, 전류의 세기, 도선의 길이에 비례한다.

2) 플레밍의 오른손 법칙

도체가 자장 속에서 운동하고 있으면 기전력에 의해 전류가 발생, 발전기에 사용된다. 발전기의 구동 원리이다.

유도기전력의 방향

물리적인 현상	플레밍의 오른손 법칙	수학적 표현
+ e 유도기전력 − / 운동 V / 자계 B / S / N / l / x	운동 V의 방향 / 자계 B의 방향 / 유도 기전력 E의 방향	$e = -\dfrac{d\phi}{dt}$ $= -\dfrac{d \times (x \times B) \times l}{dt}$ $= (v \times B) \times l$

전기가 흐르는 도체가 받는 힘

물리적인 현상	플레밍의 왼손 법칙	수학적 표현
힘 F / 자계 B / S / N / l / 전류 i	힘 F의 방향 / 자계 B의 방향 / 전류 i의 방향	$F = i(l \times B)$

02 토크(T)와 기전력(E)의 수식 유도

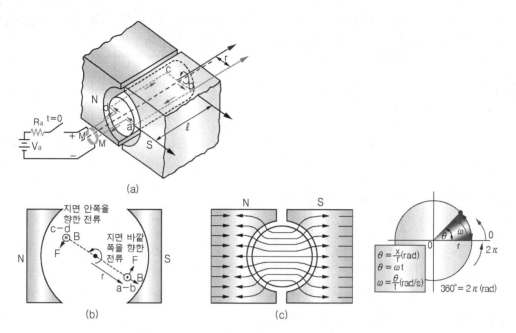

(a)

(b)　　　(c)

① 발생 토크 τ는 다음과 같다.

➡ $\tau = 2rF = 2ri(l \times B)$, τ : 발생 토크, r : 반지름, B : 자계, l : 도선의 길이, i : 전류

② 플레밍의 오른손 법칙에 의한 기전력 e는 다음과 같이 나타낼 수 있다.

➡ $e = -\dfrac{d\phi}{dt} = -\dfrac{B \times d \times A}{d \times t} = -\dfrac{B \times l \times d \times x}{d \times t} = -B \times l \times v = -B \times l \times r \times \omega$

③ 플레밍의 왼손 법칙에 의한 전자기적 힘은 다음과 같다.

➡ $F = B \times i \times l$

④ 발생 토크의 식에 플레밍의 왼손 법칙에 의한 전자기적 힘 F를 넣어주고 플레밍의 오른손 법칙에 의한 기전력이 나타날 수 있도록 식을 치환하면 다음과 같이 나타낼 수 있다.

➡ $\tau = 2 \times r \times F = 2 \times r \times i \times l \times B = \dfrac{2 \times i \times e}{w}$

⑤ 참고로 영구자석이 회전하는 BLDC 모터나 PMSM은 자속의 밀도 B가 변화하므로 다음과 같이 각도에 대한 영향성을 고려한 식으로 나타내 줄 수 있다.

➡ $\tau = 2 \times r \times F \times \sin\theta = 2 \times r \times i \times l \times B \times \sin\theta$

◆ 동력을 발생하는 모터의 종류 중 멀티 스트로크형 모터의 작동 원리에 대하여 설명하시오.(102-4-4)

01 개요

(1) 배경

기계 장치를 제어하기 위해서는 공압(Pneumatics)과 유압(Hydraulics) 시스템이 사용된다.(그러나 최근에는 전동 시스템으로 대체되고 있다. 유압 펌프와 밸브를 사용하던 자동차의 파워 스티어링이 전기 모터의 기반으로 변화되는 것처럼 경량화·정확성 등에서 비교 우위를 지닌 전동 액추에이터가 유압 실린더를 대체하고 있다.)

유압 시스템은 기름이나 물 등의 유체를 이용하여 에너지를 전달함으로써 기계적 출력을 얻는 시스템으로 유압 펌프, 유압 모터, 유압 실린더, 제어 밸브, 오일탱크 등으로 구성되어 있다. 유압 모터의 종류에는 기어형, 베인형, 플런저형, 멀티 스트로크형 등이 있다.

(2) 유압 액추에이터의 정의

유압 펌프에 의하여 공급된 작동유의 압력 에너지를 기계적인 일로 변환하는 장치로 유체 에너지를 직선 운동으로 바꾸는 유압 실린더와 회전 운동으로 바꾸는 유압 모터가 있다.

(3) 멀티 스트로크형 모터의 정의

유체의 압력을 이용하여 한 회전당 여러 스트로크를 수행하도록 하여 높은 토크를 달성할 수 있게 만든 다 행정 유압 모터이다. 일종의 로터리 피스톤 유압 기계로 레이디얼 피스톤 모터라고도 한다.

02 멀티 스트로크 모터의 구성

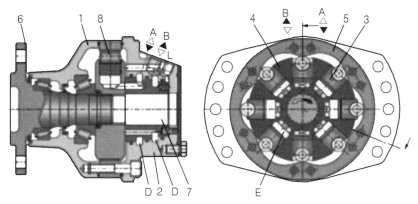

멀티 스트로크 모터의 구성

▶ (1, 2) 모터 하우징 : 모터의 외곽을 구성하며 내부 구성품을 보호 및 지지해 준다.

▶ (3, 4) 피스톤, 실린더 블록 : 피스톤은 실린더 블록 내부에서 유체에 의해 상하로 직선 운동을 한다. 실린더 블록은 피스톤을 지지하며 구동축(6)에 연결되어 피스톤의 신장되는 힘에 의해 회전할 때 구동축에 회전력을 전달한다.

▶ (5) 캠 or 커버 : 굴곡진 형태여서 피스톤이 압축, 신장될 때 회전할 수 있도록 구성되어 있다.

▶ (6) 드라이브 샤프트 : 실린더 블록(4)에 연결되어 회전력을 전달한다.

▶ (7) 유체 분배기 : 유체의 이동 통로이다.

▶ (8) 롤러 : 피스톤 위에 구성되어 있어서 피스톤이 신장 될 때 캠의 굴곡을 따라서 이동할 수 있게 만든 부품이다.

▶ (A, B) 유체 포트 : 고압의 유체가 이동하는 통로이다.

▶ (E) 실린더 챔버 : 고압의 유체가 공급되어 피스톤의 상하 운동이 가능하게 하는 공간이다.

03 멀티 스트로크 모터의 작동 원리

우측 그림에서 가장 왼쪽에 있는 실린더의 챔버에 고압의 유체가 들어오면 피스톤은 신장되고 커버의 모양에 의해 오른쪽으로 돌아가게 된다. 이 위치에서 챔버의 유체는 빠지게 되고 다른 실린더의 챔버로 고압의 유체가 공급되어 그 실린더의 피스톤이 신장되게 된다. 따라서 더 오른쪽으로 돌아가게 된다. 이러한 과정을 거쳐서 모터가 회전하게 된다. 실린더 블록과 구

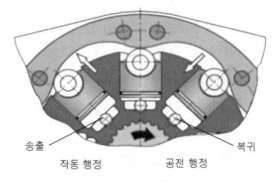

멀티 스트로크의 작동 원리

동축이 연결되어 있으므로 실린더 블록이 회전하는 힘이 구동축으로 나가게 되어 기계적 에너지로 변환이 된다. 1회전 중에 피스톤은 4~8행정을 하게 된다.

04 멀티 스트로크형 모터의 장단점

(1) 장점

① 소형으로 높은 토크를 발생할 수 있어서 컴팩트한 시스템 제어장치로 적합하다.

② 반응 속도가 매우 빨라, 힘과 속도를 자유롭게 변속이 가능하다.

③ 시동, 정지, 역전, 변속, 가속 등을 간단한 제어 시스템으로 제어가 가능하다.

④ 과부하에 대한 안전장치나 브레이크가 용이하다.

⑤ 내구성 및 윤활특성이 좋다.

(2) 단점

① 디자인이 복잡하며 비용이 높다.

② 높은 리플 유체 흐름이 발생한다.

참
고

1. 유체 시스템의 구조

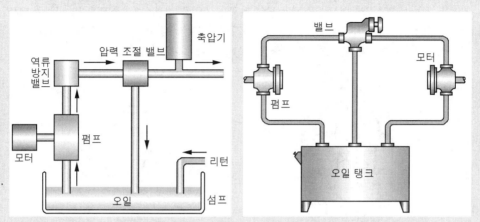

* **압력 조절 밸브** : 압력이 안전 수준 이상으로 올라가는 것을 방지하는 밸브
* **역류 방지 밸브** : 오일이 펌프로 돌아가는 것을 방지하는 밸브
* **축압기** : 오일 압력의 변동을 완화시켜주는 장치

2. 유체 시스템의 구성

펌프	제어 밸브	액추에이터	기타
1. 기어 펌프 2. 베인 펌프 3. 피스톤 펌프	1. 압력 제어 밸브 2. 유량 제어 밸브 3. 방향 제어 밸브	1. 유압 실린더 2. 유압 모터	1. 어큐뮬레이터 2. 오일 필터 3. 오일 쿨러 4. 유압 감속기

3. 유체 모터의 분류

(1) 기어 모터

기어가 케이싱 내에 2개 이상 조합되어 유압에 의해 기어가 회전하는 형식의 유압 모터로 디자인이 단순하고 저렴하다. 고장이 적으며 가혹한 운전 조건에 비교적 잘 견딘다. 최대 10,000rpm의 회전속도가 가능하지만 누설량이 많고 토크의 변동이 커서 효율이 낮다는 단점이 있다.

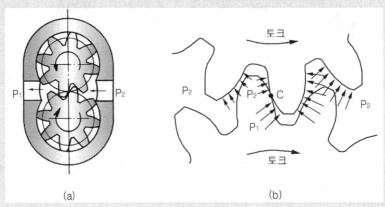

외접형 기어 모터

(2) 베인 모터

로터 내의 캠 링에 접촉되도록 베인이 설치되어 베인과 베인 사이에 유입된 유체에 의해서 로터가 회전하는 형식의 유압 모터를 말한다. 기본 구조는 베인 펌프와 유사하나 펌프의 경우와는 달리 배인을 캠링에 밀어 붙이는 기구가 필요하다. 종류로는 로커암식과 캠 로터식이 있다.

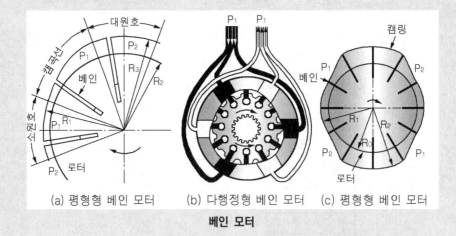

베인 모터

(3) 피스톤 모터(플런저 모터)

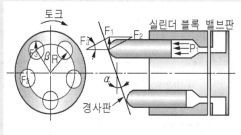

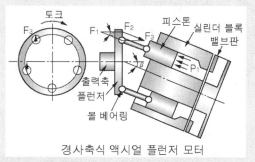

경사판식과 경사축식 액시얼 플런저 모터

플런저 모터라고도 부르며 기어 모터나 베인 모터에 비해 고압 작동에 적합하다. 종류로는 레이디얼 피스톤 모터와 액시얼 피스톤 모터가 있다. 액시얼 피스톤 모터는 경사판식과 경사축식이 있다. 레이디얼 피스톤 모터는 단동 모터와 반복 유압 모터로 분류된다.(반복 유압 모터 형식이 멀티 스트로크형 모터라고 할 수 있다.)

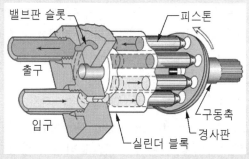

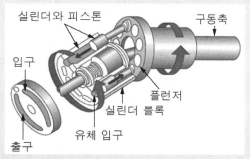

경사판식과 경사축식 액시얼 플런저 모터

(4) 요동형 모터(액추에이터)

360도 이내에서 회전운동을 하는 유압 액추에이터로 링크 기구나 감속기구 등을 사용하지 않고도 작은 크기로 큰 토크를 얻을 수 있다. 종류로는 베인식 요동 모터와 피스톤식 요동 모터가 있다.

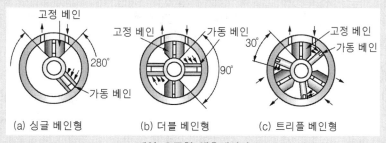

베인 요동형 액추에이터

03 발전기

기출문제 유형

✦ 시동기(Start Motor)와 발전기(Alternator)의 발전 원리에 대하여 서술하시오.(56-4-4)

01 개요

(1) 배경

자동차는 시동 모터를 이용해 엔진을 구동하고, 엔진이 구동된 이후, 엔진의 회전력을 이용해 발전기에서 전기를 생성한다. 엔진은 운전되기 전에 스스로 동작하지 못한다. 피스톤이 동작하지 않아 엔진의 부압이 발생하지 않고, 공기나 혼합기가 유입되지 않은 상태이기 때문이다.

시동 모터를 이용해 크랭크축을 회전시키면, 피스톤이 상하 운동을 시작하게 되고, CKP(Crankshaft Position Sensor)나 CMP(Camshaft position Sensor)를 이용하여 피스톤의 위치를 파악한 후, 폭발 행정으로 구동력을 얻는다. 시동 모터는 분당 80~200 회전 정도 회전 하며 시동 모터의 피니언 기어가 플라이 휠의 링 기어에 결합되어 크랭크축을 구동시킨다. 시동이 걸리고 난 후 크랭크축의 회전력을 이용해 발전기에서 전기를 생성하여 배터리를 충전하고 자동차의 전장품에 전기를 공급해 준다.

(2) 시동기(Start Motor)의 정의

시동기는 정지 상태에 있는 엔진의 크랭크축에 동력을 인가하여 회전력을 발생시키는 모터를 말하며, 주로 직류 전동기를 사용한다.

(3) 발전기(Generator)의 정의

발전기는 기계적 회전 에너지를 전기적 에너지로 변환하는 장치로, 자동차의 발전기는 엔진의 회전 에너지를 이용해 전기를 생성하여 배터리를 충전시키고, 차량의 전장품에 전기를 공급한다.

(4) 발전기의 종류

① 발생되는 전기의 종류에 따른 분류 : 직류 발전기, 교류 발전기(단상, 3상)

② 냉각 방식에 따른 분류 : 공기 냉각형, 수(물) 냉각형, 수소 냉각형

③ 회전 부품에 따른 분류 : 회전 전기자형(소용량 저전압 동기기에 사용됨), 회전 계
자형(배열, 결선 용이, 고전압, 고속 가능, 터빈 발전기 등에서 사용됨)

02 시동기에 대한 상세 설명

(1) 시동기의 필요성

가솔린, 디젤 엔진 등의 내연기관은 시동 시 자력으로 회전하지 못한다. 엔진이 정지
한 상태에서는 피스톤의 현재 위치를 파악하지 못하고, 공기와 연료의 유입이 되지 않
아 폭발 행정을 실행하기 어렵다. 따라서 외부에서 힘을 공급하여 크랭크축을 회전시키
고, 피스톤이 상하 운동을 할 때, 피스톤의 위치를 파악하고, 공기와 연료를 공급하여
폭발 행정을 가능하게 한다.

(2) 시동기의 원리

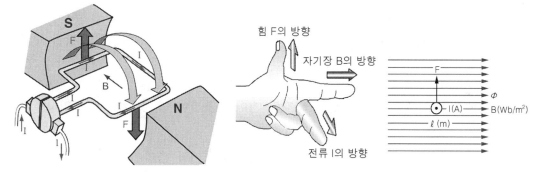

플레밍의 왼손 법칙

전류가 흐르는 도체에 자기장이 형성되면 도체는 플레밍의 왼손 법칙에 의해 힘을
받게 된다. 자기장의 방향은 N극에서 S극으로 형성되며, 왼손의 검지손가락이 가리키는
방향이 된다. 전류가 흐르는 방향은 왼손의 중지 방향이 되며, 이때 힘은 엄지손가락
방향으로 형성된다. 따라서 그림에서 N극에 가까운 도선은 아래 방향으로 힘을 받게 되
고, S극에 가까운 도선에는 윗방향으로 힘을 받게 된다.

교류가 인가될 경우 자연적으로 극성이 바뀌어서 도체가 회전하게 되지만 직류가 인
가될 경우에는 도체가 90°(지면과 수직)가 되는 순간 극성이 바뀌어야 계속 힘이 인가
될 수 있다. 이를 위해 도체는 반으로 나누어진 정류자에 연결되어 있으며 도체가 회전
함에 따라 직류의 입출력이 변경된다. 따라서 도선은 회전하게 된다. 시동기는 이러한
원리를 이용해서 전기를 인가하여 회전력을 발생시킨다.

(3) 구성 및 제어 방법

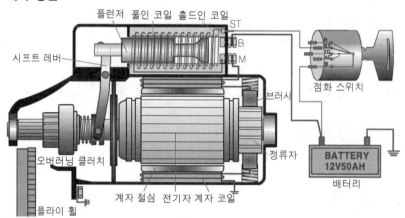

시동기의 구조

1) 전동기부

직류 전동기의 기본 구성(전기자, 정류자, 고정자, 브러시)

2) 스위치부

솔레노이드 스위치, 풀인 코일, 홀드인 코일, 플런저, 접촉판(2개의 접점)

① **풀인 코일** : 솔레노이드 스위치 ST 단자에서 시작하여 M단자에 접속되어 초기 Start 신호가 들어오면 전류가 흘러 내부 철심이 전자석이 되어 플런저를 당기게 된다.

② **홀드인 코일** : 풀인 코일에 의해 전자석이 된 철심이 B단자와 M 단자를 연결시켜 주고 이때 홀드인 코일이 작동하여 전압을 유지시켜 준다.

③ **플런저** : 시프트 레버를 당겨 피니언 기어를 플라이 휠 링 기어에 물린다.

3) 동력 전달부

① **오버러닝 클러치** : 엔진이 시동된 후 피니언 기어와 플라이 휠의 연결을 끊고 피니언 기어가 공전하게 하여 손상을 방지하는 장치

② **피니언 기어** : 기어비 10~15:1. 플라이 휠 링 기어가 108개 이고 피니언 이가 8 이라면 13.5:1의 기어비가 된다. 엔진 시동 토크(2000cc 기준) 6kgf-m 이상이 필요하다. 따라서 시동 모터에 필요한 토크는 6/13.5 = 0.45kgf-m가 된다. 참고로 시동 모터의 출력은 TN × 736/716 [W]로 나타낼 수 있다.

(4) 시동 모터의 특징 및 요구조건

① 기계적 충격에 강하고 진동에 잘 견딜 것
② 기동 회전력이 클 것
③ 소형 및 경량이고 출력이 클 것
④ 전원 용량이 적어도 될 것
⑤ 시동 소요 회전력에 충족할 것

03 발전기에 대한 상세 설명

(1) 발전기의 원리

자장 내에서 운동하는 도체가 자력선과 교차될 때 도체에는 전압이 유도된다. 이를 전자유도 작용이라 하고 이때 유도된 전압을 유도 전압 또는 유도 기전력이라고 한다. (플레밍의 오른손 법칙, 모터의 원리와 반대) 자동차의 발전기는 로터와 스테이터로 구성되어 있는데 스테이터는 자기장을 형성하고 로터는 크랭크축 풀리와 연결된 벨트로 회전된다. 따라서 전압이 유도된다.

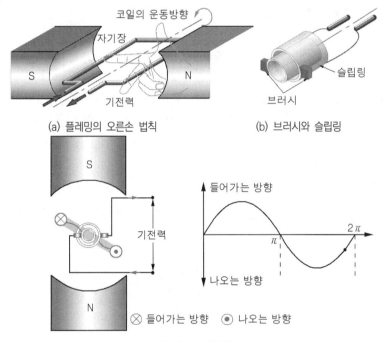

발전기의 원리

(2) 발전기의 종류

1) 단상 발전기

자기장이 존재하는 공간에 코일을 직사각형 모양으로 만들고 코일의 양 끝에 슬립링을 연결시킨다. 코일이 회전하게 되면 전류가 발생하는데 코일은 회전하면서 N극과 S극의 고정자를 번갈아 지나므로 발생하는 기전력은 교류가 된다. 코일의 위치가 N극과 S극 사이에 있을 때는 기전력은 발생하지 않는다. 코일이 회전을 시작하여 90도가 되면 최대 전류가 발생되고 180도가 되면 발생 전류는 없다. 계속 회전을 하여 270도가 되면 기전력은 최대가 되지만 전류의 방향은 바뀌게 된다. 코일이 360도가 되면 기전력은 다시 0이 되고 이러한 사이클이 계속 반복되어 정현파가 발생된다.

2) 3상 발전기

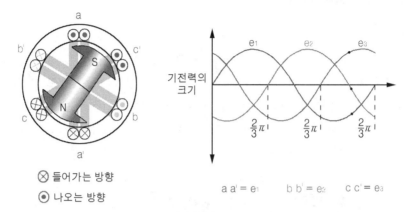

⊗ 들어가는 방향
◉ 나오는 방향

3상 발전기의 기전력

원통형 성층 철심의 안쪽에 aa', bb', cc'를 120도 간격으로 배치한다. 그 안에 영구 자석을 회전시키면 3상 교류가 발생된다. N극의 자석이 코일 a를 지날 때 기전력 e_1이 발생하고 120도 간격을 두고 코일 b와 c가 배치되어 있으므로 120도의 위상차를 두고 기전력 e_2, e_3가 발생한다.

자극이 1회전하는 동안 120도의 간격으로 3개의 기전력이 발생하므로 3상 동기 발전기라고 한다. 주파수가 f[Hz]인 교류를 발생시키기 위해서 극수가 P인 동기 발전기를 회전속도 Ns[rpm]로 회전시키면 f, P, Ns 사이에는 다음과 같은 관계식이 성립된다.(교류 모터와 같다.)

$$N_s = \frac{120f}{P}[\text{rpm}]$$

기출문제 유형

✦ 초창기 자동차의 발전기는 직류 발전기가 주종이었다. 그러나 현재는 교류 발전기가 주를 이루고 있다. 교류 발전기는 직류 발전기와 비교할 때 어떠한 장점이 있는지 설명하시오.(80-3-2)

✦ AC 발전기와 DC 발전기에서 레귤레이터(Regulator)의 차이점에 대하여 기술하시오.(56-2-4)

✦ 다음 그림은 IC식 전압 조정기를 이용한 자동차 충전 장치의 작동회로를 나타낸 것이다. 다음을 설명하시오.(98-4-1)

    1) 점화 스위치 ON(엔진이 가동되지 않는 상태)시 작동 회로

    2) 엔진이 가동 되어 정상 충전 시 작동 회로

3) 엔진이 고속 운전 시 과충전 방지 작동 회로

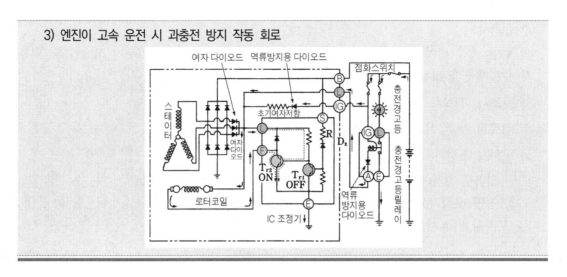

01 개요

(1) 배경

자동차는 배터리를 충전시키거나 전장품을 작동시키기 위해 전기를 생성하는 발전기가 필요하다. 발전기는 두 가지 종류가 있는데 알터네이터와 제너레이터가 있다. 알터네이터(Alternator)는 교류 발전기, 제너레이터(Generator)는 직류 발전기를 말한다. 자동차에 사용되는 전기는 모두 직류로 교류가 사용되지 않기 때문에 교류 발전기가 필요 없다. 초기의 자동차는 직류 발전기(Generator)가 사용되었다. 하지만 직류 발전기는 부품(브러시, 정류자)이 쉽게 마모되고 저속에서 발전이 되지 않는 단점이 있어서 점차 교류 발전기가 적용되었다.

(2) 직류 발전기(Generator)의 정의

직류 발전기는 자기장 내에서 운동하는 도체를 통해 유도된 전압을 정류자로 직접 정류하여 직류를 얻는 발전기이다.

(3) 교류 발전기(Alternator)의 정의

교류 발전기는 자기장 내에서 운동하는 도체를 통해 전기를 유도하여 교류 전압을 얻는 장치이다. 엔진의 회전력을 이용하여 로터를 회전시키고, 스테이터에서 전기를 생성한다.

02 구성 성분

(1) 직류 발전기

1) 계자 코일

자계를 형성하며 고정되어 있는 부분이다.

2) 전기자

계자 코일 내에서 회전하며 교류 기전력을 발생, 전기자 코일수가 많을수록 맥동이 적어져 깨끗한 직류 발전이 가능하다.

3) 브러시, 정류자

정류자 위를 브러시가 섭동하며 교류를 직류로 정류한다.

4) 발전기 조정기(레귤레이터)

① **컷아웃 릴레이(Cutout Relay)** : 축전지에서 발전기로 전류 역류 방지

② **전압 조정기(Voltage Regulator)** : 계자 코일에 흐르는 전류를 제어, 발생 전압 일정하게 유지

③ **전류 조정기(Current Regulator)** : 발전기의 발생 전류를 조정, 발전기의 소손을 방지

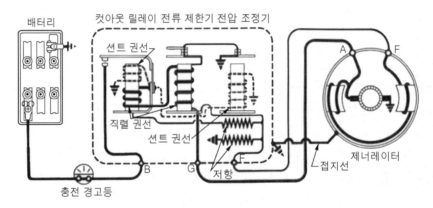

직류 발전기 조정기

(2) 교류 발전기

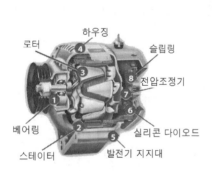

교류 발전기의 구조

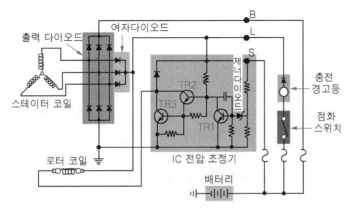

교류 발전기 IC 전압 조정기

1) 로터(회전자, 계자)

직류 발전기의 계자 철심에 해당한다. 로터 코일, 슬립링, 로터 철심, 로터 축으로 구성된다. 슬립링에서 로터 코일에 축전지의 여자 전류를 보내 로터 철심을 N, S극으로 자화시킨다.

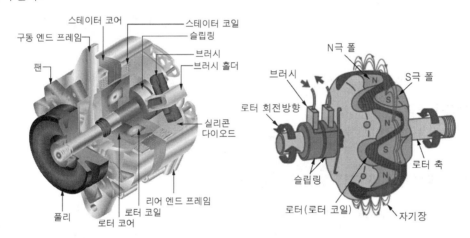

교류 발전기의 구조

2) 스테이터(고정자, 전기자)

직류 발전기의 전기자에 해당, 로터 철심에서 발생된 자속을 끊어 기전력을 발생하게 한다. 델타 결선, Y 결선이 있으며 주로 Y 결선이 사용된다.

3) 슬립링

2개의 브러시가 스프링으로 눌러 슬립링 위를 접촉 섭동하며 1개는 여자전류를 로터 코일에 공급, 1개는 접지되어 전류를 유출시켜 회로를 구성한다.

4) 정류기(렉티파이어, Retifier)

스테이터 코일에서 발생된 교류를 직류로 정류하는 장치로 실리콘 다이오드를 사용한다.

① 메인 다이오드 ('+' 3개, '−' 3개) : 교류를 직류로 정류(브리지 회로 전파 정류 원리)한다.

② 보조 다이오드 (3개) : 전류를 한 방향으로 공급하는 역할을 한다.

③ 방열판 : 메인 다이오드와 보조 다이오드를 냉각하는 역할을 한다.

5) 레귤레이터

발전기의 발생 전압은 회전속도에 따라 변화하는데 레귤레이터는 회전속도의 변화에 관계없이 발전전압을 일정하게 유지시켜 주는 역할을 한다.

03 직류 발전기의 단점(DC 발전기에서 AC 발전기로 대체된 이유)

(1) 회전속도 범위

기계식 정류 장치인 정류자는 카본 브러시와 마찰 접촉을 유지하면서 회전함으로 인해 허용 최대 회전속도를 초과하면 정류자가 과열되고 이로 인해 브러시의 수명이 단축되고 회전속도에 의한 원심력으로 전기자 권선의 기계적 부하가 과중 된다.

(2) 공회전 시 발전전압

엔진의 공회전시 발생하는 전압이 너무 낮아 전기적 부하의 수요를 충족하지 못한다.

(3) 점검 및 수리

정류자와 브러시의 마모가 크기 때문에 비교적 자주 수리를 해야 한다.

(4) 출력과 중량

발전기의 출력을 증가시키기 위해서는 발전기의 크기와 중량이 현저히 증가한다.

04 직류 발전기 대비 교류 발전기 장점

(1) 내구성 · 활용성(회전속도 범위 넓음)

DC 발전기는 고속회전 시 정류자, 브러시의 마모가 되고 마찰열이 증대되어 회전 범위가 제한된다. AC 발전기는 정류자를 두지 않아 브러시의 수명이 길고 고속회전이 가능하다. 고온, 증기, 먼지, 진동에 강하다.

(2) 출력 성능(저속 충전 성능)

DC 발전기는 저속·공회전 시 발전전압이 낮다. AC 발전기는 저속, 공회전시에도 레귤레이터의 작동으로 발전이 가능하다. 회전 방향의 변환이 자유롭다.

(3) 구조 단순/간단

DC 발전기는 전압조정기, 컷아웃 릴레이, 전류 조정기가 필요하기 때문에 이 기능을 레귤레이터로 대체한 AC 발전기 대비하여 구조가 복잡하다.

(4) 경량화 가능

DC 발전기의 출력을 증대시키기 위해서는 크기와 중량의 증대가 필요하지만 AC 발전기의 출력은 회전수 증대만 필요하여 무게가 상대적으로 가볍다.

교류 발전기와 직류 발전기의 비교

교류발전기	직류발전기
소형 경량, 출력 큼	중량 큼
슬립링 보수 거의 필요 없음	주기적인 정류자 보수 필요
브러시 수명이 길다.	브러시 수명 짧음
고속 회전 가능	고속 회전시 정류작용 저하, 정류자 소손
전압 조정기	전압 조정기, 전류 제한기, 컷아웃 릴레이
공회전, 저속회전에서 충전 가능	공회전, 저속회전에서 충전 불가능
잡음이 적음	정류 작용 불량시 스파크, 잡음 발생

05 AC 발전기와 DC 발전기에서 레귤레이터의 차이점 상세 설명

전압을 조정하는 목적은 전압의 맥동에 의한 전기장치의 기능 장애를 방지하고 배터리와 전기장치를 과부하로부터 보호하기 위해서이다. 발전기에서 유도되는 전압은 로터의 회전속도와 로터 코일에 흐르는 전류의 세기(여자자장)에 따라 달라진다. 완전히 여자된 로터에서 유도되는 전압은 회전속도에 비례하게 된다. 알터네이터의 회전속도를 높이면 100V~150V 정도의 전압 유도가 가능하다.

일반적으로 12V 배터리는 14~15V 이상으로 과충전이 되면 배터리 내부의 화학 작용으로 인해 가스가 발생하게 되어 전해질량이 감소하게 된다. 따라서 한계 전압을 14V 정도의 전후로 설정하여 충전되는 전압을 조정해 준다.

(1) AC 발전기 레귤레이터 동작 설명

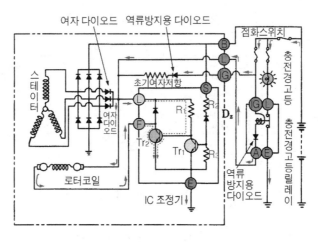

1) 점화 스위치 ON(엔진이 가동되지 않는 상태)시 작동 회로

점화 스위치가 ON이 되면 충전 릴레이의 IG 단자와 A단자로 전류가 흐르고 릴레이가 ON 되어 L단자와 E단자에 전류가 흘러 충전 경고등이 점등된다. A단자를 거친 전류는 L 단자를 통해 흐르고, 노란색으로 표시된 L단자를 거쳐 R_1을 통해 녹색 트랜지스터의 베이스 단자로 흘러 Tr_2를 ON시킨다. 따라서 전류는 로터 코일로 흐르고 녹색 F를 거쳐 녹색 트랜지스터를 거쳐 E단자를 통해 접지로 빠져나가게 되어 회로가 구성된다.

2) 엔진이 시동되어 정상 충전 시 작동 회로

엔진이 시동되어 발전전압이 배터리의 전압보다 높게 되면 정류기의 다이오드에서 정류가 된 전류가 나오게 되어 B단자를 통해 충전을 시작하게 된다. 이때 여자 다이오드를 통하여 나온 전기가 로터에 공급되어 자여자식으로 작동하게 된다. 충전 릴레이의 IG 전압은 B단자 전압이 같게 되어 충전 경고등이 소등된다.

3) 엔진이 고속 운전 시 과충전 방지 작동 회로

발생 전압이 더욱 상승하여 S단자와 E단자간 전압이 14.8V이상 되면 저항 R_2와 R_3 사이의 분압 전압이 높아져 제너 다이오드의 항복 전압보다 높아지게 되어 제너다이오드를 통과하게 되고 다시 노란색 트랜지스터 Tr_1의 베이스에서 이미터로 전류가 흐르면 노란색 트랜지스터 Tr_1은 ON상태가 되어 여자 다이오드의 전류가 TR_2의 컬렉터를 거쳐 이미터로 다시 단자 E로 흐르게 된다.

노란색 트랜지스터 Tr_1이 ON되면 녹색의 트랜지스터 Tr_2는 OFF 상태가 되어 계자 전류가 차단된다. 발전기의 발생 전압이 낮아지면 R_2와 R_3사이의 전압이 낮아지게 되고 제너 다이오드는 다시 불통되어 녹색 트랜지스터 Tr_2가 OFF되어 노란색 트랜지스터 Tr_1이 다시 ON되어 계자 전류가 다시 흐르게 된다.

(2) DC 발전기 레귤레이터의 동작 설명

DC 발전기의 발전전압은 전압 조정기, 전류 제한기, 컷아웃 릴레이를 통해서 제어된다.

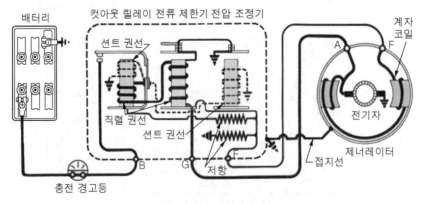

DC 발전기 레귤레이터

1) 전압 조정기

계자 코일에 직렬로 저항을 설치하여 발생 전압이 규정 전압보다 높아지면 계자 코일에 흐르는 전류를 저항으로 통하도록 하여 계자 철심의 자화력을 감소시켜 발생 전압을 낮추고 발생 전압이 낮아지면 계자 코일에 흐르는 전류를 저항을 우회하게 하여 전압을 회복시켜 발전기의 발생 전압을 일정하게 유지시킨다.

2) 전류 제한기

발전기에 큰 부하가 걸려 많은 전류를 발생하게 되면 발전기가 소손 되는데 이것을 방지하기 위해 발생 전류가 많아지면 계자 코일에 흐르는 전류를 적게 하고 발생 전류가 적어지면 계자 코일에 흐르는 전류를 회복시켜 발생 전류를 제어한다.

3) 컷 아웃 릴레이

발전기의 출력이 축전지의 용량보다 작으면 릴레이 접점이 떨어져 있고 발전기의 출력 전압이 12.6~13.8V가 되면 접점이 접촉되며, 발전기로부터 출력이 없거나 작을 때 축전지의 전류가 발전기로 역류되는 것을 방지한다.

기출문제 유형

✦ 아래 회로에서 스위치가 ON 또는 OFF 할 때 TR₁, TR₂ 표시등이 어떻게 작동하는지에 대하여 설명하시오.(98-1-1)

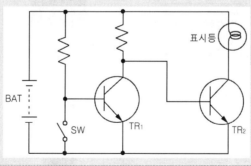

---

01 개요

문제의 회로는 주로 AC 발전기의 전압 조정기(Regulator)에서 사용하는 회로이다. 전압 조정기는 전압의 맥동에 의한 전기장치의 기능 장애를 방지하고 배터리와 전기장치를 과부하로부터 보호하기 위한 장치이다. 트랜지스터와 저항으로 구성되어 있으며 트랜지스터는 베이스, 컬렉터, 이미터로 구성되어 베이스에 전압이 흐르면 스위치 작용을 하여 컬렉터의 전류를 이미터로 흘려주게 된다.

일반적으로 12V 배터리는 14~15V 이상으로 과충전이 되면 배터리 내부의 화학 작용으로 인해 가스가 발생하게 되어 전해질량이 감소하게 된다. 따라서 전압 조정기는 한계 전압을 14V 정도의 전후로 설정하여 충전되는 전압을 조정해 준다.

02 트랜지스터에 대한 설명

(1) 트랜지스터의 정의

게르마늄, 규소 따위의 반도체를 이용하여 전자 신호 및 전력을 증폭하거나 스위칭 하는데 사용되는 반도체 소자이다. N형과 P형의 반도체 3개를 결합하여 만들어진 반도체이다.

(2) 트랜지스터 구성 및 동작 원리

① 베이스(Base) : 컬렉터에서 이미터로 가는 전류의 흐름을 제어한다.
② 이미터(Emitter) : 베이스 전류와 컬렉터의 전류가 모두 흐른다.
③ 컬렉터(collector) : 베이스에 의해 제어되며 증폭된 신호가 흐른다.

NPN형의 경우 전류는 베이스에서 이미터로 흐르고 PNP형의 경우 이미터에서 베이스로 전류가 흐른다.

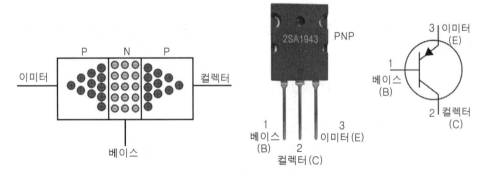

PNP 형 트랜지스터

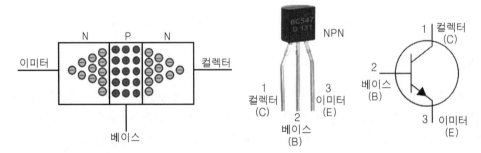

NPN 형 트랜지스터

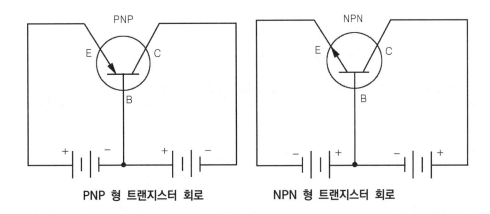

| PNP 형 트랜지스터 회로 | NPN 형 트랜지스터 회로 |

03 문제의 회로 작동 설명

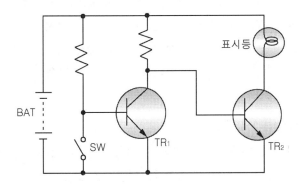

(1) SW가 열린 상태

스위치가 열린 상태에서는 배터리의 전류가 트랜지스터 TR₁의 베이스에 흘러가게 되어 트랜지스터 TR₁ 스위치가 "ON" 된다. 따라서 트랜지스터 TR₁은 전류가 흐르는 상태가 되어 컬렉터 위쪽 저항으로도 전류가 흐르는 상태가 된다. 하지만 트랜지스터 TR₂의 베이스 단에는 전압이 인가되지 않아 전류는 흐르지 않게 되고 표시등은 "OFF"가 된다. 즉, SW가 열리면 트랜지스터 TR₁이 작동되어 표시등 램프가 점등되지 않는다.

(2) SW가 닫힌 상태

스위치가 닫히는 경우에는 트랜지스터 TR₁의 베이스 단에 전압이 인가되지 않아 전류가 흐르지 못하게 된다. 따라서 배터리의 전압은 SW가 있는 선과 트랜지스터 TR₁ 컬렉터 윗단의 저항쪽으로만 인가된다. 트랜지스터 TR₁은 "OFF"된 상태이므로 트랜지스터 TR₂의 베이스 단으로 전압이 인가되어 트랜지스터 TR₂의 베이스 단으로 전류가 흐르게 되어 트랜지스터 TR₂는 "ON"이 된다. 트랜지스터 TR₂가 "ON"이 되면 표시등이 있는 선에 전압이 인가되어 램프가 점등이 된다. 즉, SW가 닫히면 트랜지스터 TR₂가 작동되어 표시등 램프가 점등된다.

✦ 3상 교류 발전기에서 3상 코일의 결선 방법을 설명하시오.(66-1-2)

✦ Y형과 델타형 결선에서 전압, 전류 비율은 어떻게 되는가?(면접)

01 개요

(1) 배경

자동차는 배터리를 충전시키거나 전장품을 작동시키기 위해 전기를 생성하는 발전기가 필요하다. 발전기는 두 가지 종류가 있는데 알터네이터와 제너레이터가 있다. 알터네이터(Alternator)는 교류 발전기, 제너레이터(Generator)는 직류 발전기를 말한다.

자동차에 사용되는 전기는 모두 직류로 교류가 사용되지 않기 때문에 교류 발전기가 필요 없다. 초기의 자동차는 직류 발전기(Generator)가 사용되었다. 하지만 직류 발전기는 부품(브러시, 정류자)이 쉽게 마모되고 저속에서 발전이 되지 않는 단점이 있어서 점차 교류 발전기가 적용되었다.

(2) 교류 발전기(Alternator)의 정의

교류 발전기는 자기장 내에서 운동하는 도체를 통해 전기를 유도하여 교류 전압을 얻는 장치이다. 엔진의 회전력을 이용하여 로터를 회전시키고, 스테이터에서 전기를 생성한다.

02 교류 발전기 3상 코일의 결선 방법

교류 발전기의 결선 방법으로는 스타(Y) 결선과 델타(Δ) 결선이 있다.

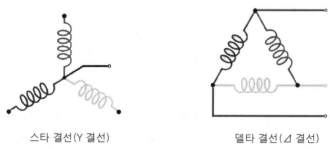

스타 결선(Y 결선)   델타 결선(Δ 결선)

스타 결선과 델타 결선

(1) 스타(Y) 결선

1) 정의

각 코일의 한 끝 U_2, V_2, W_2를 한 곳에 결선하여 중성점으로 하고 나머지 한 끝 U_1, V_1, W_1으로부터 각각 1개의 선을 끌어내는 방식. 이 방식을 Y 결선이라고 한다.

2) 원리

① U_1, V_1, W_1과 중성점(N) 사이의 전압을 상 전압(phase voltage ; UP)이라 하고 $U_1 \leftrightarrow V_1$, $V_1 \leftrightarrow W_1$, $W_1 \leftrightarrow U_1$ 사이의 전압을 선간 전압(line-to-line voltage ; UL)이라 한다.

② 상 전류(phase current : IP)와 선 전류(line current : IL)는 서로 같다(상 전류 = 선 전류).

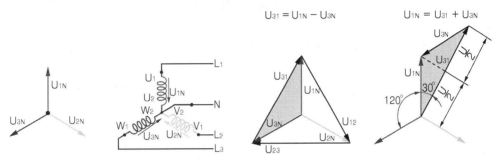

$$U_{31} = U_{1N} - U_{3N} \qquad\qquad U_{1N} = U_{31} + U_{3N}$$

스타(star) 결선   **전압 위상도**

③ 삼각형이 합동을 이룬다. 폐회로가 L_1, L_2로 구성된 경우 전류는 상 전류와 선 전류가 동일하다.

$$I_P = I_L \quad 즉, \ I_P = I_1 = I_2 = I_3$$

④ 선 전압(발전기 전압)은 상 전압의 $\sqrt{3}$배이다. (120도의 위상차가 있어서 벡터 함수로 표현하면 선 전압은 상 전압값의 $\cos 30°$를 2개 해준 값이 된다.)

⑤ Ul= $\sqrt{3}$ Up, Ul(line current), Up(phase current)

$$U_L = 2 \cdot U_P \cdot \cos 30° = 2 \cdot \cos 30° \cdot U_P = \sqrt{3}\, U_P \approx 1.73 U_P$$

여기서 $\sqrt{3} \approx 1.73$을 결선계수(connection factor)라 한다. 그리고 전력은 각 상 전력의 합으로 나타낸다. 따라서 스타 결선의 전력(유효 전력) P는 상 전력의 3배이다.

⑥ 스타 결선의 유효 전력 P는 상 전력의 3배이다.

⑦ $P = 3 U_P \times I \times \cos 30 = \sqrt{\sqrt{3}} \times U_L \times I \times \cos 30 = \dfrac{3}{2} \times U_L \times I$

$$P = 3 \cdot U_P \cdot I \cdot \cos 30° = 3 \cdot \dfrac{U_L}{\sqrt{3}} \cdot I \cdot \cos 30°$$
$$P = \sqrt{3} \cdot U_L \cdot I \cdot \cos 30°$$

(2) 델타 결선

1) 정의

각 코일의 끝을 차례로 연결하고 각 코일의 연결점에서 한 선씩 끌어낸 방식

2) 원리

델타(Δ) 결선에서는 상 전압(UP)과 선간 전압(UL)이 서로 같다.

$$U_P = U_L \quad 즉, \ U_P = U_{12} = U_{23} = U_{31}$$

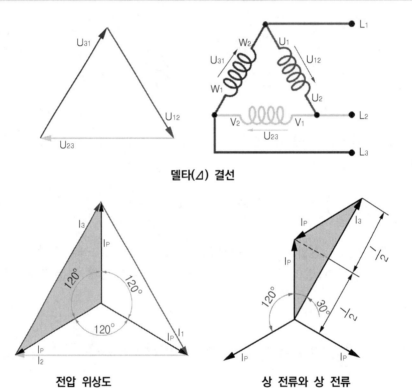

델타(Δ) 결선

전압 위상도　　　　　상 전류와 상 전류

① 선 전류는 상전류의 $\sqrt{3}$ 배이다. $I_1 = \sqrt{3} \ I_P$(델타 모양 삼각형을 120도로 삼등분하여 상전류가 구성된다.

$$I = 2 \cdot I_P \cdot \cos 30° = 2 \cdot \cos 30° \cdot I_P = \sqrt{3} \, I_P \approx 1.73 I_P$$

② 전력(유효전력) P는 상 전력의 3배가 된다.

$$P = 3 \cdot U \cdot I_P \cdot \cos 30° = 3 \cdot U \cdot \frac{I}{\sqrt{3}} \cdot \cos 30°$$

03 교류 발전기 전력

3상 전력은 결선 방법에 관계없이 서로 같다. 그러나 전압은 스타(Y) 결선이, 전류는 델타(⊿) 결선이 각각 배로 크다. 자동차용 3상 교류 발전기는 선간 전압이 높은 스타(Y) 결선을 주로 사용한다. 이는 저속, 특히 공전속도에서도 충전이 가능한 전압을 확보하기 위해서이다.

$$P = \sqrt{3} \cdot U \cdot I \cdot \cos 30°$$
$$\text{3상 전력} = \sqrt{3} \times \text{선간전압} \times \text{선전류} \times \text{역률[W]}$$

04 교류 발전기의 결선 방법별 특징 및 장단점

① 하나의 저항이 3Ω이라고 할 때 Y 결선의 합성 저항은 6Ω이 된다. 델타 결선의 합성 저항은 6Ω과 3Ω의 병렬로 이뤄져 있기 때문에 총 2Ω이 된다. 따라서 시동 시 Y 결선의 전류는 델타 결선보다 1/3만 필요하다.

② 델타 결선은 충전 전압의 안정성과 발전 효율이 좋으나 선간 전압이 낮아 저속에서 발전 성능이 저하된다.

③ Y 결선은 차량에서 주로 사용된다. 선간 전압이 높고 저속, 공회전에서도 충전이 가능한 전압 확보가 가능하다.

기출문제 유형

✦ 다음 회로에서 저항 R이 3[Ω] 또는 30[Ω]일 때, (A) 회로에 흐르는 전류 변화와 전구의 점등 상태를 설명하시오.(101-3-6)

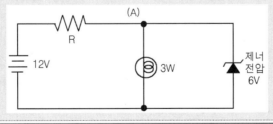

01 개요

제너 다이오드는 반도체 다이오드의 일종이다. 일반적인 다이오드와 유사한 PN 접합 구조이나 다른 점은 매우 낮고 일정한 항복 전압의 특성을 갖고 있어, 역방향으로 어느 일정값 이상의 항복 전압이 가해졌을 때 전류가 흐른다. 이 항복 전압을 제너 효과, 브레이크 다운 전압이라고 한다. 주로 정전압 회로, 트랜지스터 보호용으로 사용하며 자동차에서는 발전기 전압 조정기 내부의 전압을 조정하기 위해 사용된다.

02 일반적인 제너 다이오드 정전압 회로의 원리

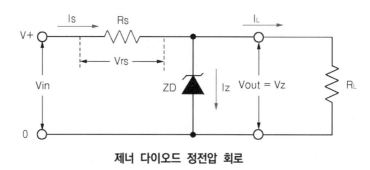

제너 다이오드 정전압 회로

그림에서 저항 R_S와 R_L로 회로가 구성되고 제너 다이오드가 R_L에 병렬로 연결되어 있다. R_S와 R_L의 비율에 따라서 전압이 결정된다. R_L에 걸리는 전압이 제너 다이오드 전압 이하라면 그대로 전압이 분배된다. 하지만 그 이상인 경우 제너 다이오드는 도통되고 ZD 전압 이상의 전압은 R_L로 들어가지 않게 되어 R_L이 보호된다.

03 문제의 제너 다이오드 정전압 회로 설명

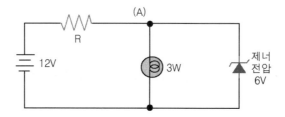

(1) 전구의 전압

회로의 제너 다이오드는 램프에 걸리는 전압이 6V 이하일 경우 통과시키지 않고 6V 이상의 전압이 인가될 경우 병렬로 연결된 회로로 6V만 인가해 준다. 따라서 전압이 6V보다 큰 경우 램프에 걸리는 전압은 언제나 6V가 된다.

(2) 전구의 저항과 전구에 흐르는 전류

램프의 소비 전력은 3W 인데 와트는 전압과 전류의 곱이다. 따라서 회로에서는 전압 12V와 소비전력 3W를 알 수 있으므로 램프의 저항과 램프로 흐르는 전류는 다음과 같다.

$$P(W) = E \times I = I^2 \times R = \frac{E^2}{R}$$

P : 전력(W), E : 전압(V), I = 전류(A), R : 저항(Ω)

$$3(W) = \frac{E^2}{R} = \frac{12^2}{R}$$

$$R = \frac{144}{3} = 48(\Omega)$$

(3) 저항에 걸리는 전압, 전류

① R이 3Ω일 경우에 전압 분배 법칙에 의해 R에는 12V × 3Ω / (48+3)Ω = 0.71V가 걸리고 램프에는 11.29V가 걸린다. 따라서 6V 이상의 전압이 걸리기 때문에 제너 다이오드는 항복 전압이 초과되어 도통됨으로써 전류가 흐르게 된다.

② R이 30Ω일 경우 R에는 12V × 30Ω / (48+30)Ω = 4.62V가 걸리고 램프에는 7.38V가 걸리게 된다. 따라서 6V 이상의 전압이 걸리기 때문에 제너 다이오드는 역시 항복 전압 이상이 되어 전류가 흐르게 된다.

③ 램프에 걸리는 전압은 6V로 제한됨에 따라서 램프로 흐르는 전류는 6V / 48Ω = 0.125A로 고정이 된다. 저항 R에 걸리는 전압 또한 전체 전압에서 램프로 제한된 전압 6V를 뺀 나머지 전압인 6V가 걸리게 되어 3Ω과 30Ω일 때 전류는 6V / 3Ω = 2A, 6V / 30Ω = 0.2A가 된다. 이 전류는 램프로 0.125A가 흐르고 나머지는 제너 다이오드로 소비가 된다. 따라서 3Ω일 때 제너 다이오드로 흐르는 전류는 2A − 0.125A = 1.875A가 흐르고 30Ω일 때 제너 다이오드로 흐르는 전류는 0.2A − 0.125A = 0.875A가 흐른다. 만일 R이 60Ω일 경우에는 전체 전류는 12V / (60+48)Ω = 0.11A가 흐르게 되고 램프에 걸리는 전압은 0.11A × 48Ω = 5.28V가 된다. 따라서 제너 다이오드로 흐르는 전류는 없고 램프로만 전류가 흐르게 되어 불빛이 약해진다.

04 전류의 변화, 전구의 점등 상태

R이 3Ω일 경우나 30Ω일 경우 모두 전구가 점등된다. 램프에 흐르는 전류는 0.125A이며 이 전류가 3Ω일 때 저항 R에는 2A가 흐르게 되고 제너 다이오드로는 0.875A가 흐른다. 30Ω일 때는 저항 R에는 0.2A가 흐르고 제너 다이오드에는 0.875A가 흐르게 된다. 참고로 0.875A나 1.875A가 흐를 경우 제너 다이오드의 전력은 0.875A × 6V = 5.25W, 1.875A × 6V = 11.25W가 되어 12W 이상 정격의 제너 다이오드를 사용해야 한다.

01 개요

(1) 배경

차량이 주행 중 알터네이터가 발전을 수행하는 경우에는 엔진의 구동력을 사용하므로 연료 소모가 증가한다. 따라서 연료 소모가 많은 구간에서는 발전량을 감소시키고, 연료 소모가 적은 구간에서는 발전량을 증가시키는 방법으로 연비를 개선할 수 있다. 또한, 공회전 상태에서 헤드램프나 열선, 에어컨 등의 전기 부하가 발생하면 엔진 회전수가 순간적으로 약 100rpm 정도가 떨어졌다가 상승하는 문제가 발생되는데 이는 발전기의 급격한 부하 증가 때문에 나타나는 현상이다. 이때 엔진의 진동이 발생하므로 승차감이 떨어지고 순간적으로 불안정한 엔진 RPM으로 인해 배기가스가 많이 배출된다. 이러한 현상을 개선하여 연비를 개선하기 위해 발전전류 제어시스템이 개발되었다.

(2) 발전전류 제어 시스템의 정의

발전전류 제어 시스템은 차량의 주행, 운전, 전기 부하 상태 및 배터리 상태를 인지하여 발전기의 발전량을 제어하는 시스템으로 벤츠사에서는 EEM(Energy Efficiency Management) 시스템으로 부르고 있으며, 전기 에너지 관리 시스템(Electric Energy Management System)이라고도 한다.

02 발전전류 제어 시스템의 구성

(1) 엔진 ECU(Electronic Control Unit)

엔진 ECU는 배터리 센서 신호 분석, 차량 주행, 운전, 전기 부하 상태 분석, 발전제어 수행, 배터리 센서로부터 받은 정보값과 현재 운전조건(공회전, 가속, 감속 등)에 따른 엔진 부하 조건과 맞는 발전 제어신호(PWM)를 알터네이터 L 단자로 출력한다.

(2) 알터네이터(Alternator)

알터네이터는 엔진의 회전력을 이용하여 전기를 생성하는 기능을 하며, 엔진 ECU의 신호에 따라 로터 코일의 자기장 세기를 조정하여 발전전압을 조정한다.

발전전류 제어 시스템의 구성

(3) 배터리 센서(Battery Sensor)

배터리 센서는 배터리 상태(SOC, 전압, 전류, 온도 등)를 모니터링하여 측정값을 통신 라인(주로 LIN 통신사용)으로 엔진 ECU에 전송한다.

(4) 배터리(Battery)

배터리는 일반 12V 납 축전지보다 충방전 성능이 향상된 AGM(Absorbent Glass Mat) 배터리가 필요하며, 용량 증대가 필요하다.

03 발전전류 제어 시스템의 제어 방법

엔진 ECU는 발전기의 단자를 제어하여 차량의 전기 부하 발생 시 즉각적으로 발전기의 발전전류를 증가시키지 않고 서서히 증가시킴으로써 기존 발전기에 비해 엔진 rpm의 떨어지는 양을 약 30rpm까지 저감시킨다. 배터리의 상태와 충방전율 등을 계산하여 발전 진입과 해제를 제어한다.

(1) 가속 시(고 부하시, 등판, 에어컨 ON 등)

① 알터네이터 발전 제어를 중지하거나, 배터리 방전 제어를 수행한다.
② 배터리의 전기 에너지 사용하여 알터네이터의 발전량을 낮춘다.
③ 알터네이터의 일 저감으로 엔진 구동력이 증대된다.

(2) 감속 시(저 부하시, 내리막길 등)

알터네이터 충전 제어 수행(차량 관성 에너지를 전기 에너지로 회수), 발전전압을 높임으로써 소비된 배터리의 전압을 보충한다.

04 발전전류 제어 시스템의 특징

① 제한된 구간에서만 사용 가능하여 연비 개선 효과가 미흡하다.
② 잦은 충방전으로 배터리 요구 성능이 증대된다.
③ 제어 센서가 필요하다.

기출문제 유형

✦ ISAD(Integrated Starter Alternator Damper)에 대하여 설명하시오.(104-1-11)

01 개요

배출가스에 의한 환경오염을 방지하기 위한 저공해차 개발 등과 연계하여 개발된 시스템이다. 자동차 배출가스에 의한 환경오염을 방지하기 위해서는 화석 연료의 사용을 최대한 저감시켜야 하는데 이는 기존의 차량에 적용되었던 부품수를 단축하여 차량을 경량화하고 회생 에너지, 발전제어 시스템 등의 활용을 통해 구체화 시킬 수 있다. 이러한 측면에서 스타터, 알터네이터, 댐퍼를 일체화한 시스템이 연구되었고 이 시스템은 고전압 시스템과 연계하여 사용되어 시동 및 주행 시 에너지 효율화를 가능하게 한다.

02 ISAD(Integrated Starter Alternator Damper)의 정의

ISAD는 시동 모터(Starter), 알터네이터(Alternator), 댐퍼(Damper)를 일체화한 시스템이다.

03 ISAD(Integrated Starter Alternator Damper)의 구성

① **시동 모터** : 크랭킹 시 엔진을 200rpm까지 회전시켜 엔진의 동력을 전달해주는데 이때 매우 농후한 혼합기가 공급되므로 연료 소모가 많고 배출가스가 많다. ISAD에서는 400rpm까지 회전시켜 시동 시간을 단축시켜 주어 연료를 저감시켜 준다.
② **발전기** : 주행 중 여유 구동력을 이용하여 전기를 발생시켜 차량 전장품에 전기를 공급하고 남는 전기는 배터리에 저장하는데 ISAD는 감속, 제동 시 제동 에너지를 이용하여 전기를 발생시켜 효율을 높일 수 있다.

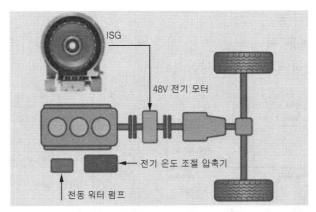

ISG 타입 48V 시스템

04 SAD(Integrated Starter Alternator Damper)의 기능 및 효과

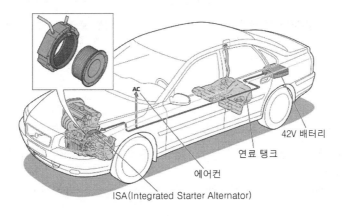

ISAD의 구성

(1) 시동 기능

기존의 시동 전동기에 비해 용량이 큰 전동기를 사용하여 발진 성능 및 시동 속도의 증대가 가능해졌다. 연료 및 배기가스 저감을 위한 급속 시동을 위해서는 400rpm 이상의 크랭크축 회전이 필요하다.

(2) 발전, 회생제동 기능

주행 시 여유 구동력을 이용하여 충전하고 감속 시 발생하는 제동 에너지를 이용해 충전한다.

(3) 엔진 구동력 보조기능, ISG(Idle Stop & Go) 기능

① 가속, 저속 주행, 경사로 등판 시 엔진 구동력을 보조하여 성능을 향상시킨다.
② 2초 이상 정차 시 자동으로 시동을 정지하고 출발 시 재시동의 기능을 하여 연비를 약 15~20% 향상시킨다.

(4) 엔진 진동 흡수 기능

엔진의 토크 변동 시 모터는 진동 저감 위상(상쇄 위상)으로 제어되어 엔진에서 발생하는 진동을 흡수하여 승차감을 향상시킨다.

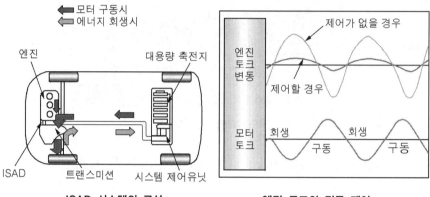

| ISAD 시스템의 구성 | 엔진 토크의 진동 제어 |

기출문제 유형

✦ 자동차에 적용되는 42V 전기 시스템의 필요성과 문제점에 대하여 설명하시오.(108-3-5)

✦ 최근 활발하게 개발되고 있는 42V 전장 시스템의 장단점과 이를 위하여 개발되고 있는 부품들에 대해 설명하시오.(69-4-1)

01 개요

(1) 배경

자동차 산업은 연비 향상, 배출 오염가스 감소, 편의성 향상 등을 위해 반도체 등의 최신 기술 적용, 전원 시스템의 효율성 향상, 하이브리드 자동차의 도입 등으로 전기 출력의 수준을 높일 것을 요구 받고 있다. 이를 위해 차량에 사용되는 전압을 높이는 고전원 시스템의 연구되고 있다. 2000년대 초반에는 42V가 연구되었으나 현재에는 48V 전원 시스템이 개발·적용되고 있다.

(2) 42V 시스템의 정의

42V 시스템은 차량 전압을 기존의 12V가 아닌 42V로 공급하는 시스템으로 증가하고 있는 차량의 소비전력 요구에 효과적인 시스템이다.

(3) 42V 시스템의 효과

동일 출력에서 전압을 3배 높이면 전류가 1/3로 줄어들고 이에 따라 전선의 두께와 무게를 줄일 수 있다. 따라서 차량에 적용되는 전선의 중량을 감소시킬 수 있어서 차량의 경량화로 연료 소모량을 10% 이상 절감이 가능하고 연비의 향상이 가능하다. 또한 하이브리드 시스템의 경우 엔진 출력이 부족할 경우 모터를 이용하여 엔진 출력을 지원함으로써 연료 소비와 배출가스 저감이 가능하다.

02 42V 시스템의 구성

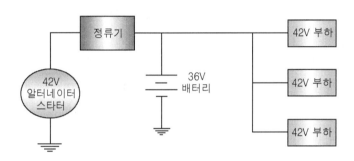

42V 시스템의 구성

(1) 42V 시스템의 구성도

차량의 고전압 시스템은 전원 공급 장치인 배터리, 일체화된 스타터와 알터네이터에서 일정한 단일 전압(42V)을 발생하여 공급한다. 전력 제어를 위해 파워와 CAN 통신 네트워크를 이용한다.

(2) 고전압 전원체계를 위해 개발되고 있는 부품

① 고전압 배터리 : 고전압 배터리(42V)를 사용하여 전원 공급의 효율성을 높여준다.
② 통합형 스타터 제너레이터 : 시동 모터와 발전기 일체형으로 효율화를 시켰고 42V를 공급해 준다.
③ 정류기 : 42V의 맥동을 방지하여 안정적으로 전압이 공급될 수 있도록 한다.

03 42V 시스템의 특징, 장단점

(1) 장점

① 전장 편의장치, 모터, 전동 액추에이터, X-by-Wire 등으로 인하여 날로 급증하는 차량의 전력 수요 대처가 가능하다.

② 모듈화 설계가 용이해지고 제품의 크기가 줄어들어 차량의 조립성 향상 및 14V 시스템에 비해 전류를 1/3로 줄일 수 있어 전장품의 크기와 배선의 무게를 현격하게 줄일 수 있다. 자동차 연비 개선 및 공해 저감이 가능하다.(약 30% 정도 저감 가능)

③ 스타터와 알터네이터를 일체화시켜 하나의 단일 부품으로 모터와 발전기 역할을 수행하는 부품을 적용할 수 있다. 이는 부품의 수와 크기가 축소되어 자동차 공간 확보와 엔진 소형화를 가능하게 한다. 제거할 수 있는 기계 시스템으로는 시동기, 플라이휠, 알터네이터, 구동 벨트, 벨트 텐셔닝 시스템 등이 있다.

④ 회생제동 시스템의 적용이 가능하여 전력제어 및 연비 측면에서 성능이 향상된다.

(2) 단점

고전압 체계이기 때문에 접점 동작 시 발생하는 아크 현상으로 인한 제품의 내구성 저하가 우려되며 접점이나 접속부의 아크 제어 기술이 필요하다(고전압 인터록 회로 필요).

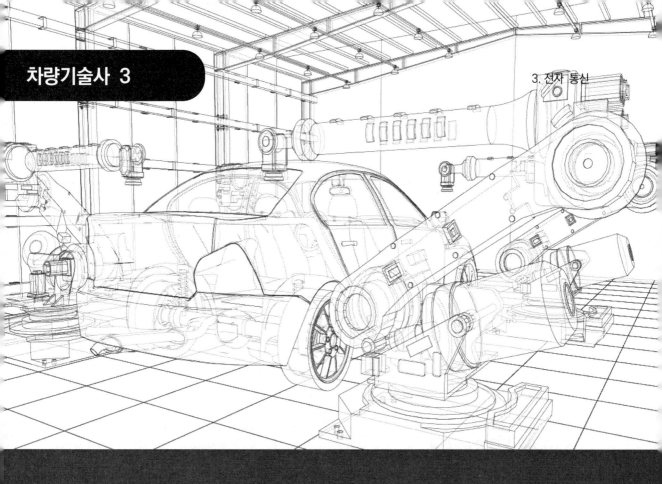

PART 3. 전자 통신

❶ 전자·통신

01 전자·통신

01 개요

자동차의 성능 향상, 환경오염의 사회적 문제에 따른 배기가스 규제와 사회적 비용을 줄이기 위한 안전 시스템의 법규화, 소비자의 요구에 따른 편의성 증대 및 상품성 향상 등 다양한 요구에 대응하기 위하여 시스템들의 전자화 필요성이 증대되고 있으며, 이런 전자제어 시스템은 빠른 시간에 보다 더 많은 정보의 송수신이 요구되었다.

그러나 기존의 배선 연결 방식으로 시스템들을 연결할 경우, 정보량에 따른 송수신의 한계, 레이아웃(Layout)의 제한, 배선 수의 증가, 차량의 중량 증가 및 그에 따른 연료 소비가 악화되는 문제가 있고, 이런 문제점들 없이 빠른 시간에 보다 더 많은 정보의 송수신이 시스템상 가능한 자동차 통신의 네트워크 적용이 필연적인 배경이 되었다.

일반적으로 자동차 통신의 네트워크 종류로는 KWP(Key Word Protocol), LAN(Local

Area Network : 근거리 통신망), LIN(Local Interconnect Network), CAN(Controller Area Network), FlexRay, MOST(Media Oriented System Transport) 등이 있다.

02 자동차에 통신 네트워크의 일반적 특징

(1) 네트워크 필요성

① 전자화에 따른 전장 부품의 급격한 증가에 따른 배선 증가 및 전장품의 복잡화가 증대되고 있다.
② 배선의 증가에 기인한 자동차의 중량이 증가되고 있다.
③ 전장 부품의 증가는 레이아웃(Layout)에 대한 제한을 가지고 있다.
④ 전장 부품이 증가할수록 고장진단이 어려워 정비가 어렵다.

(2) 네트워크 장점

① 필요한 많은 정보(엔진 회전수, 주행속도 등)를 전자제어 시스템들 사이에서 송수신이 가능하다.
② 전자제어 시스템의 적용으로 고장진단에 대한 신뢰성이 향상된다.
③ 배선의 감소로 중량 절감 및 연비 향상을 가져온다.
④ 전장 부품의 레이아웃(Layout)에 대해 유리하다.
⑤ 설계 변경의 대응이 더 쉬워진다.

03 KWP(Key Word Protocol) 통신

(1) 개요

KWP(Key Word Protocol) 통신은 K라인을 통해 양방향 통신을 하며 Diagnostic Tester에서 ECU(Electronic Control Unit)로 통신할 경우 해당 ECU Address를 통신 초기화 과정에서 전송한 후, Diagnostic Tester와 ECU와 사이에 양방향 통신이 시작된다. ECU의 진단을 위한 KWP 통신 프로토콜(Communication Protocol)은 현재 ECU의 진단을 위한 CAN 통신 프로토콜의 모태가 되어 자동차 진단 통신의 기본이 되고 있다.

(2) KWP 통신 특징

① 차량 내 장착된 모든 ECU(Electronic Control Unit)는 동일 버스(Bus)상 K라인에 연결된다.(그림1)
② 초기화시 통신 : 5bps ± 0.5%(Diagnostic Tester→ECU)
③ 초기화 이후 통신 : 10.4bps ± 1.7%(Diagnostic Tester↔ECU)
④ ISO 14230, 비동기식 직렬통신
  ㉮ Application : ISO14230-3

    ㉯ Data Link Layer : ISO14230-2

    ㉰ Physical Layer : ISO14230-1

   ⑤ 북미 OBD, 유럽 진단통신의 표준화

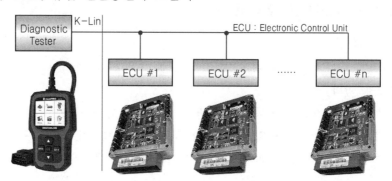

그림1. KWP(Key Word Protocol) 통신 네트워크 구성도

04 LAN(Local Area Network : 근거리 통신망)

 LAN(Local Area Network) 통신은 근거리 통신망으로 중앙처리 방식이 아닌 분산 처리 방식의 데이터 통신이며, 근거리 내에 배치된 바디 제어기(Body ECU)들을 상호 연결하여 정보를 주고 받는 범용 네트워크이다. 즉, LAN(Local Area Network) 통신은 분산되어 있는 바디 제어기(Body ECU)들은 종속되지 않고 서로 대등하게 각각의 필요한 데이터를 라인상에서 처리하는 통신 방식이다.

 LAN의 사양에 따라 ICU(In-panel Control Unit), 에탁스(ETACS : Electronic Time & Alarm Control System), 운전석 도어 모듈(DDM : Driver Door Module), 동승석 도어 모듈(ADM : Assistance Door Module) 등의 메인 모듈과 각각의 메인 모듈에 연결되는 보조 모듈로 구성된다.(그림2)

(1) LAN 구성

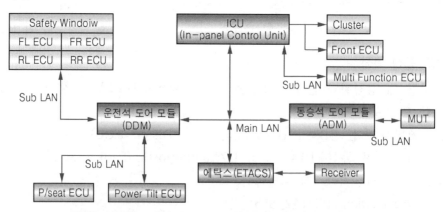

그림2. LAN(Local Area Network) 통신 네트워크 구성도

(2) 데이터 프레임 구성

| SOF | PRI | Type | ID | Data1 | Data2 | Data3 | Data4 | CRC | ANC | EOF |

그림3. LAN(Local Area Network) 통신 데이터 비트 구성

① SOF(Start Of Frame) : 프레임의 시작을 의미한다.

② Priority : 해당 프레임의 우선순위를 나타낸다(숫자가 낮을수록 우선순위를 갖는다).

③ Type : 해당 프레임의 형식(Type)을 나타낸다.

④ ID : 식별자를 의미한다.

⑤ CRC(Cyclic Redundancy Check) : 프레임의 송신 오류 및 오류 검출에 사용한다.

⑥ ANC(Acknowledge for Network Control) : 각 ECU(Electronic Control Unit)는 수신된 ANC값이 자신과 일치하고 정상적인 프레임을 수신한 경우, ANC 영역에 1비트의 ANC를 반송한다.

⑦ EOF(End of Frame) : 프레임의 완료를 나타낸다.

⑧ Bus Idle : EOF 또는 Passive가 연속적으로 7비트인 경우 Bus는 Passive상태를 의미한다. Bus Idle일 때 송신이 필요한 각 ECU(Electronic Control Unit)는 즉시 송신이 가능하며, 이때 ECU(Electronic Control Unit)는 서로 간에 경합이 일어날 수 있다.

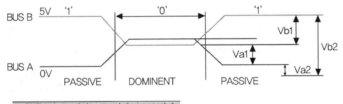

항목	MIN(V)	TYP(V)	MAX(V)	
Va1	2.30	2.5	2.8	DATA '1' : PASSIVE 상태
Va2	0.05	0.1	0.2	
Vb1	2.30	2.5	2.8	DATA '0' : DOMINENT 상태
Vb2	4.45	4.7	5.1	

데이터 비트의 정의(BUS 상태)

05 LIN(Local Interconnect Network) 통신

CAN은 비교적 통신 속도가 빠르고 대역폭이 큰 장점이 있는 반면 비용이 많이 든다. LIN 통신은 단일 버스(Single Wire)를 이용하며 데이터 전송의 최대 속도(20Kbps)가 CAN에 비해 느리지만 비용이 저렴하다. LIN 통신은 1개의 Master와 1개 이상의 Slave (최대 16개의 Slave 가능)로 구성된 Master와 Slave 방식의 동기식 통신이 적용된다.

LIN 통신에서는 Master가 전송시기와 전송할 프레임을 결정할 수 있으며, CAN 통신 과는 달리 모든 네트워크를 관리하는 역할을 하는 Master가 명령을 전송할 경우, 이 명령을 Slave는 실행하는 역할을 한다. 따라서 주로 CAN 통신의 보조 수단으로서의 역할을 하며, 많은 정보가 필요하지 않아 통신 속도가 빠르지 않아도 되는 FATC(Full Auto Temperature Control)와 AQS(Air Quality Sensor), 전동식 선루프, 전동식 시트 등에서 사용되고 있다.

(1) 특징

LIN(Local Interconnect Network) 통신은 차량의 여러 노드가 분산되어 있을 때 저렴한 비용으로 CAN 통신과 함께 다중화된 네트워크 시스템을 보조하는 역할을 한다.

① 단일 버스(Single Wire)가 가능하고, 비용이 저렴하다.(CAN 기준 2~3배 정도 저렴함)

② 데이터 전송의 최대 속도는 20Kbps로 CAN 통신 대비 통신 속도가 느리다.

③ 1개의 Master와 1개 이상의 Slave(최대 16개의 Slave 가능)로 구성된다.

④ 많은 정보가 필요하지 않아 통신 속도가 빠르지 않아도 되는 FATC(Full Auto Temperature Control)와 AQS(Air Quality Sensor), 전동식 선루프, 전동식 시트 등에 적용된다.(그림4)

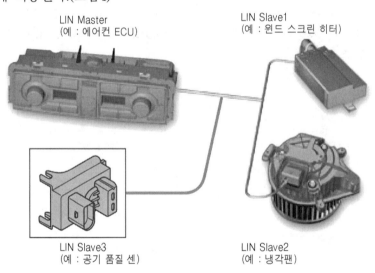

LIN Master
(예 : 에어컨 ECU)

LIN Slave1
(예 : 윈드 스크린 히터)

LIN Slave3
(예 : 공기 품질 센)

LIN Slave2
(예 : 냉각팬)

그림3. LIN 데이터 버스 시스템의 구조

06 CAN(Controller Area Network) 통신

기존의 비동기 시리얼 통신 방식은 일대일 통신(UART : Universal asynchronous receiver/transmitter)으로 ECU(Electronic Control Unit)가 증가할수록 배선이 점점 더 증가하는 문제가 있었고(그림5), 이를 해결하기 위하여 보쉬사에서 1985년에 개발한 CAN(Controller Area Network) 통신은 차량 내에서 배선의 많은 증가 없이 2개의 트위스트 와이어(Twist Pair)로 ECU(Electronic Control Unit), 센서들의 연결이 가능하고, 통신 속도가 빨라 많은 데이터를 주고 받을 수 있는 차량용 네트워크이다.(그림6)

(1) CAN(Controller Area Network) 통신의 특징

1) Multi-Master 방식

CAN 통신을 하는 모든 전자제어기(ECU : Electronic Control Unit)는 메시지 전송에 자유 권한이 있으며, 2개의 통신 와이어로 연결된 통신 버스를 여러 노드(Node)가 공유하기 때문에 통신 버스를 언제든지 사용할 수 있다. 비동기식 통신을 한다.

2) 통신 중재 메시지가 동시에 전송될 경우 중재 규칙에 의거 순서가 있다.

3) 간단한 구조로 구성이 간편하다.

2개의 와이어를 통하여 다른 2개의 신호(CAN-High, CAN-Low)로 통신하는 버스(Bus) 형태로 전자제어기(ECU)를 추가하더라도 배선이 추가되는 양이 적다.

4) 고속 통신이 가능하다.

CAN 통신은 최대 통신 속도가 1Mbps까지 가능하므로 많은 정보를 주고 받을 수 있으며, 고속 CAN과 저속 CAN으로 구분하여 시스템을 구성할 수 있다. 고속인 경우 보통 500Kbps를 사용한다. 일반적으로 고속 CAN과 저속 CAN의 데이터는 게이트웨이(Gate way)에서 한다.

5) 신뢰성 및 안정성이 우수하다.

통신 버스는 2개의 트위스트 와이어(Twist Pair Wire)로 구성되며, 전기 노이즈(Noise)에 강해 신호에 대한 신뢰성이 높고 안정적이다.

6) 고속 CAN인 경우 종단 저항 R(120Ω)을 CAN High와 CAN Low 사이에 병렬로 연결한다.

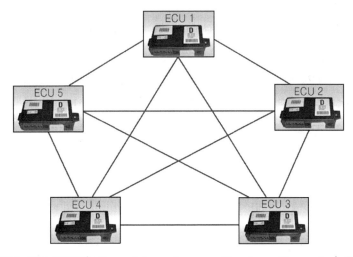

그림5. 다중 UART(Universal Asynchronous Receiver · Transmiter) 통신

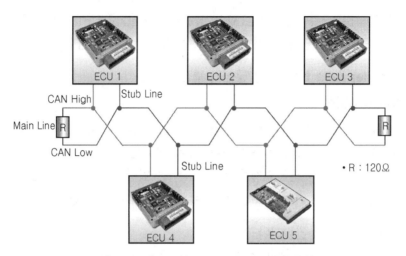

그림6. CAN(Controller Area Network) 통신

(2) CAN 프레임의 구조

그림7. CAN(Controller Area Network) 통신 프레임

1) SOF(Start Of Frame)

메시지의 시작을 의미, 버스의 노드(node)를 동기화하기 위해 사용한다.

2) Arbitration Field

① Identifier(ID) : 식별자로서 메시지의 내용을 식별하고 메시지의 우선순위를 부여한다. Identifier(ID)의 길이를 기준으로 표준 형식(ID : 11bit)과 확장 형식(ID : 29bit)으로 구분한다.

② RTR(Remote Transmission Request) : 데이터와 리모트 프레임을 구분한다.

3) Control Field

① IDE(Identifier Extension) : 표준 형식(ID : 11bit)과 확장 형식(ID : 29bit)으로 구별한다.

② r_0 : Reserved bit

③ DLC(Data Length Code) : 데이터의 길이(DLC)를 의미한다.

4) Data Field

전달하고자 하는 정보가 있는 영역이며, 한 프레임 당 최대 8Bytes 전송이 가능하다.

5) CRC(Cyclic Redundancy Check) Field(16bit)

프레임의 오류를 검사하기 위해 사용되는 영역이다.

6) ACK(Acknowledgement) Field(2bit)

① 정상적인 메시지 전송을 의미하며, 메시지를 정상적으로 수신할 경우 수신 제어기는 Dominant "0"을 전송한다.

② CAN 버스(Bus) 상에서 ACK 상태를 확인하며, 없을 경우 재전송을 시도한다.

7) EOF(End of Frame)

프레임의 끝을 나타내고 종료를 의미하며, 모든 비트(bit)는 항상 Recessive("1")로 표시한다.

(3) CAN 버스(Bus) 구성

1) CAN 통신 버스(Bus)

CAN 통신 버스(Bus)는 2개의 통신 와이어(Twist Pair)인 CAN-High, CAN-Low 양단에 2개의 종단 저항(Terminal Resistor)으로 구성된다.

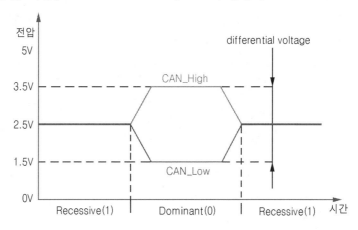

그림8. CAN(Controller Area Network) 통신 버스(BUS)

2) 노드(Nodes)

노드(Nodes)는 CAN 통신 버스상에 연결된 전자제어기(ECU)를 의미하며, 전자제어기(ECU)는 CAN 통신을 위하여 마이크로컨트롤러(MCU), CAN 컨트롤러(Controller), CAN 트랜시버(Transceiver)로 구성된다.

① 전자제어기(ECU)는 CAN 통신시 CAN 트랜시버(Transceiver)에 의해 CAN-High 가 3.5V, CAN-Low가 1.5V일 경우 CAN-High와 CAN-Low의 전압 차이가 2.0V일 때 Dominant("0")이며, CAN-High가 2.5V, CAN-Low가 2.5V일 경우, CAN-High와 CAN-Low의 전압 차이가 0V일 때 Recessive("1")이다.(그림8)

② CAN 통신시 2개의 트위스트 와이어(Twist Pair)상에서 자기장이 서로 상쇄되므로 전기 노이즈(Noise)에 강하다.

4) CAN 종단 저항(Termination Resistor)

① 종단 저항 위치 및 규격 : 2개의 트위스트 와이어(Twist Pair Wire)인 CAN-High, CAN-Low 양단에 2개의 종단 저항(Terminal Resistor)을 연결한다. ISO 11898 규정에 의해 고속 CAN인 경우 종단 저항(Terminal Resistor)은 $120 \pm 20\Omega$이며, 차폐선(Shield Wire) 또는 트위스트 와이어(Twist Pair Wire)를 사용한다.(그림9)

② 종단 저항 목적 : CAN 통신은 통신 속도(최대 통신 속도가 1Mbps)가 매우 빠르므로 CAN 통신 버스상 반사파(Reflection Wave)가 발생되어 신호가 왜곡될 수 있으며 이를 방지할 목적으로 종단 저항(Termination Resistor)을 연결한다.

③ 종단 저항(Termination Resistor)이 없거나 많은 경우 CAN 통신상의 고장이 발생할 수 있다.

㉮ 현상 : CAN Bus OFF 또는 CAN Time Out 고장이 발생할 가능성이 크다.

㉯ 점검 방법 : 멀티미터를 이용하여 차량의 전원을 OFF시킨 후에 종단 저항(60Ω)이 측정되는지 확인한다.

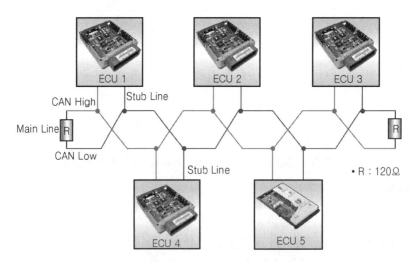

그림9. CAN(Controller Area Network) 통신

07 CAN 고장 유형

(1) CAN Bus OFF

1) 송신 에러 카운터(TEC)와 수신 에러 카운터(REC)

CAN 컨트롤러(Controller)는 CAN 통신상의 송신 및 수신 에러(Error)를 감시하며 송신 에러 카운터(TEC)와 수신 에러 카운터(REC)를 가지고 있다. 이러한 송신 및 수신 에러(Error) 카운터는 에러가 발생되면 1이 증가하고, 에러 발생이 없으면 1이 감소하며, 송신 및 수신 에러(Error) 카운터 누적수에 따라 노드의 상태가 달라진다. 노드 상태는 에러 액티브(Error Active) 상태, 에러 패시브(Error Passive) 상태와 버스 오프(Bus Off) 상태로 구분된다.(그림10)

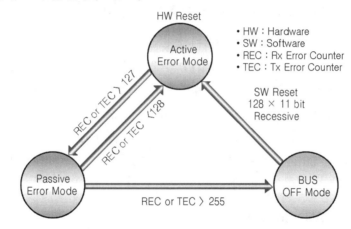

그림10. CAN 에러 상태도(Error Status)

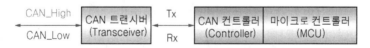

그림11. 전자제어기(ECU) CAN 인터페이스(Interface)

2) 에러 패시브(Error Passive) 상태(REC or TEC > 127)

① CAN 통신상의 송신 및 수신 에러(Error)가 발생하여 송신 에러 카운터(TEC) 또는 수신 에러 카운터(REC) 누적수가 127 이상인 경우를 말한다.(그림10)

② 초기 상태는 에러 액티브(Error Active) 상태이다.

③ 에러 패시브(Error Passive) 상태에서는 에러 패시브(Error Passive) 프레임(6비트 1상태)을 보낸다. 그리고 에러를 많이 발생하는 노드는 전송 회수를 제한하여 통신 장애를 최소화 한다.

④ 에러 패시브(Error Passive) 상태에서는 버스 부하(Bus Load)가 증가하므로 우선순위가 낮은 메시지일수록 CAN 타임아웃(Time Out)의 발생이 높아질 수 있다.

⑤ CAN 컨트롤러(Controller)는 이 상태를 마이크로 컨트롤러(MCU)에게 알려 준다.

3) 버스 오프(Bus Off) 상태(REC or TEC > 255)

① CAN 통신상의 송신 및 수신 에러(Error)가 발생하여 송신 에러 카운터(TEC) 또는 수신 에러 카운터(REC) 누적수가 255 이상인 경우를 말한다.(그림10)

② 송신 에러 카운터(TEC) 또는 수신 에러 카운터(REC) 누적수가 255를 넘으면 버스 오프(Bus Off) 상태가 되며, 정상 상태(Error Active)로 복귀하기 위하여 소프트웨어 리셋(SW Reset) 또는 연속적인 11비트 Recessive를 128번만큼의 시간 대기를 해야 한다.(그림10)

③ CAN 컨트롤러(Controller)는 이 상태를 마이크로 컨트롤러(MCU)에게 알려 준다.

④ 버스 오프(Bus Off) 상태인 경우 각 전자제어기(ECU)의 시스템 특성을 고려하여 CAN 버스 오프(Bus Off) 에러를 검출할 수 있다.

4) CAN 버스 오프(Bus Off) 에러 발생의 원인

① CAN 버스(Bus) 메인선(Main Wire) 중에 1개 또는 2개가 단선(Open)된 경우

② CAN 버스(Bus) 메인선(Main Line) 또는 지선(Stub Line)중에 접지 단락(Short to GND) 또는 전원 단락(Short to Batt)이 발생 할 경우

③ CAN 버스(Bus) 메인선(Main Line)의 CAN-High와 CAN-Low사이 단락(Short) 또는 지선(Stub Line)의 CAN-High와 CAN-Low사이 단락(Short)이 발생한 경우

④ 노드의 결함(고장)이 발생 할 경우

(2) CAN Timeout(CAN Timeoff)

1) 정의

각 전자제어기(ECU)에 주어진 식별자(ID : Identifier, Standard : 11Bit)로 각 전자제어기(ECU)의 식별이 가능하며, 식별자(ID), DLC 및 Data Byte(0~7) 등으로 구성된다.

① 규정된 일정 주기로 송신하는 각 전자제어기(ECU)의 식별자(ID)가 CAN Bus상에 미송신 상태로 일정시간 유지될 경우 CAN 타임아웃(Timeout) 상태가 된다.

② 수신이 필요한 각 전자제어기(ECU) 시스템의 특성을 고려하여 CAN 타임아웃(Timeout)의 에러 검출 카운터를 설정하여 에러를 검출할 수 있다.

2) CAN 타임아웃(Timeout) 에러 발생의 원인

① 각 전자제어기(ECU)의 소프트웨어 오류에 의한 해당 메시지(Message)를 미송신 할 경우

② CAN 통신상의 송신 및 수신 에러(Error)가 발생하여 에러 패시브(Error Passive) 상태에서 CAN 버스 부하(Bus Load)가 증가하여 송신의 우선순위가 밀릴 경우(송신 우선순위 : 식별자가 작을수록 우선순위가 있음)

(3) CAN Message Error

1) 정의

CAN 메시지 전송 프레임 내 CRC 또는 DLC(Data Length Code) 또는 Data Byte(0~7)내에 정의된 CRC · Checksum · Alive Counter가 송수신 제어기간 서로 맞지 않거나 오류가 발생할 경우 캔 메시지 에러(CAN Message error)라고 한다.

2) 캔 메시지 에러(CAN Message Error)의 원인

① 각 전자제어기(ECU)의 소프트웨어에서 오류가 발생할 경우
② CAN 컨트롤러(Controller)에서 불량이 발생할 경우

08 CAN FD(Flexible Data Rate) 통신

자율주행 기술의 대응, 배기가스 규제의 강화, 편의성 증대 및 상품성 향상 등으로 차량의 전자제어기(ECU) 증가와 더불어 차량 내에서 전송되는 데이터량이 더 많아짐에 따라 차량 내의 통신으로 널리 사용되고 있는 CAN(Controller Area Network) 버스 부하(Bus Load)에 대한 한계로 진보된 통신 방법이 요구되었고, 다른 새로운 통신 방법(예 : FlexRay 등)이나 기존 CAN의 네트워크를 분할하는 방법은 비용의 측면에서 불리하여 기존 CAN과의 호환성, 비용 및 데이터 전송량에서 유리한 CAN FD(Flexible Data Rate)를 2012년 보쉬에서 개발하게 되었다.

(1) CAN FD(Flexible Data Rate) 통신의 특징

1) 한 프레임당 데이터 길이(Data Length)의 확장

기존 CAN 통신은 한 프레임당 최대 8Bytes 전송이 가능하지만, CAN FD는 한 프레임당 최대 64Bytes 전송이 가능하다.

2) 통신 속도의 향상

기존 CAN 통신은 최대 통신 속도가 1Mbps까지 가능하지만, CAN FD는 최대 통신 속도가 8Mbps까지 가능하다.

3) 오류 검사의 강화

CRC Field를 확장하여 감지되지 않는 오류의 검사가 가능하다.

4) 호환성

기존 CAN과의 호환이 가능하다.

5) 비용 측면 유리

FlexRay나 MOST대비 가격이 싸다.

(2) CAN FD(Flexible Data Rate) 프레임 구조

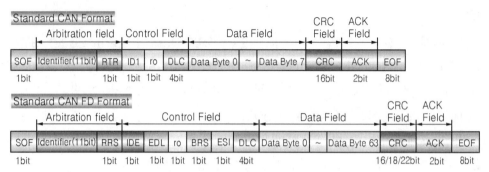

그림12. CAN FD(Flexible Data Rate) 통신 프레임

1) SOF(Start Of Frame)

메시지의 시작을 의미하며, 버스의 노드(node)를 동기화하기 위해 사용한다.

2) Arbitration Field

① Identifier(ID) : 식별자로서 메시지의 내용을 식별하고 메시지의 우선순위를 부여한다. Identifier(ID)의 길이를 기준으로 표준 형식(ID : 11bit)과 확장 형식(ID : 29bit)으로 구분한다.

② RRS(Remote Request Substitution) : 데이터와 리모트 프레임을 구분한다.

3) Control Field

① IDE(Identifier Extension) : 표준 형식(ID : 11bit)과 확장 형식(ID : 29bit)으로 구별한다.

② EDL(Extended Data Length) : Data Field의 데이터 길이(Data Length)를 표시하며, Data Field의 데이터 길이(Data Length)가 8Bytes 이상이면 Recessive("1")로 표시한다.

③ r_0 : Reserved bit

④ BRS(Bit Rate Switch) : 통신 속도를 표시한다. 통신 속도를 가변으로 사용할 경우 Recessive("1")로 표시한다.

⑤ ESI(Error State Indicator) : 송신시 에러 패시브(Error Passive) 상태(REC or TEC > 127)이며, Recessive("1")로 표시한다.

⑥ DLC(Data Length Code) : 데이터의 길이(DLC)를 의미한다.

4) Data Field

전달하고자 하는 정보가 있는 영역이며, 한 프레임당 최대 64Bytes 전송이 가능하다.

5) CRC(Cyclic Redundancy Check) Field(16bit · 18bit · 22bit)

프레임의 오류를 검사하기 위해 사용되는 영역으로 16bit · 18bit · 22bit로 사용이 가능하다.

6) ACK(Acknowledgement) Field(2bit)

① 메시지의 정상적인 전송을 의미하며, 메시지를 정상적으로 수신할 경우 수신 제어기는 Dominant "0"을 전송한다.

② CAN 버스(Bus) 상에서 ACK 상태를 확인하며, 없을 경우 재전송을 시도한다.

7) EOF(End of Frame)

프레임의 끝을 나타내고 종료를 의미하며, 모든 비트(bit)는 항상 Recessive("1")로 표시한다.

09 CAN 사이버 보안(Cyber Security)

(1) 배경

자율주행 기술의 대응, 배기가스 규제의 강화, 안전성과 편의성 증대 및 상품성 향상 등으로 차량의 전자제어기(ECU) 증가와 더불어 차량 내에서 전송되는 데이터양이 더 많아짐에 따라 차량 내의 통신으로 CAN(Controller Area Network) 및 CAN FD(Flexible Data Rate)를 널리 사용되고 있다.

따라서 차량의 전자제어기(ECU)는 보다 더 많은 정보를 통하여 요구되는 기능의 수행, 차량의 소프트웨어 무선 업데이트(OTA : Over The Air) 기술의 적용 및 향후 자율주행 자동차에서 기본적으로 V2x 통신의 적용이 예상되며, 이에 따라 차량의 사이버 보안이 차량의 안전에도 큰 영향을 줄 수 있다.

UNECE WP.29에서 2020년 6월에 차량 사이버 보안 법규(UN Reg. No. 155)를 채택하였으며, EU(유럽연합)의 경우 신규 차량은 2022년 7월, 기존 차량은 2024년 7월에 의무화 예정이다. 또한 국내에서도 차량 사이버 보안 법규(UN Reg. No. 155)기준으로 2020년 6월에 차량 사이버 보안 가이드 라인을 배포하였고, 자동차관리법을 개정하여 시행할 예정이다.

> **참고**
> ① UN Reg. No.155 : Cyber security and Cyber Security Management System(CSMS : 사이버 보안 관리시스템)
> ② UN Reg. No.156 : Software Update and Software Updates Management System(SUMS : 소프트웨어 업데이트 관리 시스템)

(2) 차량 사이버 보안(Cyber Security)의 취약 연구 사례

① 차량에서 국제 표준 진단 커넥터인 OBD2(On Board Diagnostic)를 통한 차량내 정보의 획득이 가능하다.(2010년, IEEE, Washinton University, Karl Koscher etc)

② 차량에서 차량 내부의 네트워크에 접근하여 임의의 CAN 신호를 주입(Injection)하

여 기능의 조작이 가능하다.(2010년, IEEE, California-San Diego University, Stephen Checkoway etc)

③ 차량 내의 네트워크에 접근하여 원격으로 임의의 CAN 신호를 주입(Injection)하여 기능의 조작이 가능하다.(2013년, Black Hat USA, Miller and Valasek)

④ 차량에서 CAN 에러 상태(Error Status)의 개념과 식별자인 CAN ID의 반복성을 이용하여 CAN 버스 오프(Bus Off)의 에러를 강제적으로 발생할 수 있다.(2016년, ACM CCS, Cho and Shin)

(3) 차량 사이버 보안(Cyber Security) 방안

차량 사이버 보안 가이드 라인(국토교통부, 2020년 6월 배포)에서 다음과 같이 가이드 하고 있다.

1) 통신 네트워크를 통한 위험

① 차량 내 통신 데이터의 악의적인 데이터 신호 주입(Signal Injection) : 차량 통신 데이터의 신뢰성 및 무결성을 확인한다.

② 차량 내 통신 네트워크를 통한 변조된 데이터 쓰기(Write) : 차량 네트워크의 접근 제어 기술을 사용해야 한다.

2) 차량 업데이트에 대한 위험

① 소프트웨어 무선 업데이트(OTA : Over The Air)에 대한 비정상적인 프로세스 (Process) 발생 : 보안이 적용된 소프트웨어 업데이트를 사용해야 한다.

② 소프트웨어 무선 업데이트(OTA : Over The Air)에 대한 유효화하지 않는 암호화 알고리즘 허용 : 암호화 알고리즘에 대한 통제 기술을 사용해야 한다.

10 이더넷 통신

(1) 배경

자율주행 기술의 대응, 안전성과 편의성 증대 및 상품성 향상 등으로 차량의 전자제어기(ECU)의 증가와 더불어 차량 내에서 전송되는 데이터양이 더 많아짐에 따라 차량 내의 통신으로 CAN(Controller Area Network) 및 CAN FD(Flexible Data Rate)를 널리 사용되고 있다. 하지만 운전자의 운전을 보조하는 AVM(All around View Monitoring) 및 운전자에게 편리한 서비스를 제공하는 인포테인먼트(Infortainment)와 같이 대용량의 영상 데이터를 보다 빠른 통신 속도로 전송이 필수적인 시스템과 같은 경우 이에 적합한 차량용 이더넷(Ethernet) 통신과 같은 새로운 통신이 필요하게 되었다.

(2) 차량용 이더넷(Ethernet) 통신의 특징

1) 대용량의 데이터 전송

차량용 이더넷(Ethernet) 통신은 최대 통신 속도가 100Mbps로 대용량의 데이터 전송이 빠른 통신 속도로 전송이 가능하여 운전자에게 보다 빠른 정보 제공이 가능하다.

2) 근거리 통신에 적합

차량용 이더넷(Ethernet) 통신은 약 15m정도로 근거리 통신에 적합하다.

3) 다양한 토폴로지(Topology) 구성

차량용 이더넷(Ethernet) 통신은 스타형(Star), 트리형(Tree), 링형(Ring), 데이지 체인형(Daisy Chain)과 같이 다양한 네트워크 형태의 연결이 가능하다.

> **참고** CAN 또는 LIN 통신 – 버스형(Bus), FlexRay 통신 – 버스형(Bus), 스타형(Star), 버스형과 스타형이 조합된 하이브리드형(Hybrid), MOST 통신 – 스타형(Star), 링형(Ring)

4) 유리한 네트워크 확장성

차량의 전체 네트워크를 이더넷(Ethernet) 통신을 기반으로 하고, 이더넷(Ethernet) 통신은 센트럴 게이트웨이(Central Gateway)와 여러 개의 도메인 게이트웨이(Domain Gateway)로 구성될 수 있다. 도메인 게이트웨이(Domain Gateway)를 통한 기존 차량의 통신 네트워크(CAN, CAN FD 등)와 연결이 가능하다.

5) 높은 응용성으로 다양한 서비스 제공

인터넷을 통한 다양한 편의 서비스의 제공이 가능하며, 원격의 진단 서비스 및 소프트웨어 업데이트가 가능하다.

6) 비용 측면 불리

MOST 통신과 비슷하나, FlexRay 통신 CAN FD 통신, CAN 통신 LIN 통신 대비 가격이 비싸다.

11 플렉스레이(FlexRay) 통신

안전성과 편의성 증대 및 상품성 향상 등을 위하여 기본적으로 차량의 전자제어기(ECU) 적용이 필수적이며, 특히 고속 통신이 가능하고 신뢰도가 높아 안전성이 많이 요구되는 차량의 파워트레인 또는 섀시 안전 부품에 적용할 수 있는 적합한 차량 네트워크 개발의 필요성이 대두되어 2000년에 FlexRay 컨소시엄(BMW, 다임러 크라이슬러, 필립스, 모토롤라 등)을 구성하여 이에 적합한 차량 통신이 플렉스레이(FlexRay) 통신이다.

플렉스레이(FlexRay) 통신으로 시프트 바이 와이어(SBW : Shift By Wire), 브레이크 바이 와이어(Brake By Wire) 및 스티어 바이 와이어(Steer By Wire) 등이 있다. 플렉스레이(FlexRay) 통신은 CAN 통신, LIN 통신, MOST 통신 등 기존의 시스템과 함께 작동할 수 있다. 2006년경에 BMX X5에 어댑티브 탬핑 시스템(Adaptive Damping System)에 최초로 플렉스레이(FlexRay) 통신이 적용되었다.

(1) 플렉스레이(FlexRay) 통신의 특징

1) 빠른 고속 통신

플렉스레이(FlexRay) 통신은 최대 통신 속도가 기존 CAN의 10배인 최대 10Mbps로 향후에 개발된 CAN FD와 비슷하다. 네트워크를 2중화하여 통신할 수 있으므로 X-By-Wire시스템에 적합하다.

2) 결함에 강한 내결함성 통신

차폐(Shield)된 트위스트 와이어(Twist Pair Wire)로 버스-플러스(BP)와 버스 마이너스(BM)의 2개의 채널로 구성되며, 버스를 두 개 또는 하나만 사용이 가능하다. 버스를 두 개로 사용할 경우 결함에 대한 이중화(Redundancy) 또는 다른 메시지를 전송 시 속도는 2배가 된다.

3) 다양한 토폴로지(Topology) 구성

버스형(Bus), 스타형(Star), 버스형과 스타형이 조합된 하이브리드형(Hybrid)과 같이 다양한 네트워크 형태의 연결이 가능하다.

4) 비용적 측면

이더넷(Ethernet) 통신과 MOST 통신보다는 저렴하고, CAN 통신 및 CAN FD 통신보다는 비싸다. 차량 통신의 가격(Cost)을 비교하면 다음과 같다.

이더넷 통신 ≒ MOST 통신 → 플렉스레이 통신 → CAN 통신 ≒ CAN FD 통신 → IN 통신

5) 통신 방식

시간을 분할하는 개념인 시간 트리거(Time trigger) 방식을 사용하고, 동기식 통신을 한다.

(2) 플렉스레이(FlexRay) 통신의 구성

1) 호스트(Host)

통신에 대한 프로세스를 제어한다.

2) 통신 컨트롤러(Communication Controller)

FlexRay의 통신 프로토콜을 구성하는 중요한 역할을 한다.

3) 버스 가디언(Bus Guardian)

통신 버스 접근(Access)을 감시한다.

4) 버스 드라이버(Bus Driver)

데이터를 송신 및 수신하는 역할을 한다.

기출문제 유형

✦ 차량 통신에서 광케이블(Optical fibers)을 적용했을 때의 장·단점에 대하여 설명하시오.(119-3-4)

✦ 차량에 광통신(Optical Communication) 시스템을 적용하는 이유와 광통신을 적용하기 위한 방안을 설명하시오.(113-2-4)

01 개요

안전성과 편의성의 증대 및 상품성 향상 등으로 차량의 전자제어기(ECU) 증가와 더불어 차량 내에서 전송되는 데이터양이 더 많아짐에 따라 차량 내의 다양한 통신 방식이 적용되고 있다. 이중에서 통신 속도가 가장 빠르고 대용량의 데이터를 전송할 수 있는 광통신의 일종인 MOST(Media Oriented Systems Transport)는 오디오, 비디오, 내비게이션과 같은 엔터테인먼트 시스템을 위해 개발된 차량 통신 방식이다.

광통신(Optical Communication)은 와이어 또는 도파관을 통한 유선통신이나 자유 공간으로 전자파의 주파수를 이용한 무선통신과 다르게 광섬유 케이블(Optical Fiber Cable)을 통해 빛으로 정보를 전송하는 통신 방식이다. 광통신의 종류에는 D2B(Digital data Bus), MOST(Media Oriented System Transport), Byteflight가 있으며, 자동차의 엔터테인먼트 시스템인 멀티미디어기기에 MOST(Media Oriented System Transport)가 적용 중에 있다.

02 광통신 시스템 구성

그림1. 광통신의 개념도

① 광송신기 : 전기적 신호를 광신호로 변환한다.(전기신호 → 광신호)

② 광수신기 : 광신호를 전기적 신호로 변환한다.(광신호 → 전기신호)

③ 광섬유(케이블) : 광신호를 전송한다.

03 광섬유의 구조

광섬유는 코어, 클래드(Clad), 코팅 영역으로 구성된다.

(1) 코어(Core)

광섬유의 중심에 위치한 원통 모양의 투명한 유리이며 광신호를 전송한다. 전반사 조건을 만족하기 위하여 굴절률이 클래드보다 커야 한다.

그림2. 광섬유의 구조

(2) 클래드(Clad)

코어를 감싸고 있는 원통 모양의 투명한 유리이며, 빛의 손실을 없애 전반사가 되도록 도와준다.

04 광통신이 대용량 정보 전송에 적합한 이유

광통신은 전송 채널의 주파수 대역이 넓어 데이터의 전송을 보다 많이 할 수 있어 단위 시간당 더 많은 데이터를 전송할 수 있는 통신 네트워크로 사용이 가능하다.

1) 캐리어(Carrier)의 주파수를 높이면 전송폭이 넓어진다.(BW ∝ fcarrier)

$$C = BW \times \log_2(1 + SNR)$$

여기서, C : 정보 전송용량(비트/초), BW : 전송채널의 대역폭
SNR : 신호 대 잡음의 전력비

2) 캐리어 주파수(Carrier Frequency) 비교

광통신(185~195THz) → 실내 무선 네트워크(2.4GHz) → FM 라디오(88~108MHz)

05 MOST(Media Oriented System Transport) 통신

(1) MOST(Media Oriented System Transport) 통신의 특징

MOST(Media Oriented System Transport) 통신은 통신 속도가 가장 빠르고 대용량의 데이터를 전송할 수 있는 광통신의 일종으로 오디오, 비디오, 내비게이션과 같은 엔터테인먼트 시스템을 위해 개발된 차량 통신 방식이다.

MOST(Media Oriented System Transport) 통신은 25Mbps의 MOST25, 50Mbps의 MOST50 및 150Mbps의 MOST150이 개발 되었다. 초대 400Mbps까지 지원이 가능할 것으로 예상되며, 인터페이스 표준은 독일에 있는 MOST 협회에서 제공한다.

(2) MOST(Media Oriented System Transport) 통신의 특징

1) 단순한 구조이며, 설계 및 유지가 쉽다.

광케이블 하나로 데이터 전송이 가능하며, 플러그 앤 플레이(Plug & Play)가 가능하여 MOST 네트워크상에 장치의 추가 및 제거가 쉽다.

2) 고속 통신으로 대용량의 데이터 전송

고주파수 특성과 광대역성으로 인하여 대용량 데이터 전송이 가능하여 엔터테인먼트 시스템인 멀티미디어기기에서 사용되는 음성 및 동영상 등 다양한 데이터 전송이 가능하다.

3) 장거리 통신

전송 손실이 작아 중간 중계 없이 장거리 전송이 가능하다.

4) 유리한 레이아웃

무게가 가볍고 부피가 작아 레이아웃에 유리하다.

5) 보안성이 좋다.

(3) MOST(Media Oriented System Transport) 통신의 장점

① 광섬유 접속 및 전력 전송이 어렵다.
② 광섬유의 큰 굽힘이나 틀어짐, 코어(Core) 끝부분의 손상이나 오염에 약하다.
③ 광섬유는 빛을 전파할 때 굽힘 및 곡률에 의해서 방사 손실이 발생한다.
④ 통신상 필요한 분기가 어렵다.
⑤ 통신 속도가 빠르지 않는 경우 비용 측면에서 높다.

기출문제 유형

✦ 가용성 링크(Fusible Link)를 설명하시오.(83-1-4)

---

01 개요

차량의 12V 계통, 24V 계통 등의 전원 시스템에서 전원(12V 또는 24V)과 접지(GND : Ground) 단락(Short)이 발생할 경우, 단락 경로를 통하여 큰 전류가 흘러 에너지의 큰 발열로 인하여 축전지(Battery)의 손상 또는 소손이나 배선의 소손 심할 경우화재로 이어질 수 있다.

대용량의 에너지를 짧은 시간에 방출하는 고장을 확실하게 차단하고 차량의 전자 시스템을 보호하기 위하여 퓨즈(Fuse)를 사용하며, 이 퓨즈(Fuse)를 가용성 퓨즈(Fusible Link)라 한다.

02 시스템 구성

① 퓨즈 박스(Fuse Box)의 입력방향은 배터리(Battery)의 (+)단자에 최대한 가깝게
  연결한다.
② 자동차의 모든 전기부하는 퓨즈 박스(Fuse Box) 출력방향에 연결하여 허용되지
  않은 높은 전류로부터 모든 전기부하를 보호한다.

③ 퓨즈(Fuse)는 정격 전류를 계속해서 흐르게 하여 자동차의 전자제어기(ECU) 및 부하의 작동을 할 수 있도록 하는 안전부품이다. 단락 발생시 퓨즈(Fuse)는 정격 전류보다 큰 전류가 흘러 규정된 시간 이내에 용단(녹아 끊어짐)된다.

03 카트리지형 퓨저블 링크(Cartridge Fusible Link)

자동차용 퓨즈(Fuse)로서 일반적인 카트리지형 퓨즈 중 용단부를 흡열 블록으로 싸서 투명 커버 및 하우징으로 구성된 퓨저블 링크(Fusible Link)를 말하며, 다음과 같은 특징이 있다.

① 고전류 영역에서의 퓨즈(Fuse)의 용단 특성이 좋아야 한다.
② 퓨즈(Fuse)의 용단부가 쉽게 확인할 수 있어야 하며, 교환이 쉬워야 한다.
③ 열, 먼지, 물 등의 영향을 받지 않는 커버에 내장되어 있다.

기출문제 유형

✦ 홀 효과 스위치(Hall Effect Switch)를 설명하시오.(83-1-2)

✦ 자동차에 사용되는 홀 효과 스위치(Hall-effect Switch)에 대하여 설명하시오.(90-1-3)

---

01 개요

차량의 파워트레인(엔진, 변속기 등) 또는 섀시 안전부품(ESC 등)에서 회전속도를 입력 신호로 필요할 경우 홀 효과(Hall Effect)를 이용한 센서들이 많이 적용되고 있다.

02 홀 효과 스위치(Hall-effect Switch)

(1) 작동 원리

도체나 반도체에 전류 I_X가 흐르고, 전류와 직각으로 자기장(B_z)을 가하면, 이 두 방향과 직각방향으로 전압(V_H)이 발생하는 효과를 홀 효과(Hall Effect)라 한다. 이것은 전류와 자계에 의해서 도체 또는 반도체의 내부 전하가 힘을 받아 양전하는 왼쪽, 음전하는 오른쪽으로 위치하기 때문이다.

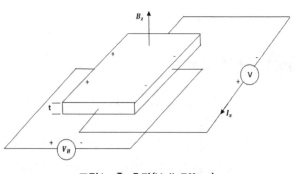

그림1. 홀 효과(Hall Effect)

홀 효과 현상을 주는 물질 중에 Bi, Ge, Si, In, Sb 등이 널리 이용되고 있다. 홀 효과에 의한 도체의 전압차를 이용한 스위치를 홀 효과 스위치(Hall-effect Switch) 또는 홀 센서(Hall Sensor)라고 한다.(그림1)

$$V_H = R_H \frac{I_x \cdot B_z}{t}$$

여기서, R_H : 홀 상수(Hall Constant), I_x : 전류, B_z : 자계, t : 도체 두께

(2) 장점

① 일반 기계적 접점 스위치 대비 노이즈에 강하고, 스위칭 시 과도 현상(Overshoot)이 없다.

② 일반 기계적 접점 스위치는 접점에 대한 접촉 불량이 발생하기 쉬우나, 홀 효과 스위치(Hall-effect Switch)는 접촉 불량이 발생하지 않는다.

03 자동차 적용 예

① 엔진 : 크랭크 앵글 센서(Crank Angle Sensor), 캠 샤프트 포지션 센서(Cam Shaft Position Sensor) 등

② 자동변속기 : 입·출력 속도 센서 등

③ ABS(Anti-lock Brake System)·ESC(Electronic Stability Control) : 휠 스피드 센서 등

기출문제 유형

✦ 요 레이트 센서(Yaw Rate Sensor)를 설명하시오.(83-1-11)

✦ 자이로 작용(Gyroscopic Effect)을 설명하시오.(59-1-1)

01 개요

ESC(Electronic Stability Control)는 각종 센서들로부터 휠 속도, 제동 압력, 조향 핸들 각도 및 차체 기울어짐 등의 신호를 수신하여 분석을 통하여 차량 가속시, 제동시, 선회시, 급격한 스티어링시 차량의 불안정한 상태(오버 스티어, 언더 스티어)가 발생할 경우 각 휠의 브레이크 유압 제어와 함께 엔진 토크 감소 제어(Engine Torque Down)를 행하여 차량의 불안정한 자세를 안정적으로 잡아주는 시스템이다.

오버 스티어, 언더 스티어와 같은 제어(요-모멘트 제어 : Yaw-Moment Control)를

하기 위해서 중요한 센서로는 조향 각 센서(Steering Angle Sensor)와 함께 요레이트 센서(Yaw Rate Sensor : 차량의 Z축 회전 각속도 센서)이다.(그림1)

02 시스템 구성

요레이트 센서(Yaw Rate Sensor)는 ESC(Electronic Stability Control)와 CAN으로 연결되어 차량의 요레이트(Yaw Rate, deg/s), 횡가속도(Lateral Acceleration) 값을 전송한다.

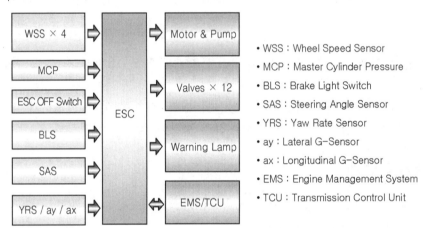

- WSS : Wheel Speed Sensor
- MCP : Master Cylinder Pressure
- BLS : Brake Light Switch
- SAS : Steering Angle Sensor
- YRS : Yaw Rate Sensor
- ay : Lateral G-Sensor
- ax : Longitudinal G-Sensor
- EMS : Engine Management System
- TCU : Transmission Control Unit

그림1. ESC 시스템 구성도

03 요레이트 센서(Yaw Rate Sensor) 작동 원리

(1) 개요

대량 생산에 유리한 진동 방식(Vibrating Type)의 각속도 센서가 MEMS 기술을 이용하여 개발되어 사용 중에 있다. 마이크로머시닝 기술을 이용한 MEMS 각 가속센서는 진동형(Vibrating Type)이 대부분이다. 이를 요레이트 센서(Yaw Rate Sensor)라고 호칭하며, 현재는 원가와 중량을 고려하여 ACU(Air Bag Control Unit) 또는 ESC(Electronic Stability Control)와 일체화시킨 통합형 타입(Integration Type)을 적용하고 있는 추세이다.

(2) 작동 원리

진동 방식(Vibrating Type)의 각속도 센서는 z축 방향의 회전을 검출하기 위해서 각 운동량을 사용하지 않고 코리올리 가속도(Coriolis acceleration)의 원리를 이용해서 각속도를 측정한다. 2차원 진동 시스템(Vibrating System)을 이용하여 진동 방식(Vibrating Type)의 각속도 센서에서 코리올리 힘에 의해 발생하는 코리올리 가속도(Coriolis acceleration)를 측정한다.

1) 코리올리의 힘(전향력)

Z축 방향으로 각속도 Ω로 회전하고 있을 경우 물체가 Y축 방향으로 속도 V로 직선운동하면 Z축과 속도 V에 수직인 X축 방향으로 물체가 코리올리 힘을 받으며, 이 힘으로 인하여 발생하는 가속도를 코리올리 가속도(Coriolis acceleration)라고 한다.(그림2)

$$a_c = 2V \times \Omega = -2\Omega \times V$$

$$a_c = 2V\Omega$$

여기서, a_c : 코리올리 가속도, Ω : Z축 각속도, V : Y축 속도

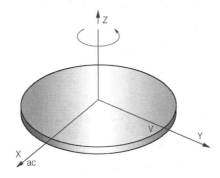

그림2. 코리올리 가속도(Coriolis acceleration)의 원리

2) 검출 원리

진동 방식(Vibrating Type)의 각속도 센서에서 코리올리 힘을 발생시켜 코리올리 가속도(Coriolis acceleration)에 의한 진동을 검출하는 원리는 X축 방향은 정전기력, 자기력, 압전 현상을 이용하여 작동하며 Y축 방향은 정전 용량, 압전기, 압저항 현상을 이용하여 검출한다.

기출문제 유형

✦ IPS(Intelligent Power Switch)의 기능과 효과에 대하여 설명하시오.(101-1-12)

---

01 개요

차량의 수많은 전장품들을 보호하는 퓨즈(Fuse) 및 적절한 스위칭 동작으로 기능을 수행하는 릴레이(Relay)는 실제 부하의 오동작, 퓨즈 손상 등이 발생할 경우 자체적으로 이를 감지할 수 없다는 단점이 있다. 따라서 안전성과 편의성 증대 및 상품성 향상

등으로 전자제어기(ECU)의 증가와 더불어 내부에 검출 회로를 통해 능동적으로 전류 및 전압 상태를 감시하고, 부하를 보호할 수 있는 IPS(Intelligent Power Switch)가 기존의 퓨즈 및 릴레이 소자를 대체할 수 있는 스위칭 소자로 확대될 전망이다.

02 IPS(Intelligent Power Switch) 기능

부하와 스위치 자신의 상태를 판단해 적절한 조치를 취하고 부하의 상태를 마이크로 컨트롤러에게 전달하는 기능을 가지고 있다.

① 전류를 제한하는 기능을 한다.
② 과열 보호(Over-temperature Protection) 기능을 한다.
③ 부하 단선(Open Load)을 감지한다.
④ 단락 회로를 보호하는 기능을 한다.

03 자동차 적용 예

① 운전석 도어 모듈(DDM : Driver Door Module)
② 동승석 도어 모듈(ADM : Assistance Door Module)
③ 파워시트 모듈(PSM : Power Set Module)
④ ICU(In-panel Control Unit) 등

기출문제 유형

✦ 자동차 전기장치에 릴레이를 설치하는 이유, 릴레이 접점 방식에 따른 종류와 각 단자별 기능을 설명하시오.(104-4-3)

---

01 릴레이(Relay) 개요

자동차에서 릴레이(Relay)는 작동(ON·OFF)할 때 아크가 발생되어 빠른 주기의 스위칭과 높은 유도성 부하의 사용은 한계가 있지만, 여전히 엔진 쿨링 팬(Cooling Fan), 후방 열선 히터, 제어장치의 메인 스위치, 전자식 브레이크 램프, 스타터 모터 구동용 솔레노이드 등과 같은 고전류 부하에 많이 사용되고 있다.

릴레이(Relay)는 전자석으로 작동되는 여러 개의 접점을 가진 전기 스위치의 역할과 시스템에 전원을 공급하는 역할(낮은 전류를 이용하여 더 높은 전류를 제어 한다.)을 한다. 릴레이(Relay)의 종류에는 핀 수에 따라 4핀 또는 5핀 릴레이(Relay)가 주로 사용되고 있으며, 최근에는 릴레이 및 퓨즈를 대체하는 고전류 반도체 스위칭 소자가 개발되어 점차적으로 적용이 확대될 전망이다.

02 릴레이(Relay)의 작동 원리

① 릴레이는 자장을 형성하기 위한 코일과 전자석에 의하여 작동되는 접점 및 리턴 스프링 등으로 구성되어 있다.

② 릴레이 코일에 전압을 인가하면 전류가 흘러 코일에 자기장이 형성되어 그 힘으로 릴레이의 아마추어가 코일의 코어로 움직여 아마추어와 기계적으로 연결된 접점이 붙게 된다. 릴레이 코일에 전압의 인가를 중지하면 코일에 통하는 전류가 차단되어 자기장이 소멸되어 붙어있던 각 접점은 리턴 스프링에 의하여 원상태로 되돌아가게 된다.

03 릴레이(Relay)의 구성 및 종류

릴레이(Relay)는 4핀과 5핀 릴레이(Relay)가 주로 사용되며, 필요에 따라 6핀과 8핀 릴레이(Relay)도 사용된다.

(1) 4핀과 5핀 릴레이(Relay)의 작동 원리

1) 핀 명칭

No.	명칭	비고
85	제어 단자(접지)	
86	전원(12V 또는 24V)	
87	부하1(Load1)	
87a	부하2(Load2)	5핀 릴레이만 해당
30	전원(12V 또는 24V)	

2) 작동순서

① 85번과 86번이 통전시 릴레이 코일에 전류가 흐른다.

② 4핀 릴레이의 경우 릴레이 스위치 접점이 닫히면서 30번과 87번이 연결된다(그림1). 그리고 5핀 릴레이의 경우 87번에서 87a번으로 통전된다(그림2). 일반적으로 엔진 쿨링 팬(Cooling Fan), 후방 열선 히터, 제어장치의 메인 스위치, 전자식 브레이크 램프, 스타터 모터 구동용 솔레노이드 등과 같은 고전류 부하가 연결된다.

(2) 일반 용어

① NC(Normal Close) Type 스위치 : 스위치 접점이 일반적으로 닫혀 있으며, 작동 시 열리는 타입을 의미한다.

② NO(Normal Open) Type 스위치 : 스위치 접점이 일반적으로 열려 있으며, 작동 시 닫히는 타입을 의미한다.

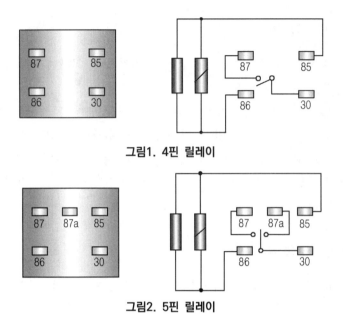

그림1. 4핀 릴레이

그림2. 5핀 릴레이

04 릴레이(Relay)의 장점 및 단점

(1) 장점

① 전원의 단락에 의한 소손 및 화재로부터 자동차의 전장 회로 및 제어기를 보호할 수 있다.

② 고전류 파워 소자 대비 가격이 저렴하다.

③ 낮은 전류를 이용하여 더 높은 전류를 제어할 수 있다.

(2) 단점

① 작동 회수가 증가 할수록 접점부위의 탄화에 의한 신뢰성 저하 발생이 가능하다. 참고로, 반도체 파워 스위칭 소자의 경우 접점부위의 탄화 발생 우려가 없다.

② 작동 시 소음이 발생할 수 있다.

기출문제 유형

✦ Limp Home(Fail Safe) 기능을 설명하시오.(74-1-1)

---

01 개요

일반적으로 내연기관 가솔린 차량의 EMS(Engine Management System)는 흡기 매니폴드(Manifold)를 통해 엔진 내부로 공급되는 공기의 유입량을 제어하기 위하여 스로틀 밸브(Throttle valve)와 액셀러레이터 위치 센서(APS : Accelerator Position Sensor)에서 출력되는 신호를 기준으로 엔진의 출력 토크를 산출한다. 배기가스 규제의 강화 및 성능 향상과 운전자의 가속 요구를 정확히 반영하기 위한 전자식 스로틀 제어(ETC : Electronic throttle control)가 널리 적용 되고 있다.

EMS(Engine Management System)는 액셀러레이터 위치 센서(APS : Accelerator Position Sensor) 및 전자식 스로틀 제어(ETC : Electronic throttle control)의 위치를 측정하는 스로틀 위치 센서(TPS : Throttle Position Sensor)에서 출력되는 신호를 모니터링 한다. 만일 스로틀 위치 센서(TPS : Throttle Position Sensor) 또는 액셀러레이터 위치 센서(APS : Accelerator Position Sensor) 및 그 외의 엔진 성능에 큰 영향을 주는 센서에서 고장(Failure)이 발생될 경우에는, 차량이 최소한의 주행을 가능하도록 하는 안전 기능을 림프 홈 모드(Limp Home Mode)라 한다.

02 림프 홈 모드(Limp Home Mode)의 기능

(1) 액셀러레이터 위치 센서(APS : Accelerator Position Sensor)가 고장일 경우

일부 신호만을 이용하여, 차량의 주행이 가능하다.

(2) 스로틀 위치 센서(TPS : Throttle Position Sensor)가 고장일 경우

스로틀 밸브의 전원을 차단 및 스로틀 밸브를 고정하여 엔진 출력을 감소시켜 정상 주행 대비 엔진 출력을 일정 이하로 설정(예 : 엔진 출력 20~30% 이하, 50km/h 이하 주행, 8% 미만의 경사 주행이 가능한 상태)하여 최소한의 주행을 가능하도록 한다.

> **참고** **HEV(Hybrid Electric Vehicle) 차량에서의 림프 홈 모드(Limp Home Mode)**
>
> 병렬형 하이브리드(HEV : Hybrid Electric Vehicle) 중에 하나인 TMED(Transmission Mounted Electric Device) 방식에서 차량의 전자제어기(ECU) 고장, 관련 센서의 고장 또는 위급한 상태가 발생할 경우 차량은 림프 홈 모드(Limp Home Mode)로 주행할 수 있도록 수행을 한다. 여기서, 림프 홈 모드(Limp Home Mode)란 센서 등의 고장으로 인하여 차량이 정상적으로 주행이 어려울 경우 최소한의 주행이 가능하도록 하는 안전 기능을 말하며, 배터리의 고전압 전원을 차단 및 모터와 HSG(Hybrid Start & Generator)의 사용을 중지하고 기존의 엔진과 변속기만으로 차량의 주행을 가능하도록 하는 상태를 말한다. 하이브리드(HEV : Hybrid Electric Vehicle)에서는 일반적으로 12V 전원을 사용하여 오일펌프로 유압을 제어하는 오일펌프 제어기(OPU : Oil Pump Unit)와 기존의 기계식 오일펌프(MOP : Mechanical Oil Pump)를 사용한다. 따라서 림프 홈 모드(Limp Home Mode) 주행시 고전압 배터리의 전원 공급이 차단되지만 12V 전원을 이용한 오일펌프 제어와 기계식 오일펌프(MOP : Mechanical Oil Pump)를 이용하여 유압의 생성을 위한 제어가 가능하다.

✦ 자동차용 회전 감지 센서를 광학식, 전자 유도식, 홀 효과식으로 구분하여 그 특성과 적용사례를
들어 설명하시오.(107-1-1)

01 개요

현재 내연기관(ICE : Internal Combustion Engine)에서 사용되는 크랭크 포지션 센서(CPS : Crank Position Sensor)는 엔진의 회전속도와 회전 각도에 따른 피스톤의 위치(TDC : Top Dead Center)를 검출하며, EMS(Engine Management System)는 이들의 신호를 기반으로 연료 분사량(Fuel Injection) 및 연료 분사시기(Fuel Injection Timing)와 점화시기를 결정할 수 있도록 해준다.

엔진 회전수를 검출하는 위치에 따라 크랭크축에서 회전수를 직접 검출하는 방식(인덕티브 방식, 홀 센서 방식)과 배전기(Distributor)에서 회전수를 간접적으로 검출하는 방식(광학 방식)이 있다. 기존에는 간접 검출방식인 광학 방식이 주로 사용 되었지만, 현재는 직접 검출방식인 인덕티브 방식 또는 홀 센서 방식이 주로 사용되고 있다.

02 광학식(Optical Type)

센서가 배전기(Distributor)에 위치하여 배전기(Distributor) 1회전 시 크랭크축은 2회전하므로 이 회전수를 검출한다.

(1) 구성부품

① 포토(수광) 다이오드 : 빛을 받으면 전압이 발생하여 전류가 통과한다.
② 발광 다이오드 : 빛을 발생시키며 포토 다이오드와 한 쌍으로 구성된다.
③ 슬릿(Slit) : 크랭크 각 측정용 홀(Hole) 4개와 1번 실린더 TDC(Top Dead Center) 측정용 홀(Hole) 1개로 구성된다.

(2) 작동 원리

금속 원판 위에 90° 간격으로 크랭크 각 측정용 홀(Hole) 4개와 1번 실린더 위치(TDC : Top Dead Center) 측정용 홀(Hole) 1개가 있으며, 회전시 홀(Hole)이 포토 다이오드와 발광 다이오드가 통과할 때마다 전압에 의한 구형파가 발생하며, 회전수가 빠를수록 펄스(Pulse Width)가 짧아지므로 주파수가 커진다.(그림1)

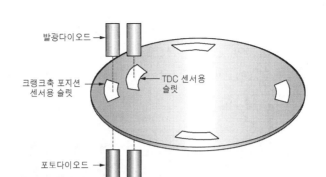

그림1. 크랭크 포지션 센서(CPS) – 광학 방식(Optical Type)

03 인덕티브 방식(Inductive Type or Magnetic pickup Type)

센서는 실린더 블록에 장착되고 트리거 휠은 크랭크축에 위치한다.

(1) 구성부품

영구자석, 철심 그리고 코일로 구성된다.

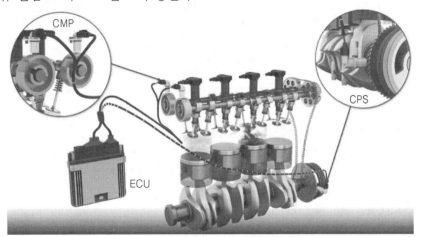

크랭크 포지션 센서(CPS) – 인덕티브 방식(Inductive Type)

(2) 작동 원리

① 실린더 블록에 장착된 센서는 크랭크축의 회전에 따라 크랭크축에 위치한 트리거 휠의 산(Top land)과 골(Bottom Land)을 지날 때 마다 자속이 변화하여 교류 (AC) 전압이 발생한다. 회전수는 이 교류 전압을 필터링 하여 회전수를 계산한다.

② 트리거 휠에는 60개의 산(Top land)과 골(Bottom Land)이 있으며 그 중 1~2개 의 산(Top land)이 없는 구조로 되어 있다. 센서는 트리거 휠의 산(Top land)이 있는 부위가 통과할 때 짧은 파형(Short Tooth)을, 산(Top land)이 1~2개 없는 부위를 통과할 때 긴 파형(Long Tooth)이 발생한다. 크랭크축이 2회전할 때 캠

샤프트는 1회전이므로 크랭크축 포지션 센서(CPS : Crank Position Sensor)에서 긴 파형(Long Tooth)이 2회 발생시 1번 실린더 TDC 신호는 1회를 발생하여 1번 실린더 위치(TDC : Top Dead Center)를 검출할 수 있다.(그림2)

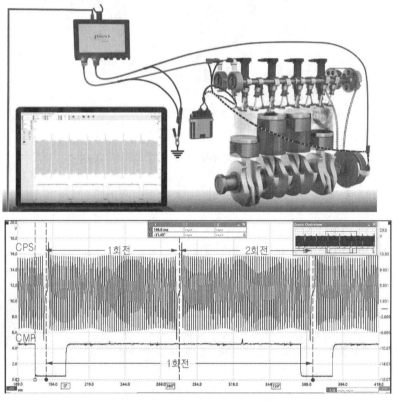

그림2. 크랭크 포지션 센서(CPS) – 인덕티브 방식(Inductive Type)

(자료 : www.garagelube.com/tests/camshaft-crankshaft-test/)

04 홀 센서(Hall Sensor) 방식

센서는 실린더 블록에 장착되고 트리거 휠은 크랭크축에 위치한다.

(1) 홀 효과(Hall Effect)

도체나 반도체에 전류 I_x가 흐르고, 전류와 직각으로 자기장(B_z)을 가하면, 이 두 방향과 직각방향으로 전압(V_H)이 발생하는 효과를 홀 효과(Hall Effect)라 한다. 이것은 전류와 자계에 의해서 도체 또는 반도체의 내부 전하가 힘을 받아 양전하는 왼쪽, 음전하는 오른쪽으로 위치하기 때문이다.

홀 효과 현상을 주는 물질 중에 Bi, Ge, Si, In, Sb 등이 널리 이용되고 있다. 홀 효과에 의한 도체의 전압차를 이용한 스위치를 홀 효과 스위치(Hall-effect Switch) 또는 홀 센서(Hall Sensor)라고 한다.

(2) 구성부품

영구자석, 홀 IC(Hall IC) 등으로 구성된다.

(3) 작동원리

① 실린더 블록에 장착된 센서는 크랭크축의 회전에 따라 크랭크축에 위치한 트리거 휠의 산(Top land)과 골(Bottom Land)을 지날 때 마다 자속의 변화량($\triangle B = B_{H1} - B_{H2}$)을 전압으로 변환하여 출력을 한다. 이렇게 출력되는 주파수와 전압(구형파)의 상승(Rising) 또는 하강(Falling)을 기준으로 회전수를 계산할 수 있다.(그림3)

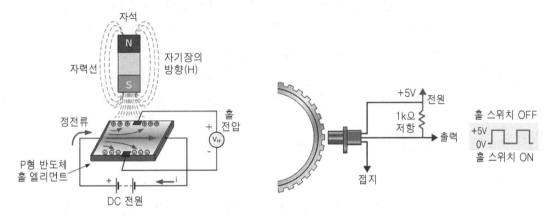

그림3. 크랭크 포지션 센서(CPS) - 홀센서(Hall Sensor) 방식

기출문제 유형

✦ 자동차용 프런트 G센서(front G sensor)를 설명하시오.(92-1-6)

---

01 개요

자동차에서 사용되는 정면 충돌 센서(FIS : Front Impact Sensor)는 자동차가 정면으로 충돌을 할 때 x축 방향(ax)의 가속도를 감지하고, ACU(Airbag Control Unit)에 그 신호를 전송하여 에어백이 적절한 시기에 전개될 수 있도록 하는 에어백 시스템에서 중요한 역할을 하는 부품이다.

보통 장착하는 위치는 프런트 엔드 모듈(FEM : Front End Module) 캐리어 또는 프런트 사이드 멤버에 장착 된다. 센서 내부에는 자유롭게 진동하는 질량이 설치되어 있으며, 충돌 중에 이런 진동 질량의 운동은 용량(Capacitive)의 변화로 나타나고 이 용량 (Capacitive)의 변화는 내부 회로에서 증폭 및 필터링이 되어 디지털 신호로 변환된 후 ACU(Airbag Control Unit)에 전송된다. 또한 다른 방식으로는 한 쪽에 클램핑 (Clamping)된 압전 진동체(Piezo-electric Seismic Body)를 이용하는 센서 방식은 안전 벨트 텐셔닝(Tensioning) 시스템, 에어백 또는 전복 보호대의 활성화에 사용되기도 한다.

02 정면 충돌 센서(FIS : Front Impact Sensor) 장착 및 검출 방법

① ACU(Airbag Control Unit)가 자동차의 충격량(가속도)을 측정하는 방법은 차량의 진행 방향인 X축의 전진과 후진방향의 가속도를 측정하는 종방향 가속도 (Longitudinal Acceleration) 센서와 그와 직각인 Y축 방향의 가속도를 측정하는 횡방향 가속도(Lateral Acceleration) 센서로 기본적인 가속도 값을 측정한다.

② 차량의 진행 방향인 X축의 전진과 후진방향의 가속도를 기준으로 충돌 방향의 판단 및 에어백의 정상적인 전개 유무를 판단하여 에어백 오전개에 의한 사고를 예방한다.

03 가속도 센서의 종류

(1) 개요

가속도 센서는 크게 한 방향의 가속도를 검출하는 1축 가속도 센서와 세 방향의 가 속도를 검출하는 3축 가속도 센서가 있다. 가속도 센서는 질량 변위(Mass displacement)의 검출 방식에 따라 다음과 같이 구분한다.

① 정전 용량형 가속도(Capacitive Acceleration Type)

② 압전형 가속도(Piezoelectric Acceleration Type)

③ 압전 저항형 가속도(Piezoresistive Acceleration Type)

(2) 정전 용량형 가속도(Capacitive Acceleration Type)

1) 측정 원리

① 정전 용량형 가속도(Capacitive Acceleration Type) 센서는 고정된 두 개의 전 극(고정 전극)과 그 사이에 가동되는 한 개의 전극(가동 전극)으로 구성되어 있다.

② 가속도가 왼쪽 방향으로 발생할 경우 질량과 스프링의 역할을 하는 가동 전극이 오 른쪽으로 움직이면 변위가 발생하여 가동 전극과 고정 전극간의 정전 용량(수십F~ 수pF)이 변화한다. 이러한 정전 용량의 변화를 이용하여 가속도를 검출한다.(그림1)

③ 정전 용량형 가속도(Capacitive Acceleration Type) 센서는 정적 검출이 가능하 고 정밀도가 우수하여 충돌용 검출 센서로 많이 사용된다.

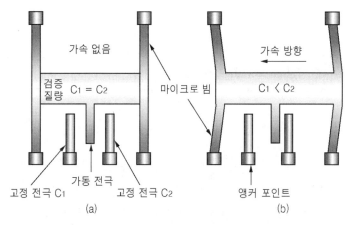

그림1. 정전 용량형 가속도(Capacitive Acceleration Type)

(3) 압전형 가속도(Piezoelectric Acceleration Type)

1) 검출 원리

수정이나 산화바륨($BaTiO_3$) 등과 같은 세라믹 압전 결정에 힘을 받아 위 방향으로 가속도가 발생할 경우 세라믹 압전체 내부에서 전기 분극에 의하여 결정 표면에 전하가 발생하는 원리를 이용하여 가속도를 검출한다. 발생된 전하는 압전 소자에 인가된 힘인 가속도에 비례한다(그림2).

2) 특징

① 구조가 간단하여 소형, 경량이며, 차량용 에어백 충돌 검출 센서에 사용되고 있다.
② 임피던스가 높고, 초전효과를 가지며, 정적 검출이 불가능하다.

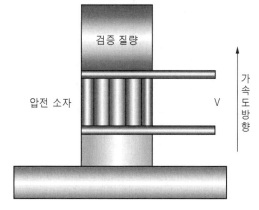

그림2. 압전형 가속도(Piezoelectric Acceleration Type)

기출문제 유형

✦ PWM(Pulse Width Modulation) 제어에 대하여 설명하고, PWM 제어가 되는 작동기 3가지에 대하여 각각의 원리를 설명하시오.(102-3-4)

01 개요

자동차 적용되는 액추에이터(모터, 솔레노이드 등)를 제어하는 방식은 ON·OFF 제어, PWM(Pulse Width Modulation) 제어 등으로 구분된다. PWM(Pulse Width Modulation)이란 펄스폭을 변조하는 방식으로 주기는 변하지 않고 펄스폭의 듀티비를 변화시켜 제어하는 방식을 말한다.

듀티비(Duty Ratio)비가 클수록 전류가 흐르는 시간은 길어진다. PWM(Pulse Width Modulation) 제어시 사용되는 용어로는 단위 시간(1sec)에 반복되는 신호 파형의 수(cycle/sec)를 나타내는 주파수(Frequency)와 주기(T)에 대한 ON시간의 비율을 나타내는 듀티(Duty), 반복되는 신호의 주기를 가지며 1주기를 나타내는 사이클(Cycle)이 있다. 자동차에서 PWM(Pulse Width Modulation) 제어를 적용하는 예로 EGR(Exhaust Gas Recirculation), ISC(Idle Speed Control), PCSV(Purge Control Solenoid Valve), Injector, PTC Heater 등이 있다.

02 주파수(Frequency)

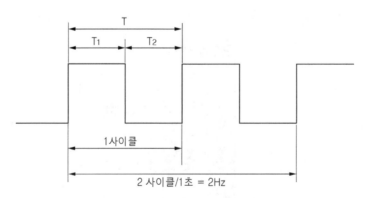

그림1. PWM(Pulse Width Modulation) 파형

03 듀티 사이클(Duty Cycle)

펄스 파형을 인가하여 주기 T에 대한 ON시간 T_1(제어시간)의 비율을 듀티 사이클(Duty Cycle) 또는 듀티비(Duty Ratio)라 한다. 전자제어에서 ON시간 T_1은 전류가 흐

르는 시간(제어시간)이며, OFF시간 T_2는 전류가 흐르지 않는 시간(비제어 시간)이라 정의할 수 있다. 자동차에 적용되는 전자제어 방식에 따라 반대로 제어(T_1이 OFF, T_2가 ON)하는 시스템도 존재한다(그림1).

$$D = \frac{T_1}{T} \times 100$$

여기서, T : 주기, T_1 : ON 시간

예를 들면, T=100, T_1=30일 경우, 듀티비(Duty Ratio)는 30%이다.

04 사이클(Cycle)

신호가 반복되는 경우 주기를 가지며 1주기를 1사이클(1Cycle)이라 한다. 1초간의 사이클 수를 ㎐(헤르츠)라는 단위로 나타낸다. 예를 들면 1초간 20사이클이라고 하면 20Hz로 나타낸다. 즉, 20Hz이면 1사이클의 파형이 1초간 20회라는 것을 의미한다(그림1).

05 PWM(Pulse Width Modulation) 제어의 예

(1) 배기가스 재순환장치(EGR, Exhaust Gas Recirculation)

1) 개요

자동차는 연소과정에서 CO, NOx, HC 등의 유해물질이 배출되며, CO, HC는 NOx와 항상 트레이드 오프(Trade off) 관계가 있다. 배기가스 재순환장치(EGR : Exhaust Gas Recirculation)는 배기가스를 흡기계로 재순환하여 실린더내에서 공기량을 줄여서 혼합기가 연소할 때 연소온도를 낮추어 NOx의 발생을 감소시키는 장치이다.

2) EGR 솔레노이드 밸브의 작동 원리

① EGR 솔레노이드 밸브는 흡입 공기량 센서(Air Flow Sensor)와 같은 각종 센서의 정보를 기준으로 EMS(Engine Management System)에서 판단하여 EGR 제어량을 결정하고 PWM(Pulse Width Modulation) 제어를 한다.

② EMS(Engine Management System)에서 FET를 TURN ON(T_1) 할 경우 EGR이 작동하며, FET TURN ON 유지시간(T_1)과 전체 주기(T)와의 비로 듀티(Duty) 제어 즉, PWM(Pulse Width Modulation) 제어를 할 수 있다.(그림2)

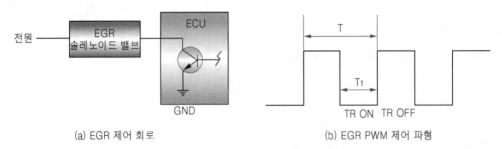

(a) EGR 제어 회로   (b) EGR PWM 제어 파형

그림2. EGR(Exhaust Gas Recirculation) 제어 회로와 PWM(Pulse Width Modulation) 제어 파형

3) EGR 비율(EGR Rate)

EGR율(EGR Rate)이 증가하면 NOx는 감소하지만 입자상 물질(PM), CO, HC 및 연료 소비율(Fuel Consumption)은 증가한다. 따라서 이런 요소들에 영향을 주지 않으면서 엔진의 작동 조건을 고려하여 최적의 EGR 비율을 결정할 수 있다.(보통 15~50% 범위, 기계식일 경우 5~15% 범위에서 시스템의 특성을 고려하여 결정한다.)

$$EGR율 = \frac{EGR\,가스량}{흡입공기량 + EGR\,가스량} \times 100$$

$$EGR양 = 배기량 - 흡입공기량$$

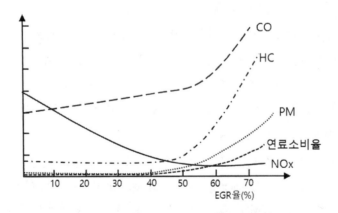

그림3. EGR율(Rate)과 배기가스 관계

4) EGR(Exhaust Gas Recirculation) 제어 금지 조건의 예

EGR(Exhaust Gas Recirculation) 제어 금지 조건의 예는 다음과 같다.(테라칸 KJ2.9 차량의 예)

① 공회전인 경우(1000rpm 이하에서 일정 시간 이상시)
② 공기 온도가 일정 이상인 경우(예 : 60℃)
③ 흡입 공기량 센서(Air Flow Sensor)가 고장을 발생한 경우

④ EGR(Exhaust Gas Recirculation)이 고장을 발생한 경우

⑤ 냉각수 온도가 일정 이하인 경우(예 : 15℃)

⑥ 에어컨 작동 중인 경우

⑦ 고도가 높은 경우(예 : 1000m 이상)

⑧ 시동 직후인 경우(예 : 2초 이내)

5) EGR 쿨러(EGR Cooler)

EGR 쿨러는 흡기계로 재순환한 배기가스의 온도를 낮추고, 밀도를 높이는 역할을 하는 장치이며, NOx 및 입자상 물질(PM)의 발생을 저감하는데 도와준다.

(2) 아이들 스피드 액추에이터(ISA : Idle Speed Actuator)

1) 개요

아이들 스피드 액추에이터(ISA : Idle Speed Actuator)는 차량 엔진의 공회전(Idle) 상태에서 전기적 부하(에어컨 등) 또는 기계적 부하(파워 스티어링)를 작동할 경우 부하 작동에 따른 엔진 회전수(rpm) 저하가 발생하므로 공회전(Idle)시 목표 엔진 회전수(rpm)로 회복하기 위하여 흡입 공기량을 바이패스 할 수 있도록 제어하는 장치이다.

또한 아이들 스피드 액추에이터(ISA : Idle Speed Actuator)는 시동시 시동성의 향상과 급가속 후 감속시 흡입 공기량이 순간적으로 감소하지 않도록 흡입 공기량을 바이패스 하여 엔진 스톨(Engine Stall)을 방지하는 역할을 한다. 아이들 스피드 액추에이터(ISA : Idle Speed Actuator)는 스텝 모터 방식, 밸브 방식, 모터 방식의 3종류가 있다.

2) 아이들 스피드 액추에이터(ISA : Idle Speed Actuator)의 작동 원리

스로틀 밸브(Throttle Valve) 내의 바이패스 통로와 다른 별도의 바이패스 통로를 통하여 흡입 공기량을 제어하여 엔진에 부하가 걸릴 경우 공회전(Idle)시 목표 엔진 회전수(rpm)를 위한 듀티(Duty) 제어를 한다.

① 아이들 스피드 액추에이터(ISA : Idle Speed Actuator)는 ISA-Open과 ISA-Close 액추에이터로 구성된다. 일반적으로 제어 주파수는 100~180Hz의 사이이며, 100Hz 주파수를 20% 듀티(Duty)로 제어를 할 경우, 1주기가 10ms이므로 FET TURN ON 유지시간(T_1)은 2ms, FET TURN OFF 유지시간(T_2)은 8ms가 된다.(그림4)

② 아이들 스피드 액추에이터(ISA : Idle Speed Actuator)가 완전 개방시 듀티는 약 40~50% 정도이다.

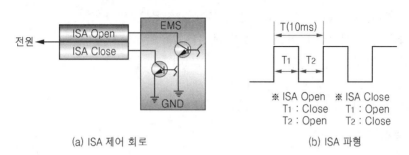

(a) ISA 제어 회로   (b) ISA 파형

그림4. ISA(Idle Speed Actuator) 제어 회로와 PWM(Pulse Width Modulation) 제어 파형

(3) 퍼지 컨트롤 솔레노이드 밸브(PCSV : Purge Control Solenoid Valve)

1) 개요

퍼지 컨트롤 솔레노이드 밸브(PCSV : Purge Control Solenoid Valve)는 연료 탱크에서 발생되는 가솔린 증발가스(주로 HC)를 대기 중에 방출되지 않도록 캐니스터(활성탄)에 포집한 후 포집된 증발가스를 흡기 매니폴드(Manifold)로 보내어 엔진 연소실에서 연소시키는 장치이다.

2) PCSV(Purge Control Solenoid Valve)의 작동 원리

① PCSV(Purge Control Solenoid Valve)는 아이들(Idle)이 아닌 상태에서 냉각수 온도가 일정 온도(약 65℃) 이상일 때 일반적으로 NC(Normal Close) 상태에서 PCSV를 듀티(Duty) 제어로 개방하여 증발가스가 흡기 매니폴드(Manifold)를 통하여 혼합기 내에 혼합되어 엔진 연소실로 공급되도록 한다.

② EMS(Engine Management System)에서 FET를 TURN ON(T_1) 할 경우 PCSV가 작동하며, FET TURN ON 유지시간(T_1)과 전체 주기(T)와의 비로 듀티(Duty) 제어 즉, PWM(Pulse Width Modulation) 제어를 할 수 있다. 아이들(Idle)시 약 15~20% 듀티로 제어하고, 가속시 약 90~95% 듀티로 제어한다.(그림5)

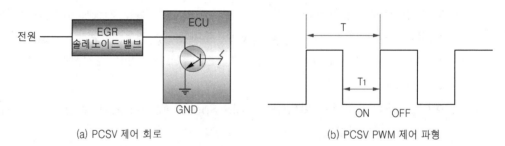

(a) PCSV 제어 회로   (b) PCSV PWM 제어 파형

그림5. PCSV(Purge Control Solenoid Valve) 제어 회로와 PWM(Pulse Width Modulation) 제어 파형

기출문제 유형

✦ CGW(Central Gateway)에 대하여 설명하시오.(122-3-4)

01 개요

중앙 게이트웨이(Central Gateway)는 자동차 내부의 서로 다른 도메인에 있는 전자 제어기(ECU)를 연결하여 필요한 데이터를 전송할 수 있도록 하며, 외부의 다양한 정보 및 서비스를 제공할 수 있도록 외부 무선통신을 위한 텔레매틱스 제어기(Telematics Control Unit)와 연결하는 역할을 한다.

급속한 기술 발전을 통하여 멀지않은 미래에 완전 자율주행이 가능할 것으로 예상하며 이와 더불어 다양한 앱에 대한 스마트 접근(Access), 차량의 원격 진단을 통한 유지보수, 차량의 공유, 무선 업데이트(OTA : Over The Air) 등의 서비스가 제공됨에 따라 기하급수적으로 늘어나는 데이터양을 고속으로 안전하게 처리할 수 있는 중앙 게이트웨이(Central Gateway)의 역할이 커질 것으로 예상된다.

02 중앙 게이트웨이(Central Gateway)와 네트워크

(1) 도메인 게이트웨이(Domain Gateway)

도메인 게이트웨이(Domain Gateway)는 파워트레인(Power train), 섀시(Chassis) 및 바디 & 인포테인먼트(Body & Infortainment) 그룹 내의 전자제어기(ECU)간의 데이터를 전송한다.

여기서 전송의 의미는 데이터 라우팅(Routing)을 말하며, 데이터 라우팅(Routing)은 다음과 같이 두 가지 형태로 구분할 수 있다. 해당 도메인 내의 전자제어기(ECU)에서 송신한 메시지를 그대로 다른 도메인으로 전송하는 직접식 라우팅(Direct Routing) 방법과 해당 도메인 내의 전자제어기(ECU)에서 송신한 메시지를 필요한 신호만 가공하여 다른 도메인으로 전송하는 간접식 라우팅(Indirect Routing) 방법이 있다.

(2) 중앙 게이트 웨이(Central Gateway)

중앙 게이트웨이(Central Gateway)는 서로 다른 도메인의 게이트웨이(Domain Gateway)와 연결하여 데이터를 전송하며, 도메인 게이트웨이(Domain Gateway)들과 텔레매틱스 제어기(Telematics Control Unit)와의 인터페이스 역할을 한다. 또한 차량의 진단(Diagnostic)을 바이패스 또는 통제하는 역할을 한다. 중앙 게이트웨이(Central Gateway)는 여러 도메인의 게이트웨이(Domain Gateway)와 인터페이스 역할을 하므로 데이터 처리 성능이 뛰어나야 하며, 빠른 통신 속도가 요구된다.

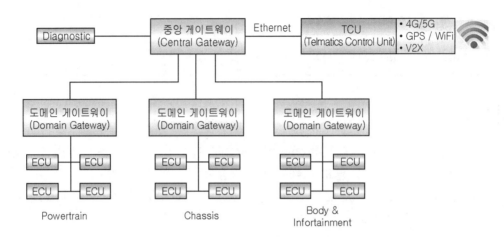

그림1. 중앙 게이트 웨이(Central Gateway) 네트워크

(3) 텔레매틱스 제어기(Telematics Control Unit)

　　텔레매틱스 제어기(Telematics Control Unit)는 외부 무선통신을 통하여 인터넷이나 클라우드와 연결되어 많은 데이터를 송수신해야 하므로 통신 속도가 빠른 이더넷(Ethernet)으로 중앙 게이트웨이(Central Gateway)와 연결된다. 인터넷이나 클라우드와 연결을 통하여 무선 업데이트(OTA : Over The Air), 차량의 원격 진단을 통한 유지보수, 차량의 공유 및 인포테인먼트와 다양한 콘텐츠의 접근이 가능하다.

　　텔레매틱스 제어기(Telematics Control Unit)를 기반으로 하는 차량과 차량 통신(V2V), 차량과 인프라 통신(V2I) 및 차량과 보행자 통신(V2P)등 과 같은 V2X 통신은 머지않은 미래에 완전 자율주행을 가능하게 할 통신 기술을 지원하게 될 것으로 예상된다.

03 사이버 공격에 대한 사이버 보안(Cyber Security) 방안

(1) 통신 네트워크를 통한 위험

　① 차량 내 통신 데이터의 악의적인 데이터 신호 주입(Signal Injection) : 차량 통신 데이터의 신뢰성 및 무결성을 확인한다.

　② 차량 내 통신 네트워크를 통한 변조된 데이터 쓰기(Write) : 차량 네트워크의 접근 제어 기술을 사용해야 한다.

(2) 차량 업데이트에 대한 위험

　① 소프트웨어 무선 업데이트(OTA : Over The Air)에 대한 비정상적인 프로세스(Process) 발생 : 보안이 적용된 소프트웨어 업데이트를 사용해야 한다.

　② 소프트웨어 무선 업데이트(OTA : Over The Air)에 대한 유효화 하지 않는 암호화 알고리즘 허용 : 암호화 알고리즘에 대한 통제 기술을 사용해야 한다.

✦ 펠티에 효과에 대하여 설명하시오.(123-1-4)

01 펠티에 효과(Peltier Effect)의 개요

서로 다른 금속을 접합하고 전압원을 연결하여 회로를 구성하면 금속의 접합부분에서 열의 흡수 또는 발생이 일어나는 현상을 말하며, 이 현상을 이용한 소자를 열전소자라고 한다. 제백 효과(Seeback Effect)는 펠티에 효과(Peltier Effect)와 반대의 효과로 서로 다른 금속을 접합하고 회로를 구성하여 연결한 후 금속의 접합부분에 온도차이가 발생하면 전위차가 발생하는 현상을 말한다.

02 펠티에 효과(Peltier Effect)의 원리

① N type 반도체와 P type 반도체를 서로 접합하고, P type 반도체에 (+) 전원을, N type 반도체에 (-)전원을 연결한다.

② P type 방향으로 전류가 흐르면 P type 위쪽 방향으로 정공(Hole)이 이동하면서 접점 부위에서 열이 발생한다. 반대로 P type 아래 방향의 접점은 열을 흡수하여 냉각된다.

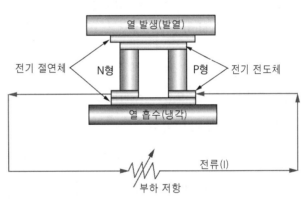

그림1. 펠티에 효과 원리

03 열전 소자의 특징

① 고체 상태이므로 신뢰성이 높고, 반영구적인 사용이 가능하다.
② 펠티에 효과(Peltier Effect)를 이용한 열전소자로 발열과 냉각이 동시에 가능하다.
③ 정밀한 온도 제어가 가능하다.
④ 효율이 낮고, 가격이 비싸다.

04 열전 소자 사용의 예

① 온도 조절이 가능한 시트
② 냉난방 장치
③ 자동차용 미니 냉장고

④ 전기 자동차(EV : Electric Vehicle) 모터 냉각 시스템

⑤ 배기 열을 이용한 엔진 냉각 시스템

기출문제 유형

✦ 카 인포테인먼트에 대하여 설명하시오.(123-1-7)

---

01 개요

카 인포테인먼트(Infortainment)는 정보(Information)와 엔터테인먼트(Entertainment)를 융합한 단어로 오디오, 내비게이션 기능과 함께 사용자에게 콘텐츠를 통한 다양한 정보 및 문화를 제공하는 시스템이다. 급속한 기술 발전을 통하여 머지않은 미래에 완전 자율주행이 가능할 것으로 예상되며, 자동차가 주행을 통한 이동 개념과 함께 사무 및 문화 공간의 개념으로 변화를 할 것으로 예상되며, 카 인포테인먼트는 이러한 변화에 큰 역할을 하리라 예상된다.

02 카 인포테인먼트(Infortainment)의 제공 서비스

(1) 교통정보 서비스 제공

빠른 통신 속도로 사고나 정체 등 교통 상황을 보다 빠르고 정확하게 전달이 가능하다.

(2) 차량 실내 환경 정보 제공 및 제어 서비스

스마트기기 또는 스마트 폰을 통하여 주차된 차량의 실내 환경 정보를 제공 받고, 이를 원하는 환경으로 원격제어가 가능하다.

(3) 차량의 원격 진단을 통한 유지보수

부품의 교환 및 고장 등의 정보에서부터 정비 예약 서비스 제공이 가능하다.

(4) 무선 업데이트(OTA : Over The Air)

스마트 폰 앱을 구매하여 설치하는 것처럼 소비자가 원하는 기능의 구매 및 구매 소프트웨어에 대한 업데이트가 가능하다.

(5) 쇼핑 등 주문형 서비스 및 원격회의 서비스 제공

인터넷을 통하여 주문 및 결재가 가능하며, 업무상 필요한 원격 회의가 가능하다.

기출문제 유형

✦ 차량의 텔레매틱스(Telematics)를 설명하시오.(84-1-11)

✦ 차량용 텔레매틱스 서비스의 종류를 쓰고 그 역할에 대하여 설명하시오.(87-3-4)

✦ 자동차에 적용하는 텔레매틱스(Telematics)를 정의하고 시스템의 기능을 설명하시오.(99-4-2)

✦ ITS(Intelligent Transportaion System)를 설명하시오.(53-1-10)

01 개요

통신 기술의 발전과 다양한 콘텐츠 개발을 통하여 정보(Information)와 엔터테인먼트(Entertainment)를 융합한 인포테인먼트(Infortainment) 시스템의 제공 서비스가 확대되고 있으며, 이런 서비스를 제공하기 위하여 무선 통신으로 외부 네트워크와 차량과의 연결을 하는 시스템을 텔레매틱스(Telematics)라 하며, 이 제어기를 텔레매틱스 제어기(Telematics Control Unit)라 한다. 텔레매틱스(Telematics)는 무선 통신 네트워크를 통하여 차량의 위치 정보, 경로 안내, 교통 정보, 차량의 원격 진단, 긴급 구조(eCall), 무선 업데이트(OTA : Over The Air) 영화, 게임 및 인터넷 등 서비스를 제공하는 기술이다.

02 텔레매틱스(Telematics) 서비스의 종류

(1) 위치 정보 및 교통 정보 서비스

GPS를 통한 사고나 정체 등 교통 상황의 정보 제공 및 위치 정보 제공이 가능하다.

(2) 차량 실내 환경 정보 제공 및 제어 서비스

스마트기기 또는 스마트 폰을 통하여 주차된 차량의 실내 환경 정보를 제공 받고, 이를 원하는 환경으로 원격 제어가 가능하다.

(3) 차량의 원격 진단을 통한 유지보수

부품의 교환 및 고장 등의 정보에서부터 정비 예약 서비스 제공이 가능하다.

(4) 무선 업데이트(OTA : Over The Air)

스마트 폰 앱을 구매하여 설치하는 것처럼 소비자가 원하는 기능의 구매 및 구매 소프트웨어에 대한 업데이트가 가능하다.

(5) 쇼핑 등 주문형 서비스 및 원격회의 서비스 제공

인터넷을 통하여 주문 및 결제가 가능하며, 업무상 필요한 원격 회의가 가능하다.

03 차량 단말기와 외부 네트워크와 통신

(1) 개요

급속한 기술 발전을 통하여 머지않은 미래에 완전 자율주행이 가능할 것으로 예상되며, 자율주행을 위하여 차량과 차량 통신(V2V), 차량과 인프라 통신(V2I) 및 차량과 보행자 통신(V2P)등과 같은 V2X 통신이 필요하며, 차량의 상태나 교통 정보 등의 정보를 받기 위하여 노변 기지국(RSE : Road Side Equipment)과 차량간의 직접적인 통신이 필요하다. 이런 차세대 교통 시스템은 통신 방식에 따라 DRSC(Dedicated Short Range Communication) 기반의 와이파이 통신방식인 웨이브(WAVE : Wireless Access in Vehicular Environments)와 셀룰러 통신방식인 C-V2X(4G/5G-V2X)로 구분할 수 있다.

(2) 웨이브(WAVE)

1) 웨이브(WAVE) 통신 시스템 구성

① 노변 기지국(RSU : Road Side Unit) : 도로변에 설치된 소형 기지국
② 차량 단말기(OBU : On Board Unit) : 노변 기지국(RSU)과 통신이 가능한 차량에 설치된 무선 단말기

2) 웨이브(WAVE) 통신의 특징

① 차량이 주행(200km/h까지 지원) 중에 근거리 내에서 기지국과 5.8GHz ~ 5.9GHz 주파수 대역으로 와이파이 무선 통신을 할 수 있는 기술이다.(기존 DSRC : 약 5.8GHz)
② 노변 기지국의 설치가 필요하며, 통신 범위는 최대 1km이다(기존 DSRC : 30m).
③ 통신 속도는 최대 54Mbps 이다.(기존 DSRC : 최대 1Mbps)
④ 차량과 차량 통신(V2V), 차량과 인프라 통신(V2I)의 지원이 가능하다(기존 DSRC : V2I)
⑤ 오래기간 개발된 기술로 우수한 안정성을 가지며, 기술의 표준화(2010~2016년)가 되어 있다.
  - IEEE 802.11p(WAVE PHY and MAC) : 무선 통신 물리계층 및 MAC(Medium Access Control) 계층 정의
  - IEEE 1609.1(WAVE resource manager) : RM 정의
  - IEEE 1609.2(WAVE security services) : 보안 서비스 정의
  - IEEE 1609.3(WAVE networking services) : 어드레스(Address) 및 라우팅(Routing)의 기능을 제공
  - IEEE 1609.4(Multichannel operation) : Multichannel operation 지원

⑥ 유럽에서 LTE와 병행하여 웨이브 통신을 채택 중이다.

> **참고** DRSC(Dedicated Short Range Communication)와 Ad-Hoc 네트워크
> Ad-Hoc 네트워크는 특별한 목적용 네트워크로 DRSC에 별도의 기기 추가 없이 Ad-Hoc 기능을 추가하면 차량의 안전성 향상에 활용이 가능하다.

(3) C-V2X(4G/5G-V2X)

1) C-V2X(4G/5G-V2X) 통신 시스템의 구성

① 기존 이동통신 기지국

② 차량 단말기(OBU : On Board Unit) : 기존의 이동통신 기지국과 통신이 가능한 차량에 설치된 무선 단말기

2) C-V2X(4G/5G-V2X)의 특징

① 차량이 주행(4G : 160km/h, 5G : 500km/h까지 지원) 중에 원거리에서 기존 이동통신 기지국과 5.9GHz 주파수 대역으로 3GPP(3rd Generation Partnership Project) 무선 표준의 4G(LTE-A Pro, Release 14)와 5G(Release15~16) 등의 셀룰러 기반으로 하는 통신 기술이다.

② 기존의 이동통신 기지국의 이용이 가능하며, 통신 범위는 최대 수 km이다

③ 통신 속도는 4G(LTE)는 최대 100Mbps, 5G는 최대 20Gbps로 고속이다.

④ 기술 표준화 중으로 즉시 상용화에 어려움이 있다.

⑤ 미국과 중국에서 채택하고 있다.

기출문제 유형

✦ EMC(Electromagnetic Compatibility)를 설명하시오.(84-1-10)

✦ EMI(Electro Magnetic Interference)를 설명하시오.(78-1-10)

---

01 개요

전자파(Electromagnetic Wave)는 전계와 자계로 구성되며, 공간 속에서 전계와 자계의 세기가 변하면서 빛의 속도로 퍼져 나가는 일종의 파동 현상을 말한다. 전자파는 자연적으로 또는 인위적으로 발생할 수 있다.

EMC(Electromagnetic Compatibility)는 "전자 양립성" 또는 "전자 적합성"이라고 하며 다른 기기에 전자적인 방해를 주지 않고, 다른 기기로부터 전자적인 간섭 또는 방해를 받아도 기기의 원래 성능을 유지하는 것을 의미한다.

02 EMC(Electromagnetic Compatibility)

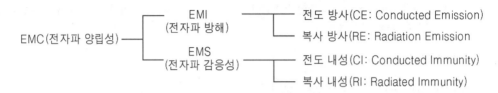

그림1. EMC(Electromagnetic Compatibility)의 분류

(1) 전자파 방해(EMI : Electromagnetic Interference)

① EMS(Electromagnetic Susceptibility)는 전자파 감응성 또는 전자파 내성 (Immunity)이라고 하며, 전자파 간섭(EMI)이 있는 곳에서 기기 또는 시스템의 성능 저하가 발생하지 않는 것을 의미한다.

② EMI(Electromagnetic Interference)에는 30MHz 이하에서 발생하는 전도 방사 (CE : Conducted Emission)와 30MHz 이상에서 발생하는 복사 방사(RE : Radiated Emission)가 있다.

(2) 전자파 감응성(EMS : Electromagnetic Susceptibility)

① EMS(Electromagnetic Susceptibility)는 전자파 감응성 또는 전자파 내성 (Immunity)이라고 하며, 전자파 간섭(EMI)이 있는 곳에서 기기 또는 시스템의 성능저하가 발생하지 않는 것을 의미한다.

② EMS(Electromagnetic Susceptibility)에는 전도 내성(CI : Conducted Immunity) 과 복사 내성(RI : Radiated Immunity)이 있다.

기출문제 유형

✦ 가솔린 자동차에서 불요(不要) 전자파를 발생시키는 주요 부품과 그 방지 대책에 대하여 논하라.(66-4-1)

01 개요

자동차의 성능 향상, 환경오염의 사회적 문제로 인한 배기가스 규제와 사회적 비용을 줄이기 위한 안전 시스템의 법규화, 소비자의 요구에 따른 편의성 증대 및 상품성 향상 등 다양한 요구에 대응하기 위하여 시스템들의 전자화가 증가하고 있으며, 이러한 전자화는 차량에서의 더 많은 전자파를 발생시켜 다른 전자제어기(ECU)들의 장해 원인이 될 수 있다.

운동에너지를 전기에너지로 변환하거나 전기에너지를 운동에너지로 변환하는 장치에서 전자파를 많이 발생하며 교류 발전기인 알터네이터, 엔진의 폭발 행정 시 불꽃을 점화시키는 점화장치, 시동장치, 모터를 이용한 와이퍼 시스템, 파워 윈도우 장치 및 파워 테일 게이트 장치 등이 이에 속한다. 또한, 전기 모터를 보조 동력으로 사용하는 하이브리드 자동차와 전기 모터를 동력으로 하는 전기 자동차(EV)의 경우 전기 모터를 작동할 때마다 전류와 전압의 큰 변화에 의한 전자파가 많이 발생할 수 있다.

02 가솔린 엔진의 점화장치에 의한 전자파

(1) 개요

일반적으로 자동차의 가솔린 엔진 점화장치는 점화 코일이 작동할 때 발생하는 약 20kV 이상의 고전압이 점화 케이블을 경유하여 엔진 내부의 점화 플러그에 순서대로 공급되면 순간적으로 단락(Short) 되면서 발생된 스파크(Spark)에 의해 실린더 내부에 압축된 연료가 점화되어 엔진의 출력이 발생된다. 그리고 점화 플러그에서 순간적으로 단락(Short) 되면서 스파크(Spark)가 발생할 때 다량의 방사 노이즈(Radiation Noise)가 발생하게 되고 점화 케이블을 통해 순간적으로 고주파 노이즈가 발생하게 된다.

(2) EMC(Electromagnetic Compatibility) 대책

EMC(Electromagnetic Compatibility)에 대한 근본적인 대책은 전자파의 발생원에서 발생을 억제하고, 간섭 경로를 통해 전자파의 전달을 제한하며, 전자파의 간섭을 받는 기기에서는 내성(Immunity)을 증대시켜, 전자파의 영향을 최소화하는 것이다.

① 전류는 감소하지만 저항(약 10kΩ)이 내장된 스파크 플러그를 사용한다.
② 점화 케이블을 차폐하거나 필터회로를 추가한 점화 플러그를 사용한다.
③ 점화 케이블과 점화 플러그의 임피던스에 의한 정재파 비를 최소화하여 복사(Radiation)되는 고주파의 전자파 세기를 감소시킨다.
④ 점화 코일의 접지와 배터리(Battery) 접지(-)와의 거리를 최소화한다.
⑤ EMS(Engine Management System) 접지부의 접지 저항을 최소화한다.
⑥ 고전압 발생원인 점화 코일과 다른 전자제어기(ECU)와의 거리를 최대한 멀리하도록 레이아웃을 설계한다.

03 모터 작동에 의한 전자파

(1) 개요

일반적으로 전자파 방해(EMI : Electromagnetic Interference)는 높은 주파수를 사용하는 신호, 큰 부하의 작동 및 고속 스위칭에 의한 부하 작동 시 발생한다. 특히 전기 모터를 작동할 때 전압(dV/dt)과 전류(dI/dt)의 급격한 변화는 전자파의 방해(EMI : Electromagnetic Interference)를 발생하게 한다.

(2) EMC(Electromagnetic Compatibility)의 대책

① 신호선과 전원선을 최대한 멀리하도록 레이아웃을 설계한다.

② 전기 모터를 제어하는 제어기의 접지 저항을 최대한 작게 한다.

③ 전기 모터의 배선을 차폐선 또는 트위스트(Twist)를 사용한다.

④ 고속 스위칭을 구동하는 MOSFET의 게이트(Gate) 회로의 임피던스 조절기법을 적용하여 발생되는 전자파의 세기를 감소시킨다.

기출문제 유형

✦ Immobilizer system을 설명하시오.(78-1-7)

---

01 개요

자동차의 대중화로 자동차가 증가함에 따라 차량의 도난 또한 매년 증가 추세에 있다. 이러한 차량의 도난을 방지하기 위하여 이모빌라이저 시스템은 트랜스폰더(Transponder)가 내장된 자동차 키(Key)로 무선통신을 통하여 자동차 키(Key)와 EMS(Engine Management System) 사이에 확인된 암호가 일치할 경우에만 EMS(Engine Management System)에서 시동을 허용하는 시스템이다.

02 시스템 구성

이모빌라이저(Immobilizer) 시스템은 자동차 키에 암호가 내장된 트랜스폰더 (Transponder), 키 실린더에 위치한 안테나 코일, 안테나 코일을 통하여 받은 트랜스 폰더(Transponder), 정보를 EMS(Engine Management System)에 전달하는 스마트라 (SMATRA), 트랜스폰더(Transponder)에 내장된 암호의 일치 여부를 판단하여 시동 유 무를 결정하는 EMS(Engine Management System)로 구성된다.

(1) 트랜스폰더(Transponder)

트랜스폰더(Transponder)는 자동차 키 내부에 위치하며, 내부 전원은 없으나 전원 이 ON되는 순간 스마트라(SMATRA)에서 코일 안테나(Coil Antenna)를 통하여 125kHz 주파수와 요구 데이터를 트랜스폰더(Transponder)에 보내면 트랜스폰더

(Transponder) 내부의 코일을 통해 콘덴서(Condenser)에 에너지를 충전하여 짧은 시간동안 내부 전원으로 사용하며 ASIC에서 인크립션 키(Encryption key)의 알고리즘 연산 결과와 시리얼 넘버(Serial Number)를 코일 안테나(Coil Antenna)로 전송한다.

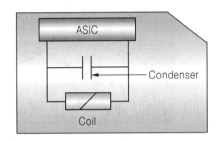

그림1. 트랜스폰더(Transponder) 구조

(2) 코일 안테나(Coil Antenna)

코일 안테나(Coil Antenna)는 스마트라(SMATRA)에서 요청한 125kHz 주파수와 요구 데이터를 트랜스폰더(Transponder)에 보내고 수신하는 역할을 한다.

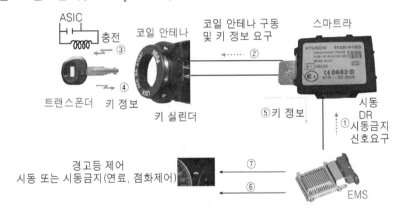

그림2. 이모빌라이저(Immobilizer) 시스템 구성도

(3) 스마트라(SMATRA)

스마트라(SMATRA)는 코일 안테나(Coil Antenna)를 통하여 125kHz 주파수와 요구 데이터를 트랜스폰더(Transponder)에 보내고 트랜스폰더(Transponder)에서 받은 암호화된 코드를 EMS(Engine Management System)에 전송하는 역할을 한다.

(4) EMS(Engine Management System)

EMS(Engine Management System)는 스마트라(SMATRA)를 통해서 트랜스폰더가 가지고 있는 암호화된 코드를 수신한 후 EMS(Engine Management System)에서 가지고 있는 암호와 일치 여부를 판단하여 시동 유무를 결정한다. 암호가 불일치할 경우 EMS(Engine Management System)는 연료 분사 및 점화를 중지하여 시동을 금지한다.

(5) 이모빌라이저 표시등

① IGN ON시 트랜스폰더(Transponder), 스마트라(SMATRA)와 EMS 간 키 인증(암호 일치)이 정상적으로 완료되면 이모빌라이저 표시등은 시동이 완료된 후 소등된다.

② 이모빌라이저 시스템에 이상이 발생한 경우 이모빌라이저 작동 표시등은 점멸한다.

03 림프 홈(LIMP HOME) 시동

(1) 정의

이모빌라이저 시스템의 고장 등으로 문제가 발생하여 정상적으로 시동이 되지 않을 때 임시 주행을 위하여 임시 시동을 허용하기 위한 기능이다.

(2) 림프 홈의 암호 설정

키(Key) 등록이 완료된 후 사용자가 필요하다고 판단 할 경우 진단기를 사용하여 림프 홈을 위한 비밀번호의 입력이 가능하다.

(3) 진단기기에 의한 림프 홈 시동 방법

진단기를 통하여 림프 홈 비밀번호 4자리를 입력한 후 일치 할 경우 시동이 가능하다. 이 경우 최대 255회까지 허용된다.

(4) 이그니션(Ignition) 스위치에 의한 림프 홈 시동 방법

이그니션(Ignition) 스위치의 ON·OFF에 의하여 림프 홈 비밀번호 4자리가 일치할 경우 시동이 가능하다. 이 경우 무제한으로 허용된다. 입력 방법은 이그니션(Ignition) 스위치를 5초 이상 ON한 후 ON·OFF를 반복하여 설정된 비밀번호를 순서대로 입력한다.

(5) 림프 홈 해제

림프 홈이 완료된 후 이그니션(Ignition) 스위치를 OFF시키는 경우 림프 홈은 해제된다.

✦스마트 키 시스템의 구성부품을 나열하시오.(114-1-4)

✦ 최근 국내 승용차에 적용되는 PIC(Personal Identification Card) 1) 시스템 개요, 2) PIC 시스템 기능, 3) PIC 기능 수행 방법에 대하여 상세히 설명하라.(77-2-6)

01 개요

차량의 편의장치 중 하나인 스마트 키는 기존의 기계식 키를 대신하여 스마트 키가 작동 범위 내에 있을 경우 기계적인 키 조작을 하지 않고, 엔진 시동, 도어의 잠금 또는 잠금 해제, 테일 게이트 열림, 스마트 키 리마인더 및 차량의 도난 방지 등의 기능을 원격으로 제어함으로써 편의성을 향상시킬 수 있어 기본적으로 적용되고 있는 시스템이다.

02 스마트 키 시스템 구성

자동차의 스마트 키는 시동, 도어(Door) 키 패드와 송신부로 구성되며, 시동과 도어의 제어는 리모컨에서 송신되는 제어 신호를 수신하는 수신부, 수신된 제어 신호에 따라 엔진 시동을 위한 시동부와 도어 잠금 및 열림을 위한 도어 동작부로 구성된다. 스마트 키는 특정 주파수로 제어 신호를 송신하고 제어 신호에 따라 엔진의 시동과 도어의 작동을 하며, 스마트 키는 차량의 도난을 방지할 수 있는 이모빌라이저 기능을 제공한다.

① 스마트 키, 스마트 모듈
② **안테나** : 운전석, 동승석, 범퍼, 실내
③ **도어 록 센서** : 운전석 및 동승석 도어
④ **트렁크 릴리스 스위치** : 트렁크 리드 터치 패드 스위치
⑤ 도어 언래치 모터
⑥ 바디 제어기(BCM)

03 스마트 키 기능 및 수행 방법

(1) 운전석 및 동승석 도어와 테일 게이트 개폐 제어

1) 운전석 및 동승석 도어 개폐 기능

약 100cm 이내의 거리에서 스마트 키가 감지될 경우, 모든 도어가 잠금 상태에서 운전석 또는 동승석 도어의 외부 손잡이를 누르면 모든 도어가 잠금을 해제시킨 상태가 되고, 비상등이 점멸하면서 해제 알람(2회)이 작동하는 기능을 말한다. 잠금을 해제한 후 30초 이내에 도어를 열지 않을 경우 다시 잠금의 상태로 돌아간다.

2) 테일 게이트 개폐 기능

약 100cm 이내의 거리에서 스마트 키가 감지될 경우, 테일 게이트 스위치를 누르면

테일 게이트가 열리는 기능을 말한다. 모든 도어가 잠김 상태에서 테일 게이트를 열었다 닫으면 비상등이 1회 점멸하면서 다시 잠금의 상태가 된다.

(2) 스마트 키 리마인더 기능(실내의 스마트 키 존재 확인)

차량의 실내에 스마트 키가 있는 동안 도어가 열린 상태에서 차량의 실내 중앙도어 스위치로 도어를 잠글 경우 도어가 잠기지 않고 다시 해제되는 기능을 말한다.

(3) 엔진 시동 허용 기능

무선통신으로 키와 EMS(Engine Management System)간 암호화 된 코드를 확인하여 인증이 완료되면 시동을 허용하는 기능을 말한다.

(4) 도난 경보 장치 기능

① 도난 경보 기능은 엔진의 시동 OFF 상태에서 스마트 키로 도어를 잠그면 도난 경보 상태로 진입하며, 등록된 스마트 키를 사용하지 않고 도어를 열려고 할 경우 비상등의 점멸 및 경보 알람이 울리는 기능을 말한다.

② 경계 상태 : 차량의 실내에 스마트 키가 없는 상태에서 스마트 키로 모든 도어(엔진 후드, 테일 게이트 포함)를 닫아 잠금이 된 상태를 말한다. 경계 상태로 진입한 후 30초 이내에 도어를 열 경우 경계 상태가 해제된다.

③ 경보 상태 : 경계 상태에서 등록된 스마트 키를 사용하지 않고, 임의로 도어를 열면 비상등 점멸 및 경보음이 울리는 상태를 말한다.(예 : 비상등 점멸 및 경보 알람 30초 작동, 10초 중지 2회 반복)

> **참고** 경보 보류 조건
>
> 스마트 키로 테일 게이트 잠금 해제를 한 경우 또는 스마트 키 감지 범위 내에서 테일 게이트 핸들 스위치로 잠금 해제를 한 경우, 경보 알람을 작동하지 않고 보류하는 것을 말한다.

④ 경계 및 경보 상태 해제 : 다음과 같은 경우에 비상등이 2번 점멸되면서 경계 및 경보 상태가 해제되며, 30초 이내에 도어(테일 게이트 포함)를 열지 않으면 다시 경계 및 경보 상태로 돌아간다.
- 스마트 키로 잠금 해제를 하여 모든 도어의 잠금을 해제한 경우
- 스마트 키가 감지되는 거리에서 도어 스위치의 잠금 해제 스위치를 눌러 모든 도어의 잠금을 해제한 경우

(5) 통신 기능

① BCM을 통한 EMS(Engine Management System)와 통신
② LF 및 RF 통신

구분	주파수	통신거리	특징
LF(Low Frequency)	125kHz	0.7~1.2m	근거리 통신을 위한 저주파 사용
RF(Radio Frequency)	447MHz	10m 이상	원거리 송수신을 위한 고주파 사용

01 개요

헤드업 디스플레이(HUD : Head Up Display)는 운전자의 시선이 위치하는 전방 유리에 주행에 필요한 차량의 정보를 제공하는 기능이다. 차량을 운전할 때 운전자는 차량의 전방 주시가 가장 중요하며, 차량이 주행할 때 운전자에게 표시되는 시각적인 정보는 안전운전을 위해 매우 중요하다.

예를 들어, 주행 중에 내비게이션, 에어컨, 오디오 등을 조작할 경우 운전자의 시선이 다른 곳으로 이동하게 되면 위험한 상황이 발생 할 수도 있다. 따라서 운전자의 전방에 차량의 주행 속도, 엔진 회전수(rpm), 내비게이션 정보 등을 화면으로 표시해 주어, 운전자의 시선이 다른 곳으로 이동하는 것을 방지함으로써 이런 위험 상황의 발생을 최소화할 수 있다.

02 헤드 업 디스플레이(HUD : Head Up Display)의 종류

(1) 윈드실드(Windshield) 방식(적용 예 : K9)

운전자 기준으로 2m 내외의 거리에 별도의 화면 장치가 없이 홀로그램처럼 차량의 전면 유리창에 화면을 표시하는 방식을 말한다. 준중형 이상급 차종에 주로 적용하고 있다.

1) 장점

① 차량의 전면 유리에 표시 화면이 위치하므로 운전자의 눈높이에 따라 조절이 가능하다.
② 많은 정보를 표시할 수 있다.

2) 단점

① 잔상(고스트)의 발생을 방지하기 위해 전면 유리 사이에 편광 필름을 적용해야 한다.
② 운전자의 시야 각도에 영향을 많이 받는다.

(2) 컴바이너(Combiner) 방식(적용 예 : 기아 셀토스, 푸조 뉴 508, BWM 미니 등)

운전자 전면에 별도의 모니터(유리)를 설치하여 모니터를 통하여 화면을 표시하는 방식을 말한다. 준중형 이하급 차종에 주로 적용하고 있다.

1) 장점

① 윈드실드(Windshield) 방식에 비해 시야의 각도가 넓다.
② 윈드실드(Windshield) 방식에 비해 잔상(고스트)이 덜 발생한다.

2) 단점

① 모니터를 통하여 일정 위치에만 정보의 표시가 가능하다.

② 많은 정보를 표시하는데 제한적이다.

03 헤드 업 디스플레이(HUD : Head Up Display)의 구성 부품

(1) 개요

헤드 업 디스플레이(HUD : Head Up Display)는 정보를 표시하기 위해 빛을 발생하는 광원, 빛을 투사하기 위한 광학장치, 그리고 이들 정보를 볼 수 있도록 표시하는 투명한 모니터(주로 유리)로 구성된다. 광원은 일반적으로 브라운관(CRT : Cathode Ray Tube), 진공 형광 디스플레이(VFD : Vacuum Fluorescent Display), 액정 디스플레이(LCD : Liquid Crystal Display), 전계 발광 다이오드(LED : Light-Emit-ting Diode) 등을 사용하지만 최근에는 레이저를 이용하여 직접 빛을 투사(스캔)하는 방식도 이용한다.

(2) 주요 구성 부품

HUD 내부에 먼지 등 오염 물질들의 유입을 방지하며, 빛의 투사를 막아 운전자의 눈부심을 막아주는 커버 유리 및 하우징, 디스플레이 정보를 윈드실드에 반사시키는 거울, LED 전원, 배경의 조명 역할을 하는 LED-어레이(Array), 광원, 화상 정보를 보여주는 TFT(Thin Film Transistor)-프로젝션 디스플레이, 빛의 진로를 조절하여 화상을 투영하는 셔터, 슬레이브 보드를 통해 셔터를 제어하는 마스터 보드, 마스터 보드에 의해 셔터를 작동시키는 슬레이브 보드 등으로 구성되어 있다.

04 헤드 업 디스플레이(HUD : Head Up Display) 원리

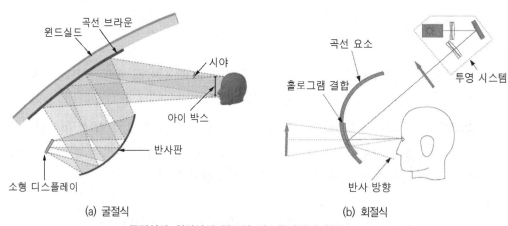

(a) 굴절식

(b) 회절식

굴절식과 회절식의 헤드업 디스플레이의 원리

(1) 굴절식(Conventional Type)

정보를 표시하기 위하여 소형 모니터 앞쪽에 반사판을 배치하고, 반사판으로 빛을 굴절시켜 윈드실드에 정보가 표시 되도록 하는 방식을 말한다.

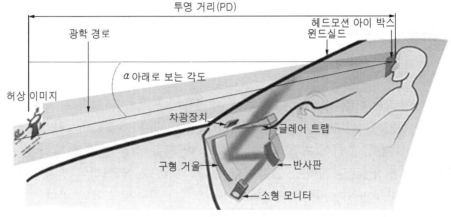

굴절식 헤드업 디스플레이의 원리

(2) 회절식(Holographic Type)

레이저가 굴절식의 렌즈의 역할을 하며 정보의 이미지가 투명판에 바로 비추므로 더 밝고 더 넓은 면적에 표시가 가능하다. 회절식은 굴절식에 비해 무게가 가볍다.

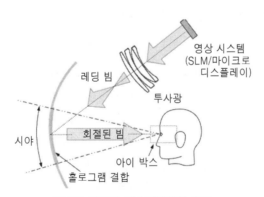

회절식 헤드업 디스플레이의 원리

✦ X-By-Wire 시스템에 대하여 설명하시오.(116-4-3)

✦ X-by-Wire에 대한 종류 및 기능에 대해 설명하시오.(84-3-2)

✦ SBW(shift by wire) 시스템에 대하여 설명하시오.(98-1-7)

01 개요

엑스 바이 와이어(X-By-Wire) 기술은 케이블이나 유압을 통하여 직접적으로 제어하는 방식을 전자제어기(ECU) 및 액추에이터(Actuator)를 사용하여 엔진 스로틀 밸브 제어, 브레이크 제어, 스티어(조향) 제어, 변속 제어 등을 하는 기술을 말한다.

엔진 스로틀 밸브, 브레이크, 스티어(조향) 및 변속 제어와 같이 전자제어로 대체되는 네 가지의 대표적인 엑스 바이 와이어(X-By-Wire) 기술은 다음과 같다.

① 전자 스로틀 제어(ETC : Electronic Throttle Control)

② 브레이크 바이 와이어(BBW : Brake By Wire)

③ 스티어 바이 와이어(SBW : Steer By Wire)

④ 시프트 바이 와이어(SBW : Shift By Wire)

02 전자 스로틀 제어(ETC : Electronic Throttle Control)

(1) 정의

전자 스로틀 제어(ETC : Electronic Throttle Control)는 액셀러레이터 페달과 엔진 스로틀 밸브 사이의 케이블을 없애고, 액셀러레이터 페달 위치 센서(APS : Accelerator Pedal Position Sensor)와 엔진의 스로틀 밸브를 제어할 수 있는 액추에이터와 스로틀 밸브의 위치를 감지할 수 있는 스로틀 포지션 센서(TPS : Throttle Position Sensor)를 장착하여 운전자가 액셀러레이터 페달의 밟는 양에 따라 EMS(Engine Management System)는 연료량, 공기량 및 점화시기를 계산하여 최적의 스로틀 위치(개도량)를 제어하는 시스템이다.

(2) 시스템 구성

① 스로틀 밸브 액추에이터(Throttle Valve Actuator) : EMS(Engine Management System)로부터 전원 및 신호를 받아 스로틀 밸브(Throttle Valve)를 구동하는 역할을 한다.

② 스로틀 포지션 센서(TPS : Throttle Position Sensor) : 스로틀 밸브의 위치(개도량)를 검출하여 EMS(Engine Management System)에 전송한다.

③ 액셀러레이터 페달 위치 센서(APS : Accelerator Pedal Position Sensor) : 운전자의 가속 및 감속 의지를 판단하기 위한 신호의 역할을 한다.

④ EMS(Engine Management System) : 스로틀 밸브를 제어 할 수 있는 액추에이터와 스로틀 밸브 위치를 감지할 수 있는 센서를 통하여 운전자가 액셀러레이터 페달의 밟는 양에 따른 연료량, 공기량 및 점화시기를 계산하여 최적의 스로틀 밸브 개도량을 제어하는 역할을 한다.

(3) 시스템의 동작 원리

전자식 스로틀 제어(ETC : Electronic Throttle Control) 시스템은 액셀러레이터 페달 위치 센서(APS : Accelerator Pedal Position Sensor), 스로틀 포지션 센서(TPS : Throttle Position Sensor), 흡입 공기량 센서(Mass Air Flow Sensor) 및 크랭크축 포지션 센서(Crankshaft Position Sensor)의 신호를 기준으로 미리 설정된 기본 토크 맵(Torque Map)에 따라 엔진의 토크를 출력할 수 있도록 엔진의 스로틀 밸브 위치, 점화시기 및 연료량 등을 제어한다.

따라서 스로틀 위치 센서(TPS : Throttle Position Sensor)에서 송신되는 엔진의 스로틀 밸브 위치와 크랭크축 위치 센서(Crankshaft Position Sensor)에서 송신되는 엔진 회전수에 대한 기본 토크 맵 및 목표 토크 맵, 그리고 액셀러레이터 페달 위치 센서(APS : Accelerator Pedal Position Sensor)에서 송신되는 액셀러레이터 페달의 밟는 양에 따라 제어해야 할 목표 엔진 토크를 가지고 EMS(Engine Management System)는 목표 엔진 토크를 선정하고, 스로틀 밸브 위치에 따른 점화시기 및 연료량을 제어한다.

03 브레이크 바이 와이어(BBW : Brake By Wire)

(1) 정의

브레이크 바이 와이어(BBW : Brake By Wire)는 브레이크 페달 모듈(Brake Pedal Module), 브레이크 제어기(Brake Control Unit) 및 브레이크 액추에이터(Brake Actuator)로 구성된다. 브레이크 페달 모듈(Brake Pedal Module)은 기존의 브레이크 페달과 형상은 비슷하지만 브레이크 페달의 밟는 양에 따라 위치를 알 수 있는 스트로크 센서에 의해 전기적 신호만을 송출한다.

브레이크 제어기(Brake Control Unit)는 브레이크 페달 모듈(Brake Pedal Module)에서 송신하는 신호를 기준으로 페달 스트로크와 페달의 답력에 따른 브레이크 압력이 계산되어 동작 신호가 출력된다. 그리고 캘리퍼 및 전기 모터 등으로 구성된 브레이크 액추에이터(Brake Actuator)는 브레이크 제어기(Brake Control Unit)의 제어 신호에 따라 제동력을 발생하게 된다.

브레이크 바이 와이어(BBW : Brake By Wire)는 크게 EMB(Electro-Mechanical

Brake)와 EHB(Electro-Hydraulic Brake) 형식으로 구분되며, EMB(Electro-Mechanical Brake)는 전기 모터를 제어하여 제동력을 발생하는 시스템이다. 그리고 EHB(Electro-Hydraulic Brake)는 전기 모터를 제어하여 유압을 형성하여 제동력을 발생하는 시스템이다.

(2) 시스템 구성

1) EMB(Electro-Mechanical Brake)

EMB(Electro-Mechanical Brake)는 유압대신 전기 모터의 회전력으로 스크루와 너트를 이용하여 직선운동으로 변환시켜 피스톤을 가압하는 전자식 제동 시스템이다.

① EMB 액추에이터(Actuator) : 전기 모터의 회전력을 기어에 전달하여 제동력을 발생한다.

② 마스터 피스톤 : EMB 액추에이터(Actuator)에 대하여 직선 슬라이딩을 가능하게 한다.

③ 브레이크 페달 모듈(Brake Pedal Module) : 브레이크 페달의 밟는 양에 따라 위치를 알 수 있는 스트로크 센서에 의해 전기적 신호만을 송출한다.

④ 브레이크 제어기(Brake Control Unit) : EMB 제어에 필요한 입력 신호를 분석 판단하여, EMB 액추에이터(Actuator)를 제어한다.

⑤ 휠 속도 센서(Wheel Speed Sensor‐Front Left·Front Right·Rear Left·Rear Right) : 각 바퀴의 휠 속도(Wheel Speed) 신호를 ESC(Electronic Stability Control)에 보내면 이를 기준으로 ESC(Electronic Stability Control)는 휠 속도(Wheel Speed)의 계산 및 차속(Vehicle Speed)을 계산한다.

⑥ 조향각 센서(Steering Angle Sensor) : 주행 중 운전자의 조향 신호를 ESC(Electronic Stability Control)에 보내면 ESC(Electronic Stability Control)는 운전자의 조향 의지를 판단하여 주행 안정성을 판단하기 위하여 중요한 신호로 사용한다.

⑦ 요 레이트 센서(Yaw Rate Sensor) : 주행 중 차량의 거동 신호(차량 Z축 방향 회전 각속도‐요 모멘트)를 ESC(Electronic Stability Control)에 보내면 ESC(Electronic Stability Control)는 조향각 센서(Steering Angle Sensor)의 신호와 횡방향 가속도 센서(Lateral-G Sensor)의 신호와 함께 주행 안정성을 판단하기 위하여 중요한 신호로 사용한다.

2) EHB(Electro-Hydraulic Brake)

EHB(Electro-Hydraulic Brake)는 브레이크 부스터(Brake Booster) 대신 기존의 유압을 사용하며, 유압 펌프로 각 휠의 압력을 생성하여 가압하는 전자식 제동 시스템이다.

① 브레이크 페달 모듈(Brake Pedal Module) : 브레이크 페달의 밟는 양에 따라 위치를 알 수 있는 스트로크 센서에 의해 전기적 신호만을 송출한다.

② 브레이크 제어기(Brake Control Unit) : EHB 제어에 필요한 입력 신호를 분석 판단하여, EHB 액추에이터(Actuator)를 제어한다.

③ 휠 속도 센서(Wheel Speed Sensor – Front Left · Front Right · Rear Left · Rear Right) : 홀 센서 타입으로 각 바퀴의 휠 속도(Wheel Speed) 신호를 ESC(Electronic Stability Control)에 보내면 이를 기준으로 ESC(Electronic Stability Control)는 휠 속도의 계산 및 차속(Vehicle Speed)을 계산한다.

④ 조향각 센서(Steering Angle Sensor) : 주행 중 운전자의 조향 신호를 ESC(Electronic Stability Control)에 보내면 ESC(Electronic Stability Control)는 운전자의 조향 의지를 판단하여 주행 안정성을 판단하기 위하여 중요한 신호로 사용한다.

⑤ 요레이트 센서(Yaw Rate Sensor) : 주행 중 차량의 거동 신호(차량 Z축 방향 회전 각속도-요 모멘트)를 ESC(Electronic Stability Control)에 보내면 ESC (Electronic Stability Control)는 조향각 센서(Steering Angle Sensor)의 신호와 횡방향 가속도 센서(Lateral-G Sensor)의 신호와 함께 주행 안정성을 판단하기 위하여 중요한 신호로 사용한다.

04 시프트 바이 와이어(SBW : Shift By Wire)

(1) 정의

시프트 바이 와이어(SBW : Shift By Wire)는 변속기와 변속 레버간의 케이블 연결 구조 대신에 TCU(Transmission Control Unit)의 신호에 따라 동작하는 솔레노이드 또는 전기 모터에 의하여 해당 변속단에 맞는 유압을 제어하는 전자제어 변속 시스템이다.

(2) 시스템 구성

① 변속단 스위치 : 버튼식, 레버식 또는 다이얼식 스위치 타입의 적용이 가능하며, 운전자의 변속 조작 신호를 전기적 신호로 변환하여 SCU(SBW Control Unit)에 송출한다.

② 시프트 모터(Shift Motor) : 선택한 변속단의 스위치 신호를 기준으로 시프트 모터 (Shift Motor)를 작동한다.

(3) 시스템의 동작 원리

① 변속단의 스위치에서 선택한 변속단 신호(P · R · N · D 등)를 전기적 신호로 변환하여 SCU(SBW Control Unit)에 송출한다.

② SCU(Shift Control Unit)는 차량의 주행 상태와 운전자의 변속모드에 따라 전기 모터 및 유압제어용 솔레노이드 밸브를 제어하여 변속 제어를 수행한다.

(4) 시스템의 특징

① SBW(Shift By Wire)는 자율주행의 기반 기술로 자율주행 확대와 함께 더불어 사용이 확대 될 것으로 전망된다.

② 변속 레버, 변속 레버 케이블 등의 복잡한 기계적인 구성이 삭제되어 변속충격이나 진동을 최소화 할 수 있다.

③ 전진(D) 또는 후진(R)단 상태에서 IGN OFF를 할 경우, 주차(P)단으로 자동으로 제어되어 편의성을 향상시킨다.

④ 변속 레버, 변속 레버 케이블 등의 복잡한 기계적인 구성이 삭제되어 운전석 및 동승석의 실내 공간 활용도 및 디자인의 자유도를 높일 수 있다.

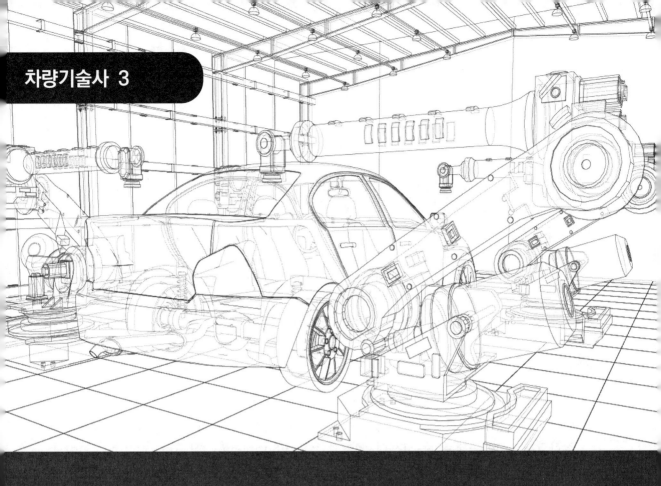

PART 4. 안전 충돌

01 에어백 / 안전벨트

기출문제 유형

✦ 에어백의 기본 작동 원리와 주요 구성품의 기능을 설명하시오.(45)

01 개요

1970년대부터 미국에서 교통사고로 인한 사망자를 줄이기 위해 안전벨트 의무화 및 에어백 의무화를 추진하였고 이때부터 자동차에서 에어백을 안전 부품으로 인식되기 시작하였다. 1980년대부터는 1세대 에어백인 SRS(Supplemental Restraint System) 보급이 본격적으로 시작되었고, 유럽과 일본에서 시트 벨트의 보조장치라는 의미로 에어백을 보조 구속 시스템(SRS : Supplemental Restraint System)이라 명칭을 정하였다.

에어백을 세대별로 보면 1세대 에어백을 SRS 에어백(Supplemental Restraint System Air Bag), 2세대 에어백을 디파워드 에어백(Depowerd Air Bag), 3세대 에어백을 스마트 에어백(Smart Air Bag) 및 4세대 에어백을 어드밴스드 에어백(Advanced Air Bag)으로 구분할 수 있다.

02 에어백(Air Bag) 사용 목적

(1) 충격 완화

차량의 충돌 순간의 충격량을 감지하여 에어백을 팽창시켜 승객이 충돌로 받는 힘을 분산시켜 충격을 완화한다.

(2) 사고 사전 방지

충돌이 발생 할 경우 사고를 사전에 감지하여 운전자에게 알려주거나 안전벨트와 연계하여 에어백 전개속도 등을 판단하여 충돌 시 사전에 승객을 최대한 보호한다.

03 에어백 기본 작동 원리

(1) 화학적 작동 원리

에어백 인플레이터(Inflator)는 스퀴브(Squib), 점화회로, 점화제, 인플레이터 하우징, 디퓨저 스크린, 필터, 가스 발생제, 단락용 클립 등으로 구성되어 있다.

① 차량의 충돌이 발생할 경우 충돌감지 센서가 전기적인 신호를 ACU(Airbag Control Uint)로 보낸다.

② ACU(Airbag Control Uint)는 충돌 발생 여부를 판단하여 인플레이터(Inflator)의 스퀴브(Squib)에 점화 신호를 보낸다.

③ 스퀴브(Squib)가 발열이 되어 점화제 및 가스 발생제를 점화 연소시킴으로써 질소 기체를 발생시켜 에어백이 팽창한다. 에어백을 순간적으로 팽창시키는데 나트륨과 질소로 이루어진 화합물인 아질산나트륨(NaN_3)을 사용하며, 안정적인 화합물로 높은 온도(350℃ 정도)에서도 불이 붙지 않고, 충돌에서도 폭발하지 않는 성질을 갖는다. 화학 반응식은 다음과 같다.

$$2NaN_3(s) \rightarrow 2Na(s) + 3N_2(g)$$

그러나 아질산나트륨($NaN3$)에 산화철을 섞으면 순간적으로 높은 열과 함께 불꽃이 발생하고, 이 불꽃으로 아질산나트륨($NaN3$)은 0.03초 이내에 분해되면서 에어백 속에 많은 양의 질소를 발생시켜 에어백을 팽창하게 한다.

(2) 물리적 작동 원리

차량의 충돌 순간의 충격량을 감지하여 에어백을 팽창시켜 승객이 충돌에 의해 받는 힘을 분산시켜 충격을 완화하는 역할을 한다. 참고로, 자동차가 충돌 시 큰 감속도가 발생하며 이 감속도로 인하여 승객에게 큰 충격을 주게 되는데 이 충격을 완화하는 요소는 다음과 같다.

① 충돌 시 차량의 전방 변형
② 적당한 힘으로 변형되는 스티어링 휠 축
③ 에어백의 팽창

04 어드밴스드 에어백(Advanced Air Bag) 시스템 구성

어드밴스드 에어백(Advanced Air Bag) 시스템은 충돌을 감지하는 충돌 센서, 충돌을 판단하는 제어기(ACU : Airbag Control Uint), 탑승자를 보호하는 에어백, Occupant Classification Sensor)으로 구성된다.

(1) 정면충돌 센서(FIS : Front Impact Sensor)

자동차가 정면으로 전면 충돌을 할 때 x축 방향(ax)의 가속도를 감지하고, ACU(Airbag Control Unit)에 그 신호를 전달한다.

(2) 측면충돌 센서(SIS : Side Impact Sensor)

자동차가 측면으로 충돌을 할 때 y축 방향(ay)의 가속도를 감지하고, ACU(Airbag Control Unit)에 그 신호를 전달한다.

(3) ACU(Airbag Control Unit)

여러 가지 센서에서 입력되는 신호를 분석하여 충돌의 정도, 시트 벨트의 착용 여부, 시트의 위치, 승객의 무게 등을 종합적으로 판단하는 최적의 알고리즘(Algorithm)을 통하여 에어백과 시트 벨트 프리텐셔너 등의 제어시점을 최적화하여 동작시키는 역할을 한다.

(4) 인플레이터(Inflator)

인플레이터(Inflator)는 스퀴브(Squib), 점화회로, 점화제, 인플레이터 하우징, 디퓨저 스크린, 필터, 가스 발생제, 단락용 클립 등으로 구성되어 있다. ACU(Airbag Control Unit)에서 점화 신호를 보내면 스퀴브(Squib)가 발열이 되어 점화제 및 가스 발생제를 점화 연소시켜 질소 기체가 발생한다. 질소 기체는 불순물 여과 및 소음을 감소시켜 주는 디퓨저 스크린을 통하여 에어백에 공급된다.

(5) 승객 감지 센서(Occupant Classification Sensor)

동승석의 시트에 장착되어 있는 센서로 무게를 감지하여 승객의 탑승 유무, 신체 사이즈, 체중 등을 계산하여 에어백 전개시 팽창 속도를 조절할 수 있도록 ACU(Airbag Control Unit)에 신호를 전달한다. 성인남자, 성인여성 및 유아용 보조 시트의 유아 구별이 중요하다.

(6) 시트 위치 센서(Seat Track Position Sensor)

시트 위치를 감지하여 승객과 에어백 사이의 거리를 계산하고, 승객과 에어백이 근접할 경우에는 에어백의 팽창 압력을 낮게 조절하여 상해를 줄일 수 있도록 ACU(Airbag Control Unit)에 신호를 전달한다.

(7) 클럭 스프링(Clock Spring)

스티어링 휠 커버 아래 부분에 장착되어 있으며 ACU(Airbag Control Unit)와 인플레이터(Inflator)를 회로적으로 연결시켜 준다.

기출문제 유형

✦ 자동차용 안전벨트(Safety Belt)에 대하여 다음 사항을 설명하시오.(120-4-2)
　(1) Load Limiter　　　　　　　(2) 프리텐셔너(Pre-tensioner)
　(3) 버클 프리텐셔너　　　　　　(4) Tension Reducer
　(5) 비상록 시스템

✦ 자동차 시트 벨트 구성 요소 중 안전성과 안락성 향상을 위한 부품 4가지를 설명하시오.(116-2-4)

✦ 자동차용 안전벨트(safety belt)에 대해 다음을 설명하시오(110-2-4)
　(1) ELR(Emergency Locking Retractor)
　(2) 시트 벨트 프리텐셔너(seat belt pre-tensioner)
　(3) 로드 및 포스 리미터(load & force limiter)

✦ 안전띠 되감기 장치(Retractor)를 설명하시오.(84-1-5)

01 개요

자동차 주행 중 충돌 또는 추돌 등이 발생할 경우 운전자나 승객을 구속하여 충격을 완화시킴으로써 심한 상해나 차량 밖으로 벗어나는 것을 방지하는 자동차의 안전장치이며, 차량에서 운전자나 승객의 안전을 보장하는 가장 기본적이고 효과적인 장치이다.

02 시트 벨트(Seat belt)의 구성

시트 벨트(Seat belt)는 안전띠(웨빙 : Webbing), 잠금장치인 버클(Buckle), 안전띠 되감기 장치인 리트랙터(Retractor), 안전띠 높이 조절장치인 하이트 어드저스트(Height Adjuster) 등으로 구성되어 있다.

03 시트 벨트(Seat belt)의 종류

시트 벨트(Seat belt)의 종류로는 허리 양쪽으로 지지점이 2개인 2점식 벨트, 허리 양쪽 2점과 어깨 1점을 고정시키는 3점식 벨트, 허리 양쪽 2점과 어깨 2점을 고정시키는 4점식 벨트(레이싱 경주용, 풀하니스식이라고도 한다.), 허리 양쪽 2점과 어깨 2점 및 하부 1점을 고정시키는 5점식 벨트(유아용 카시트), 허리 양쪽 2점과 어깨 2점 및 하부 2점을 고정시키는 6점식 벨트(낙하산, 레이싱 경주용) 등이 있다.

04 리트랙터(Retractor)의 종류

리트랙터(Retractor)는 승객의 체격이나 착좌 자세에 따라 안전띠 길이를 조절하고 사용하지 않을 경우 안전띠를 수납을 하는 역할을 한다. 리트랙터(Retractor)의 종류에는 비상 체결 기능이 없는 일반 리트랙터(NLR : None Locking Retractor)와, 비상 체결 리트랙터(ELR : Emergency Locking Retractor), 자동 체결 리트랙터(ALR : Automatic Locking Retractor) 등이 있다.

(1) 비상 체결 리트랙터(ELR : Emergency Locking Retractor)

급제동, 급선회, 충돌 등으로 인하여 갑작스러운 감속이 생기면 감속을 감지할 수 있는 관성 감지 액추에이터(Inertia Sensitive Actuator)에 의해 자동으로 시트 벨트를 체결하는 기능을 한다. 차량이 일반적으로 주행 중일 경우에는 리트랙터(Retractor)는 체결되지 않으며, 시트 벨트를 되감아주는 역할을 한다.

(2) 자동 체결 리트랙터(ALR : Automatic Locking Retractor)

리트랙터(Retractor)에서 안전띠(웨빙 : Webbing)를 꺼내어 고정하면 일정 길이로 고정될 때까지 자동으로 되감아 체결하는 기능을 한다. 시트 벨트를 착용할 경우 움직임이 제한되도록 단단하게 몸을 고정시킬 수 있으며, 유아용 카시트 이용시 시트 벨트를 고정하여 움직임이 없도록 해준다.

05 시트 벨트 프리텐셔너(Seat belt Pre-tensioner) & 버클 프리텐셔너(Buckle Pre-tensioner)

안전띠(웨빙 : Webbing)와 승객 사이에 유격이 있는 상태에서 차량의 급제동, 급선회, 충돌 등이 발생 할 경우 승객을 구속할 수 있도록 자동으로 안전띠를 잡아 당겨서 되감아 주어 승객의 충격을 완화시키는 역할을 한다. 차량 충돌 시 안전띠(웨빙 : Webbing)가 인출 방향과 반대 방향으로 안전띠를 되감아 주고, 상체에 가해지는 압박을 해소시켜 주기 위하여 인출 방향으로 풀어서 상해를 최소화시켜 준다.

프리텐셔너(Pre-tensioner)는 인출구 근방에서 인출방향과 반대방향으로 안전띠(웨빙 : Webbing)를 되감아 주는 방식(WLR : Webbing Locking Retractor Type)과 리트랙터 내부에 있는 인플레이터(Inflator)의 폭발력에 의해 안전띠(웨빙 : Webbing)를 인출 방향과 반대방향으로 안전띠를 되감아 주는 방식 등이 있다. 시트 벨트 프리텐셔너(seat belt pre-tensioner)와 같이 버클 프리텐셔너(Buckle Pre-tensioner)를 작동하여 버클이 시트 앞쪽으로 당기거나 완화시켜 준다.

06 로드 및 포스 리미터(load & force limiter)

시트 벨트 프리텐셔너(Seat belt pre-tensioner)는 차량의 급제동, 급선회, 충돌 등이 발생 할 경우 승객을 구속할 수 있도록 자동으로 안전띠를 잡아 당겨서 되감아 주어 승객의 충격을 완화시키는 역할을 하지만, 되감기를 계속할 경우 가슴부위에 큰 압박으로 인하여 2차 상해가 발생할 수 있어 이러한 상해 발생을 줄이기 위하여 일정 이상 압박이 가해지지 않도록 완화하는 역할을 한다.

07 프리세이프 시트 벨트(PSB : Pre-active Seat Belt)

프리세이프 시트 벨트는 충돌 및 위험 상황이 예상될 때 사전에 순간적으로 시트 벨트를 잡아당겨 승객을 더 밀착시켜 주어 승객을 보호하는 역할을 하며, 시트 벨트의 성능을 높이고 에어백 등의 효과를 더 높여 준다..

(1) 충돌 시 사전 작동 기능

충돌을 감지하고 충돌 직전에 시트 벨트를 순간적으로 잡아당겨 승객을 밀착시켜 안전한 자세를 확보하는 기능을 말한다.

(2) 주행 시 보조 기능

급제동, 급선회를 할 경우 시트 벨트를 되감아 승객의 쏠림을 완화시키는 역할을 말한다.

(3) 안전띠 헐거움 제거 기능

시트 벨트가 헐거움 상태에서 충돌을 할 경우 시트 벨트의 기능이 저하되는 것을 방지하기 위하여 차량의 일정 속도(예 : 15km/h) 이상에서 잡아당겨 시트 벨트의 헐거움을 없애주는 기능을 말한다.

(4) 복원 보조 기능

시트 벨트를 사용한 후 일정 시간(예 : 3초) 이후에 되감아 제 위치로 복귀하는 기능을 말한다.

08 텐션 리듀서(Tension Reducer)

시트 벨트 착용시 안전띠(웨빙 : Webbing)의 인장력을 감소하여 승객의 가슴부위 압박을 완화하여 착용감 및 안락감을 향상시키는 역할을 한다. 시트 벨트 텐션 리듀서는 리트랙터를 구성하는 웨빙(Webbing) 플레이트의 옆면에 위치한 와인딩(Winding) 샤프트의 정회전을 멈추어 감김을 막고 역회전을 일정 범위에서 허용하여 안전띠(웨빙 : Webbing)를 인출하게 하여 당김을 다소 완화시킨다.

09 비상 록(Lock) 장치

차량의 충돌이나 전복으로 인하여 시트 벨트에 일정 이상의 하중이 가해지면 시트 벨트는 체결(Lock)이 되고, 시트 벨트가 풀리지 않도록 시트에 승객을 고정시키는 장치이다.

기출문제 유형

✦ 서브머린 현상 방지 시트와 경추 보호 헤드레스트에 대하여 설명하시오.(110-1-11)

01 서브머린(Submarine) 현상 방지 시트

(1) 정의

서브머린(submarine) 현상이란 자동차가 주행 중 정면충돌이 일어날 경우 시트 벨트를 착용 했더라도 시트(Seat)가 내려앉아 승객이 빠지면서 시트(Seat) 아래로 밀려들어가는 것을 말한다. 이때 승객은 안전띠가 복부 방향으로 움직여서 큰 압박을 주어 복부 내에 장기 파열이 발생할 수 있다.

(2) 서브머린(Submarine) 현상 방지 시트

안티서브머린 팬(안전 프레임)이 내장된 시트를 말하며 차량이 주행할 때 충돌이 일어날 경우 시트쿠션 앞쪽에 내장된 안전 프레임은 변형을 최소화하여 승객이 아래로 이동하지 않게 함으로써 승객이 전방으로 이동하는 것을 방지할 수 있는 시트이다.

> **참고** 서브머린(Submarine) 현상을 방지를 위한 다른 예
> 무릎 앞에서 에어백이 전개되는 무릎 에어백(KAB : Knee Air Bag)을 적용하여 서브머린(Submarine) 현상을 방지할 수 있다.

02 경추 보호 헤드레스트(Headrest)

(1) 경추 손상 발생 현상

차량이 주행 중에 후방에서 추돌이 일어날 경우 추돌에 의해 몸은 시트와 함께 전방으로 움직이고, 머리는 후방으로 크게 움직였다 다시 전방으로 숙여져 척수에 큰 충격을 주어 경추 편타가 발생되어 상해가 발생하는 현상을 말한다.

(2) 경추 보호 헤드레스트(Headrest)

차량이 주행 중에 후방에서 추돌이 일어날 경우 머리가 처음 후방으로 크게 움직였을 때, 머리가 후방으로 움직이지 않도록 자동으로 헤드레스트(Headrest)를 위쪽으로 이동시켜 경추를 보호할 수 있는 장치를 능동형 헤드레스트(Active Headrest)라 한다.

기출문제 유형

✦ 자동차 에어백의 작동과정을 설명하고, 구성부품인 충돌감지센서, 에어백모듈, 에어백 제어모듈에 대하여 설명하시오.(125-3-3)

✦ 에어백 장착 자동차의 정면충돌 시, 시간경과에 따른 에어백 전개 과정과 운전자 거동에 대하여 설명하시오.(89-3-6)

✦ 정면충돌 시 운전자 거동 및 에어백 전개 과정을 시간과 속도에 따라 도시적으로 표기하고 설명하시오.(63-2-4)

01 에어백 동작 순서

① 운전석 에어백(DAB : Driver Air Bag)이 스티어링(핸들) 중앙에 장착되어 있는 자동차가 정면으로 충돌한다.

② 정면충돌 센서(FIS : Front Impact Sensor)가 충돌 감지 신호를 ACU(Airbag Control Unit)에 전송한다.

③ ACU(Airbag Control Unit)은 충돌 감지 신호를 기준으로 충돌 정도를 판단한다.

④ ACU(Airbag Control Uint)는 충돌 발생 여부를 판단하여 인플레이터(Inflator)의 스퀴브(Squib)에 점화 신호를 보낸다.

⑤ 인플레이터(Inflator) 내부의 스퀴브(Squib)가 점화된다.

⑥ 스퀴브(Squib)가 발열이 되어 점화제 및 가스 발생제를 연소시켜 질소 기체를 발생시킨다.

⑦ 발생된 질소 가스는 불순물을 여과하고 소음을 감소시켜 주는 디퓨저 스크린을 통하여 에어백에 공급되어 쿠션이 팽창되면서 승객의 얼굴과 가슴이 파묻힌다.(자동차 충돌에서 쿠션 팽창 시간 = 0.03 ~ 0.05초)

⑧ 팽창된 에어백의 질소 가스가 빠지면서 운전자의 시야를 확보한다.

02 시간에 따른 에어백 작동 과정

Time(ms)	상 태
T=0	충돌이 시작된다.
T=15~20	충돌상태를 감지한다.
T=50	승객의 자세와 위치 정보를 기준으로 에어백이 팽창한다.
T=60~70	승객과 에어백이 접촉한다.
T=70~100	승객의 충격 에너지가 에어백에 의해 흡수된다.
T=120	에어백 동작이 완료된다.

(자료 : 에어백, 2002년, 한국과학기술정보연구원)

03 어드밴스드 에어백(Advanced Air Bag) 시스템 구성

어드밴스드 에어백(Advanced Air Bag) 시스템은 충돌을 감지하는 충돌 센서, 충돌를 판단하는 제어기(ACU : Airbag Control Uint), 탑승자를 보호하는 에어백, Occupant Classification Sensor)로 구성된다.

(1) 정면충돌 센서(FIS : Front Impact Sensor)

자동차가 정면으로 전면 충돌을 할 때 x축 방향(ax)의 가속도를 감지하고, ACU(Airbag Control Unit)에 그 신호를 전달한다.

(2) 측면충돌 센서(SIS : Side Impact Sensor)

자동차가 측면으로 충돌을 할 때 y축 방향(ay)의 가속도를 감지하고, ACU(Airbag Control Unit)에 그 신호를 전달한다.

(3) ACU(Airbag Control Unit)

여러 가지 센서에서 입력되는 신호를 분석하여 충돌의 정도, 시트 벨트의 착용 여부, 시트의 위치, 승객의 무게 등을 종합적으로 판단하는 최적의 알고리즘(Algorithm)을 통하여 에어백과 시트 벨트 프리텐셔너 등의 제어시점을 최적화하여 동작시키는 역할을 한다.

(4) 에어백 모듈(Air bag Module)

에어백 모듈(Air bag Module)은 운전석 에어백(Driver Air Bag) 모듈, 동승석 에어백(Passenger Air Bag) 모듈, 사이드 에어백(Side Air Bag) 모듈, 커튼 에어백(Curtain Air Bag)모듈 등으로 구분할 수 있으며, 에어백의 핵심 부품인 인플레이터(Inflator)가 모듈 내부에 배치되어 있다.

인플레이터(Inflator)는 스퀴브(Squib), 점화회로, 점화제, 인플레이터 하우징, 디퓨저 스크린, 필터, 가스 발생제, 단락용 클립 등으로 구성되어 있다. ACU(Airbag Control Unit)에서 점화 신호를 보내면 스퀴브(Squib)가 발열이 되어 점화제 및 가스 발생제를 연소시켜 질소 기체가 발생한다. 질소 기체는 불순물 여과 및 소음을 감소시켜 주는 디퓨저 스크린을 통하여 에어백에 공급된다.

기출문제 유형

✦ 스마트 에어백을 설명하시오.(84-1-6)

✦ 어드밴스 에어백의 구성장치를 기술하고 일반 에어백과의 차이점을 비교하여 설명하시오.(99-3-1)

✦ 디파워드 에어백(Depowered Air Bag), 스마트 에어백(Smart Air Bag), 어드밴스드 에어백(Advanced Air Bag)에 대하여 설명하시오.(105-2-4)

01 개요

1970년대부터 미국에서 교통사고로 인한 사망자를 줄이기 위해 안전벨트 및 에어백 의무화를 추진하였고 이때부터 자동차에서 에어백을 안전 부품으로 인식되기 시작하였다. 1980년대부터는 1세대 에어백인 SRS(Supplemental Restraint System) 보급이 본격적으로 시작되었고, 유럽과 일본에서 시트 벨트의 보조 장치라는 의미로 에어백을 보조 구속 시스템(SRS : Supplemental Restraint System)이라 명칭을 정하였다.

에어백을 세대별로 보면 1세대 에어백을 SRS 에어백(Supplemental Restraint System Air Bag), 2세대 에어백을 디파워드 에어백(Depowerd Air Bag), 3세대 에어백을 스마트 에어백(Smart Air Bag) 및 4세대 에어백을 어드밴스드 에어백(Advanced Air Bag)으로 구분할 수 있다.

02 1세대 에어백 : SRS(Supplemental Restraint System) 에어백

1980년대 보급된 에어백으로 시트 벨트의 보조 장치라는 의미로 에어백을 보조 구속 시스템(SRS : Supplemental Restraint System)이라 명칭을 정하였다. 충돌 감지 센서에서 자동차의 충돌이 감지되면 ACU(Airbag Control Unit)에서 충돌을 판단하여 점화 신호에 의해 에어백 내부의 가스가 폭발, 팽창해 운전자의 얼굴과 상체를 보호한다.

그러나 SRS(Supplemental Restraint System) 방식은 충격량을 감지하여 단순히 일정량으로 에어백의 쿠션을 팽창만하는 방식이므로 작은 여성이나 어린이의 경우 단순히 팽창하는 에어백으로 인한 2차 사고가 발생할 수 있는 단점이 있고, 승객이 시트 벨트를 착용하지 않은 상태에서 에어백이 작동하면 상해를 입을 수 있어서 1990년대 말부터는 사용하지 않고 있다.

03 2세대 에어백 : 디파워드 에어백(Depowered Air Bag) 또는 싱글 스테이지 에어백(Single Stage Air Bag)

1세대 SRS(Supplemental Restraint System) 에어백 대비 팽창 압력을 30% 정도 줄여 단순히 팽창하는 에어백으로 인한 승객의 2차 사고의 발생을 감소하기 위하여 개발한 에어백이다. 폭발을 일으키는 가스통이 한 개로 구성되어 있어서 싱글 스테이지 에어백(Single Stage Air Bag)이라 부르기도 한다.

또한 팽창 압력을 줄여 30%를 적게 팽창하기 때문에 충돌 시 얼굴이 에어백에 파묻히면서 충격량이 줄어들 수 있어 디파워드 에어백(Depowered Air Bag)이라고도 한다. 그러나 1세대 SRS(Supplemental Restraint System) 에어백보다 안전하지만 사고의 유형이나 탑승객의 몸무게 등 다양한 상황들에 대해서 여전히 고려가 안된 에어백이다.

04 3세대 에어백 : 스마트 에어백(Smart Air Bag) 또는 듀얼 스테이지 에어백(Dual Stage Air Bag)

차량의 충돌 정도에 따라 에어백의 전개 시점과 팽창속도를 제어가 가능한 에어백으로 에어백에 의한 승객의 2차 사고를 최소화하기 위한 에어백이다. 승객의 탑승여부(착좌 센서), 승객의 몸무게(중량 센서), 시트 위치(위치 센서), 충격량 등을 감지하여 폭발의 정도를 조절할 수 있어 기존의 에어백보다 성능이 향상된 에어백이다. 폭발로 팽창의 정도를 조절하기 위해 가스통이 두 개로 구분되어 있어 듀얼 스테이지 에어백(Dual Stage Air Bag)이라고도 한다.

05 4세대 어드밴스드 에어백(Advanced Air Bag)

탑승자의 무게, 앉은 자세 등을 판단하여 에어백의 팽창 여부와 팽창 강도 등을 결정할 수 있어 에어백으로 인한 2차 사고를 방지할 수 있어 승객의 상해를 최소화할 수 있는 에어백이다. 3세대 스마트 에어백(Smart Air Bag)에 시트 벨트 프리텐셔너(Seat belt Pre-tensioner)가 추가 되었으며, 감지 범위와 정밀도가 높아진 승객 감지 센서가 적용된 에어백이다. 안전법규 추진을 통하여 미국을 비롯한 세계 각국에서 4세대 어드밴스드 에어백(Advanced Air Bag)을 기본으로 장착되고 있다.

> **참고** **복합 충돌 에어백(Multiple Crash Airbag)**
>
> ① 복합 충돌이란 차량이 주행 중 충돌 사고가 발생할 경우 1차 충돌 이후에 도로 중앙분리대, 가로수, 전신주 또는 다른 자동차 등과 추가적인 2차 충돌을 말한다.
>
> ② 복합 충돌 에어백(Multiple Crash Airbag)은 여러 가지 사고 유형의 시나리오를 분석하고 시뮬레이션과 시험을 통하여 복합 충돌 시 에어백의 전개 시점을 최적화하여 승객의 상해를 최소화할 수 있도록 에어백을 빠르고 적절하게 전개할 수 있도록 하는 에어백이다.
>
> ③ NASS · CDS 통계를 보면 북미의 교통사고(200년~2012년) 사례의 경우 교통사고 중에서 복합 충돌이 약 30%로 많이 발생함을 알 수 있다.
> 복합 충돌 사고 유형을 보면 다음과 같다.
> • 국도 중앙선 침범에 의한 충돌 : 30.8%
> • 고속도로 톨게이트 급정거에 의한 충돌 : 13.5%
> • 고속도로 중앙분리대 충돌 : 8.0%
> • 도로 가로수 및 전신주 충돌 : 4.0%
>
> (자료 : NASS(National Automotive Sampling System)/CDS(Crashworthiness Data System)

기출문제 유형

✦ 대형 승용차의 에어백을 소형 승용자동차에 적용시의 문제점에 대하여 설명하시오.(74-3-4)

01 개요

에어백은 차량 충돌 순간의 충격량을 감지하여 에어백을 팽창시켜 승객이 충돌로 받는 힘을 분산시켜 충격을 완화함으로써 승객의 상해를 최소화하여 생명을 보호하고 불필요한 에어백의 전개를 방지하는데 있다. 또한 사고를 사전에 감지하여 불가피한 충돌이 발생할 경우 신호를 운전자에게 알려주거나 시트 벨트와 연계하여 에어백 전개속도 등을 고려하여 충돌 시 사전에 승객을 최대한 보호하기 위한 시스템이 에어백이다.

02 대형승용차 에어백을 소형승용차에 적용 시 영향성

대형승용차에 적용되는 에어백의 경우 쿠션 사이즈가 크며, 운전석의 경우 스티어링 휠에서 운전석의 운전자까지의 거리도 소형승용차에 비해 길다. 따라서 이런 점을 고려하여 에어백 설계 시 인플레이터(inflator) 점화 시점(Time to Fire), 팽창가스의 벤트홀(Vent Hole) 크기, 테더(tether)의 길이와 위치, 인플레이터(inflator)의 폭발압력 등을 적절하게 고려하여, 충돌 시 최적화된 에어백 전개가 이루어져 승객이 받는 충격량을 최소화할 수 있도록 개발하고 있다.

대형승용차에 적용되는 에어백을 소형승용차에 적용하게 되면 대형승용차에 비해 소형승용차는 운전석의 경우 스티어링 휠에서 운전석의 운전자까지의 거리가 짧고, 에어백의 쿠션 사이즈도 크기 때문에 에어백의 팽창 공간 부족으로 인해 에어백 팽창 시 머리와 가슴이 에어백과 큰 힘으로 부딪치게 되어 운전자의 상해가 더 커질 수 있다.

기출문제 유형

✦ 지능형 에어백의 충돌안전 모듈에 대하여 설명하시오.(117-3-2)

01 개요

에어백은 차량이 충돌하는 순간의 충격을 감지하여 승객이 차체에 부딪히기 전 충돌 상황에 따라 에어백의 팽창압력과 팽창속도가 자동으로 조절되도록 에어백을 팽창시켜 충격을 완화함으로써 승객의 상해를 최소화하여 생명을 보호하고 사고 상황에서 불필요한 에어백 전개를 방지하는데 있다. 즉, 체격이 큰 성인 남자이거나 시트 벨트를 착용하지 않았을 경우 또는 일정 속도(예 : 40km/h) 이상에서 충돌할 경우 에어백이 고압으로 크게 팽창하고, 어린이나 체격이 작은 여성일 경우 등에는 저압으로 작게 팽창하도록 하는 시스템이다.

또한 사고를 사전에 감지하여 충돌이 발생할 경우 일정 신호를 승객에게 알려주거나 시트 벨트와 연계하여 에어백 전개속도 등을 고려하여 충돌 시 사전에 승객을 최대한 보호하는 시스템으로 충돌 직전에 시트 벨트 프리텐셔너(Pre-tensioner)가 운전자에게 위험 신호를 전달하며, 충돌 시에 작동하여 승객을 시트에 고정시켜 피해를 줄인다.

여기에 더욱 더 발전된 지능형 에어백(Intelligent Airbag)은 카메라 및 레이더를 통하여 노면의 장애물을 감지하거나 갑자기 멈춰선 전방의 차량 등 위험 상황을 판단하여 작동하는 시스템과 연계하여 위험이 감지되면 먼저 전동식 시트 벨트로 진동을 발생하여 승객에게 경고를 알린다. 충돌이 예상되는 경우 긴급 자동 제동장치(AEB : Autonomous Emergency Braking)를 작동시켜 긴급 제동을 하고, 동시에 전동식 시트 벨트를 동작시켜 승객을 좌석에 밀착 고정시킨다. 그럼에도 불구하고 자동차가 충돌하게 되면 충격 정도에 따라 프리텐셔너(Pre-tensioner)와 에어백을 전개한다.

02 시스템 구성

(1) 정면충돌 센서(FIS : Front Impact Sensor)

자동차가 정면으로 전면 충돌할 때 x축 방향(a_x)의 가속도를 감지하고, ACU(Airbag Control Unit)에 그 신호를 전달한다.

(2) 측면충돌 센서(SIS : Side Impact Sensor)

자동차가 측면으로 충돌할 때 y축 방향(a_y)의 가속도를 감지하고, ACU(Airbag Control Unit)에 그 신호를 전달한다.

(3) 인플레이터(Inflator)

인플레이터(Inflator)는 스퀴브(Squib), 점화회로, 점화제, 인플레이터 하우징, 디퓨저 스크린, 필터, 가스 발생제, 단락용 클립 등으로 구성되어 있다. ACU(Airbag Control Unit)에서 점화 신호를 보내면 스퀴브(Squib)가 발열이 되어 점화제 및 가스 발생제를 연소시켜 질소 기체가 발생한다. 질소 기체는 불순물 여과 및 소음을 감소시켜 주는 디퓨저 스크린을 통하여 에어백에 공급된다.

(4) 승객 감지 센서(Occupant Classification Sensor)

등승석의 시트에 장착되어 있는 센서로 무게를 감지하여 승객의 탑승 유무, 신체 사이즈, 체중 등을 계산하여 에어백 전개 시 팽창 속도를 조절할 수 있도록 ACU(Airbag Control Unit)에 신호를 전달한다. 성인남자, 성인여성 및 유아용 보조 시트의 유아 구별이 중요하다.

(5) 시트 위치 센서(Seat Track Position Sensor)

시트 위치를 감지하여 승객과 에어백 사이의 거리를 계산하고, 승객과 에어백이 근접할 경우에는 에어백의 팽창 압력을 낮게 조절하여 상해를 줄일 수 있도록 ACU(Airbag Control Unit)에 신호를 전달한다.

(6) 시트 벨트 버클 센서(Seat Belt Buckle Sensor)

시트 벨트의 착용 여부를 감지하여 에어백의 팽창 압력을 조절하게 한다.

(7) ACU(Airbag Control Unit)

여러 가지 센서에서 들어오는 신호를 분석하여 충돌의 정도, 시트 벨트의 착용 여부, 시트의 위치, 승객의 무게 등을 종합적으로 판단하는 최적의 알고리즘(Algorithm)을 통하여 에어백과 시트 벨트 프리텐셔너 등의 제어시점을 최적화하여 동작시키는 역할을 한다.

(8) 시트 벨트 프리텐셔너(Seat belt Pre-tensioner) & 버클 프리텐셔너(Buckle Pretensioner)

안전띠(웨빙 : Webbing)와 승객 사이에 유격이 있는 상태에서 차량의 급제동, 급선회, 충돌 등이 발생할 경우 승객을 구속할 수 있도록 자동으로 안전띠를 잡아 당겨 되감아 주어 승객의 충격을 완화시키는 역할을 한다. 차량 충돌 시 안전띠(웨빙 : Webbing)가 인출 방향과 반대 방향으로 안전띠를 되감아 주고, 상체에 가해지는 압박을 해소시켜 주기 위하여 인출 방향으로 풀어서 상해를 최소화시켜 준다.

프리텐셔너(Pre-tensioner)는 인출구 근방에서 인출방향과 반대방향으로 안전띠(웨빙 : Webbing)를 되감아 주는 방식(WLR : Webbing Locking Retractor Type)과 리트랙터 내부에 있는 인플레이터(Inflator)의 폭발력에 의해 안전띠(웨빙 : Webbing)를 인출방향과 반대방향으로 안전띠를 되감아 주는 방식 등이 있다. 시트 벨트 프리텐셔너(seat belt pre-tensioner)와 같이 버클 프리텐셔너(Buckle Pre-tensioner)를 작동하여 버클이 시트 앞쪽으로 당기거나 완화시켜 준다.

(9) 프리세이프 시트 벨트(PSB : Pre-active Seat Belt)

프리세이프 시트 벨트는 충돌 및 위험상황이 예상될 때 사전에 순간적으로 시트 벨트를 잡아당겨 승객을 더 밀착시켜 주어 승객을 보호하는 역할을 하며, 시트 벨트 성능을 높이고 에어백 등의 효과를 더 높여준다.

1) 충돌 시 사전 작동 기능

충돌을 감지하고 충돌 직전에 시트 벨트를 순간적으로 잡아당겨 승객을 밀착시켜 안전한 자세를 확보하는 기능을 말한다.

2) 주행 시 보조 기능

급제동, 급선회를 할 경우 시트 벨트를 되감아 승객의 쏠림을 완화시키는 역할을 말한다.

3) 안전띠 헐거움 제거 기능

시트 벨트가 헐거움 상태에서 충돌을 할 경우 시트 벨트의 기능이 저하되는 것을 방지하기 위하여 차량의 일정 속도(예 : 15km/h) 이상에서 잡아당겨 시트 벨트의 헐거움을 없애주는 기능을 말한다.

4) 복원 보조 기능

시트 벨트를 사용한 후 일정 시간(예 : 3초) 이후에 되감아 제 위치로 복귀하는 기능을 말한다.

02 충돌 관련 법규

기출문제 유형

✦ 우리나라의 자동차와 관련된 보행자 보호기준 및 평가 방법에 대하여 설명하시오.(89-3-4)

01 개요

2013년도부터 국내에서 적용되고 있는 보행자 안전 법규 GTR No.9는 유럽 법규와 일본 법규를 기본으로 하고 있으며, 자동차 및 자동차 부품의 성능과 기준에 관한 규칙 제102조의 2(보행자 보호)에 보호기준과 평가 방법이 별표 14의 6에 상해기준이 규정되어 있다.

02 보행자 머리 평가 방법 및 보호기준

(1) 대상 차량

승용차, 차량총중량 4.5톤 이하의 승합차, 화물차 및 특수차가 해당된다. 단, 초소형차인 경우와 승합차, 화물차 및 특수차의 전륜 중심축에서 운전자 좌석 착석기준점까지의 거리가 1100mm 이하인 경우는 제외한다.

(2) 보행자 머리 평가 방법

보행자 머리모형을 자동차 길이방향의 수평선으로부터 아랫방향(성인 : 65도, 어린이 : 50도)으로 35km/h 속도로 보행자 머리모형을 충격부위에 충돌 시킨다.

(3) 보행자 머리모형 상해기준(별표 14의 6 보행자 머리모형 및 보행자 다리모형 상해기준)

① 어린이 머리모형 충격부위의 2분의 1 이상과 어린이와 성인 머리모형 충격부위의 3분의 2 이상은 1,000 이하일 것

② ① 이외의 머리모형 충격부위는 1,700 이하일 것

③ 어린이 머리모형 충격부위만 있는 자동차의 경우 충격부위의 3분의 2 이상이 1,000 이하, 나머지 충격부위는 1,700 이하일 것

$$\left[\frac{1}{t_2-t_1}\int_{t_1}^{t_2} adt\right]^{2.5}(t_2-t_1)$$

여기서, a : 중력가속도의 배수로 표시되는 합성가속도

t_1, t_2 : 충격 중 15/1000초 이하의 간격을 갖는 임의의 두 순간

03 보행자 다리 평가 방법 및 보호기준

(1) 보행자 다리 평가 방법

1) 범퍼 하부 기준선 높이가 지면에서 425mm 미만인 경우

보행자 하부 다리모형을 40km/h의 속도로 보행자 다리 충격부위에 충돌한다.

2) 범퍼 하부 기준선 높이가 지면에서 425mm 이상 500mm 미만인 경우

보행자 하부 다리모형 또는 보행자 상부 다리모형을 40km/h의 속도로 보행자 다리 충격부위에 충돌한다.

3) 범퍼 하부 기준선 높이가 지면에서 500mm 이상인 경우

보행자 상부 다리모형을 40km/h의 속도로 보행자 다리 충격부위에 충돌한다.

(2) 보행자 다리모형 상해기준(별표 14의 6 보행자 머리모형 및 보행자 다리모형 상해기준)

1) 유연형 하부 다리모형의 상해 기준값

① 최대 동적 전·후방 십자인대 신장변위는 13mm 이하일 것

② 최대 동적 내측 측부인대 신장변위는 22mm 이하일 것

③ 경골(정강이뼈)의 동적 굽힘 모멘트는 340Nm 이하일 것. 다만 제작사가 지정하는 보행자 다리 충격부위 폭의 합이 264mm까지는 경골의 동적 굽힘모멘트가 380Nm 이하일 것

2) 보행자 상부 다리모형의 상해 기준값

① 충격 하중의 합이 7.5kN 이하일 것

② 굽힘 모멘트는 510Nm 이하일 것

01 개요

자동차 안전도 평가(NCAP : New Car Assessment Program)는 더 넓은 선택의 기회를 소비자에게 제공하고 더 안전한 자동차를 제작사가 제작하도록 유도하여 교통사고로 인한 인명피해를 줄이기 위해 자동차의 안전성을 평가하고 그 결과를 공개하는 프로그램으로 1999년부터 국토교통부 주관으로 자동차 안전도 평가를 실시하고 공개하고 있다.

02 평가 항목

(1) 충돌 안전성 분야

정면충돌 안전성, 부분 정면충돌 안전성, 측면충돌 안전성, 어린이 충돌 안전성, 기둥 측면충돌 안전성, 좌석 안전성, 첨단 에어백장치

(2) 보행자 안전성 분야

보행자 안전성

(3) 주행 안전성 및 사고예방 안전성 분야

비상 자동 제동장치(고속 모드), 비상 자동 제동장치(시가지 모드), 비상 자동 제동장치(보행자 감지 모드), 비상 자동 제동장치(자전거 감지 모드), 비상 자동 제동장치(야행

보행자 감지 모드), 차로 유지 지원장치(LKAS : Lane Keeping Assistance System), 사각지대 감시 장치(BSD : Blind Spot Detection), 후측방 접근 경고장치(RCTA : Rear Cross Traffic Assist), 조절형 최고속도 제한장치(ASLD : Adjustable Speed Limitation Device), 지능형 최고속도 제한장치(ISA : Intelligent Speed Assistance)

03 평가 방법

자동차 안전도 평가에서 포함된 정면충돌, 측면충돌, 보행자, 제동 안전성 등 22개 항목의 평가 결과를 종합하여 차량의 안전도를 등급(1~5등급)과 점수(100점 만점)를 산정한다.

① 분야별 평가 항목에 해당하는 점수를 합산하여 백분율로 환산한다.
② 환산된 백분율 점수에 분야별 가중치를 곱하여 100점 만점 기준으로 전체분야 점수를 산정한다.
③ 종합 점수를 종합 등급 기준에 대비하여 해당되는 등급을 산정한다.
④ 평가 분야별 백분율 점수가 해당 등급의 분야별 과락 기준을 만족하는지 확인하여 최종 등급을 산정한다.

종합점수를 위한 평가 분야별 반영비율

평가 분야	비중 [%]
충돌 안전성	60
보행자 안전성	25
사고 예방 안전성	15

안정도평가 종합등급 산정기준

구분	비율[%]
1등급	82.1 ~
2등급	75.1 ~ 82.0
3등급	68.1 ~ 75.0
4등급	61.1 ~ 68.0
5등급	~61

평가 분야별 별등급 산정기준

구분	충돌 안전성[%]	보행자 안전성[%]
1등급	90.1 ~	60.1 ~
2등급	83.1 ~ 90.0	50.1 ~ 60.0
3등급	76.1 ~ 83.0	40.1 ~ 50.0
4등급	69.1 ~ 76.0	35.1 ~ 40.0
5등급	~ 69.0	~ 35.0

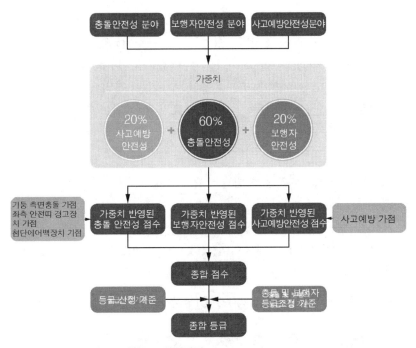

그림1. 종합등급 산정방법 (자료 : 교통안전공단 www.kncap.org)

04 충돌 안전성 분야

(1) 정면충돌 안전성(풀랩 : Full Lap, Barrier)

정면충돌 안전성 평가 (자료 : 오토저널 2017년 3월 자동차 안전도 평가)

1) 시험 방법

차량총중량 3.5톤 이하인 승용차를 대상으로 56km/h(48.3km/h보다 15%로 빠른 속도)의 속도로 콘크리트 고정벽에 정면으로 충돌을 한다.

2) 평가 방법

① 운전자석(여성)과 전방 탑승자석(여성) 승객의 머리, 흉부, 상부다리에서 받는 상해값을 측정하여 점수로 산출을 한다.

② 운전자석, 전방 탑승자석 각각 머리 4점, 목 4점, 흉부 4점, 상부다리 4점이 배정되며 총 16점이 만점이며 두 점수를 평균하여 산정한다.

③ 충돌 시 문열림 여부 : 충돌하는 순간에 문이 열릴 경우 승객이 차량 밖으로 나갈 수 있어 충돌하는 순간에 문이 열렸는지 여부를 확인한다.

④ 충돌 후 문열림 조작성 : 충돌 후에 승객이 스스로 나올 수 있거나 차량 외부에서 구조가 가능해야 하므로 충돌 후 문을 열수 있는 힘의 크기를 측정한다.

⑤ 충돌 후 연료장치 안전성 : 충돌로 인해 연료가 누출되면 화재의 위험성이 있으므로 연료 누출 여부를 확인한다.

3) 인체모형

① 인체모형 위치 : 운전자석, 전방 탑승자석

② 인체모형 종류

㉮ 운전자석 : 여성 인체모형(49kg), 하이브리드Ⅲ

㉯ 전방 탑승자석 : 여성 인체모형(49kg), 하이브리드Ⅲ

③ 센서 위치 : 머리, 흉부, 상부다리

(2) 부분 정면충돌 안전성(40% Offset, 40% Offset Barrier)

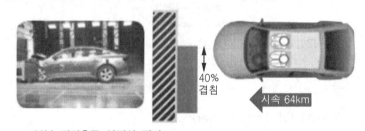

부분 정면충돌 안전성 평가 (자료 : 오토저널 2017년 3월 자동차 안전도 평가)

① 운전자석(남성)과 전방 탑승자석(남성) 승객의 머리, 흉부, 상부다리, 하부다리에서 받는 상해값을 측정하여 점수로 산정한다.

② 운전자석, 전방 탑승자석 각각 머리 4점, 흉부 4점, 상부다리 4점, 하부다리 4점이 배정되고 총 16점이 만점이며 두 점수를 평균하여 산정한다.

③ 충돌 시 문열림 여부 : 충돌하는 순간에 문이 열릴 경우 승객이 차량 밖으로 나갈 수 있어 충돌하는 순간에 문이 열렸는지 여부를 확인한다.

④ 충돌 후 문열림 조작성 : 충돌 후에 승객이 스스로 나올 수 있거나 차량 외부에서 구조가 가능해야 하므로 충돌 후 문을 열수 있는 힘의 크기를 측정한다.

⑤ 충돌 후 연료장치 안전성 : 충돌로 인해 연료가 누출되면 화재의 위험성이 있으므로 연료 누출 여부를 확인한다.

3) 인체모형

① 인체모형위치 : 운전자석, 전방 탑승자석

② 인체모형 종류 : 성인남자 인체모형(178cm, 75kg) 하이브리드Ⅲ

③ 센서 위치 : 머리, 흉부, 상부다리, 하부다리(어린이의 경우 : 머리, 목, 가슴)

(3) 측면충돌 안전성(Moving Barrier)

측면충돌 안전성 평가 (자료 : 오토저널 2017년 3월 자동차 안전도 평가)

1) 시험 방법

차량총중량 3.5톤 이하인 승용차를 대상으로 55km/h의 속도로 이동벽을 움직여 90도 각도로 측면으로 충돌한다. 여기서, 이동벽은 알루미늄 하니콤(충격흡수재)을 충돌부분 전면에 부착하여 일반승용차의 전면부 형상 및 특성을 갖춘 것을 사용한다.

2) 평가 방법

① 운전자석(남성) 승객의 머리, 흉부, 복부, 골반에서 받는 충격량을 측정하여 점수로 산정한다.

② 머리 4점, 흉부 4점, 복부 4점, 골반 4점이 배정되고 총 16점이 만점이다.

③ 충돌 시 문열림 여부 : 충돌하는 순간에 문이 열릴 경우 승객이 차량 밖으로 나갈 수 있어 충돌하는 순간에 문이 열렸는지 여부를 확인한다.

④ 충돌 후 문열림 조작성 : 충돌 후에 승객이 스스로 나올 수 있거나 차량 외부에서 구조가 가능해야 하므로 충돌 후 문을 열수 있는 힘의 크기를 측정한다.

⑤ 충돌 후 연료장치 안전성 : 충돌로 인해 연료가 누출되면 화재의 위험성이 있으므로 연료 누출 여부를 확인한다.

3) 인체모형

① 인체모형 위치 : 운전자석

② 인체모형 종류 : 측면충돌용 인체모형, WorldSID

③ 센서 위치 : 머리, 흉부, 복부, 골반

(4) 기둥 측면충돌 안전성(측면 Barrier)

1) 시험 방법

차량총중량 3.5톤 이하인 승용차를 대상으로 32km/h의 속도로 기둥 측면충돌 고정벽 앞면에 장착된 기둥형상의 구조물이 이동하여 75도 각도로 충돌한다.

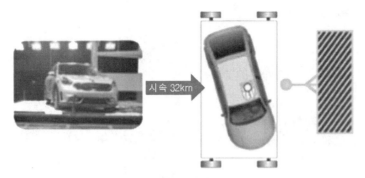

기둥 측면충돌 안전성 평가
(자료 : 오토저널 2017년 3월 자동차 안전도 평가)

2) 평가 방법

① 운전자석 승객(남성)의 머리 4점, 흉부 4점, 복부 4점, 골반 4점이 배정되고 총 16점이 만점이다.

② 충돌 시 문열림 여부 : 충돌하는 순간에 문이 열릴 경우 탑승자가 밖으로 튕겨 나갈 수 있으므로 충돌하는 순간에 문이 열렸는지 여부를 확인한다.

③ 충돌 후 문열림 조작성 : 충돌 후에 승객이 스스로 나오거나 외부에서 구조가 쉬워야 하므로 충돌 후 문을 여는데 소요되는 힘의 크기를 측정한다.

④ 충돌 후 연료장치 안전성 : 충돌로 인해 연료가 누출되면 화재가 발생할 수 있으므로 연료 누출 여부를 확인한다.

3) 인체모형

① 인체모형 위치 : 운전자석

② 인체모형 종류 : 신 측면충돌용 인체모형, WorldSID

③ 센서 위치 : 머리, 흉부, 복부, 골반

(5) 어린이 충돌 안전성

어린이 충돌 안전성 평가
(자료 : 오토저널 2017년 3월 자동차 안전도 평가)

1) 시험 방법

① 차량총중량 3.5톤 이하인 승용차를 대상으로 64km/h의 속도로 차폭 정면의 40%가 겹치는 변형된 구조물을 부착한 콘크리트 고정벽에 정면으로 충돌을 한다.

② 차량총중량 3.5톤 이하인 승용차를 대상으로 55km/h의 속도로 이동벽을 움직여 90도 각도로 측면으로 충돌한다.

2) 평가 방법

① 부분 정면충돌과 측면충돌 시험에서 뒷좌석에 탑승한 6세, 10세 어린이의 머리, 목, 흉부에서 받는 충격량을 측정하여 점수로 산정한다.

② 머리 4점, 목 2점, 흉부 2점이 배정되고 총 8점이 만점이며, 6세 및 10세 어린이 평가점수를 합하여 총 16점이 만점이다.

3) 인체모형

① 인체모형 위치 : 뒷좌석

② 인체모형 종류 : 6세 어린이 인체모형(Q6), 10세 어린이 인체모형(Q10)

③ 센서 위치 : 머리, 목, 흉부

(6) 좌석 안전성

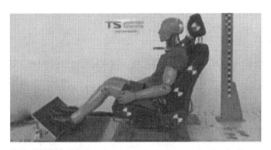

좌석 안전성 평가 (자료 : 오토저널 2017년 3월 자동차 안전도 평가)

1) 개요

후방충돌 시 발생하는 승객의 목 상해에 대한 좌석 및 머리지지대의 기능을 평가한다.

2) 시험 방법

충돌 시험 장비 위에 단품상태의 좌석을 고정하여 16km/h의 속도로 후방에서 충돌한다.

3) 평가 방법

① 1열 운전석과 동승석의 정적시험 및 동하중 시험을 실시한다.

② 2열 승객은 정적시험만 실시한다.

③ 정적시험 : 머리지지대의 높이 및 후방 간격을 측정하는 시험을 말한다.

④ 동하중 시험 : 동적하중을 가하여 실제 충돌 상황을 재현하는 시험을 말한다.

   ㉮ 머리지지대 접촉시간(HRC : Head Restraint Contact Time)

    : 후방충돌 시 머리지지대와 인체모형의 머리가 접촉하는 시간을 의미한다.

   ㉯ 척추 첫 번째 마디의 X축 가속도(T1)

    목 하단부 흉부 척추 첫 번째 마디의 X축 방향의 가속도를 의미한다.

   ㉰ 목 상단부 전단력(Fx), 목 상단부 인장력(Fz)

    인체모형의 목 상단부 하중계를 이용하여 머리의 전방과 후방 움직인 경우 전단력(Fx)과 머리의 위쪽과 아래쪽 움직인 경우 인장력(Fz)을 측정한다.

   ㉱ 머리 반발속도(HRV)

    후방충돌 시 인체모형의 머리가 머리지지대에 충돌한 후 튕겨나가는 속도를 의미한다.

   ㉲ 목 상해 지수(NIC)

    머리와 척추 첫 번째 마디인 T1에 대한 수평방향의 상대가속도와 상대속도를 측정하여 구한다.

   ㉳ 목 상단부 전단력과 모멘트의 합성지수(Nkm)

    인체모형의 목 상단부에 적용되는 전단력과 모멘트를 합성한 지수를 의미한다.

② 1열 운전자석, 동승석의 정적시험 및 동하중 시험 10점, 뒷좌석 정적시험 4점으로 하여 산출한다.

4) 후방충돌 시 목 상해 발생 순서

후방충돌 시 목 상해 발생 순서는 크게 4단계로 나누어 고려할 수 있으며, 자동차 안전도 평가(NCAP : New Car Assessment Program)에서는 목 상해가 발생하는 2~4단계를 고려하여 상해지수를 평가하고 있다.

① 1단계 : 머리가 초기 정상적인 자세로 위치한다.

② 2단계 : 후방충돌 후 후방이동 단계로 머리가 머리지지대와 충돌하는 순간까지이며, 목이 젖혀지기 시작하기 시점으로 목 상단부 전단력(Fx), 목 상단부 인장력(Fz)으로 인하여 목이 S자 형상으로 되면서 목 상해가 발생하기 시작하는 단계이다.

② 3단계 : 후방충돌 후 머리가 머리지지대와 충돌 후 계속 뒤로 이동하다가 반발력으로 인하여 전방으로 이동하면서 목 상해가 발생하는 단계이다.

③ 4단계 : 머리가 머리지지대와 충돌 후 계속 뒤로 이동하다가 반발력으로 인하여 전방으로 계속 이동하다가 시트 벨트에 의해 고정되면서 머리만 전방으로 굽힘 현상이 발생하는 단계이다.

5) 더미

① 더미 위치 : 자동차 1열 운전자석, 전방 탑승자석

② 더미 종류 : 후방충돌용 인체모형 BioRID2

(7) 좌석 안전띠 경고장치

좌석 안전띠 경고는 운전석, 동승석의 안전띠 착용을 모니터링하고, 안전띠를 착용하지 않은 경우 승객에서 시각적 경고와 청각적 경고를 주어 안전띠 착용을 유도하는 것을 말한다.

1) 시험 방법

① 1단계 경고(시각적 경고) : 차량 작동 상태에서 안전띠를 착용하지 않은 경우 다음과 같이 시각적 경고를 확인한다.

  ㉮ 운전석과 동승석이 나란히 설치 된 경우 : 30초 이상

  ㉯ 운전석과 동승석이 나란하지 않는 경우 : 60초 이상

② 2단계 경고 (시각적 및 청각적 경고) : 안전띠를 착용하지 않고 10km/h 이상의 속도로 주행 시 주행거리가 500m이전 또는 속도가 25km/h 이전 또는 주행시간이 60초 이전에 시각적 및 청각적 경고를 30초 이상을 하는지 확인한다.

2) 평가 방법

평가기준을 만족할 경우 최대 0.5점을 부여한다.

(6) 첨단 에어백 장치

첨단(어드밴스드) 에어백 장치는 충돌 심각성, 탑승자의 유무, 승객을 구분하여 에어백 전개 유무, 에어백 내부 압력을 자동으로 조절할 수 있는 에어백을 말한다.

1) 시험 방법

① 운전자석 에어백 정적 전개 시험 : 자동차를 충돌 시키지 않고 에어백을 강제로 전개시켜 인체모형(5% 여성인체모형III)의 상해값을 측정한다. 또한 그 외의 시험은 제작사 시험 성적서를 검토하여 인정한다.

② 전방 탑승자석 에어백 정적 전개 시험 : 제작사에서 제공하는 시험 성적서를 검토하여 인정하며, 시험 성적서는 미국 자동차 안전기준의 시험방법과 조건을 만족해야 한다.

2) 평가 방법

첨단 에어백 장치 평가기준을 만족할 경우 0.5점을 부여한다.

05 보행자 안전성 분야

(1) 보행자 안전성

1) 시험 방법

보행자의 머리와 다리가 자동차 전면 유리창, 엔진 후드, 범퍼 등에 40km/h의 속도로 충돌할 경우 보행자의 인체상해 정도를 평가한다.

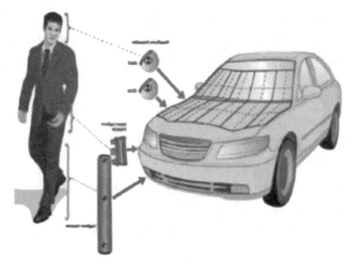

보행자 안전성 평가
(자료 : 오토저널 2017년 3월 자동차 안전도 평가)

2) 평가 방법

① 성인 및 어린이 머리모형을 이용하여 충돌 시험을 실시한 후 머리상해 기준값
(HIC :Head Injury Criteria)을 산출한다.

② 상부 다리모형 및 하부 다리모형을 이용하여 충돌 시험을 실시한 후 상부 다리모
형 및 하부 다리모형 상해 기준값을 산출한다.

③ 머리모형 24점, 다리모형 6점 배정되어 30점이 만점이다.

06 사고 예방 안전성 분야

(1) 제동 안전성(참고용)

1) 개요

주행 중에 제동 시 차량의 제동거리와 안정성에 대한 정보를 공지 및 제공하고 고속
주행 시 차량간 안전거리의 중요성을 인식시켜 추돌사고를 줄이는 것을 목적으로 하는
시험(제동거리 및 정지자세 측정)이다.

2) 시험 방법(중립 또는 클러치 페달 차단)

① 급제동 제동거리 : 마른 노면(Dry Asphalt @ 20~50℃) 및 젖은 노면(Wet Asphalt
@ 17~37℃) 상태의 일반 아스팔트 도로에서 시험 속도 100km/h에서 브레이크 페
달을 긴급으로 밟았을 때(Panic Braking)부터 자동차가 정지할 때까지의 이동거리를
측정한다.

마른 노면(100km/h)

젖은 노면(100km/h)

급제동 제동거리 시험

② **차선 이탈 확인** : 급제동 제동거리 시험 후 제동거리 측정 시 차선 3.5m의 너비를 이탈하는지의 여부를 확인한다.

3.5m

차선 이탈 시험

3) 평가 방법

① **대상** : ABS 장치를 갖춘 자동차

② 마른 노면과 젖은 노면에서 측정된 결과 값에 각각의 가중치(마른 노면 0.6, 젖은 노면 0.4)를 곱하여 "조정된 제동거리" 산출하고, 조정된 제동거리를 아래의 표에 따른 등급 구간 내에서 보간법을 이용하여 제동 성능 안전성 점수를 산정한다.

③ 차선 이탈시 또는 마른 노면의 제동거리가 자동차안전기준에 관한규칙 제 90조 (제동장치) 1호에 적합하지 않을 경우 0점으로 간주한다.

④ 산출된 제동거리에 따라 점수를 산정하고 5점이 만점이다.

등급 간 점수	조정된 제동거리
5.0점	42.5m 미만
4.0점 ~ 4.9점	42.5m 이상 ~ 45.0m 미만
3.0점 ~ 3.9점	45.0m 이상 ~ 48.0m 미만
2.0점 ~ 2.9점	48.0m 이상 ~ 50.0m 미만
1점	50.0m 이상

(2) 주행 전복 안전성

1) 개요

선회 주행 시 발생할 수 있는 전복 사고의 가능성을 측정하고 고속 급선회 및 도로 이탈시 전복 위험성을 평가한다.

2) 시험 속도

55km/h, 65km/h, 70km/h, 75km/h, 80km/h

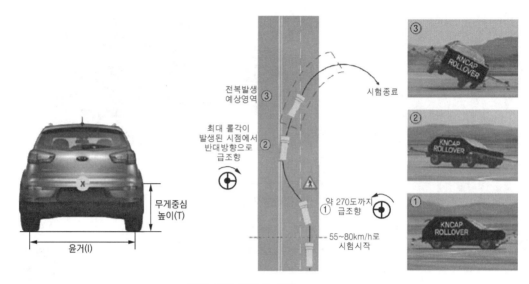

주행 전복 안전성 시험
(자료 : 오토저널 2017년 3월 자동차안전도 평가)

3) 시험 방법

① **정적 안전성 인자(SSF)** : 차량을 전후 방향으로 각각 2회씩 기울여 전·후륜 윤거 (Track Width)와 무게 중심의 높이를 측정하여 전·후륜 윤거(Track Width)와 무게 중심 높이의 비를 산출한다.

$$SSF = \frac{T}{2H}$$

여기서, T : 전륜 및 후륜 윤거 평균값, H : 무게 중심 높이의 평균값

② **주행 전복 안전성 시험** : 규정 속도(55km/h~80km/h)로 선회 주행할 경우 내측 휠이 노면에서 50mm 이상 동시에 들리는지를 시험한다. 정적 안전성 인자(SSF)가 1.25 미만인 자동차에 대하여 전복 시험을 실시하며 5점이 만점이다.

4) 차량 중량 조건

① **정적 안전성 인자(SSF)** : 타이어는 표준 공기압 상태, 공차 상태, 인체모형을 운전 석에 탑재한 상태로 측정한다.

② **주행 전복 안전성** : 타이어는 표준 공기압 상태, 차량 총중량 상태(워터더미 3개)에 서 측정한다.

(3) 비상 자동 제동장치(AEBS : Advanced Emergency Braking System) : 고속 모드

주행 중 차량, 자전거 또는 보행자에 대한 전방충돌 상황을 감지하여 비상시 충돌을 회피 또는 완화하기 위하여 자동차를 자동으로 긴급 감속하는 시스템이다.

비상 자동 제동 장치(AEBS : Advanced Emergency Braking System) : 고속 모드
(자료 : 교통안전공단)

1) 시험 방법

① **차량 대 차량 저속 주행 타깃 감지 평가** : 시험 자동차는 30km/h~70km/h의 속도로 주행하고 전방의 자동차가 20km/h의 속도로 주행하면서 평가한다.

② **차량 대 차량 감속 주행 타깃 감지 평가** : 시험 자동차와 전방의 자동차가 일정 간격(12m, 40m), 50km/h의 속도로 주행 중 전방의 자동차를 감속도 0.2g 및 0.6g로 평가한다.

2) 평가 방법

① **작동 해제 시험** : 자동 비상 제동장치의 작동을 중지 할 경우 작동 중지 식별표시장치 작동유무 확인, 작동 중지 후 재시동시 작동상태 복귀 유무, 작동 중지를 위한 조종장치의 조작 횟수를 확인한다.

② **성능 평가** : 자동 비상 제동 경고장치 동작 확인 시험, 차량 대 차량 저속주행 타깃 감지 평가, 차량 대 차량 감속주행 타깃 감지 평가를 실시한다.

③ 평가기준을 만족할 경우 최대 3점을 부여한다.

(4) 비상 자동 제동장치(AEBS : Advanced Emergency Braking System) : 시가지 모드

주행 중 차량, 자전거 또는 보행자에 대한 전방충돌 상황을 감지하여 비상시 충돌을 회피 또는 완화하기 위하여 자동차를 자동으로 긴급 감속하는 시스템이다.

비상 자동 제동장치(AEBS : Advanced Emergency Braking System) : 시가지 모드
(자료 : autovolt-magazine.com/euro-ncap-puts-autonomous-emergency-braking-systems-aebs-to-the-test/)

1) 시험 방법

차량 대 차량 정지 타깃 평가로 전방 자동차는 정차상태에서 시험 자동차 10~50km/h 의 속도로 주행하여 평가한다.

2) 평가 방법

① 작동 해제 시험 : 자동 비상 제동장치의 작동을 중지 할 경우 작동 중지 식별표시 장치 작동 유무 확인, 작동 중지 후 재시동시 작동상태 복귀 유무, 작동 중지를 위한 조종장치의 조작 횟수를 확인한다.

② 성능 평가 : 차량 대 차량 정지 타깃 평가로 자동 비상 제동 경고장치의 동작 확인 시험, 차량 대 차량 저속정지 타깃 감지 평가를 실시한다.

③ 평가기준을 만족할 경우 최대 3점을 부여한다.

(5) 비상 자동 제동장치(AEBS : Advanced Emergency Braking System) : 보행자 감지 모드

주행 중 차량, 자전거 또는 보행자에 대한 전방충돌 상황을 감지하여 비상시 충돌을 회피 또는 완화하기 위하여 자동차를 자동으로 긴급 감속하는 시스템이다.

비상 자동 제동장치(AEBS : Advanced Emergency Braking System) : 보행자 감지 모드

(자료 : google.com/search?q=Advanced+Emergency+Braking+System+test&tbm=isch&ved=2ahUKEwiEgMunwtH6AhUZTP
UHHe1VATAQ2-cCegQIABAA&oq=Advanced+Emergency+Braking+System+test&gs_lcp=CgNpbWcQA1AAWABgrDRo
AHAAeACAAVWIAVWSAQExmAEAqgELZ3dzLXdpei1pbWfAAQE&sclient=img&ei=t-NBY8TILpmY1e8P7auFgAM&bih=
1076&biw=2133#imgrc=5P1w8M2xMy5rkM)

1) 시험 방법

① 오프셋 충돌 : 성인 보행자가 5km/h의 속도로 보행하여 시험 자동차가 20~60km/h 의 속도로 주행하면서 시험 자동차 오프셋 25% 및 75% 충돌한다.

② 보행자 정면충돌 : 성인 보행자가 8km/h의 속도로 보행하여 시험 자동차가 20~ 60km/h의 속도로 주행하면서 정면으로 충돌한다.

③ 어린이 정면충돌 : 어린이 보행자가 5km/h의 속도로 주차된 자동차 사이에서 출발 하여 시험 자동차가 20~60km/h의 속도로 주행하면서 정면으로 충돌한다.

2) 평가 방법

① 작동 해제 시험 : 자동 비상 제동장치의 작동을 중지 할 경우 작동 중지 식별표시

장치 작동 유무 확인, 작동 중지 후 재시동시 작동상태 복귀 유무, 작동 중지를 위한 조종장치의 조작 횟수를 확인한다.

② **성능 평가** : 자동 비상 제동 경고장치의 동작 확인 시험, 25% 오프셋 충돌, 75% 오프셋 충돌, 보행자 정면충돌, 어린이 정면충돌 평가를 실시한다.

③ 평가기준을 만족할 경우 최대 3점을 부여한다.

(6) 비상 자동 제동장치(AEBS : Advanced Emergency Braking System) : 자전거 감지 모드

주행 중 차량, 자전거 또는 보행자에 대한 전방충돌 상황을 감지하여 비상시 충돌을 회피 또는 완화하기 위하여 자동차를 자동으로 긴급 감속하는 시스템이다.

비상 자동 제동장치(AEBS : Advanced Emergency Braking System) : 자전거 감지 모드
(자료 : thebrakereport.com/tbr-technical-corner-braking-requirements-for-optimizing-autonomous-emergency-braking-aeb-performance-part-1-out-of-3/)

1) 시험 방법

① **차량 대 자전거 탑승자 횡단 이동 타깃 평가** : 자전거가 일정속도로 횡단 주행하여 시험 자동차가 20km/h~60km/h의 속도로 주행하면서 시험 자동차가 정면으로 충돌한다.

② **차량 대 자전거 탑승자 종단 이동 타깃 평가** : 자전거가 일정속도로 종단 주행하여 시험 자동차가 25km/h~60km/h의 속도로 주행하면서 시험 자동차가 정면으로 충돌한다.

2) 평가 방법

① **작동 해제 시험** : 자동 비상 제동장치의 작동을 중지 할 경우 작동 중지 식별표시 장치 작동 유무 확인, 작동 중지 후 재시동 시 작동상태 복귀 유무, 작동중지를 위한 조종장치의 조작 횟수를 확인한다.

② **성능 평가** : 차량 대 자전거 탑승자 횡단 이동 타깃 평가, 차량 대 자전거 탑승자 종단 이동 타깃 평가를 실시한다.

③ 평가기준을 만족할 경우 최대 2점을 부여한다.

(7) 비상 자동 제동장치(AEBS : Advanced Emergency Braking System)
: 야간 보행자 감지 모드(가점 부여항목)

주행 중 차량, 자전거 또는 보행자에 대한 전방충돌 상황을 감지하여 비상시 충돌을 회피 또는 완화하기 위하여 자동차를 자동으로 긴급 감속하는 시스템이다.

비상 자동 제동장치(AEBS : Advanced Emergency Braking System) : 야간 보행자 감지 모드

(자료 : kurukura.jp/safety/20200610-01.html)

1) 시험 방법

25% 및 75% 오프셋 충돌 : 성인 보행자가 5km/h의 속도로 보행하여 시험 자동차가 20km/h~60km/h의 속도로 주행하면서 시험 자동차 오프셋 25% 및 75% 충돌한다.

2) 평가 방법

① 작동 해제 시험 : 자동 비상 제동장치의 작동을 중지 할 경우 작동 중지 식별표시 장치 작동 유무 확인, 작동 중지 후 재시동시 작동상태 복귀 유무, 작동중지를 위한 조종장치의 조작 횟수를 확인한다.

② 성능 평가 : 자동 비상 제동 경고장치의 동작 확인 시험, 25% 오프셋 충돌, 75% 오프셋 충돌 평가를 실시한다.

③ 평가기준을 만족할 경우 최대 2점을 부여한다.

(8) 차로 유지 지원 장치(LKAS : Lane Keeping Assistance System)

차로 유지 지원 장치(LKAS : Lane Keeping Assistance System)는 자동차의 횡방향 제어를 통하여 주행 중인 차로를 이탈하지 않고 주행할 수 있도록 보조하는 시스템이다.

1) 시험 방법

직선 차로 유지 및 곡선 차로 유지 시험을 통하여 성능을 확인한다.

① 직선 차로 유지 성능 시험 : 시험 자동차를 65±3km/h의 속도로 주행 중 좌측 또는 우측 이탈 속도를 0.2m/s ~ 0.5m/s의 범위 내에서 총 2회 실시하며, 1개 차선에 대해 좌측 및 우측으로 총 4회 실시한다. 또한 좌측 또는 우측 이탈 속도를

0.1m/s ~ 0.8m/s로 하여 주행하면서 차로 이탈 경고 기능을 확인한다.

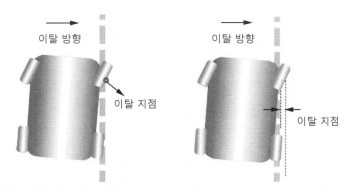

차로 유지 지원 장치(LKAS : Lane Keeping Assistance System)
(자료 : 교통안전공단 홈페이지)

② 곡선 차로 유지 성능 시험 : 시험 자동차를 직선구간에서 65±3km/h의 속도로 안정된 주행상태에서 조향 스티어에 외부 힘이 가해지지 않는 자유상태로 선회반경 400m 인 곡선 구간을 주행하면서 총 2회 실시한다. 또한 차로를 이탈하는 방향에서 가장 인접한 차선의 전륜 타이어 외측이 차선의 외측 모서리로부터 0.3m 이상 가로지르게 하고, 차로 이탈 경고 유무 및 경고 시점에서 차로 이탈거리를 확인한다.

③ 최저 작동 시험 : 직선 차로 유지 성능 시험에서 차로 이탈이 가장 많이 발생한 1 개 차로를 선정하여 총 2회 실시한다. 시험횟수 2회 모두 차로 이탈이 발생하지 않을 경우를 최저 작동 속도로 한다.

2) 평가 방법

① 최저 작동 속도는 60km/h 이하인지 확인한다.

② 직선 차로 유지 및 곡선 차로 유지 성능 시험시 각각 최소 1회 이상 유무를 확인한다.

③ 평가기준을 만족할 경우 차로 유지 지원 기능 3점, 차로 이탈 경고 기능 1점을 부여한다.

(9) 사각지대 감시 장치(BSD : Blind Spot Detection)

사각지대 감시 장치(BSD : Blind Spot Detection)는 사각지대로 접근하는 자동차에 대한 정보를 알려 주는 시스템이다.

1) 평가 방법

① 시험 방법 : 60km/h 속도 이상에서는 경고 기능이 작동하는지 확인하며, 경고표시 영역(음영)내에 다른 자동차가 있을 경우 최소 0.3초 이내에 경고 유무를 확인한다.

② 평가 방법 : 사각지대 감시 장치(BSD : Blind Spot Detection)의 장착위치, 작동원리, 사용방법이 명기된 자동차 취급설명서 및 기술자료(시험성적서 등)등을 확인한다.

③ 평가기준을 만족할 경우 최대 1점을 부여한다.

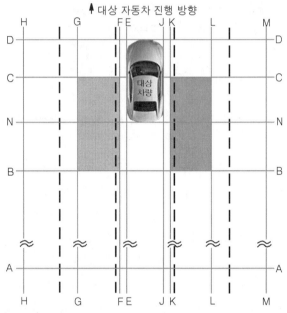

사각지대 감시 장치(BSD : Blind Spot Detection) (자료 : 교통안전공단 홈페이지)

(10) 후측방 접근 경고 장치(RCTA : Rear Cross Traffic Assist)

후측방 접근 경고 장치(RCTA : Rear Cross Traffic Assist)는 자동차가 후진 중에 후측방에 접근하는 다른 자동차를 감지하여 충돌을 회피하고, 운전자에게 사전에 경고하여 알려주는 시스템이다.

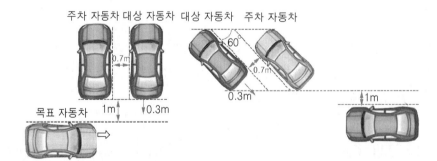

후측방 접근경고장치(RCTA : Rear Cross Traffic Assist) - 직각 주차 및 사선 추자

(자료 : 교통안전공단 홈페이지)

1) 시험 방법

10km/h 및 30km/h의 속도로 접근하는 자동차로 직각 주차시험 및 사선 주차시험을 실시한다. 시험 자동차의 경고 발생시간(TTC : Time to Collision), 최소 2개 이상 경고 신호 발생유무, 경고 지속시간 등을 측정한다.

2) 평가 방법

평가기준을 만족할 경우 후측방 충돌 방지 기능 만족시 1점, 후측방 충돌 경고 기능 만족시 1점으로 배정되고 총 2점을 부여한다.

(11) 조절형 최고속도 제한장치(ASLD : Adjustable Speed Limitation Device)

조절형 최고속도 제한장치(ASLD : Adjustable Speed Limitation Device)는 운전자가 제한속도를 임의로 설정하여 제한속도를 초과할 경우 경고를 해주는 시스템이다.

1) 시험 방법

50~110km/h에서 도심, 지방, 고속도로를 주행하면서 GPS를 이용하여 속도 경고 기능 시험 및 속도 제한 기능 시험을 실시한다.

2) 평가 방법

속도 경고 기능 시험 및 속도 제한 기능 시험을 실시하여 성능기준 적합 여부를 확인하며, 평가기준을 만족할 경우 0.5점을 부여한다.

(12) 지능형 최고속도 제한장치(ISA : Intelligent Speed Assistance)

지능형 최고속도 제한장치(ISA : Intelligent Speed Assistance)는 조절형 최고속도 제한장치의 제한 속도 알림 기능과 결합되어 설정된 제한 속도를 운전자에게 수동 또는 자동으로 알려주는 시스템이다.

1) 시험 방법

50~110km/h에서 도심, 지방, 고속도로를 주행하면서 GPS를 이용하여 속도 경고 기능 시험 및 속도 제한 기능 시험을 실시한다.

2) 평가 방법

속도 경고 기능 시험 및 속도 제한 기능 시험을 실시하여 성능기준 적합 여부를 확인하며, 평가기준을 만족할 경우 1.5점을 부여한다.

01 인체모형(Dummy)

(1) 개요

인간의 동작 및 부상정도를 고려하여 인간의 형상, 무게, 크기 등을 유사하게 만든 사람을 모사한 모형으로 자동차 충돌 시험시 사람을 대신 장착하여 충격량을 측정하는 데 사용하는 인체모형을 말한다.

충돌 시 발생하는 충격량을 검출하기 위하여 인체모형(Dummy) 내부에는 가속도 센서, 하중 센서와 변위 센서 등 측정 목적에 따라 여러 가지 정밀 센서들이 부착되어 있다. 정면충돌 시험에 사용되는 인체모형(Dummy)은 머리, 목, 흉부, 상부다리에 센서가 부착되고, 측면충돌 시험에 사용되는 인체모형(Dummy)은 머리, 흉부, 복부, 골반 부문에 센서가 장착된다.

(2) 종류

1) **정면충돌용 인체모형(Dummy)** : Hybrid II, Hybrid III 등

① 미국에서 개발한 것으로 하이브리드III(키 178cm, 체중 77.7kg)라고 불리는 미국의 50% 성인남자 인체모형을 말한다.

② 하이브리드III는 국토교통부장관이 고시하는 변형 구조물 고정벽에 정면충돌 시험 운전자의 좌석에 사용되는 50% 성인남자를 대표하는 인체의 특성을 갖춘 시험용 인체모형을 말한다.

2) **측면충돌용 인체모형** : SID-IIs, EuroSID I, EuroSID II, WorldSID 등

① 유럽에서 개발한 것으로 EuroSID II(키 178cm, 체중 72kg)라고 불리는 인체모형을 말한다. 시험에 사용되는 인체모형은 50% 성인남자를 대표하는 측면충돌 인체모형 I 또는 II를 사용한다.

② 측면충돌 인체모형 I은 자동차 측면충돌 안전시험에 사용되는 인체의 특성을 갖춘 시험용 인체모형을 말하며, 측면충돌 인체모형 II는 측면충돌 인체모형 I을 인체의 특성에 더욱 유사하도록 개선한 시험용 인체모형을 말한다.

3) **후면충돌 시험용 인체모형** : BioRID II, RID II 등

4) **기타 인체모형** : 어린이 인체모형, 보행자 인체모형, 임신여성 인체모형 등

02 인체모형 백분위수(Percentile)

(1) 개요

인체모형 백분위수(Percentile)는 성인인구 전체를 백분위(%)로 표시하며 평균 몸무게, 키, 팔과 다리 길이 등을 종합한 수치로 전체를 100으로 기준을 하여 작은 쪽에서 순서를 나타내는 백분위수를 말한다.

(2) 성인 인체모형 백분위수(Percentile)

① 50% 성인남자 인체모형은 백분위수 기준 50번째 성인 남자의 키 크기와 몸무게에 해당하는 인체모형을 의미한다.

② 5% 성인여자 인체모형은 백분위수 기준 5번째 성인 여성의 키 크기와 몸무게에 해당하는 인체모형을 말한다

기출문제 유형

✦ 자동차 안전에 관한 규칙 중에서 충돌 시 인체모형의 상해 기준의 측정 조건 및 상해 기준, 차체 구조 기준에 대하여 설명하시오.(81-4-3)

---

01 개요

자동차 및 자동차 부품의 성능과 기준에 관한 규칙 제102조에서 충돌 시 승객보호 기준을 규정하고 있다. 승용차(단, 초소형승용차는 제외)는 별표 14의 충돌 시 승객 보호기준과 별표 14의2의 측면충돌 시 승객보호 기준에 적합하여야 한다. 다만, 저속 전기 자동차의 경우에는 별표 14의2를 적용하지 아니한다.

02 충돌 시 상해기준

(1) 시험 방법

차량총중량 3.5톤 이하인 승용차를 대상으로 56km/h의 속도로 차폭 정면의 40%가 겹치는 변형된 구조물을 부착한 콘크리트 고정벽에 정면으로 충돌을 한다.

(2) 평가 방법

① 운전자석(남성)과 전방 탑승자석(남성) 승객의 머리, 흉부, 상부다리, 하부다리에서 받는 상해값을 측정하여 점수로 산정한다.

② 운전자석, 전방 탑승자석 각각 머리 4점, 흉부 4점, 상부다리 4점, 하부다리 4점이 배정되며 총 16점이 만점이며 두 점수를 평균하여 산정한다.

(3) 상해 기준

1) 머리 상해 기준

다음의 기준에 적합해야 한다.

① 머리 상해 기준값(HIC : Head Injury Criteria) : 다음과 같은 식에 의해 산출하며 1000 이하이어야 한다.

$$\left[\frac{1}{t_2 - t_1}\int_{t_1}^{t_2} adt\right]^{2.5}(t_2 - t_1)$$

여기서, a : 중력가속도의 배수로 표시되는 합성가속도

$\quad\quad t_1, t_2$: 충격 중 36/1000초 이하의 간격을 갖는 임의의 두 순간

② 머리 합성 가속도 : 3msec 이상 80g 초과하면 안 된다.

2) 목 상해 기준값

다음의 기준에 적합해야 한다.

① 목 인장 하중은 다음 그림에 따른 하중 이하이어야 한다.

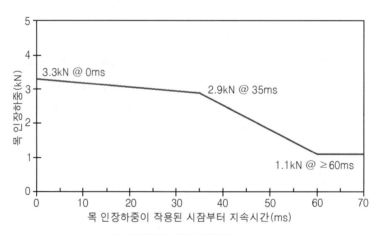

목 인장하중 상해 기준값

② 목 전단하중은 다음 그림에 따른 하중 이하이어야 한다.

③ 젖힘 모멘트는 57Nm 이하이어야 한다.

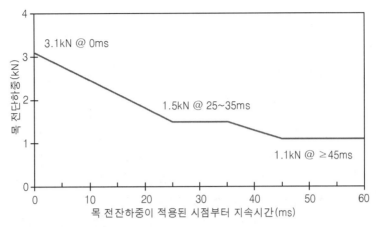

목 전단하중 상해 기준값

3) 흉부 상해 기준

① 흉부 압축 변위량은 42mm 이하이어야 한다.

② 흉부 연성조직의 기준값은 1.0m/s 이하이어야 한다.

4) 인체모형의 대퇴부(넓적다리)의 압축하중은 다음 그림에 따른 하중 이하이어야 한다.

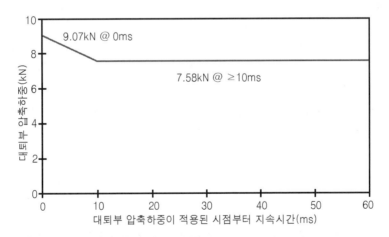

대퇴부(넓적다리)의 압축하중 상해 기준값

5) 하부다리 상해 기준

① 정강이뼈 압축하중은 8kN 이하여야 한다.

② 정강이뼈 상부와 하부에서 측정된 정강이뼈 지수값은 1.3 이하여야 한다.

③ 무릎 압축 변위량은 15mm 이하여야 한다.

6) 조향 기둥과 조향 핸들 축 위 끝의 상향 변위량이 80mm, 후방 변위량이 100mm를 초과하지 않아야 한다.

03 충돌 시 차체 구조 기준

(1) 시험 방법 1

48.3~53.1KPH의 속도로 고정벽 정면으로 수직 충돌을 한다.

(2) 충돌 시 차체 구조기준 1

① 좌석 중심에서 좌우 150mm의 범위에서 앞좌석 착석 기준점을 지나가는 수직 횡단면과 계기 패널 가장 뒤끝을 지나는 수직 횡단면과의 거리는 450mm 이상이어야 한다.

② 앞좌석 착석 기준점을 지나는 수직 횡단면과 앞쪽 내부 격벽과의 거리는 브레이크 페달의 중심높이에서 650mm 이상이어야 한다.

③ 앞좌석의 발 공간 측벽간의 거리는 브레이크 페달 중심높이에서 250mm 이상이어야 한다.

④ 앞좌석 착석 기준점의 천정에서 바닥까지의 수직거리는 10% 이상 수축이 없어야 한다.

⑤ 충돌 시 문 열림이 없고 충돌 후 모든 승객이 도구 이용 없이 밖으로 나올 수 있는 충분한 수의 문을 열 수 있어야 한다.

(3) 시험 방법 2

35~38km/h의 속도로 이동벽 후면에 충돌을 한다.

(4) 충돌 시 차체 구조기준 2

① 최후방 좌석의 착석 기준점에서 차량중심선 방향으로 변위량이 75mm를 초과하지 않아야 한다.

② 충돌 시 문 열림이 없고 충돌 후 모든 승객이 도구 이용 없이 밖으로 나올 수 있는 충분한 수의 문을 열 수 있어야 한다.

기출문제 유형

✦ '자동차 및 자동차 부품의 성능과 기준에 관한 규칙'에 명시된 어린이 운송용 승합자동차에 관련된 안전기준 중 좌석의 규격, 승강구, 후사경, 후방 확인을 위한 영상장치, 정지 표시장치에 대하여 각각 설명하시오.(114-4-5)

01 개요

자동차 및 자동차 부품의 성능과 기준에 관한 규칙에서 어린이 운송용 승합차에 관련된 안전기준 중 19조 10항 좌측 옆면 정지 표시장치, 25조 승객 좌석 규격 등, 29조 승강구, 50조 간접시계장치 제102조에서 충돌 시 승객보호 기준을 규정하고 있다.

02 25조 승객 좌석 규격 등

어린이 운송용 승합차의 어린이용 좌석의 규격은 5% 성인여자 인체모형이 착석이 가능해야 하며 머리지지대가 포함된 좌석 등받이 높이는 71cm 이상이어야 한다. 또한 좌석간 거리는 5% 성인여자 인체모형이 착석이 가능한 거리이어야 한다.

03 29조 승강구

어린이 운송용 승합차의 어린이 승하차를 위한 승강구는 다음 기준에 적합하여야 한다.

① 제1단의 발판 높이는 30cm 이하이고, 발판 윗면은 가로의 경우 승강구 유효너비 (여닫이식 승강구에 보조발판을 설치하는 경우 해당 보조발판 바로 위 발판 윗면의 유효너비)의 80% 이상, 세로의 경우 20cm 이상이어야 한다.

② 제2단 이상 발판의 높이는 20cm 이하이어야 한다. 다만, 15인승 이하의 자동차는 25cm 이하로 할 수 있으며, 각 단(제1단 포함)의 발판은 높이를 만족시키기 위하여 견고하게 설치된 구조의 보조발판 등을 사용할 수 있다.

③ 승하차 시에만 돌출되도록 작동하는 보조발판은 위에서 보아 두 모서리가 만나는 꼭짓점 부분의 곡률반경이 20mm 이상이고, 나머지 각 모서리 부분은 곡률반경이 2.5mm 이상이 되도록 둥글게 처리하고 고무 등의 부드러운 재료로 마감해야 한다.

④ 보조발판은 자동 돌출 등 작동 시 어린이 등의 신체에 상해를 주지 아니하도록 작동되는 구조이어야 한다.

⑤ 각 단의 발판은 표면을 거친 면으로 하거나 미끄러지지 아니하도록 마감해야 한다.

04 제50조 3항 후사경

어린이 운용용 승합차의 좌우에 설치하는 간접 시계장치는 승강구의 가장 늦게 닫히는 부분의 차체(승강구가 없는 차체 쪽의 경우는 승강구가 있는 차체의 지점과 대칭인 지점을 말한다)로부터 자동차 길이 방향의 수직으로 300mm 떨어진 지점에 직경 30mm 및 높이 1천 200mm의 관측봉을 설치하고, 운전자의 착석 기준점으로부터 위로 635mm의 높이에서 관측봉을 확인하였을 때 관측봉의 전부가 보일 수 있는 구조로 해야 한다.

05 제50조 제5항 후사경 보조용 영상장치의 설치 및 성능 기준 (별표 5의 26)

(1) 설치 기준

① 후사경 보조용 영상장치는 운전자가 공구의 사용 없이 방향 조정이 가능해야 한다. 다만, 방향을 조정할 수 없도록 고정되어 있는 경우에는 제외한다.

② 후사경 보조용 영상장치의 방향 조정과 관련이 없는 외부 구성 부품의 모서리부의 곡률반경은 2.5mm 이상이어야 한다.

③ 근접 실외 후사경을 보조하기 위해 후사경 보조용 영상장치의 카메라를 자동차 외부 지상으로부터 2m 이하 높이에 설치하는 경우에는 차체 밖으로 돌출은 50mm 이하이어야 한다.

(2) 성능 기준

① 전원이 공급되어 최초 작동하거나 다른 시계범위 영상에서 초기 설정 위치로 복귀하는 경우 등 시계범위에 대한 영상정보를 전기신호로 변환하고 출력 영상을 구현하는 전체 과정을 2초 이내에 완료하여야 한다.

② 최대 블루밍 영역(Maximum blooming area) 측정 시 영상의 휘도 대조비(C=Lw/Lb)가 2.0 이하인 영역은 전체 화면의 15% 이하여야 한다.
   ※ Lw : 밝은 부분(백색)의 휘도값(cd/m²)
   Lb : 어두운 부분(검정색)의 휘도값(cd/m²)
   블루밍 : 야간 모니터상에서 빛이 퍼지는 현상

③ 모든 시계범위 영역 내의 높이 50cm, 직경이 30cm인 원통형 물체를 인식할 수 있어야 한다.

06 19조 10항 어린이 정지 표시장치 (별표 5의3)

(1) 정지 표시장치의 구조

① 정지 표시장치는 어린이가 승하차 중임을 알리는 표시부와 표시부를 차체에 장착하는 지지부로 구성되어야 한다.

② 지지부는 주행 중 정지 표시장치가 차체에서 떨어지지 않도록 견고하게 부착되고, 예리한 돌출부분이나 모서리가 없는 구조이어야 한다. 이 경우 외부 충격 시 정지 표시장치의 지지부 일부가 접혀야 하고, 표시부는 교체를 위한 탈부착이 가능한 구조이어야 한다.

③ 정지 표시장치의 표시부는 양쪽면으로 구성해야 하며, 규격은 다음과 같아야 한다

(2) 정지 표시장치의 표시부 작동기준

① 어린이가 승하차시 승강구가 열릴 때에는 자동으로 차체와 수직 방향으로 펼쳐져야 한다.

② 어린이가 승하차시 승강구가 닫힐 때에는 자동으로 차체와 나란한 방향으로 접혀야 한다..

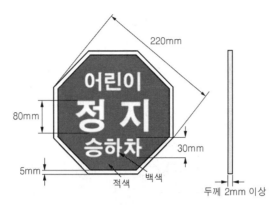

어린이 정지 표시장치 규격

(3) 정지 표시장치 표시부 반사성능 기준

입사각(각도)	반사성능(cd/lux · ㎡)			
	관측 각(0.2°)		관측 각(0.5°)	
	백색(글자)	적색(바탕면)	백색(글자)	적색(바탕면)
4D	250	30	95	10
30U	150	12	65	6

기출문제 유형

✦ AIS(Abbreviated Injury Scale)에 대하여 설명하시오.(89-1-1)

01 개요

1971년 미국의학회지에서 신체 손상에 대한 지표인 약식 상해 등급(AIS : Abbreviated Injury Scale)이 소개되었으며, 현재 전세계적으로 널리 보급된 해부학적 중증도 점수체계이다. 약식 상해 등급(AIS : Abbreviated Injury Scale)은 초기에 자동차 사고에 의한 신체 손상 정도와 유형을 구분하기 위하여 개발되어 보험 및 사고 정도를 설명하기 위해 표시한 지표이다.

02 약식 상해 등급(AIS : Abbreviated Injury Scale) 내용

(1) 장점

다른 지표에 비해 산출 방법이 비교적 간단하여 일반인 등도 기본적인 지식만으로도 부상정도를 빠르고 쉽게 판단이 가능하고 간단하게 예후를 판단할 수 있다.

(2) 약식 상해 등급(AIS : Abbreviated Injury Scale)

약식 상해 등급(AIS : Abbreviated Injury Scale)은 신체부위를 9개(머리, 얼굴, 목, 가슴, 배, 척추, 팔, 다리, 피부 및 화상)로 구분하여 신체 손상정도를 최소 1에서 최대 6점까지 점수화하며 총 7 자릿수(1. 신체 영역, 2. 해부학적 구조, 3·4. 특정 해부학적 구조, 5·6. 수준, 7. 손상 점수)로 구성되어 있다.

약식 상해 등급

상해 등급(AIS)	머 리	흉부	사망률(%)
1 (Minor)	두통 또는 현기증	늑골 1개 골절	0.0
2 (Moderate)	의식불명(1시간 미만) 선형 골절	늑골 2~3개 골절 흉부 골절	0.1~0.4
3 (Serious)	의식불명(1~6시간 미만) 함몰 골절	함몰 골절 심장 타박상 늑골 2~3개 골절 (혈 또는 기흉 존재)	0.8~2.1
4 (Severe)	의식불명(6~24시간 미만) 함몰 골절	함몰 골절 늑골 양쪽 3개 이상 골절 소혈종	7.9~10.6
5 (Critical)	의식불명(24시간 이상), 대혈종	대동맥의 심한 열상	53.1~58.4
6 (Maximum Injury)	–	–	사실상 생존하기 힘듦

(자료 : 미국의 자동차의학진흥협회(AAAM) 자료(1990))

기출문제 유형

✦ 차량의 세이프티 존 바디(Safety Zone Body)의 필요성을 설명하시오.(113-1-6)

✦ 차체의 안전 설계에서 존 바디(Zone Body)를 설명하시오.(86-1-2)

✦ Crush Zone을 설명하시오.(78-1-13)

✦ 차량 충돌 설계에 대하여 기술하시오.(60-2-3)

✦ 차체의 충격 흡수 장치에 대하여 서술하시오. (56-4-2)

01 개요

자동차 차체가 강성이 너무 약하면 승객과 화물을 싣는데 문제가 생길 수 있으며, 차체가 강성이 너무 강하면 자동차가 충돌 시 자동차의 손상은 적을 수 있으나 충돌에 의한 충격량을 승객이 받게 되어 큰 상해를 입을 수 있다. 현재의 자동차 차체는 일정 부위를 약하게 하여 충돌에 의한 충격을 흡수하는 구조로 되어 있다.

자동차가 충돌할 경우 충격 에너지를 차체의 전면과 후면에서 잘 흡수할 수 있도록 사이드 멤버의 형상이나 단면 형상의 변화를 주어 충격량을 잘 흡수하도록 설계하며, 차체의 중간에 위치한 승객 탑승 공간은 견고하게 설계하여 충돌 시 승객을 보호하도록 최대한 공간 확보할 수 있는 구조로 되어 있다. 차체는 세이프티 존 바디(Safety Zone Body)과 크럼플 존(Crumple Zone)으로 구분할 수 있다.

(1) 세이프티 존(Safety Zone)

차량에 충돌이 발생할 경우 충격 에너지에 의하여 차체 변형을 최소화하여 안전공간을 확보하기 위한 구역을 말한다.

(2) 크럼플 존(Crumple Zone)

크러시 존(Crush Zone) 또는 충돌 존(Crash Zone)이라고도 불리며, 차량에 충돌이 발생할 경우 차체의 전면과 후면의 충격 에너지를 흡수하기 위한 완충 공간을 말하며, 충돌 시 적당한 구겨짐을 통하여 충돌 시간을 길게 확보하고 충격은 잘 흡수할 수 있는 구조와 모양으로 설계가 되어야 한다.

크럼플 존(Crumple Zone)

02 프런트(Front)부 차체 설계

(1) 프런트(Front) 차체의 구조 및 특징

① 차량 프런트(Front)는 엔진, 변속기 등 파워 트레인, 프런트 서스펜션, 기어박스, 휠 베어링 등이 장착되는 곳으로 차량이 주행할 때 앞바퀴 방향에서 오는 힘을 흡수해야 하기 때문에 우물정자 형태의 멤버 구조로 되어 있다.

② 차량의 실내와 엔진룸 사이에는 대시 패널(Dash Panel)이 위치하며 프런트(Front) 좌우 휠 하우스가 있으며 위쪽 상부에는 보강재(Reinforcement)가 통과하고 있다.

(2) 프런트 바디(Front Body) 충격흡수 구조

① 차체가 기본적으로 강성이 있어야 하지만 사고 등이 발생할 경우 충격 에너지를 직접적으로 받는 곳이므로 충격 에너지를 흡수하는 구조로 갖도록 설계되어야 한다.

② 차량에 충돌이 발생할 경우 승객의 충격을 최소화하기 위해 사이드 레일, 보강재

(Reinforcement)를 큰 각도로 굽힘, 패널 두께의 변화, 패널 홀 가공 등 여러 가지 방법으로 차체의 충돌에 대비한 충돌 흡수 구조를 형성하도록 설계 되어야 한다. 또한, 충돌 시 차체 전면의 충격 에너지를 흡수하기 위하여 적당한 구겨짐을 통하여 충돌 시간을 길게 확보하고 충격은 잘 흡수할 수 있는 구조와 모양으로 설계가 되어야 한다.

03 센터(Center)부 차체 설계

① 센터(Center)부 차체는 차 실내로 승객이 거주하는 공간으로 승객의 편안함을 위하여 가능하면 넓은 공간을 확보하는 것이 좋다. 기본적인 구조는 차 실내 앞부분에 대시 패널이 위치하며, 필러와 로커 패널이 좌우 측면에 위치하고, 위쪽은 한 장의 루프, 바닥면은 복잡한 형태를 갖춘 프레임이 승객과 시트 등의 무게를 지탱할 수 있게 한다.

② 세이프티 존(Safety Zone)이라 불리는 승객이 거주하는 공간은 차량에 충돌이 발생할 경우 충격 에너지에 의하여 차체 변형을 최소화하여 안전공간을 확보할 수 있는 구조로 설계 되어야 한다.

04 리어(Rear)부 차체 설계

(1) 리어(Rear)부 차체 구조

일반적으로 리어(Rear)부 차체는 필러부분으로 연결되는 리어 패널과 리어 패널 좌우를 연결하는 후면 쉘프(Shelf), 백 패널(Back Panel), 트렁크 바닥이 되는 리어(Rear) 플로어 패널(Floor Panel), 리어(Rear) 플로어 패널 아래쪽에 리어(Rear)사이드 멤버와 리어(Rear) 크로스 멤버로 구성되어 있다.

(2) 리어(Rear)부 차체 설계

차량에 추돌이 발생할 경우 차체는 앞으로 이동과 동시에 차체의 찌그러짐이 발생하면서 충격 에너지가 위쪽 방향과 아랫방향으로 분산된다. 따라서 B필러와 C필러 사이의 2열 도어는 위쪽방향으로 휨이 발생하고 A필러와 B필러 사이 1열 도어는 아래방향으로 휨이 발생한다. 따라서 차량이 추돌 시에도 정면충돌 시와 비슷하게 차체 후면의 충격 에너지를 흡수하기 위하여 적당한 구겨짐을 통하여 충돌 시간을 길게 확보하고 충격은 잘 흡수할 수 있는 구조와 모양으로 설계가 되어야 한다.

✦ 차체의 손상 분석에서 차체 변형의 종류 5가지를 설명하시오.(116-3-4)

01 개요

자동차 프레임의 변형은 자동차가 일반적으로 주행 동안에 불규칙한 노면을 통한 충격으로 인하여 발생되는 굽힘(Bending)이나 비틀림(Torsion Stress) 등에 의해 발생하지만 충돌 사고에 의해 발생하는 경우가 대부분이다. 따라서 충돌사고에 의한 자동차 프레임의 변형은 충돌 대상물, 충돌 속도, 충돌의 형태 등에 의해 변형의 결과가 다양하지만 손상의 분석을 위하여 일반적으로 외부적 분석과 내부적 분석으로 구분하여 분석한다.

(1) 외부적 파손 분석

차체의 파손 분석 시 다음과 같이 5개 존(Zone)으로 나누면 쉽게 외부적 분석이 가능할 수 있다.

① Zone 1 : 1차 파손, 차량의 직접 충돌로 차체에 생긴 파손 부위
② Zone 2 : 2차 파손, 차량의 충돌에 의한 간접적인 파손
③ Zone 3 : 엔진, 변속기, 섀시 분야 파손
④ Zone 4 : 차량의 승객 좌석과 전장품 파손
⑤ Zone 5 : 외관 부품 파손

(2) 내부적 파손 분석

1) 콘의 원리(Cone principle)

충돌에 의해 파손된 자동차는 충돌지점에서 충돌 에너지가 퍼져 나가는 형태가 콘 모양과 비슷하여 콘의 원리(Cone principle)라 한다. 모노코크 바디는 충돌로부터 형성되는 힘의 흡수가 좋도록 흡수 면적을 넓게 차량의 전체를 일체로 만들어서 힘이 통과하며, 충격의 방향은 콘의 센터라인을 따라간다.

2) 내부적 파손 분석

① 사고로 인한 차량의 프레임 내부 파손 유무의 분석은 차체수리에 있어서 매우 중요한 부분이다. 외부적 분석으로 수리 형태를 결정하기 전에 충돌에 의한 파손 지점에서부터 시작하여 충돌 에너지가 차체로 퍼져나가는 형태를 분석한다. 특히, 육안으로 검사하는 외부적 분석으로 차체 파손의 정도를 정확히 파악할 수 없는 차체 내부 변형에 대해 분석하는 것이 매우 중요하다. 차체 내부 변형은 트램 게이지, 센터 라인 게이지, 3D 차체 계측지 등을 사용해서 정밀하게 분석하여 차체 수리 과정에서의 2차적인 변형을 방지할 수 있다.

② 차체의 변형은 센터 라인을 기준으로 좌측 또는 우측방향으로 휘어진 변형은 사이드 스웨이(Side Sway) 변형, 데이텀 라인(Datum Line)을 기준으로 높이방향의 변형은 새그(Sag) 변형, 길이가 짧은 변형은 쇼트 레일(Short Rail) 변형, 높이의 변형으로 앞뒤의 레벨이 서로 비틀린 변형은 비틀림(Twist) 변형, 길이의 변형으로 대각선 길이가 서로 다른 변형은 다이아몬드(Diamond) 변형으로 크게 분류할 수 있다.

02 차체 내부 변형의 종류

(1) 사이드 스웨이(Side Sway) 변형

가운데 라인을 차체의 센터 라인이라고 하면 센터 라인을 기준으로 좌측 또는 우측방향으로 휘어지는 변형을 사이드 스웨이(Side Sway) 변형이라 하며 센터라인상의 변형이라고도 부른다.

(2) 새그(Sag) 변형

수평 바닥면을 기준으로 높이를 측정하는 가상 기준선인 데이텀 라인(Datum Line) 위쪽 방향으로 변형을 새그(Sag) 변형이라 하며, 데이텀 라인(Datum Line)상의 변형이라고도 부른다.

(3) 쇼트 레일(Short Rail) 변형

차체의 길이가 짧아진 경우를 쇼트 레일(Short Rail) 변형이라 한다. 이 현상은 스웨이(Sway) 변형, 비틀림(Twist) 변형, 새그(Sag) 변형이 발생한 경우에도 쇼트 레일(Short Rail)의 변형이 올 수 있다.

(4) 비틀림(Twist) 변형

높이의 변형으로 앞뒤의 레벨이 서로 비틀린 변형을 비틀림(Twist)이라 한다.

(5) 다이아몬드(Diamond) 변형

길이의 변형으로 대각선 길이가 서로 다른 변형은 다이아몬드(Diamond)이라 한다.

(6) 차체 내부 변형 유형 분석

차량 충돌에 의한 차체 프레임 변형의 경우 항상 사이드 스웨이(Side Sway) 변형과 쇼트 레일(Short Rail) 변형이 동반한다. 정면 및 측면충돌 시에만 비틀림(Twist) 변형과 새그(Sag) 변형이 동반함을 알 수 있으며 다이아몬드(Diamond) 변형은 일어나지 않음을 알 수 있다.

내부 변형의 종류

충돌 종류		내부 변형의 종류				
		사이드 스웨이	새그	쇼트레일	트위스트	다이아몬드
정면충돌	Case 1	○		○	○	
	Case 2	○		○	○	
측면충돌	Case 1	○	○	○		
	Case 2	○		○		
후면충돌	Case 1	○		○		
변형률(%)		100	25	100	40	0

(자료 : 충돌형태에 따른 자동차 프레임 변형시 변형분석 및 차체수리에 관한 실험적 연구 2002년)

기출문제 유형

✦ 자동차 안전 기준 국제 조화(International Harmonization) 협의 기구에 대하여 설명하시오.(84-2-5)

01 개요

세계 여러 국가들은 자동차의 안전성을 확보하기 위하여 자국에 적합한 안전기준을 제정하여 운영하고 있다. 세계의 자동차 수요 증가로 무역의 자유화가 확대됨에 따른 기술적인 국제 교역의 장애요인을 해소하고 자동차의 개발비용 및 개발일정의 감소를 통하여 자국의 자동차 산업 경쟁력을 확보하며 자동차 안전성의 국제적 수준의 향상을 위하여 국가적인 차원의 국제 조화 추진이 필요하다. 자동차 안전기준의 국제 조화의 추진을 통해 자동차 산업의 국가 경쟁력을 증가시키는데 목적이 있다.

02 기대 효과

(1) 자동차 안전성 향상을 통하여 소비자 보호

안전한 자동차를 운행함으로써 국민의 생명과 재산을 보호할 수 있다.

(2) 자동차의 수출 경쟁력 강화

자동차 안전기준 국제조화 및 상호인증을 통하여 안전성을 높이고 자동차 개발비용 및 개발일정 감소 등으로 수출 경쟁력을 강화할 수 있다.

(3) 자동차 산업의 세계 주요 생산국으로서 위상강화

자동차 안전기준의 조화를 위한 세계 포럼(WP29 : World Forum for Harmonization of vehicle regulations)의 회원국으로 국제기준 제정 및 개정에 참여하여 국가의 위상을 강화할 수 있다.

(4) 국제 교역에서 발생하는 마찰 해소

자동차 안전기준 조화를 통하여 교역마찰을 예방할 수 있다.

03 UN/ECE/WP29

① 유럽지역의 자동차 안전기준 조화와 상호인증을 목적으로 1952년 스위스 제네바에 설립
② 1958협정과 1998협정 운영. 총회, 전문가그룹 회의 등 공식회의 연 15회 개최
③ UN/ECE/WP29는 전문가그룹 6개 분야로 구성되어 있다.

   : GRSG(일반 안전), GRSP(충돌 안전), GRE(등화장치), GRRF(제동 주행),
   GRB(노이즈), GRPE(환경 에너지)

   ㉮ 1958 협정 : 자동차 안전기준의 국제조화 및 상호인증에 관한 협정

     • 유럽 주도의 다자간 국제 협약으로 1958년 제네바에서 체결하였고, 우리나라는 2004년에 가입하였다.

   ㉯ 1998 협정 : 자동차 안전기준의 국제조화에 관한 협정

     • 유럽, 일본이 동참한 미국 주도의 세계 표준제정 및 세계 기술수준(GTR : Global Technical Regulations) 제정을 위한 협정으로 우리나라는 2001년에 가입하였다.

④ 우리나라는 국내 자동차 안전기준의 국제조화를 위하여 2003년부터 "자동차안전기준 국제조화 사업"을 수행하고 있다.

기출문제 유형

✦ 사고 기록장치(Event Data Recorder)에서 다음 사항에 대하여 설명하시오.(119-2-4)
  (1) pre crash data
  (2) post crash data
  (3) system status data

✦ 사고 기록장치(EDR : Event Data Recorder)에 대하여 설명하시오.(113-4-1)

01 사고 기록장치(EDR : Event Data Recorder) 개요

사고 기록장치(EDR : Event Data Recorder)는 차량의 충돌이 발생할 경우 에어백의 초기 작동상태의 모니터링 및 에어백 전개 성능을 분석하기 위하여 일부 차량에 적용되

었으며, 오래전부터 미국에서는 자동차의 사고 기록장치(EDR : Event Data Recorder)의 저장 정보를 과학적인 충돌평가 및 사고원인 분석에 활용하였으며, 토요타 차량의 급발진 원인 규명조사(2009년)에서도 미국의 도로교통안전청(NHTSA)이 차량에 설치된 사고 기록장치(EDR : Event Data Recorder)의 저장정보를 분석하였다.

최근에는 에어백 장착이 의무화되어 사고 기록장치(EDR : Event Data Recorder)가 적용된 차량이 점차적으로 증가하고 있으며, 사고 기록장치(EDR : Event Data Recorder)의 데이터에 대한 기록 항목도 정보처리 기술의 발전과 더불어 늘어가고 있는 추세이다. 미국의 경우에는 EDR 규정(NHTSA, 49CFR-part563)을 제정(2006년 8월)하여 단계적으로 시행(2012월 9월)하고 있으며, 국내에서도 자동차관리법이 개정(2012년 12월)되면서 사고 기록장치(EDR)의 기록정보에 대한 공개를 주 내용으로 하는 규정이 신설되었으며, 현재 시행(2015년 12월) 중이다.

02 사고 기록장치(EDR : Event Data Recorder) 정의 및 법규

(1) 사고 기록장치(EDR : Event Data Recorder) 정의

자동차의 에어백 또는 다른 전자 제어기에 내장되어 있는 데이터 기록용 블랙박스(Black Box)이며, 영상 및 음성관련 데이터를 제외한 자동차의 속도(Vehicle Speed), 가속 페달(Accelerator Pedal) 또는 스로틀 밸브(Throttle Valve) 작동상태, 브레이크 페달(Brake Pedal) 작동상태, 엔진 회전수(rpm), ESC(Electronic Stability Control) 작동여부, 조향 핸들 각도(Steering Angle), 시트 벨트(Seat Belt) 착용 여부, 에어백 전개 시간 등과 같은 각종 사고 전후의 충돌 정보를 일정 시간 동안 기록하는 장치이다.

(2) 사고 기록장치(EDR : Event Data Recorder) 법규

1) 사고 기록장치(EDR : Event Data Recorder)의 기록 조건

자동차 및 자동차 부품의 성능과 기준에 관한 규칙 제56조의 2에는 자동차의 충돌 등 사고가 발생한 경우에 기록을 하도록 규정하고 있다. 자동차의 충돌 조건은 다음과 같다.

① 0.15초 이내에 진행방향의 속도 변화 누계가 8km/h 이상에 도달하는 경우 (측면방향 속도 변화 누계가 0.15초 이내에 8km/h 이상에 도달하는 경우도 포함)

② 에어백 또는 좌석 안전띠 프리로딩 장치 등 비가역 안전장치가 전개되는 경우

③ 승용차와 차량 총중량 3.85톤 이하의 승합차·화물차에 사고 기록장치를 장착할 경우에는 사고 기록장치 장착기준에 적합하게 장착하여야 한다.

2) 자동차관리법 제29조의 3(사고 기록장치 및 정보제공) 규정

① 자동차 제작 및 판매자 등이 사고 기록장치가 장착된 자동차를 판매하는 경우에는 사고 기록장치의 장착을 구매자에게 알려 주어야 한다.

② 사고 기록장치를 장착한 자동차 제작 및 판매자 등은 자동차 소유자 등 국토교통부 령으로 정하는 자가 기록 내용을 요구할 경우 다음과 같은 정보를 제공하여야 한다.

   ㉮ 해당 자동차의 사고 기록장치에 기록된 내용

   ㉯ 해당 자동차의 사고 기록장치에 기록된 내용을 분석한 경우 그 결과 보고서

3) 사고 기록장치(EDR : Event Data Recorder)의 기록 항목

자동차 및 자동차 부품의 성능과 기준에 관한 규칙 제56조의 2 별표5의 25(사고 기록장치 장착기준)에는 기록 항목을 필수 15항목, 선택 30항목으로 나누어 다음과 같이 규정하고 있다.

① 필수 기록 15항목

순번	기록항목	기록 간격 · 시간	초당 기록회수
1	진행방향 속도변화 누계	다음 각 목 중 짧은 시간 가. 0초부터 0.25초까지 나. 0초부터 사고 종료시점 + 0.03초까지	100
2	진행방향 최대 속도 변화값	다음 각 목 중 짧은 시간 가. 0초부터 0.30초까지 나. 0초부터 사고 종료시점 + 0.03초까지	해당 없음
3	최대 속도 변화값 시간		
4	자동차 속도(Vehicle Speed)	−5초부터 0초까지	2
5	엔진 스로틀 밸브(Engine Throttle Valve) 열림량 또는 가속 페달(Accel Pedal) 변위량	−5초부터 0초까지	2
6	브레이크 페달(Brake Pedal) 작동 여부	−5초부터 0초까지	2
7	시동장치의 원동기 작동위치 누적 횟수	−1초 시점	해당 없음
8	정보 추출 시 시동장치의 원동기 작동위치 누적 횟수	정보 추출시점	해당 없음
9	운전석 좌석 안전띠 착용 여부	−1초 시점	해당 없음
10	정면 에어백 경고등 점등 여부	−1초 시점	해당 없음
11	운전석 정면 에어백 전개 시간 (다단 에어백은 1단계 전개 시간)	0초부터 전개시점까지	해당 없음
12	동승석 정면 에어백 전개 시간 (다단 에어백은 1단계 전개 시간)	0초부터 전개시점까지	해당 없음
13	다중사고 횟수	다중사고 종료시점	해당 없음
14	다중사고 간격	시간 간격	해당 없음
15	1)부터 14)까지 항목의 정상 기록완료 여부	예 또는 아니오	해당 없음

② 선택 기록 30항목

순번	기록 항목	기록 간격·시간	초당 기록회수
1	측면방향 속도변화 누계	다음 각 목 중 짧은 시간 가. 0초부터 0.25초까지 나. 0초부터 사고 종료시점 +0.03초까지	100
2	측면방향 속도 최대 변화값	다음 각 목 중 짧은 시간 가. 0초부터 0.30초까지 나. 0초부터 사고 종료시점 +0.03초까지	해당 없음
3	측면방향 속도 최대 변화값 시간		
4	합성속도 최대 변화값 시간		
5	자동차 전복 경사각도	−1초부터 1초 이상까지	10
6	엔진 회전수(rpm)	−5초부터 0초까지	2
7	ABS(Anti-Lock Brake System) 작동 여부		
8	ESC(Electronic Stability Control) 작동 여부		
9	조향 핸들 각도		
10	동승석 좌석 안전띠 착용 여부	−1초 시점	해당 없음
11	동승석 정면 에어백 작동상태(켜짐, 꺼짐, 자동)	−1초 시점	해당 없음
12	운전석 정면 다단 에어백의 2단계부터 단계별 전개 시간	0초부터 전개시점까지	해당 없음
13	동승석 정면 다단 에어백의 2단계부터 단계별 전개 시간		
14	운전석 정면 다단 에어백의 2단계부터 단계별 추진체 강제처리 여부		
15	동승석 정면 다단 에어백의 2단계부터 단계별 추진체 강제처리 여부		
16	운전석 측면 에어백 전개 시간	0초부터 전개시점까지	해당 없음
17	동승석 측면 에어백 전개 시간		
18	운전석 커튼 에어백 전개 시간		
19	동승석 커튼 에어백 전개 시간		
20	운전석 좌석 안전띠 프리로딩 장치 전개 시간		
21	조수석 좌석 안전띠 프리로딩 장치 전개 시간		
22	운전석 좌석 최전방 위치 이동 스위치 작동 여부	−1초 시점	해당 없음
23	동승석 좌석 최전방 위치 이동 스위치 작동 여부		
24	운전석 승객 크기 유형		
25	동승석 승객 크기 유형		
26	운전자 정위치 착석 여부		
27	동승석 정위치 착석 여부		
28	측면방향 가속도	해당없음	해당 없음
29	진행방향 가속도		
30	수직방향 가속도		

03 사고 기록장치(EDR : Event Data Recorder) 용어

사고 기록장치(EDR : Event Data Recorder)의 기록 항목을 사고 발생전 5초에서 사고 발생까지의 기록 데이터를 충돌 전 데이터(Pre crash data), 사고 발생에서 사고 후 0.25초까지의 기록 데이터를 충돌 후 데이터(Post crash data), 사고 발생전 1초에서 사고 발생까지의 기록 데이터를 시스템 상태 데이터(System status data)로 시간대별로 구분할 수 있다. 사고 기록장치(EDR : Event Data Recorder)가 기록하는 항목 기준으로 나누어 보면 다음과 같다.

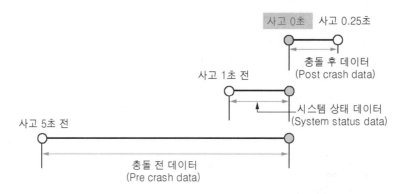

사고 기록장치(EDR : Event Data Recorder) 데이터 타이밍 차트(Timing Chart)

(1) 충돌 전 데이터(Pre crash data)

자동차 속도(Vehicle Speed), 엔진 스로틀 밸브(Engine Throttle Valve) 열림량 또는 가속 페달 변위량(Accel Pedal Position), 제동 페달(Brake Pedal) 작동 여부, 엔진 회전수(rpm), ABS(Anti-Lock Brake System) 작동 여부, ESC(Electronic Stability Control) 작동 여부, 조향 핸들 각도(Steering Angle) 등

(2) 충돌 후 데이터(Post crash data)

진행방향의 속도 변화 누계, 진행 방향의 최대 속도 변화값, 최대 속도 변화값 시간, 측면방향의 속도 변화 누계, 측면방향의 속도 최대 변화값, 측면방향의 속도 최대 변화값 시간, 합성속도 최대 변화값 시간 등

(3) 시스템 상태 데이터(System status data)

시동장치의 원동기 작동위치 누적 횟수, 운전석 좌석 안전띠 착용 여부, 정면 에어백 경고등 점등 여부, 동승석 좌석 안전띠 착용 여부, 동승석 정면 에어백 작동상태(켜짐, 꺼짐, 자동) 등

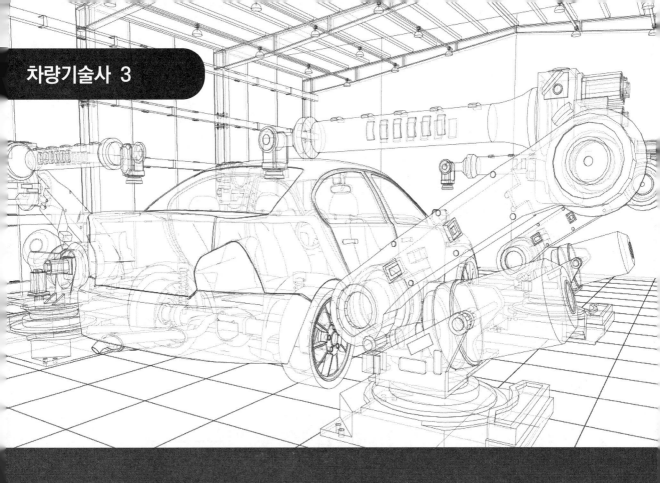

PART 5. 소음 진동

PROFFESSIONAL ENGINEER TRANSPORTATION VEHICLES

01 엔진 소음 진동

기출문제 유형

✦ 엔진의 토크(Torque) 변동과 진동의 관계를 아래 그림을 참조하여 상세히 설명하시오.(83-2-6)

01 개요

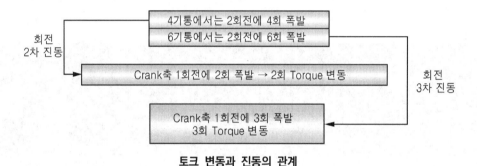

토크 변동과 진동의 관계

(1) 배경

엔진에서 발생하는 진동은 주로 연소 폭발력에 의해 발생한다. 이 폭발력은 피스톤과 커넥팅 로드에 전달되어 피스톤의 왕복운동과 커넥팅 로드의 회전운동을 발생시키며 크랭크 샤프트로 전달된다. 흡입, 압축, 폭발, 배기의 4행정 사이클 엔진은 하나의 실린더에서 피스톤이 2회 왕복할 때 1회의 폭발이 발생한다.

(2) 엔진 토크의 정의

토크(Torque)는 물체를 회전축 주위로 회전시키는 회전력으로 비틀림 모멘트를 말한다. 엔진 토크는 엔진 실린더 내에서 발생하는 회전력을 말하며 $kg \cdot m^2 / sec^2$의 단위를 사용한다. 따라서 토크는 무게와 크기, 시간에 의해 결정된다.

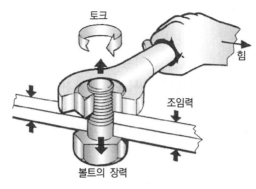

토크의 정의

(3) 차수(Order)의 정의

차수(Order)는 단위 회전당 발생하는 Event의 수를 말하며 회전체에서 발생하는 진동수를 나타내는 단위이다. 1회전에 2회 진동이 발생하면 차수(Order)는 2가 되고 회전 2차 진동이라고 한다.

$$차수 = \frac{진동수(f)}{회전수}$$

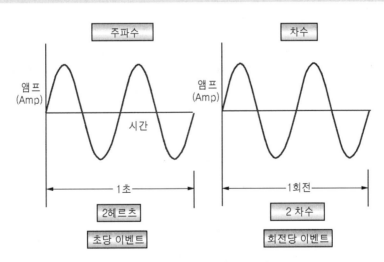

차수의 정의

02 엔진 토크 변동과 진동과의 관계

엔진의 토크는 크랭크축이 1회전할 때 크랭크축에 연결된 실린더의 폭발 횟수에 따라 달라진다. 엔진의 폭발이 진동원으로 작용하여 진동이 발생하기 때문에 폭발 횟수에 따라서 토크의 변동과 진동이 발생한다. 자동차의 엔진은 정상적인 운전 조건에서는 가속 페달의 조작에 따라 회전수가 변경된다. 회전수가 올라갈수록 폭발하는 행정의 주기가 짧아지게 되고 토크의 변동은 커지게 된다. 엔진 rpm에 따라서 진동수가 달라지게 된다.

흡입, 압축, 폭발, 배기 행정을 가진 4행정 엔진은 크랭크축이 2회전할 때 1회의 폭발 행정을 가진다. 단기통 4행정 엔진의 경우에는 1회전에 폭발되는 횟수가 0.5회가 된다. 4기통의 경우 크랭크축에 4개의 실린더가 연결되어 있으므로 4행정을 사용하는 엔진은 크랭크축이 1회전할 때 2개의 기통에서 폭발이 발생하여 2회의 진동이 발생하게 된다. 크랭크축이 2회전할 때는 총 4회의 진동이 발생하게 된다. 6기통의 경우 크랭크축에 6개의 실린더가 연결되어 있으므로 크랭크축이 2회전할 때 6회의 폭발 행정이 발생하게 된다.

03 엔진의 진동수 계산 방법

4행정 내연기관의 경우 엔진의 크랭크 샤프트가 2회전 하는 동안 각각의 실린더에서는 모두 1회의 폭발 과정이 발생한다. 따라서 1회전에 2회, 2회전에 4회의 폭발이 발생한다. 엔진 회전수는 분당 회전수이다. 1,000rpm은 1분에 1,000회전을 한다는 말이다. 따라서 4행정 사이클의 엔진이 1,000rpm일 때에는 1분당 1,000회전, 따라서 2,000회의 진동이 발생한다는 의미가 된다. 1초에는 2,000회의 진동을 60으로 나눠주면 된다.

6기통일 경우 1회전에 3회의 폭발이 발생하므로 1,000rpm인 경우에 1분당 3,000회의 진동이 발생하고 1초당 50회의 진동이 발생하여 엔진의 진동수는 50Hz가 된다. 엔진의 rpm이 높아질수록 진동수는 높아지고 실린더의 수가 많아질수록 주요 진동수의 분포는 높아지면서 넓어진다. 엔진의 실린더 수가 많아질수록 파워 오버랩의 현상이 발생하여 진동이 상쇄되는 효과를 얻을 수 있다. 따라서 기통수가 많을수록 진동의 특성이 향상된다.

$$\text{엔진 진동수(Hz)} = \text{엔진 회전수(rpm)} \times \left(\frac{1}{60}\right) \times \left(\frac{2}{\text{사이클 수}}\right) \times \text{실린더 수}$$

✦ 자동차용 엔진은 피스톤의 왕복운동과 크랭크축의 회전운동에 의해 진동이 발생한다. 이때 4기통 엔진에 발생하는 관성력을 크랭크 각에 따라 도시하고, 밸런스 샤프트(balance shaft)의 역할을 설명하시오.(110-4-3)

01 개요

(1) 배경

엔진에서 발생하는 진동은 주로 연소 폭발력에 의해 발생한다. 이 폭발력은 피스톤과 커넥팅 로드에 전달되어 피스톤의 왕복운동과 커넥팅 로드의 회전운동을 발생시키며 크랭크 샤프트로 전달된다. 흡입, 압축, 폭발, 배기의 4행정 사이클 엔진에서는 하나의 실린더에서 피스톤이 2회 왕복할 때 1회의 폭발이 발생한다.

(2) 엔진에서 발생하는 관성력

엔진 실린더 내부의 운동 부품은 피스톤, 커넥팅 로드, 크랭크축(샤프트)으로 구성되어 있다. 피스톤은 폭발 연소되는 힘에 의해 아래로 힘을 받게 되고 커넥팅 로드를 통해 크랭크 샤프트에 회전력을 전달해 준다. 피스톤은 힘을 전달해 주고 난 이후에 다시 관성력에 의해 위로 올라오게 된다. 피스톤이 내려갈 때는 빠르고 올라올 때는 느리게 된다.

이 과정에서 관성력의 균형이 맞지 않으면 힘의 불균형이 발생하여 엔진이 크게 진동한다. 따라서 카운터 웨이트를 장착하여 균형을 유지시켜 준다. 관성력은 피스톤 및 커넥팅 로드 등 운동 부품의 중량이 가벼울수록, 같은 배기량이면 다기통일수록 작아진다.

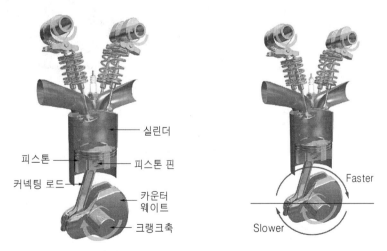

피스톤 & 크랭크 기구

02 4기통 엔진에서 발생하는 관성력

4기통 엔진은 4개의 피스톤이 2개씩 짝을 이루어 상하 운동을 한다. 점화순서는 1-3-4-2, 1-2-4-3이다. 1번과 4번, 2번과 3번이 짝을 이루어 크랭크 샤프트를 기준으로 서로 반대쪽에 장착되기 때문에 크랭크 샤프트가 회전했을 때 관성력에 의한 힘은 서로 상쇄된다. 따라서 이론적으로는 단기통에 적용되는 카운터 웨이트가 필요 없다.

하지만 실제적으로 기통 수 및 배치와 폭발 행정의 타이밍에 따라서 상쇄되지 않는 경우도 발생한다. 특히 피스톤에는 관성력과 중력, 마찰력이 작용하기 때문에 아래로 내려갈 때의 관성력이 위로 올라가려는 관성력보다 더 커지게 된다. 따라서 관성력의 최대치는 상대되는 관성력의 최저치보다 크게 되어 이들의 합력은 2차 관성력을 발생시키게 된다.

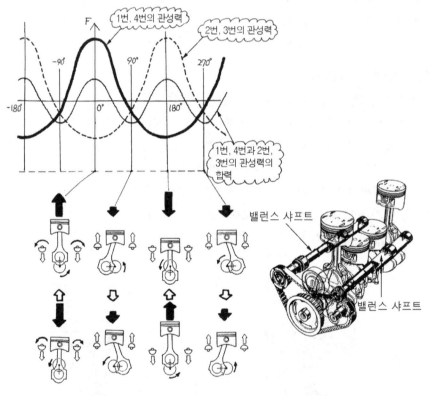

2차 관성력 밸런스

03 밸런스 샤프트(Balance Shaft)의 영향

엔진의 진동을 방지하기 위한 대책으로는 엔진의 점화순서 변경, 다이내믹 댐퍼 (Dynamic Damper) 설치, 평형추(Counterweight) 설치, 피스톤 경량화, 실린더 수 증가

등이 있다. 밸런스 샤프트는 타원형 모양의 단면을 가진 샤프트로 크랭크 샤프트의 회전 방향에 대해 역방향으로 회전을 가하여 진동을 상쇄시키는 역할을 하는 부품이다.

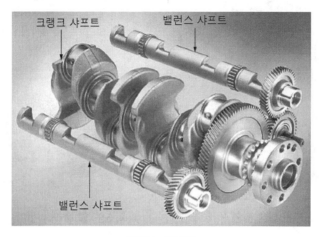

밸런스 샤프트

기출문제 유형

◆ 엔진의 진동 저감 기구를 열거하고 설명하라.(66-2-1)

01 개요

(1) 배경

자동차에서 발생하는 진동은 크게 정차 시 발생하는 진동과 주행 시 발생하는 진동으로 나눌 수 있다. 정차 시 발생하는 진동은 공회전 진동으로 주로 실린더 내부의 폭발 연소 및 피스톤, 크랭크 샤프트 등 운동 부품의 동작과 차량 부품의 공진에 의해 발생한다. 이러한 진동은 승객의 승차감에도 많은 영향을 주고 있기 때문에 이를 저감시키기 위해 다양한 방안이 연구되고 있다.

(2) 엔진 진동의 발생 원인

엔진에서 발생하는 진동은 연소실에서 혼합기가 폭발적으로 연소할 때 실린더 내부에서 발생하는 진동, 엔진 내부 운동 부품(피스톤, 커넥팅 로드, 크랭크 샤프트)의 관성력에 의해서 발생하는 진동, 밸브 장치의 작동에 의한 진동 등이 있다.

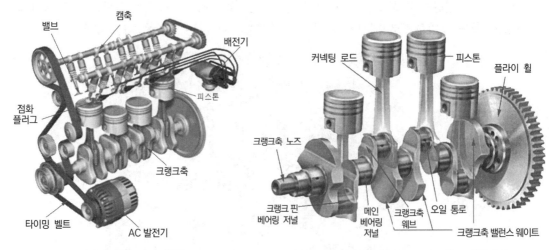

엔진의 진동 발생 원인   피스톤 및 플라이 휠이 구조가 있는 내연기관

02 엔진 운동 부품에 의한 진동 발생 과정

실린더 내부에서 연소 폭발에 의해 토크가 발생하고 이 토크는 피스톤을 아래로 힘을 가해 준다. 피스톤의 힘은 커넥팅 로드를 통해 회전력으로 변환이 되어 크랭크축으로 전달된다. 엔진의 크랭크축은 피스톤으로부터 전달받은 직선 왕복운동 에너지를 커넥팅 로드를 통해 회전 에너지로 변환하는 부품으로 엔진의 부품 중 가장 무거운 부품이며 메인 저널, 핀 저널, 밸런스 웨이트 등으로 구성된다. 엔진의 동력은 크랭크축의 회전력으로 변환되어 플라이 휠로 전달된다.

직선운동이 회전운동으로 변환되면서 토크의 변화가 발생되며 기통 수에 따라서 크랭크축에 전달되는 토크가 달라지게 되어 비틀림 진동이 발생한다. 또한 크랭크축이 아래·위로 휘는 굽힘 진동이 발생한다. 이를 방지하기 위해 진동 댐퍼, 다이내믹 댐퍼, 듀얼 매스 플라이 휠, 밸런스 웨이트 등을 적용한다.

크랭크 샤프트의 비틀림 진동, 굽힘 진동

03 엔진의 진동 저감 기구

엔진에서 발생하는 진동을 저감시켜 주는 방법은 진동원, 전달계, 응답계로 나눠서 생각해 볼 수 있다. 진동원 자체를 감소시키기 위해서는 실린더 수를 파워 오버랩이 될 수 있도록 구성하는 방법, 점화 조건(점화시기, 분사량, 분사시기 등) 최적화 등이 있고 전달계의 진동을 방지해 주는 방법으로는 엔진 마운트의 강성 조절, 실린더 블록의 강성 조절, 밸런스 웨이트의 적용, 다이내믹 댐퍼 적용 등이 있다. 응답계의 진동을 방지해 주는 방법으로는 엔진 커버의 적용, 인캡슐레이션 적용, 제진재의 적용 등이 있다. 이 중 엔진의 진동 저감 기구는 주로 전달계에 적용하는 진동 저감 대책이다.

(1) 엔진 마운트(Engine Mount)

엔진 마운트(Engine Mount)는 엔진 서포트라고도 하며 엔진을 지지하며 차체에 고정시키는 부품을 말한다. 고무로 만들어진 러버 마운팅이나 고무 내에 액체를 봉입하여 진동의 감쇠력을 크게 한 액체 봉입 엔진 마운팅 등이 있다.

엔진과 차체 사이에 설치되어 엔진의 진동을 감쇠시켜 차체에 전달시키는 기능과 차체에서 오는 진동을 감쇠시키는 기능을 가지고 있다. 공전, 저속 시에는 강성이 낮아서 진동 흡수 능력이 높은 마운트가 요구되며 주행 시에는 강성이 높아서 구동 토크의 전달 효율이 높은 마운트가 요구된다.

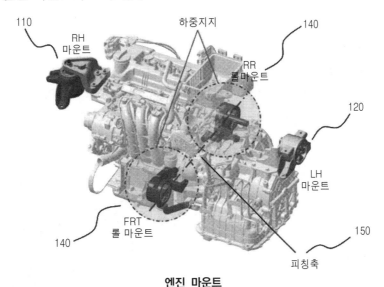

엔진 마운트

(2) 다이내믹 댐퍼(Dynamic Damper)

다이내믹 댐퍼는 공진이 발생하는 부분에 부착되어 제품이나 부품 대신 댐퍼가 떨림으로써 진동 및 소음을 저감시키는 역할을 하는 부품이다. 공진이 발생할 경우 과도한 진동을 감쇠시키기 위해 사용한다. 다이내믹 댐퍼는 mass 부분과 고무 부분으로 구성되어 임의의 가진에 의해 mass가 떨림으로써 진동 및 소음을 저감시킨다. 고무의 양과 경도, mass의 무게를 이용하여 고유 주파수를 설계한다.(다이내믹 댐퍼는 드라이브 샤프트에 연결되어 진동을 저감시켜 주는 역할을 하는 부품도 있다.)

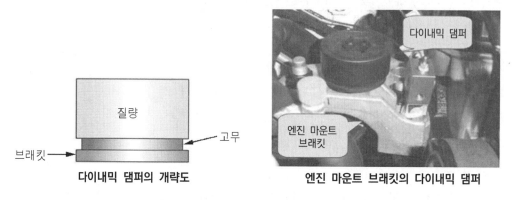

다이내믹 댐퍼의 개략도   엔진 마운트 브래킷의 다이내믹 댐퍼

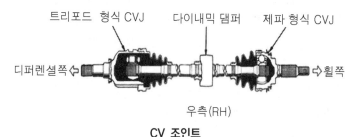

우측(RH)

CV 조인트

(3) 진동 댐퍼(Damper Pulley)

진동 댐퍼는 크랭크축 앞쪽에 설치되어 크랭크축의 비틀림 진동을 감쇠시키는 댐퍼로 크랭크축의 비틀림 진동을 감쇠시키는 역할을 한다. 크랭크축의 한쪽은 플라이 휠에 연결되어 있고 다른 한쪽은 진동 댐퍼에 연결되어 있다. 폭발 행정이 시작되면 엔진의 동력이 크랭크축에 전달되기 때문에 크랭크 핀에는 큰 충격하중이 인가되어 크랭크축은 비틀림이 발생하게 된다.

폭발 행정이 끝나면 크랭크 핀에 전달되는 하중이 제거되어 원상태로 돌아오기 위한 탄성 복원력이 발생되어 반대 방향으로 비틀림이 발생한다. 이와 같은 작용으로 비틀림 진동이 각각의 폭발 행정마다 반복된다. 따라서 이 비틀림 진동을 제어하지 않으면 특정 속도에서 발생하는 진동이 크랭크축의 고유 진동과 공진하여 축이 파손된다. 진동 댐퍼는 이러한 비틀림 진동을 감쇠시키고 제어하는 역할을 한다. 고무 댐퍼와 비스코스 댐퍼가 있다.

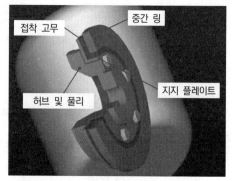

하모닉 댐퍼

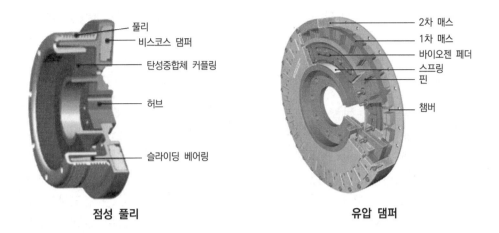

점성 풀리

유압 댐퍼

(4) 카운터 웨이트(Counter Weight)

카운터 웨이트를 밸런스 웨이트 또는 평형추라고도 한다. 크랭크축 핀 저널부의 반대쪽에 설치되어 크랭크축의 평형을 유지시키는 역할을 한다. 엔진의 불평형으로 인한 진동을 방지하고 원활한 회전이 이루어지도록 한다.

(5) 밸런스 샤프트(Balance Shaft)

밸런스 샤프트는 타원형 모양의 단면을 가진 샤프트로 크랭크 샤프트의 회전 방향에 대해 역방향으로 회전을 가하여 진동을 상쇄시키는 역할을 한다. 밸런스 샤프트의 적용으로 플라이 휠의 무게를 저감시키고 반응성을 향상시킬 수 있다.

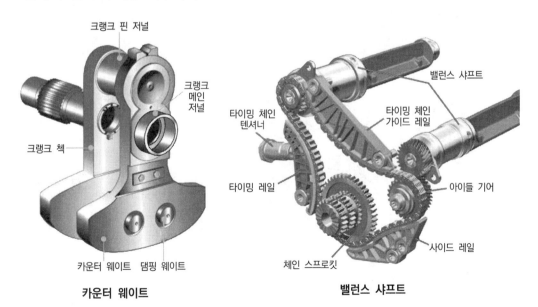

카운터 웨이트

밸런스 샤프트

(6) 이중 매스 플라이 휠(Dual Mass Flywheel), 플렉시블 플라이 휠(Flexible Flywheel)

플라이 휠은 크랭크축에 연결되어 회전의 관성력을 유지할 수 있도록 하는 부품이다. 기존의 플라이 휠은 크랭크축, 플라이 휠, 클러치가 일체로 조립되어 있어서 엔진의 진동이 그대로 전달되는 구조로 되어 있었다. 듀얼 매스 플라이 휠은 기존의 플라이 휠 질량을 두 부분으로 분리하고 이들을 비틀림 진동 댐퍼 스프링으로 연결한 구조이다. 1차 플라이 휠 질량과 2차 플라이 휠 질량, 비틀림 진동 댐퍼로 구성되어 있다.

1차 플라이 휠 질량은 크랭크 기구와 연결되어 있고 2차 플라이 휠 질량은 클러치 기구에 연결되어 있다. 비틀림 진동 댐퍼는 엔진의 회전 진동 질량을 변속기와 동력전달 시스템으로부터 격리시킨다. 플렉시블 플라이 휠은 외부는 견고하고 허브쪽은 얇은 플렉스 플레이트로 구성되어 있다. 진동이 발생하면 허브쪽의 플렉스 플레이트가 비틀리면서 진동을 감쇠시킨다.

2 질량 플라이 휠의 구조   2 질량 플라이 휠시스템

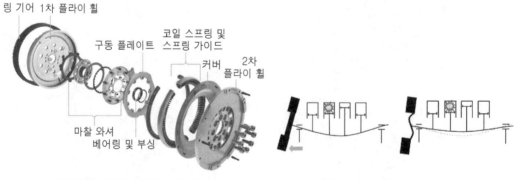

플렉시블 플라이 휠의 구성 요소   플렉시블 플라이 휠의 장점

✦ 승용 자동차의 엔진 마운트 종류 3가지를 설명하시오.(117-4-3)

01 개요

(1) 배경

자동차의 동력원으로 사용되는 엔진은 피스톤과 커넥팅 로드의 상하 운동에 의한 중심위치의 주기적인 변화와 크랭크축 방향으로 발생되는 왕복 운동 부분의 관성력, 커넥팅 로드가 크랭크축의 좌우로 흔들리는 것에 의한 관성력 및 크랭크축에 가해지는 회전력의 주기적인 변화에 의해 구조적으로 항상 진동이 발생된다.

변속기도 엔진과 플라이 휠 측에 일체로 조립되어 있기 때문에 진동이 발생하게 되는데 이들 파워 트레인으로부터 발생된 진동은 엔진이 배치되어 있는 차체를 통해 차실 내로 전달되어 탑승자에게 불쾌감을 주고 쾌적한 운행 환경을 저해한다.

(2) 엔진 마운트(Engine Mount)의 정의

엔진 마운트는 엔진 서포트라고도 하며 엔진을 지지하여 차체에 고정시키고 진동을 저감시키는 부품을 말한다.

(3) 엔진 마운트의 역할

엔진과 차체 사이에 설치되어 엔진의 진동을 감쇠시켜 차체에 전달시키는 기능과 차체에서 오는 진동을 감쇠시키는 기능을 갖고 있다. 공전, 저속 시에는 강성이 낮아서 진동흡수 능력이 높은 마운트가 요구되며 주행 시에는 강성이 높아서 구동 토크의 전달 효율이 높은 마운트가 요구된다. 파워 플랜트에서 발생되는 쇼크와 저크를 방지한다.

> **＊ 쇼크, 저크 :** 차량이 가감속할 때 엔진 토크의 변화로 구동축계가 비틀림 진동을 일으키는데 이를 가진력으로 파워 플랜트가 크게 진동하여 차체를 앞뒤로 흔들어서 나타나는 진동으로 쇼크는 초기 진동 가속도 차이 값을 말하며 이후 여진으로 나타나는 가속도 변화 값을 저크라고 한다.

02 엔진 마운트의 종류

재료에 따른 종류로는 고무로 만들어진 러버 마운트나 고무 내에 액체를 봉입하여 진동의 감쇠력을 크게 한 액체 봉입 엔진 마운트, 전자제어형 마운트 등이 있다. 위치에 따른 종류로는 4점 지지 방식을 기준으로 했을 때 엔진 마운트, 트랜스미션 마운트, 센터 마운트 등이 있다.

(1) 고무 마운트

고무 마운트는 가장 기본적인 마운트로 천연 고무(NR), 스틸렌브타지엔 고무(SBR), 브타지엔 고무(BR), 이소프렌 고무(IR)를 사용한다. 아이들 시나 주행 시 강성이 동일하기 때문에 엔진의 크기와 성능, 특성에 따라 동강성과 정강성이 적절한 특성의 고무를 적용해야 한다.

(2) 유압식 엔진 마운트

유압식 엔진 마운트는 고무-금속 하우징과 작동유, 작동유 통로, 플라스틱 바디, 마그넷 밸브로 구성된다. 공전 시 엔진의 진동은 고무막에만 작용한다. 고무막이 변형되면서 이 진동을 감쇠, 흡수한다. 주행 시에는 공기-쿠션의 마그넷 밸브가 닫히면서 대기 통로를 폐쇄한다. 그러면 상부 챔버에서 생성된 유체는 작동유 통로를 통해 아래 챔버로 전달된다. 아래 챔버의 바닥에 설치된 고무 벨로즈가 변형되면서 진동을 흡수, 감쇠시킨다. 엔진과 차체의 연결은 공전 시보다 더 강해지게 되어 구동 토크를 전달하는데 유리하게 된다.

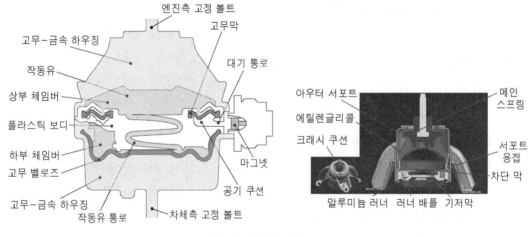

유압식 엔진 마운트

(3) 액체 봉입형 마운트(Hydraulic Engine Mount)

합성 고무로 된 마운트보다 차량의 거동에 따라 엔진의 진동을 효과적으로 차단하는 마운트로 내부가 특정 주파수에서 높은 감쇠값을 가진다. 점성을 가진 액체가 봉입된 주액실, 부액실, 메인 러버, 오리피스, 다이어프램 등으로 구성된다. 엔진 마운트에 가해지는 압력에 따라 내부의 액체는 오리피스를 통해 상, 하 챔버(주, 부액실)로 이동하게 되어 엔진의 진동을 흡수한다.

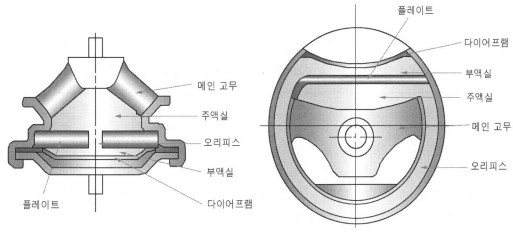

액체 봉입형 마운트 구조

(4) 능동 엔진 마운트(Active Engine Mount), 전자제어 엔진 마운트(Electronic Hydro Engine Mount)

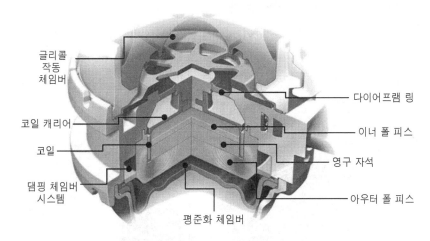

전자석 구동형 능동 엔진 마운트 구조(New Audi S8)

능동 엔진 마운트는 유체 봉입 마운트(Hydraulic Engine Mount)의 구조를 기본형으로 하며 엔진의 진동을 절연하기 위한 능동 구동기가 결합되어 있는 구조를 갖는다. 절연 대상인 입력 주파수와 진폭에 따라 최적 절연값을 확보할 목적으로 각 마운트를 하나의 제어 로직으로 연결하여 각각 강성을 조절한다.

주파수별로 강성을 조절할 수 있도록 엔진 ECU는 공회전 시에는 전자석을 이용해 로터리 밸브를 열어 유체 경로를 넓혀준다. 엔진 마운트 내의 유체는 자유롭게 움직여 진동이 흡수된다. 주행 시에는 오리피스 밸브를 닫아 유체 경로를 좁혀 엔진 마운트 내의 유체 저항을 높여 감쇠력을 얻는다.

01 개요

(1) 배경

자동차에서 발생하는 진동은 크게 정차 시 발생하는 진동과 주행 시 발생하는 진동으로 나눌 수 있다. 정차 시 발생하는 진동은 공회전 진동으로 주로 실린더 내부의 폭발 연소 및 피스톤, 크랭크 샤프트 등의 운동 부품의 동작과 차량 부품의 공진에 의해 발생한다. 이러한 진동은 승객의 승차감에 많은 영향을 주고 있기 때문에 저감시키기 위해 다양한 방안이 연구되고 있다.

(2) 진동 댐퍼(Vibration Damper)의 정의

진동 댐퍼는 크랭크축 앞쪽에 설치되어 크랭크축의 비틀림 진동을 감쇠시키는 댐퍼이다. 댐퍼 풀리(Damper Pulley), 비틀림 밸런서(Torsional Balancer), 하모닉 밸런서(Harmonic Balancer)라고도 한다.

크랭크축
크랭크축 스프로킷
크랭크축 풀리
크랭크축 풀리 조정 볼트
스페이스

진동 댐퍼

02 진동 댐퍼의 역할

진동 댐퍼는 크랭크축의 비틀림 진동을 감쇠시키는 역할을 한다. 크랭크축의 한쪽은 플라이 휠에 연결되어 있고 다른 한쪽은 진동 댐퍼에 연결되어 있다. 폭발 행정이 시작되면 엔진의 동력이 크랭크축에 전달되기 때문에 크랭크 핀에는 큰 충격하중이 인가되어 크랭크축은 비틀림이 발생하게 된다. 폭발 행정이 끝나면 크랭크 핀에 전달되는 하중이 제거되어 원상태로 돌아오기 위한 탄성 복원력이 발생되어 반대 방향으로 비틀림이 발생한다.

이와 같은 작용으로 비틀림 진동이 각각의 폭발 행정마다 반복된다. 따라서 이 비틀림 진동을 제어하지 않으면 특정 속도에서 발생하는 진동이 크랭크축의 고유 진동과 공진하여 축이 파손된다. 진동 댐퍼는 이러한 비틀림 진동을 감쇠시키고 제어하는 역할을 한다.

03 진동 댐퍼의 종류

(1) 고무 댐퍼

고무 진동 댐퍼는 허브(Inner Hub), 댐퍼 고무(Rubber Ring), 벨트와 맞물리는 바깥쪽 링(Outer Ring)으로 구성되어 있다. 크랭크축이 일정 속도로 회전하고 있을 때 댐퍼 풀리는 크랭크축과 같은 속도로 회전한다. 크랭크축에 비틀림 진동이 발생하면 댐퍼 고무가 탄성적으로 변형되어 진동이 감쇠된다.

따라서 허브에서 발생되는 비틀림 진동이 일정 범위 내에서 감쇠되어 아우터 링으로 전달되어 엔진 자체의 진동이 저감된다. 가격이 저렴하고 구조가 간단하다는 특징이 있다. 하지만 고무의 특성상 경화나 노화에 취약하고 진동 감쇠 특성이 일정하여 댐핑 효과가 떨어진다.

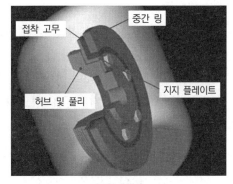

고무 댐퍼

(2) 비스코스 댐퍼

비스코스 진동 댐퍼는 베어링(Sliding Bearing), 댐퍼 하우징(Housing), 관성 링(Inertia Ring)으로 구성되어 있고 관성 링과 댐퍼 하우징 사이에 실리콘유가 채워져 있다. 크랭크 샤프트가 균일하게 회전하면 댐퍼는 하우징과 함께 회전한다. 크랭크축의 비틀림 진동이 발생하면 급격하게 관성 링이 작동하게 되고 실리콘유에 전단 저항력이 발생하게 된다. 따라서 비틀림 진동이 감쇠하게 된다. 광범위한 영역에서 사용할 수 있고 제진 효과가 우수한 특징이 있다. 하지만 제작 비용이 비싸다는 단점이 있다.

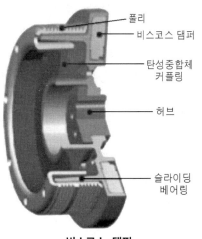

비스코스 댐퍼

01 개요

(1) 배경

자동차는 엔진에서 발생되는 연소 및 기계 동작으로 인해 소음·진동이 발생한다. 자동차 소음을 음원별로 나누어 보면 엔진 소음, 냉각계 소음, 흡·배기계 소음, 타이어 소음, 구동계 소음 등으로 구분된다. 정상 주행 시 음원별 기여율은 승용차의 경우 타이어 소음 80%, 엔진 소음 등 기타 20% 정도이다. 가속 주행 시 음원별 기여율은 승용차의 경우 엔진 소음 34%, 타이어 소음 23%, 배기계 소음 23%, 흡기계 소음 12%, 냉각계 소음 2%, 기타 3% 정도이다.

(2) 엔진 소음의 원인 및 종류

엔진 소음은 크게 연소 소음과 기계 소음으로 나눌 수 있다. 연소 소음은 실린더 내부 연소/폭발에 의한 소음이며 기계 소음은 피스톤, 커넥팅 로드 등 엔진 부품의 운동 시 마찰 및 관성력에 의한 소음, 실린더 블록이나 크랭크 샤프트와 같은 엔진 부품들의 탄성 진동에 의한 소음, 엔진 보기류 등의 작동 소음, 흡배기 밸브, 벨트 동작 소음 등이 있다.

02 엔진 소음 대책

엔진 소음의 대책은 엔진 본체의 음원 대책과 엔진에서 방사되는 소음의 차폐에 의한 대책이 있다.

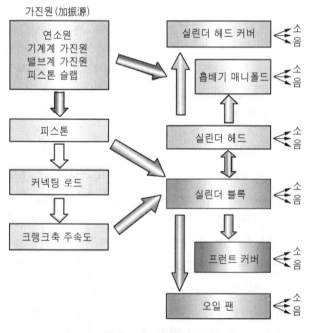

엔진 소음 발생 기구

① **소음원(가진원) 자체 저감 방법**: 연료 분사시기, 점화시기, 연료분사 압력 조절 최적화로 폭발음을 저감하는 방법과 피스톤, 밸브계 등 운동 부품의 경량화로 관성력을 저감시키는 방법이 있다. 또한 피스톤 슬랩을 저감시키기 위해 스플릿 피스톤을 설치하거나 옵셋(Offset) 피스톤을 설치해 준다. 엔진 회전수를 저하시키거나 밸런스 웨이트의 적용으로 진동, 소음을 저감시킨다. 실린더 블록, 크랭크축의 강성을 향상시켜 준다.

② **차폐에 의한 대책**: 엔진 언더 커버, 실린더 헤드 커버, 사이드 커버 등 차음 커버 적용, 엔진 인캡슐레이션 적용

03 엔진 본체에 적용되는 소음 저감 기술

(1) 실린더 블록 강성 향상

실린더 블록은 엔진 구조체 자체에서 방사음을 발생시키고 오일팬 등 소음 방사부위와 연결되어 있다. 실린더 블록의 진동을 저감시키기 위해 Stiffener plate 구조, Stiffener plate 와 메인 베어링 Cap을 일체화한 Ladder frame 구조, 베어링 cap을 beam에 일체화한 베어링 빔 구조가 있다. 또한 실린더 블록 외벽의 곡면화와 리브(Rib)에 의한 보강 등을 한다.

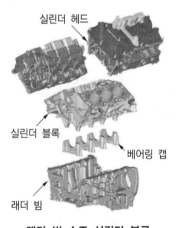
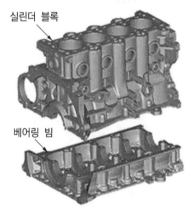

보강판 구조 실린더 블록　　**래더 빔 수조 실린더 블록**　　**베어링 빔 구조 실린더 블록**

(2) 실린더 블록 방진 고무, 흡음재 적용

엔진 본체에서 방사되는 소음을 저감시키기 위해 오일 팬, 흡기 매니폴드 등을 방진고무를 이용해 지지해 주거나 실린더 블록과 보기류 사이에 흡음재를 충진해 준다.

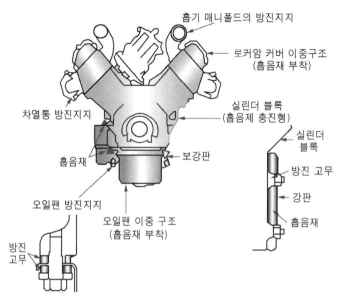

실린더 블록 방진 고무 및 흡음재 적용

04 냉각장치의 소음 저감 대책

(1) 냉각장치의 소음 발생 기구

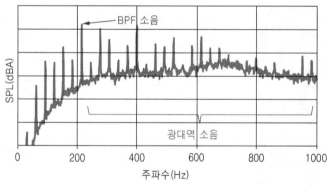

팬 소음 스펙트럼

　수냉식 냉각장치는 팬 소음이 가장 크다. 팬 소음은 팬 회전음과 와류음이 있다. 팬 회전음은 날개가 공기에 주는 압력의 변동과 팬 후류(팬에서 나온 공기의 흐름)의 간섭에 따라 발생하고 와류음은 소용돌이 음으로 유로 또는 날개부에서 발생하는 공기 흐름의 뒤섞임에 의해 발생하는 넓은 주파수 대역에 걸쳐 발생하는 소음이다. 팬 소음은 팬의 지름이 커질수록, 팬 회전수가 빨라질수록 커진다. 팬의 크기보다 회전수에 더 민감하다.

　참고 BPF(Blade Passing Frequency) : 블레이드 통과 주파수

(2) 냉각계 소음의 대책

① 표준 날개에 가이드를 부착하고 Ring을 부착하며 폭이 넓은 Bend를 사용하는 등 팬의 형상 개량을 통해 소음을 저감시킨다.

② 지능형 냉각 시스템(Intelligent Cooling System)을 적용하여 엔진 회전수에 연동되지 않고 필요시에만 냉각팬을 작동시켜 구동 손실을 최소화 하고 소음을 저감시킨다.

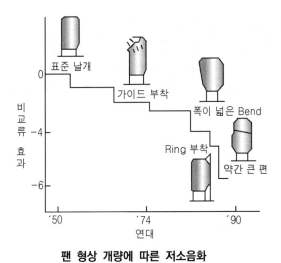

팬 형상 개량에 따른 저소음화

기출문제 유형

✦ 차량의 Booming Noise에 대하여 설명하시오.(81-3-1)

✦ 자동차의 부밍 노이즈(Booming Noise)의 원인과 대책을 설명하시오(93-1-4)

---

01 개요

(1) 배경

지구 온난화 문제로 인한 이산화탄소 배출 규제와 유가 상승으로 인한 연료 효율 향상은 자동차 업계에서 꼭 해결해야 할 과제이다. 연료 효율을 향상시키기 위해 공회전 rpm을 낮추며, 록업(Lock-up) 클러치의 사용 영역을 낮추고 있는 추세이다. 낮은 rpm을 사용하면 연료의 효율이 향상되지만 진동·소음 측면에서는 성능이 저하되고 심각한 부밍(Booming) 소음 및 진동을 야기할 수 있다.

(2) 부밍 소음(Booming Noise)의 정의

자동차 주행 중에 특정한 엔진 회전수 영역에서 발생하는 탑승자의 귀를 압박하는 듯한 소음으로 약 30~200Hz의 주파수 대역 갖고 있다. 엔진 회전수나 차량 속도의 미세한 변화로 인해 실내 소음 레벨이 3dB 이상 변화하는 현상이다.

02 부밍 소음의 발생 원인, 발생 과정

부밍 소음은 특정 rpm에서 엔진에서 발생한 진동이 현가장치의 전달계를 거쳐 타이어와 차체에 전달되어 공명을 일으켜 발생된다. 따라서 부밍 소음의 발생 원인은 엔진 폭발력, 토크 변동, 배기음, 차체, 흡기계, 배기계, 섀시계 등 전달계, 응답계의 공진이라고 할 수 있다. 특정 엔진 회전수, 차량 속도에서만 발생하고 그 이외의 영역에서는 발생하지 않는 특징을 갖고 있다.

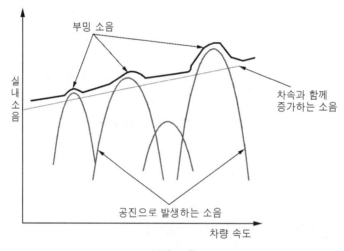

부밍 소음

① 엔진 폭발력에 의한 입력 하중이 차체 비틀림 모드에 의한 프런트 사이드 멤버의 상하 거동으로 증폭되어 윈드 실드를 가진하게 되고 부밍 소음이 발생된다.
② 구동축 토크 변동량이 섀시계 모드에 의해 증폭되어 테일 게이트를 가진하여 부밍 소음이 발생된다.
③ 주행 중 엔진의 진동이 마운트를 통해 차체에 전달되고 차체가 공진하면서 발생된다.
④ 엔진이나 차량의 진동에 의해 배기 파이프가 공진을 일으키거나 배기음이 차체 바닥 등으로 전달되어 실내 차체가 공진을 일으켜 발생한다.

03 부밍 소음의 대책

부밍 소음의 발생 원인은 엔진 폭발력, 전달계, 응답계의 공진이기 때문에 대책으로는 엔진 연소 조건을 최적화시키고 토크 변동 시 진동을 흡수할 수 있는 장치를 적용한다. 또한 전달계, 응답계의 강성을 조절해 주고 흡음, 흡진, 제진재를 사용한다.

① 엔진의 토크 변동 조절 장치(댐퍼 풀리, 듀얼 매스 플라이 휠, 플렉시블 플라이휠, 밸런스 샤프트 등) 적용, 엔진 연소 조건 최적화(연료 분사시기, 점화시기 조절)
② 사이드 멤버의 강성 증대를 통한 윈드 실드 기인 부밍 소음 저감
③ 스트라이커(고정 쇠)-래치 개선으로 테일 게이트 기인 부밍 소음 저감
④ 배기계 지지 고무의 강성 조절, 위치 조절
⑤ 실내 바닥에 제진성이 우수한 방음, 방청제를 하체 전체에 도포하거나 흡음재, 제진재를 사용하여 특수 방음을 한다.

04 부밍 소음의 종류

(1) 저속 부밍

저속 부밍은 차량 속도 45km/h 이하에서 고단 기어로 변속하며 가속할 때 발생하는 소음이다. 소음이 발생하는 구간에서 차량의 속도가 더 올라가게 되면 소음이 멈추는 특성이 있다. 공회전에서 발생하는 경우도 있지만 진동이 심한 편은 아니다.

주로 속도가 높지 않은 30~40km/h 상태에서 고속 기어를 넣고 가속 시 발생하며 구동 토크가 타이어에 전달되면서 엔진 및 구동 전달 계통의 진동이 공진 된다. 또한 자동차 배기음 중 저음은 음향 파워가 크기 때문에 제거되기가 어려운데 이 저음이 차체 바닥을 통해 실내에 들어와 저속 부밍(Booming)을 일으킨다. 엔진의 아이들 상태에서 발생하는 소음의 대부분이 배기음에 의한 부밍(Booming)이라고 할 수 있다.

(2) 고속 부밍

고속 부밍은 차량 속도 100km/h 이상에서 가속, 감속, 정속 시 발생하는 소음으로 특정 엔진 회전수나 특정 차속일 때 주로 발생하고, 그 외의 차속에서는 거의 발생하지 않는다. 차량의 속도나 엔진 회전수가 높아질수록 소음 발생 주파수는 높아진다. 고속 부밍의 원인은 저속 부밍의 원인보다 다양하다.

엔진의 진동이 마운트를 통해 차체에 전달되면서 공진할 때, 배기음이 차체 바닥 등으로 전달될 때, 엔진 진동에 의해 배기 파이프가 공진을 일으켜 머플러의 클램프를 통하여 차체에 전달될 때, 흡기 부분의 에어 클리너가 하나의 공명 상자가 되어 낮은 공명음이 실내로 들어올 때 발생된다. 그 외 타이어의 불균일, 판스프링, 리어 서스펜션 등에 의해 부밍(Booming)이 발생될 수 있다.

✦ 터보차저(Turbocharger)에서 발생할 수 있는 서지 소음(Surge Noise)에 대하여 설명하시오.(83-4-2)

01 개요

(1) 배경

환경 문제에 대한 인식이 증대되면서 자동차의 배기가스 및 연비에 대한 규제가 지속적으로 강화되고 있다. 이러한 규제를 만족시키기 위해 자동차 업계에서는 다양한 노력을 하고 있다. 하지만 이로 인해 NVH(Noise, Vibration, and Harshness) 성능이 악화되는 경우들이 많이 발생하고 있다.

특히 다운사이징을 통한 성능 및 연비 개선을 위하여 가솔린 엔진에서 터보차저(turbocharger) 적용이 증가하고 있는데 터보차저는 고속 회전을 하면서 공기를 압축하므로 회전체 기인 소음, 기류음 및 서지(surge) 소음 등이 발생한다. 이 중 차량을 가속한 후 감속 조건에서 가속 페달 Tip-out 시 발생하는 서지 소음은 큰 문제가 되고 있다.

  * Tip-Out : 가속페달의 작동을 멈추는 것

(2) 서지 소음(Surge Noise)의 정의

터보차저 장착 차량에서 가속 후 출력이 저하되는 구간에서 스로틀 밸브가 급격히 폐쇄될 때 발생하는 소음으로 3~6kHz 대역의 소음이다.

02 서지 소음의 발생 과정

터보차저는 배기 매니폴드에서 배출되는 배기가스의 압력을 이용하여 흡기 매니폴드에 가압된 공기를 제공하는 장치이다. 엔진의 배기가스는 엔진의 배기 매니폴드에 장착된 터빈을 고속으로 회전시키고 터빈과 일체형으로 연결된 컴프레서는 공기 흡입구의 공기를 강제로 흡입하여 흡기 매니폴드에 전달한다. 가압된 공기는 연소실로 공급되어 엔진의 출력을 향상시킨다.

이때, 엔진의 출력을 제어하기 위해 가속 페달의 작동을 멈추면(Tip-Out) 스로틀 밸브가 닫히게 됨으로써 가압되어 공급되던 흡입 공기는 출구를 찾지 못하고 맥동파를 형성하며 인터쿨러를 거쳐 터보차저의 컴프레서 측에 충격을 주게 된다. 이런 현상을 서지 현상(서징, Surging)이라고 하며 소음 발생과 차량의 출렁임을 유발하며 심한 경우 컴프레서의 손상을 가져온다.

공기압이 터보차저의 서지(Surge) 영역으로 넘어가면 서지 라인(Surge Line)에서 공기의 압력 변화로 인해 유동 박리가 발생하여 소음이 발생한다. 서지 소음은 차량에서 1,500rpm~2,000rpm 구간 가속 후 가속 페달 Tip-Out 조건에서 주로 발생한다.

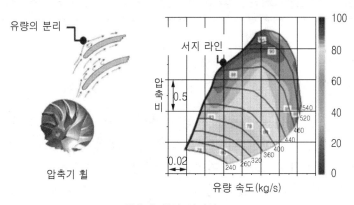

압축기 휠의 서지선

03 서지 소음의 종류

서지 소음의 종류로는 마일드 서지(mild surge), 클래식 서지(classic surge), 모디파이 서지(modify surge), 딥 서지(deep surge)가 있다. 마일드 서지에서 딥 서지로 갈수록 서지의 강도가 강해진다.

04 서지 소음의 대책

서지 소음은 감속 시 가압된 흡입 공기의 출구가 없기 때문에 발생되는 소음으로 가압된 흡입 공기가 빠져나갈 수 있는 바이패스 통로를 만들어 주는 하드웨어적인 방법과 컴프레서의 운전 영역을 변경하는 소프트웨어적인 방법으로 서지 소음의 발생을 저감시킬 수 있다. 또한 통과 유량의 증대, 압축기 rpm 감속을 통해 제어할 수 있다.

하드웨어적인 방법으로는 압축기 주변의 가스를 재순환시키거나 컴프레서 출구와 엔진 인터쿨러 사이에 RCV(Recirculation Valve)를 설치하여 Tip-out 조건 시 부스트 압력을 에어클리너와 컴프레서 흡입구 사이로 보내는 방법을 사용한다. RCV를 사용하면 서지 소음은 어느 정도 저감이 가능하나 부가적으로 감속 기류음(Tip-Out Noise)이 발생하게 된다. 이를 저감하기 위해서 RCV의 작동 조건이나 열림량을 조절하여 최적화를 시켜주고 있다.

기출문제 유형

✦ 흡배기 소음의 발생 요인과 현상을 논하라.(66-2-3)

✦ 배기관 진동에 의한 진동·소음 현상과 배기관 진동의 저감 대책에 대하여 설명하라.(77-4-5, 90-3-6)

01 개요

(1) 배경

자동차의 소음은 환경 측면에서 사회적 문제가 되어 규제가 강화되고 있으며 자동차의 품질을 나타내는 중요한 요인이다. 자동차의 소음을 음원별로 나누어보면 엔진 소음, 냉각계 소음, 흡·배기계 소음, 타이어 소음, 구동계 소음 등으로 구분된다.

가속 주행 시 음원별 기여율은 승용차의 경우 엔진 소음 34%, 타이어 소음 23%, 배기계 소음 23%, 흡기계 소음 12%, 냉각계 소음 2%, 기타 3% 정도이다. 흡·배기계 소음은 흡·배기계 관의 기류음, 맥동음, 방사음 등으로 구성된 소음이다.

(2) 흡·배기 소음의 정의

엔진 동작 시 공기가 유입되고 배출되면서 발생되는 소음으로 주로 흡·배기관 내에서 공기의 흐름이 난류를 형성함으로써 발생되는 소음이다.

02 흡·배기계 소음의 발생원인 및 현상

(1) 흡기계 소음의 종류 및 발생 요인, 현상

① **흡기 맥동음** : 흡입 밸브의 개폐에 따른 흡기 관성 효과와 맥동 효과에 의해 발생되는 소음이다. 엔진 실린더의 내부 연소에 따라 연소 폭발 주기로 발생되며 '둥둥둥둥' 거리는 소음이 발생한다.

② **기류음** : 흡기계 관내의 복잡한 형상에 의해 내부의 공기 흐름이 난류(Turbulent Flow)를 형성함으로써 발생하는 소음으로 휘파람 소리와 같이 고체의 진동이 없는 소음이다. 관악기 소리나 폭발음과 같은 소음을 말한다.

③ **방사음** : 흡기관의 내부 음압과 엔진의 진동에 의해 흡기계 관이 진동하여 방사되는 소음으로 흡기관이 떨리면서 발생되는 소리이다.

④ **흡기 밸브 작동음** : 밸브의 헤드와 실린더 헤드의 밸브 시트가 부딪쳐 발생되는 소음으로 '다다다다' 거리는 소음을 발생하며 엔진 회전수에 따라 주파수가 올라간다.

⑤ **터보차저 작동 소음** : 터보차저 작동 시 고주파 대역의 소음이 발생한다. 또한 서지 발생 시 충격적인 큰 소음이 발생한다.

(2) 배기계 소음의 종류 및 발생 요인, 현상

① **배기 맥동음** : 배기 밸브의 개폐에 따른 배기 맥동 효과에 의해 발생되는 소음으로 맥동 주파수는 엔진 폭발 주파수의 성분과 일치한다.

② **기류음** : 배기관 내의 복잡한 형상에 의해 배기가스 흐름이 난류(Turbulent Flow)를 형성함으로써 발생하는 소음이다.

③ **방사음** : 배기관의 내부 음압과 배기계 진동에 의해 방사되는 소음이다.

④ **배기 밸브 작동음** : 밸브의 헤드와 실린더 헤드의 밸브 시트가 부딪쳐 발생하는 소음이다.

⑤ **배기 배출음** : 배기가스가 토출될 때 발생하는 소음으로 소음 머플러에 의해 저감된다.

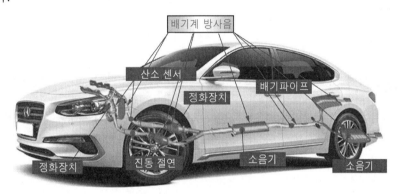

배기계 소음의 발생기구

03 흡·배기계 소음의 대책

(1) 흡기계 소음의 대책

① 흡입구의 축소, 흡기 Nose 의 연장, 에어 클리너 용적 증대, 레조네이터 부착, 분할형 에어클리너 케이스 적용, 가변 흡기 제어 시스템 적용을 통해 흡기 맥동음을 저감한다.

② 흡기의 흐름이 원활하도록 흡기관을 굴곡 없이 구성하여 기류음을 저감한다.

③ 흡기관과 에어 클리너 케이스의 강성을 높이거나 흡기관 내측에 흡음재를 부착하여 방사음을 줄인다.

④ 흡기 밸브의 재료를 변경하거나 구조를 변경하여 중량을 경감하여 소음을 저감한다.(중공 밸브 적용)

⑤ **터보 차저 작동 소음** : 인터쿨러와 연결되는 호스 사이에 레조네이터를 설치한다. 레조네이터는 터보차저에서 압축된 공기가 터보차저 압축기 휠을 통과하면서 발생되는 불균일한 맥동에 의한 맥동 압력을 낮추어 소음을 개선한다.

(2) 배기계 소음의 대책

① 배기 간섭을 예방하기 위해 배기 매니폴드의 길이와 연결 구조, 각도를 최적화하여 배기 맥동음과 기류음을 저감한다. 머플러의 용적을 증대하거나 내부 구조를 변경하고 위치를 최적화한다.

② 배기관의 구조를 이중(다중) 파이프 구조로 변경하거나 플렉시블 파이프(Flexible Pipe)를 추가하여 방사음을 제거한다. 배기 행거, 패드, 지지 고무를 이용하여 배기관의 진동을 저감한다.

③ 배기 밸브의 재료를 변경하거나 구조를 변경하여 중량을 경감하여 소음을 저감한다.(중공 밸브 적용)

④ 보조 머플러를 추가하거나 듀얼 머플러, 가변 배기 시스템을 적용하여 배기음을 저감한다.

기출문제 유형

✦ 흡기계 소음 대책으로 사용되는 헬름홀츠 방식 공명기의 작동 원리와 특성을 설명하시오.(107-3-6)

01 개요

(1) 배경

흡기 소음은 흡기 밸브의 주기적인 개폐 시에 엔진 연소실 내부의 높은 압력에 의해서 유발되어 연소실로부터 에어클리너와 흡기다기관을 경유하여 외부로 방사되는 소음이다. 엔진의 회전수와 유사한 주파수를 가지며 차체와 공진하여 실내 소음을 유발하는 요인이 된다.

특히 엔진의 폭발에 의한 압력 변동 주파수와 흡기계를 이루는 덕트의 공진 주파수와 일치할 경우 큰 소음이 발생한다. 이를 저감하기 위해 다양한 방법이 적용되는데 헬름홀츠(Helmholtz) 공명기는 비교적 작은 부피로 저주파 소음을 효과적으로 저감할 수 있는 특성을 갖고 있어서 자동차의 흡·배기계에 많이 사용된다.

(2) 헬름홀츠(Helmholtz) 방식 공명기(Resonator)의 정의

특정 주파수의 소리만을 선택해서 증폭시킬 수 있는 공명기로 독일 철학자이자 생리학자인 헤르만 폰 헬름홀츠가 개발하였다. 입구가 좁고 긴 통로이며 일정 체적을 가진 통을 이용해서 특정 주파수를 흡음하여 소음을 제거한다.

02 헬름홀츠 공명기 작동 원리

헬름홀츠 공명기는 입구는 작고 길며 주 공간은 밀폐된 공간 모양으로 구성되어 있다. 특정 정상파가 가느다란 입구를 통해서 공명기 안으로 들어오면 그 정상파는 새로운 역상 형태의 파형으로 변하여 공명기 밖으로 산출되어 나온다. 따라서 특정한 주파수에 대한 위상 변이가 발생하여 특정 정상파가 소멸하게 되는 원리이다. 파장(Wave Length)이 공명기의 크기에 비해 상당히 크다는 조건을 만족할 때 공진 주파수(Resonance Frequency)는 다음과 같다.

$$f_{resonance} = \frac{v}{2\pi} \sqrt{\frac{A}{VL}}$$

여기서, f는 공진 주파수, v는 음속, A는 입구의 단면적, L은 입구의 길이, V는 체적이다.

입구의 길이가 길거나 체적이 클 때 공진 주파수는 작아진다. 입구 면적이 클 때 공진 주파수는 커진다. 따라서 저감시키고자 하는 주파수에 따라 공명기의 형상을 제작하여 흡기다기관에 연결하여 흡기 소음을 제거한다.

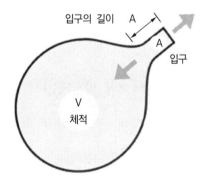

헬름홀츠 공명기의 원리

03 헬름홀츠 공명기의 특성

① 특정 주파수 대역에서의 소음만을 감소시킨다. 따라서 다양한 주파수 대역의 소음을 대응하기는 어렵다.
② 소음을 제거하기 위해 공명기 설치 공간이 필요하다. 입구 크기와 길이, 체적에 따라 소음 제거 주파수가 달라지므로 차량의 소음 주파수에 따라 크기가 달라질 수 있다.
③ 공명기의 모양보다는 부피가 더 중요하지만 효과를 증대시키기 위해 구의 형태나 육면체에 가까운 형태로 설계하는 것이 좋다.

04 공명기의 종류

자동차의 공명기는 그 구조에 따라 확장형 공명기, 통형 공명기, 헬름홀츠형 공명기 및 사이드 브랜치형 공명기 등으로 분류할 수 있다.

기출문제 유형

✦ 자동차용 머플러의 기능을 3가지로 나누어 정의하고, 가변 머플러의 특성을 설명하시오.(107-1-9)

---

01 개요

자동차의 소음은 환경적 측면에서 사회적 문제가 되어 규제가 강화되고 있으며 자동차의 품질을 나타내는 중요한 요인이다. 자동차 소음을 음원별로 나누어보면 엔진 소음, 냉각계 소음, 흡·배기계 소음, 타이어 소음, 구동계 소음 등으로 구분된다. 이 중 배기계에서 발생하는 소음은 배기가스에 의해 발생되는 소음으로 소음기에 의해 저감된 후에 배출되도록 법규로 규제되고 있다. 소음기가 장착되지 않으면 고온 고압의 배기가스가 공기 중으로 배출되기 때문에 소음 공해가 발생하며 화재가 발생할 우려가 있어서 매우 위험하다.

02 자동차 머플러(Muffler)의 정의

내연기관에서 나오는 배기가스에 의해 발생되는 소음을 줄이기 위한 장치로 소음기라고도 한다.

03 자동차용 머플러의 기능

(1) 배기 소음 감소

배기가스는 온도와 압력이 높기 때문에 배기계를 거쳐 공기 중으로 분출되면 급격하게 팽창하게 되어 큰 소음을 유발한다. 머플러는 배기장치 끝단에 설치되어 배기가스의 압력을 낮추어 배기가스가 배출 될 때 소음을 저하시킨다.

(2) 배기가스의 온도 저감

연소 후 생성되는 배기가스의 온도는 연료의 종류, 엔진 rpm, 주행 조건 등에 따라 다르다. 가솔린 내연기관의 배기가스 온도는 매우 고온으로 대략 950℃ 정도이다. 뜨거운 온도의 배기가스가 공기 중으로 바로 배출 된다면 매우 위험하다. 따라서 배기가스는 온도를 낮춘 후 배출되도록 해야 한다. 배기가스는 배기계를 거치면서 온도가 저하된다. 배기 매니폴드에서는 400~800℃, 촉매 변환기에서는 100~500℃, 머플러에서는 50~200℃로 온도가 낮아진다. 머플러는 최종적으로 배기가스의 온도를 낮추는 역할을 하고 있다.

(3) 배기 압력 유지

배기가스의 배압이 증대되어 배기가스의 배출이 원활하지 못하게 되면 엔진의 출력 저하가 발생하고 배기 온도가 상승하게 된다. 이와 반대로 배기관의 배압이 유지되지 않으면 출력 손실이 발생할 수 있다. 배기 밸브에서 배기가스가 배출될 때 실린더 내부의 압력과 배기관의 압력 차이가 지나치게 크게 되면 밸브 오버랩 구간에서 일부 혼합기까지 배기 밸브를 통해 빠져나갈 수 있게 되어 엔진 출력이 저하된다. 머플러는 배압을 적절하게 유지하여 엔진 출력이 저하되는 것을 방지하는 역할을 한다.

(4) 배기가스 유입 방지

배기가스나 이물질이 실내로 유입되는 것을 방지한다. 머플러는 좁은 관에서 넓은 관으로 배기가스가 흐를 수 있도록 구성을 하거나 좁은 구멍을 통해 배기가스를 배출하는 구조를 형성하여 배기가스가 역류하거나 이물질이 실내로 유입되는 것을 방지한다.

04 머플러의 종류

머플러는 소리를 감소시키기 위해 통로의 크기를 바꾸거나 반사시키도록 설계하고 흡음재를 넣거나 공명기를 추가하여 효과를 높인다. 소음 제거 방식에 따라 여러 종류의 머플러가 있으며 그 중 팽창식, 공명식, 흡음식의 세 종류가 가장 대표적이다. 최근에는 듀얼 머플러나 가변 머플러를 적용해 주고 있다.

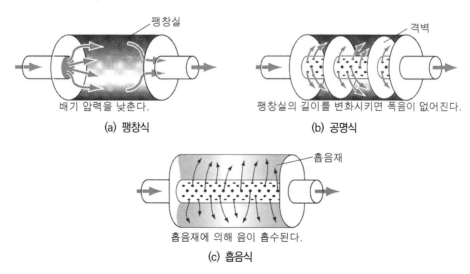

(a) 팽창식

(b) 공명식

(c) 흡음식

머플러의 종류

(1) 팽창식 머플러

머플러 내부의 공간을 통로보다 크게 만들어 팽창실을 구성한다. 배기가스는 팽창실을 지날 때마다 단계적으로 압력이 낮아져 소음 발생이 억제된다. 또한 관의 단면을 확대, 축소하면 음파가 간섭되어 소음이 줄어든다.

(2) 공명식 머플러

배기가스가 배출될 때 내부의 구조를 이용하여 소음을 반사, 간섭, 공명시켜 저감하는 방식의 머플러이다. 관에 작은 구멍을 다수로 구성하여 배기가스를 넓은 공명실로 확산시켜 서로 음을 상쇄시킨다.

(3) 흡음식 머플러

머플러 내부에 다공질의 흡음재를 구성하여 배기가스가 흡음재를 통과하면서 소음을 저감하도록 만든 머플러이다. 배기가스의 소음 에너지는 흡음재를 통과하면서 마찰 에너지, 열 에너지로 변환되어 저감된다.

(4) 복합식 머플러

팽창식, 공명식, 흡음식 등 여러 가지의 머플러 종류를 복합적으로 사용한 머플러이다.

(5) 가변 머플러

가변 머플러는 엔진의 부하에 따른 손실을 줄이기 위해 배기가스가 가변적으로 배출될 수 있도록 구성한 장치이다. 듀얼 머플러 구조의 가변 머플러, 싱글 머플러 내부에 가변 밸브를 구성한 구조가 있다. 싱글 가변 머플러의 구조는 내부 격벽에 의해 다수의 챔버가 구성되고 챔버들을 서로 연결시키기 위해 다수의 파이프가 내장된다.

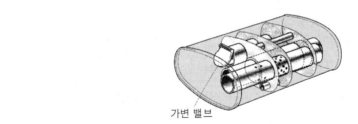

가변 밸브

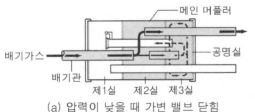

(a) 압력이 낮을 때 가변 밸브 닫힘

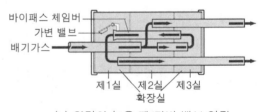

(b) 압력이 높을 때 가변 밸브 열림

듀얼 구조 가변 머플러

일부 파이프에 컨트롤 밸브가 구성되어 배기가스가 저압일 경우에는 열리지 않다가 배기가스가 많이 나오는 고출력 구간에서는 압력에 의해 열리는 가변 구조로 되어 있다. 엔진의 운전 영역의 변화에 따른 배기가스 압력에 의해 개폐량이 자동으로 선택 조절된다. 듀얼 가변 머플러는 저속 시에는 한쪽 머플러만 사용하다가 고속 시에는 두 개의 머플러를 모두 사용하는 구조이다.(능동 가변 머플러라고도 한다.) 엔진 토크와 rpm에 따라 엔진 ECU에서 한쪽 머플러 전단에 설치된 능동 밸브를 제어한다.

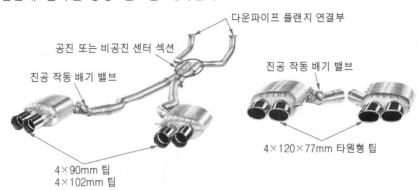

능동 가변 머플러

05 가변 머플러의 특징

배기가스의 배출이 원활하지 못하면 배압이 증가하고 엔진의 출력 저하가 발생하여 배기온도가 상승하게 된다. 이와 반대로 배출가스의 배출이 너무 원활하면 배기관의 배압이 유지되지 않아서 출력 손실이 발생한다. 일반 머플러는 출력에 따라 배압 유지 기능이 일정하기 때문에 출력이 낮은 구간에서는 혼합기가 배출되어 출력 손실이 발생하고 출력이 높은 구간에서는 배압 증가에 따라 출력이 저하된다.

가변 머플러는 엔진의 출력에 따라 가변적으로 머플러를 이용할 수 있어서 효과적인 배압 조절이 가능하다는 특징이 있다. 하지만 밸브의 작동 소음이 발생할 수 있고 무게가 증가한다.

기출문제 유형

✦ 소음기의 배플 플레이트(Baffle Plate)의 역할에 대하여 설명하시오.(105-1-13)

01 개요

자동차 소음 중 배기계에서 발생하는 소음은 주로 배기가스에 의해 발생되는 소음으로 법규로 규제되고 있다. 소음기(Muffler)가 장착되지 않으면 고온 고압의 배기가스가 공기 중으로 배출되기 때문에 소음 공해가 발생하고 화재가 발생할 우려가 있다. 머플러는 배기 소음을 저감시키는 장치로서 소음을 저감시키기 위해 차량의 성능에 적합하게 파이프 위치, 용량, 내부 칸막이(Baffle)의 수 등을 조절한다. 내부 칸막이 수와 머플러 용량이 작을 경우 소음 및 차량 출력에 좋지 않은 영향을 미친다.

02 소음기의 배플 플레이트(Baffle Plate)의 정의

배플 플레이트는 칸막이로 유체, 기체, 음향의 흐름을 차단하는 판이다. 머플러에서 배기가스의 흐름을 방해하거나 공간을 구분하기 위해 설치된다.

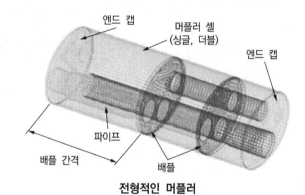

전형적인 머플러

03 소음기의 배플 플레이트의 역할

배기가스 유동의 흐름을 막아 우회토록 하거나 공간을 만들어 유체가 머플러 내에 머무르는 시간을 길게 한다. 이는 머플러 내부 유체와 외부 유체 사이의 열, 압력 등을 교환하는 역할을 한다.

(1) 배기가스의 압력, 소음 저감

배플 플레이트는 머플러 내부에 격벽을 만들어 배기가스 압력을 저감하여 배기가스가 배출될 때 소음을 저감한다. 또한 배플 플레이트로 구분된 격벽을 지날 때 음파의 간섭으로 소음이 저감된다.

(2) 배기가스의 온도 저감

연소 후 생성되는 배기가스의 온도는 연료의 종류, 엔진 rpm, 주행 조건 등에 따라 다르다. 가솔린 내연기관의 배기가스 온도는 대략 950℃ 정도이다. 배플 플레이트는 머플러 내부에 격벽을 만들어 열 교환을 통해 배기가스의 온도를 낮춘다.

(3) 배압 유지

배플 플레이트의 개수와 위치, 구조, 구멍 등을 이용해 배기관 내의 압력을 설정할 수 있다.

02 차량 현가장치 소음 진동

기출문제 유형

✦ 차량 공해 중 소음 공해의 발생 원인과 이의 대책에 대하여 기술하시오.(48, 50)

01 개요

(1) 배경

자동차와 도로의 급속한 증가로 인해 자동차로 인해 발생되는 소음이 커지고 있다. 자동차의 소음은 크게 차내 소음과 차외 소음으로 구분되며, 차내 소음은 자동차의 탑승객이 차 안에서 들을 수 있는 소음을 의미하고 차외 소음은 자동차가 주행 시 발생하는 소음으로 차 외부에 있는 사람이 느끼는 소음이다. 소음 공해는 주로 차외 소음을 말하는 것이며 소음 공해를 저감시키기 위해 자동차 소음은 가속 주행 소음, 배기 소음, 경적 소음을 법규로 규제하고 있다.

> **참고** 제작자동차 시험검사 및 절차에 관한 규정 [시행 2019. 7. 15.] [환경부고시 제2019-129호, 2019. 7. 15. 일부개정]
> 제6조(소음 측정 방법) 소음법 제33조제2항 및 소음규칙 제31조제3항의 규정에 따라 가속 주행 소음, 배기 소음, 경적 소음을 측정하는 방법은 별표 18, 별표 18의2 및 별표 18의3과 같다.

(2) 자동차 소음 공해(Noise Pollution)의 정의

소음 공해 중 자동차의 소음 공해는 자동차에서 만드는 불쾌한 소음에 의해 사람이 일상생활을 하면서 불쾌감과 신체적 이상 증상을 느끼는 소음을 말한다.

02 자동차 소음 공해의 발생 원인

자동차 소음을 음원별로 나누어보면 엔진 소음, 냉각계 소음, 흡·배기계 소음, 타이어 소음, 구동계 소음 등으로 구분된다. 정상 주행 시 음원별 기여율은 승용차의 경우 타이어 소음 80%, 엔진 소음 등 기타 20% 정도이다. 가속 주행 시 음원별 기여율은 승용차의 경우 엔진 소음 34%, 타이어 소음 23%, 배기계 소음 23%, 흡기계 소음 12%, 냉각계 소음 2%, 기타 3% 정도이다.

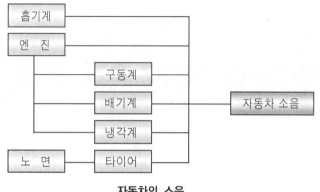

자동차의 소음

(1) 엔진 소음

엔진 소음은 크게 연소 소음과 기계 소음으로 나눌 수 있다.

① **연소 소음** : 실린더 내부 연소·폭발에 의한 소음
② **기계 소음** : 피스톤, 커넥팅 로드 등 엔진 부품의 운동 시 마찰 및 관성력에 의한 소음, 실린더 블록이나 크랭크 샤프트와 같은 엔진 부품들의 탄성 진동에 의한 소음, 엔진 보기류 등의 작동 소음, 벨트 동작 소음

(2) 타이어 소음·도로 주행 소음

타이어의 소음은 타이어와 노면 사이의 마찰에 의해 발생한다. 패턴 노이즈, 스퀼음, 섬프 소음 등이 있으며 자동차 속도에 따라 크기가 커지는 경향이 있다.

① **패턴 노이즈** : 타이어의 원주 상에 배열된 트레드의 그루브(Groove)와 블록(Block) 들이 노면과 접촉되고 변형되면서 발생되는 소음
② **스퀼** : 차량이 건조하고 평탄한 노면에서 급발진, 급제동, 급선회를 하게 될 때 타이어의 트레드가 노면에서 반복적으로 미끄러지면서 발생하는 소음
③ **섬프 소음** : 타이어의 국소적인 요철이나 불균일성에 기인한 소음, 타이어의 특정한 부분이 노면과 접지되는 순간 발생하는 단속적인 타음

(3) 배기계통 소음·배기 파이프 소음

배기계 소음은 발생 원인에 따라 배기 맥동음, 기류음, 방사음, 배출음 등으로 구분할 수 있다.

① **배기 맥동음** : 엔진 연소에 따라 고온, 고압의 배기가스가 배기 밸브의 개폐에 의해 배출되면서 발생되는 맥동음
② **기류음** : 배기가스의 흐름이 난류를 형성하면서 발생되는 소음
③ **방사음** : 배기관 내의 음압과 배기계 진동에 의해 발생되는 소음
④ **배출음** : 배기계 끝단 파이프에서 배기가스가 배출 될 때 발생하는 소음으로 공기를 매질로 하여 소음 공해에 많은 영향을 미친다.

03 소음 공해에 대한 대책

(1) 엔진 소음

엔진의 소음은 소음원 자체에 대한 대책과 소음의 차폐에 의한 대책으로 나눌 수 있다.

① 소음원 자체 저감 방법 : 연료 분사시기, 점화시기 최적화로 폭발음의 저감, 피스톤, 밸브계 등 운동 부품의 경량화로 관성력의 저감, 엔진 회전수를 저하시키거나 밸런스 웨이트의 적용으로 진동, 소음을 저감, 실린더 블록, 크랭크축의 강성 향상, 공명기 적용으로 흡기음 저감

② 차폐에 의한 대책 : 엔진 언더 커버, 실린더 헤드 커버, 사이드 커버 등 차음 커버 적용, 엔진 인캡슐레이션 적용

(2) 타이어

트레드 패턴을 최적화하고 재료를 변형시킨 저소음 타이어를 장착한다.

① 트레드 패턴 : 횡방향 홈이나 종방향 홈 등의 부피 감소, 홈 안 형상의 최적화, 최적의 패턴 블록 배열로 피크 소음 억제 및 소음 분산 최적화

② 구조 재료 : 트레드 고무의 두께를 증가시키거나 저탄성 고무를 적용한다. 벨트의 강성을 증가시키고 카카스를 고강성재로 사용한다. 첨단 신소재를 적용하여 소음을 저감시킨다.

③ 형상 : 트레드 폭을 좁게 만들고 트레드 반지름을 최적화 한다. 카카스 라인을 최적화한다.

(3) 배기계 소음 저감

머플러의 체적 증대와 내부 구조의 변경, 보조 머플러의 추가, 배기관 연결 링크의 최적화 등으로 소음을 저감시킬 수 있다.

① 이중 배기 시스템(Dual Exhaust System) 적용 : 주로 2,000cc 이상 배기량이 높은 차량에 적용되는 시스템으로 파이프의 단면적이 단일 배기 시스템과 비교하여 두 배가 되고 단일 배기 시스템보다 배기가스의 유동 속도가 상대적으로 낮게 발생되어 배기 소음이 저감된다.

② 머플러(muffler)의 구조 최적화 : 머플러의 단면 설계를 최적화하거나, 분기관을 사용하여 반사파에 의해 음파를 상쇄시킨다. 외벽의 이중화, 내벽에 흡음재의 충진, 벽의 진동방지 구멍 틈새 판 설치 등으로 소음을 저감시킬 수 있다.

③ 배기 파이프 구조 최적화 : 배기 파이프의 직경과 길이에 따른 배기가스 유동 속도를 고려하여 엔진의 용량에 맞는 배기 파이프를 적용한다.(엔진 회전수 2,700rpm 이하에서는 직경이 작은 파이프의 배기계가 소음이 낮으며 2,700rpm 이상에서는 직경이 큰 파이프의 배기계가 소음이 낮다.) 배기관과 머플러를 여러 겹으로 감은 다중 파이프 구조로 만들고 플렉시블 파이프를 추가하여 소음을 저감시킨다.

01 개요

(1) 배경

자동차는 시동을 걸면 엔진에서 발생되는 연소 및 기계 동작으로 인해 소음 및 진동이 발생한다. 자동차가 주행할 때에는 이보다 다양한 원인에 의해서 소음과 진동이 발생하는데 속도가 높아질수록 로드 노이즈 크기가 증가한다. 소음은 크게 전달경로에 따라 고체 전달음(Structure-Borne Noise)과 공기 전달음(Air-Borne Noise)으로 나눌 수 있다. 고체 전달음은 500Hz 이하의 진동 전달에 의한 소음이고 공기 전달음은 500Hz 이상의 소음이다.

(2) 고체 전달음(Structure-Borne Noise)

차체 등 물체의 구조로 전달되는 소음으로 엔진의 혼합가스 연소로 인한 진동과 노면에서 가진되는 진동 등이 엔진 마운팅계, 차량 현가장치, 링크, 고무 부시 등으로 차체에 전달되는 소음이다.

◆ 구조 기인 소음
  ◇ 조향 축 흔글림(20~40Hz)
  ◇ 타이어 소음(100~500HZ)
  ◇ 부밍 소음(30~100Hz)

◆ 공기 기인 소음
  ◇ 공력 소음(> 1000Hz)
  ◇ 배기 소음(100~600Hz)
  ◇ 엔진 방사 소음(350~10000Hz)

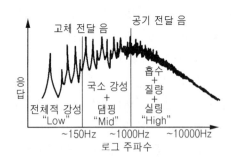

자동차 NVH 주파수 범위

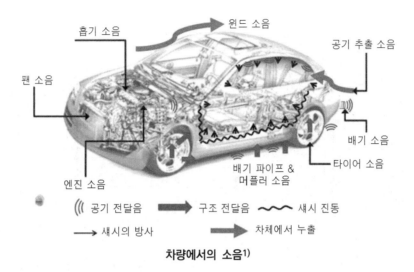

차량에서의 소음[1]

(3) 공기 전달음(Air-Borne Noise)

공기에 의해 전달되는 소음으로 엔진 소음, 주행 소음, 흡・배기계 소음, 보기류 소음 등이 직접 공기를 통해 전달되는 소음을 말한다.

02 자동차 진동・소음의 전달 과정

자동차 진동・소음은 진동원 및 가진원에서 발생하여 공진계, 전달계를 거쳐 공진되어 전달되고 응답계를 통해 실내 승객에게 영향을 미친다.

(1) 진동・소음원

진동원 및 가진원은 엔진 폭발력, 관성력, 흡・배기계 동작 소음, 노면으로부터의 진동, 바람에 의한 풍절음, 기류음, 기타 부대장치 동작 등의 원인으로 발생한다.

(2) 전달계

진동・소음의 원인이 되는 부분으로부터 전달되는 경로에 있는 부분이다. 공진계와 전달계로 나눌 수 있으며 크랭크축, 엔진 마운트, 드라이브 샤프트, 서스펜션, 타이어, 고무 부시 등이 있다.

(3) 응답계

실내 탑승자에게 최종적으로 진동・소음을 전달하는 부분으로 차체나 조향 휠, 창유리 등이 있다.

---

1) m.blog.naver.com/PostView.naver?isHttpsRedirect=true&blogId=jaiel_simulia&logNo=221806383894&categoryNo=1&proxyReferer=

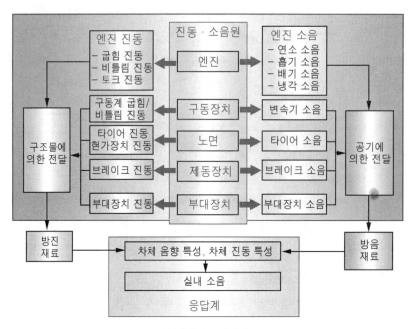

공진계 및 전달계

03 자동차에서 발생하는 소음 전달 매체에 따른 분류

(1) 고체 전달음

1) 로드 노이즈

노면의 미세한 요철에 의해 주행 시 타이어가 강제로 변형되면서 발생하는 진동이 타이어, 휠, 하우징, 현가장치, 고무 마운트를 통해 차체에 전달되면서 발생하는 구조 전달 소음과 노면에 타이어가 마찰하면서 발생하는 소음이 차체 밑면을 투과해 전달되는 공기 전달음이 있다. 로드 노이즈는 전달되는 각 부위의 공진과 공명, 차체의 공진, 그리고 차실의 공명 등이 복합되어 형성된 복잡한 형상의 중·고주파의 소음이다.

2) 엔진 진동음

엔진의 진동이 고무 마운트와 각종 케이블을 통해 차체에 전달되는 진동과 샤프트와 조인트의 회전 변동, 기어에서 발생하는 진동에 의한 소음이다.

3) 엔진의 투과음

엔진 내의 폭발에 의한 연소 가스의 압력, 엔진 운동 부품의 관성력, 피스톤과 실린더 사이의 마찰음에 의해 발생하는 기계적 가진력과 흡·배기계의 공명, 기류에 의한 음파 등이 엔진 룸에서 차체 패널을 뚫고 차의 실내로 유입되는 소음을 의미한다.

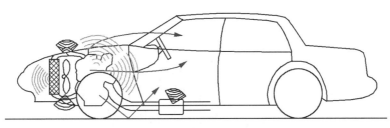

고체 전달음

(2) 공기 전달음

1) 공기음

가속 시 들리는 엔진의 투과음이나 타이어와 노면의 바운드 노이즈, 주행 중 공기와 차체의 마찰에 의한 윈드 컷 노이즈(wind-cut noise)가 있다.

2) 타이어의 소음

타이어와 노면 사이의 충격에 의해 발생하는 진동이 타이어 각 부위에 전달되면서 방출되는 소음과 전동 시에 타이어의 홈인 트레드(tread)에서 발생하는 에어 펌핑(air pumping)현상에 의한 소음이 타이어 트레드 내의 공기와 공명으로 증폭되어 발생하는 소음이다.

3) 배기계 소음

배기계의 소음은 테일 파이프(tail pipe)에서 토출된 소음과 배기계의 구성부품에서 방출되는 소음 등이 있다. 발생 원인에 따라 배기 맥동음, 기류음, 방사음, 배출음 등으로 구분할 수 있다.

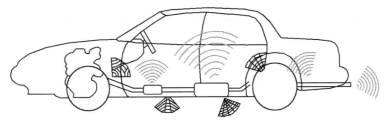

배기계의 소음

4) 흡기관 소음

흡기관 내부 공기의 맥동음, 공명음, 기류음, 에어 클리너의 구조상 공진에 따르는 방출에 의한 소음(방사음) 등이 있다.

5) 차 실내 소음

각종 진동원에 의해 차체 실내가 응답계로 작용하여 나타나는 소음으로 고체음과 공기음이 복합되어 나타나며, 소음 중 고체음과 공기음의 비율은 30~500Hz에서는 고체음의 비중이 높고, 500~8,000Hz 에서는 공기음의 비중이 높다.

04 자동차 진동 · 소음 개선 대책

① 진동원을 찾아내 진동원의 진동 출력 자체를 감소시키고 소음원에 관련된 구조를 변경한다.
② 공진계, 전달계의 동적인 힘의 전달을 적절히 차단하고 구조물의 동특성을 변경한다.
③ 최종 응답계인 실내 공간의 형태를 변경한다. 강성을 변경하여 설계한다.
④ 차체와 실내 외부에 차음재, 흡음재, 제진재 등을 사용하여 소음을 저감한다.

(1) 진동원, 소음원에서의 개선 대책

1) 엔진 소음

엔진의 소음은 소음원 자체에 대한 대책과 소음의 차폐에 대한 대책으로 나눌 수 있다. 저진동, 저소음 파워트레인을 개발하고 각종 운동 부품을 경량화 한다.
① **소음원 자체 저감 방법** : 연료 분사시기, 점화시기 최적화로 폭발음 저감, 피스톤, 밸브계 등 운동 부품의 경량화로 관성력 저감, 엔진 회전수를 저하시키거나 밸런스 웨이트 적용으로 진동, 소음을 저감, 실린더 블록, 크랭크실의 강성 향상
② **차폐에 의한 대책** : 엔진 언더 커버, 실린더 헤드 커버, 사이드 커버 등 차음 커버 적용, 엔진 인캡슐레이션 적용

2) 타이어 소음 저감 방법

트레드 패턴을 최적화하고 재료의 형상을 변형시킨 저소음 타이어를 장착한다.
① **트레드 패턴** : 횡방향 홈이나 종방향 홈 등의 부피 감소, 홈 내부의 형상 최적화, 최적의 패턴 블록 배열로 피크 소음 억제 및 소음 분산 최적화
② **구조 재료** : 트레드 고무의 두께를 증가시키거나 저탄성 고무를 적용한다. 벨트의 강성을 증가시키고 카카스를 고강성재로 사용한다. 첨단 신소재를 적용하여 소음을 저감시킨다.
③ **형상** : 트레드 폭을 좁게 만들고 트레드 반지름을 최적화 한다. 카카스 라인을 최적화한다.

3) 배기계 소음

머플러의 체적 증대와 내부 구조의 변경, 보조 머플러 추가 등으로 소음을 저감시킬 수 있다. 이중 배기 시스템, 머플러 구조의 최적화, 배기 파이프 구조의 최적화를 통해 소음을 저감한다.

4) 흡기관 소음

흡기관에서 발생하는 소음 중 맥동음은 흡입구를 축소하거나 흡기관의 길이를 연장하거나 에어클리너의 체적을 증대하여 줄여준다. 또한 공명기(Resonator)를 부착하여 소음을 저감한다. 흡기계 케이스의 강성을 높여주어 흡기계 방사음을 줄여준다.

진동원, 소음원에 대한 대책 예

음원	주요대책 예	대책 수립 시에 고려해야 할 중요점
엔진	• 엔진룸의 차폐 • 엔진 보기의 방진대책 • 본체의 개선 등	경량화, 냉각성, 경제성, 안정성 확보에 충분한 고려 필요
냉각계	• 냉각팬의 저속화 • 냉각팬의 구조변경 등	냉각성능 저하 방지
배기계	• 머플러 내부 구조의 개량 • 머플러의 체적 증대 • 배기관의 2중 구조화 • 추가 머플러의 채용 등	연비 악화, 출력저하에 대한 고려와 공간 확보
흡기계	• 흡입구의 축소화 • 흡기 nose의 연장 • 에어 클리너의 체적 증대 등	엔진 출력 저하 방지
구동계	• 기어의 정밀도 향상 • 부분적인 차폐 등	내구성 확보
타이어	• 타이어 구조의 개선	내하중, 구동, 제동, 조종성, 충격흡수 등 기본 성능 확보

(2) 전달경로

엔진에서 발생하는 소음을 엔진룸 내에서 차단하면 공간 공명이 발생하여 소음이 증폭되므로 공명음을 줄이기 위하여 보닛(bonnet) 뒷면에 대시 패널(dash panel)을 설치하여 엔진룸과 차실을 격리시켜 공명음을 차단한다. 엔진 마운트와 섀시 부품으로 이뤄진 전달계 최적화, 구조 보강, 다이내믹 댐퍼를 추가 적용한다. 또한 전달계의 경로를 변경해 주거나 강성을 보강해 준다. 입력 지지점과 마운팅의 강성을 조절해준다.

(3) 응답계

1) 차체 강성 개선

차체의 강성을 보강하거나 초고장력 장판의 사용, 입력점의 변경 등을 통해 차체로 입력되는 진동을 저감하거나 변경시킬 수 있다.

2) 흡차음재, 방음재 적용

소음을 저감시키기 위해 흡음재·차음재, 방음재로는 다공질재(우레탄 폼, 수지 제품), 섬유재(PET 섬유, 유리섬유, 글라스 울) 등을 사용한다. 차실 내의 흡음재는 PET 섬유, 유리섬유, 면, 우레탄 폼 등을 단독 또는 복합하여 사용하고 있으며 섬유재의 바인더(중간 매체)로는 PET 수지, 페놀 수지, PP수지가 사용되고 있다.

4) 능동 소음 제어(ANC : Active Noise Control) 기술 적용

ANC는 항공기, 잠수함 등에 사용하는 첨단 기술로 '소리로 소음을 잡는 기술'이다. 실내에 장착된 센서가 소음을 실시간으로 모니터링 하고 스피커를 이용해 반대 위상의 음파를 발생시켜 소음을 제거하여 실내 승객에게 자동차 소음이 전달되는 것을 방지한다.

01 개요

(1) 배경

자동차에서 발생하는 진동은 크게 정차 시 발생하는 진동과 주행 시 발생하는 진동으로 나눌 수 있다. 정차 시 발생하는 진동은 공회전 진동으로 주로 실린더 내부의 폭발 연소 및 피스톤, 크랭크 샤프트 등의 운동 부품 동작과 차량 부품의 공진에 의해 발생한다. 이러한 진동은 승객의 승차감에 많은 영향을 주고 있다.

(2) 공회전 진동의 정의

자동차가 정차한 상태의 진동 현상으로 엔진에서 발생한 진동이 차체, 스티어링 휠, 머플러 등 차량 부품의 고유 진동수와 일치하게 되면 공진을 일으켜 진동하는 현상이다.

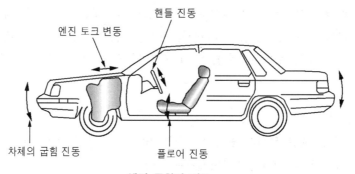

엔진 공회전 진동

02 공회전 시 발생하는 진동의 원인

공회전 진동 현상은 엔진 공회전 시 단속적, 연속적으로 진동이 발생한다. 엔진의 폭발과 운동 부품의 동작에 의해 엔진 자체가 롤링을 하게 되고 이로 인해 진동이 전달 계통으로 전달되어 차량 부품의 고유 진동수와 일치하게 될 때 공진이 되어 공회전 진동이 발생한다.

① 엔진에 의한 가진력과 차체, 머플러, 스티어링 휠 등 차량의 부품과 고유 진동수의 일치

② 엔진 회전 속도 변화, 압축 부조화, 엔진 부조, 실화

③ 엔진, 트랜스미션 마운트의 노화, 경화, 절연율 부족

④ 배기관의 변형, 배기 장치의 행거 고무의 노후, 불량, 체결 볼트의 불량

03 공회전 진동 전달경로

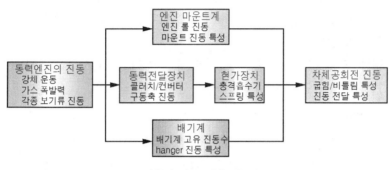

공회전 진동 전달 계통

동력 엔진에서 연소 폭발과 에어컨, 냉각팬 등 각종 보기류의 동작에 의해 진동이 발생한다. 엔진 내부에서 발생하는 진동은 피스톤과 크랭크 샤프트를 통해 변속기 쪽으로 전달되고 변속기와 연결된 구동축과 현가장치로 전달된다. 엔진 자체의 진동은 엔진 마운트에 의해 진동이 감쇠되어 전달되고 배기계의 진동은 고정 지지계, 고무 부시 등을 통해 진동이 전달된다. 이러한 진동은 모두 차체로 전달이 되어 차체의 굽힘, 비틀림 진동에 의해 공진이 된다.

04 공회전 진동 현상과 승차감과의 상관관계

공회전 진동이 발생하면 스티어링 휠, 시트, 각종 패널, 배기장치가 상하 방향으로 진동이 되거나 차체가 연속적으로 떨리는 현상이 증폭되어 불쾌감이 가중되고 승차감이 저하된다. 보통 아이들 rpm이 높으면 엔진의 가진력에 의해 진동이 심해져 승차감이 나빠지고 아이들 rpm이 낮을 경우에는 진동이 저감되어 승차감이 향상된다.

하지만 아이들 rpm이 지나치게 낮을 경우 아이들 안정성이 불안정해져 냉난방 성능이나 전장 부하 성능이 낮아지고 진동·소음에 대한 특성이 일정하지 않고 변동될 수 있다. 또한 아이들 rpm이 차체나 다른 차량 부품과 공진 주파수가 일치할 경우 공회전 진동이 심해진다. 따라서 다른 부품의 공진 주파수를 피해 아이들 rpm을 설정하여 승차감 저하를 방지하여야 한다.

05 공회전 진동 평가 방법 및 문제점 개선 방법

자동차의 공회전을 진동 센서가 있는 계측 장비를 이용하여 평가한다.

(1) 평가 방법

① 실내 진동 평가 : 우선 탑승자가 느끼는 진동 현상의 정도를 파악하기 위해 스티어링 휠과 시트 하단부 고정점에 진동 센서를 부착하여 진동을 측정한다.

② 엔진 가진원 평가 : 엔진의 가진축과 차체축 진동의 크기를 측정하여 마운팅계의 정상 여부를 판단한다.

③ 측정 절차 : 엔진 웜업 후 아이들 상태에서 에어컨 ON · OFF, 브레이크 ON 상태에서 P, R, N, D단으로 변속 레버를 움직이며 측정한다.

(2) 문제점 개선 방법

① 마운트 점검 및 교체 : 엔진, 변속기, 프런트 롤, 리어 롤 마운트를 점검하여 고무의 경화 상태를 점검하고 볼트 체결 상태를 점검하여 이상이 있으면 수리를 하거나 교체를 한다.

② 배기 파이프 점검 및 정비 : 배기 파이프의 변형 여부를 확인하고 배기 파이프의 러버 행거 경화 상태와 간섭을 확인하여 이상이 있을 경우 정비나 교체를 해준다.

③ 엔진 점검 및 아이들 rpm 조정 : 엔진 부조나 실화가 발생한 경우 고장 코드를 확인하고 적절한 조치를 취해준다. 아이들 rpm을 조정하여 타 부품과 공진 주파수를 회피한다.

④ 파워 오버랩 : 실린더의 수를 파워오버랩이 될 수 있도록 구성하여 진동을 상쇄시킨다.

⑤ 점화 조건 변경 : 점화시기, 분사량, 분사시기 등을 조절하여 진동을 저감시킨다.

⑥ 다이내믹 댐퍼, 밸런스 웨이트 적용 : 회전체의 비틀림 진동, 관성력에 의한 진동을 저감시켜 주기 위해 다이내믹 댐퍼, 듀얼 매스 플라이휠, 플렉시블 플라이휠, 밸런스 웨이트를 적용해 준다.

기출문제 유형

✦ NVH에 대하여 설명하시오.(89-1-7)

01 개요

자동차는 시동을 걸면 엔진에서 발생되는 연소 폭발 및 기계 동작으로 인해 소음과 진동이 발생한다. 자동차가 주행할 때는 이보다 다양한 원인에 의해서 진동·소음이 발생하는데 속도가 높아질수록 노면으로부터 진동·소음 크기가 증가한다. 자동차 NVH는 자동차 주행 시 발생하는 소음(Noise), 진동(Vibration), 하시니스(Harshness)를 뜻하는 말로 자동차 업체에서는 최대한 정숙하며 진동이 적은 차량을 만들기 위해 노력하고 있으며 더 나아가 감성적으로 우수한 자동차를 개발하기 위해 노력하고 있다.

02 NVH의 정의

자동차 주행 시 발생하는 소음(Noise), 진동(Vibration), 하시니스(Harshness)를 뜻하는 말이다. 소음은 인간의 감정을 불쾌하게 만드는 시끄러운 소리이고 진동은 물체가 일정한 주기를 가지고 흔들리는 현상이다. 하시니스는 주행 시 노면의 요철이나 단차 등으로 인해 발생하는 충격적인 소음과 진동을 말한다.

03 NVH의 발생 원인

(1) 소음(Noise)

자동차에서 소음은 엔진 내부의 연소 폭발, 동력전달 시 구동 전달장치의 마찰, 노면과의 마찰, 제동장치의 마찰, 배기, 부대 기계 동작, 주행 시 바람 마찰 등으로 인해 발생한다. 소음은 크게 구조 전달음(Structure Borne Noise)과 공기 전달음(Air Borne Noise)으로 나눌 수 있다. 구조 전달 소음은 엔진의 폭발이나 도로에서 가진되는 진동 등이 엔진 마운팅계, 타이어, 휠, 현가장치, 고무 부시, 차체로 전달되는 소음을 말한다. 공기 전달 소음은 공기에 의해 전달되는 것으로 엔진 실린더 블록이나 오일 팬, 배기 파이프 등의 표면 방사음, 타이어의 노면 접촉 소음, 풍절음 등이 있다.

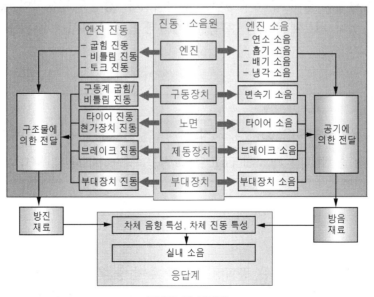

공진계 및 전달계

(2) 진동(Vibration)

자동차에서 진동은 소음과 유사하게 엔진, 동력전달 시 구동 전달장치, 노면, 제동장치, 배기관, 부대 기계장치에서 발생한다. 엔진의 폭발에 의한 진동이 전달되면서 크랭크축의 굽힘 진동, 비틀림 진동 등을 일으키며 실린더 블록의 진동을 발생시킨다. 이러한 진동은 엔진 마운팅을 통해 차체로 전달되어 차체는 진동하며 고유 진동 주파수에서 공진을 일으킨다. 주행 시에는 주로 노면과 타이어의 마찰에 의해 진동이 발생하며 이 진동은 현가장치로 전달된다. 타이어의 동적, 정적 불균형에 의해 시미(Shimmy)나 셰이크(Shake) 현상을 일으킨다.

(3) 하시니스(Harshness)

자동차가 주행할 때 타이어가 도로의 단차 부분, 이음새, 홈이 파진 부분과 부딪치는 순간 국부적인 충격이 발생하고 이로 인해 탄성 진동 및 소음이 발생한다. 이 진동은 서스펜션, 링크와 부시 등으로 전달되며 차체 입력점을 통해 차체로 전달된다. 이 때 엔벨로프(Envelope) 특성이 좋은 타이어는 노면의 요철 부위를 감싸며 넘어가는 성질이 좋기 때문에 하시니스를 감소시키는데 유리하다.

04 NVH 저감 대책

① 진동원을 찾아내 진동원의 진동 출력 자체를 감소시키고 소음원에 관련된 구조를 변경한다.
② 공진계, 전달계의 동적인 힘의 전달을 적절히 차단하고 구조물의 동특성을 변경한다.
③ 최종 응답계인 실내 공간의 형태를 변경시킨다. 강성을 변경하여 설계한다.
④ 차체와 실내 외부에 차음재, 흡음재, 제진재 등을 사용하여 소음을 저감한다.

기출문제 유형

✦ 시미(Shimmy)를 설명하시오.(66-1-4, 74-1-11)

✦ 자동차가 주행 중 발생하는 시미(Shimmy) 현상과 원인을 설명하시오.(113-3-1)

01 개요

(1) 배경

자동차에서 발생하는 진동은 공회전 진동과 주행 중 진동으로 나눌 수 있다. 주행 시 발생하는 진동은 엔진이나 도로 노면으로부터 전달되는 가진력에 의해서 발생하는 진동 현상으로 셰이크(Shake), 시미(Shimmy), 트램핑, 브레이크 진동, 하시니스 등 다양한 형태가 있다. 이 중 시미 현상은 평탄한 도로를 주행할 때 바퀴가 직진하지 못하고 좌우로 흔들려 스티어링 휠의 회전 진동을 유발하는 현상으로 운전자에게 상당한 불안감을 주고 주행 안전성을 저하시킨다.

(2) 시미(Shimmy) 현상의 정의

주행 시 일정한 속도에서 스티어링 휠이 회전방향으로 떨리는 현상으로 타이어의 동적 불균형에 의해 조향 바퀴가 좌우로 흔들리기 때문에 발생한다. 워블(Wobble)이라고도 한다.

02 시미 현상의 원인

(1) 바퀴의 동적 불균형

타이어, 휠, 디스크 허브 등 바퀴를 구성하고 있는 요소들의 동적 불균형에 의해 시미 현상이 발생한다. 타이어를 앞에서 보았을 때 좌우로 무게가 다르게 되어 있는 것을 동적 밸런스가 불균형 하다고 하는데 휠 밸런스의 균형이 정확히 맞지 않으면 주행 시 좌우로 흔들리게 되고 일정 차속에서 원심력에 의한 진동이 스티어링 휠의 고유 진동수와 일치하면 발생하게 된다.

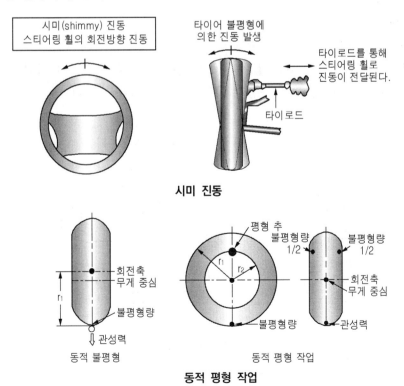

동적 평형 작업

(2) 노면의 요철

주로 저속 시미가 발생하는 요인으로 노면의 불규칙한 요철에 의해서 조향 휠이 좌우로 흔들리게 된다.

(3) 제동력의 불균형

주행 중 제동 시 좌우 바퀴나 디스크의 마찰면에 의한 제동력의 불균형에 의해 시미 현상이 발생한다.

(4) 휠 얼라인먼트 불량

토우, 캠버, 캐스터 등 휠 얼라인먼트의 좌우 편차가 발생하거나 불량이 생길 경우 시미 현상이 발생한다.

03 시미의 종류

(1) 저속 시미

저속이나 중속(60km/h 이하의 속도)에서 스티어링 휠이 좌우로 흔들리는 현상으로 주로 타이어의 고유 특성, 휠 얼라인먼트의 불량, 노면의 요철, 제동력의 불균형, 공기압이 낮거나 타이어의 편마모 등에 의해 발생한다.

(2) 고속 시미

80km/h 이상의 고속으로 주행시 발생되며 주로 휠의 불평형에 의해 진동이 발생되며 타이로드를 통해 스티어링 휠로 진동이 전달된다. 저속 시미에 비해 진폭이 작은 편이며 스티어링 시스템의 고유 진동수와 강성이 큰 영향을 미친다.

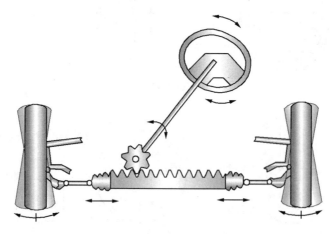

시미 현상의 진동

04 시미의 전달경로

• 타이어 불균형 • 노면의 요철 • 휠 얼라인먼트 불량	→	타이어 좌우방향 진동	→	king pin 주위 자려 진동 현상 발생	→	스티어링 휠 진동

05 시미 현상의 대책

① 휠 얼라인먼트 조정, 타이어 공기압, 편마모 점검
② 타이어와 휠의 불평형을 개선하기 위해 평형추 부착
③ 서스펜션 시스템의 전달경로 개선으로 공진 억제

기출문제 유형

✦ 시미 현상과 트램핑을 설명하시오.(77-1-9)

✦ 조향 휠에서 발생되는 킥백(Kick back)과 시미(Shimmy)를 구분하여 설명하시오.(102-3-2)

01 개요

(1) 배경

자동차에서 발생하는 진동은 공회전 진동과 주행 중 진동으로 나눌 수 있다. 주행 시 발생하는 진동은 엔진이나 도로의 노면으로부터 전달되는 가진력에 의해서 발생되는 진동 현상으로 셰이크(Shake), 시미(Shimmy), 트램핑, 브레이크 진동, 하시니스 등 다양한 형태가 있다. 이 중 시미 현상과 트램핑은 평탄한 도로를 주행할 때 바퀴가 좌우나 상하로 흔들려 스티어링 휠의 진동을 유발하는 현상으로 운전자에게 상당한 불안감을 주고 차량 신뢰성을 저하시킨다.

(2) 시미(Shimmy) 현상의 정의

시미 현상은 주행 시 일정한 속도에서 스티어링 휠이 회전방향으로 떨리는 현상으로 타이어의 동적 불균형에 의해 조향 바퀴가 좌우로 회전하기 때문에 발생한다.

(3) 트램핑(Wheel Tramping) 현상의 정의

트램핑 현상은 주행 중 타이어가 상하로 진동하는 현상으로 자동차 스프링 아래 상하 질량 운동을 발생시킨다. 휠 트램핑 또는 휠 홉(Wheel hop) 현상이라고 한다.

(4) 킥백(Kick Back)의 정의

킥백은 요철이 있는 노면을 주행할 경우 스티어링 휠에서 느껴지는 충격으로 가역식, 랙 앤 피니언 기어에서 주로 발생한다.

02 시미 현상과 트램핑 현상, 킥백의 발생 원인

시미 현상은 주로 타이어의 동적 불균형에 의해서 발생되며 트램핑 현상은 주로 타이어의 정적 불균형에 의해서 발생된다. 킥백 현상은 주로 노면의 요철에 의해서 발생된다.

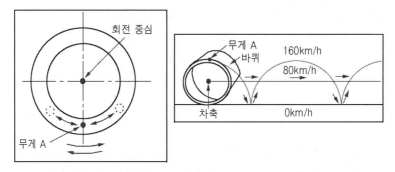

정적 불평형

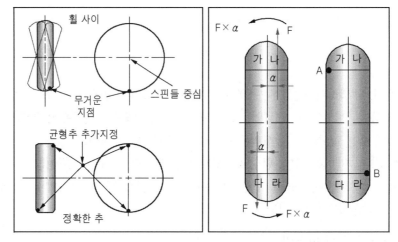

동적 불평형

(1) 시미 현상의 발생 원인

시미 현상은 주로 타이어, 휠, 디스크 허브 등 바퀴를 구성하고 있는 요소들의 동적 불균형에 의해 발생된다. 노면의 요철, 제동력의 불균형, 휠 얼라인먼트의 불량, 타이어 공기압 불량, 편마모 등에 의해서 타이어가 킹핀 경사각을 중심으로 좌우로 진동하고 스티어링 휠의 고유 진동수와 공명이 되어 시미 현상이 발생한다.

(2) 트램핑 현상의 발생 원인

트램핑 현상은 타이어의 정적 밸런스가 맞지 않을 때 발생된다. 타이어의 정적 밸런스는 타이어 원주의 무게 배분을 뜻하는 것으로 바퀴를 공중에서 자유로이 회전하도록 설치하여 회전시킬 경우 정지될 때 무거운 부분이 아래로 위치하여 정지된다.

정적 밸런스가 맞는 타이어는 정지 위치가 매번 다르게 되지만 정적 밸런스가 맞지 않는 타이어는 정지위치가 동일하게 된다. 이러한 타이어를 무거운 부분이 위로 향할 때는 원심력으로 바퀴를 들어 올리고 내려올 때는 지면에 충격을 주어 상하로 진동인 트램핑 현상을 일으키고 조향 핸들도 떨리게 된다. 이외에도 타이어의 공기압 부족, 벨트 손상, 노면의 요철 등에 의해 상하 진동이 발생한다.

(3) 킥백 현상의 발생 원인

노면의 요철이 심한 곳을 주행 할 경우 타이어를 통해 충격이 전달되고 타이로드, 랙 앤 피니언 기어를 통해 스티어링 휠로 진동이 전달된다. 시미 현상은 스티어링 휠에서 진동이 계속되는 주기적인 현상이고 킥백 현상은 노면의 요철에 의해 발생하는 일시적인 현상이다.

03 시미 현상, 트램핑 현상의 대책

(1) 휠 밸런스 점검(동적, 정적 밸런스 조정)

타이어나 휠의 무거운 부분의 반대쪽에 평형추를 부착하여 무게의 균형을 맞춘다.

(2) 타이어 정비

타이어의 공기압을 조정해 주고 편마모나 벨트 손상이 된 타이어와 휠은 교체를 한다.

(3) 휠 얼라인먼트

휠 얼라인먼트를 통해 서스펜션 시스템의 균형을 조정하여 진동 현상을 감소시킨다.

04 킥백 현상의 대책

① 랙 구동식 MDPS(R-MDPS)를 적용하여 복원력 제어, 댐핑 제어로 킥백과 시미를 방지할 수 있다.
② 비가역식 기어장치(Worm-Sector 타입 기어)를 사용하여 노면으로부터의 충격이 조향 휠에 영향을 미치지 않도록 구성한다.(구조와 취급이 간단하나 스티어링 휠의 조작이 무거워 현재는 거의 사용하지 않는다.)
③ 타이어의 재질을 부드럽게 하여 엔벨로핑 특성을 높이고 공기압을 적절한 수준에서 조금 낮게 하여 노면의 충격을 저감한다.

✦ Steering System의 진동 현상인 Shake에 대하여 설명하시오.(80-2-1)

01 개요

(1) 배경

자동차의 고속 주행 시 조향계에서 발생하는 진동 현상은 대표적으로 셰이크(Shake)와 시미(Shimmy)가 있다. 이 현상들은 운전자에게 운전 중 불쾌감을 조성하고 피로를 누적시키며 주행 안정성을 떨어뜨린다. 이 중 셰이크 현상은 스티어링 휠이 상하, 좌우 연속적으로 진동하는 현상으로 차체나 클러스터의 떨리는 현상을 동반한다.

(2) 셰이크(Shake) 현상의 정의

셰이크 현상은 주행 시 일정한 속도에서 스티어링 휠이나 클러스터, 차량 전체가 연속적으로 진동하는 현상으로 약 5~30Hz의 진동수를 가진다.

02 셰이크 현상의 원인

(1) 차량 좌우 타이어의 불균형

차량 좌우 타이어가 편마모, 공기압 차이, 질량 불균형 등에 의해 편차가 발생할 경우 주행 시 진동이 발생하게 된다.

(2) 노면의 요철

노면의 요철에 의해 가진력이 발생할 경우 타이어에서 진동이 발생하고 이 진동이 차체나 조향 휠로 전달되어 연속적인 진동이 발생한다.

(3) 타이어의 중량 불균형, 휠의 편심

타이어에 중량 불균형이 있거나 휠에 편심이 있는 경우 회전 시 주기적인 진동이 발생하게 되어 차체와 조향 휠의 진동에 영향을 미치게 된다.

03 셰이크 현상의 발생 과정

타이어에서 진동이 발생 → 타이로드, 스티어링 칼럼, 쇽업소버와 스프링으로 진동 전달 → 차체 떨림, 시트, 클러스터, 조향 휠 떨림 발생

04 세이크 대책

(1) 휠 밸런스 점검(동적, 정적 밸런스 조정)

타이어나 휠의 무거운 부분 반대쪽에 평형추를 부착하여 무게의 균형을 맞춘다.

(2) 타이어 정비

타이어의 공기압을 조정하고 편마모나 벨트 손상이 된 타이어나 휠은 교체 한다.

(3) 휠 얼라인먼트

휠 얼라인먼트를 통해 좌우 차륜에 대한 균형을 맞추어 진동 현상을 감소시킨다.

(4) 스티어링 휠 강성 조절, MDPS 제어

진동 전달계인 스티어링 시스템의 강성을 조절하거나 랙 구동식 MDPS(R-MDPS)를 적용하여 복원력 제어, 댐핑 제어로 진동을 저감 시킨다.

기출문제 유형

✦ 자동차에서 X(종축방향), Y(횡축방향), Z(수직축방향) 진동을 구분하고, 진동 현상과 원인을 설명하시오.(93-1-12)

---

01 개요

스프링 위 질량 진동

현가장치는 차체의 움직임이나 자세 불안, 노면으로부터 충격을 흡수시키기 위한 장치이다. 비포장도로를 주행하는 경우, 커브 길을 회전하는 경우, 급정차 및 급출발하는 경우와 같이 차체의 움직임이 생기거나 자세가 불안정해지는 때 진동이 발생하는데 현가장치는 이러한 진동을 흡수·감쇠시키는 역할을 하여 안전한 주행이 가능하도록 한다.

현가장치는 댐퍼와 스프링으로 구성되어 있는데 스프링을 기준으로 하여 진동이 스프링 아래 바퀴나 차축에 생기는 것을 스프링 하 질량 진동이라 하고 스프링 위의 차체에 생기는 진동을 스프링 위 질량 진동이라고 한다.

02 X(종축 방향) 중심 진동 현상 및 원인

자동차 정면을 기준으로 차체가 흔들리는 현상을 롤링이라고 부른다. 주로 주행 중 급격하게 방향을 전환할 때 발생하며 타이어의 편마모가 생겼거나 타이어의 공기압이 좌우가 다를 때, 한쪽 타이어의 정적 불균형이 있을 때 발생한다. 또한 휠 얼라인먼트가 불량할 때에도 발생한다.

03 Y(횡축 방향) 중심 진동 현상 및 원인

자동차 옆면을 기준으로 보았을 때 차체가 앞뒤로 흔들리는 현상을 피칭이라고 부른다. 주로 급가속, 급출발, 급제동 등 급격하게 차체가 앞뒤로 힘을 받을 때 발생하며 정속 주행 시에는 타이어 공기압 불량이나 마모 등으로 앞뒤 타이어의 동반경이 다를 때, 타이어의 정적 불균형이 있을 때, 플랫 스팟 등으로 타이어의 변형이나 편마모가 있을 때 발생한다.

04 Z(수직축 방향) 중심 진동 현상 및 원인

자동차 윗면을 기준으로 차체가 좌우로 진동하는 현상을 요잉이라고 부른다. 주로 빠르게 차선을 변경하거나 선회를 할 때 피시 테일 현상이나 스핀 현상 등으로 나타난다. 자동차의 무게 배분, 노면과 앞·뒤 타이어의 마찰계수 차이에 의해서 발생한다.

05 Z(수직축 방향) 진동 현상 및 원인

자동차가 상하로 진동하는 현상으로 바운싱이라고 한다. 차체가 균일하게 상하로 움직이는 진동 현상으로 노면에 규칙적인 요철이 있거나 타이어의 정적 불균형이 있을 때, 쇽업소버의 감쇠력이 작을 때 발생된다. 쇽업소버의 감쇠력이 크면 스링의 움직임에 저항을 일으켜 딱딱한 느낌이 되고 반대로 작으면 스프링의 움직임을 억제하지 못해 진동이 많이 발생한다.

기출문제 유형

✦ 자동차의 현가 및 조향계에 관련된 주요 진동 소음 현상과 이에 대한 설계 대책을 기술하시오.
(75-4-2)

01 개요

(1) 배경

자동차에서 발생하는 진동·소음은 공회전 진동·소음과 주행 진동·소음으로 나눌 수
있다. 공회전 진동·소음은 주로 엔진의 연소 폭발과 이로 인한 진동에 의해 발생하는
현상이다. 주행 시 발생하는 진동·소음은 엔진의 진동·소음과 도로 주행 시 노면과 타이
어의 마찰, 현가장치, 조향장치, 차체 공진으로 발생한다.

(2) 현가 및 조향계에 관련되는 주요 진동·소음 현상

롤링, 피칭, 요잉, 바운스, 셰이크(Shake), 시미(Shimmy), 트램핑

02 현가계에 관련되는 주요 진동 소음 현상

(1) 롤링

자동차 정면을 기준으로 차체가 흔들리는 현상을 롤링이라고 하는데, 주로 주행 중
급격하게 방향을 전환할 때 발생하며 타이어의 편마모가 생겼거나 타이어 공기압이 좌
우가 다를 때, 한쪽 타이어의 정적 불균형이 있을 때 발생한다.

(2) 피칭

자동차 옆면을 기준으로 차체가 앞뒤로 흔들리는 현상을 피칭이라고 하며, 주로 급가
속, 급출발, 급제동 등 급격하게 차체가 앞뒤로 힘을 받을 때 발생한다. 정속주행 시에는
타이어 공기압 불량이나 마모 등으로 앞뒤 타이어의 동반경이 다를 때, 타이어에 정적 불
균형이 있을 때, 플랫 스팟으로 타이어 변형이나 편마모가 있을 때 발생한다.

(3) 요잉

자동차 윗면을 기준으로 차체가 좌우로 진동하는 현상을 요잉이라고 하며, 주로 빠르
게 차선을 변경하거나 선회할 때 피시 테일 현상이나 스핀 현상 등으로 인해 발생한다.
자동차의 무게 배분, 노면과 앞뒤 타이어의 마찰계수 차이에 의해서 발생한다.

(4) 바운싱

자동차가 상하로 진동하는 현상을 바운싱이라고 한다. 차체가 균일하게 상하로 움직이는 진동 현상으로 노면에 규칙적인 요철이 있거나 타이어의 정적 불균형이 있을 때, 쇽업소버의 감쇠력이 작을 때 발생한다. 쇽업소버의 감쇠력이 크면 스프링의 움직임에 저항을 일으켜 딱딱한 느낌이 되고 반대로 작으면 스프링의 움직임을 억제하지 못해 진동이 많이 발생한다.

03 조향계에 관련되는 주요 진동 소음 현상

(1) 시미 현상

시미 현상은 주행 시 일정한 속도에서 스티어링 휠이 회전방향으로 떨리는 현상으로 주로 타이어, 휠, 디스크 허브 등 바퀴를 구성하고 있는 요소들의 동적 불균형에 의해 발생한다. 노면의 요철, 제동력의 불균형, 휠 얼라인먼트의 불량, 타이어 공기압의 불량, 편마모 등이 있는 경우 주행 시 타이어는 킹핀 경사각을 중심으로 좌우로 진동하게 되고 이 진동이 스티어링 휠의 고유 진동수와 공명이 되어 시미 현상이 발생한다.

(2) 셰이크 현상

셰이크 현상은 주행 시 일정한 속도에서 스티어링 휠이나 클러스터, 차량 전체가 연속적으로 진동하는 현상으로 약 5~30Hz의 진동수를 가진다.

(3) 트램핑 현상

트램핑 현상은 주행 중 타이어가 상하로 진동하는 현상으로 자동차 스프링 아래 하질량 운동이다. 휠 트램핑 또는 휠 홉(Wheel hop) 현상이라고 한다. 타이어의 정적 밸런스가 맞지 않을 때 발생된다. 타이어의 정적 밸런스는 타이어 원주의 무게 배분을 뜻하는 것이다. 바퀴를 공중에서 자유로이 회전하도록 설치하고 회전시키면, 정지할 때 중력으로 인해 무거운 부분은 아래쪽으로 내려가서 정지한다.

정적 밸런스가 맞는 타이어는 정지 위치가 매번 다르게 되지만 정적 밸런스가 맞지 않는 타이어는 정지 위치가 동일하게 된다. 정적 불균형이 있는 타이어는 주행 시 무거운 부분이 위로 향할 때는 원심력으로 인해 바퀴를 들어 올리고 내려올 때는 지면에 충격을 주어 상하로 진동 트램핑 현상을 일으켜 조향 핸들이 떨리게 된다. 이외에도 타이어의 공기압 부족, 벨트 손상, 노면의 요철 등에 의해 상하 진동이 발생한다.

04 진동 소음에 대한 설계 대책

① 스프링 상수, 쇽업소버 감쇠력을 자동차의 무게, 무게 배분, 크기에 맞게 최적화 설계를 하여 진동을 저감한다. 또한 차체의 고유 진동수나 다른 부품의 고유 진동수와 다르게 설계한다.

② 전자제어 현가장치를 사용하여 롤링, 피칭, 요잉 등 현가장치에서 발생하는 진동을 방지한다.

③ 타이어 구조, 휠 재질 변경으로 중량을 저감하여 스프링 하 질량을 가볍게 한다. 스프링 하 질량이 가벼워지면 차량의 진동이 저감된다.

④ 현가계나 조향계의 강성을 조절하여 공진 주파수를 회피할 수 있도록 설계한다.

⑤ R-MDPS를 적용하여 복원력 제어 로직이나 댐핑 제어 로직으로 진동을 저감한다.

03 차체 타이어 소음 진동

기출문제 유형

✦ 차체의 탄성진동에 대하여 설명하시오.(104-1-1)

01 개요

차체는 주행과정에서 발생하는 여러 가지 동하중을 견디고 엔진 및 노면 등 다양한 경로로부터 전달되는 진동·소음을 운전자나 승객에게 직접 전달한다. 이와 같이 자동차에서 발생하는 각종 진동·소음은 차체로 전달되어 승객이 느끼고 듣게 된다. 따라서 차체의 진동·소음 특성을 분석하고 개선하여 저진동·소음 차량을 구현하는 것은 매우 중요하다고 할 수 있다. 차체에서 발생하는 진동 현상은 강체 진동 현상과 탄성 진동 현상으로 구분할 수 있다.

02 차체 탄성 진동의 정의

차체 탄성 진동은 차체가 탄성 범위 내에서 전체 또는 부분적인 탄성 변형으로 나타나는 구조적 진동 현상으로 주로 20~200Hz 의 저주파 영역의 진동 특성을 가지고 있으며 비틀림 형태와 굽힘 형태의 진동 현상으로 나타난다. 탄성 진동으로 인해 차체 고유 진동수가 발생한다.

03 차체 진동의 종류

(1) 강체 진동

강체 진동은 강체에 외부의 진동이 인가될 때 발생하는 진동으로 스프링 최대 변위(변형량)까지의 제한된 자유도를 가지고 있다. 차체 강체 진동은 주행 시 서스펜션, 쇽업소버, 스프링 등을 통해 차체에 외부 진동이 인가되는데, 이때 차체의 거동 상태를 말한다. 차체 강체 진동은 바운싱, 피칭, 요잉이 있다.

(2) 탄성 진동

탄성 진동이란 어떤 물체가 자체적으로 스프링과 추의 역할을 모두 하고 있을 때의 진동을 말하며 탄성 진동으로 고유 진동수가 결정된다. 자동차에서 탄성 진동은 배기 파이프의 굽힘 진동, 프로펠러 샤프트의 굽힘 진동 등이 있다. 차체는 대시(Dash), 플로어(Floor), 트렁크(Trunk), 후드(Hood) 등으로 구성되어 있고 위치에 따라 고정점이 다르기 때문에 여러 개의 고유 진동수를 가질 수 있다.

04 차체의 탄성 진동에 영향을 미치는 요소

탄성 진동은 차체의 질량, 강성, 길이, 두께, 재료, 외부 응력, 하중, 가진력, 하중분포, 고정점, 차량 속도 등에 영향을 받는다. 정차 상태의 차체와 주행 상태의 차체는 질량 및 지지 조건이 다르기 때문에 탄성 진동 모드도 달라진다. 차체의 경사, 이음매의 충돌, 스프링의 진동, 엔진의 가진력, 노면과의 진동 등으로 인해 차체에 비틀림, 굽힘이 일어나면 차체의 탄성 진동이 발생하게 되고 이 진동은 차체의 고유 진동수에 따라 진동 하게 된다.

05 탄성 진동이 자동차에 미치는 영향

차체는 앞뒤 길이가 길고 좌우 폭은 좁은 구조로 되어 있는 것이 일반적이다. 보통 20~30Hz의 진동 영역에서 차체의 굽힘 및 비틀림 진동 형태를 가지며 엔진이나 노면에서 입력되는 진동과 주파수가 비슷해지면 공진 현상으로 발전하여 음폭이 크게 변화된다. 또한 진동이나 부밍 노이즈가 발생하고 심할 경우 피로 파괴가 발생한다.

06 차체의 소음 진동 저감 대책

차체는 대시(Dash), 플로어(Floor), 지붕(Roof) 등 다양한 패널들로 구성되어 있으며 이 패널들은 약 100~500Hz의 주파수 영역에서 국부적인 진동을 발생시켜 차량 실내의 소음을 유발한다. 엔진의 진동과 주행 시 노면에 의한 가진력에 대해서 차체가 민감하게 반응하지 않도록 차체의 골격 강성과 섀시 장착 부위의 국부강성, 차체 패널 등에 있어서도 높은 강성을 확보하여야 하고 구동계와 조향계, 배기계 등과 같은 섀시 시스템들의 고유 진동수와 충분히 격리시켜서 공진 현상으로 인한 진동의 악화나 부밍 소음이 발생하지 않도록 해야 한다.

특히 엔진룸과 필러가 만나는 부분 및 차체 비중과 바닥을 연결시키는 필러 등과 같은 각종 조인트 부위에서는 차체의 기하학적 불연속이 존재하는데 이런 부분이 강성 저하의 원인이 된다. 이러한 국부적인 진동을 억제시키기 위해 복곡면, 비드(Bead) 등을 적용하며 강성을 보강해 준다.

기출문제 유형

✦ 차체 고유 진동수를 설명하시오.(60-1-2)

✦ 차체의 고유 진동수(Natural Frequency)를 설명하시오.(68-1-1)

01 개요

자동차의 차체는 재료와 형상에 따라 고유 진동수가 결정되며 특정 주파수에서 탄성 진동한다. 이러한 탄성 진동은 도장을 부분적으로 탈락시키고 심할 경우 차체를 변형 시킨다. 또한 자동차는 엔진의 진동이 차체를 통해 전달되는 진동이 있고 주행 시 노면으로부터 타이어, 서스펜션, 차체, 조향 휠을 통해 전달되는 진동이 있는데 이러한 진동이 차체 고유 진동수와 공진을 하게 되면 승차감이 저하되고 운전 피로도가 급증하게 된다.

02 차체 고유 진동수의 정의

차체가 지니고 있는 고유한 진동수로 단위 시간당 진동하는 횟수이다. 물체의 형상, 재질 및 구속 조건 등이 정해지면 절대로 변하지 않는 고유한 값이다.

> **참고** 고유 진동이란 단위 시간당 진동하는 횟수로 어떤 물체가 진동하게 될 때 그 진동체가 지니는 고유한 진동을 의미한다. 구조물의 동적 특성을 표현하는 가장 대표적인 개념으로 고유 진동수의 수는 그 물체의 자유도만큼 존재한다.

03 차체 고유 진동의 발생 과정

카울 패널 · 대시 패널 · 트레이 패널 · 콤비램프 패널 · 백 패널 · 후드(보닛) · 트렁크 패널 · 캐리어 어셈블리 · 쿼터 패널 · 에이프런 · 플로어 패널 · 도어 패널 · 사이드 패널 · 플로어 패널

차체 구성 부품

차체는 강체로 된 탄성체이기 때문에 상하, 좌우 방향으로 여러 가지 고유 진동을 한다. 따라서 자동차의 차체도 차체의 경사, 이음매의 충돌, 스프링의 진동, 엔진의 가진력, 노면과의 진동 등으로 인해 차체가 비틀림, 굽힘이 되면 진동이 발생하게 되고 차체의 고유 진동수에 따라 진동을 하는 경향이 발생한다. 차체는 크게 메인 차체, 차체 외장, 차체 내장으로 구성되어 있는데 위치에 따라 고정점이 다르기 때문에 여러 개의 고유 진동수를 가진다.

04 차체 고유 진동수에 영향을 미치는 요소

일반적으로 고유 진동수는 질량, 강성, 길이, 두께, 재료, 외부 응력, 하중, 가진력, 하중분포 등에 따라서 변화한다. 정차 상태의 차체와 주행 상태의 차체에는 하중배분 및 지지조건이 변경되고 강성도 다소 변하기 때문에 고유 진동수의 차이가 나게 된다. 고유 진동수는 스프링 강성에 영향을 받으므로 차체의 강성이 증가하면 고유 진동수가 증가하고 차체의 강성이 낮아지면 고유 진동수도 감소한다.

또한 자동차에서는 엔진의 구성 위치에 따라 가진력이 달라져 고유 진동수가 영향을 받는다. 보통 앞바퀴 구동은 횡치형으로 엔진이 구성되기 때문에 비틀림, 굽힘 등 저주파 진동 모드가 크게 발생한다. 뒷바퀴 구동 차량은 종치형으로 엔진이 구성되어 크랭크축 주위 모멘트의 방향과 차체 굽힘 모드 방향이 서로 직교하므로 진동의 발생이 작아지는 경향이 있다. 따라서 차체의 고유 진동수는 엔진의 배치에 따라서 달라진다.

05 차체 고유 진동수가 자동차에 미치는 영향

차체 고유 진동수는 20Hz~수백 Hz 영역에 존재하며 엔진 및 노면의 가진 주파수와 일치될 경우 큰 진폭 및 공진 현상을 일으켜 심각한 진동 현상 및 부밍 소음을 유발한다. 차체 구조의 고유 진동수는 글로벌(Global) 모드 및 로컬(Local) 모드로 표현되며 글로벌 모드는 비틀림(Torsion), 굽힘(Bending)으로 표현된다.

(1) 차체 변형

주기적인 진동으로 인해 차체를 변형시키고 이로 인해 연결 부위가 간섭되어 부품이 마모되고 내구성이 저하된다.

(2) 도장 부분 탈락

주기적인 진동으로 인해 부분적으로 도장이 탈락하게 된다.

(3) 승차감 저하(진동 소음 발생)

① 노면 진동 및 충격으로 인한 가진력이 차체의 고유 진동수와 일치하게 되면 공진 현상이 발생하여 승차감이 저하되고 승객의 멀미를 유발한다.(인체는 1Hz의 주파

수 이하에서는 멀미가 나고, 보통 상하 4~8Hz, 좌우 2Hz 정도에서 인체에 가장 민감한 영향을 준다. 척추는 10~12Hz, 무릎 2~20Hz, 머리는 25Hz 이하, 안구는 30~80Hz 정도에서 피곤을 느낀다)

> **참고** **고유 진동수**
>
> 고유 진동수는 질량과 스프링 상수에 의해 결정된다.
>
> • **고유 진동수** $\omega_n = \sqrt{\dfrac{k}{m}}$ [질량 : m, 스프링 상수 : k]
>
> • **고유 진동 주기** $T = 2\pi \sqrt{\dfrac{m}{k}}$ [k : 진동 주기(sec), m : 질량, k : 강성]

② 스프링 상수(탄성)에 비례하고 질량(관성)에 반비례한다. 즉, 탄성력이 클수록 고유 진동수는 높고, 관성력이 클수록 고유 진동수는 낮아진다. 만일 외력에 의한 진동수가 구조물의 고유 진동수와 비슷하면 공진 현상이 발생하여 물체가 손상될 수 있다.

③ 고유 진동수는 가장 낮은 값으로부터 시작하여 1차, 2차… 로 구분되며, 특히 1차 고유 진동수를 기본 고유 진동수(Fundamental Natural Frequency)라고 부른다. 1차 고유 진동수는 물체를 진동시켰을 때 가장 쉽게 변형할 수 있는 모양으로 진동하는 진동수를 의미하고, 고차로 갈수록 물체가 변형하기 어려운 모양으로 진동하게 되는 진동수를 나타낸다.

각각의 고유 진동수로 진동하는 물체의 변형 모양을 해당 고유 진동수에 대한 고유 모드 형상(natural mode shape)이라고 부른다. 즉 1차 모드 형상은 1차 고유 진동수로 진동하는 물체의 진동 형상을 의미하고, 앞서 말한 바와 같이 물체가 가장 쉽게 변형할 수 있는 모양을 의미한다.

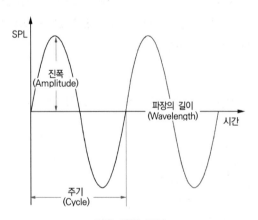

고유 진동 주기　　　　　　　　**1차~5차 진동 모드**

01 개요

(1) 배경

자동차는 시동 시 엔진의 폭발과 주행 시 노면의 요철, 주행 상태에 따라 진동이 발생하고 이 진동은 최종 응답계인 차체로 전달된다. 차체는 주행 과정에서 발생하는 여러 가지 동하중을 견디고 엔진 및 노면 등 다양한 경로로부터 전달되는 진동 소음을 운전자나 승객에게 직접 전달한다. 차체에서 발생하는 진동은 강체 진동과 탄성 진동으로 구분할 수 있다.

(2) 차체 진동의 정의

자동차가 동작할 때 차체에서 발생되는 진동으로 엔진 기인 진동, 노면 기인 진동으로 나눌 수 있다.

02 차체 진동의 종류

(1) 강체 진동

강체 진동은 강체에 외부의 진동이 인가될 때 발생하는 진동을 말하는 것으로 차체 강체 진동은 주행할 때 서스펜션, 쇽업소버, 스프링 등의 시스템을 통해 진동이 전달되어 차체가 상하·좌우로 흔들리게 되는데 이때 차체의 거동 상태를 말하는 것이다. 강체 진동은 스프링의 최대 변위(변형량)까지의 제한된 자유도를 가지고 있다. 차체의 강체 진동은 피칭, 롤링, 요잉, 바운싱이 있다.

(2) 탄성 진동

탄성 진동이란 어떤 물체가 자체적으로 스프링과 추의 역할을 모두 하고 있을 때의 진동을 말하며 탄성 진동으로 고유 진동수가 결정된다. 자동차에서 탄성 진동은 배기 파이프의 굽힘 진동, 프로펠러 샤프트의 굽힘 진동 등이 있다. 차체는 메인 차체, 차체 외장, 차체 내장으로 구성되어 있으며 특히 대시(Dash), 플로어(Floor), 트렁크(Trunk), 후드(Hood) 등의 크기와 위치에 따라 고정점이 달라진다. 따라서 차체의 탄성 진동은 위치와 차량 속도에 따라서 달라지게 된다.

03 도로면의 요철에서 생기는 차체 진동

자동차가 도로면의 요철을 지나갈 때 타이어에는 임팩트 하시니스가 발생하고 이로 인해 쇽업소버와 서스펜션에 충격이 전달된다. 이 충격은 차체의 입력점에 따라 전달되어 탄성 진동이 발생하게 되고 이와 동시에 강체 진동 현상이 발생하여 차체는 아래로 치우치거나 위로 튕겨 오르게 된다. 강체 진동 현상은 진동 방향에 따라 피칭, 롤링, 요잉, 바운싱으로 구분한다.

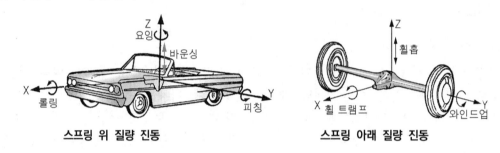

스프링 위 질량 진동   스프링 아래 질량 진동

(1) 피칭(Pitching)

차량의 가로 방향(y축 방향)을 중심으로 차체가 회전하는 진동으로 불균일한 노면 주행 시 차체 앞뒤 바퀴에서 발생되는 앞·뒤 방향의 흔들림을 말한다. 타이어 종류 및 공기압, 쇽업소버의 감쇠력 등에 의해서 크기가 달라진다. 피칭이 발생할 경우 운전자의 조종성, 타이어 접지성 등이 영향 받는다.

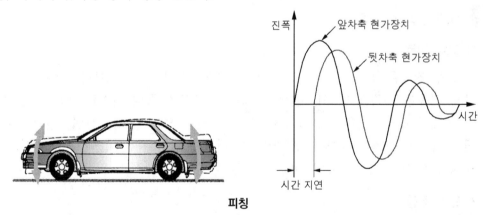

피칭

(2) 롤링(Rolling)

차량의 세로 방향(x축 방향)을 중심으로 차체가 회전하는 진동으로 차체의 횡방향 흔들림을 말하며 앞바퀴, 뒷바퀴의 롤 센터(Roll center)를 연결한 롤 축(roll axis)을 중심으로 발생한다. 차체의 승차감 및 조향 특성에 큰 영향을 미치며 발생 요인으로는 타이어의 종류 및 공기압, 충격 흡수기의 흡수력, 스프링의 불량, 차체의 높이, 스태빌라

이저의 특성 등이 있다. 일반적으로 무게의 중심이 낮고 차체의 폭에 대해 좌우 바퀴의 간격이 넓으며 스프링이 단단한 것일수록 롤링이 적다.

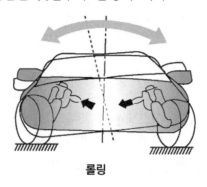

롤링

(3) 요잉(Yawing)

차량의 수직 방향(z축 방향)을 중심으로 차체가 회전하는 진동으로 자동차의 무게중심이 자동차의 중심을 기점으로 흔들리는 현상을 말한다. 차량의 선회와 차선 변경 등에 큰 영향을 미치며 발생 요인으로는 차량의 무게중심, 차량의 전후 무게 배분, 구동 형식 등이 있다. 일반적으로 앞바퀴 구동일 경우에 급격한 차선 변경으로 인한 요잉 현상(피시 테일)이 발생하기 쉽다.

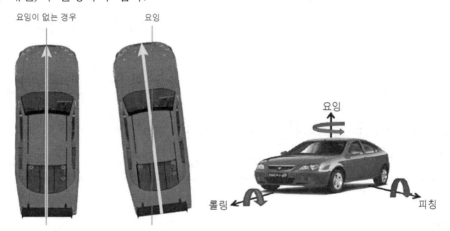

요잉이 없는 경우와 요잉이 있는 경우

04 차체 진동의 영향, 피해

자동차가 비포장도로나 도로의 이음새 부분을 통과할 때 차체가 심하게 흔들리고 출렁거리게 되면 실내 소음이 증가되고 승객은 불쾌감을 느끼게 된다. 또한 노면으로부터 시트에 전달되는 진동이 반복적으로 가해지면 시트가 흔들리는 느낌이 증폭되어 승차감이 저하되며 운전 피로도가 증가된다.

차체의 간섭 및 마찰로 인해 차체의 변형이 발생하며 충격이 반복해서 가해지면 물체의 파손이 일어나는 피로 파괴 현상이 발생하여 내구성이 저하된다. 특히 지속적인 진동으로 휠 얼라인먼트가 변형 되고 이로 인해 타이어의 마모가 빠르게 진행된다.

05 차체 진동 방지 대책

① 서스펜션과 차체 사이에 스프링, 쇽업소버를 적용하여 진동을 저감시킨다. 차체의 진동을 저감시키기 위해 서스펜션과 차체 사이에 스프링을 적용한다. 또한 스프링의 출렁거림을 제어하기 위해 쇽업소버를 적용하여 충격 후 진동을 감쇠시켜준다.

② 스프링 아래 질량을 저감시켜 노면의 충격에 의한 진동 영향성을 줄인다. 스프링 위 질량은 파워트레인, 프레임, 차체 등이고 스프링 아래 질량은 휠, 타이어, 현가장치 등이다. 스프링 위 질량이 무겁고 스프링 아래 질량이 가벼우면 차체는 노면으로부터의 진동 발생 시 잘 흔들리지 않고 낮은 주파수로 진동을 하여 승차감이 좋아진다.

③ 전자제어식 현가장치 적용으로 주행 상황에 따른 진동을 저감한다. 급출발, 급정거, 선회 시 차량의 거동을 각종 센서를 통해 인식하여 스프링 상수나 감쇠력을 주행 조건에 대응하여 적절하게 조절해 주어 승차감을 향상시킨다.

④ 차체의 강성을 조절하거나 제진재를 보강하여 차체의 진동을 저감시킨다.

기출문제 유형

✦ 차체 및 의장에 대한 소음 저감 방안 5가지를 설명하시오.(86-2-1)

✦ 자동차의 소음을 저감시키기 위해 차체 및 의장에 적용되는 소음 저감 기술에 대해 설명하시오.(75-3-5)

01 개요

(1) 배경

자동차는 시동 시 엔진에서 발생하는 연소 폭발 및 기계 동작으로 인해 소음 및 진동이 발생한다. 자동차 주행 시에는 이보다 다양한 원인에 의해서 소음과 진동이 발생하는데 속도가 높아질수록 노면으로부터 소음의 크기가 증가한다. 소음은 크게 전달경로에 따라 고체 전달음(Structure-Borne Noise)과 공기 전달음(Air-Borne Noise)으로 나눌 수 있는데 차체 및 의장은 실내 탑승자에게 진동·소음을 전달하는 최종 응답계의 역할을 하고 있다.

(2) 차체 및 의장 소음

차체는 여러 가지 진동 소음원에 의해 발생된 진동과 소음의 최종 응답계로 엔진, 휠, 타이어, 동력 전달장치, 현가장치 등에서 발생하고 전달되는 진동·소음을 최종적으로 실내 탑승자에게 전달한다.

02 자동차 진동 · 소음의 전달 과정

자동차 진동·소음은 진동원 및 가진원에서 발생하여 공진계, 전달계를 거쳐 공진되어 전달되며 응답계를 통해 실내 승객에게 영향을 미친다. 진동원 및 가진원은 엔진 폭발력, 운동 부품의 관성력, 흡·배기계의 동작, 노면으로부터의 진동, 기타 부대장치의 동작 진동·소음 등이 있으며 바람에 의한 풍절음, 기류음 등이 있다. 공진계와 전달계는 크랭크축, 엔진 마운팅, 드라이브 샤프트, 서스펜션 등이 있고 응답계는 차체나 조향 휠 등이 있으며 최종적으로 탑승자에게 진동·소음을 전달한다.

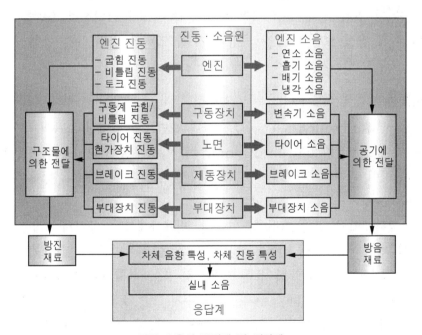

진동 소음의 공진계 및 전달계

03 자동차에서 발생되는 진동 소음 저감 대책

차량은 여러 가지 소음원을 가지는데 500Hz 이하의 진동 전달에 의한 소음원과 500Hz 이상의 공기 전달 소음원으로 구분할 수 있다. 진동 전달음을 개선하기 위해서는 진동 절연 및 차량 연결부의 강성을 보강하는 방법이 있고 공기 전달음을 개선하기 위해서는 흡·차음재 사양을 보강하는 방법이 있다.

① 진동원을 찾아내 진동원의 진동 출력 자체를 감소시키고 소음원에 관련된 구조를 변경한다.

② 공진계, 전달계의 동적 힘의 전달을 적절히 차단하고 구조물의 동특성을 변경한다.

③ 최종 응답계인 실내 공간의 형태를 변경시킨다. 강성을 변경하여 설계한다.

④ 차체와 실내 외부에 차음재, 흡음재, 제진재 등을 사용하여 소음을 저감한다.

04 차체 및 의장에 대한 소음 저감 기술

(1) 차체 강성 개선

엔진이나 노면 등 가진원에서 발생한 진동은 전달계를 거치면서 절연되어 전달력이 감소하지만 차단되지 않은 나머지 전달력은 차체로 전달되어 운전자가 느끼는 진동·소음의 원인이 된다. 따라서 전달경로 상에 있는 구조물의 강성과 질량 분포, 패널 진동과 실내 공간과 연성, 실내 공간 내의 음향 전달 특성을 파악하여 소음을 저감할 수 있다. 특히, 차체 강성 보강, 초고장력 강판 사용, 입력점 변경 등을 통해 차체로 입력되는 진동을 저감하거나 제거할 수 있다.

(2) 흡·차음재, 방음재 적용

흡음(Sound Absorption/Silencer)은 실내 표면으로 입력된 소음이 반사되지 않도록 방지하는 것이고 차음(Sound Insulation)은 공기 중으로 전파되는 음파를 단단한 물체 등으로 차단하여 반대측으로 소음이 투과되지 않게 만드는 것이다. 방음은 차음 기능과 흡음 기능을 동시에 갖고 있는 것이다.

소음을 저감시키기 위한 흡음재, 차음재, 방음재로는 다공질재(우레탄 폼, 수지 제품), 섬유재(PET 섬유, 유리 섬유, 글라스 울) 등을 사용한다. 차실 내의 흡음재는 PET 섬유, 유리 섬유, 면, 우레탄 폼 등을 단독으로 또는 복합하여 사용하고 있으며 섬유재의 바인더(중간 매체)로는 PET 수지, 페놀 수지, PP 수지를 사용하고 있다. 섬유재는 다공질 방음재의 기능과 소음을 차단, 흡수하는 기능을 모두 갖고 있어서 많이 사용된다. 특히 차음과 흡음의 균형을 개선하기 위해 고밀도 섬유재와 저밀도 섬유재를 여러 층으로 쌓은 적층형의 섬유재가 사용되고 있다.

✦ 타이어의 진동 특성에서 정, 동 스프링 특성을 서술하시오.(59-4-1)

01 개요

(1) 배경

타이어는 노면과 접촉을 통해 진동이 발생하며 그 특성에 따라 노면 진동의 흡수 성능이 결정된다. 타이어에는 고무가 사용되는데 고무는 일반적으로 금속에 비하여 탄성 변형이 매우 커 1000% 정도의 연신률을 가지며 탄성률이 적다. 또한 형상을 자유롭게 선정할 수 있고 변화시킬 수 있어서 상하, 전후, 좌우 3방향의 스프링 상수를 희망하는 수치로 설계할 수 있다. 고무의 내부 마찰은 금속 스프링재에 비하여 100배 이상 크기 때문에 감쇠성이 양호하고 금속과의 접착성이 좋다.

(2) 진동 특성(Vibration Charateristic)의 정의

고유 진동수, 진동 모드, 감쇠 성능 등에 대표되는 진동계의 동적인 거동의 특성

02 동 스프링 특성 상세 설명

스프링 특성은 스프링의 강성을 말하는 것으로 스프링 상수 또는 스프링 율로 표시할 수 있다. 스프링 상수는 하중에 대한 스프링의 변위 정도를 말하며 일반적으로 그 수치의 높고 낮음은 스프링 자체의 강성을 의미한다. 스프링 강성은 스프링의 상하 충격 흡수 작용, 고주파 진동, 부밍 소음, 바디의 롤링과 피칭 등에 영향을 미치며 승차감에 중요한 요소이다.

일반적으로 차량은 이러한 요소들을 종합적으로 고려하여 노면으로부터 오는 충격에 대해 약 1~1.5Hz 내외의 고유 진동수로 진동하게끔 설계되어 있다. 정적 스프링 특성은 정지 상태

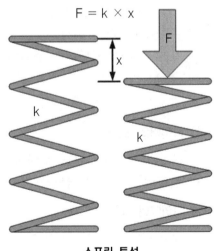

스프링 특성

에서 스프링의 변위와 무게에 의한 특성이고 동적 스프링 특성은 동적으로 가진 될 때의 스프링 변위와 무게에 의한 특성이다. 스프링 상수는 외부에서 힘이 가해졌을 때 이동 변위량으로 계산된다.

(1) 정 스프링 특성(정 스프링 강성, 정강성)

정적인 상태에서 하중을 가했을 때 변화하는 변위량을 검토하여 제품이 장착 되었을 때 외력에 대한 지지력 및 장착 상태의 적정성 유무를 확인할 수 있는 지표이다.(입력이 변하지 않는 힘에 대해 저항하는 정도)

$$정강성(kgf/mm) = \frac{정적하중(kgf)}{변위(mm)}$$

(2) 동 스프링 특성(동 스프링 강성, 동강성)

대상체에 일정 주기의 동적 힘을 가하여 변형량으로 나눈 값으로 탄성(Elastic) 강성과 댐핑(Damping) 강성으로 구성되며, 주파수 및 가진 크기에 따라 다른 값을 갖는다.(입력이 변하는 힘에 대해 저항하는 정도)

$$동강성(kgf/mm) = \frac{동적하중(kgf)}{변위(mm)}$$

03 타이어의 정, 동 스프링 특성에 영향을 미치는 요인

정, 동 스프링 특성은 승차감에 영향을 미친다. 타이어의 스프링 강성 값이 증가하면 승차감이 딱딱해지고 반대로 스프링 강성 값이 감소하면 승차감이 부드럽게 된다. 즉, 입력되는 하중에 따라 이동 변위가 줄어들면 스프링 상수값이 커지고 이에 따라 고유 진동수가 증가하게 된다.

따라서 고유 진동수가 증가하면 승차감이 저하되고 고유 진동수가 감소하면 승차감이 좋아진다고 할 수 있다. 타이어 스프링 강성에 영향을 미치는 요인은 타이어의 노화, 타이어의 재질, 타이어 공기압 등이 있다.

(1) 타이어의 노화

타이어가 마모되면 마모되지 않은 타이어에 비하여 고유 진동수가 높게 나타나는데 이는 트레드 재질의 경도가 높아졌기 때문이다.

(2) 타이어의 재질

레이디얼 타이어는 바이어스 타이어보다 큰 강성을 갖고 있는데 이는 스틸 벨트로 트레드 부위가 보강되어 있기 때문이다.

(3) 타이어의 공기압

타이어의 공기압을 증가시키면 공기압과 비례하여 스프링 강성이 증가하게 된다. 이는 트레드 밴드에 작용하는 인장력의 증가에 기인한 것이다.

(4) 타이어에 인가되는 하중

타이어에 하중이 가해지면 하중에 비례하여 사이드 월의 강성이 증가하고 타이어의 스프링 강성도 증가한다.

01 개요

(1) 배경

자동차는 주행 시 노면의 요철, 주행 상태에 따라 타이어와 서스펜션 스프링에서 진동이 발생한다. 차체는 주행과정에서 발생하는 여러 가지 충격에 의한 동하중을 견디고 엔진 및 노면 등 다양한 경로로부터 전달되는 진동·소음을 운전자나 승객에게 전달한다. 조화 함수형 도로는 일정한 주기를 가진 도로이며 모드 해석을 하기 위한 가상적인 도로이다. 차량과 차체, 타이어의 수직 운동 모델을 통해 각각의 고유 진동수를 계산할 수 있다.

(2) 조화 함수형 도로의 정의

조화 함수는 모든 주기의 함수 sin과 cos의 합으로 근사할 수 있는 푸리에 급수를 말하며 조화 함수형 도로는 sin과 cos의 합으로 이루어진 푸리에 급수의 일정한 주기를 가진 도로를 말한다.

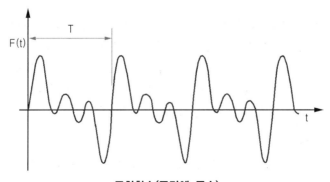

조화함수(푸리에 급수)

02 차체와 바퀴, 타이어의 수직 운동 모델

(1) 수직 운동 모델

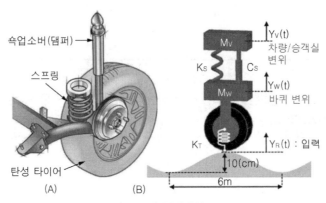

도로 모델 현가장치

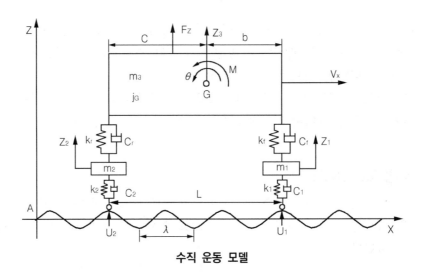

수직 운동 모델

수직 운동 모델은 조화 함수형 도로의 높이 변위, 타이어의 탄성 변형, 스프링의 변형으로 나타낼 수 있다. 조화 함수형 도로를 이동함에 따라 타이어는 자체 탄성 변형이 생기고 스프링 하 질량과 스프링 위 질량에 따라 스프링 고유 진동수도 달라지게 된다. 차체의 순수한 수직방향 운동 모델은 타이어 자체의 이동 변위와 차체의 이동 변위의 합에 조화 함수형 도로의 변위를 빼준 값으로 구할 수 있다.

(2) 타이어의 수직 운동 모델

타이어는 자동차 무게와 노면의 높이에 따라서 타이어 동하중이 변한다. 트레드 무게, 벨트 무게, 트레드 이동 변위, 엔벨로핑 강성, 사이드 월 강성(이동 변위)등을 이용하여 고유 진동수를 계산할 수 있다.

03 차체와 타이어의 고유 진동수

(1) 타이어 고유 진동수

타이어는 공기압과 타이어의 강성으로 고유 진동수가 결정되며 타이어의 스프링 강성과 무게로 정해진다. 레이디얼 타이어와 바이어스 타이어의 고유 진동수는 각각 90~140Hz 범위이다. 레이디얼 타이어의 하시니스(harshness) 특성이 약한 이유는 약 90Hz의 낮은 고유 진동수에서 진동 전달 특성이 높기 때문이다. 반면에, 바이어스 타이어의 도로 소음 특성이 약한 이유는 140Hz 근방의 고유 진동수에서 진동 전달 특성이 높기 때문이다.

타이어와 휠의 NVH 증상은 주파수가 낮다.(일반적으로 약 10~20Hz). 서로 다른 타이어의 고유 진동수와 진동 전달 특성을 파악하는 것은 NVH 문제가 타이어 유형 때문인지, 아니면 런 아웃이나 불평형 상태가 서비스를 필요로 하는지를 판단하는 데 도움이 된다.

(2) 차체의 고유 진동수

고유 진동수를 계산하기 위한 동적 강성(동강성)의 해석을 수행한다. 차체의 동적 거동은 주로 전역(global) 고유 주파수와 진동 모드의 특성으로 설명한다. 동적 강성이란 역학계의 임의의 지점에서 단순 조화 운동으로 가진되어 발생한 변위에 대한 힘의 복소 비를 의미한다. 동적 순응성(dynamic compliance)의 역수이다. 실제 차량에서 진동은 타이어 → 휠 → 현가장치를 거쳐 차체에 전달되기 때문에 현가장치 모델링이 필요하지만 이를 생략하고, 하중이 직접 차체의 현가 마운트 설치부에 작용하는 것으로 가정하고 실험한다.

국부적인 진동보다는 굽힘 모드와 비틀림 모드를 관찰하고, 그 때의 고유 진동수를 구한다. 차체의 고유 진동수로부터 차체의 동적 거동을 파악한다. 고유 주파수는 예를 들면, 동강성(k_{dyn})을 고유 주파수를 구하는 식에 대입하여 구할 수 있다. 동강성(k_{dyn})은 다음 식으로 구한다.

$$k_{dyn} = \frac{F_{dyn}}{x_{dyn}}$$

여기서 F_{dyn}: 동하중, x_{dyn}: 동하중에 의한 변위

진동 주파수가 트림-차체(trimmed body)의 전형적인 진동수인 2~4Hz보다 더 높을 경우, 트림드-차체를 더 이상 강체로 간주할 수 없다. 따라서 자동차의 구조 동역학적 고유 특성은 진동 안락성과 구조기인 소음의 전달 측면에서 아주 중요하다. 이때 전역(global) 고유 모드는 주로 구조기인 소음의 생성 및 전달을 위한 진동 거동 및 국부(local) 진동 모드와 관련이 있다.

(4) 자동차 전체 고유 진동수

전체 시스템 자동차는 하위 시스템 트림-차체, 그리고 섀시를 포함한 파워트레인으로 나눌 수 있다. 트림-차체의 구조 동역학적 거동은 주로 화이트 보디의 강성, 그리고 실내 내장재와 장착 부품의 추가 질량에 의해 결정된다. 추가 질량은 예를 들어. 중형 승용자동차의 경우 약 500kg 정도이고, 소위 "트림-차체" 모델에서 계산적으로 고려된다. 반면에 화이트 보디에 표준 질량을 배정하여 트림-차체의 구조 동역학적 평가를 예측할 수 있다.

화이트 보디의 1차 고유 주파수는 일반적으로 50Hz 이상이다. 그러므로 이 모드는 엔진 고유 주파수 및 차축 고유 주파수에 매우 가깝다. 따라서 엔진의 진동과 차축의 진동에 의해 쉽게 가진될 수 있으므로 컨버터블과 같은 개방형 차량의 승차감에 특히 중요한 사항으로서 1차 비틀림 모드를 평가해야 한다. 따라서 엔진의 진동과 차축의 진동으로부터 특히 차체를 격리하기 위해서는 가능한 한 높은 강성을 확보해야 할 필요가 있다.

04 자동차의 수직 운동에 영향을 미치는 요소

일반적으로 차체가 상하 방향으로 빠르게 진동을 할수록 승차감은 저하된다. 이러한 수직 운동은 현가장치 스프링 위 질량(Sprung Mass)과 스프링 아래 질량(Unsprung Mass)의 관계에 따라 달라진다. 스프링 위 질량이 크고 아래 질량이 작은 차량들은 천천히 진동을 하지만 큰 진폭을 가지게 되고, 스프링 위 질량이 작고 아래 질량이 큰 차량들은 빠르게 진동을 하나 작은 진폭을 가지게 된다.

따라서 스프링 위 질량이 크면 클수록 차체는 외부의 충격에 의해 잘 흔들리지 않고 낮은 주파수로 진동을 하므로 승차감이 좋아진다. 반면에 스프링 아래 질량이 무거워지면 이 부분의 진동에 의해 스프링 위 질량 부분이 영향을 받고 공진하기 때문에 차량이 진동하려는 경향이 높아지게 된다. 따라서 스프링 아래 질량이 큰 차량의 승차감은 나빠지게 된다.

(1) 스프링 위 질량

파워트레인, 프레임, 차체 등 차량의 스프링 위쪽으로 연결된 모든 부품

(2) 스프링 아래 질량

휠, 타이어, 브레이크, 현가장치 구성품 등 스프링에 의해 지지되지 않는 차량의 부품

✦ 타이어의 소음에 대하여 설명하시오.(63-3-5)

✦ 타이어의 소음을 패턴(Pattern), 스퀼(Squeal), 험(Hum), 럼블(Rumble) 및 섬프 노이즈(Sump Noise)로 구분하고 그 원인을 설명하시오.(96-4-3)

01 개요

(1) 배경

자동차는 시동을 걸면 엔진에서 발생되는 연소 폭발 및 기계 동작으로 인해 소음과 진동이 발생한다. 자동차가 주행할 때에는 이보다 다양한 원인에 의해서 발생하는데 속도가 높아질수록 노면과 접지되는 타이어에 의한 소음 크기가 증가한다. 소음은 크게 전달경로에 따라 고체 전달음(Structure-Borne Noise)과 공기 전달음(Air-Borne Noise)으로 구분한다.

(2) 타이어 소음의 정의

자동차가 주행할 때 타이어에서 발생하는 소음으로 타이어와 노면의 접촉에 의해서 발생된 소음과 타이어의 구조적인 진동에 의해서 방사된 소음으로 구분할 수 있다.

(3) 타이어 소음의 특징

차량의 속도, 도로 면의 상태에 따라 발생하는 소음의 크기가 달라진다. 70km/h 이상의 고속 주행에서 심하게 발생하며 차속을 높이면 고주파음으로 바뀌어 점점 음이 높아진다.(로드 노이즈는 차속에 따라 주파수가 달라지지 않는다.)

02 타이어 소음의 분류

타이어의 소음은 직접 소음과 간접 소음이 있으며 다음과 같이 구분할 수 있다.

(1) 패턴 노이즈

패턴 노이즈는 타이어의 원주 상에 배열된 트레드의 그루브(Groove)와 블록(Block)들이 노면과 접촉되고 변형되면서 발생되는 소음이다. 패턴 노이즈의 발생 메커니즘은 탄성 진동음, 기주 공명음 두 가지로 구분된다.

탄성 진동음은 트레드가 노면으로부터 이탈되는 순간 늘어나서 발생하는 소음과 노면의 불규칙한 특성으로 인해 발생하는 소음을 말하며 기주 공명음은 그루브의 공기 체적이 급격히 압축되었다가 외부로 방출되면서 발생하는 압축 팽창음이다. 따라서 패턴 노이즈의 발생 원인은 트레드와 노면의 접촉에 의한 탄성 진동과 그루브 내부 공기의 압축 팽창이라고 할 수 있다.

1) 탄성 소음

① 트레드 패턴이 노면을 가격하면서 발생하는 소음

노면의 불규칙한 특성으로 인해 트레드에 충격이 가해질 때 발생하며 약 1000Hz 이하의 주파수 대역의 소음이다.

② 트레드 패턴이 압축되었다가 인장되면서 발생하는 소음

트레드가 노면으로부터 이탈되는 순간에 발생하며 약 1000Hz 이상의 소음이다.

2) 기주 공명음

타이어가 접지면에서 큰 변형을 받아 트레드 패턴 사이의 횡방향 그루브에서 공기가 압축되고 방출하면서 발생하는 에어 펌핑음으로 기주 공명음이라고도 한다.

(2) 스퀼(Squeal)

스퀼 소음은 2kHz 이상의 고주파 영역에서 일반적으로 발생하는 마찰 기인 소음이다. 차량이 건조하고 평탄한 노면에서 급발진, 급제동, 급선회를 하게 될 때 타이어의 트레드가 노면에서 반복적으로 미끄러지면서 발생한다. 타이어 스퀼 소음의 원인은 제동 시 타이어 트레드 패턴과 노면의 반복적인 미끄러짐이라고 할 수 있다.

(3) 험(Hum)

직진 주행 시 발생되는 소음으로 트레드에 같은 간격으로 배열된 피치가 노면을 규칙적으로 치면서 발생하는 소음이다. 험의 발생 원인은 트레드 패턴의 불규칙한 성분이다.

(4) 럼블 소음(Rumble Noise)

럼블 소음은 거친 노면을 주행할 때 타이어가 노면이나 자갈 등을 치는 소리로 현가 장치나 차체를 통하여 차내에 전달되는 진동음이다. 럼블 소음의 원인은 타이어와 비규칙적인 노면과의 마찰이라고 할 수 있다.

  * 엔진 구동 시 크랭크 샤프트의 진동 현상에 의해서 발생하는 소음도 럼블 노이즈라고 한다.

(5) 섬프 소음(Sump Noise)

섬프 소음은 타이어의 국소적인 요철이나 불균일성에 기인한 소음이다. 타이어의 어느 특정한 부분이 노면과 접지되는 순간 발생하는 단속적인 타음으로 타이어 회전 주기에 따라 소음을 발생하며 서스펜션과 차체에 진동을 일으킨다. 주로 차속 40~50km/h 부근에서 자주 발생하며 타이어가 한번 회전할 때마다 한번씩 발생하고 타이어가 노후화 되면 잘 나타나는 특징이 있다. 발생 원인은 타이어의 국소적인 요철이나 불균일성이다.

(6) 러프니스(Roughness)

러프니스는 타이어의 균일도(유니포미티) 불량에 기인한 소음으로 타이어 1회전에 2~3개의 소음이 발생되는 특징이 있다. 주로 고속(120km/h)에서 발생된다.

기출문제 유형

✦ 탄성 소음, 비트 소음, 럼블 소음에 대하여 각각 설명하시오.(117-3-4)

✦ 타이어 노이즈에서 탄성 진동음을 설명하시오.(77-1-1)

✦ Rumble Noise를 설명하시오.(81-1-6)

✦ 자동차 엔진에서 럼블(Rumble) 소음 발생 원인과 방지 대책을 설명하시오.(107-4-3)

01 개요

(1) 배경

자동차는 시동을 걸면 엔진에서 발생되는 연소 폭발 및 기계 동작으로 인해 소음 및 진동이 발생한다. 자동차가 주행할 때에는 이보다 다양한 원인에 의해서 발생하는데 속도가 높아질수록 다른 부품보다 타이어에 의한 소음 크기가 증가한다. 타이어의 소음은 크게 전달경로에 따라 고체 전달음(Structure-Borne Noise)과 공기 전달음(Air-Borne Noise)으로 나뉜다.

(2) 탄성 소음(탄성 진동음)의 정의

탄성 소음은 트레드 패턴이 노면을 가격하거나 노면과 접지부가 이탈하면서 발생하는 소음으로 약 1,000Hz 이하의 소음을 말한다.

(3) 비트 소음(Beat Noise)의 정의

비트 소음은 주파수가 비슷한 두 음이 중첩되어 서로 간섭할 때 나타나는 소음으로 두 주파수의 중간(평균) 주파수를 보이며 소리의 높낮이가 주기적으로 커졌다 작아졌다를 반복하는 현상이다. 맥놀이 현상, 울림 현상이라고도 한다.

(4) 럼블 소음(Rumble Noise)의 정의

럼블 소음은 500Hz 이하의 낮고 주기적인 소음으로 근접한 시간과 주파수 영역에서 복수의 소음이 서로 간섭하면서 발생하는 소음이다. 천둥소리와 같은 연속적이고 깊은 저주파 공명 사운드로 자동차에서는 엔진, 배기관, 타이어 등에서 발생한다.

02 탄성 소음의 상세 설명

(1) 배경

타이어의 트레드는 특수한 경우(슬릭 타이어)를 제외하면 노면과 접촉되는 접지면의 마찰계수를 조절하여 구동력, 제동력, 조향력을 확보하기 위해 다양한 모양의 무늬(트레드 패턴)로 만들어준다. 이 트레드 패턴은 타이어 원을 따라 여러 개의 홈(그루브 : groove), 홈과 홈 사이의 구역(블록 : block), 사이프, 커프 등으로 구성된다. 이 공간과 트레드 블록의 탄성으로 인해 주행할 때 소음과 진동이 발생하게 된다. 트레드 블록의 탄성에 의한 소음을 탄성 진동음으로 구분할 수 있다.

▶ 그루브 : 트레드에서 세로로 길게 파인 홈을 그루브라고 하며 조종안정성, 견인력, 제동성 등의 기능이 있다. 그루브의 폭이 넓을구록 빗길에서 주행 성능이 좋아지지만 너무 넓으면 제동력과 코너링 성능이 저하된다.

▶ 블 록 : 트레드에서 복록 튀어나온 곳을 말하며 타이어의 견인력과 제동력, 코너링 성능을 담당한다. 일반적으로 블록이 크고 블록간 거리가 넓은 트레드일수록 오프로드 성능이 강한 RV 차량용이다.

▶ 사이프 : 트레드에서 세로로 가늘게 파인 선들은 사이프라고 부르는데 사이프가 많고 촘촘할수록 빗길이나 눈길에서 접지력이 좋아진다.

타이어 트레드의 구성[2]

(2) 탄성 소음의 발생 메커니즘

트레드의 양 모서리 부분과 노면이 충돌할 때, 타이어의 표면이 고주파 진동을 갖게 되는데 이 진동과 접촉한 공기가 진동하면서 소음으로 변환된다. 타이어의 탄성 소음을 만드는 요소로는 트레드가 노면으로부터 이탈되는 순간 늘어나서 발생하는 소음과 노면의 불규칙한 특성으로 인해 발생하는 소음으로 구성된다.

1) 트레드 패턴이 노면을 가격하면서 발생하는 소음

노면의 불규칙한 특성으로 인해 트레드에 충격이 가해질 때 발생하는 소음으로 약 1,000Hz 이하의 소음이다. 타이어에 노면의 충돌이 가해질 때, 타이어의 표면이 고주파 진동을 갖게 되고 이 진동과 접촉한 공기가 진동하면서 소음으로 변환된다.

---

2) https://m.post.naver.com/viewer/postView.nhn?volumeNo=8958685&memberNo=23957821

2) 트레드 패턴이 압축되었다가 인장하면서 발생하는 소음

트레드가 노면으로부터 이탈되는 순간 발생하는 소음으로 약 1,000Hz 이상의 소음이다. 타이어가 회전하면서 노면과 접지되는 부근의 트레드 패턴이 변형되고 이탈할 때 타이어의 트레드 및 사이드 월의 진동에 의한 소음이 발생한다.

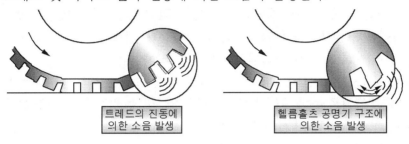

탄성 소음의 발생

(3) 탄성 소음에 영향을 미치는 요소

주로 타이어의 상태(공기압, 강성, 유니포미티, 트레드 패턴, 종류 등)가 영향을 미치며 노면의 상태(포장, 비포장, 시멘트, 아스팔트), 자동차의 상태(속도, 무게)가 부수적인 영향을 미친다.

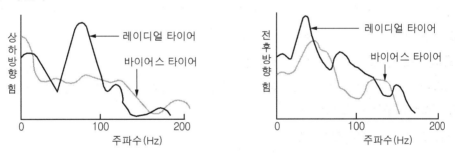

타이어 종류가 탄성 소음에 미치는 영향

03 비트 소음의 상세 설명

(1) 배경

자동차의 비트 소음은 엔진을 기준으로 발생하는데 엔진의 회전 진동수와 비슷한 진동이 생겼을 때 두 가지 진동이 합쳐지면 '우웅우웅'하는 소리가 반복하게 된다.(1초에 2~6회) 일종의 울림현상으로 엔진의 특정 rpm 대역에서 발생한다.

주로 천천히 가속을 할 때, 고속 주행 시 특정 속도로 정속 주행 하고 있을 때 발생한다. 엔진의 진동과 타이어, 냉각팬, 에어컨 컴프레서 등 일정치 않은 주파수의 소음이 섞이면서 발생한다. 소음 주파수 영역은 40~200Hz 이다.

(2) 비트 소음의 발생 메커니즘

비트 소음은 비슷한 주파수를 가진 두 음이 합성 되면서 산과 산이 중복되는 구간에서는 음이 더 커지고 골과 산이 중복되는 구간에서는 두 음이 상쇄가 되며 소리가 작아진다. 자동차에서는 엔진의 폭발 행정 시 고조파(harmonic)의 진동 소음이 발생하는데 이 소음과 엔진이 아닌 부분(에어컨 컴프레서, 파워스티어링 오일펌프, 토크 컨버터, 차동기어, 타이어 등)에서 발생하는 소음의 주파수가 근접할 때 두 개의 주파수 위상이 일치하면 음이 커지고 위상이 불일치하면 음이 작아진다.

* **고조파(harmonic) :** 사인파가 아닌 주기적 반복 파형은 그 기본 주파수를 가지는 사인파와 사인파의 정수배(整數倍)의 주파수를 갖는 파동으로 분해되는데, 이 때 반복 파형을 구성하는 기본파 이외의 파동들을 가리킨다. 음향에서 사용하는 용어이다.

1) 토크 컨버터에서 슬립이 발생하는 경우

토크 컨버터의 펌프와 터빈은 유체를 통해 동력을 전달하는데 슬립이 발생할 경우 비트 소음의 원인이 된다.

2) 엔진 진동과 다른 진동체에 의한 경우

에어컨 컴프레서, 파워스티어링 오일펌프, 알터네이터 등이 회전하면서 진동 주파수를 갖는다. 진동이 일정 크기 이상 커지면 보기류의 가진 주파수가 엔진 자체에서 발생되는 주파수와 합성되어 비트 소음이 발생한다.

3) 드라이브 샤프트의 회전 진동에 의한 경우

드라이브 샤프트의 등속 조인트에는 볼이 내장되어 있다. 따라서 1회전을 할 때마다 볼의 수만큼 진동이 발생한다.

4) 타이어의 불평형에 의한 경우

타이어의 정적 불균형이나 유니포미티 불량에 의해서 진동이 발생하여 비트 소음이 발생한다.

(3) 비트 소음에 영향을 미치는 요소

엔진 회전수, 에어컨 컴프레서, 냉각팬 등 보기류에서 발생하는 진동·회전수, 타이어 회전속도, 타이어의 균질성(유니포미티), 토크 컨버터의 슬립에 의한 회전수 차이, 구동축이나 차동기어의 진동

04 엔진 럼블 소음의 상세 설명

(1) 배경

럼블 소음은 500Hz 이하의 낮고 주기적인 소음으로 근접한 시간과 주파수 영역에서

복수의 소음이 서로 간섭하며 발생하는 소음이다. 자동차에서는 엔진, 배기관, 타이어 등에서 발생하며 주로 200~500Hz 의 '우르릉' 거리는 낮은 주파수의 노이즈를 말한다.

(2) 럼블 소음 발생 메커니즘

1) 엔진 럼블 소음

엔진이 구동할 때 일정 회전속도가 되면 크랭크 샤프트의 굽힘 진동, 비틀림 진동 현상이 실린더 블록에 영향을 미치게 된다. 공회전과 같은 낮은 회전수에서는 크랭크 샤프트가 강체 운동(rigid motion)을 하지만 공회전보다 높은 회전수에서는 연소 폭발에 의해 크랭크 샤프트가 진동하게 된다.

크랭크 샤프트의 공진 영역(200Hz~500Hz)에서 비틀림 진동, 풀리부의 굽힘 진동, 플라이 휠의 굽힘 진동 등이 발생하게 되고 엔진 실린더 블록의 진동음, 흡·배기관 동작음, 벨트 구동음 등의 소음과 간섭되며 럼블 소음이 발생하게 된다. 주로 엔진 회전수가 높고 고부하일 때 발생하기 때문에 급가속을 하거나 언덕을 올라갈 때 소음이 심해지며 차량의 실내 소음과 진동뿐만 아니라 차량 실내의 음질에도 영향을 미치게 된다.

2) 타이어 럼블 소음

거친 노면을 주행할 때 타이어가 노면이나 자갈 등을 치는 소리로 현가장치나 차체를 통하여 차내에 전달된다. 대략 250Hz~400Hz의 주파수에서 발생한다. 고속 도로 톨게이트나 도로 갓길 등의 노면에 요철을 만들어서 자동차가 주행할 때 소음이 발생하는 도로를 '럼블 스트립(Rumble Strip) 이라고 하는데 여기에서 발생되는 소음을 럼블 노이즈라고 한다. 타이어 트레드의 강성이 작을수록, 사이드부 강성이 클수록 럼블 소음이 많이 발생한다.

(3) 럼블 소음에 영향을 주는 요인 및 대책

1) 엔진 럼블 소음

엔진 회전수, 프런트 벨트의 장력, 연소 압력의 크기, 크랭크 샤프트의 강성, 고유 진동수, 베어링의 간극, 엔진 구동 부품의 윤활 상태 등이 럼블 소음에 영향을 미친다. 일반 흡기 토출음은 공명기(Resonator)를 사용하여 저감시키고 크랭크 샤프트 선단부의 길이를 축소하거나 크랭크 샤프트 앞부분에 토션 댐퍼(torsional damper), 듀얼 모드 댐퍼를 설치해 준다. 후단에는 플렉시블 플라이휠, 듀얼 매스 플라이 휠을 적용한다.

2) 타이어 럼블 소음

노면의 상태, 타이어 유니포미티, 공기압, 강성, 타이어의 종류, 트레드 패턴 등이 영향을 미친다. 타이어의 공기압 조절, 트레드·사이드 월 강성 조절 등을 통해 럼블 소음을 저감시킬 수 있다.

01 개요

건조한 노면에서 급제동을 할 때, 지하 주차장에서 코너링을 할 때 타이어에서는 상당한 고음이 발생하게 된다. 타이어의 고무와 노면의 마찰이 생겨서 발생하는 소음으로 이러한 소음을 스퀼음이라고 한다. 스퀼음은 물체의 마찰에 의한 고주파음으로 브레이크 디스크에서도 발생한다.

02 타이어 스퀼 소음의 정의

스퀼 노이즈는 2kHz 이상의 고주파 영역에서 일반적으로 발생하는 마찰 기인 소음으로 타이어의 스퀼 소음은 차량이 건조하고 평탄한 노면에서 급발진, 급제동, 급선회를 할 때 타이어의 트레드가 노면에 반복적으로 미끄러지면서 발생하는 소음이다.

03 스퀼 소음의 원인

제동 시 타이어 트레드 패턴과 노면의 반복적인 미끄러짐으로 인해서 소음이 발생한다. 따라서 제동 시 자동차의 운동 에너지가 타이어의 열 에너지, 소리 에너지로 변환되기 때문에 소음이 발생한다.

04 스퀼의 종류

(1) 코너링 스퀼

선회 시 타이어가 노면에서 미끄러지면서 발생하는 소음으로 바퀴의 진행 방향과 차량의 진행방향이 일치하지 않아서 발생한다.

(2) 브레이킹 스퀼

차량이 급정거하거나 급출발할 때 발생하는 소음으로 타이어가 노면에서 미끄러지면서 날카로운 고주파의 소음을 발생시킨다.

05 스퀼에 영향을 미치는 요소

주로 자동차의 상태(속도, 무게)가 많은 영향을 미치며 타이어의 상태(공기압, 강성, 유니포미티, 트레드 패턴, 종류 등), 노면의 상태(포장, 비포장, 시멘트, 아스팔트)가 부수적인 영향을 미친다.

(1) 자동차의 상태

자동차의 속도가 빠르고 차량의 무게가 무거울수록 제동 시에 타이어와 노면 사이에 큰 마찰력이 형성된다(브레이킹 스퀼). 이 마찰력은 마찰열과 마찰 소음으로 변환이 되어 스퀼 소음을 발생시킨다. 또한 차량의 무게가 무거울 경우 선회 시 타이어에 가해지는 압력이 많아져 비틀림이 많이 발생하게 되어 코너링 스퀼이 발생하게 된다.

(2) 타이어의 상태

타이어의 공기압이 높고, 강성이 크고 타이어와 노면과의 미끄러짐이 많이 발생할 때 스퀼음이 많이 발생한다. 이는 마찰열이나 마모로 제동열이 손실되지 못하고 마찰 소음으로 에너지가 변환되기 때문에 발생하는 현상이다.

기출문제 유형

✦ 로드 노이즈(Road Noise)를 설명하시오.(75-1-7)

01 개요

자동차는 주행 시 엔진 연소음, 풍절음, 로드 노이즈 등 여러 가지 소음이 발생한다. 이 중 로드 노이즈는 타이어가 노면과 접지되어 발생하는 소음으로 주행 시에 필연적으로 발생하는 요소라고 할 수 있다. 보통 차속이 빨라질수록 로드 노이즈가 더 커지기 때문에 운전자나 탑승자의 편의성이 저하된다.

02 로드 노이즈(Road Noise)의 정의

차량이 주행할 때 차량 내부로 전해지는 도로 주행 소음으로 타이어와 노면이 마찰할 때 발생하는 공기 전달음과 타이어의 진동이 차체로 전달돼서 발생하는 구조 전달음이 있다.

03 로드 노이즈의 구분

로드 노이즈는 타이어나 서스펜션의 공진에 의해 발생되는 저주파 성분의 저속 부밍(Booming)과 타이어 패턴에 의한 600Hz 이상의 고주파 성분으로 분류된다.

(1) 고체 전달음(Structure Borne Noise)

노면의 불규칙한 성분으로 인해 타이어가 진동을 일으키고 이 진동이 서스펜션, 차체 입력점 등을 통해 차체를 지나 자동차 내부로 전달되는 부밍(Booming)성 소음이다.

(2) 공기 전달음(Air Borne Noise)

타이어의 패턴 소음이나 충격음이 공기를 통해 실내로 전달되는 소음을 말하며 패턴 노이즈, 타이어 공명음 등이 있다.

04 로드 노이즈에 영향을 미치는 요소 및 특징

(1) 자동차의 속도, 노면의 상태

차속이 빨라지면 타이어에서 발생되는 소음의 크기가 커지고 실내로 유입되는 로드 노이즈도 커진다. 단, 주파수는 거의 변하지 않는다. 비포장 도로나 시멘트 도로 같은 경우에는 마찰계수가 높아 로드 노이즈가 크고 아스팔트 도로의 경우에는 로드 노이즈가 작다.

(2) 타이어의 강성, 공기압, 종류, 균일성, 재질, 패턴

① 타이어의 사이드 월 강성이 낮을수록 로드 노이즈에 유리하다. 타이어의 강성이 클수록 서스펜션으로 전달되는 진동을 흡수하지 못해 진동이 커지고 노면에서 발생하는 탄성 진동음과 기주 공명음이 커진다. 강성이 작으면 노면을 타고 넘어가는 엔벨로프(Envelope) 특성이 좋아지기 때문에 소음이 저감되며 서스펜션으로 전달하는 진동을 저감시킬 수 있다.

② 바이어스 타이어보다 레이디얼 타이어가 유리하며 공기압은 낮은 것이 높은 것보다 유리하나 정량으로 주입하지 않으면 승차감이 불량해지고 로드 노이즈가 커진다.

③ 타이어의 유니포미티가 불량하면 Shimmy, Shake 등의 진동 현상이 발생한다.

(3) 서스펜션 시스템

서스펜션을 구성하는 링크의 공진 주파수가 노면에 의한 가진 주파수나 차체 패널의 공진 주파수와 일치하여 소음이 유발된다. 이런 경우에는 서스펜션 링크의 강성을 변화시켜 공진 주파수에 변화를 주는 방법으로 실내 소음을 개선할 수 있다. 또한 부싱 부품들의 노화로 인해 진동 절연 기능이 떨어지면 소음이 발생하기 때문에 적절한 시기에 교체하여 차체에 전달되는 진동을 저감시켜야 한다.

(4) 차체의 강성

노면에서 발생하여 각종 경로를 타고 차체로 입력된 진동은 차체의 고유 진동 주파수에서 공진하여 실내 소음을 증폭시키기 때문에 적절한 강성이 요구된다. 차체 패널의 진동을 제어하기 위하여 Floor, Trunk room 등에 제진재를 부착 하거나 샌드위치 패널(Sandwich Panel) 등을 적용한다. 또한 차체 강성이 확보된 후에는 차체 밀폐 성능을 위해 소음을 막는 충진재를 사용하여 외부 소음 유입을 최소화한다.

✦ 자동차 타이어의 임팩트 하시니스(Impact harshness) 및 엔벨로프(Envelope) 특성을 정의하고, 상호관계에 대하여 설명하시오.(102-3-1)

01 개요

(1) 배경

자동차 NVH는 자동차 주행 시 발생하는 소음(Noise), 진동(Vibration), 하시니스(Harshness)를 뜻하는 말로 이 중 하시니스는 주행 시 노면의 굴곡이나 요철 등으로부터 발생하는 충격적인 소음과 진동을 뜻한다. 주로 도로가 함몰된 곳이나 고가 도로의 노면 이음매를 통과할 때 발생하는 현상으로 빠른 속도로 회전하는 타이어는 단차로 인해 충격을 받게 된다. 이 충격을 임팩트 하시니스(Impact Harshness) 또는 단순히 하시니스(Harshness)라 부른다. 로드 노이즈의 일종으로 타이어의 특성에 따라서 많은 영향을 받는 요소이다.

(2) 임팩트 하시니스(Impact Harshness)의 정의

자동차가 도로의 연결 부위나 단차 등, 비교적 큰 요철이 있는 부분을 통과할 경우에 발생되는 짧은 충격음과 진동현상으로 임팩트 하시니스(Impact Harshness), 하시니스(Harshness)라고 부른다.

(3) 엔벨로프(Envelope)의 정의

타이어가 노면의 요철 부위를 접할 때 부드럽게 넘어가는 특성이다.

02 임팩트 하시니스의 발생 과정과 엔벨로프와의 상호 관계

자동차가 주행할 때 타이어가 도로의 단차 부분, 이음새, 홈이 파진 부분과 부딪치는 순간 국부적인 충격이 발생하고 이로 인해 탄성 진동 및 소음이 발생한다. 이 진동은 서스펜션, 링크와 부시 등으로 전달되며 차체 입력점을 통해 차체로 전달된다. 이 때 엔벨로프 특성이 좋은 타이어는 노면의 요철 부위를 감싸며 넘어가는 성질이 좋기 때문에 하시니스를 감소시키는데 유리하다.

03 임팩트 하시니스에 영향을 미치는 요소

(1) 엔벨로프 특성

엔벨로프는 타이어가 노면의 요철을 넘어갈 때 변형되는 특성으로 강성이 약하고 스프링 상수가 작은 타이어가 좋다고 할 수 있다. 엔벨로프 특성이 좋은 타이어가 임팩트

하시니스를 저감시킨다. 현재 대부분의 자동차에 장착되어 있는 레이디얼 타이어의 트레드에는 스틸 와이어(Steel Wire)로 된 강성이 높은 벨트가 있어서 엔벨로프 특성이 저하된다. 따라서 임팩트 하시니스 특성이 안 좋아진다.

① 엔벨로프 특성이 안 좋은 타이어 : 레이디얼 타이어, 스프링 상수가 큰 타이어, 강성이 강한 타이어, 편평비가 작은 타이어
② 엔벨로프 특성이 좋은 타이어 : 바이어스 타이어, 스프링 상수가 작은 타이어, 강성이 약한 타이어, 편평비가 큰 타이어

(2) 타이어 공기압

공기압이 높아질수록 타이어의 스프링 상수가 높아지기 때문에 하시니스 특성이 안 좋아진다.

(3) 타이어의 종류

레이디얼 타이어는 벨트가 있기 때문에 트레드의 강성이 높고 바이어스 타이어에 비해 엔벨로프 특성이 저하되기 때문에 노면으로부터 전달되는 충격(하시니스)이 크며, 이 충격이 서스펜션으로 전달되기 쉽다.

(4) 서스펜션 부시

충분히 부드러운 부시를 사용할 경우에는 하시니스를 저감시킬 수 있다. 하지만 부드러운 고무는 움직임이 크기 때문에 자동차의 조종 안정성이 나빠질 수 있기 때문에 적절히 조절해야 한다.

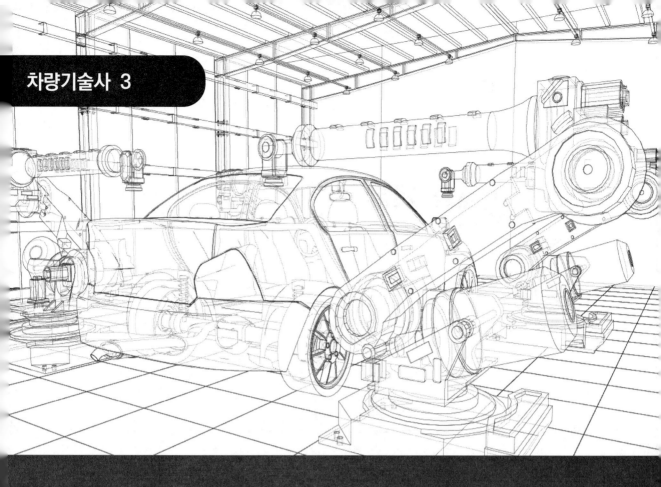

차량기술사 3

PART 6. 제품 설계

01 제품 개발

01 개요

1980년대부터 신제품에 대한 제품수명주기(PLC : Product Life Cycle)가 짧아지고, 디지털 기술의 발전으로 인하여 데이터 통합과 실시간 네트워크를 기반으로 생산이나 제품 기술의 급속한 발전에 따른 신제품 개발 업무를 기존과는 근본적으로 다른 방식으로 수행해야 한다는 필요성이 대두되었다.

따라서 미 국방성 산하 연구 기관인 DARPA(Defense Advanced Research Projects Agency)는 1982년 설계 과정에서의 동시성을 높이기 위한 연구를 시작했으며, 1986년 미국 IDA(the Institute for Defense Analyses)에 의하여 동시공학(CE : Concurrent Engineering)이라는 개념이 나오게 되었다.

동시공학(CE : Concurrent Engineering)이란 제품의 초기 개발 단계에서 제품 개발로부터 생산, 판매, 유지보수 및 폐기에 이르기까지의 제품수명주기의 모든 요소를 동시적으로 통합화 하려는 체계적인 접근 방법을 말한다. 동시공학(CE : Concurrent Engineering)의 목적은 신제품을 개발하는데 개발 기간을 줄이고, 품질을 높이며, 비용을 줄여 제품의 경쟁력을 향상시키는데 있다.

(1) 순차공학(SE : Sequential Engineering)

제품 개발에 있어서 제품 기획, 예비 설계, 최종 설계, 공정 설계 및 생산 등에 이르기까지 순차적으로 진행하여 제품을 개발하는 방법으로, 단계가 완료가 되어야 이후 단계의 작업이 가능하다.

02 정의 및 특징

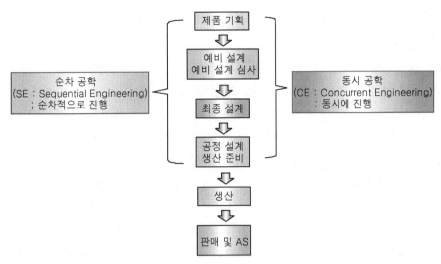

동시공학(CE : Concurrent Engineering)과 순차공학(SE : Sequential Engineering)

제품 개발에 있어서 각 단계 작업 시 관련 부문과의 의사소통에 문제가 있을 수 있어, 소비자 및 생산라인의 요구사항에 대하여 제품에 반영이 쉽지 않을 수 있으며 제품 출시 기간이 길어질 수도 있다. 최적화가 전체적인 아닌 부분적으로 이루어질 수 있다.

(2) 동시공학(CE : Concurrent Engineering)

제품 개발에 있어서 제품 기획, 예비 설계, 최종 설계, 공정 설계 및 생산 등에 이르기까지 동시에 진행하여 제품을 개발하는 방법으로, 단계가 완료되지 않아도 이후 단계의 작업이 가능하다.

제품 개발에 있어서 관련 부문의 의사소통을 향상하기 위하여 조직 구조와 인프라가 필요하다. 초기에 동시 연속적으로 진행이 되어 초기에 투자비가 많이 소요되며 최적화가 전체적이고 부분적으로 이루어 질수 있다.

1) 제품 기획

제품 개발은 소비자의 요구를 반영하는 것으로부터 시작된다. 경쟁사 제품 분석, 소비자 요구사항 등을 통한 제품 개발의 아이디어를 도출하고 도출된 아이디어를 통하여 개념적인 제품을 정의한다.

2) 예비 설계(Preliminary Design)

예비 설계는 제품 기획 단계에서 도출된 개념적인 제품 정의를 기준으로 구체적인 제품으로 전환하는 단계이다. 각 프로토로부터의 시장성, 수익성, 생산 가능성 예측이 가능하도록 여러 단계의 프로토 제작(Prototyping)이 이루어진다.

3) 예비 설계 심사(Preliminary Design Review)

예비 설계(Design)에서 제품(Product)이 목적하는 기능을 구현하는데 필요한 요구사항이 설계에 반영 유무를 검토하고 심사하는 과정이다.

4) 최종 설계(Final Design)

최종 설계에서는 제품의 설계도와 명세서가 작성된다. 프로토(Proto) 시험의 결과를 기반으로 설계 변경이 필요할 경우 이를 최종 설계에 반영한다. 최종 설계에서는 기능 설계(Functional Design), 형태 설계(Form Design), 생산 설계(Production Design)를 통하여 예비 설계의 문제점을 보완 및 수정을 하고 문서화한다. 또한 최종 설계에서 단순화(Simplification), 표준화(Standardization), 모듈화 설계(Modular design)가 이루어진다.

① 기능 설계(Functional Design) : 소비자의 요구를 만족시키기 위하여 제품의 성능과 작동의 범위를 규정하는 과정이며, 이 단계에서는 제품의 신뢰성(Reliability)과 유지보수성(Maintainability)을 고려하여 설계해야 한다. 신뢰성(Reliability)은 제품의 수명기간 동안에 제품의 기능을 정상적으로 수행할 확률을 의미하며, 유지보수성(Maintainability)은 제품의 수리 및 유지보수가 저렴하고 쉽게 될 수 있는지를 의미하며, 서비스 용이성(Serviceability)이라고도 한다.

② 형태 설계(Form Design) : 기능의 배열, 색상, 모양, 크기 및 스타일 등과 같은 제품의 외관과 모양을 결정하는 과정이다. 제품의 형태는 제품의 기능에 크게 의존하므로 기능 설계와 밀접한 관련이 있다. 또한, 제품의 이미지 제고 및 소비자의 제품 이용성(Usability)을 높이기 위한 형태 설계가 무엇보다 중요하다.

③ 생산 설계(Production Design) : 제품의 생산에 있어서 생산 적합성과 생산 비용 절감을 중요하게 고려하는 단계이다. 생산성을 고려하지 않은 디자인은 품질 유지가 어렵고 생산 비용이 증가할 수 있어 생산 설계는 형태 설계와 밀접한 관련이 있다. 생산 설계를 위한 접근 개념에는 단순화(Simplification), 표준화(Standardization), 모듈화(Modular) 설계가 있다.

㉮ 단순화 설계(Simplification design) : 단순화 설계(Simplification design)는 제품을 만들기 위해 제품에 들어가는 필요한 부품의 수 또는 옵션 사양의 수를 최소화 하는 것을 의미한다.

㉯ 표준화 설계(Standardization design) : 표준화 설계(Standardization design)는 부품의 성능, 모양 및 크기 등의 특징들을 통일화 하는 것을 의미한다.

㉰ 모듈화 설계(Module design) : 모듈이란 여러 개의 부품을 부분별로 조립한 부품들의 집합체라 말할 수 있으며, 모듈화 설계(Module design)란 부품업체(Module Supplier)가 여러 가지 부품을 더 큰 단위로 부분별로 나누어 조합하여 개발과 조립을 할 수 있도록 설계하는 것을 의미한다.

✦ 자동차의 개발 또는 설계 시 사용되는 가치공학(Value Engineering)의 기본 원리와 주요 활동 과정에 대하여 기술하시오.(75-4-4)

✦ VE(Value Engineering) 원리와 활동 단계에 대하여 서술하시오.(68-4-3)

✦ VE(Value Engineering)를 설명하시오.(60-1-5)

01 개요

가치공학(VE : Value Engineering)은 GE사의 마일스가 1947년에 개발하였으며 1954년에 마일즈에 의해 '미 해군 선박국(The Department of the Navy in the Shipbuilding)의 공식적인 가치분석계획이 착수되었고, 그 이후에 가치공학(VE : Value Engineering)이라 불리게 되었다. 가치공학(VE : Value Engineering)은 제품의 가치를 높이기 위한 체계적인 공학적 방법으로 제품의 가치에 기여하지 않는 요인들은 모두 없애고, 제품의 기능 및 성능에 대하여 고객이 만족할 수 있도록 최소 비용을 찾는데 목적이 있다. 가치공학(VE : Value Engineering)을 가치 분석(VA : Value Analysis)이라고도 말한다.

02 가치(Value) 향상의 형태 및 효과

(1) 가치(Value)

가치(Value)란 제품의 기능(Function)에 대한 비용(Cost)의 비율을 나타낸다.

$$가치(V : Value) = \frac{기능(F : Function)}{비용(C : Cost)}$$

여기서, 기능(Function)은 제품의 성능, 품질 및 신뢰도를 말한다. 비용을 작게 하여 동일한 기능을 얻거나 같은 비용으로 기능을 개선하거나 불필요한 기능과 비용을 없애고 비용이나 수익을 최적화하여 가치(Value)를 최대화할 수 있다.

① 원가절감형	② 기능 향상형	③ 혁신형	④ 기능 강조형	비고
$V = \frac{F\rightarrow}{C\downarrow}$	$V = \frac{F\uparrow}{C\rightarrow}$	$V = \frac{F\uparrow}{C\downarrow}$	$V = \frac{F\uparrow}{C\downarrow}$	V : Value F : Function C : Cost

$V = \frac{F\downarrow}{C\downarrow}$ 또는 $V = \frac{F\downarrow}{C\rightarrow}$ 의 두 가지 경우는 가치공학(VE : Value Engineering)의 대상에서 제외한다.

① 원가절감형은 기능은 유지하고, 비용을 줄여 가치를 높이는 형태이다.

② 기능 향상형은 기능을 늘리고, 비용은 유지하여 가치를 높이는 형태이다.

③ 혁신형은 기능을 늘리고, 비용을 줄여 가치를 높이는 형태이다.

④ 기능 강조형은 기능과 비용을 늘려 가치를 높이는 형태이다.

(2) 가치공학(VE : Value Engineering) 효과

① 다양한 정보 수집, 비용 최적화 분석 및 반영을 통한 획기적인 원가절감이 가능하다.

② 목적 지향적인 사고방식의 향상을 가져올 수 있다.

③ 개인의 제품 개발 노하우(Know-how)를 공유할 수 있어 제품의 개발력 향상을 가져올 수 있다.

03 가치공학(VE : Value Engineering)과 가치 분석(VA : Value Analysis) 특징

(1) 가치공학(VE : Value Engineering)

가치공학(VE : Value Engineering)은 프로젝트나 제품의 개발을 위한 가치에 대한 활동이며, 프로젝트나 제품의 설계 과정에서 소요되는 비용(Cost)을 최적화 분석하는 것을 말하는 것으로 생산 단계 이전의 설계 단계에서 사용한다.

가치(Value)의 종류에는 사용가치, 교환가치, 원가가치, 희소가치가 있으며, 가치공학(VE : Value Engineering)에서의 주 대상은 사용가치이다.

(2) 가치 분석(VA : Value Analysis)

생산된 프로젝트나 제품에 대한 가치를 개선하기 위한 가치 활동을 말한다. 주로 구매부서에서 원가절감 기법으로 사용한다. 가치공학(VE : Value Engineering)과 가치 분석(VA : Value Analysis) 기법은 한 제품에 대해 생산 전 활동(VE)인지 생산 후 활동(VA)인지의 차이점은 있지만 두 요소 간에 상호 피드백이 되어야 하므로 실제로 차이점은 거의 없다.

04 가치공학(VE : Value Engineering) 활동의 기본 절차

기본 계획	질문	세부 내용
① 기능(Function) 정의	-	대상 선정
	그것은 무엇인가?	VE 대상의 정보수집
	기능(Function)은 무엇인가?	기능(Function) 정의
		기능(Function) 정리
② 기능(Function) 평가	원가(Cost)는 얼마인가?	원가 분석
	가치(Value)는 어떤가?	기능 평가 및 대상 기능 선정

기본 계획	질문	세부 내용
③ 개선안 작성	같은 기능을 하는 것은 없는가?	아이디어 도출 및 평가
		구체화
	원가는 얼마이며, 필요기능을 달성하는가?	상세 평가
		개선안 심의 및 확정
④ 실시	개선안대로 실시되는가?	실시 및 보고

기출문제 유형

◆ 벤치 마킹(Bench Marking)을 설명하시오.(71-1-3) (60-1-1)

---

01 개요

(1) 유래

과거에는 건축물의 높이를 정확히 측정하기 어려워 건축물의 높이를 측정하기 위해 건축물 주변에 수치가 매겨진 쇠막대를 세워 두고, 필요할 때 높이를 표시해 두는 것이었다. 이때 쇠막대에 표시한 기준점을 벤치마크(Bench Mark)라고 하였다. 따라서 벤치마킹(Bench Marking)은 일반적으로 참고의 대상이나 사례를 조사 및 비교하는 일련의 활동을 말한다.

(2) 정의

벤치마킹(Bench Marking)이란 복제나 모방과는 다른 의미로 기업, 정부 등 다양한 산업주체가 경쟁력을 확보하기 위해 분석할 가치가 있는 대상이나 사례를 정하고, 비교 분석하여 필요한 전략을 세우고 기술을 배우는 혁신적인 방법을 말한다.

02 벤치마킹(Bench Marking) 유형

벤치마킹(Bench Marking)의 유형에는 프로세스 벤치마킹(Process Bench Marking), 전략적 벤치마킹(Strategic Bench Marking), 경쟁 벤치마킹(Competitive Bench Marking), 기능 벤치마킹(Functional Bench Marking), 내부 벤치마킹(Internal Bench Marking) 등이 있다. 벤치마킹(Bench Marking)은 외부에서 성공한 사례를 벤치마킹(Bench Marking)하는 것을 원칙으로 한다.

(1) 프로세스 벤치마킹(Process Bench Marking)

비슷한 업종의 회사에서 업무 프로세스나 가정을 조사하고 배우는 벤치마킹(Bench Marking) 기법이다.

(2) 전략적 벤치마킹(Strategic Bench Marking)

성공한 회사의 핵심 전략과 역량 등을 조사하여 회사의 경쟁력을 높여 성과를 향상하기 위한 벤치마킹(Bench Marking) 기법이다.

(3) 경쟁 벤치마킹(Competitive Bench Marking)

같은 업종 회사의 핵심 제품의 성능 및 특징에 대하여 경쟁사와 비교하는 벤치마킹(Bench Marking) 기법이다.

(4) 기능 벤치마킹(Functional Bench Marking)

다른 업종 회사의 특정한 기능을 비교하는 벤치마킹(Bench Marking) 기법이다.

(5) 내부 벤치마킹(Internal Bench Marking)

회사 내부의 우수한 조직을 대상으로 비교하는 벤치마킹(Bench Marking) 기법이다.

03 벤치마킹(Bench Marking) 사례

(1) 제록스사 사례

1970년대 자사 제품보다 더 품질이 우수한 미국산 프린트가 시장점유율이 확대되자 경쟁사 제품을 분해 및 분석하였고 더 나아가 타 업계까지 벤치마킹(Bench Marking)을 하여 성공한 대표적인 사례이다.

(2) 포드사 사례

미국 포드(Ford)사는 유럽과 일본산 자동차로 인하여 시장점유율이 감소함에 따라 고객의 불만 및 요구사항을 기준으로 경쟁사를 벤치마킹(Bench Marking)하여 시장점유율을 확대한 사례이다.

(3) 현대자동차 사례

1990년대 후반부터 GM을 통하여 생산 및 부품조달의 세계화 및 전략적 제휴에 대한 벤치마킹(Bench Marking)을 하였고, 토요타를 통하여 품질, 생산성 및 사업의 다각화에 대한 벤치마킹(Bench Marking)을 추진하여 성공한 사례이다.

✦ 총 순기비용(Life Cycle Cost)을 설명하시오(71-1-4)

01 개요

(1) 유래

1930년대 미국 국방성에서 군에서 필요한 물자 관리 및 보급 등을 위한 지원 비용을 평가하기 위하여 시작되었으며, 1960년대부터 총 순기비용(LCC : Life Cycle Cost)이라는 말이 사용되었다. 국내에서는 1980년대 초에 정부에서 향후에 발생되는 비용의 체계적인 분석이 필요하여 연구가 시작되었으며, 이후 여러 산업 분야에 활용되고 있다.

(2) 정의

총 순기비용(LCC : Life Cycle Cost)은 수명주기비용이라고도 말하며, 일반적으로 제품의 설계, 제품의 제조, 제품의 사용, 제품의 폐기의 각 단계에서 발생하는 모든 비용을 합한 총비용을 말한다.

02 총 순기비용(LCC : Life Cycle Cost)의 활용 효과

① 제품 개발에 있어서 필요한 의사 결정을 하기 위한 기본 자료로 총 순기비용(LCC : Life Cycle Cost)을 활용함으로써 비용에 미치는 인자들을 최소화할 수 있다.
② 제품 개발을 위한 초기 시작 단계에서 기본적인 자료로 활용이 가능하다.
③ 설계 측면의 대체 방안 비교가 필요할 경우 효과적인 기본 자료로 활용이 가능하다.

03 단계별 비용 곡선

① 영향 인자들을 제품 개발 초기에 분석 및 파악하여 의사 결정함으로써 총 순기비용(LCC : Life Cycle Cost)을 최소화할 수 있다.
② 각 단계별 총 순기비용(LCC : Life Cycle Cost)은 설계 단계 10%, 제조 단계 30%, 유지 단계 60%를 차지한다.

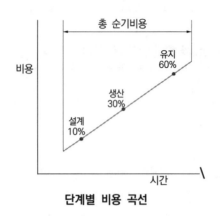

단계별 비용 곡선

04 총 순기비용(LCC : Life Cycle Cost) 산출 방법

(1) 요소추정 방법

사전에 비용을 알 수 있는 항목(가격, 경험적 요소 등)과 중요 변수를 사용하는 방법이다.

(2) 유사추정 방법

과거의 유사한 프로젝트 비용을 추정하여 산정하는 방법이다. 소프트웨어, 하드웨어 등이 포함된 유사 기술 등을 활용할 수 있다.

(3) 공학비용 방법

표준서 및 매뉴얼 등을 이용하여 최적의 비용을 공학적으로 산정하는 방법이다.

02 제품 설계 / 원가 설계

01 개요

자동차 분야는 소품종 대량생산에서 다품종 소량생산으로 변화하였고, 경제 불황기의 매출 감소, 원가 상승 및 가격 경쟁의 심화에 따른 수익성 감소로 인하여 기업 생존의 위기의식이 고조되었으며 또한 지속적이고 다양한 소비자의 요구와 신기술 적용으로 인한 상품성 향상 및 기업의 원가 경쟁력 확보를 위하여 자동차 제품 개발 시 프로세스 측면에서 동시공학(CE : Concurrent Engineering), 가치공학(VE : Value Engineering)의 기법을 채용하고 있으며, 설계(Design) 측면에서 단순화 설계(Simplification design), 표준화 설계(Standardization design), 모듈화 설계(Module design), 공용화 설계, 경량화 설계 등의 다양한 방법들을 적용하고 있다.

02 원가 경쟁력 확보를 위한 경제 설계 방안

(1) 단순화 설계(Simplification design)

1) 정의

단순화 설계(Simplification design)는 제품을 만들기 위해 제품에 들어가는 필요한 부품의 수 또는 옵션 사양의 수를 최소화 하는 것을 의미한다.

2) 효과

단순화 설계(Simplification design)는 제품의 조립시간을 단축할 수 있고, 제품의 품질 향상이 가능하며, 부품 재고 관리의 효율화를 기할 수 있다.

3) 설계 사례

① 최초 설계 시 수많은 부품으로 구성되어 있는 제품을 조립하여 많은 조립 공수가 필요하다.

② 중간 설계 시 부품의 일부분을 일체형으로 설계하여 최초 설계 대비 부품수를 대폭 줄여 조립공수를 줄인다.

③ 최종 설계 시 부품의 대부분을 일체형으로 설계하여 중간 설계 대비 부품수를 줄여 조립공수를 최소화 한다.

(2) 표준화 설계(Standardization design)

1) 정의

표준화 설계(Standardization design)는 부품의 성능, 모양 및 크기 등의 특징들을 통일화 하는 것을 의미한다.

2) 효과

표준화된 부품은 여러 제품에 사용이 가능하므로 부품을 설계하는 시간을 줄일 수 있고, 부품을 대량생산할 수 있어 생산 및 구매 비용이 절감되며, 품질 검사에 대한 비용을 절감할 수 있다.

3) 설계 사례

자동차 타이어의 경우 차종에 따른 표준 사이즈를 사용하여 생산을 쉽게 할 수 있고, 수리 시 표준화된 사이즈를 이용할 수 있어 쉽게 교환이 가능하다.

(3) 모듈화 설계(Module design)

1) 정의

모듈(Module)이란 여러 개의 부품을 부분별로 조립한 부품들의 집합체라 말할 수 있으며, 모듈화 설계(Module design)란 부품 업체(Module Supplier)가 여러 가지 부품을 더 큰 단위로 부분별로 나누어 조합하여 개발과 조립을 할 수 있도록 설계하는 것을 의미한다.

2) 모듈화 장점

① 생산성 향상 : 부품을 큰 단위로 통합하여 자동차에 공급하므로 자동차 라인에서 조립하는 부품이 대폭 감소하므로 조립 효율 향상을 통해 생산성을 향상시킬 수 있다.

② 개발 기간 단축

③ **원가절감** : 부품 공용화 및 단순화, 구성부품 중량 축소를 통하여 생산 라인 단순화가 가능하여 인건비 및 경비 절감을 절감할 수 있다.

④ **품질 향상** : 모듈 단위로 동시 설계가 가능하고 품질을 보증할 수 있어 품질이 향상된다.

3) 모듈화 단점

① 모듈화가 되면 기존 라인에 대한 변경이 필요하므로 라인에 대한 초기 투자비용이 발생한다.

② 다품종 소량생산이 어렵다.

③ 모듈화를 위한 표준화 작업이 필요하다.

4) 모듈화 사례

현대모비스에서 현지 모듈 공장을 통하여 생산된 모듈 제품을 현대자동차와 기아자동차의 국내공장 및 해외공장에 공급한다.

(4) 플랫폼 공용화 설계

1) 정의

자동차 플랫폼(Platform)의 공용화란 차체 안쪽에 위치하여 외부에서 잘 보이지 않으며 파워 트레인과 서스펜션을 포함한 주요 섀시 부품 및 차체 하부로 구성된 부품을 플랫폼(Platform)이라 하며, 동일한 플랫폼(Platform)으로 여러 차종에 사용할 수 있도록 설계를 하는 것을 의미한다. 플랫폼(Platform)은 파워 트레인과 섀시 플랫폼(Chassis Platform)으로 구분되며, 일반적으로 섀시 플랫폼(Chassis Platform)을 플랫폼(Platform)이라 부른다.

2) 플랫폼(Platform) 공용화 특징

① **개발비 절감** : 신차 개발 시 플랫폼(Platform)을 새로 개발하지 않고 플랫폼(Platform)의 공용화 개발을 통하여 플랫폼(Platform)을 여러 차종에 사용 할 경우 생산 설비비용을 절감할 수 있다.

② **개발 기간 단축 및 투입 공수 감소** : 플랫폼(Platform)의 공용화 수준에 따라 플랫폼 개발에 대한 개발 기간을 단축할 수 있으며 투입 공수를 줄일 수 있다.

③ **재료비 절감** : 플랫폼(Platform)의 통합을 통하여 해당 부품의 생산량을 증가 시킬 수 있어 대량생산이 가능하므로 재료비 절감이 가능하다.

④ **생산 효율성 향상** : 플랫폼(Platform)을 공용화하여 통합할 경우 이원화된 플랫폼(Platform) 대비 조립 공수의 감소와 작업숙련도가 향상되어 생산 효율성을 향상시킬 수 있다.

⑤ 애프터서비스(AS : After Service) 부품의 관리비용 절감 : 차량 모델수의 증가에 따른 AS 부품수도 증가하지만 플랫폼(Platform)의 공용화를 할 경우 AS 부품 관리 수가 축소되어 관리비용의 절감이 가능하다.

⑥ 고객의 다양한 요구를 반영하고, 수많은 신기술을 적용해야 할 경우 설계 변경이 필요하여 큰 비용과 시간이 소요된다.

(5) 경량화 설계(Light weighting Design)

1) 정의

경량화는 구조(Design) 경량화, 공법(Processing) 경량화, 소재(Materials) 경량화로 구분할 수 있으며, 이중에서 소재(Materials)의 경량화가 경량화 측면에서 가장 효과가 크다. 소재(Materials)의 경량화는 기존 철강소재를 경량소재로 변경하거나 일부분만 결합할 수 있도록 설계하는 것을 의미한다. 초고장력 강판, 알루미늄, 마그네슘, 플라스틱, 탄소섬유 같은 소재의 적용이 그 사례라 할 수 있다.

2) 경량화 효과

자동차 차체의 경량화는 자동차 연비 효율의 향상을 위한 핵심 요소로 연료 소비(예 : 3~8%) 및 배기가스 배출 감소(예 : CO 4.5%, HC 2.5%, NOx 8.8%)시킬 수 있으며 주행 저항 감소, 제동거리 향상(예 : 약 5%) 등 자동차 전체적인 성능을 향상시키는데 기여한다.

기출문제 유형

✦ 자동차 품질 관리 측면에서 욕조곡선(Bathtub Curve)을 도시화하고 각 항목들(DFR : Decreasing Failure Rate, CFR : Constant Failure Rate, IFR : Increasing Failure Rate)에 대한 고장원인 및 대책 방안에 대해 설명하시오.(126-3-6)

✦ 자동차의 제품 신뢰성(Reliability)에 대하여 설명하시오.(56-3-4)

01 개요

제품의 신뢰성(Reliability)이란 제품의 수명기간 동안에 주어진 사용 조건에서 정해진 기능을 정상적으로 수행하는 확률 또는 성질을 의미한다. 소비자는 구입한 제품을 수명기간 동안 문제없이 사용하기를 원하며, 소비자의 품질에 대한 요구 수준은 계속해서 증가하고 있어 높은 신뢰도를 가질 수 있는 설계가 요구되고 있으며, 소비자의 권리 강화에 따라 제조물 책임법(PL : Product Liability) 및 리콜(Recall)이 발생할 경우 많은 품질 비용의 발생에 대한 우려로 제품의 신뢰성 향상에 대한 필요성이 증대되었으며, 국제적인 경쟁력을 갖추기 위하여 중요하게 요구되는 설계 요소이다. 그리고 신뢰도란 제품의 성능이 신뢰성을 가지고 수행할 수 있는 확률이다.

02 신뢰성(Reliability)의 중요 개념

고장률(λ, Failure Rate)과 평균 잔여 수명(Mean Residual Life)은 제품의 수명을 정량화시킬 수 있으며 신뢰성을 고려할 때 가장 중요한 개념이다.

(1) 고장률(λ, Failure Rate)

제품이 특정시간(t)까지 정상적으로 작동되고 있을 때 특정시간(t)시점 직후에 고장이 발생되는 단위 시간당의 고장 비율을 말하며 제품의 수명 특성을 나타내는 중요한 척도이다.

(2) 평균 잔여 수명(Mean Residual Life)

어느 시점(0)에서부터 정상 작동하고 있는 시스템이 고장이 발생할 때까지의 잔여기간에 대한 평균값을 나타낸다.

(3) 평균 고장 시간(MTTF : Mean Time To Failure)

수리가 불가능한 제품이 고장 발생시점까지의 평균시간을 나타낸다.

(4) 평균 고장 간격(MTBF : Mean Time To Between Failures)

수리가 가능한 제품의 고장간 평균 시간을 나타낸다.

03 신뢰성(Reliability) 기술의 중요성

① 소비자의 품질에 대한 요구 수준이 증가하고 있다.
　소비자는 구입한 제품을 수명기간 동안 문제없이 사용하기를 원하며, 소비자의 품질에 대한 요구 수준은 계속해서 증가하고 있어 높은 신뢰도를 가질 수 있는 설계가 요구된다.
② 소비자의 권리가 강화되고 있다.
　소비자의 권리 강화에 따라 제조물 책임법(PL : Product Liability) 및 리콜(Recall)이 발생할 경우 많은 품질 비용이 발생할 수 있어 높은 신뢰도를 가질 수 있는 설계가 요구되고 있다.
③ 신기술이 적용되는 제품이 증가하고 있다.
　소비자의 다양한 기능의 요구에 따른 새로운 기능과 기술들이 적용되고 있어 높은 신뢰도를 가질 수 있는 설계가 요구되고 있다.
④ 개발 기간의 단축과 개발 비용을 줄여 제품의 경쟁력을 확보하려고 하고 있다.

제품 개발 시 동시공학(CE : Concurrent Engineering), 가치공학(VE : Value Engineering)의 프로세스 기법들을 적용하고 있어 높은 신뢰도를 가질 수 있는 설계가 요구되고 있다.

04 신뢰성(Reliability)과 품질(Quality)의 차이점

① 신뢰성은 설계 개선을 통하여 고장률(λ, Failure Rate)을 줄이는 개념이며 품질은 공정 개선을 통하여 불량률(PPM)을 줄이는 개념이다.

② 신뢰성은 제품의 설계 단계에서 주로 반영되는 개념이며 품질은 제품의 제조 단계에서 주로 반영되는 개념이다.

③ 신뢰성은 종합 성능, 사용 환경 및 시간이 평가 요소가 되며 품질은 기능 품질과 성능 품질이 평가 요소가 된다.

05 욕조 모양 고장률(BTR : Bath Tub Failure Rate) 패턴

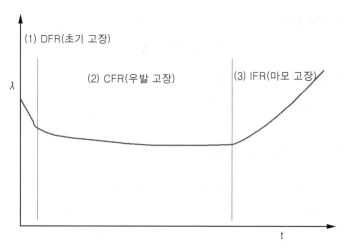

욕조 모양 고장률(BTR : Bath Tub Failure Rate) 곡선

고장률(λ, Failure Rate)을 시간에 대하여 표현한 곡선으로 모양이 욕조 모양과 유사하여 욕조곡선이라 부른다.

(1) 초기 고장(Early Failure)

① 초기 고장(Early Failure)은 제품 수명의 초기 단계에서 발생하며 고장률은 감소 (DFR : Decreasing Failure Rate)하는 특성을 나타내는 영역이다.

② 설계나 제조에서 제품에 내재된 결함 요인에 의해 발생하며 결함 요인을 개선하여 안정화가 필요한 단계이다.

③ 설계 오류, 제조 오류, 운송 중 손상에 기인한다.

④ 대책은 다음과 같다.

    ㉮ 디버깅(Debugging)을 충분히 한다.

    ㉯ 번인 테스트(Burn in Test)를 충분히 실시한다.

    ㉰ 숙련도 향상을 위한 작업자 교육을 실시한다.

(2) 랜덤 고장(Random Failure)

① 랜덤 고장(Random Failure)은 제품 수명의 중간 단계에서 발생하며 고장률은 일정(CFR : Constant Failure Rate)하게 유지하는 특성을 나타내는 영역이다.

② 제품 수명에서 초기 단계를 지나 어느 정도 시간이 경과하여 제품이 안정화된 상태이지만 과부하와 같은 사용 환경에 따라 랜덤 고장이 발생하는 단계이다.

③ 과부하 조건 사용, 심한 조작 등에 기인한다.

④ 대책은 다음과 같다.

    ㉮ 신뢰성이 뛰어난 부품을 사용한다.

    ㉯ 악의 조건을 고려한 설계를 한다.

    ㉰ 사용자 매뉴얼을 통한 적절한 사용을 유도한다.

(3) 마모 고장(Wearout Failure)

① 마모 고장(Wearout Failure)은 제품 수명의 후기 단계에서 발생하며 고장률은 증가(IFR : Increasing Failure Rate)하는 특성을 나타내는 영역이다.

② 제품 또는 설비를 일정기간 사용 후 노후 또는 마모에 의해 마모 고장이 발생하는 단계이다.

③ 노후, 마모, 열화, 부식 등에 기인한다.

④ 대책은 다음과 같다.

    ㉮ 정기적인 설비 점검 및 부품 교체를 통한 예방 보전(Preventive Maintenance)을 실시한다.

    ㉯ 고장이 난 설비 부품의 교체를 통한 사후 보전(Correction Maintenance)을 실시한다.

01 정의

제품 분석 구조(PBS : Product Breakdown Structure)는 프로젝트 산출물들을 분석하고, 문서화하여 전달하기 위한 도구(Tool)이며, 제품(Product)을 기반으로 한 계획 기법 중의 하나이며, PRINCE2 방법론(methodology)에서 나온 프로젝트 관리 기법이다.

① PBS(Product Breakdown Structure)는 계획 중에 생산할 제품(Product)을 기준으로 더 작은 시스템으로 세분화된 주요 제품으로 분류하는 계층적 분석(hierarchical breakdown) 기법으로 제품(Product)만 포함된다.

② PBS(Product Breakdown Structure)는 WBS(Work Breakdown Structure)보다 우선하며 프로젝트 목표를 달성하기 위하여 필요한 모든 제품(Product)을 계층 구조화에 초점을 둔다. PRINCE2 방법론(methodology)에서는 WBS(Work Breakdown Structure)는 구체적인 업무 활동 (Activity)만 포함된다.

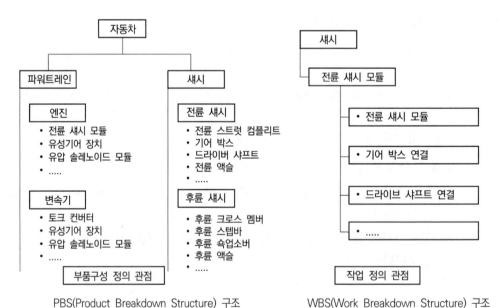

PBS(Product Breakdown Structure) 구조   WBS(Work Breakdown Structure) 구조

그림1. PBS(Product Breakdown Structure)와 WBS(Work Breakdown Structure) 구조 차이점

02 목적

PBS(Product Breakdown Structure)의 목적은 기본적으로 제품(Product)을 필수 구성 요소로 분류한 것으로, 제품(Product) 구성 요소의 시각적 표현과 해당 구성 요소 간의 관계를 제공하며, 제품 기획자에게는 최종 제품(Product)에서 필요한 것이 무엇인지를 명확하게 이해하고 볼 수 있도록 시각적인 요소를 제공한다.

기출문제 유형

✦ 자동차의 제품 데이터 관리 시스템(PDM : Product Data Management system)을 정의하고 적용 목적에 대하여 설명하시오.(99-4-6)

01 개요

초기에는 제품이나 프로젝트를 수행 할 경우 수많은 도면이나 문서를 효율적으로 사용할 수 있도록 수작업으로 도면 관리(drawing management) 및 문서 관리(document management)가 수행되었으며, 이후 CAD 데이터 관리(CAD data management) 시스템을 기반으로 하여 CAD 파일을 서버에 저장해 두고, 서버에 접속하여 필요한 파일을 검색하여 사용할 수 있도록 발전하였고, CAD 도면에 검토(Review)와 승인(Approve)을 포함시켜 워크플로 관리(workflow management)가 추가 되고 트리(tree) 형태의 제품 구조(product structure) 및 설계 작업을 하는데 필요한 일정 관리(program management) 등이 추가되어 제품 데이터 관리 시스템(PDM : Product Data Management system)으로 발전되었다. PDM < PLM(Product Lifecycle Management) < 전사적 자원 관리(ERP : Enterprise Resource Planning) < EAI (Enterprise Application Integration)로 PDM 은 PLM의 하위 개념이다.

02 정의

제품 데이터 관리 시스템(PDM : Product Data Management system)은 소프트웨어를 사용하여 제품 관련 데이터 및 프로세스 관련 데이터를 중앙 서버에 저장하고 특정 제품과 관련된 데이터를 추적하고 관리하는 시스템을 말한다. 이러한 데이터에는 제품의 CAD 데이터, 기술 사양, 제조 및 개발을 위한 명세 사항, 그리고 제품을 생산하기 위한 자재 명세서(Bill of Materials, BOM)를 포함하며, 이런 데이터를 이용하여 제품의 제작 및 판매와 관련된 다양한 비용을 추적할 수 있게 해 준다.

또한 제품 데이터 관리 시스템(PDM : Product Data Management system)은 일반적인 제품수명주기 관리(Product Lifecycle Management, PLM)의 일부분으로 주로 설계에서 사용된다. 즉, 제품 데이터 관리 시스템(PDM : Product Data Management system)은 제품의 개발 단계에서부터 수명이 다할 때까지의 데이터를 관리하는 것이 가능하다.

일반적으로 제품 데이터 관리 시스템(PDM : Product Data Management system)에서 관리하는 데이터의 정보는 다음과 같다.

① 부품 번호(Part Number)

② 부품 설명

③ 제조 업체(Manufacturer) 및 공급 업체(Supplier)

④ 공급 업체의 부품 번호(Supplier Part Number)

⑤ 비용 및 가격

⑥ CAD 도면

⑦ 자재 명세서(Bill of Materials, BOM)

03 적용 목적

① 제품 관련 데이터에 대한 모든 변경 사항을 추적하고 관리가 가능하다.

② 필요한 데이터를 빠르고 정확하게 찾을 수 있어 설계 데이터를 구성하고 찾는데 적은 시간이 소요된다.

③ 제품 설계 데이터를 재사용할 수 있어 생산성 향상 및 개발 시간이 단축될 수 있다.

④ 제품에 대한 개발 오류 및 그에 따르는 비용을 감소시킬 수 있다.

⑤ 제품의 설계와 개발에 관련된 모든 데이터를 설계부문 외에 다른 모든 부문에서 유용할 수 있어 각 부문 간의 협업이 강화된다.

⑥ 제품 개발에 있어 리소스의 최적화가 가능하다.

⑦ 제품의 전사적 품질 관리를 통한 품질 향상이 가능하다.

✦ 자동차의 제품 개발 시 인간공학적 디자인을 적용하는 목적과 인간공학이 적용된 장치 5가지를 설명하시오.(104-2-4)

✦ 인간중심(human-centered) 지능형 자동차 기술에 대하여 설명하시오.(92-3-1)

✦ 자동차에 적용되고 있는 인간공학적 설계에 대하여 기술하고, 적용된 부문 및 장치에 대하여 설명하시오.(75-4-1)

✦ 자동차의 인간공학 설계에 대하여 기술하시오.(68-3-3)

✦ 차량에서 인간공학 설계가 적용된 부위를 설명하시오.(60-3-3)

01 개요

기존에 자동차 개발의 목적이 본연의 기능인 이동수단의 효율성 향상을 위한 개발에 초점을 두었다면 최근에 자동차 개발의 목적이 차량의 순수한 이동수단 목적과 더불어 안전하고 쾌적한 생활공간 및 업무공간을 최대화하기 위한 개발에 초점이 변화하고 있다.

또한 연비 향상, 안전성 향상, 편의성 및 쾌적성 향상 등의 이슈 및 통신, 센서 등을 이용하여 신기술이 적용된 자율 주행 제어가 부각되고 있다. 이 중에서 자동차의 안전성 증대와 쾌적성 향상은 인간공학적 설계(Ergonomic Design)와 매우 밀접하게 연관되어 있어 자동차 분야에서도 많은 부문에서 적용되고 있는 분야 중의 하나라고 할 수 있다.

02 정의

자동차 인간공학적 설계란 지역별, 연령별, 성별 차이에 대한 다양한 인간 특징을 기본(유니버설 디자인*, Universal Design)으로 하여 운전자가 인지와 사용이 쉬워 안전하고 편리한 인간중심의 자동차를 개발하는 기술 또는 차량 개발 프로세스에서 자동차에 대한 고객의 요구를 반영하고 연결하는 기술을 의미한다.

참고 유니버설 디자인(Universal Design) : 다양한 인간 특징을 파악하는 기술

03 목적

인간공학적 디자인은 물체와의 상호작용을 통하여 인간중심으로 설계하여 휴먼 에러가 발생하지 않으면서 인간의 효율성, 안전성, 편리성과 쾌적성을 최대로 향상시키는데 목적이 있다.

① **안전성** : 사고를 미연에 방지하여 안전성을 향상시킨다.

② **운전성** : 기계 조작의 능률성과 생산성을 향상시킨다.

③ **편리성** : 사용하기 쉽고 공간의 쾌적성을 유지한다.

04 적용 사례

(1) 지역적인 특징을 고려한 설계

1) 시트 트랙 후방 배치

미국이나 유럽의 키가 크거나 비만인 신체 특징을 반영하여 시트 트랙을 후방으로 설정하여 설계를 한다.

2) 실내 스위치 표시 방법

미국의 경우 실내 스위치에 용도 표시를 문자(영문)로 표시 하는 것을 선호하지만, 유럽의 경우 심볼을 더 선호하는 경향을 반영하여 설계를 한다.

(2) 연령별 특징을 고려한 설계

1) 승하차 편의 장치

고령자의 운전 능력 저하로 인한 운동 특징을 고려한 스티어링 위치 변경 및 시트 높낮이 등이 조절되는 승하차 편의장치를 적용하도록 설계를 한다.

2) 저하중 시트 벨트 및 저상해 에어백 개발

고령자의 골밀도 저하에 따른 사고 시 시트 벨트에 의한 뼈 손상을 방지하기 위한 저하중 시트 벨트 개발 및 저상해 에어백 개발하여 적용한다.

(3) 성별 특징을 고려한 설계

① 여성 운전자의 사고 통계와 요구 사항을 반영한 운전 편의장치로 차선 변경 편의 장치 및 보조 제어 장치 또는 주차 지원 편의장치 및 자동 주차 장치 등을 개발하여 적용한다.

② 콘솔 박스에 여성 핸드백 수납 가능 공간 또는 동승석 화장대 등을 실내 공간 활용을 고려한 설계를 한다.

③ 여성 운전자의 손 특징을 반영하여 세이프티 파워 윈도우 스위치에 깊은 홈을 반영하여 손톱에 걸리지 않도록 설계를 한다.

(4) 안전성을 고려한 설계

1) 운전자 인터페이스(HMI : Human-Machine Interface)의 최적화

안전 및 편의장치의 적용이 증가함에 따라 차량을 안전하게 주행할 수 있도록 정보를 제공하는 제어기의 인터페이스 설계가 필요하다. 센터 콘솔에 위치한 통합 컨트롤러 스위치 및 운전 중 전방 시선의 분산을 최소화할 수 있도록 운전자의 시선 방향에 위치하여 전방 유리에 차량 정보를 제공하는 헤드 업 디스플레이(HUD : Head Up Display) 등이 그 예이다.

2) 스마트 크루즈 컨트롤(SCC : Smart Cruise Control) 개발

스마트 크루즈 컨트롤(SCC : Smart Cruise Control)은 기존 크루즈 컨트롤(CC : Cruise Control) 기능뿐만 아니라 전방 차량을 감지하여 전방 차량과 거리를 일정하게 유지하여 주행할 수 있도록 하는 기능이 추가된 시스템을 말한다.

즉, 차량 레이더와 카메라를 통하여 전방 차량의 거리를 감지하여 차량의 상대속도를 계산하고 전방 차량과 차속의 변화(거리변화)에 따라 가속 페달이나 브레이크 페달을 자동으로 제어하여 차량의 속도를 조절할 수 시스템으로 운전자의 편의성 및 안전성을 높여 주며, 자율 주행 자동차로 가기 위한 근간이 되는 기술이다.

3) 자동 긴급 제동 시스템(AEB : Autonomous Emergency Braking)

전방 충돌 방지 보조 시스템(FCA : Forward Collision Avoidance Assist)은 차량이 주행하는 동안 전방의 차량과 충돌할 위험 상황을 운전자에게 경고를 해주며, 차량의 충돌을 회피할 수 있도록 제동을 제어하는 안전 시스템이다. 전방 충돌방지 보조 시스템(FCA : Forward Collision Avoidance Assist)과 자동 비상 제동 시스템(AEB : Autonomous Emergency Braking)은 기능이 유사한 시스템이다.

05 인간중심(human-centered) 지능형 자동차 기술

(1) 정의

지능형 자동차란 기계, 전자, 통신 등이 융합하여 결합된 기술로 사고 예방, 사고 회피 및 충돌 안전이 가능하여 안전성과 편의성을 극대화한 자동차이며, 자동차(V2V)간 또는 인프라(V2I)간 통신에 의해 자율 주행이 가능한 자동차로 정의할 수 있다.

(2) 인간중심(human-centered) 지능형 운전자 정보 시스템

① SAE(Society of Automotive Engineers) 기준에서 정의한 레벨4 이상의 자율 주행이 이루어지기 전까지는 운전자가 주행하는 동안 차량 내부의 각종 제어기에서 알려주는 데이터를 인지하고 판단해야 하는 데이터의 양은 계속 증가할 것이며, 다양한 운전 환경 및 상황에 따라 운전자가 그 상황을 정확하게 인지 및 판단할 수 있도록 정확한 데이터를 적절한 시점에 제공하는 인간중심(human-centered)의 지능형 운전자 정보 시스템의 개발이 기본이 되어야 한다.

② 인간중심(human-centered)의 지능형 운전자 정보 시스템을 개발하기 위한 핵심적인 요소 중의 하나는 다양한 조건에서 운전자의 부하를 정량적으로 어떻게 평가하는 것이다. 주행하는 동안 날씨, 도로 상태, 교통 상황 등의 차량 주변의 환경 요소, 각종 정보를 제공하는 전자제어기(ECU)등의 차량 내부적인 요소, 나이, 숙련도

와 같은 운전자 요소 등은 운전자의 부하에 다양하게 영향을 줄 수 있으므로 이에 대해 충분히 고려한 시스템의 개발이 중요하다. 이런 인간중심(human-centered)의 지능형 운전자 정보 시스템 개발을 위하여 다음과 같은 시스템이 포함된다.

㉮ 차량의 주행 상황을 판단하기 위한 차량의 외부 환경에 대한 감지 또는 통신 시스템

㉯ 차량의 위급한 상황과 운전자의 상태를 판단하는 시스템

㉰ 차량의 위급한 상황과 운전자의 상태를 종합하여 분석하고 이를 판단하여 운전자에게 적절한 시점에 정보나 경고의 내용을 제공하는 시스템

㉱ 운전자의 상황에 맞는 적절한 정보를 제공하는 시스템

③ 인간중심(human-centered)의 지능형 운전자 정보 시스템은 SAE 기준 레벨4 이상의 완전 자율 주행을 위한 기반이 되는 중요한 기술이다.

기출문제 유형

✦ 자동차 패키지(Package)는 신차종 개발을 위하여 설정된 콘셉트(Concept)에 대하여 인간 공학적인 면을 실제적인 상품성을 부여하기 위한 주요 부품의 배치 행위이다. 패키지 시 고려해야 할 사항들을 5개 이상 쓰시오.(72-4-6)

---

01 개요

자동차 패키지 설계란 파워트레인, 섀시, 내장품 등 차량에 장착되는 주요 구성부품의 위치를 최적화하여 선정하고 배치하여 상품의 경쟁력을 확보하는 것을 말한다.

기존에 자동차 개발의 목적이 본연의 기능인 이동수단의 효율성 향상을 위한 개발에 초점을 두었다면 최근에 자동차 개발의 목적이 차량의 순수한 이동수단 목적과 더불어 안전하고 쾌적한 생활공간 및 업무공간을 최대화하기 위한 개발에 초점이 변화하고 있다. 따라서 자동차 주요 부품의 배치(Layout)를 위한 패키지(Package) 설계시 안전성, 운전 자세, 거주성 및 시계성 등의 확보를 위하여 자동차의 개발 초기에 인간공학적 설계(Ergonomic Design)가 고려되어야 하는 중요한 이유이기도 하다.

02 패키지 설계 시 고려해야 할 사항

(1) 운전자의 운전 자세가 최적화 될 수 있도록 우선적으로 설계 되어야 한다.

운전자의 신체적 특징을 충분히 고려하여 차량 설계의 기준이 되는 둔부점(hip

point) 등의 위치에 관한 기준을 먼저 선정하여 편안한 운전 자세를 설정할 수 있도록 고려되어야 한다. 올바른 운전 자세를 설정할 수 없다면 운전자의 시계성과 거주성 확보가 어려워져 주행 안전에 위험 요소가 될 수 있다.

지역별, 연령별 그리고 성별에 따른 운전 자세와 관련 있는 항목은 다음과 같다.

① 시트 슬라이딩 방식 적용할 경우 페달(Pedal)과의 거리
② 시트 백 각도(리클라이닝)
③ 스티어링 휠과의 거리
④ 전방 시야에 따른 시트 높낮이

(2) 쾌적한 거주성이 확보될 수 있도록 우선적으로 설계되어야 한다.

지역별, 연령별 그리고 성별에 따른 쾌적한 거주성에 관련 있는 항목은 다음과 같다.

① 1열 시트의 상체를 위한 공간 및 2열 시트의 상체를 위한 공간
② 1열 시트의 하체를 위한 공간 및 2열 시트의 하체를 위한 공간

(3) 시인성 및 시계성이 확보될 수 있도록 우선적으로 설계되어야 한다.

지역별, 연령별 그리고 성별에 따른 시계성과 관련 있는 전방 시계, 후방 시계, 측방 시계가 확보되어야 한다.

(4) 승차 및 하차를 고려한 설계가 되어야 한다.

지역별, 연령별 그리고 성별에 따른 승하차성과 관련 있는 항목은 다음과 같다.

① 오프닝 플랜지 상단의 높이 및 시트의 높이
② 스티어링 휠의 길이 및 높이 및 차고

(5) 조작성을 고려한 설계가 되어야 한다.

지역별, 연령별 그리고 성별에 따른 조작성과 관련 있는 항목은 다음과 같다.

① 스티어링 휠 및 레버나 도어
② 각종 스위치류, 멀티미디어 및 클러스터 등

03 자동차의 리사이클 설계 기술

기출문제 유형

✦ 자동차의 리사이클 설계 기술에 대하여 리사이클성 평가 시스템, 유해물질 저감기술, 재료 식별 표시, 전과정 평가(LCA : Life Cycle Assessment)등에 대하여 설명하시오.(105-4-6)

✦ 자동차 부품 리사이클링에서 재제조(Remanufacturing). 재활용(Material Recycling) 및 재이용 (Reusing)을 정의하고 사례를 설명하시오.(96-3-6)

✦ 자동차 설계 단계의 리사이클(Recycle) 기술에 대하여 설명하시오.(84-4-1)

✦ 자동차의 Recycling에 대하여 기술하시오.(80-3-1)

✦ 자동차의 리사이클링(Recycling)에 대하여 설명하시오.(78-2-1)

✦ 자동차 리사이클링(Recycling)을 설명하시오.(68-1-2)

✦ 차량의 리사이클링(Recycling)을 설명하시오.(60-1-4)

✦ 자동차의 리사이클링(Recycling)에 대하여 설명하시오.(56-3-3)

01 개요

세계적으로 자동차 보급이 확대됨에 따라 폐기 자동차의 수가 급격히 증가되고 있다. 폐기 자동차의 급증으로 인한 폐기물 매립지 부족과 환경오염 문제가 사회적으로 심각해짐에 따라 폐기 자동차 처리와 리사이클링(Recycling) 과정에서 발생하는 환경오염과 유해물질로부터 폐기 자동차 처리 전과정에서 친환경적인 처리방법이 요구되고 있다. 자동차의 리사이클링(Recycling)은 에너지 절감과 일자리 확대뿐만 아니라 환경과 자원을 보호한다는 관점에서 중요한 과제이므로 리사이클링 기술의 개발과 환경보호를 위해 적절한 처리가 필요하다. 폐차(ELV : End-of-Life Vehicle)에 따른 리사이클링은 부품의 재활용(Material Recycling), 재이용(Reusing), 재제조(Remanufacturing)로 나눌 수 있다.

02 부품의 재활용(Material Recycling)

① 부품 재활용(Material Recycling)은 원재료의 가치를 활용하기 위하여 폐 제품 또는 폐 부품을 수거하여 수거 제품 또는 부품을 파쇄, 분쇄, 용해 등을 거쳐 다른 제품의 원료로 사용하는 것을 의미한다.

② 부품 재제조(Remanufacturing)와 비교할 경우 에너지 소비가 많고, 소요 비용이 많이 드는 단점이 있다.

③ 리사이클링(Recycling)을 효과적으로 하기 위하여 리사이클링(Recycling) 설계 기술을 도입하여 소재의 단일화 또는 성분의 표기 및 분리가 쉽도록 재료의 패밀리화, 소재의 구분 또는 통합화가 필요하다.

03 부품의 재사용·재이용(Material Reusing)

① 부품의 재사용·재이용(Material Reusing)은 폐 제품을 수리 또는 세척 등의 간단한 작업을 통해 동일한 용도로 수명을 연장하여 다시 사용하는 것을 의미한다.

② 자원 및 에너지 절약 측면에서는 큰 장점을 가지지만, 신상품 측면에서의 가치는 떨어지는 단점이 있다.

③ 부품의 재사용·재이용(Material Reusing)을 하기 위하여 중고 부품의 품질 인증제가 필요하며, 관계법규에서 환경 친화적 산업구조로의 전환촉진에 관한 법률 제10조에 규정되어 있다.

④ 부품 품질인증제 추진효과

　㉮ 재제조 제품의 품질 향상 및 소비자의 신뢰성이 증대된다.

　㉯ 중고 제품을 재활용함으로써 에너지 절감 및 자원이 절약되며, 재제조 산업의 육성이 가능하다.

04 부품 재제조(Remanufacturing)

① 부품 재제조(Remanufacturing)는 사용 후 제품을 동등한 수준 또는 더 나은 성능을 유지할 수 있도록 분해→세척→검사→보수 조정→조립 등의 과정을 통하여 원래 신품의 기능 및 성능 수준으로 복원하여 상품화 하는 것을 의미한다.

- 해당 부품 : 교류 발전기, 시동 모터, 클러치 커버, 터보차저, 에어컨 컴프레서, 등속 조인트, 로어 컨트롤 암, 브레이크 캘리퍼, 쇽업소버, 디젤 인젝터, 기계식 연료분사 펌프, 커먼레일 연료펌프 등

② 부품 활용(Material Recycling)에 비해 에너지 절감 및 자원의 절약 효과(예 : 약 85~90%)가 매우 우수하다.

③ 새 부품가격 대비 저렴한 가격(예 : 30~50% 수준)으로 소비자의 부품에 대한 선택권을 확대할 수 있으며, 물가 안정 및 내수 활성화에 기여할 수 있다.

05 설계 단계에서 리사이클성 평가 시스템

(1) 개요

리사이클성 분석은 해체 파일럿 공장에서 차량 해체 시 각 구성 부품별로 리사이클 평가 데이터를 확보한 후에 재료 데이터 등의 리사이클성 평가 기준을 적용하여 객관적이고 정확한 분석 및 평가 목록의 작성으로 이루어진다. 평가 기준으로 재질 분류 및 리사이클율 산출, 해체 시간 산정 방법, 해체 구조도, 해체 시간 분배, 리사이클성 점수, 리사이클 소요비용 등이 있다.

(2) 재질 분류

리사이클 형식 승인 시에 제출되는 데이터 프리젠테이션 시트(Data Presentation Sheet, 유럽 리사이클 형식 승인 규격 : ISO 22628)에 따라 자동차 재질은 금속, 폴리머(Polymer), 액상류 등의 유기 천연재료 및 재질 분류가 쉽지 않은 전자 및 전기부품 등 7가지로 구분한다.

(3) 리사이클율 산출

재질 분류 목록기준 총중량에서 폐차 처리과정에서 정형화된 각 4단계 분류의 중량을 나누어 산출한다.

$$리사이클\ 가능률 = \frac{m_P + m_D + m_M + m_{Tr}}{m_V}$$

$$재회수\ 가능률 = \frac{m_P + m_D + m_M + m_{Tr} + m_{Te}}{m_V}$$

여기서, m_V : 총중량

m_P : 사전 처리단계 중량(액상류, 배터리, 오일 필터, 타이어, 촉매 등)

m_D : 해체단계 중량(재사용 및 리사이클이 가능한 부품)

m_M : 금속재료 분리 단계 중량(m_D를 제외한 파쇄가 가능한 금속)

m_{Tr}, m_{Te} : 비금속 잔재물 처리 단계 중량

- m_{Tr} : 비금속 재료로 리사이클 가능한 재질
- m_{Te} : 비금속 재료로 에너지 회수 가능한 재질

(4) 해체시간 산정 방법

해체 시간은 해체를 하는데 소요되는 시간으로 준비시간, 분해시간, 이동시간, 후처

리시간을 포함하며 다음과 같이 산출한다.

해체시간 = 준비시간 + 분해시간 + 이동시간 + 후처리시간

(5) 해체 구조도

해체 구조도는 해체 작업 시 부품간의 해체 순서와 의존관계를 트리구조로 나타내는 것을 말한다.

(6) 해체 시간 분배

해체 시간은 해체 비용을 산출하는데 중요한 항목으로 해체 구조도의 해체 순서에 의해 결정된다.

(7) 리사이클성 점수

리사이클 시 리사이클성이 떨어지는 설계 부품의 단점을 찾아 향후 설계 개선을 위한 가이드를 작성할 수 있도록 설계 기술을 지원하는데 목적이 있다.

(8) 리사이클 소요 비용

해체 시간과 관련된 작업자 임금에 해당되는 해체 비용, 물류 비용, 리사이클을 위한 재가공비용, 재생으로 얻어지는 비용을 산출하여 리사이클 비용분석을 한다.

06 유해물질 저감기술

(1) 개요

현재 폐자동차의 금속류 부품은 대부분 재활용이 쉬우나, 경량화를 위하여 적용이 증가하고 있는 플라스틱류(고무 포함)는 재활용이 어려워 해체 및 파쇄 단계 후 폐자동차 잔재물(ASR : Automobile Shredder Residues)로 분류되어 최종 매립이나 소각 처리되고 있어 플라스틱류의 재활용성 향상이 필수적이며 중요하다.

(2) 재활용성을 고려한 설계기술

1) 설계 단계에서 재활용이 쉬운 소재를 사용하도록 고려한다.

토요타의 경우 범퍼 재질을 TSOP(Toyota Super Olefin Polymer)를 적용하여 폴리프로필렌(PP : Polypropylene) 범퍼에 비해 경도가 2배로 크며 15%정도 가볍고 재활용성도 높다.

2) 설계 단계에서 복합 재질에 대한 단순화를 고려한다.

콘솔 박스의 경우 단일 그레이드 소재(PVC+PUR+ABS → TPO+PP+PP : 올레핀계 재료로 통일)를 사용하여 기존 제품 대비 재활용성이 높다.

3) 설계 단계에서 해체가 쉬운 체결 방법에 대한 사용을 고려한다.

시트의 제작 시 기존 접착 방식에서 매직 패스너(fastener) 방식으로 변경하여 시트의 탈착성을 크게 향상하였고, 재료들 간의 결합을 단순화하여 재료를 종류별로 해체하여 분류가 쉽게 하였다.

07 재료 식별 표시

리사이클 형식 승인 시에 제출되는 데이터 프리젠테이션 시트(Data Presentation Sheet, 유럽 리사이클 형식 승인 규격 : ISO 22628)에 따라 자동차의 재질은 금속, 폴리머(Polymer), 액상류 등의 유기 천연 재료 및 재질 분류가 쉽지 않는 전자 및 전기 부품 등 7가지로 구분하여 사전에 재료 파악이 용이하여 해체가 쉽고, 재료의 재활용을 향상시킬 수 있다.

08 전과정 평가(LCA : Life Cycle Assessment)

(1) 정의

제품의 생산 공정 또는 서비스의 전과정 동안에 에너지 및 원료가 소비되고 배출되는 양을 정량화하고, 이들의 환경 영향성을 평가하여 개선의 해법을 찾기 위한 객관적인 환경영향평가 방법이다.

(2) 구성

목적 및 범위 정의(Goal and Scope Definition), 목록 분석(Inventory Analysis), 영향 평가(Impact Assessment), 전과정 해석(Interpretation)의 4가지로 구성된다.

1) 목적 및 범위 정의(Goal and Scope Definition)

수행 목적을 명확화하고 대상 제품이나 공정의 범위를 설정한다.

2) 목록 분석(Inventory Analysis)

제품의 원료, 제조 및 가공, 운반 및 유통, 사용, 최종 폐기까지 전과정의 에너지 및 원료 소비량과 배출물을 정량화하여 목록을 작성한다.

3) 영향 평가(Impact Assessment)

목록 분석에서 조사된 데이터를 기준으로 환경 영향을 분석하고 평가한다.

4) 전과정 해석(Interpretation)

목적 및 범위 정의(Goal and Scope Definition), 목록 분석(Inventory Analysis)과 영향 평가(Impact Assessment)의 결과를 체계적으로 분석하고 평가하는 과정이다.

04 자동차 부품 제원

기출문제 유형

✦ 제작 자동차 인증 및 검사 방법과 절차 등에 관한 규정에 의한 '공차 중량', '차량 총중량'과 제작 자동차 시험검사 및 절차에 관한 규정에 의한 '기준 중량(Reference Weight)'에 대해 설명하시오.(126-1-11)

✦ 자동차 안전기준에 관한 규칙에서의 공차 상태를 설명하라.(77-1-12)

✦ 차량 중량 및 차량 총중량을 설명하시오.(72-1-9)

01 차량 중량

차량 중량은 사람이 탑승하지 않고, 물건을 적재하지 않은 공차 상태에서의 중량을 말하며, 공차 중량이라고도 한다. 단, 공차 상태에서는 예비 부분품 및 공구, 그 밖의 휴대물품, 예비 타이어가 장착되고 연료·냉각수 및 윤활유를 최대 용량까지 주입된 상태를 포함된다.

다만, 경유자동차 중 ECE15 및 EUDC 모드로 시험하는 자동차는 자동차에 연료, 윤활유 및 냉각수를 최대 용량까지 주입하고, 예비 타이어, 표준공구를 장착한 상태에서 운전자 무게(65kg)를 포함한 무게를 말한다.

02 차량 총중량

차량 총중량은 공차 상태에서 승차 정원의 사람이 승차하고 최대 적재량의 물건이 적재된 상태의 중량을 말한다. 이 경우 승차 정원 1인(13세 미만은 1.5인을 승차정원 1인으로 한다)의 중량은 65kg으로 계산한다. 자동차의 차량 총중량은 20톤(승합차의 경우 30톤, 화물, 특수자동차의 겨우 40톤), 축중은 10톤, 윤중은 5톤을 초과해서는 안된다.

03 기준 중량(Reference Weight)

기준 중량(Reference Weight)은 공차 중량에 운전자 무게(65kg)를 빼고 100kg의 무게를 더한 수치를 말한다.

✦ 자동차관리법에 규정된 자동차 부품 자기인증을 설명하고, 자기인증이 필요한 부품 7가지를 나열하시오.(111-1-5)

01 개요

부품인증제(2011.12.15)는 자동차 안전성에 대한 위협과 관련이 있는 안전성 저해, 안전성 저해 부품의 제작 및 판매를 방지하기 위하여 자동차부품인증제를 도입하여 자동차 및 부품의 수입 및 국내에서 수준 이하로 생산된 자동차 부품으로 인한 국민의 생명과 재산을 보호하기 위하여 기능 및 성능의 기준 미달 등과 같은 제작상의 결함이 있는 경우 이를 개선하도록 하는 목적이 있다. 국내 자동차의 안전도를 확보하기 위한 인증제도가 2003년 형식 승인제도에서 자기인증제도로 바꾸어 시행되고 있다.

02 정의

자기인증제도는 자동차가 안전기준에 적합하다는 것을 자동차 제작자 스스로 인증하는 제도를 말한다.

03 필요성

소비자가 구매하여 장착하는 부품 등에 대해 안전성에 대한 검증 없이 유통 및 판매되어 자동차 소유자의 위해 및 저질부품에 대한 리콜 등의 사후관리가 어렵고, 이러한 안전성 저해 부품으로부터 국민의 생명을 보호하기 위하여 정부 차원의 관리 필요성이 증대되었다.

04 기대 효과

자동차부품인증제를 통하여 자동차에 장착되거나 사용되어지는 부품에 대한 품질 및 안전성을 확보하여 안전성 저해 부품으로 인한 사고 예방과 사고 발생 시 피해 정도를 줄여 사회적인 비용 손실을 절감하고 안전성 저해 부품의 시장 유통 및 수입 억제가 가능하며, 더불어 시장 진입을 위한 자동차 또는 부품 제작자의 안전성이 높은 제품 개발 유도를 통하여 국가 경쟁력 강화를 기대할 수 있다.

05 자기인증 필요 부품

브레이크 호스, 브레이크 라이닝, 시트 벨트, 등화장치, 후측 반사기, 후측 안전판, 유리창, 휠, 반사띠 등

◆ 자동차관리법에서 정하는 자동차 대체부품을 정의하고, 대체부품으로 인증 받는 절차에 대하여 설명하시오.(110-1-13)

01 개요

자동차 수리 시 자동차 제조사에서 공급한 순정부품을 대부분 사용하고 있어 소비자의 수리비 부담이 증가되고, 자동차 부품기업의 자사브랜드 개발에 대한 위축 등이 문제로 대두되어 정부에서는 순정부품 대비 가격은 더 저렴하면서 품질은 비슷한 자동차 대체부품을 시장에서 공식적으로 유통이 가능하도록 자동차 대체부품 인증 제도를 도입하게 되었다.

02 정의

자동차 대체부품이란 자동차 제조사에서 공급한 순정부품과 성능 또는 품질이 동일하거나 유사하여 안전성에 대한 영향은 적고, 교환빈도 및 수리비가 높은 순정부품을 대체할 수 있는 부품을 말한다.

03 인증 절차

① 대체부품을 인증기관에 인증을 신청한다.
② 대체부품 인증 신청을 접수한 인증기관은 서류심사와 대체부품 제조업 시설 등에 대한 공장심사를 한다.
③ 대체부품 인증기관은 대체부품 인증시험을 시행한다.
④ 대체부품 인증기관은 대체부품 인증서를 발행한다.
⑤ 사후 확인으로 인증기준 및 인증표시 방법에 따라 적합한 제작 및 표시 유무를 주기적으로 확인한다.

01 자동차 등록의 정의 및 종류

자동차를 구매하여 취득하면 소유권을 인정받고, 공로(Public road)상에 운행을 허가 받기 위한 등록을 말한다. 자동차 등록의 종류에는 신규 등록, 이전 등록, 변경 등록, 말소 등록이 있다.

(1) 신규 등록

국내 및 해외에서 제작된 신차 또는 말소된 자동차를 재등록하는 것을 말한다. 자동차를 신규 등록하여야만 소유권을 인정받고, 공로(Public road)상에 운행을 할 수 있다.

(2) 이전 등록

자동차의 실제 소유자의 변동이 발생한 경우 등록상의 소유자를 변경하여 이전 등록하는 것을 말한다.

(3) 변경 등록

자동차 등록원부상의 기재사항에 변동이 발생한 경우 변경하여 등록하는 것을 말한다.

(4) 말소 등록

자동차 소유자가 폐차, 도난, 수출 등의 사유로 소유 자동차를 용도폐지 하고자 할 경우에 등록을 말소하는 것을 말한다.

02 자동차 안전기준에서 구조기준 7항목

자동차 및 자동차 부품의 성능과 기준에 관한 규칙 제 4조, 5조, 6조, 7조, 8조, 9조, 10조에는 다음과 같이 규정하고 있다.

1) 길이 : 13m를 초과해서는 안 된다.(연결자동차의 경우 16.7m 초과 금지)
2) 너비 : 2.5m를 초과해서는 안 된다.

3) 높이 : 4m를 초과해서는 안 된다.

4) 최저 지상고

　　공차 상태의 자동차에 있어서 접지부분외의 부분은 지면과 10cm 이상의 간격을 유지하여야 한다.

5) 차량 총중량

　　자동차의 차량 총중량은 20톤, 축중은 10톤, 윤중은 5톤을 초과해서는 안 된다.

6) 중량 분포

　　자동차의 조향 바퀴의 윤중의 합은 차량 중량 및 차량 총중량의 각각에 대하여 20% 이상이어야 한다.

7) 최대 안전경사각도

　　자동차는 다음과 같이 좌우로 기울인 상태에서 전복되지 말아야 한다.
　　① 승용, 화물, 승합차(승차 정원 10명 이하) : 공차 상태에서 35도(단, 차량 총중량이 차량 중량 1.2배 이하인 경우에는 30도)
　　② 승차 정원 11명 이상인 승합차 : 적차 상태에서 28도

8) 최소 회전반경

　　자동차의 최소 회전반경은 바깥쪽 앞바퀴 자국의 중심선을 따라 측정할 때에 12m를 초과해서는 안 된다.

9) 접지부분 및 접지압력

　　① 접지부분은 소음발생이 적고, 도로를 파손할 위험이 없는 구조이어야 한다.
　　② 무한궤도를 장착한 자동차의 접지압력은 무한궤도 $1cm^2$당 3kg을 초과해서는 안 된다.

03 자동차 안전기준에서 섀시(주행, 조향, 제동, 완충) 관련 4항목의 안전기준

(1) 주행장치

① 자동차의 공기압 타이어는 별표 1의 기준에 적합하여야 한다.
② 자동차의 타이어 및 기타 주행장치의 각부는 견고하게 결합되어 있어야 하며, 갈라지거나 금이 가고 과도하게 부식되는 등의 손상이 없어야 한다.
③ 자동차(승용자동차 제외)의 바퀴 후방에 흙받이를 장착하여야 한다.
④ 승용차와 차량 총중량 3.5톤 이하의 승합차(피견인자동차로 한정한다), 화물차, 특수차에 장착되는 휠은 제112조의11에 따른 기준에 적합하여야 하고, 브레이크 라이닝 마모상태를 휠의 탈거 없이 확인할 수 있는 구조이어야 한다. 다만, 초소형 자동차는 제외한다.

(2) 조향장치

1) 자동차의 조향장치의 구조는 다음과 같은 기준에 적합하여야 한다.

① 조향장치의 각부는 조작 시에 차대 및 차체 등 자동차의 다른 부분과 접촉되어서는 안되고, 갈라지거나 금이 가고 파손되는 등의 손상이 없으며, 작동에 이상이 없어야 한다.

② 조향장치는 조작 시에 운전자의 옷이나 장신구 등에 걸리지 말아야 한다.

③ 다음 각 항목의 자동차 구분에 따른 해당 속도로 반지름 50m의 곡선에 접하여 주행할 때 자동차의 선회원이 동일하거나 더 커지는 구조이어야 한다.

    ㉮ **승용차** : 시속 50km

    ㉯ **승용차 외의 자동차** : 시속 40km(최고속도가 시속 40km 미만인 경우에는 해당 자동차의 최고속도)

④ 자동차를 최고속도(연결자동차의 경우에는 견인자동차의 최고속도를 말한다)까지 주행하는 동안 조향 핸들이 비정상적으로 조작되거나 조향장치가 비정상적으로 진동되지 아니하고 직진 주행이 가능하여야 한다.

⑤ 자동차(연결자동차 포함)가 정상적인 주행을 하는 동안 발생되는 응력에 견디어야 한다.

⑥ 조향장치(피견인자동차를 조향하는 제어장치 포함)는 자기장이나 전기장에 의하여 작동에 영향을 받지 말아야 한다.

⑦ 조향장치의 결합 구조를 조절하는 장치는 잠금 장치에 의하여 고정되도록 해야 한다.

⑧ 조향바퀴는 뒷바퀴에만 있어서는 안 된다. 다만, 세미 트레일러는 그러하지 아니하다.

⑨ 조향장치 중 기계적인 강성이 필요한 모든 관련 부품은 제동장치 등과 같은 필수 부품과 동등한 안전특성으로 충분한 크기를 갖추어야 하고, 그 부품의 고장으로 자동차를 조종하지 못할 우려되는 부품은 금속 또는 이와 동등한 특성을 갖는 재질로 제작되어야 하며, 정상적으로 작동 중일 때에는 해당 부품에 심각한 변형이 발생하지 말아야 한다.

⑩ 조향장치의 기능을 저해시키는 고장(기계적인 부품 고장 제외)이 발생한 경우에는 운전자가 고장을 명백하게 확인할 수 있는 경고장치를 갖추어야 한다. 다만, 다음 항목의 어느 하나에 해당하는 경우에는 경고장치를 갖춘 것으로 본다.

    ㉮ 고장 시 조향장치에 의도적으로 진동을 발생시키도록 하는 구조인 경우

    ㉯ 고장 시 자동차(피견인자동차는 제외)의 조향 조종력이 증가되는 구조인 경우

    ㉰ 피견인자동차의 경우 고장 시 기계적인 표시기를 갖춘 구조인 경우

2) 조향 핸들의 유격(조향 바퀴가 움직이기 직전까지 조향 핸들이 움직인 거리)은 당해 자동차의 조향 핸들 지름의 12.5% 이내이어야 한다.

3) 조향 바퀴의 옆으로 미끄러짐이 1m 주행에 좌우방향으로 각각 5mm 이내이어야 하며, 각 바퀴의 정렬상태가 안전운행에 지장이 없어야 한다.

(3) 제동장치

1) 자동차(초소형자동차 및 피견인자동차 제외)에는 주 제동장치와 주차 중에 주로 사용하는 제동장치(이하 "주차 제동장치"라 한다)를 갖추어야 하며, 그 구조와 제동능력은 다음 기준에 적합하여야 한다.

① 주 제동장치와 주차 제동장치는 각각 독립적으로 작용할 수 있어야 하며, 주 제동장치는 모든 바퀴를 동시에 제동하는 구조이어야 한다.

② 주 제동장치의 계통 중 하나의 계통에 고장이 발생하였을 때에는 그 고장에 의하여 영향을 받지 아니하는 주 제동장치의 다른 계통 등으로 자동차를 정지시킬 수 있고, 제동력을 단계적으로 조절할 수 있으며 계속적으로 제동될 수 있는 구조이어야 한다.

③ 브레이크액 저장장치에는 브레이크액에 대한 권장 규격을 표시하여야 한다.

④ 주 제동장치에는 라이닝 등의 마모를 자동으로 조정할 수 있는 장치를 갖추어야 한다. 다만, 차량 총중량이 3.5톤을 초과하는 화물차 및 특수차로서 모든 바퀴로 구동할 수 있는 자동차의 주 제동장치와 차량 총중량이 3.5톤 이하인 화물차 및 특수차의 후축의 주 제동장치의 경우에는 그러하지 아니하다.

⑤ 주 제동장치의 라이닝 마모상태를 운전자가 확인할 수 있도록 경고장치(경고음 또는 황색 경고등을 말한다.)를 설치하거나 자동차의 외부에서 육안으로 확인할 수 있는 구조이어야 한다.

⑥ 에너지 저장장치에 의하여 작동되는 주 제동장치에는 2개(에너지 저장장치에 의하지 아니하고 운전자의 힘으로만 기계적으로 주 제동장치가 작동될 수 있는 구조의 경우는 1개) 이상의 독립된 에너지 저장장치를 설치하여야 하고, 각 에너지 저장장치는 제3항의 기준에 적합한 경고장치를 설치하여야 한다.

⑦ 주차 제동장치는 기계적인 장치에 의하여 잠김 상태가 유지되는 구조이어야 한다.

⑧ 주차 제동장치는 주행 중에도 제동이 가능한 구조이어야 한다.

⑨ 공기식(공기 배력 유압식 포함) 주 제동장치를 설치한 자동차는 다음 기준에 적합한 구조를 갖추어야 한다.

㉠ 각 계통별 에너지 저장장치의 공기 압력을 나타내는 압력계는 운전자가 보기 쉬운 위치에 설치하여야 한다.

㉡ 2개 이상의 독립된 계통을 갖춘 공기식 주 제동장치는 제동 조종 장치와 제동 바퀴 사이에서 공기 누설이 발생할 경우 누설된 공기를 대기 중으로 배출시키는 구조이어야 한다.

⑩ 주 제동장치의 급제동 능력은 건조하고 평탄한 포장도로에서 주행 중인 자동차를 급제동할 때 별표 3의 기준에 적합하여야 한다.

⑪ 주 제동장치의 제동 능력과 조작력은 별표 4의 기준에 적합하여야 한다.

⑫ 주차 제동장치의 제동 능력과 조작력은 별표 4의2의 기준에 적합하여야 한다.

2) 자동차(초소형자동차 및 피견인자동차는 제외)의 주 제동장치에는 브레이크액의 기준유량(공기식의 경우에는 기준공기압을 말한다)이 부족할 경우 등 제동 기능의 결함을 운전자에게 알려주는 경고장치를 설치하여야 하고, 경고장치는 제1호 및 제2호 또는 제1호 및 제3호의 기준에 적합하여야 한다.

① 경고장치에 사용되는 경고음 또는 경고등은 다른 경고장치의 경고음 또는 경고등과 구별이 될 수 있어야 한다. 다만, 주차 제동장치의 표시 장치와 겸용으로 사용하는 경우에는 그러하지 아니하다.

② 경고장치의 경고등은 충분한 밝기를 갖춘 적색의 등화로서 운전자가 쉽게 확인할 수 있는 위치에 설치하여야 한다.

③ 경고장치의 경고음은 운전자의 귀의 위치에서 측정할 때에 승용자동차의 경우에는 65dB 이상, 그 밖의 자동차의 경우에는 75dB 이상이어야 한다. 다만, 경유를 연료로 사용하는 승용자동차의 경우에는 70dB 이상이어야 한다.

3) 자동차에는 다음 각 호의 기준에 적합한 바퀴 잠김 방지식 주 제동장치를 설치하여야 한다. 다만, 초소형자동차와 차량 총중량이 3.5톤 이하인 캠핑용 트레일러 · 피견인자동차는 제외한다.

① 바퀴 잠김 방지식 주 제동장치가 고장이 발생하였을 때 운전자가 쉽게 확인할 수 있는 황색 경고등을 설치하여야 한다.

② 바퀴 잠김 방지식 주 제동장치가 설치된 피견인자동차를 견인하는 견인자동차의 경우에는 피견인자동차의 바퀴 잠김 방지식 주 제동장치가 고장이 발생하였을 때 견인자동차의 운전자가 쉽게 확인할 수 있는 별도의 황색 경고등을 설치하여야 한다.

③ 제1호 및 제2호의 황색 경고등은 시동 장치의 열쇠를 작동위치로 조작한 때에 켜졌다가 고장이 없는 경우에는 꺼지고, 고장이 있는 경우에는 켜진 상태가 지속되는 구조이어야 한다.

④ 피견인자동차의 바퀴 잠김 방지식 주 제동장치는 견인자동차의 바퀴 잠김 방지식 주 제동장치와 연동하여 작동하는 구조이어야 한다.

4) 전기식(제동력 전달계통이 전기식인 경우를 말한다) 주 제동장치가 설치된 차량 총중량 3.5톤 이하인 피견인자동차를 견인하는 견인자동차는 다음 각 호의 기준에 적합한 구조를 갖추어야 한다.

① 전원 공급 장치(발전기와 축전지를 말한다)는 피견인자동차의 전기식 주 제동장치에 충분한 전류를 공급하는 용량을 갖추어야 한다.

② 제동장치의 전기회로는 과부하 시에도 단락이 발생해서는 안 된다.

③ 2개 이상의 독립된 계통을 갖춘 주 제동장치의 경우에는 하나의 계통에서 고장이 발생하였을 때 다른 계통으로 피견인자동차를 부분적 또는 전체적으로 제동시킬 수 있어야 한다.

④ 전기식 주 제동장치를 작동시키기 위한 제동 작동회로는 여유 부하를 갖추고 있는 경우에 한하여 견인자동차의 제동등과 병렬로 연결을 할 수 있어야 한다.

(4) 완충장치

① 자동차는 노면으로부터의 충격을 흡수할 수 있는 스프링 기타의 완충장치를 갖추어야 한다.

② 제1항의 규정에 의한 완충장치의 각부는 갈라지거나 금이 가고 탈락되는 등의 손상이 없어야 한다.

기출문제 유형

✦ 자동차관리법에서 국토교통부령으로 정하는 자동차의 무단 해체 금지에 해당하지 않는 사항 3가지를 설명하시오.(120-1-1)

아래의 경우를 제외하고는 국토교통부령으로 정하는 장치를 자동차에서 해체하거나 조작(자동차의 최고속도를 제한하는 장치를 조작하는 경우에 한함)해서는 안 된다.

【 자동차관리법 제 35조 1항 (2022년 1월) 】

① 자동차의 점검, 정비, 튜닝을 하려는 경우

② 폐차하는 경우

③ 교육, 연구의 목적으로 사용하는 등 국토교통부령으로 정하는 사유에 해당되는 경우

기출문제 유형

✦ 자동차안전기준시행세칙에서 정한 최소 회전 반경 시험에 대하여 상세히 설명하라. (77-4-3)

---

01 최소 회전반경 정의

자동차의 최소 회전반경은 바깥쪽 앞바퀴 자국의 중심선을 따라 측정할 때에 12m를 초과하여서는 아니된다.

02 시험 조건(실제 측정하는 방법)

① 측정하고자 하는 자동차는 공차 상태이어야 한다.

② 측정하고자 하는 자동차는 시험 전에 충분한 운전을 통하여 길들이기를 해야 한다.

③ 측정하고자 하는 자동차는 시험 전 조향륜의 정렬을 점검 및 조정을 한다.

④ 도로는 평탄하고 수평하고 건조한 포장도로에서 시험을 실시한다.

03 시험 방법

① 변속기어는 전진방향 최대 저단기어 위치에서 최대 조향각도 위치에서 서행하면서 바깥쪽 타이어의 접지면 중심점이 이루는 궤적의 직경을 우회전 및 좌회전시켜 측정한다.

② 시험 중 타이어의 노면 미끄러짐 상태와 조향장치의 상태를 점검 및 관찰한다.

③ 조향을 좌회전 및 우회전하면서 측정한 반경 중 큰 값을 자동차의 최소 회전반경으로 한다.

04 계산에 의한 방법

이론적 계산법에서는 터닝 레디어스 게이지(Turning Radius Gauge)를 사용하여 바깥쪽 조향 앞바퀴의 조향 각도를 측정하고 다음 공식에 의하여 산출한다.

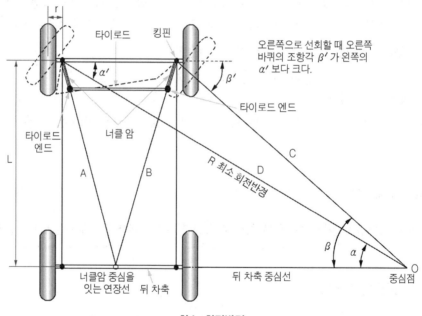

최소 회전반경

$$T_f = L \times \left(\frac{1}{\tan\alpha} - \frac{1}{\tan\beta} \right)$$

여기서, L : 축간 거리(m),

　　　　T_f : 전륜의 윤간 거리(m)

　　　　α : 외측 차륜의 조향 각도(deg),

　　　　β : 내측 차륜의 조향 각도(deg)

(1) 상기 식이 만족할 경우의 최소회전반경(R)

$$R = \frac{L}{\sin\alpha}$$

(2) 상기 식을 만족 안할 경우의 최소 회전반경(R)

$$R = \frac{L}{2}\sqrt{\left(\frac{1}{\tan\alpha} + \frac{1}{\tan\beta} + \frac{T_f}{L}\right)^2 + 4}$$

기출문제 유형

✦ 안전기준에 의한 자동차의 제원 측정 조건 및 방법을 설명하시오.(81-1-8)

01 개요

자동차 제원의 변동 또는 안전기준이 정하는 제원의 허용치를 초과하는지를 확인하기 위하여 「자동차 안전기준에 관한 규칙」에서 정하는 제원 측정방법 등에 의하여 그 일치여부를 검사하여 확인한다.

02 측정 조건

① 측정하고자 하는 자동차는 수평한 수평면에 놓고 공차 상태 및 직진상태에 있고, 타이어는 표준 공기압 상태이어야 한다.

② 외부 안테나가 있는 경우 안테나, 후사경 등은 제거한 상태로 시험한다.

③ 이동이 가능한 시트는 각 시트의 기준위치에 고정한 상태로 한다. 다만, 시트를 기준위치에 고정할 수 없는 경우에는 상방 또는 전방으로 고정할 수 있는 가장 가까운 위치로 한다.

④ 좌석 등받이의 각도를 조정할 수 있는 구조의 경우에는 기준위치에 고정한 상태로 한다.

⑤ 측정 단위는 밀리미터(mm) 기준으로 한다.

⑥ 측면 표시등, 손잡이 등을 포함하여 자동차의 길이, 너비, 높이 등 차량의 제원을 측정한다.

03 측정 방법

(1) 길이

자동차의 최전면과 최후면을 기준면에 투영시켜 차량 중심선에 평행 방향의 최대거리를 측정한다.

(2) 너비

자동차의 최전면 또는 최후면을 기준면에 투영시켜 차량 중심선에 직각인 방향의 최대거리를 측정한다. 단, 측면 보조 방향지시등은 제외하여 측정한다.

(3) 높이

자동차의 전면, 후면 또는 측면을 기준면에 투영시켜 차량 중심선에 수직인 방향의 최대거리를 측정한다.

(4) 차량 총중량

차량 총중량 = 차량 중량 + 최대 적재량 + (승차인원 × 65kg)

단, 13세 미만은 1.5인을 승차정원 1인으로 한다.

$$W = W_f + W_r + P_1 + P_2 + ... + P_n$$

여기서, W : 차량 총중량, W_f : 공차 상태 전축중, W_r : 공차 상태 후축중

$P_1, P_2, \cdots P_n$: 적재물 또는 승차인원 하중

기출문제 유형

✦ 자동차의 제원 중 적하대 오프셋을 정의하고, 적재상태에서 적하대 오프셋과 축중의 관계를 설명하시오.
(가정) 승차중심과 앞차축 중심일치, 적재량의 무게중심과 적하대의 기하학적 중심일치 (111-4-5)

01 적하대 오프셋 정의

적하대 오프셋은 하대 내측 길이의 중심(하중 중심이 중앙에 있지 아니한 경우에는 그 하중의 중심점)에서 후차축의 중심(후차축이 2축인 경우에는 전·후 차축의 중앙, 하중 중심이 두 차축의 중앙에 있지 않은 경우에는 그 하중 중심점)까지의 차량 중심선 방향의 수평거리를 말한다. 적하대의 중심이 후차축의 전방에 있는 경우 + 적하대 오프셋, 후방에 있는 경우를 - 적하대 오프셋으로 한다. + 적하대 오프셋인 경우 적재 하중은 전방으로 많이 차지하게 된다.

02 적하대 오프셋 측정

하대 내측 길이의 중심(하중 중심이 중앙에 있지 아니한 경우에는 그 하중의 중심점)에서 후차축의 중심(후차축이 2축인 경우에는 전·후 차축의 중앙, 하중 중심이 두 차축의 중앙에 있지 않은 경우에는 그 하중 중심점)까지의 차량 중심선 방향의 수평거리를 측정한다. 다만 탱크로리 등의 형상이 복잡한 경우에는 용적 중심을, 견인자동차의 경우에는 연결부(오륜)의 중심을 하대 바닥면의 중심으로 한다.

03 적하대 오프셋 산출식

$$O_L = \frac{L''}{2} - (A - B)$$

여기서, A : 후차축 중심에서 차체 최하단 사이의 거리

B : 하대 내측의 후끝에서 차체 최하단 사이의 거리

L' : 차량의 전체길이, L'' : 하대 내측거리, L : 축거

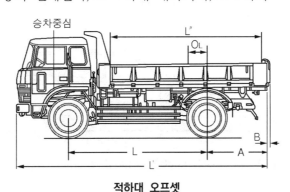

적하대 오프셋

기출문제 유형

✦ 자동차의 접근각(Approach Angle)에 대하여 설명하시오.(113-1-3)

01 정의

자동차의 접근각(Approach Angle)은 차량이 경사로를 주행하여 통과할 수 있는 최대 각도를 말한다. 오버행이 길수록 접근각(Approach Angle)이 낮아지며, 바퀴가 커지고, 지면과 범퍼의 높이가 클수록 접근각(Approach Angle)은 커진다.

02 오버행(Overhang)

자동차 전륜바퀴 중심에서 전면부 끝단까지의 수평거리를 프런트 오버행(Front Overhang)이라 하고, 자동차 후륜바퀴 중심으로부터 후면부 끝단까지의 수평거리를 리어 오버행(rear overhang)이라 한다.

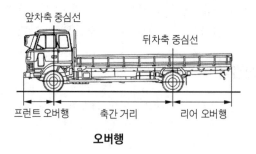

오버행

03 접근각(Approach Angle)

전륜의 접지점과 자동차 전면부 끝단을 연결하는 선과 노면사이의 각도를 접근각(Approach angle)이라 한다.

접근각(Approach Angle)과 이탈각(Departure angle)

04 이탈각(Departure angle)

후륜의 접지점과 자동차 후면부 끝단을 연결하는 선과 노면사이의 각도를 이탈각(Departure angle)이라 한다. 오프로드 주행을 위해 차고를 높이는 목적 가운데 하나가 바로 접근각과 이탈각을 키워 경사각 노면에서의 주행이 가능하게 하기 위함이다.

05 브레이크 오버각(Brake over angle)

① 자동차의 중심을 통과하는 수직선상의 차체 바닥과 전후륜 바퀴 접지면을 각각 연결하는 각도를 브레이크 오버각(Brake over angle)이라 한다.
② 프런트와 리어 오버행과 관련이 없으며 차량의 지상고와 관련이 있는 각도로 지상고가 높을수록 브레이크 오버각(Brake over angle)이 커진다.

✦ 다음과 같은 자동차의 제원에 대하여 중심고를 측정하기 위해서 후축을 로드 미터에 올려놓고 전축의 높이를 50cm 들어 올리니 후축의 중량이 650kg이 되었다. 이 자동차의 중심고는 몇 cm인가? (차량중량=1,300kg, 전축중=680kg, 후축중=620kg, 축간거리=240cm, 타이어 유효반지름=30cm.(63-4-6)

01 개요

(1) 배경

자동차의 제원은 전장, 전폭, 전고, 윤거, 축거로 표시되며 자동차의 각도는 최대 안전 경사각, 접근각(Approach Angle), 이탈각(Departure angle), 브레이크 오버각(Brake over angle)으로 표시된다. 자동차 중량은 공차 중량, 최대 적재 중량, 차량 총중량, 배분 중량으로 구분된다.

(2) 중심고의 정의

접지면에서 자동차의 무게중심까지의 높이를 말한다.

02 중심고 계산 방법

(1) 계산식을 사용하는 방법

$$H = R + \frac{L(W_r - W_r')\sqrt{L^2 - h^2}}{W \times h}$$

여기서, H : 중심고, R : 타이어의 유효 반지름

        L : 축거(wheel base), w : 차량 중량

        W_r : 공차 상태의 측정차를 평탄면에 놓았을 때의 후축중

        W_r' : 전차륜을 h만큼 올렸을 때의 후축중

        h : 전차륜을 들어 올렸을 때의 높이

$$H = 30 + \frac{240 \times (650 - 620)\sqrt{240^2 - 50^2}}{1,300 \times 50} = 56$$

따라서 중심고는 56cm이다.

(2) 삼각형의 비례를 이용하여 계산하는 방법

자동차의 전륜과 후륜의 무게 배분은 680kg, 620kg으로 되어 있다. 따라서 전륜으로부터 무게중심까지의 거리는 114.5cm 이다.

$$L_0 = \frac{W_R}{W} \times L = \frac{620}{1,300} \times 240 = 114.5$$

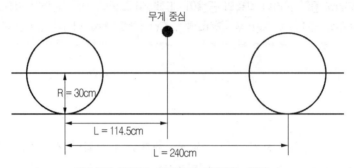

삼각형의 비례를 이용하여 계산하는 방법 1

자동차를 50cm 올렸을 때 후륜으로 30kg의 무게가 이동을 했다. 따라서 전륜과 후륜의 무게 배분은 650kg, 650kg으로 1:1이 되고 이때 전륜으로부터 무게중심까지의 거리는 L0'=120cm이다. 따라서 50cm 위로 들어 올려졌을 때의 무게중심으로부터 만들어지는 작은 삼각형의 한 변의 길이가 계산될 수 있다.

120cm － 114.5cm = 5.5cm

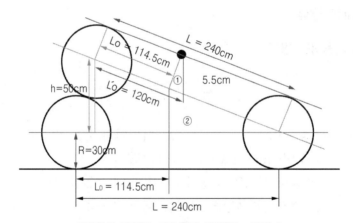

삼각형의 비례를 이용하여 계산하는 방법 2

①로 표시된 작은 삼각형은 ②로 표시된 50cm 올려진 자동차와 축거가 만드는 삼각형과 합동이다. 따라서 비례식을 통해 길이를 구할 수 있다.

$$5.5 : 50 = x : 240 \rightarrow 26.4$$

$$x' = \sqrt{26.4^2 - 5.5^2} = 25.8 \fallingdotseq 26\,\mathrm{cm}$$

무게중심의 높이는 차체에서부터 26cm이고 따라서 타이어 반경을 더하면 56cm가 중심고이다.

✦ 다음과 같은 제원을 가진 자동차의 최대 안전경사각을 구하시오.(전좌륜 하중=300kg, 전우륜 하중 =300kg, 후우륜 하중=250kg, 축거=2500mm, 전륜 윤거=1400mm, 후륜 윤거=1400mm, 타이어 반경=0.5m, 전축을 0.5m 들어 올렸을 때 후축중이 540kg으로 증가하였다.)(77-2-5)

✦ 다음과 같은 제원을 가진 자동차의 최대 안전경사각을 구하시오.(단, 전좌륜 하중=300kg, 전우륜 하중 =300kg, 후좌륜 하중=250kg, 후우륜 하중=250kg, 축거=2500mm, 전륜 윤거=1400mm, 후륜 윤거 =1400mm, 타이어 반경=0.5m, 전축을 0.5m 들어 올렸을 때 후축중이 540kg으로 증가하였다.)(83-4-4)

01 개요

(1) 배경

자동차의 제원은 전장, 전폭, 전고, 윤거, 축거로 표시되며 자동차의 각도는 최대 안전경사각, 접근각(Approach Angle), 이탈각(Departure angle), 브레이크 오버각(Brake over angle)으로 표시된다. 자동차 중량은 공차 중량, 최대 적재 중량, 차량 총중량, 배분 중량으로 구분된다.

(2) 최대 안전경사각도의 정의

자동차가 좌우로 기울인 상태에서 전복되지 않는 최대 경사각도를 말한다. 승용자동차, 화물자동차, 특수자동차 및 승차정원 10명 이하인 승합자동차는 공차 상태에서 35도이며 승차정원 11인승 이상인 승합자동차는 적차 상태에서 28도이다.

02 최대 안전경사각도 유도

(1) 중심고 산출

$$H = R + \frac{L(W_r - W_r')\sqrt{L^2 - h^2}}{W \times h}$$

여기서, H : 중심고, R : 타이어의 유효 반지름

  L : 축거(wheel base), w : 차량중량

  w_r : 공차 상태의 측정차를 평탄면에 놓았을 때의 후축중

  w_r' : 전차륜을 h만큼 올렸을 때의 후축중

  h : 전차륜을 들어 올렸을 때의 높이

$$H = 0.5 + \frac{2.5 \times (540 - 500) \sqrt{2.5^2 - 0.5^2}}{1,100 \times 0.5} = 0.945\,m$$

중심고는 0.945m이다.

자동차를 수평으로 한 상태에서 전축에서 무게중심까지의 거리는 1.14m이다.

$$L_0 = \frac{W_R}{W} \times L = \frac{500}{1,100} \times 2.5 = 1.14\text{m}$$

(2) 안정폭 계산

$$\text{안정폭 } b_r = \frac{\cos\left(\tan^{-1} \dfrac{T_f - T_r}{2 \times (W.B.)}\right) \times (W_f \times T_f \times W_r \times T_r)}{W_f + W_r}$$

여기서, $W.B.$: 축간거리, T_f : 앞바퀴의 윤간 거리|

　　　　T_r : 뒷바퀴의 윤간 거리(복륜의 경우 최외측 타이어의 중심간의 거리)

　　　　W_f : 앞바퀴에 걸리는 하중(좌측 또는 우측의 윤하중)

　　　　W_r : 뒷바퀴에 걸리는 하중(좌측 또는 우측의 윤하중)

$$\text{안정폭} = \cos 0 \times \frac{(300 \times 1.4 + 250 \times 1.4)}{1,100} = 0.7\text{m}$$

(3) 최대 안전경사각 계산

$$\text{우측} : \beta = \tan^{-1} \frac{Br}{H}, \quad \text{좌측} : \beta = \tan^{-1} \frac{B\ell}{H}$$

여기서, β : 최대 안전경사각도($°$), H : 무게중심 높이

　　　　Br : 우측 안정폭, $B\ell$: 좌측 안정폭

$$\text{좌측 최대 안전경사각 } \beta = \tan^{-1} \frac{Br}{H} = \tan^{-1}\left(\frac{0.7}{0.945}\right) = 36.5°$$

$$\text{우측 최대 안전경사각 } \beta = \tan^{-1} \frac{B\ell}{H} = \tan^{-1}\left(\frac{70}{0.945}\right) = 36.5°$$

기출문제 유형

✦ 자동차 최대 안전경사각도의 공식을 유도하고, 다음 인자를 가지고 경사각도를 계산하여 자동차 안전
기준에 관한 규칙에 의거 적합 여부를 판정하시오.(전좌륜 하중=370kg, 전우륜 하중=350kg, 후좌륜
하중=310kg, 후우륜 하중=300kg, 축간 거리=2500mm, 전륜 윤거=1500mm, 후륜 윤거=1495mm,
타이어 반경=0.5m, 전축을 0.5m 들어 올렸을 때 후축중은 50kg이 증가한다.(81-2-1)

01 개요

(1) 배경

자동차의 제원은 전장, 전폭, 전고, 윤거, 축거로 표시되며 자동차의 각도는 최대 안
전경사각, 접근각(Approach Angle), 이탈각(Departure angle), 브레이크 오버각
(Brake over angle)으로 표시된다. 자동차 중량은 공차 중량, 최대 적재 중량, 차량 총
중량, 배분 중량으로 구분된다.

(2) 최대 안전경사각도의 정의

자동차가 좌우로 기울인 상태에서 전복되지 않는 최대 경사각도를 말한다. 승용자동
차, 화물자동차, 특수자동차 및 승차정원 10명 이하인 승합자동차는 공차상태에서 35도
이며 승차정원 11인승 이상인 승합자동차는 적차 상태에서 28도이다.

02 최대 안전경사각도 유도

(1) 중심고 산출

$$H = R + \frac{L(W_r - W_r')\sqrt{L^2 - h^2}}{W \times h}$$

여기서, H : 중심고,   R : 타이어의 유효 반지름

       L : 축거(wheel base),   w : 차량 중량

       w_r : 공차상태의 측정차를 평탄면에 놓았을 때의 후축중

       w_r' : 전차륜을 h만큼 올렸을 때의 후축중

       h : 전차륜을 들어 올렸을 때의 높이

$$H = 0.5 + \frac{2.5 \times (40)\sqrt{2.5^2 - 0.5^2}}{1,330 \times 0.5} = 0.96\,\mathrm{m}$$

중심고는 0.96m이다. 자동차를 수평으로 한 상태에서 전축에서 무게중심까지의 거리
는 1.24m이다.

$$L_0 = \frac{W_R}{W} \times L = \frac{660}{1,330} \times 2.5 = 1.24 \text{m}$$

(2) 안정폭 계산

$$\text{안정폭} \ b_r = \frac{\cos\left(\tan^{-1} \dfrac{T_f - T_r}{2 \times (W.B.)}\right) \times (W_f \times T_f \times W_r \times T_r)}{W_f + W_r}$$

여기서, $W.B.$: 축간거리, T_f : 앞바퀴의 윤간 거리|

$\quad\quad T_r$: 뒷바퀴의 윤간 거리(복륜의 경우 최외측 타이어의 중심간의 거리)

$\quad\quad W_f$: 앞바퀴에 걸리는 하중(좌측 또는 우측의 윤하중)

$\quad\quad W_r$: 뒷바퀴에 걸리는 하중(좌측 또는 우측의 윤하중)

(3) 최대 안전경사각 계산

$$\text{우측} : \beta = \tan^{-1} \frac{Br}{H}, \quad \text{좌측} : \beta = \tan^{-1} \frac{B\ell}{H}$$

여기서, β : 최대 안전경사각도($\degree$), H : 무게중심 높이

$\quad\quad Br$: 우측 안정폭, $B\ell$: 좌측 안정폭

$$\text{좌측 최대 안전경사각} \ \beta = \tan^{-1} \frac{Br}{H} = \tan^{-1}\left(\frac{0.76}{0.96}\right) = 38.3\degree$$

$$\text{우측 최대 안전경사각} \ \beta = \tan^{-1} \frac{B\ell}{H} = \tan^{-1}\left(\frac{0.72}{0.996}\right) = 36.9\degree$$

기출문제 유형

✦ 자동차 검사 및 점검 시행 요령 등에 관한 규정에서 다음과 같은 택시미터 검정기준을 설명하시오. (81-3-6)
1) 통전 시험, 2) 내온 시험, 3) 내전압 시험, 4) 내진동 시험, 5) 내구성 시험, 6) 노이즈 시험

01 적용범위

자동차 검사 시행요령 등에 관한 규정 제5장 및 별표5(국토교통부고시 제2016-196호, 2016. 4. 8)기준은 다음과 같다.

택시미터 검정기준은 자동차에 장착하여 거리와 시간을 측정하는 계기로 요금 표시를 전기적으로 작동되는 전기식 택시미터(이하 "택시미터"라 한다)에 대하여 규정한다.

02 기차 검정

기차 검정은 기기의 오차를 검정하는 것을 말한다.

(1) 펄스의 허용차

택시미터의 펄스의 허용오차는 표기된 주행거리 및 요금에 상당하는 발생 펄스수를 기준으로 0~2.0% 이내이어야 한다. 이에 대한 검사를 정치검사라 한다.

(2) 거리의 허용차

택시미터의 거리 허용오차는 택시미터를 자동차에 장착하여 주행한 거리가 택시미터에 표기된 거리에 대하여 0~4% 이내이어야 한다. 이에 대한 검사를 주행검사라 한다.

(3) 시간의 허용차

택시미터의 시간 허용오차는 택시미터에 장치된 시계기구가 표기하는 시간에 대하여 0~2.0% 이내이어야 한다.

(4) 할증(할인)의 허용차

할증(할인 포함)장치가 있는 택시미터의 할증(할인)에 대한 허용오차는 할증 장치가 택시미터에 표기된 발생 펄스 수, 거리, 시간에 대하여 (1), (2), (3)에 따른다.

03 성능 시험

(1) 통전 시험

① 택시미터는 전기를 인가하지 않은 상태로 상온에 3시간 이상 방치한 후 전원을 인가하여 기본시간을 경과시킨 직후의 후속시간(t_1) 및 약 30분 경과한 후의 후속시간(t_2)을 측정하였을 때, 다음 식에 따라 산출한 값이 3/1000 이하이어야 한다.

$$\frac{t_2 - t_1}{t_1}$$

여기서, t_1 : 기본시간을 경과시킨 직후의 후속시간

t_2 : 기본시간을 경과시킨 직후의 후속시간을 경과시킨 후 약 30분 경과 후의 후속시간

② 택시미터의 전원을 5초간 차단 후 인가하였을 때 요금 및 합산 표시부가 보존되어야 한다.

(2) 내온 시험

택시미터(펄스 발생장치 포함)는 외기 온도를 -10℃, 20℃ 및 60℃로 각각 1시간 동안 유지시켜 기본요금을 표시시킨 후 기본요금이 변경될 때까지 각각의 기본 회전수 및 기본시간과 기본요금이 경과한 후 이후 회전수 및 이후 시간이 10회 변경될 때까지 각각의 후속 회전수 및 후속시간을 측정하였을 때 그 오차율은 6/1000 이하이어야 한다.

(3) 내전압 시험

택시미터(펄스 발생장치 포함)는 전압 9V, 12V, 16V에서 기본요금을 표시시킨 후 기본요금이 변경될 때까지 각각의 기본 회전수 및 기본시간과 기본요금이 경과한 후 이후 회전수 및 이후시간이 10회 변경될 때까지 각각의 후속 회전수 및 후속시간을 측정하였을 때 그 오차율은 6/1000 이하이어야 한다.

(4) 내진동 시험

택시미터는 시계기구를 작동시킨 상태에서 진폭 1mm 이상 주파수는 60Hz(상용 주파수)로 최대 가속도의 크기가 20m/S²인 상하 진동을 72시간 연속해서 인가했을 때 기본요금을 표시시킨 후 기본요금이 변경될 때까지의 기본시간과 기본요금이 경과한 후 이후시간이 10회 변경될 때까지의 후속시간을 측정하였을 때 진동을 주기전과 후의 값을 비교하였을 때 그 차는 1/100 이하이어야 한다.

(5) 내구성 시험

택시미터(펄스 발생장치 포함)에 10,000km의 주행거리에 상당하는 회전수를 준 후 기본요금을 표시시켜 기본요금이 변경될 때까지 각각의 기본 회전수 및 기본시간과 기본요금이 경과한 후 이후 회전수 및 이후시간이 10회 변경될 때까지 각각의 후속 회전수 및 후속시간을 측정하여 측정전과 비교 하였을 때 그 차이는 1/100 이하이어야 한다.

(6) 노이즈 시험

택시미터에 40km/h에 상당하는 속력을 준 상태에서 출력 임피던스 50Ω의 펄스 발생기에 아래 표에 해당하는 조건의 충격성 잡음을 택시미터의 전원단자 및 펄스신호 진입선과 접지단자(또는 몸체 케이스)사이에 접촉시켰을 때 그 기능에 문제가 없어야 한다.

항 목	조 건
펄스의 높이	350V
펄스의 폭	1 μs
펄스의 상승시간	1 ns
펄스의 주파수	상용 주파수와 동일
펄스의 극성	+ 및 -
펄스의 위상	0°에서 360°까지

(7) 시간 및 거리 구동시험

① 시간 및 거리 상호 병산용 택시미터(펄스 발생장치 포함)는 한계속도 이하에서는 시간 구동에 의하여 작동되어야 하며, 한계속도 초과시에는 거리 구동에 의하여 작동되어야 한다. 이때의 한계속도의 허용오차는 표기된 속도에 대하여 기차 조정장치가 없는 것은 1/100 이하이고, 전기적 기차 조정장치가 있는 것은 2/100 이하이어야 한다.

② 시간 및 거리 제한적 동시 병산용 택시미터(펄스 발생장치 포함)는 한계속도 이하에서는 시간·거리 구동에 의하여 작동되어야 하며, 한계속도 초과 시에는 거리 구동에 의하여 작동되어야 한다. 이때의 한계속도의 허용차는 표기된 속도에 대하여 기차 조정장치가 없는 것은 2/100 이하이고 전기적 기차 조정 장치가 있는 것은 3/100 이하이어야 한다.

기출문제

✦ 자동차 차대번호(VIN)가 KMHEM42APXA 000001일 때 각각의 의미를 설명하시오.(107-1-5)

✦ 국제 제작자 식별 부호(WMI : World Manufacturer Identification)를 설명하시오.(84-1-1)

---

01 국제 제작자 식별 부호(WMI : World Manufacturer Identification)

국제 제작자 식별부호(WMI)는 차대번호 중 자동차 제작자의 구분을 위해 첫째자리 또는 셋째짜리에 표기하는 부호로서 국토교통부장관이 제작자에게 배정한 차대번호 표기부호를 말한다.

02 차대번호(VIN : Vehicle Identification Number) 구성

차대번호(VIN : Vehicle Identification Number)에는 자동차 제조국가, 제조사, 차량 구분, 차종 구분, 세부 차종 및 등급, 차체 형상, 안전장치, 배기량, 확인 코드, 제조년도, 생산공장, 생산번호가 총 17자리로 명기되어 알파벳과 숫자로 조합하여 표기를 한다.

03 차대번호(VIN : Vehicle Identification Number) 일반적인 위치

① 운전석 윈드실드 하단
② 운전석 도어 프레임 안쪽
③ 엔진룸 상단 프레임
④ 앞바퀴 차체 안쪽

차대번호 구성

1	K	제조 국가	K : 한국 J : 일본 1 : 미국 1~5 : 북미	6~7 : 오세아니아 8~0 : 남미 W : 독일 M : 인도
2	M	제조사	M : 현대 L : 대우 N : 기아 P, R : 쌍용	V : 폭스바겐 A : 아우디 B : BMW
3	H	차량 구분	H : 승용 J : 승합	F : 화물 C : 특장
4	E	차종 구분	A : 경차 B : 중소형차 C : 소형 D : 준중형	E : 중형 F : 준대형 G : 대형
5	M	세부 차종 및 등급	A : 카고 B : 덤프 H : 믹서	L : 기본사양 M : 고급사양 N : 최고급사양
6	4	차체 형상	1 : 리무진 2~5 : 도어수 6 : 쿠페	7 : 컨버터블 8 : 웨건 0 : 픽업
7	4	안전장치	1 : 장치 없음 2 : 수동안전띠	3. 자동안전띠 4. 에어백
8	B	배기량	A : 1800cc B : 2000cc C : 2500cc	
9	P	확인 코드	P : LHD R : RHD 0~9 : 미국	
10	J	제조년도	I : 2018 J : 2019 K : 2020	
11	A	생산 공장	A : 아산 U : 울산 C : 전주	M :인도 Z : 터키
12~17	000000	생산번호	000001	

✦ 자동차 튜닝(Tuning)에 관한 내용이다. 다음 사항을 설명하시오.(125-4-2)
  1) 튜닝의 정의
  2) 자동차의 구조 및 장치가 동시에 변경되는 경우에는 자동차관리법상에 따라서 같은 날에 튜닝승인 및 튜닝승인 금지 대상
  3) 자동차관리법상 튜닝승인의 세부기준에서 승인이 되지 않는 대상

✦ 자동차관리법령에서 정한 튜닝(tuning)에 대하여 설명하시오.(122-3-1)
  1) 튜닝의 정의
  2) 튜닝 승인 기준
  3) 튜닝 승인 제한기준(성능 또는 안전도 저하 우려가 있는 경우는 세부기준 포함)

✦ 튜닝의 종류 중 빌드업 튜닝(Build up Tuning), 튠업 튜닝(Tune up Tuning), 드레스업 튜닝(Dress up Tuning)에 대하여 설명하시오.(108-1-11)

01 자동차 튜닝 정의

자동차관리법 제2조(정의)에서는 자동차 튜닝을 다음과 같이 정의 하고 있다.

자동차 튜닝은 자동차의 구조 및 장치의 일부를 변경하거나 자동차에 부착물을 추가하는 것을 말한다.

02 튜닝 승인 금지 대상

① 총중량이 증가되는 튜닝
② 승용차의 차량중량이 120kg을 초과하여 증가되는 경우
③ 중형차의 차량중량이 200kg을 초과하여 증가되는 경우
④ 변경전보다 성능 또는 안전도가 저하될 우려가 있는 경우
  ㉮ 일반형 승합자동차의 뒷좌석을 제거한 후 소파 등을 설치하는 경우
  ㉯ 배기가스 발산 방지장치, 소음 방지장치 등을 제거하는 경우
  ㉰ 보조 조향 핸들을 설치하거나 안전기준에 부적합한 등화장치를 설치하는 경우
  ㉱ 차체 및 차대 전체가 늘어나거나 줄어드는 가변형으로 변경하는 경우

03 빌드업 튜닝(Build up Tuning)

(1) 정의

빌드업 튜닝(Build up Tuning)은 일반 승합차, 화물차 등의 적재장치 및 승차를 위한 장치의 구조에 대한 변경을 하는 것을 말한다. 따라서 전축 및 후축 중량, 길이, 너비, 높이, 차체, 차대, 연결 장치 등과 같은 자동차의 제원이 크게 변경되는 튜닝이다.

(2) 승인 필요성

사전에 한국교통안전공단에서 전자 승인 또는 방문 승인을 받고, 차량 튜닝이 완료된 후 한국교통안전공단에서 승인된 내용과 동일하게 튜닝이 되었는지 여부를 확인하는 검사를 한다.

1) 승인이 필요하지 않는 빌드업 튜닝(Build up Tuning)

화물차 공구함 설치 및 적재함 포장 설치 등

2) 승인이 필요한 빌드업 튜닝(Build up Tuning)

특수 구급차, 일반 구급차, 이동 도서관차, SUV 적재함의 하드탑, 하프탑, 유류 탱크로리 등

04 튜업 튜닝(Tune up Tuning)

(1) 정의

튜업 튜닝(tune up tuning)은 엔진, 동력전달, 제동, 조향, 연료, 차체, 연결 및 견인, 방음, 배출가스 방지, 등화장치 등과 같은 자동차의 성능 향상을 목적으로 하는 것을 말한다.

(2) 승인 필요성

사전에 튜닝에 대한 승인 없이 튜닝을 완료하고 한국교통안전공단에서 자동차 안전기준, 배출가스 기준, 소음 기준에 적합한지 여부를 확인하는 검사를 한다.

1) 승인이 필요하지 않는 튜업 튜닝(Tune up Tuning)

흡기 매니폴드, 에어 클리너, ABS 브레이크, 자동 주차 브레이크, 연료 절감 장치, 쇽업소버, 스프링 튜닝, 정속 주행장치, 차간거리 경보장치, 타이어 압력 센서 등

2) 승인이 필요한 튜업 튜닝(Tune up Tuning)

엔진 교체, 실린더 블록 교체, 방전식 전조등(HID), 변속기, 차폭등, 촉매 장치 변경, 연결 장치, 연료탱크 추가 등

05 드레스업 튜닝(Dress up Tuning)

(1) 정의

드레스업 튜닝(dress up tuning)은 개인적인 성향에 맞게 자동차를 꾸미기 위하여 외관을 변경하거나 색칠을 하거나 부착물 등을 추가하는 것을 말한다.

(2) 승인 필요성

자동차 안전기준을 벗어나지 않는 범위 내에서 튜닝이 가능하며 별도의 승인이나 검사가 불필요하다.

✦ 환경 친화적인 자동차 설계 기술 5가지 항목을 나열하고 각 항목에 대하여 설명하시오.(104-4-1)

✦ 그린(Green) 운동과 관련하여 환경 친화적인 자동차 설계 방안에 대해 기술하시오.(75-2-6)

✦ 자동차 신기술 동향에서 1) 연비 향상 기술 2) 경량화 기술 3) 가변기구 기술 4) NVH 저감 기술 5) 부품 모듈화 기술을 설명하시오.(68-2-5)

01 개요

19세기 후반부터 중요 자원으로 사용되면서 석유 자원의 고갈에 따른 유가 변동이 더욱 심화되고 자동차의 세계 보급에 따른 CO_2 배출가스의 증가로 인하여 온실가스에 의한 지구 온난화에 대한 환경 영향성이다. 이에 이러한 온난화 방지를 위하여 교토의 정서가 2005년 발효되었고, 각국 정부는 환경 규제를 강화하고 있다.

이와 같이 세계적으로 급변하는 자동차 환경 기술에 대처 가능한 저배기 및 저탄소 친환경 자동차의 핵심 엔진, 핵심 부품, 소재 기술, 운행차 배출가스 저감 기술을 개발하기 위하여 지속적으로 연구 중에 있다.

02 연비 향상을 위한 기술

(1) 소형 상용차 LPG 직접분사 엔진 개발

1) 개요

디젤차 배출가스 규제 강화로 규제 대응 방안인 디젤차의 후처리 시스템의 장착은 디젤 차량의 가격 상승을 동반하여 이에 대한 비용을 절감하고, 온실가스와 입자상물질을 동시에 저감하며, 미세먼지와 질소산화물의 배출이 적은 소형 상용차용 LPG 직접분사 엔진과 관련 부품을 개발하고 있다.

2) 액화 석유가스(LPG) 연료 특성

상용차용 엔진(T-LPDi)을 개발하여 동급 디젤 엔진과 동등 수준의 성능을 목표로 하고 있다.

액화 석유가스(LPG) 연료는 기화 성능이 우수하고 중량당 발열량 및 옥탄가가 높아 직접분사방식 엔진에 유리하며, 터보 과급기술과 함께 적용하여 장점을 극대화할 수 있는 장점이 있다.

3) 시스템 구성

터보 LPG(T-LPDi) 직접분사 엔진, 터보차저, LPG 직접분사 인젝터 및 압력 펌프, 후처리 촉매, EMS(Engine Management System)등으로 구성된다.

(2) 에탄올 혼합 연료를 사용한 터보 직접분사 엔진 개발

1) 개요

에탄올 FFV(Flexible Fuel Vehicle)는 가솔린과 에탄올을 혼합하여 연료로 사용하는 자동차를 말한다. 현재는 브라질과 미국에서 보급이 활발하게 진행되고 있으며, 유럽에서도 보급이 확대되는 추세다. 에탄올은 주로 사탕수수와 옥수수에서 추출하므로 화석 연료에 비해 더 친환경인 연료이다.

2) 에탄올 FFV (Flexible Fuel Vehicle) 연료 특성

에탄올 연료는 함산소 연료로 완전 연소에 가깝게 가능하며 화석연료와 비교하면 탄소수가 적어 CO_2와 유해 배출물이 적게 발생하는 장점을 가지고 있다. 또한 에탄올 연료를 직접분사(GDI) 엔진에서 사용할 경우 높은 증발 잠열의 에탄올 연료 특성으로 인한 실린더 내부의 온도를 낮게 할 수 있는 장점을 가지고 있다. 터보 직접분사에 의한 엔진 다운사이징(1.6리터→1.0리터)이 가능하며, 성능은 20% , 연비는 5% 정도 향상 될 것으로 예상되고 있다.

(3) 미세먼지 및 온실가스 저감을 위한 저마모 저탄소 타이어 개발

1) 개요

2012년 ICCT 연구보고서에서 타이어의 구름 저항계수(RRC)와 CO_2 상관관계에 대한 연구에 의하면 타이어의 구름 저항계수(RRC)가 감소(예 : 10%)되면, CO_2 저감(예 : 1.5~2.0%) 효과가 있다고 보고되고 있다. 따라서 미세먼지 및 온실가스에 주로 영향을 주는 자동차 배출가스와 별개로 CO_2 저감을 위한 타이어의 구름 저항계수(RRC)를 개선하는 연구가 지속되고 있다.

2) 타이어의 구름 저항계수(RRC) 개선을 위한 기술 개발은 다음과 같다.

① 마모입자 발생이 적은 소재 개선 및 연료 경제성이 우수한 고무소재 개발 연구가 필요하다.
② 타이어 구조 및 패턴을 최적화할 수 있는 기술 개발의 연구가 필요하다.
③ 실리카와의 친화성을 극대화하여 기존 고무 대비 가볍고 수명이 길며 회전 저항력이 우수한 솔루션 스타이렌 부타디엔 고무(SSBR : Solution Styrene Butadiene Rubber) 등 고기능성 신소재 개발 연구가 필요하다.

(4) 48V 마일드 하이브리드(MHEV : Mild Hybrid electric Vehicle) 기술 개발

1) 개요

하이브리드 자동차의 복잡한 시스템으로 인한 가격 상승을 줄이기 위해 기존의 엔진과 변속기 사이에 전기 모터를 장착하지 않고 용량이 향상된 알터네이터를 모터로 이용하여 발전과 동력 토크를 보조할 수 있는 소형차 위주로 적용중인 시스템이 48V 마일드 하이브리드 시스템이다. 48V 시스템을 적용하는 이유는 안전과 비용 측면이라 할 수 있다.

유럽연합(EU)이 규정한 사람에게 가장 안전하다고 볼 수 있는 최대 전압을 48V로 보고 있으며, 이는 고전압으로 인한 보호 장치가 필요 없어 보호 장치에 따른 추가적인 비용이 절감된다. 또한 기존 내연기관과 하이브리드 시스템의 중간정도의 시스템인 48V 마일드 하이브리드 시스템을 통해 엔진에 의한 동력 이외에 보조 동력의 추가가 가능하고, 제동시 전기 에너지를 생성하여 저장할 수 있는 회생 제동도 가능하여 연비의 절감 효과(예 : 약 15%)와 CO_2 배출 감소(예 : 약 10%)가 가능하다.

2) 시스템 구성

① AC·DC 인버터(Inverter) : 교류(AC)를 직류(DC)로 변환한다.

② 48V 리튬이온 전지 : 정차와 주행 시 상황에 따라 충전과 방전을 반복하면서 에너지 저장장치로서 역할을 한다.

③ 배터리 컨트롤러(Battery Controller) : 배터리 충전 상태(SOC : State of Charge)를 모니터링을 통하여 제어를 한다.

④ DC·DC 컨버터(Converter) : 48V 전원을 12V 전원으로 변환한다.

⑤ 전기 모터(Electric Motor) 및 발전기(Generator) : 엔진을 시동(Engine start) 하거나, 제동시 전기 에너지를 생성(회생 제동)하여 전기 에너지를 저장하게 한다.

⑥ 전기 슈퍼 차저(Electric Supercharger) : 터보 래그(Turbo lag)가 발생하지 않도록 해준다.

(5) 연속 가변 밸브 듀레이션(CVVD : Continuously Variable Valve Duration) 기술 개발

엔진의 작동 조건을 연비(연비 우선 : 앳킨슨 사이클), 성능(성능 우선 : 밀러 사이클), 연비 및 성능 절충형(오토 사이클)으로 구분하여 주행 상황에 따라 엔진의 작동 조건을 최적화하여 제어할 수 있도록 밸브 열림 기간(Duration)을 정하여 작동하도록 하지만 연속 가변 밸브 듀레이션(CVVD : Continuous Variable Valve Duration)기술은 연비 주행, 가속 주행 등 운전 조건에 따라 밸브 기간(Duration)을 적절하게 제어하여 앳킨슨 사이클, 밀러 사이클, 오토 사이클을 모두 구현할 수 있는 기술이다. 또 유효 압축비를 가변(예 : 4 : 1 ~ 10.5 : 1)이 가능한 가변 압축비 제어도 가능하다.

정속 주행 시 출력을 작게 하고, 연비를 향상시킬 수 있도록 흡기밸브를 압축 행정의 중후반까지 열어두어 압축 시 발생하는 저항을 감소시켜 압축비를 낮췄고, 가속 주행시 엔진토크를 향상시켜 가속을 쉽게 할 수 있도록 흡기 밸브를 압축 행정 초반에 닫아 폭발에 사용되는 공기량을 최대화하였다. 연속 가변 밸브 듀레이션(CVVD : Continuous Variable Valve Duration)기술을 적용하여 엔진 성능(예 : 4% 이상), 연비(예 : 5% 이상) 향상이 가능하며, 배출가스 저감(예 : 12% 이상)이 가능하다.

03 경량화 설계(Light weighting Design)

(1) 개요

경량화는 구조(Design) 경량화, 공법(Processing) 경량화, 소재(Materials) 경량화로 구분할 수 있으며, 이중에서 소재(Materials) 경량화가 경량화 측면에서 가장 효과가 크다. 소재(Materials) 경량화는 기존 철강 소재를 경량 소재로 변경하거나 일부분만 결합할 수 있도록 설계하는 것을 의미한다. 초고장력 강판, 알루미늄, 마그네슘, 플라스틱, 탄소섬유 같은 소재의 적용이 그 사례라 할 수 있다.

자동차 차체의 경량화는 자동차 연비 효율 향상을 위한 핵심 요소로 연료소비(예 : 3~8%) 및 배기가스 배출을 감소(예 : CO 4.5%, HC 2.5%, NOx 8.8%)시킬 수 있으며 주행저항 감소, 제동거리 향상(예 : 약 5%) 등 자동차 전체적인 성능을 향상시키는데 기여한다.

(2) 고장력 강판

일반 강판보다 인장강도를 2배 이상 높이면서 중량은 감소시킨 초고장력 강판(AHSS : Advanced High Strength Steel), 울트라 초고장력 강판 등이 차체에 사용되고 있다.

(3) 알루미늄 합금

1970년대부터 차량의 엔진 블록에 알루미늄 소재가 사용되었고, 최근에는 엔진 후드(Hood), 루프(Roof), 도어(Door) 등에 적용이 확대되고 있으며 알루미늄은 비중이 철에 비해 약 34% 수준(알루미늄 비중 2.71, 철 비중 7.87)으로 무게가 가볍고 내식성, 열전도성이 우수하여 철강을 대체할 수 있는 대표적인 소재이다. 그러나 철 대비 가격이 비싸고 강도가 약한 단점이 있다. 약한 강도의 단점을 보완하기 위하여 다양한 합금기술이 개발되어 알루미늄의 순도 기준에 따라 1000계, 2000계, 3000계, 4000계, 5000계, 6000계, 7000계 등으로 나누어진다. 5000계(Al-Mg계) 및 6000계(Al-Mg-Si계) 알루미늄 합금은 강도나 성형성이 우수하여 자동차용 합금 판재로 자동차에 사용 중이다.

(4) 탄소 섬유 복합재

탄소 섬유 강화 플라스틱(CFRP : Carbon Fiber Reinforced Plastic)은 녹이 슬지 않고, 인장강도가 철에 비해 5배 이상 높으면서 비중은 1/4 정도로 자동차 차체, 내장재, 외장재, 전장품, 엔진부품 등에 적용되고 있다.

04 가변기구 기술

(1) 개요

가변 밸브 시스템 기술은 흡기와 배기의 밸브 타이밍을 통해 밸브의 개폐시기 및 개폐량을 조절해 밸브 오버랩 타이밍을 제어, 실린더 충전량과 잔류 가스량에 대한 조절이 가능한 기술을 말한다.

즉, 고속구간에서는 흡기 밸브를 일찍 열어 흡기와 배기 오버랩을 크게 하여 흡배기

관성효과로 체적효율의 증가, 출력 성능의 증대, 잔류 가스양의 증가로 흡입공기와 배기 가스가 혼합되어 내부 EGR의 증대로 NOx 발생이 저감되며, 저속구간에서는 흡기 밸브를 늦게 열어 흡기와 배기 오버랩을 작게 하여 엔진 회전수 안정, 잔류 가스양의 감소로 연소 과정의 개선, 체적효율 및 출력성능을 향상시킨다.

(2) 가변 밸브 타이밍(VVT : Variable Valve Timing)

엔진의 회전수에 따라 저속과 고속으로 구분하여 밸브가 열리는 타이밍을 변경하여 밸브 오버랩(흡기와 배기가 동시에 열리는 구간)을 조절하는 방식으로 엔진의 출력 증대, 연비 향상, 배기가스 감소의 장점을 가지고 있다.

(3) 연속 가변 밸브 타이밍(CVVT : Continuous Variable Valve Timing)

엔진 회전수의 전영역에서 밸브가 열리는 타이밍을 연속적으로 변경하여 밸브 오버랩(흡기와 배기가 동시에 열리는 구간)을 조절하는 방식이다.

(4) 연속 가변 밸브 리프트(CVVL : Continuous Variable Valve Lift)

밸브의 개폐의 양정을 조절해 흡기와 배기가스의 통과·통로 면적을 가변하여 실린더 내의 공기량을 조절하는 제어하는 방식이다.

(5) 연속 가변 밸브 듀레이션(CVVD : Continuous Variable Valve Duration)

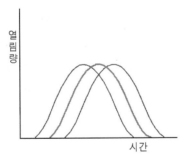

(a) 가변 밸브 타이밍(CVVT : Continuous Variable Valve Timing)

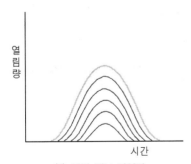

(b) 가변 밸브 타이밍
(CVVL : Continuous Variable Valve Lift)

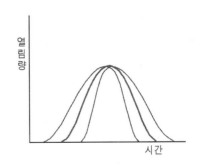

(c) 가변 밸브 듀레이션
(CVVD : Continuous Variable Valve Duration)

밸브 가변 제어기술

엔진의 작동 조건을 연비(연비 우선 : 앳킨슨 사이클), 성능(성능 우선 : 밀러 사이클), 연비 및 성능 절충형(오토 사이클)으로 구분하여 주행 상황에 따라 엔진의 작동 조건을 최적화하여 제어할 수 있도록 밸브 열림 기간(Duration)을 정하여 작동하도록 하지만 연속 가변 밸브 듀레이션(CVVD : Continuous Variable Valve Duration)기술은 연비 주행, 가속 주행 등 운전 조건에 따라 밸브 기간(Duration)을 적절하게 제어하여 앳킨슨 사이클, 밀러 사이클, 오토 사이클을 모두 구현할 수 있는 기술이다. 또 유효 압축비를 가변(예 : 4 : 1 ~ 10.5 : 1)이 가능한 가변 압축비 제어도 가능하다.

정속 주행 시 출력을 작게 하고, 연비를 향상시킬 수 있도록 흡기 밸브를 압축 행정의 중후반까지 열어두어 압축 시 발생하는 저항을 감소시켜 압축비를 낮췄고, 가속 주행 시 엔진 토크를 향상시켜 가속을 쉽게 할 수 있도록 흡기 밸브를 압축 행정 초반에 닫아 폭발에 사용되는 공기량을 최대화하였다. 연속 가변 밸브 듀레이션(CVVD : Continuous Variable Valve Duration) 기술을 적용하여 엔진 성능(예 : 4% 이상), 연비(예 : 5% 이상) 향상이 가능하며, 배출가스의 저감(예 : 12% 이상)이 가능하다.

05 NVH 저감 기술

(1) 개요

차량의 경량화와 엔진 다운사이징은 연비 향상을 위해 중요한 요소이지만 진동소음 측면에서는 불리할 수밖에 없는 상반된 관계에 있다. 차량에서 발생하는 소음은 발생원이 다양하며 특히, 엔진에서 발생하는 소음을 막기 위하여 후드 안쪽과 격벽에 흡음재와 차음재를 적용하고, 노면의 노이즈를 막기 위해 바닥에 흡음재와 차음재를 적용하는 기술을 수동적 소음 제어(Passive Noise Control) 기술이라고 한다.

이런 수동적 소음 제어(Passive Noise Control) 기술은 중량이 증대되어 연비가 나빠지는 기술적 한계가 있다. 최근에는 일정 주파수 대역(65~125Hz)의 노이즈를 음향기술로 상쇄시키는 능동적 소음 저감 기술(ANC : Active Noise Control)이 적용되고 있다.

(2) 능동적 노면 소음 저감 기술(RANC : Road-noise Active Noise Control)

음향 신호 분석용 제어 컴퓨터인 디지털 신호 프로세서(DSP : Digital Signal Processor)에 의해서 노면에서 발생하는 다양한 소음을 분석하여 소음과 반대되는 주파수를 생성하여 서로 상쇄되도록 하여 소음을 줄여 주는 기술이다.

1) 시스템 구성

가속도 센서, 디지털 신호 프로세서(DSP : Digital Signal Processor), 마이크, 앰프, 오디오 등으로 구성된다.

2) 원리

가속도 센서를 진동 경로에 장착하여 노면의 소음을 발생시키는 진동 주파수를 측정하고, 디지털 신호 프로세서(DSP : Digital Signal Processor)는 진동 주파수를 분석하여 위상이 다른 진동 주파수를 발생하여 서로 상쇄시킨다. 또한 마이크는 소음 수준을 모니터링하여 디지털 신호 프로세서(DSP : Digital Signal Processor)로 보내어 소음을 상쇄할 수 있도록 해준다.

06 부품 모듈화 기술

(1) 개요

모듈(Module)은 여러 개의 부품을 단위별로 조립한 부품들의 집합체를 말하며, 자동차 모듈화란 여러 가지 부품을 더 큰 단위로 단위별로 나누어 조합하여 모듈업체(Module Supplier)에서 개발과 생산하여 자동차 조립라인에 공급하는 것을 의미한다.

모듈화의 장점으로는 생산성 향상, 개발 기간 단축, 원가절감 및 품질 향상 등을 들 수 있으며, 단점으로는 모듈화가 되면 기존 라인에 대한 초기 변경이 필요하여 라인 변경에 대한 초기 투자비용이 발생하며, 다품종 소량생산이 어렵고, 모듈화를 위한 표준화 작업이 필요하다.

(2) 칵핏 모듈(Cockpit Module)

인스트루먼트 패널, AV시스템, 공조, 에어백 등의 부품으로 구성된 부품 조립단위로 설계 및 조립하여 완성차 생산 라인에 공급하는 제품단위로 주행정보, 엔터테인먼트, 제어장치를 제공하는 역할을 한다.

(3) FEM(Front End Module)

차량의 전면부에 위치하는 라디에이터, 헤드램프, 범퍼, 캐리어, 혼 등 엔진룸 앞쪽 기능이 있는 부품 조립단위로 설계 및 조립하여 완성차 생산 라인에 공급하는 제품단위이다.

(4) 섀시 모듈(Chassis Module)

차량 엔진룸 하부에 위치하여 뼈대를 이루는 현가, 조향, 제동, 엔진 트랜스미션, 액슬 등의 부품으로 구성된 부품 조립 단위로 설계 및 조립하여 완성차 생산 라인에 공급하는 제품단위이다.

✦ 최신 산업기술인 메카트로닉스(Mechatronics), 재료기술, 정보기술, 환경기술 및 에너지 기술에 대하여 자동차에 적용된 사례를 설명하시오.(104-4-5)

01 자동차 메카트로닉스(Mechatronics) 기술

(1) 개요

메카트로닉스(Mechatronics)는 시스템 본연의 기능을 정확하게 작동하기 위하여 기계 시스템과 마이크로프로세스, 센서, 회로 등을 포함한 전자제어기가 결합된 시스템을 말한다. 자동차에서는 수많은 부품들로 구성된 전자제어기(ECU : Electronic Control Unit)를 통해서 자동차의 각종 장치들을 제어하는 역할을 한다.

오버 스티어, 언더 스티어와 같은 차량의 불안정한 상황을 판단하여 차량의 불안정한 자세를 안정적으로 제어해 주는 차량 자세 제어 시스템(ESC : Electronic Stability Control), 배터리의 상태를 모니터링하여 배터리의 상태에 따라 전자제어기(ECU)가 최적으로 작동될 수 있도록 도와주는 지능형 배터리 센서(IBS : Intelligent Battery Sensor) 등이 있다.

(2) 차량 자세 제어 시스템(ESC : Electronic Stability Control)

ESC(Electronic Stability Control)는 각종 센서들로부터 휠 속도, 제동 압력, 조향핸들 각도 및 차체의 기울어짐 등 신호를 수신하여 분석을 통하여 차량 가속시, 제동시, 선회시, 급격한 스티어링시 차량의 불안정한 상태(오버 스티어, 언더 스티어)에서 발생할 경우 각 휠의 브레이크 유압 제어와 함께 엔진 토크 감소 제어(Engine Torque Down)를 행하여 차량의 불안정한 자세를 안정적으로 잡아주는 시스템이다.

기본 기능으로 ABS, EBD, TCS, VDC, BAS 외에 부가 기능(VAFs : Value Added Functions)을 수행하며 ESC(Electronic Stability Control) 외에 ESP(Electronic Stability Program), VDC(Vehicle Dynamic Control), 엑티브 요-모멘트 제어(AYC : Active Yaw Control) 등으로 부른다.

(3) 지능형 배터리 센서(IBS : Intelligent Battery Sensor)

지능형 배터리 센서(IBS : Intelligent Battery Sensor)는 배터리의 상태를 모니터링하고 배터리의 상태에 따라 전자제어기(ECU)가 최적으로 작동될 수 있도록 도와주는 기술이다. 지능형 배터리 센서(IBS : Intelligent Battery Sensor)의 작동 원리는 다음과 같다.

배터리의 마이너스(-) 단자에 장착되어 배터리의 전류, 전압, 온도를 실시간으로 모니터링한 데이터를 기반으로 배터리 상태를 진단하고 필요한 정보를 전자제어기(ECU)로 전송하여 배터리의 전원을 사용하는 각종 내부 시스템이 배터리의 현재 상태에 맞춰 작동될 수 있도록 유도한다.

지능형 배터리 센서(IBS : Intelligent Battery Sensor)와 연계한 기능 중에 ISG(Idle Stop and Go)와 발전 제어 장치가 있다. ISG(Idle Stop and Go)의 경우 차량 정차 시 차량의 상태를 판단하여 자동으로 엔진을 중지하고 출발할 때는 자동으로 재시동하는 기능을 통해 시내 주행에서 연료 소비(예 : 최대 15%)를 줄여주는 기능이다.

02 자동차 재료 기술

(1) 개요

경량화는 구조(Design) 경량화, 공법(Processing) 경량화, 소재(Materials) 경량화로 구분할 수 있으며, 이중에서 소재(Materials) 경량화가 경량화 측면에서 가장 효과가 크다. 소재(Materials) 경량화는 기존 철강 소재를 경량 소재로 변경하거나 일부분만 결합할 수 있도록 설계하는 것을 의미한다. 초고장력 강판, 알루미늄, 마그네슘, 플라스틱, 탄소 섬유 같은 소재의 적용이 그 사례라 할 수 있다.

자동차 차체의 경량화는 자동차 연비 효율의 향상을 위한 핵심 요소로 연료 소비(예 : 3~8%) 및 배기가스의 배출을 감소(예 : CO 4.5%, HC 2.5%, NOx 8.8%)시킬 수 있으며 주행저항의 감소, 제동거리의 향상(예 : 약 5%) 등 자동차의 전체적인 성능을 향상시키는데 기여한다.

(2) 고장력 강판

일반 강판보다 인장강도를 2배 이상 높이면서 중량은 감소시킨 초고장력 강판(AHSS : Advanced High Strength Steel), 울트라 초고장력 강판 등이 차체에 사용되고 있다.

(3) 알루미늄 합금

1970년대부터 차량의 엔진 블록에 알루미늄 소재가 사용되었고, 최근에는 엔진 후드(Hood), 루프(Roof), 도어(Door) 등에 적용이 확대되고 있으며 알루미늄은 비중이 철에 비해 약 34% 수준(알루미늄 비중 2.71, 철 비중 7.87)으로 무게가 가볍고 내식성, 열전도성이 우수하여 철강을 대체할 수 있는 대표적인 소재이다. 그러나 철 대비 가격이 비싸고 강도가 약한 단점이 있다. 약한 강도의 단점을 보완하기 위하여 다양한 합금 기술이 개발되어 알루미늄의 순도 기준에 따라 1000계, 2000계, 3000계, 4000계, 5000계, 6000계, 7000계 등으로 나누어진다. 5000계(Al-Mg계) 및 6000계(Al-Mg-Si계) 알루미늄 합금은 강도나 성형성이 우수하여 자동차용 합금 판재로 자동차에 사용 중이다.

(4) 탄소 섬유 복합재

탄소 섬유 강화 플라스틱(CFRP : Carbon Fiber Reinforced Plastic)은 녹이 슬지 않고, 인장강도가 철에 비해 5배 이상 높으면서 비중은 1/4 정도로 자동차 차체, 내장재, 외장재, 전장품, 엔진부품 등에 적용되고 있다.

03 자동차 정보 기술

자율 주행은 가시거리(LOS : Line Of Sight) 내에서 동작하는 카메라(Camera), 레이더(Radar), 라이다(LiDAR)와 같은 고정밀 센서와 V2X 통신과의 접목을 통한 상황 판단, 인지 거리 및 정확도, 돌발 위험의 예측에 대한 획기적인 향상으로 보다 안정적인 자율주행이 가능하다.

V2X 통신 기술은 차량이 도로 인프라 또는 다른 차량과의 통신을 통하여 주행에 필요한 정보를 주고받음으로써 저렴한 가격으로 차량의 안전성 향상과 편의성 증대가 가능하고, 주행 차량의 위치, 주변 차량의 주행 정보 및 위치 정보를 송수신한다면 다른 차량의 상대 거리와 상대 속도를 알 수 있어 위성항법, 고정밀 센서, 차량 센서 및 V2X 통신 기술을 접목하면 높은 신뢰성이 확보되어 보다 안전한 자율 주행이 가능할 것으로 예상된다.

차량의 고정밀 센서를 통한 측위는 대략 250m 범위의 한계를 가지며, 차량과 인프라 통신(V2I) 웨이브(WAVE) 기준으로 통신 범위는 최대 1km 범위이므로 차량의 고정밀 센서를 통한 측위 한계 및 정확도에 대한 오차를 보완할 수 있으며 차량의 고정밀 센서의 동작 범위를 벗어난 위치에 교차로가 있는 경우 차량과 인프라 통신(V2I)을 이용하여 교차로의 신호등 정보, 교통정보 및 주행 차량의 정보를 받아 자율 주행에 대한 보다 효율적인 대처가 가능하여 보다 안전한 주행을 할 수 있을 것이다.

04 자동차 에너지 기술

1) 개요

하이브리드 자동차의 복잡한 시스템으로 인한 가격 상승을 줄이기 위해 기존의 엔진과 변속기 사이에 전기 모터를 장착하지 않고 용량이 향상된 알터네이터를 모터로 이용하여 발전과 동력 토크를 보조할 수 있는 소형차 위주로 적용중인 시스템이 48V 마일드 하이브리드 시스템이다. 48V 시스템을 적용하는 이유는 안전과 비용 측면이라 할 수 있다.

유럽연합(EU)이 규정한 사람에게 가장 안전하다고 볼 수 있는 최대 전압을 48V로 보고 있으며, 이는 고전압으로 인한 보호 장치가 필요 없어 보호 장치에 따른 추가적인 비용이 절감된다. 또한 기존 내연기관과 하이브리드 시스템의 중간정도의 시스템인 48V 마일드 하이브리드 시스템을 통해 엔진에 의한 동력 이외에 보조 동력의 추가가 가능하고, 제동시 전기 에너지를 생성하여 저장할 수 있는 회생 제동도 가능하여 연비 절감의 효과(예 :약 15%)와 CO_2 배출의 감소(예 : 약 10%)가 가능하다.

2) 시스템 구성

① AC·DC 인버터(Inverter) : 교류(AC)를 직류(DC)로 변환한다.

② 48V 리튬이온 전지 : 정차와 주행시 상황에 따라 충전과 방전을 반복하면서 에너지 저장장치로서 역할을 한다.

③ 배터리 컨트롤러(Battery Controller) : 배터리 충전 상태(SOC : State of Charge)를 모니터링을 통하여 제어를 한다.

④ DC·DC 컨버터(Converter) : 48V전원을 12V 전원으로 변환한다.

⑤ 전기 모터(Electric Motor) 및 발전기(Generator) : 엔진을 시동(Engine start) 하거나, 제동시 전기 에너지를 생성(회생 제동)하여 전기 에너지를 저장하게 한다.

⑥ 전기 슈퍼 차저(Electric Super charger) : 터보 래그(Turbo lag)가 발생하지 않도록 해준다.

(2) 연속 가변 밸브 듀레이션(CVVD : Continuously Variable Valve Duration) 기술

엔진의 작동 조건을 연비(연비 우선 : 앳킨슨 사이클), 성능(성능 우선 : 밀러 사이클), 연비 및 성능 절충형(오토 사이클)으로 구분하여 주행 상황에 따라 엔진의 작동 조건을 최적화하여 제어할 수 있도록 밸브 열림 기간(Duration)을 정하여 작동하도록 하지만 연속 가변 밸브 듀레이션(CVVD : Continuous Variable Valve Duration)기술은 연비 주행, 가속 주행 등 운전 조건에 따라 밸브 기간(Duration)을 적절하게 제어하여 앳킨슨 사이클, 밀러 사이클, 오토 사이클을 모두 구현할 수 있는 기술이다. 또 유효 압축비의 가변(예 : 4 : 1 ~ 10.5 : 1) 압축비 제어도 가능하다.

정속 주행 시 출력을 작게 하고, 연비를 향상시킬 수 있도록 흡기 밸브를 압축 행정의 중후반까지 열어두어 압축 시 발생하는 저항을 감소시켜 압축비를 낮췄고, 가속 주행시 엔진 토크를 향상시켜 가속을 쉽게 할 수 있도록 흡기 밸브를 압축 행정 초반에 닫아 폭발에 사용되는 공기량을 최대화하였다. 연속 가변 밸브 듀레이션(CVVD : Continuous Variable Valve Duration) 기술을 적용하여 엔진 성능(예 : 4% 이상), 연비(예 : 5% 이상) 향상이 가능하며, 배출가스 저감(예 : 12% 이상)이 가능하다.

✦ 차량 제작 과정을 선행 개발 단계부터 양산 개시 단계까지 단계별로 설명하시오.(84-3-4)

01 개요

약 2만 여개의 부품으로 구성되어 있는 자동차는 차종별 수만 대에서 수백만 대가 생산되어 판매되기 때문에 신차를 개발하고 출시하기 위해서는 막대한 비용과 시간이 소요된다. 자동차 개발 기간은 회사나 개발 형태에 따라 다르지만 보통 풀모델 체인지는 4~5년 정도 걸리고 부분변경 모델 체인지는 2~3년 정도 걸린다. 최근에는 자동차 시장의 환경이 빠르게 변하여 모델의 수명주기가 빨라지고 있는 추세이며 완성차 회사들은 경쟁력을 확보하기 위해 개발 프로세스 개선을 통하여 자동차 개발 기간에 줄이기 위해 노력하고 있다.

02 차량 제작 프로세스

차량 제작 프로세스는 크게 선행 단계, 설계 단계, 시작 단계, 양산 단계의 4단계로 구분할 수 있으며 세부적으로 선행 개발, 상품 기획, 제품 계획, 설계 구상, 시작 설계, 시작, 양산 설계, 시험 생산, 양산 개시의 9단계로 구분할 수 있다.

(1) 선행 개발(Advanced Engineering)

선행 개발은 제품 개발을 시작하기 전 향후 약 5~10년 정도 미래에 대한 기술동향의 기본적인 분석을 통하여 신기술을 개발할 수 있도록 하는 것으로 신제품 계획 승인 전에 엔진, 변속기, 조향장치, 현가장치, 제동장치 등과 같은 주요 부품의 설계, 프로토(Proto) 조립, 시험까지를 포함한다.

선행 개발에는 기초 공학 연구, 소프트웨어 연구, 인간공학 등의 다양한 분야의 연구를 통하여 차량의 성능, 소음진동, 안전, 연비, 연료, 공기 역학, 신소재, 엔진 등의 개발과 개선이 이루어진다. 주로 파워 트레인과 플랫폼 위주의 개발이 이루어지며, 플랫폼까지 개발이 끝나면 자동차 개발의 약 80%가 사실상 이루어진 것이라고 할 수 있다.

(2) 상품 기획

경쟁사 및 시장 요구(Needs) 등을 조사 및 분석을 통하여 투자비, 설비, 인력, 법규 조사, 사회 동향 등 다양한 상황들을 검토하여 개발 차량의 특징을 정하는 단계다. 상품 개발에 대한 주요 목표와 조건을 설정하고 상품 컨셉을 상세화하여 상품 이미지 등을 도출하여 다음과 같은 내용이 포함한 상품 기획서를 작성한다.

① **기획 배경**: 시장 동향의 조사 결과에 준한 목표와 정책
② **기본 컨셉**: 상품의 개요, 상품의 이미지

③ 상품의 위치 : 등급, 가격, 성격, 시장에서의 위치.

④ 판매지역 : 국내, 북미, 유럽, 중국, 중동 등

⑤ 목표 판매 대수 : 판매 목표 대수,

⑥ 상품 체계 : 제원, 성능, 구조 등과 같은 차량의 기본적인 내용

⑦ 투자 규모 : 개발 및 설비 투자범위

⑧ 수익성 : 목표 단가, 판매 이익

(3) 제품 계획

제품 계획 단계는 상품 기획서를 상세화하여 차량의 각 부문별 예산 분배, 판매 가격의 설정, 경쟁차종 및 위치 설정, 차종 사양에 따른 판매 가격, 전체적인 비용 등을 결정한다. 이와 같은 요소를 결정한 후 레이아웃(Lay-out)을 결정하기 위해서 엔진, 변속기, 조향, 현가, 시트 등의 구성 부품의 위치를 결정하는 단계로 넘어간다.

차량의 레이아웃(Lay-out) 단계는 엔진 룸, 실내 공간의 모양과 치수를 수치화하여 시뮬레이션 프로그램을 이용하여 엔진 룸, 실내 공간의 레이아웃을 결정한 후 도면을 작성하여 디자인으로 넘긴다. 또한 성능과 강도를 기준으로 중량을 설정하여 구조 해석을 수행한다.

(4) 설계 구상 및 디자인

1) 설계 구상

설계 구상 단계는 차량의 디자인과 연계해 설계자가 구상하고 있는 제품의 설계 구상서를 작성하는 단계다. 설계 구상서에는 설계 시스템이 갖춰야 할 사항들이 기술되며 설계의 방향과 목표치, 구조의 특징, 중량, 관련 법규 기준 및 경쟁차량 관련 정보, 설계 일정, 설계 시스템의 재질, 생산성, 조립성, A/S성 등이 종합적으로 작성된다.

2) 디자인

디자인은 스타일링과 선도 작업을 통하여 이뤄진다. 디자이너는 차체 강판, 유리, 플라스틱 등의 재질과 특성, 생산성 등을 고려하여 공기 역학 및 인간공학을 기반으로 하여 렌더링 기법으로 디자인을 표현한다. 디자인 초기에는 2D 스케치, 렌더링, 스케일 모델 등을 통하여 기획 및 디자인 정책과 일치 유무를 검토한다. 최종 단계는 실물 크기의 내장 및 외장 모델로 검토와 승인을 얻는다. 디자인이 통과되면 디자인의 차체 겉모습 형태와 주요 의장 부품 모양을 보여주는 선도 작업이 시작된다.

(5) 시작 설계(Proto Design)

시작 설계 단계는 작성된 차량 디자인, 설계 구상서를 기준으로 각 부품에 대한 시작 도면을 작성하는 단계이며 제작된 프로토 타입의 시작 차량을 통해 검증이 완료된 후 양산도가 작성된다. 시작 설계 검토 단계에서는 구조 해석과 성능 시뮬레이션을 이용하

여 보다 완성도가 높은 시작 차량을 만들거나 목표 성능에 부합하는 차량을 만들기도 한다. 여기서 구조 해석은 차체의 강성, 강도, 진동 등의 특성을 해석하는 것을 말하며, 성능 시뮬레이션은 동력 성능, 연비, 배기, 조종 안정성 등 기본적인 특성을 시뮬레이션 하여 예측하는 것을 말한다.

(6) 시작 차(Proto Car), 시작 차 시험(Proto Test)

시작(Proto)이란 시작 설계 단계에서 설계된 도면을 기준으로 차량을 제작하여 성능, 내구, 기능 등을 평가해 추후 생산 과정이나 판매 후에 발생할 수 있는 문제점을 평가한 후 개선하여 양산에 적합한 차량을 만들기 위한 단계이다.

(7) 양산 설계

양산 설계는 시작 설계 단계에서 설계된 도면을 기준으로 차량을 제작하여 성능, 내구, 기능 등을 평가해 발견된 문제점을 보완하여 양산을 위한 최종 설계를 하는 단계를 말한다. 양산 시작 차는 주로 품질팀에서 개발 목표에 대한 달성 유무를 평가하고, 필드에서 고객의 사용조건을 고려한 내구 주행 평가를 실시한다. 설계된 양산 도면을 기준으로 양산 시제품이 제작되어 여러 단계의 검사가 수행된다.

(8) 시험 생산

생산 준비 계획에 따라 양산과 동일한 조건에서 일정량의 차량을 생산하고, 생산된 차량으로 일정기간 동안 제원, 품질, 성능, 신뢰성 등을 평가하여 문제점을 다시 한 번 확인한다.

(9) 양산 개시

양산을 위한 준비가 완료된 후 생산 계획에 맞춰 양산을 한다.

기출문제

✦ 자동차 제작사 등이 판매한 자동차에 대하여 자동차 소유주는 교환 및 환불을 요구 할 수 있다. 자동차관리법에서 정하는 교환 및 환불의 요건과 교환이 불가능한 경우의 환불기준에 대하여 설명하시오.(125-3-6)

01 개요

자동차관리법 5장 제47조(2021. 4. 13) 및 자동차관리법 시행규칙 제98조 6에서 교환 및 환불의 요건기준에 대하여 인도된 시점부터 2년 이내에 자동차 제작자등에게 신차로의 교환 또는 환불을 요구할 수 있다.

02 자동차의 교환 또는 환불 요건

　　자동차관리법 5장 47조(2021. 4. 13)에서 다음과 같은 요건이 만족할 경우 자동차의 교환 또는 환불을 요구할 수 있다고 규정하고 있다.

1) 하자 발생 시 신차로의 교환 또는 환불 보장 등 국토교통부령으로 정하는 사항이 포함된 서면계약에 따라 판매된 자동차

2) 자동차 안전기준(제29조제1항)에 따라 구조나 장치의 하자로 인하여 안전이 우려되거나 경제적 가치가 현저하게 훼손되거나 사용이 어려운 자동차

3) 자동차 소유자에게 인도된 후 1년 이내 또는 주행거리가 20,000km 이하인 경우에 다음에 해당하는 경우

　① 동력발생장치(원동기), 동력전달장치, 조향장치, 제동장치 등 국토교통부령으로 정하는 구조 및 장치에서 발생한 같은 증상의 하자로 인하여 자동차 제작자 등이 2회 이상 수리하였으나, 그 하자가 재발한 자동차. 단, 1회 이상 수리한 경우로서 누적 수리기간이 총 30일을 초과한 자동차를 포함한다.

> **참고** **국토교통부령으로 정하는 구조 및 장치**
> ① 동력발생장치(원동기) 및 동력전달장치
> ② 주행장치
> ③ 조종 장치
> ④ 조향장치
> ⑤ 제동장치
> ⑥ 완충장치
> ⑦ 연료장치
> ⑧ 자동차 주행과 관련된 전기·전자장치
> ⑨ 차대(차대가 없는 구조의 자동차는 차체를 말한다)

　② ①항에서 정한 구조 및 장치 외에 다른 구조 및 장치에서 발생한 같은 증상의 하자를 자동차 제작자 등이 3회 이상 수리하였으나, 그 하자가 재발한 자동차. 단, 1회 이상 수리한 경우로서 누적 수리기간이 총 30일을 초과한 자동차를 포함한다.

> **참고** 하자 발생 자동차의 소유는 1)항의 경우에는 1회, 2)항의 경우에는 2회를 수리한 이후 같은 증상의 하자가 재발한 경우에는 그 사실을 자동차 제작자 등에게 국토교통부령으로 정하는 바에 따라 통보하여야 한다.

03 하자의 추정

하자 발생 자동차가 하자 차량 소유자에게 인도된 날부터 6개월 이내에 발견된 하자는 인도된 때부터 존재하였던 것으로 추정한다.

04 환불 기준

① 국토교통부령으로 정하는 기준은 다음과 같은 계산식에 따라 산정된 금액을 말한다.

$$환불금액 = 총판매가격 \times (1 - \frac{환불시\,주행거리(km)}{150,000})$$
$$+ 필수비용(취득세, 등록번호판 발급수수료)$$

② 자동차 제작자 등은 하자 차량 소유자에게 교환, 환불 중재 판정에 따라 신차로 교환하는 경우라도 생산 종료 또는 이에 준하는 사유로 그 교환이 불가능한 경우 등 국토교통부령으로 정하는 사유가 있으면 환불을 선택할 수 있다.

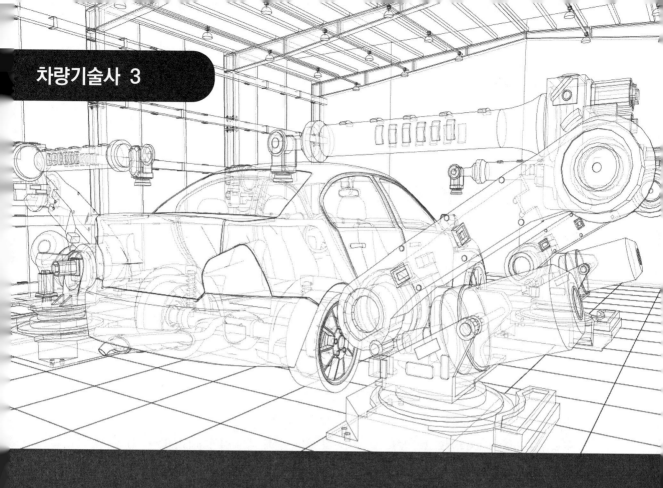

PART 7. 소재 가공

① 소재 가공

01 소재 가공

기출문제 유형

✦ 탄소섬유 강화 플라스틱(CFRP : Carbon Fiber Reinforced Plastics)의 소재 특성과 차량 경량화 적용 사례를 설명하시오.(122-3-6)

✦ 자동차의 경량화 방법 및 효과를 소재 사용과 제조공법 측면에서 설명하시오.(120-4-4)

✦ 차량의 연비를 향상시키기 위해서 사용되고 있는 차량용 경량재 3가지를 들고 각각을 설명하시오.(32)

✦ 자동차용 재료의 경량화 기술 동향에 대해 설명하시오.(69-4-3)

✦ 국내를 기준으로 자동차의 핵심부품 및 소재개발 추이전망에 대해 설명하시오.(81-4-1)

✦ 자동차 차체의 경량화 방법을 신소재 및 제조공법 측면에서 설명하시오.(110-4-6)

✦ CFRP(Carbon Fiber Reinforced Plastic)에 대하여 설명하시오.(98-1-4)

✦ 탄소 섬유 강화플라스틱(carbon fiber reinforced plastic)에 대하여 설명하시오.(117-1-8)

✦ 자동차 섀시의 경량화 기술에 대하여 설명하시오.(89-3-5)

01 개요

심각한 환경오염에 따른 기후변화협약(COP21)에서 체결된 파리협정(2015.12)이후에 온실가스와 화석에너지 사용 감축을 위하여 자동차 연비 규제 및 환경 규제가 강화됨에 따라 연비 규제에 대응하기 위해 무게를 낮추는 차량 경량화 연구 및 개발이 계속해서 이루어지고 있다.

다양한 신소재를 통한 경량화 연구로 초고장력 강판, 알루미늄·마그네슘 합금, 고분자 소재(탄소섬유 복합재 포함) 등이 있다. 지구온난화를 유발하는 감축 대상인 가스는 이산화탄소(CO_2), 메탄(CH_4), 수소화불화탄소(HFC), 불화탄소(PFC), 불화유황(SF_6), 아산화질소(N_2O) 등 6가지이다.

자동차 차체의 경량화는 자동차 연비 효율 향상을 위한 핵심 요소로 연료 소비(예 : 3~8%) 및 배기가스의 배출을 감소(예 : CO 4.5%, HC 2.5%, NOx 8.8%)시킬 수 있으며 주행저항의 감소, 제동거리 향상(예 : 약 5%) 등 자동차의 전체적인 성능을 향상시키는데 기여한다.

02 차량 경량화의 종류

경량화는 구조(Design) 경량화, 공법(Processing) 경량화, 소재(Materials) 경량화로 구분할 수 있으며, 이 중에서 소재(Materials) 경량화가 경량화 측면에서 가장 효과가 크다. 소재(Materials) 경량화는 기존의 철강 소재를 경량 소재로 변경하거나 일부분만 결합할 수 있도록 설계하는 것을 의미한다. 초고장력 강판, 알루미늄, 마그네슘, 플라스틱, 탄소섬유 같은 소재의 적용이 그 사례라 할 수 있다.

	구조(Design) 경량화	공법(Processing) 경량화	소재(Materials) 경량화
정의	요구 강도 사양에 맞는 최적화 설계로 소재 사용을 최소화 하는 것	최적화된 소재 가공을 통한 소재 사용을 최소화 하는 것	소재를 철강에서 경량 소재로 대체 또는 일부분 혼합 하는 것
장점	① 기존 역량을 최대한 활용 가능 ② 개발시간 및 비용 최소화	① 기존 소재 활용 가능 ② 비용 최소화	① 경량화 효과가 가장 크다.
단점	① 혁신적 설계 아이디어 발굴이 어렵다. ② 적용 범위가 한정된다.	① 초기에 큰 설비 투자가 필요하다.	① 공법, 설계 변경으로 비용이 많이 소요된다. ② 경량소재의 가격이 비싸다. ③ 강도 등 기계적 성능 저하가 발생할 수 있다.
사례	① 튜브 구조, 신구조, 복합 결합 구조 ② 최적 용접 설계 ③ Space Frames	① TWB(맞춤형 블랭킹) ② 하이드로 포밍 ③ 핫 스탬핑	① 알루미늄 ② 고장력 강판 ③ 탄소섬유, 플라스틱 등

(자료 : 유진투자증권(2015년))

(1) 자동차의 소재별 적용 비율

일반적으로 자동차의 소재별 적용 비율은 철강 60~70%, 고분자 및 복합재 10%, 알루미늄 8% 정도이며, 중량 비율은 파워 트레인, 차체, 섀시 및 서스펜션 70%, 기타 재료 10%, 탄성 재료 4%, 유리 3%, 구리 2%로 정도이다. 일반 강판을 1 기준으로 볼 때 초고장력 강판 0.2, 알루미늄 0.4, 탄소섬유 복합재 0.5 정도로 가볍다. 가격을 고려 할 때 일반 강판보다 고장력 강판, 알루미늄, 탄소섬유 복합재 순서로 비싸다.

(2) 국내 현황

국내 자동차의 경우 초고장력 강판, 알루미늄 합금 등 금속재료 위주로 적용 중이며, H사의 경우 초고장력 강판을 준중형 차량의 40%, 중대형 차량의 50% 정도 적용하고 있다.

(3) 자동차용 경량 소재의 분류

구분	내용	종류
고장력 강판	일반 강판 대비 인장강도가 2배 이상이면서 중량도 절감한 철강 소재이다.	① 초고장력 강판 ② 울트라 초고장력 강판
알루미늄	철강 소재 대비 비중이 34%이며, 열전도성, 내식성이 우수하다.	① 6000계(Al-Mg-Si) ② 7000계(Ai-Mg-Zn)
탄소섬유 복합재	고분자 수지에 탄소섬유를 혼합한 복합재료이다.	열경화성, 열가소성

(자료 : KISTEP 한국과학기술평가원(2018))

03 고장력 강판(HSS : High Strength Steel)

자동차의 경우 해당 부품의 요구 특성에 맞춰 다양한 인장강도의 고장력 강판이 사용되고 있으며, 일반 강판보다 인장강도를 2배 이상 높이면서 두께를 줄여 경량화가 가능한 고장력 강판이 주로 사용되고 있다.

(1) 고장력 강판의 분류

인장강도(Tensile Strength)를 기준으로 고장력 강판(HSS : High Strength Steel)은 340~780MPa, 초고장력 강판(AHSS : Advanced High Strength Steel)은 780MPa 이상, 울트라 초고장력 강판(UAHSS : Ultra Advanced High Strength Steel)은 1000MPa 이상으로 구분할 수 있다. 인장강도는 일정한 힘으로 재료를 당겼을 때 파단될 때까지의 힘을 의미하며 1MPa은 $1cm^2$의 면적당 100N의 무게를 견딜 수 있는 강도를 말한다.

구분	기준(MPa)	강판 두께
일반 강판(Mild Steel)	340 ↓	100
고장력 강판(HSS)	340 ~ 780	80
초고장력 강판(AHSS)	780 ↑	62
울트라 초고장력 강판(U-AHSS)	1,000 ↑	62 ↓

(2) 초고장력 강판(AHSS : Advanced High Strength Steel)

1) DP(Dual Phase)강

DP(Dual Phase) 강은 열간 압연 후 상온에서 냉각시 냉각 종료 온도를 마르텐사이트(Martensite) 변태가 시작되는 온도(Ms)보다 낮게 하여 일부 오스테나이트(Austenite)를 마르텐사이트(Martensite)로 변태시켜 마르텐사이트(Martensite)와 페라이트(Ferrite)의 2상 조직을 갖게 한 강을 말한다.

인장강도(최대 1GPa급) 크고 우수한 연신율(Elongation)을 가지며 높은 강도를 요구하는 시트 레일(Seat Rail), 서스펜션과 같은 부품에 주로 적용된다. 연신율(Elongation)은 재료에 힘을 가하여 재료가 파단되기 직전까지 늘어나는 정도이며, 백분율로 표시한다.

2) FB(Ferrite-Bainite)강

FB(Ferrite-Bainite)강은 베이나이트(Bainite)의 변태 온도에서 서서히 냉각하여 베이나이트(Bainite)와 페라이트(Ferrite)의 미세조직을 갖게 한 강을 말한다. 변형시 깨짐이 없고 구멍 확장성(Hole Expansion Ratio)이 우수하며 인장강도(최대 980MPa)가 크고 연신율은 30%정도이다. 주로 섀시 부품인 로어 암(Lower Arm), 디스크(Disk), 후륜 현가장치 등에 적용된다.

참고 베이나이트 : 강을 350℃까지 급랭하여 항온 변태시켜 생성된 조직

(3) 울트라 초고장력 강판(UAHSS : Ultra Advanced High Strength Steel)

1) TRIP(TRansformation Induced Plasticity)강

상온에서 잔류 오스테나이트(Austenite)를 소성 변형을 진행시키면 마르텐사이트(Martensite)로 변태하여 큰 소성을 가지는 변태 유기 소성(TRansformation Induced Plasticity) 현상이 나타나며 이를 이용하여 페라이트(Ferrite), 베이나이트(Bainite), 잔류 오스테나이트(Austenite)의 3상 또는 페라이트(Ferrite), 베이나이트(Bainite), 잔류 오스테나이트(Austenite), 마르텐사이트(Martensite)의 4상 조직을 갖는 강을 말한다. 연신율이 우수하여 성형성이 좋고 높은 강도를 요구하는 자동차용 패널(Panel)에 적용된다.

2) TWIP(TWining Induced Plasticity)강

TWIP(TWining Induced Plasticity)강은 망간(Mn)을 함유시켜 상온에서 오스테나이트는 안정화 상태이며 소성 변형에 의하여 오스테나이트 내부에 기계적 쌍정(Twin)이 생성시키고 전위 이동을 방해하여 연신율을 우수하게 만든 강을 말한다. 우수한 충격 흡수가 요구되는 범퍼 빔(Bumper Beam), 프런트 사이드 멤버(Front Side Member), A필러(A-Pillar) 등에 적용된다.

04 알루미늄 합금

1970년대부터 차량의 엔진 블록에 알루미늄 소재가 사용되었고, 최근에는 엔진 후드(Hood), 루프(Roof), 도어(Door) 등에 적용이 확대되고 있으며 알루미늄은 비중이 철에 비해 약 34% 수준(알루미늄 비중 2.71, 철 비중 7.87)으로 무게가 가볍고 내식성, 열전도성이 우수하여 철강을 대체할 수 있는 대표적인 소재이다. 그러나 철 대비 가격이 비싸고 강도가 약한 단점이 있다. 약한 강도의 단점을 보완하기 위하여 다양한 합금기술이 개발되어 알루미늄의 순도 기준에 따라 1000계, 2000계, 3000계, 4000계, 5000계, 6000계, 7000계 등으로 나누어진다. 5000계(Al-Mg계) 및 6000계(Al-Mg-Si계) 알루미늄 합금은 강도나 성형성이 우수하여 자동차용 합금 판재로 자동차에 사용 중이다.

시리즈 No.	구분
1XXX	알루미늄(Al) 순도 99.0% 이상
2XXX	알루미늄(Al)-구리(Cu) 합금
3XXX	알루미늄(Al)-망간(Mn) 합금
4XXX	알루미늄(Al)-실리콘(Si) 합금
5XXX	알루미늄(Al)-마그네슘(Mg) 합금
6XXX	알루미늄(Al)-마그네슘(Mg)-실리콘(Si) 합금
7XXX	알루미늄(Al)-아연(Zn)-마그네슘(Mg)-구리(Cu) 합금
8XXX	기타 합금
9XXX	예비 번호

(1) 5000계 합금

5000계 Al-Mg계 합금은 고용강화 역할을 하는 마그네슘 소재를 첨가하여 가공시 강도를 증가시키는 가공경화 효과를 높여서 강도가 높고 성형성이 우수하나, 고온에 약하여 표면 균열에 의한 응력 줄무늬(SSM : Stretcher Strain Mark)가 발생하므로 주로 차체 내판에 적용하고 있다.

(2) 6000계 합금

6000계 Al-Mg-Si계 합금은 알루미늄에 마그네슘과 실리콘을 혼합하여 열처리한 알루미늄 합금이며 주로 강성이 요구되는 차체 외판에 적용되고 있다.

(3) 7000계 합금

7000계 Al-Zn-Mg계 합금은 강도가 철강 강판의 강도(500MPa 이상)와 유사하며 합금의 함량에 따라 강성의 조절이 가능하여 여러 소재들이 개발되고 있다. 7075계열 합금은 인장강도(480MPa 이상), 연신율(20% 이상)이 우수하여 고강도가 요구되는 차체 부품에 적용된다.

05 탄소섬유 복합재

복합재(Composite Materials)는 서로 다른 성질을 가진 두 가지 소재를 서로 혼합하여 새로운 기능을 할 수 있도록 한 재료로 자동차 경량화에 이용되는 복합재료는 고분자 수지에 탄소섬유를 보강한 탄소섬유 강화 플라스틱(CFRP : Carbon Fiber Reinforced Plastic)이 있다.

기계적 성능이 우수하여 1970년대부터 항공기 소재로 사용된 탄소섬유 강화 플라스틱(CFRP : Carbon Fiber Reinforced Plastic)은 녹이 슬지 않고, 인장강도가 철에 비해 5배 이상 높으면서 비중은 1/4 정도로 자동차 차체, 내장재, 외장재, 전장품, 엔진 부품 등에 적용되고 있다.

플라스틱 수지(열경화성, 열가소성) 및 사용되는 탄소섬유(Pitch, PAN)에 따라 탄소섬유 강화 플라스틱(CFRP : Carbon Fiber Reinforced Plastic)의 종류를 나눌 수 있다.

(1) 탄소섬유 강화 플라스틱(CFRP : Carbon Fiber Reinforced Plastic)

흑연섬유에 에폭시 수지나 불소수지 등을 적층, 가압, 가열하여 만든 복합재 중의 하나이다. 섬유에는 탄소섬유 이외에 아라미드 섬유, 유리섬유 등이 있으며 사용되는 섬유에 따라 복합재의 강도와 탄성이 결정할 수 있다. 유리섬유 강화 플라스틱은 기존 자동차에 많이 적용되고 있다. 탄소섬유 강화 플라스틱(CFRP : Carbon Fiber Reinforced Plastic)은 크게 열경화성, 열가소성으로 구분되며 현재까지는 대부분 열경화성 탄소섬유 강화 플라스틱(CFRP : Carbon Fiber Reinforced Plastic)가 적용되어 있지만, 열가소성 탄소섬유 강화 플라스틱(CFRP : Carbon Fiber Reinforced Plastic)도 경제성, 친환경성이 좋아 주목을 받고 있다.

1) 섬유 종류에 따른 분류

① 피치(Pitch)계열 탄소섬유 : 기본적인 성질은 등방성과 이방성에 따라 결정되며, 제조 방식에 따라 강도와 탄성이 다른 다양한 성질의 탄소섬유를 만들 수 있다.

② 폴리아크릴로니트릴(PAN)계열 탄소섬유 : 자동차에 적용되는 탄소섬유로 초고장력 강판의 인장강도(최대 2GPa), 탄성(200GPa) 대비 강도(3~7GPa), 탄성(200~700GPa)로 재료 특성이 매우 우수하다.

2) 수지 종류에 따른 분류

① 열경화성 수지 : 탄소섬유 강화 플라스틱(CFRP)에는 주로 폴리에스테르, 에폭시와 같은 열경화성 수지가 주로 사용된다. 열경화성 수지는 경화 이전에 유동성이 좋기 때문에 복잡한 성형이 가능하고 탄소섬유와의 접착력이 좋으나, 경화하기 위한 성형시간이 길며 성형 조건이 까다롭기 때문에 품질이 나빠질 수 있다.

② 열가소성 수지 : 최근에 탄소섬유 강화 플라스틱(CFRP)에 폴리프로필렌(PP : Polypropylene), 나일론(Nylon)과 같은 열가소성 수지를 적용하고 있다. 열가소성 수지는 우수한 인장력과 내충격성을 가지고 있으나, 성형시 온도가 높아야 하며 내약품성과 유동성이 좋지 않다. 우수한 인장력과 내충격성이외에 용융접합이 가능하고 수리보수가 쉬워 수요가 지속적으로 확대 되고 있다.

기출문제 유형

✦ 오일리스 베어링(Oilless Bearing)의 제조법과 특징에 대하여 설명하시오.(120-1-10)

---

01 정의

오일리스 베어링(Oilless Bearing)은 미끄럼 베어링의 일종으로 회전을 하면 베어링의 온도가 올라가 베어링 재료 내부에서 표면으로 기름이 흘러 표면에 유막을 형성하는 베어링을 말한다. 오일리스 베어링(Oilless Bearing)은 윤활 방식에 따라 고체 윤활제를 사용하는 건식 윤활과 액체 윤활제를 사용하는 유체 윤활 방식으로 구분할 수 있다.

마찰 부위에 일정 간격으로 구리 분말과 천연 흑연을 혼합한 후 소결하여 삽입한 고체 윤활제 방식을 가장 많이 사용하며, 구조적으로 윤활제 급유가 어려운 부분이나 고온, 저온, 충격 하중 및 진동, 부식성 부위, 화학약품 접촉부위 등에 사용된다. 오일리스 베어링(Oilless Bearing)은 무급유 베어링 또는 오일 함유 베어링이라고도 한다.

02 제조법

오일리스 베어링(Oilless Bearing)은 부시타입과 평판타입으로 구분할 수 있다.

오일리스 베어링(Oilless Bearing)은 소결 금속 등 다공질 오일리스 금속 재질로 슬리브 성형·가열하여 윤활유를 4~5% 침투시켜 소결하는 방식으로 제조한다. 소결 금속으로는 구리 분말에 천연 흑연을 혼합하여 소결한 것을 가장 많이 사용한다. 다공질 재질이므로 내압에 한계가 있고, 충격에 약한 단점이 있다.

(1) 부시타입 제조법

부시타입은 속이 빈 베어링의 길이 및 원주방향으로 일정한 간격의 구멍(Hole)을 만들어 구멍(Hole)이 관통하게 하고 접착제를 도포한 고체 윤활제를 구멍에 삽입하는 제조 방법을 말한다.

(2) 평판타입 제조법

평판타입은 속이 빈 베어링의 길이 및 원주방향으로 일정한 간격의 구멍(Hole)을 만들어 구멍(Hole)이 관통하지 않게 하고 접착제를 도포한 고체 윤활제를 구멍에 삽입하는 제조 방법을 말한다.

기출문제 유형

✦ 자동차 부품 검사에 활용되는 비파괴 검사방법에 대하여 설명하시오.(120-3-5)

01 개요

자동차 부품의 검사 방법은 크게 파괴 검사와 비파괴 검사로 구분할 수 있으며 파괴 검사는 소재나 제품이 사용 목적과 조건에 적합한지 확인하고 하중(힘)의 한계와 변형을 확인하기 위하여 소재나 제품을 파괴하여 분석하는 검사 방법을 말하며, 비파괴 검사는 시험 대상인 소재나 제품의 본연의 성질과 기능은 변화시키지 않고, 물리적 에너지를 통하여 물리적 에너지의 성질 및 특성이 변하는 것을 이용하여 소재나 제품의 내부 또는 외부의 결함이나 이상 유무를 분석하는 검사 방법이다.

파괴 검사의 종류에는 인장 시험(Tensile Test), 압축 시험(Compression Test), 굽힘 시험(Bending Test), 경도 시험(Hardness Test), 충격 시험(Impact Test), 피로 시험(Fatigue Test) 등이 있으며, 비파괴 검사의 종류에는 방사선 투과 검사(Radiographic Testing), 초음파 내부 탐상 검사(Ultrasonic Testing), 자분 탐상 검사(Magnetic Particle Testing), 액 침투 탐상 검사(Liquid Penetrant Testing), 와전류 탐상 검사(Eddy Current Testing), 누설 검사(Leak Testing) 등이 있다.

02 비파괴 검사의 종류

(1) 방사선 투과 검사(Radiographic Testing)

방사선 투과 검사(Radiographic Testing)는 방사선을 시험 대상물에 투과시키면 내부 결함 유무에 따라 방사선량의 차이가 발생하고 이로 인하여 필름에 상이 다르게 감광되어 시험 대상물 내부의 결함(결함의 종류, 위치, 크기 등)을 검출하는 방법이다.

거의 모든 재질에 대한 검사가 가능하며 검사결과를 필름으로 기록하여 보관이 가능하다. 그러나 검사 비용이 비싸고 위험한 방사선에 대한 안전수칙에 따른 관리가 철저해야 하며 시험 대상물의 형상이 복잡할 경우 검사가 어려울 수 있다. 른 관리가 철저해야 하며 시험 대상물의 형상이 복잡할 경우 검사가 어려울 수 있다.

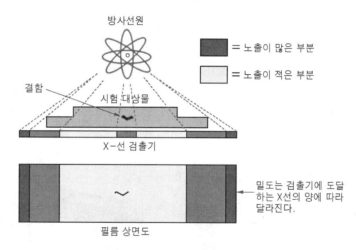

그림1. 방사선 투과검사(Radiographic Testing)

(2) 초음파 내부 탐상 검사(Ultrasonic Testing)

초음파 탐상 검사는 가청 주파수 이상의 주파수를 갖는 초음파를 시험체에 전달하여 시험체 내부에 존재하는 결함부로부터 반사한 초음파의 신호를 분석하여 시험체 내부의 결함을 검출하는 방법이다. 시험체에 초음파를 전달하여 동일 매질일 경우 직진하지만 결함이 존재할 경우 다른 매질로 인하여 초음파는 반사 또는 굴절한다.

CRT 상에 펄스 신호 형태로 결함 지시를 나타내며, 이를 분석하여 결함의 종류, 위치, 크기를 분석한다. 차체 용접 상태, 드라이브 샤프트 내부 크랙, 기판 접합 불량 등을 검사할 수 있다.

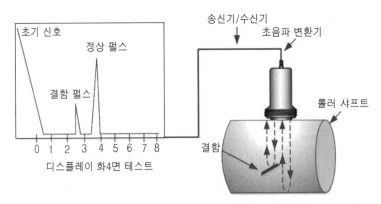

그림 2. 초음파 내부 탐상 검사(Ultrasonic Testing)

(3) 자분 탐상 검사(Magnetic Particle Testing)

자분 탐상 검사는 전자석 또는 영구자석을 이용하여 강자성체인 시험 대상물을 자화시켜 자화된 입자의 응집 상태를 분석하여 시험 대상물 표면부의 결함을 검출하는 방법이다.

시험 대상물의 결함 등이 있을 경우 자장의 연속성이 깨져 누설 자장이 형성되고 누설 자장이 형성된 표면에 자분을 뿌리면 누설 자장이 형성된 부위에 자분이 달라붙어 시험 대상물의 결함 등의 유무, 위치, 크기 등을 검사할 수 있다. 강자성체인 시험 대상물의 미세한 표면 균열에 대한 검사가 가능하다.

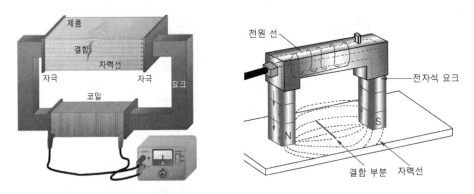

그림3. 자분 탐상검사(Magnetic Particle Testing)

(4) 액 침투 탐상 검사(Liquid Penetrant Testing)

액 침투 탐상 검사(Liquid Penetrant Testing)는 시험 대상물 표면에 침투 액을 넣어 표면 미세 균열을 검출하는 검사법으로 철, 비철과 같은 시험 대상물의 균열 등의 불연속 표면에 침투 액을 넣어 침투시킨 후 여분의 침투제를 제거하고 현상제를 넣어 침투된 침투 액을 추출하여 불연속부의 위치, 크기 및 모양을 검사하는 방법이다.

침투 액은 표면 장력이 낮고 높은 모세관 현상의 특징을 가지고 있어서 시험 대상물에 적용하면 표면의 불연속 부위 등에 쉽게 침투하게 된다. 침투제는 형광성분 유무에 따라 형광 침투제와 염색 침투제로 구분하며, 형광 침투제는 주로 녹색이지만 자외선에서는 밝은 형광을 발생시킨다.

(5) 와전류 탐상 검사(Eddy Current Testing)

와전류 탐상 검사(Eddy Current Testing)는 유도 코일에 전류가 흐를 경우 유도 코일 주변에 자기장이 발생하고 그 자기장에 의해 시험 대상물 표면에는 와전류가 발생하게 되며 와전류의 변화하는 정도를 이용하여 결함의 유무 및 결함의 크기를 측정하여 검사하는 방법이다. 코일의 종류에 따라 관통형(Through-type Coil), 회전형(Rotating Coil), 내장형(Inner-type Coil)으로 구분할 수 있다.

(6) 누설 검사(Leak Testing)

누설 검사(Leak Testing)는 시험 대상물 내부 및 외부의 압력차에 의해서 유체의 누출 여부, 유입 여부 및 유출량을 검출하는 방법이다. 누설 검사(Leak Testing) 종류는 압력에 따른 구분, 적용 유체 종류에 의한 구분, 검사 방법에 의한 구분 등이 있다. 탱크나 고압 용기의 용접부위를 검사하는데 사용된다.

기출문제 유형

✦ 전기 자동차에 사용되는 전자파 차폐용 도전성 수지를 바탕으로 전자파 장해 방지와 전자파 차폐에 대한 메커니즘을 설명하시오.(120-4-5)

01 개요

최근 차량의 안전성, 편의성 등의 요구가 증가되면서 차량에는 가볍고 집적화된 전자 제어기(ECU) 및 전자 시스템의 적용이 점점 늘어가는 추세이다. 이런 전자 제어기(ECU) 및 전자 시스템에서 방출하는 전자파(EMI : Electromagnetic Interference)로 인하여 차량의 다른 전자 제어기(ECU)의 오동작, 성능 저하 및 안전사고 등에 우려가 증가하고 있으며 심각한 문제로 여겨지고 있다.

따라서 차량의 전자 제어기(ECU)에서 발생하는 전자파(EMI : Electromagnetic Interference) 차폐의 필요성이 점차 증대되고 있으며, 전자파 장해(EMC : Electromagnetic Compatibility)에 대한 규제도 점점 강화되고 있다. 전자파 차폐(Electromagnetic Interference Shielding)의 목적은 전자 제어기(ECU)에서 발생하는 전자파를 반사(Reflection) 또는 흡수(Absorption)시켜 전자파가 전이되는 것을 막아 전자 제어기(ECU) 원래의 성능과 기능을 유지하게 하는 것이다.

전자파 차폐(Electromagnetic Interference Shielding)를 위하여 일반적으로 도전성이 우수한 금속을 주로 사용하였으나 금속은 무겁고 가공성이 좋지 않고 부식이 일어날 수 있는 문제를 가지고 있다. 최근에는 금속을 대체할 수 있는 소재로 전도성을 가진 고분자 복합재료가 개발되면서 점차 사용이 증가하고 있다. 자동차의 경우 자율 주행에 따른 더 많은 전자 제어기(ECU)의 적용으로 부품의 경량화를 위한 고분자 소재에 대한 필요성이 증대되고 있다.

02 도전성 수지 전자파 차폐 메커니즘

(1) 차폐 효율(SE : Shielding Efficiency)

차폐 효율(SE : Shielding Efficiency)이란 전자파 차폐(Shielding)를 통하여 자동차 전자 제어기(ECU)를 전자파로부터 보호할 수 있는 정도를 표시하며 단위는 상대적인 크기인 dB(decibel)이며 전자파의 파워(Power) 감쇄 정도를 나타내는 상수를 말한다.

(2) 전자파 차폐 메커니즘

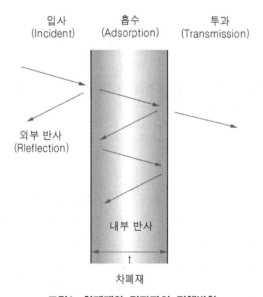

그림1. 차폐재와 전자파의 진행방향

차폐재인 도전성 수지에 전자파가 입사되면 전자파는 흡수, 반사, 투과, 회절을 하며, 이때 총 차폐 효율(SE_t : Shielding Efficiency) SE_t라 하며 다음식과 같이 나타낸다.

총 차폐 효율$(SE_t) = SE_R + SE_A + SE_B$

$$= 50 + 10\log(\rho f)^{-1} + 1.7t\left(\frac{f}{\rho}\right)^{\frac{1}{2}} \cdots (1)$$

여기서, 전자파 반사에 의한 감쇄(dB)

$$SE_R = 50 + 10\log(\rho f)^{-1} \cdots (2)$$

전자파 흡수에 의한 감쇄(dB)

$$SE_A = 1.7t\left(\frac{f}{\rho}\right)^{\frac{1}{2}} \cdots (3)$$

차폐재 내부 다중반사 보정계수(dB) $SE_B = 0 (SE_A > 10\text{dB})$일 경우

여기서, ρ : 차폐재 체적 고유저항(ohm cm),

　　　　f : 주파수(MHz)

　　　　t : 차폐재 두께(cm)

식 (2), (3)에서 차폐재의 두께는 체적 고유저항이 적을수록, 두께는 클수록 차폐 효율이 좋음을 알 수 있다.

일반적으로 dB 기준치에 따른 차폐 효과의 레벨(Level)은 다음과 같이 분류된다.

① 0~10dB : 거의 차폐 효과가 없으며 전자파 장해를 해결할 수 없는 레벨

② 10~30dB : 최소한의 차폐의 의미를 가지는 레벨

③ 30~60dB : 전자파 장해 방지가 가능하고 평균적인 차폐도를 가지는 레벨

④ 60~90dB : 심각한 전자파 장해 방지가 가능하고 평균 이상의 차폐도를 가지는 레벨

⑤ 90~120dB : 실제 적용이 가능한 높은 차폐도를 가지는 레벨

⑥ 120dB 이상 : 최고 수준의 기술이 적용된 차폐도를 가지는 레벨

일반적으로 전자파를 금속으로 차폐할 경우 60dB 이상의 차폐 효과가 있으며, 차폐재의 체적 고유저항(1, 10, 100Ω cm)에 따른 주파수별 차폐 효과를 식(1)에 대입하여 계산하면 다음과 같다.

체적고유저항(Ωcm)	SE(dB)			
	10MHz	100MHz	500MHz	1GHz
1	42	35	34	36
10	31	22	17	15
100	21	10	4	2

(자료 : 전자파 차폐용 코팅제, CHERIC, 2001년)

차폐 효율(SEt : Shielding Efficiency)은 주파수에 크게 영향을 받으므로 충분한 차폐 효과를 기대하기 위해서는 체적 고유저항이 1Ωcm 이하여야 하는 것을 알 수 있다.

탄소기반 필러(Filler)를 이용하는 플라스틱 기반의 탄소섬유(Carbon Fiber), 탄소나노 튜브(Carbon Nano Tube, CNT)의 경우 비중이 1.2 ~ 1.5으로 알루미늄에 비해 45% ~ 55%의 경량화 효과를 가지며, 전자파 차폐 효율(SEt : Shielding Efficiency)은 40dB로 평균적인 차폐도를 가지는 레벨이며, 요구 수준에 따라 평균 이상의 차폐도를 가지는 레벨인 최대 약 80dB까지 가능하다.

03 도전 수지

도전성 수지에는 플라스틱에 금속, 카본과 같은 도전성 물질을 혼합하여 전도성을 갖게 한 복합재료(polymer-matrix composites containing conductive fillers)와 고분자 수지 자체가 기본적으로 전도성을 갖고 있는 도전성 유기 고분자(ICP/Intrinsically Conductive Polymer) 두 종류로 크게 구분할 수 있다. 전자파 차폐용 고분자 하우징을 제조할 경우 플라스틱 하우징을 제조한 후 그 표면에 금속분말, 탄소섬유 등을 도전성 충전제로 하여 합성수지와 혼합한 도전성 도료를 도장하거나 금속 박막을 코팅하여 도전성을 갖게 하는 방법이 일반적이다.

그러나 도장이나 코팅법의 경우 공정 추가, 환경오염에 대한 문제, 하우징 두께 증대, 균일한 도장 피막의 공정관리 어려움 등 문제가 있을 수 있다. 따라서 이런 문제점을 해결하기 위해서 도전성 플라스틱을 사출 성형 방식의 단일 공정으로 하우징 성형과 전도성을 동시에 부여하는 성형법을 적용하고 있다.

기출문제 유형

✦ 자동차에 사용하는 마그네슘 합금의 특성과 장단점에 대하여 설명하시오.(95-4-3)

01 개요

심각한 환경오염에 따른 기후변화협약(COP21)에서 체결된 파리협정(2015.12)이후에 온실가스와 화석에너지의 사용 감축을 위하여 자동차 연비 규제 및 환경 규제가 강화됨에 따라 연비 규제에 대응하기 위해 무게를 낮추는 차량의 경량화 연구 및 개발이 계속해서 이루어지고 있다.

다양한 신소재를 통한 경량화 연구로 초고장력 강판, 알루미늄·마그네슘 합금, 고분자 소재(탄소섬유 복합재 포함) 등이 있다. 지구온난화를 유발하는 감축 대상인 가스는 이산화탄소(CO_2), 메탄(CH_4), 수소화불화탄소(HFC), 불화탄소(PFC), 불화유황(SF_6), 아산화질소(N_2O) 등 6가지이다.

자동차 차체의 경량화는 자동차 연비 효율의 향상을 위한 핵심 요소로 연료 소비(예 : 3~8%) 및 배기가스의 배출을 감소(예 : CO 4.5%, HC 2.5%, NOx 8.8%)시킬 수 있으며 주행저항의 감소, 제동 거리의 향상(예 : 약 5%) 등 자동차의 전체적인 성능을 향상시키는 데 기여한다.

02 마그네슘의 특징

(1) 장점

① 다른 금속 대비 진동에 대한 흡수성과 기계 가공성이 우수하다.
② 전자파에 대한 차폐성이 우수하다.
③ 비중이 1.79~1.81로서 알루미늄(비중 2.71) 대비 약 35% 정도 가볍다.
④ 동등 굽힘 탄성률(EBS : Equal Bending Stiffness) 지수

> **참고** 동등 굽힘 탄성률(EBS : Equal Bending Stiffness)
> 철강과 같은 굽힘 탄성률을 가질 때의 해당 금속의 무게를 말한다.
> 마그네슘 합금(AZ91) : 0.39 < 알루미늄(Al) : 0.5 < 플라스틱(Plastics) : 0.65 < 철(Fe) : 1.0 순이다.

(2) 단점

1) 알루미늄보다 약 1.8배 정도 가격이 비싸고 부식에 약하다.

비싼 가격으로 일반적으로 철강 대체용 알루미늄을 주로 사용한다.

2) 가공 범위가 제한적이다.

주조 공법(다이캐스팅 등)은 가능하나, 냉간 소성 변형 및 냉간 압연은 어렵다.

마그네슘은 95% 이상이 주조 가공이며, 쉽게 부서지는 성질 때문에 두드려서 가공하는 판재, 단조 등의 방법을 적용하기 어렵다. 그러나 가공 기술의 발달로 패널과 같은 부품에 일부 적용하고 있다.

3) 습도나 산(Acid) 환경에서 부식이 쉽다.

부식에 약하여 내부 부품으로 제한적으로 사용이 가능하다.

03 자동차 부품 용도

① **엔진** : 크랭크 케이스, 실린더 헤드 커버, 인테이크 매니폴드(Intake Manifold) 등
② **동력 전달** : 트랜스미션 하우징, 기어박스 커버, 클러치 하우징 등
③ **섀시** : 스티어링 휠 등
④ **내장 및 외장** : 인스트루먼트 패널, 에어백 하우징, 도어 프레임, 시트 프레임 등

04 마그네슘 합금의 종류

마그네슘 합금은 일반적으로 주물용과 가공용 마그네슘 합금으로 구분할 수 있다.

(1) 주요 합금원소 종류 및 특징

① 알루미늄(Al)과 아연(Zn)은 기본적인 기계적 성질을 얻기 위한 것이다.
② 지르코늄(Zr)은 높은 강도와 인성을 얻기 위한 것이다.
③ 토륨(Th)은 내열성을 얻기 위한 것이다.

(2) 주물용 마그네슘 합금

주물용 마그네슘 합금으로는 마그네슘-알루미늄(Mg-Al)계 합금과 마그네슘-아연계(Mg-Zn) 합금이 있다. 이외에 희토류 또는 토륨(Th)을 추가하여 크리프(Creep) 특성이 좋아지는 내열성 마그네슘 합금이 있다.

1) 마그네슘-알루미늄(Mg-Al)계 합금

마그네슘-알루미늄(Mg-Al)계 합금은 마그네슘 합금 중에서 비중이 가장 작으며, 주조 및 단조가 쉽고 비교적 균일한 제품을 만들 수 있다. 알루미늄(Al) 7% 이상을 함유한 합금을 425℃로 가열한 후 급랭하면 그 전후의 온도로 급랭한 것과 대비해 인장강도, 연신율이 모두 향상된다.

2) 마그네슘-알루미늄-아연(Mg-Al-Zn)계 합금

마그네슘(Mg)을 90% 이상, 알루미늄-아연(Al+Zn)을 10% 이하로 함유하고 있으며 이외에 Si, Mn, Cd 등을 소량 함유하는 것도 있다. 이중 알루미늄-아연(Al+Zn)량이 많이 함유 된 것은 주로 주물용으로 사용된다. 내연기관의 피스톤용으로 사용할 경우 목적으로는 알루미늄(Al) 함량을 증가시켜 고온 내식성을 향상시키고, Zn, Cd, Mn 등을 첨가하여 경도와 강도를 증가시킨다.

3) 마그네슘(Mg) 희토류계 합금

지르코늄(Zr)을 첨가해서 결정립을 미세화하고, 온도 250℃까지의 내열성을 가진다. 주조성을 개선하기 위하여 희토류 원소는 보통 미쉬 메탈(Misch Metal)인 세륨(Ce) 52%, 네오디뮴(Nd) 18%, 프라세오디뮴(Pr) 5% 등을 첨가한다.

4) 마그네슘-토륨(Mg-Th)계 합금

토륨(Th)도 희토류와 같이 마그네슘(Mg)의 크리프(Creep) 특성이 좋아지도록 하는 역할을 하며, 주물성 향상을 위하여 지르코늄(Zr)을 첨가한다.

(3) 가공용 마그네슘 합금

가공용 마그네슘 합금에는 망간(Mn) 1.2% 이상 함유하여 내식성을 좋게 한 마그네슘(Mg)-망간(Mn)계, 냉간 가공에 의해 적절한 강도와 인성을 얻을 수 있는 마그네슘

(Mg)-알루미늄(Al)-아연(Zn)계, 크리프(Creep)와 내열성이 우수한 마그네슘(Mg)-아연 (Zn)-지르코늄(Zr)계, 마그네슘(Mg)-희토류계, 마그네슘(Mg)-토륨(Th)계 등이 있다.

기출문제 유형

✦ 자동차에 사용되는 바이오 플라스틱 소재의 종류와 특성을 설명하시오.(92-3-4)

01 개요

산업발전에 따른 발생된 오염물질에 의한 지구온난화의 원인은 주로 이산화탄소 양의 증가 때문이며, 환경오염과 원유의 가격 상승 및 고갈로 인하여 현재 사용되고 있는 석유 화학소재를 이산화탄소 저감 소재인 바이오매스 소재로 전환 중에 있다.

플라스틱 재료는 가격이 싸고 우수한 기능 때문에 산업발전에 큰 영향을 주었으나 대량의 플라스틱 폐기물을 소각 또는 매립에 따른 불완전 연소에 의한 대기오염 발생, 환경호르몬 발생, 다이옥신 검출과 같은 심각한 환경오염의 원인이 되고 있다. 이러한 지구온난화와 석유자원의 고갈 문제 및 플라스틱 폐기물 문제를 해결 방안 중의 하나로 계속해서 사용할 수 있고, 폐기물 문제를 발생시키지 않는 바이오 플라스틱을 여러 분야에서 사용될 전망이다.

02 바이오 플라스틱

(1) 정의

바이오 플라스틱은 탄소 중립형 식물 바이오매스(Bio-mass)를 포함한 플라스틱 (Plastics)을 의미하며 생분해 플라스틱(Biodegradable), 바이오 베이스 플라스틱(Bio Based plastics), 산화생분해 플라스틱(Oxo-Biodegradable plastics)을 포함한다. 바이오매스란 생명체(Bio)와 물질(Mass)을 결합한 합성어로 재생 가능한 생물학적 자원을 말하며, 사탕수수, 전분 등 농산물, 임산물 등의 셀룰로오스 성분 이외에 클로렐라, 스피루리나 등의 미생물, 고래 기름 등을 말한다.

(2) 특징

1) 탄소 중립(Carbon Neutral)적 성질을 갖는다.

식물은 대기 중의 이산화탄소(CO_2)를 흡수하면서 성장하기 때문에 폐기 후 화학 분해 동안에 이산화탄소(CO_2)를 발생하더라도 대기 중의 이산화탄소(CO_2) 총량은 증가시키지 않으므로 탄소 제로라는 개념으로 언급하고 있다.

2) 이산화탄소(CO_2) 배출량이 작다.

폴리에틸렌(PE) 1,860g/kg, 폴리프로필렌(PP) 1,470g/kg, 인쇄용지(신재) 1,120g/kg, 신문용지 826g/kg 순으로 작다.

(3) 바이오 플라스틱의 종류

1) 생분해 플라스틱(Bio-degradable Plastics)

생분해 플라스틱(Bio-degradable Plastics)은 바이오매스 함량이 50~70%정도인 플라스틱을 말하며, 바이오매스 함량이 높아 분해기간은 6개월 이내(셀룰로오스 대비 90% 이상 생분해)이다. 가격, 유통기간 동안 분해 가능성, 물성약화 등의 문제가 있으나 일회용품을 중심으로 사용하고 있다.

2) 산화생분해 플라스틱(Oxo Biodegradable Plastics)

산화생분해 플라스틱(Oxo Biodegradable Plastics)은 열, 햇빛, 효소 등에 1차 산화분해 후 2차적으로 생분해가 이루어지는 플라스틱을 말하며 분해 기간은 6개월 이내(셀룰로오스 대비 60% 이상 생분해)이며 제품 유통기한이 긴 제품(예 1년 이상)의 식품포장재, 산업용품 분야에 주로 사용된다.

3) 바이오 베이스 플라스틱(Bio-base Plastics)

바이오 베이스 플라스틱(Bio-base Plastics)은 바이오매스 함량이 5~25%인 플라스틱을 말하며 분해기간은 1~5년인데 바이오매스 함량에 따라 분해기간의 조절이 가능하며 생분해보다는 이산화탄소 저감에 초점을 갖는 플라스틱 종류이다.

(4) 바이오 매스(Bio Mass) 소재

1) 초본 작물

2~3년 정도의 성장기간을 가지며 매년 수확이 가능한 다년생 작물을 말한다. 여기에는 대나무, 사탕수수, 스위치 그라스(switch grass), 미스컨터스(코끼리풀이나 부들) 등이 속한다.

2) 짧은 주기의 목본 작물

5~8년 정도이면 수확이 가능한 활엽수를 말한다. 버드나무, 포플러, 단풍, 플라타너스 등이 속한다.

3) 산업 작물

특정 산업에 사용되는 화학물질을 생산하기 위한 작물을 말한다. 섬유질 추출용 양마, 리시놀산 추출용 피마자 등이 속한다.

4) 농작물

보통 당류, 기름, 플라스틱 또는 다른 화학물질을 만드는데 필요한 재료를 추출하는데 사용될 수 있는 작물을 말한다. 옥수수 전분, 옥수수유, 대두유과 대두가루 등이 속한다.

5) 수중 식물

미세 또는 거대 조류, 해조류, 미생물 등이 속한다.

(5) 바이오 플라스틱 소재 종류와 특성

1) 전분 기반의 바이오 플라스틱

물을 흡수할 수 있는 생체 고분자인 전분은 물리적 성질 및 수분에 약하므로 폴리 에스테르, 폴리 락트산, 폴리 카프로 락톤과 혼합하여 기계적 성질 및 물에 대한 내성을 향상시키며, 유연성을 증가시키기 위하여 소르비톨 또는 글리세린과 같은 가소제를 사용한다. 바이오 플라스틱의 50%를 차지하며 가장 많이 사용되는 바이오 플라스틱의 종류이다.

2) 셀룰로오스계 바이오 플라스틱

나무나 조류 등에서 얻을 수 있는 셀룰로오스 이외에 헤미셀룰로오스, 리그닌을 함유하여 상호 결합이 단단한 구조로 이루어진 바이오 플라스틱을 말하며, 전분보다 친수성이 훨씬 적은 셀룰로오스는 기계적 강도, 낮은 가스 투과성 등을 가지고 있다.

3) 단백질 기반 바이오 플라스틱

우유 카세인, 밀 글루텐, 콩 단백질 등과 같은 단백질을 이용하여 만들어진 바이오 플라스틱을 말한다. 콩 단백질로부터의 바이오 플라스틱은 물에 의한 분해가 잘 되고, 가격이 비싸다.

(6) 자동차 부품 적용 사례(H사 예)

① 바이오 폼 : 시트 폼 & 슬라브 폼, 콘솔 쿠션재, 선바이저, 카페트 흡음재 등
② 바이오 복합 플라스틱 : 도어 트림, 시트커버, 콘솔, 필러트림 등
③ 바이오 섬유 : 시트커버, 헤드라이닝, 플로어 카페트, 보조 매트 등

기출문제 유형

◆ 자동차용 엔진 재료 중에서 CGI(Compacted Graphite Cast Iron)를 정의하고, 장점에 대해 설명하시오.(96-2-5)

---

01 개요

주철 재료는 자동차 부품소재 뿐만 아니라 모든 산업의 기초가 되는 중요한 소재이며, 주철을 파단면 기준으로 구분하면 백주철(White Cast Iron), 반주철(Mottled Cast

Iron), 회주철(Gray Cast Iron)로 나눌 수 있다. 또한 회주철(Gray Cast Iron)은 편상 흑연 주철, 공정상 흑연 주철, 구상 흑연 주철로 나눌 수 있다. 주조성, 열전도율 등이 우수하다.

편상 흑연 주철의 경우 실린더 블록, 실린더 헤드 재료로 사용되었으나, 인장강도 (250~300MPa)가 낮아 높은 폭발 압력을 이용하는 엔진 실린더 블록으로 사용하는데 한계를 가지고 있으며, 구상 흑연 주철의 경우 편상 흑연 주철 보다 강도가 높아 엔진 실린더 블록에 적합하나, 주조성, 열전도율 등이 낮고 가공성이 좋지 않아 엔진 실린더 블록용으로 사용에 한계가 있었다.

따라서 이런 단점들 때문에 주조성, 열전도율 측면에서 편상 흑연 주철과 구상 흑연 주철의 중간 정도의 성질을 가지면서, 편상 흑연 주철보다 강도가 높은 콤팩트 흑연 주철(CGI : Compacted Graphite Cast Iron)이 엔진 실린더 블록과 실린더 헤드에 사용이 점점 늘어나고 있다.

02 콤팩트 흑연 주철(CGI : Compacted Graphite Cast Iron)

콤팩트 흑연 주철(CGI : Compacted Graphite Cast Iron)은 구상 흑연 주철과 편상 흑연 주철의 중간 형태 및 성질을 가진 흑연 주철을 말하며, 버미큘러 흑연주철 (Vermicular Graphite Cast Iron)이라고도 한다. 콤팩트 흑연 주철(CGI), 회주철 (Gray Iron Casting), 구상 흑연 주철(Ductile Iron Casting)에서는 기본적으로 화학 성분의 차이는 없으며, 주조 중에 흑연 구상화제로 마그네슘(Mg)을 첨가하거나 지속시간 등에 따라 흑연 입자 형상 또는 흑연 구상화율이 다르고, 재료의 조직(matrix structure)도 달라지므로 재료 특성에서 차이가 발생한다.

(1) 특징

① 콤팩트 흑연 주철(CGI)은 기존 회주철 대비 내구성(Durability), 강성(Stiffness), 인장강도(Tensile Strength), 피로 강성(Fatigue Strength) 등이 우수한 특성을 가지고 있다.

② 인장강도(CGI : 45kg/mm^2, 일반 강철 : 25kg/mm^2)가 강하며 NVH 특징이 좋다.

③ 경량화 및 소형화가 가능하다. 일반 엔진 블록 대비 엔진 중량 감소(예 : 전체기준 9%), 경량화(예 : 22%), 길이 및 높이 소형화(길이 : 15%, 높이 : 5%)가 가능하다.

④ 흑연의 형태가 편상과 구상의 중간에 위치하기 때문에 주조성이 구상 흑연 주철과 회주철의 중간 정도이며, 또한 강도, 열전도도, 연성도 있어 회주철보다 우수하다.

⑤ 회주철 정도의 높은 감쇄능(Damping Capacity)과 기계 가공성을 가지고 있다.

(2) 자동차 부품 용도

실린더 블록, 크랭크 샤프트, 실린더 헤드, 피스톤, 피스톤 링, 실린더, 휠 하우징 등에 사용된다.

✦ 차체 재료의 강도(strength)와 강성(rigidity)을 구분하여 설명하시오.(108-1-1)

01 개요

차량의 차체 설계 시 차체 구조물의 강도(strength)와 강성(rigidity)은 중요한 요소로 고려를 해야 하며, 특히, 차체의 강성은 충돌 시 충격 완화, 주행 성능 및 NVH(Noise, Vibration, Harshness)에 많은 영향을 준다.

02 강도(Strength)

(1) 강도(Strength)의 정의

강도(Strength)는 재료가 어느 정도 버티는지를 나타내며, 재료에 단위면적당 힘을 인가하였을 때 파괴되기까지의 저항을 말한다. 일반적으로 단위면적당 힘의 량(N/m²)으로 나타낸다.

$$\sigma = \frac{F}{A} \ (\text{N/m}^2)$$

여기서, ρ : Stress, σ : Area(단면적), F : Force

(2) 강도(Strength)의 종류

① 인장강도(Ultimate strength)
② 압축강도(Comporessive strength)
③ 굽힘강도(Bending strength, flexual strength)
④ 비틀림강도(Torsional strength)

03 강성(Rigidity, Stiffness)

강성(Rigidity, Stiffness)은 재료의 외부에 힘을 인가하였을 때 재료의 변형에 대한 저항 정도를 말한다. 단위길이당 힘(SI단위 : N/m)으로 나타낸다. 동일 재료일지라도 모양, 길이, 부피 등과 같은 구조 차이에 의해서 강성은 상이할 수 있다.

$$k = \frac{F}{\delta} \ (\text{N/m})$$

여기서, k : Stifness, F : Force, delta δ : Displacement

기출문제 유형

✦ 자동차 부품의 프레스 가공에 사용되는 강판의 재료에서 냉간 압연 강판, 열간 압연 강판, 고장력 강판 및 표면처리 강판에 대하여 각각 설명하시오.(108-2-2)

✦ 표면처리 강판의 정의, 종류, 자동차 분야의 적용 동향에 대하여 설명하시오.(116-4-4)

01 개요

심각한 환경오염에 따른 기후변화협약(COP21)에서 체결된 파리협정(2015.12)이후에 온실가스와 화석에너지의 사용 감축을 위하여 자동차의 연비 규제 및 환경 규제가 강화됨에 따라 연비 규제에 대응하기 위해 무게를 낮추는 차량의 경량화, 강도화 연구 및 개발이 계속해서 이루어지고 있다. 다양한 신소재를 통한 경량화 연구로 초고장력 강판, 알루미늄·마그네슘 합금, 고분자 소재(탄소섬유 복합재 포함) 등이 있다.

02 냉간 압연 강판(CR : Cold Rolled Steel Sheet)

(1) 정의

냉간 압연 강판(CR, 냉연강판)은 열연코일을 사용하여 표면 산화층을 제거하고 압연(두께 0.15~3.2mm), 소둔, 조질 압연 과정을 거쳐 생산한 강판을 말한다.

소둔이란 금속 내부의 변형을 제거하기 위하여 일정 온도까지 가열한 후 서서히 냉각하는 처리법을 말한다.

(2) 특징

냉연강판은 열연강판에 대비 두께가 얇고 표면이 미려하며 평활성과 가공성이 우수하여 자동차용 차체의 대부분에 사용되고 있다.

① 압연 시 0~300℃에서 생산하며, 냉간 압연 시 전위밀도 증가에 의해 강도가 증가한다.
② 열간 압연 강판에 비해 생산 비용이 높다.
③ 알루미늄, 크롬, 아연, 주석 등의 도금 용도의 원판으로 사용된다.
④ 재질적으로 일반용, 드로잉용, 딥 드로잉(Deep Drawing)용 등이 있다.

(3) 종류

KS D3512 규정에서 냉연강판의 종류는 1종 SCP1(일반용), 2종 SCP2(가공용), 3종 SCP3(심 가공용) 등이 있다.

1) 1종 SCP1

일반용으로 가장 수요가 많은 제품으로 표면이 미려하고 벤딩(Bending)이나 간단한 드로잉(Drawing)에 적합한 강판이다. 자동차 외판, 자동차 부품, 세탁기 및 냉장고의 외판, 텔레비전 등에 사용한다.

2) 2종 SCP2

가공용으로 1종 SCP1에 비해 가공성이 우수한 강판이다. 도어, 가솔린 탱크, 전기밥통 외판 등에 사용한다.

3) 3종 SCP3

심 가공용으로 2종 SCP2에 비해 심 가공성이 우수하며 심 가공 후 미려한 표면을 얻을 수 있는 강판이다. 자동차의 펜더(Fender), 프런트 패널(Front Panel) 등에 사용된다.

03 열간 압연 강판(HR : Hot Rolled Carbon Steel Sheet)

(1) 정의

열간 압연 강판(HR : Hot Rolled Carbon Steel Sheet)은 평평한 판재 모양의 철강 반제품인 슬래브(Slab)를 고온으로 가열한 상태에서 압연 롤(Roll)로 늘여서 두께를 얇게 만든 강판을 말한다. 열연강판을 일반 상온에서 재가공하면 냉연강판이 되며 최종 공정에서 코일(Coil) 형태로 감기 때문에 열연코일, 냉연 코일 형태로 출하된다.

(2) 특징

① 우수한 강도 및 내피로성을 보유(내구성과 안전성 필요)하고 있다.
② 차량의 디자인에 맞춰 쉽게 변형이 가능한 우수한 가공성과 차체의 경량화에도 적합한 성질을 갖는다.
③ 압연 시 1100~1300℃에서 생산하며 냉간 압연 강판 대비 생산 비용이 낮다.
④ 주로 자동차의 차체 프레임, 휠, 외판 등에 사용된다.

(3) 종류

① 일반용(SHP-1) : 두께 1.2~14mm
② 가공용(SHP-2) : 두께 1.2~14mm
③ 심가공용(SHP-3) : 두께 1.2~6.0mm

04 고장력 강판(HSS : High Strength Steel)

자동차의 경우 해당 부품의 요구 특성에 맞춰 다양한 인장강도의 고장력 강판이 사용되고 있으며, 일반 강판보다 인장강도를 2배 이상 높이면서 두께를 줄여 경량화가 가능한 고장력 강판이 주로 사용되고 있다.

(1) 고장력 강판의 분류

인장강도(Tensile Strength)를 기준으로 고장력 강판(HSS : High Strength Steel)은

340~780MPa, 초고장력 강판(AHSS : Advanced High Strength Steel)은 780MPa 이상, 울트라 초고장력 강판(UAHSS : Ultra Advanced High Strength Steel)은 1000MPa 이상으로 구분할 수 있다. 인장강도는 일정한 힘으로 재료를 당겼을 때 파단될 때까지의 힘을 의미하며 1MPa은 $1cm^2$의 면적당 100N의 무게를 견딜 수 있는 강도를 말한다.

고장력 강판의 분류

구분	기준(MPa)	강판 두께
일반 강판(Mild Steel)	340 ↓	100
고장력 강판(HSS)	340 ~ 780	80
초고장력 강판(AHSS)	780 ↑	62
울트라 초고장력 강판(U-AHSS)	1,000 ↑	62 ↓

[출처 : KISTEP 한국과학기술평가원(2018)]

(2) 초고장력 강판(AHSS : Advanced High Strength Steel)

1) DP(Dual Phase)강

DP(Dual Phase)강은 열간 압연 후 상온에서 냉각시 냉각 종료 온도를 마르텐사이트(Martensite) 변태가 시작되는 온도(Ms)보다 낮게 하여 일부 오스테나이트(Austenite)를 마르텐사이트(Martensite)로 변태시켜 마르텐사이트(Martensite)와 페라이트(Ferrite)의 2상 조직을 갖게 한 강을 말한다.

인장강도(최대 1GPa급) 크고 우수한 연신율(Elongation)을 가지며 높은 강도를 요구하는 시트 레일(Seat Rail), 서스펜션과 같은 부품에 주로 적용된다. 연신율(Elongation)은 재료에 힘을 가하여 재료가 파단 되기 직전까지 늘어나는 정도이며, 백분율로 표시한다.

2) FB(Ferrite-Bainite)강

FB(Ferrite-Bainite)강은 베이나이트(Bainite)의 변태 온도에서 서서히 냉각하여 베이나이트(Bainite)와 페라이트(Ferrite)의 미세조직을 갖게 한 강을 말한다. 변형 시 깨짐이 없고 구멍 확장성(Hole Expansion Ratio)이 우수하며 인장강도(최대 980MPa)가 크고 연신율은 30%정도이다. 주로 섀시 부품인 로어 암(Lower Arm), 디스크(Disk), 후륜 현가장치 등에 적용된다.

참고 베이나이트 : 강을 350℃까지 급랭하여 항온 변태시켜 생성된 조직

(3) 울트라 초고장력 강판(UAHSS : Ultra Advanced High Strength Steel)

1) TRIP(TRansformation Induced Plasticity)강

상온에서 잔류 오스테나이트(Austenite)를 소성 변형을 진행시키면 마르텐사이트(Martensite)로 변태하여 큰 소성을 가지는 변태 유기 소성(TRansformation Induced Plasticity) 현상이 나타나며 이를 이용하여 페라이트(Ferrite), 베이나이트(Bainite), 잔류

오스테나이트(Austenite)의 3상 또는 페라이트(Ferrite), 베이나이트(Bainite), 잔류 오스테나이트(Austenite), 마르텐사이트(Martensite)의 4상 조직을 갖는 강을 말한다. 연신율이 우수하여 성형성이 좋고 높은 강도를 요구하는 자동차용 패널(Panel)에 적용된다.

2) TWIP(TWining Induced Plasticity)강

TWIP(TWining Induced Plasticity)강은 망간(Mn)을 함유시켜 상온에서 오스테나이트는 안정화 상태이며 소성 변형에 의하여 오스테나이트 내부에 기계적 쌍정(Twin)을 생성시키고 전위 이동을 방해하여 연신율을 우수하게 만든 강을 말한다. 우수한 충격 흡수가 요구되는 범퍼 빔(Bumper Beam), 프런트 사이드 멤버(Front Side Member), A필러(A-Pillar) 등에 적용된다.

05 표면처리 강판(도금 강판)

표면처리 강판(도금 강판)은 냉간 압연 강판(CR : Cold Rolled Steel Sheet) 표면에 수 μm 두께로 아연 또는 아연합금을 도금한 강판을 말한다.

차량의 차체용으로 사용되는 도금 강판으로 주로 아연이 많이 사용되었으나, 최근에는 내식성이 향상되고 외관이 미련한 아연합금을 사용하고 있으며, 도금 방식도 용융 아연도금에서 전기 아연도금 방식과 갈바륨 도금 방식으로 변하고 있다. 제조 방법에 따라 용융 아연도금 강판(HDGI : Hot Dipped Galvanized Iron)과 전기도금 아연 강판(EGI : Electrolytic Galvanized Iron)으로 분류할 수 있다.

(1) 일반 용융 아연도금 강판(HDGI : Hot Dipped Galvanized Iron)

냉연강판 또는 열연강판을 용융아연욕조에 담근 후 강판 표면에 아연피막을 입힌 것으로 아연도금층이 두껍고 내식성이 우수한 특징을 갖고 있다.

1) 특징

① 우수한 내식성으로 인하여 부식방지 효과가 크므로 경제성이 뛰어나다.
② 요구에 따른 다양한 종류의 제품개발이 가능하다.

(2) 합금화 아연도금 강판(GA : Galvannealed Sheet Steel)

용융 아연도금 후 고온(500℃)에서 재가열하여 도금층 내부에 철(Fe)과 아연이 섞이게 하여 철-아연 혼합 도금층(철 농도 약 10%)을 형성시킨 강판으로 내식성과 도장 밀착성이 우수하여 자동차의 내판용, 외판용, 내부 구조용으로 많이 사용되고 있다.

(3) 전기 아연도금 강판(EGI : Electrolytic Galvanized Iron)

전기 아연도금 강판(EGI : Electrolytic Galvanized Iron)은 전기도금에 의해 냉연강판 표면에 아연을 입혀 내식성을 높인 강판으로 우수한 표면 품질이 요구되는 부품에 사용되며 주로 자동차 내판용, 외판용, 냉장고, 세탁기 등에 사용된다.

1) 특징

① 일반적으로 일반 용융 아연도금 강판(HDGI : Hot Dipped Galvanized Iron)보다 도금량이 적으며 도금 표면이 균일하므로 도장 마무리성이 뛰어나고, 도장 후 내식성이 뛰어나다.

② 상온 근처에서 도금처리가 되므로 강판 원래의 재질 특성을 유지할 수 있어 다양한 재질의 도금이 가능하고 가공성이 뛰어나다.

③ 일반 용융 아연도금 강판(HDGI : Hot Dipped Galvanized Iron)에 비해 강판 원래의 기계적 성질을 유지할 수 있으며 전류밀도 및 라인속도에 의해 도금량 부착에 대한 제어가 쉽다.

2) 아연-철 합금(Zn-Fe) 전기도금 강판

① 순수 아연 용융 합금의 도장성 향상을 목적으로 개발한 도금 강판이다.

② 철(Fe) 농도가 15~35% 정도에서 내식성이 양호하다.

③ 순수 아연도금 시보다 용접성, 도장성이 향상되고 내식성이 우수하여 자동차의 내판용, 외판용으로 사용된다.

3) 아연-니켈 합금(Zn-Ni) 전기도금 강판

① 니켈(Ni) 10~16% 정도 함유된 합금도금 강판으로 자동차의 내식성을 높이기 위해 개발한 도금 강판이다.

② 니켈이 첨가되어 도금층이 강하고 내식성, 용접성, 도장성이 뛰어나 자동차의 내판용, 외판용으로 사용된다.

기출문제 유형

✦ 소성 가공의 종류를 설명하고, 그 중에서 냉간 압연 제조 방법과 압하력을 줄이는 방법에 대하여 설명하시오.(119-3-1)

---

01 개요

소성 가공이란 재료에 힘을 인가하여 형상의 소성 변형을 일으켜 원하는 제품을 만드는 가공법이다. 소성 가공에는 상온에서 가공하는 냉간 소성 가공과 가열하여 가공하는 열간 소성 가공으로 구분한다. 일반적으로 금속 특성상 가열하면 열팽창이 발생하여 변형되므로 가능하면 냉간 소성 가공으로 작업을 하고 경도가 높은 재질인 경우에는 열간 소성 가공으로 작업을 한다.

또한, 소성 가공의 종류에는 프레스, 단조, 압출, 와이어 드로잉, 인발, 드로잉, 벤딩 (Bending), 접합, 전단 등이 있다. 소성 가공의 특징으로 정확한 치수의 제품을 대량 생산이 가능하고 가공에 의해 조직이 개선된다. 강한 성질을 가지게 할 수 있고 재료의 손실이 적으며 가공면이 깨끗하고 균일한 품질을 얻을 수 있다.

02 소성 가공의 종류

(1) 단조 가공(Forging)

단조 가공(Forging)은 금속 재료에 열을 가한 후 힘을 가하여 원하는 모양과 치수를 가지는 제품으로 만드는 가공 방법을 말한다. 보통 열간 가공, 자유 단조와 형단조(Die forging)가 있다.

(2) 압연 가공(Rolling)

압연 가공(Rolling)은 상온 또는 상온에서 롤 사이로 금속 재료를 삽입하여 판재, 관재 등의 소재를 만드는 가공 방법을 말한다. 열간 또는 냉간 가공이 있으며, 봉, 관, 판재 제조에 사용된다.

(3) 인발 가공(Drawing)

인발 가공(Drawing)은 재료를 금형(Die)에 넣어 잡아당기면서 통과시키면 원하는 형상의 단면을 가지는 가늘고 긴 제품을 가공하는 방법을 말한다. 선재, 파이프 제조에 사용된다.

(4) 압출 가공(Extruding)

압출 가공(Extruding)은 알루미늄, 구리, 아연과 같이 소성이 큰 재료를 컨테이너 (Container)에 넣고 압판과 일체로 된 램(Ram)에 압력을 가하여 압출에 의해 금형 (Die)의 구멍으로 나오게 하여 길이가 긴 원하는 단면 형상의 소재를 가공하는 방법을 말한다. 파이프, 봉재 제조에 사용된다.

(5) 프레스 가공(Press working)

프레스 가공(Press working)은 전단(Shearing), 굽힘(Bending), 드로잉(Drawing), 성형(Forming), 압축(Squeezing) 등으로 가공하는 방법을 말한다. 컵, 식기 제조에 사용된다.

(6) 전조 가공(Form rolling)

전조 가공(Form rolling)은 나사산 같은 표면 형상이 있는 롤 사이에 재료를 위치하고 누름과 회전을 하여 재료를 롤 표면 형상으로 가공하는 방법을 말한다. 나사 (thread), 기어(gear) 등을 제조할 때 사용한다.

03 열간 가공과 냉간 가공

(1) 냉간 가공(Cold working)의 특징

냉간 가공(cold working)은 재료의 재결정 온도 이하에서 이루어지는 소성 가공을 말한다.
① 가공면이 깨끗하고 정밀한 형상의 가공면을 얻는다.
② 가공경화에 의한 재료의 강도가 증가되나 연신율은 감소된다.

(2) 열간 가공(Hot working)의 특징

열간 가공(hot working)은 재료의 재결정 온도 이상에서 이루어지는 소성 가공을 말한다.
① 거친 가공에 적합하다. 재료 가공 시 치수 정밀도가 비교적 낮고 거친 표면이 발생 한다.
② 재료의 재결정 온도 이상으로 가열하여 가공하므로 재질이 균일하고 가공이 쉽다.
③ 재료의 재결정 온도 이상으로 가열하여 가공하므로 산화막의 발생에 의한 정밀한 가공이 어렵다.

04 압연(Rolling)

압연 가공(Rolling)은 상온 또는 상온에서 롤 사이로 금속 재료를 삽입하여 판재, 관재 등의 소재를 만드는 가공 방법을 말한다. 열간 또는 냉간 가공이 있으며. 봉, 관, 판재 제조에 사용된다. 압연 가공은 다른 가공과 다르게 연속적인 가공이 가능하여 생산성이 좋으며, 대량 생산이 가능하고 생산 비용이 적게 들어 많이 사용되는 가공 방법이다.

(1) 열간 압연

① 재료의 재결정 온도 이상에서 압연이 가능하다.
② 가열된 상태로 가공하므로 가공 시 쉬운 변형으로 에너지 부하 소모가 적다
③ 치수가 크고 두꺼운 재료를 가공할 때 사용된다.
④ 재료의 재결정 온도 이상으로 가열하여 가공하므로 산화막의 발생에 의한 정밀한 가공이 어렵다.
⑤ 열간 압연 가공으로 생산된 강판을 열연강판(Hot rolled plate)이라 한다.

(2) 냉간 압연

① 재료의 재결정 온도 이하에서 압연이 가능하다.
② 재료의 재결정 온도 이하에서 가공하므로 재료의 변형이 어려워 에너지 부하 소모가 많다.
③ 치수가 작고 두께가 얇은 재료를 가공할 때 사용된다.
④ 가공 표면이 깨끗하고 치수가 정확한 제품을 얻을 수 있다.
⑤ 승용차에 사용되는 차체의 강판은 주로 냉연강판을 사용한다.

(3) 냉간 압연(Cooling Rolling) 제조 공정

1) 산세(Picking) 공정

산세(Picking) 공정은 열연코일의 표면 스케일을 스케일 브레이커와 염산을 이용하여 강판 표면의 결함 원인인 산화막을 제거하여 냉간 압연 가공을 쉽게 하고 미려한 강판 표면을 만드는 공정을 말한다.

2) 냉간 압연(Cooling Rolling) 공정

냉간 압연(Cooling Rolling) 공정은 열간 압연에서 발생한 코일의 산화막을 제거하고, 상온에서 요구하는 두께까지 압연하는 공정을 말하며, 냉간 압연 강판을 생산하는 공정 중에서 가장 중요한 공정이다.

3) 전해 청정(Electrolytic Cleaning) 공정

전해 청정(Electrolytic Cleaning) 공정은 냉연 코일을 알칼리 용액으로 압연유와 오염물질을 제거하는 공정을 말한다.

4) 소둔(Annealing) 공정

소둔(Annealing) 공정은 급속 가열 및 급속 냉각을 통하여 변형 조직을 원래대로 복귀시켜 가공성을 주는 공정으로 연속 소둔(Continous Annealing)과 상소둔(Batch Annealing) 방법을 이용한다. 소둔(Annealing)을 풀림이라고도 한다.

5) 조질 압연(Temper Rolling) 공정

조질 압연(Temper Rolling) 공정은 압하를 통하여 강판의 두께 변화 없이 스트레처 스트레인(Stretche Strain) 결함을 제거하고 표면을 좋게 하고 적당한 조도를 부여하는 공정을 말한다.

6) 전단 & 권취(Shearing & Recoiling) 공정

전단 공정(Shearing)은 최종 제품에 맞게 폭과 중량에 맞추도록 강판의 가장자리를 절단하는 작업과 중량을 조절하는 공정을 말한다. 권취(Recoiling) 공정은 최종 제품을 코일 형태로 되감는 공정을 말한다.

7) 포장(Packing) 공정

포장(Packing) 공정은 특수 방청지와 목재로 포장하는 공정을 말한다.

(5) 압하량과 압하력

1) 압하량

압하량(Possible draft)은 재료의 압연 전의 두께와 압연 후 두께의 차이를 말한다. 재료와 롤의 마찰계수 또는 롤 반경이 클수록 압하량도 증가한다.

$$압하량 = h_0 - h_f = \mu^2 \cdot R$$

여기서, h_0 : 압연 전 두께, h_f : 압연 후 두께, μ : 소재와 롤의 마찰계수, R : 롤 반경

2) 압하율

압하율은 재료의 압연 전의 두께와 압하량의 비를 말한다.

$$압하율 = \frac{h_0 - h_f}{h_0} \times 100\%$$

여기서, h_0 : 압연 전 두께, h_f : 압연 후 두께

3) 압하력(Roll Force)

압연 공정은 재료의 두께를 얇게 하기 위하여 롤은 재료에 압력을 가하게 되며 이때 가해지는 압축 하중을 압하력이라 한다.

$$F = L \cdot W \cdot Y_{avg}$$

여기서, L : 롤과 소재의 길이, W : 소재의 폭, Y_{avg} : 평균 유동 응력

4) 압하력(Roll Force)을 줄이는 방법

① 재료와 롤 사이의 마찰계수를 줄인다.
② 접촉 면적이 최소화 되도록 반경이 작은 롤을 사용한다.
③ 접촉 면적이 최소화 되도록 압하율을 작게 한다.
④ 고온에서 압연 공정을 수행한다.
⑤ 재료에 압연 방향으로 장력을 가해준다.

기출문제 유형

✦ 차량 경량화 재질로 사용되는 범용 열가소성 수지 4가지에 대하여 설명하시오.(108-3-1)

---

01 개요

자동차에 많이 사용되는 수지는 성형성과 혼합에 따른 성능이 우수해야 하며 가격이 싸고 재활용이 용이한 특성을 갖는 폴리프로필렌 수지 및 고기능성 수지의 수요가 크게

증가하고 있다. 자동차의 실내 내장재의 많은 부분들이 폴리프로필렌(PP), 폴리염화비닐(PVC), 폴리우레탄(PU), ABS 수지(ABS) 등과 같은 고분자 소재가 적용되어 있다.

특히, 폴리프로필렌(PP)은 폴리에틸렌(PE), 폴리염화비닐(PVC), 폴리스틸렌(PS)과 함께 4대 범용 수지에 속하며 열가소성수지 중 사용량 비중(예 : 24%)이 상당히 높은 편이다. 자동차 소재로 고분자 소재가 많이 사용되고 있는 이유로는 일반 강판에 비해 가벼워 경량화가 가능하고 성형성이 우수하여 복잡한 형상의 성형이 가능하고 다양한 표면 처리가 가능하며 표면에 부식 발생이 없어 녹이 슬지 않는다.

02 플라스틱의 종류

(1) 열경화성 수지

열을 가하여 경화 성형 후 열을 다시 가하면 형태가 변하지 않아 재성형이 불가능한 수지를 말한다. 일반적으로 내열성, 내용제성, 내약품성, 기계적 성질, 전기 절연성이 좋고 탄소섬유와 혼합하여 탄소섬유 강화 플라스틱을 제조하는데 사용된다. 종류로는 페놀(PH), 에폭시(EP), 멜라민, 폴리에스테르(PE) 등이 있다.

(2) 열가소성 수지

열을 가하여 성형 후 다시 열을 가하면 형태가 변하여 재성형이 가능한 수지를 말한다. 압출 성형 및 사출 성형을 통하여 효율적인 가공이 가능한 장점이 있으나, 내열성, 내용제성 측면은 열경화성 수지에 비해 좋지 않은 편이다.

1) 폴리프로필렌(PP)

① 인장강도가 우수하며, 표면강도, 내열성이 높다.
② 압축, 충격 강도는 양호한 편이며, 유동성은 좋다.
③ 내열성, 내약품성은 양호하다.
④ 용도 : 자동차에 가장 많이 사용되는 재료이며 자동차 내장재, 전장부품, 범퍼에 널리 사용되고 있다.

2) 폴리염화비닐(PVC)

① 전기 절연성이 좋으며 불에 잘 타지 않는다.
② 내약품성, 내구성, 내흠집성이 우수하다.
③ 자외선에 약하여 분해가 잘 되므로 안정제 첨가가 필요하다.
④ 연질과 경질의 성질을 가지고 있어 넓은 성능을 가진다.
⑤ 용도 : 연질(SPVC)은 전선 피복, 필름, 시트 등에 사용되며 경질(HPVC)은 전화기 본체, 배관 등에 사용된다. 또한 자동차 계기판, 와이어링 하니스(Harness), 도어, 시트 등에 사용된다.

3) 폴리에틸렌(PE)

    ① 특징

    ① 매끈한 외관을 가지며, 결정화도가 높다

    ② 연신율이 커 가공이 쉽고, 인장강도가 크며, 전기 전열성이 우수하다.

    ③ **용도** : 자동차 연료 탱크, 주유구, 연료 파이프 등에 사용된다.

4) 폴리스틸렌(PS)

    ① 경질이며 투명한 수지로 착색이 잘 된다.

    ② 전기 절연성은 좋으나 열에 약하다.

    ③ **용도** : 자동차 모델, 냉장고 내장재, 단열재 및 포장재 등에 사용된다.

기출문제 유형

✦ 자동차의 강판에 사용되는 용접방식의 종류와 특징에 대하여 설명하시오.(125-4-1)

✦ 자동차 부품 제작에 적용되는 핫 스탬핑(Hot Stamping), TWB(Taylor Welded Blanks), TRB(Taylor Rolled Blanks) 공법과 적용사례에 대하여 설명하시오.(111-3-1)

✦ 차체용 고장도 강판의 성형 기술에 대하여 설명하시오.(104-4-2)

✦ 차체 부품 성형법 중에서 하이드로 포밍(Hydro-Forming)에 대하여 설명하시오.(120-1-9)

✦ 금속 재료의 성형 가공법에서 하이드로 포밍(Hydro-Forming)에 대하여 설명하시오.(117-1-1)

✦ 차량부품 제작공법 중 하이드로 포밍(Hydro-Forming)에 대하여 기존의 스템핑 방식과 비교하고 적용 부품에 대하여 설명하시오.(102-2-5)

✦ 차체 제조기술에서 액압 성형(Hydro Formng) 방식을 정의하고, 장점을 설명하시오.(96-4-5)

01 개요

    심각한 환경오염에 따른 기후변화협약(COP21)에서 체결된 파리협정(2015.12)이후에 온실가스와 화석에너지의 사용 감축을 위하여 자동차의 연비 규제 및 환경 규제 강화됨에 따라 연비 규제에 대응하기 위해 무게를 낮추는 차량의 경량화 연구 및 개발이 계속해서 이루어지고 있다.

    다양한 신소재를 통한 경량화 연구로 초고장력 강판, 알루미늄·마그네슘 합금, 고분자 소재(탄소섬유 복합재 포함) 등이 있다. 지구온난화를 유발하는 감축 대상인 가스는 이산화탄소(CO_2), 메탄(CH_4), 수소화불화탄소(HFC), 불화탄소(PFC), 불화유황(SF_6), 아산화질소(N_2O) 등 6가지이다.

자동차 차체의 경량화는 자동차 연비 효율의 향상을 위한 핵심 요소로 연료 소비(예 : 3~8%) 및 배기가스의 배출을 감소(예 : CO 4.5%, HC 2.5%, NOx 8.8%)시킬 수 있으며 주행저항의 감소, 제동 거리의 향상(예 : 약 5%) 등 자동차의 전체적인 성능을 향상시키는 데 기여한다.

정교한 가공으로 소재의 사용량을 줄일 수 있는 핫 스탬핑(Hot Stamping), 맞춤형 블랭킹(TWB : Taylor Welded Blanks), TRB(Taylor Rolled Blanks) 공법 및 하이드로 포밍(Hydro-Forming) 공법 등 다양한 공법 경량화가 적용 중이며 꾸준한 연구가 이루어지고 있다.

02 차량 경량화의 종류

경량화는 구조(Design) 경량화, 공법(Processing) 경량화, 소재(Materials) 경량화로 구분할 수 있으며, 이중에서 소재(Materials) 경량화가 경량화 측면에서 가장 효과가 크다. 소재(Materials)의 경량화는 기존 철강 소재를 경량 소재로 변경하거나 일부분만 결합할 수 있도록 설계하는 것을 의미한다. 초고장력 강판, 알루미늄, 마그네슘, 플라스틱, 탄소섬유 같은 소재의 적용이 그 사례라 할 수 있다.

차량의 경량화

	구조(Design) 경량화	공법(Processing) 경량화	소재(Materials) 경량화
정의	요구 강도 사양에 맞는 최적화 설계로 소재 사용을 최소화 하는 것	최적화된 소재 가공을 통한 소재 사용을 최소화 하는 것	소재를 철강에서 경량소재로 대체 또는 일부분 혼합 하는 것
장점	① 기존 역량을 최대한 활용 가능 ② 개발시간 및 비용 최소화	① 기존 소재 활용 가능 ② 비용 최소화	① 경량화 효과가 가장 크다.
단점	① 혁신적 설계 아이디어 발굴이 어렵다. ② 적용 범위가 한정된다.	① 초기에 큰 설비투자 필요하다.	① 공법, 설계변경으로 비용이 많이 소요된다. ② 경량소재의 가격이 비싸다. ③ 강도 등 기계적 성능 저하가 발생할 수 있다.
사례	① 튜브 구조, 신구조, 복합 결합 구조 ② 최적 용접 설계 ③ Space Frames	① TWB(맞춤형 블랭킹) ② 하이드로 포밍 ③ 핫 스탬핑	① 알루미늄 ② 고장력 강판 ③ 탄소섬유, 플라스틱 등

(자료 : 유진투자증권(2015년)

03 핫 스탬핑(Hot Stamping) 공법

(1) 개요

핫 스탬핑(Hot Stamping) 공법은 금속 재료를 고온(900~950℃)으로 가열한 상태에서 프레스로 성형을 한 후 금형 내에서 냉각수로 급냉(약 300℃)시키는 방식으로 가벼우면서도 강도가 큰 강판을 제조하는 공법이다. 핫 스탬핑(Hot Stamping) 공법의 가장 큰 장점은 기존의 두께 대비 강도가 향상(약 2~3배)되고 중량은 감소(약 15~25%)되어 자동차의 경량화가 가능한 공법이다.

(2) 공법의 특징

① 기존의 두께 대비 강도가 향상(약 2~3배)되고 중량은 감소(약 15~25%)되어 자동차의 경량화가 가능하다.
② 열처리를 통해 차량의 충돌 및 안전법규에 대응할 수 있는 고강도강 제조가 가능하다.
③ 국산화를 통한 기술력 확보로 가격의 경쟁력 확보가 가능하다.
④ 복잡한 형상의 제품과 같이 성형을 할 수 있어 용접 작업이 필요 없어 용접선이 없어진다.
⑤ 조정 공정을 통하여 제품의 형상과 치수의 정확성을 보장할 수 있다.
⑥ 비틀림 강성이 높다.
⑦ 배기 시스템에 적용할 경우 배기가스의 유동저항이 낮아지고, 피로강도가 높다
⑧ 핫 스탬핑(Hot Stamping) 공법이 우수한 측면이 있으나 적용 비율은 한계(예 : 약 45%)가 있다.(H사 적용 예 : YF 쏘나타 약 8%, LF 쏘나타 약 28%) 현재 A 필러(A Pillar), 센터 필라(Center Pillar), 루프 레일(Roof Rail), 어퍼 멤버(Upper Mbr.) 플로워 스탭(Floor Step) 등의 부위에 적용되고 있다.

04 맞춤 재단 용접(TWB : Taylor Welded Blanks) 공법

(1) 개요

맞춤 재단 용접(TWB : Tailor Welded Blanks) 공법은 강도와 두께가 다른 이종 또는 동종의 강판을 스탬핑(Stamping) 가공 전에 하나의 강판(Blank)으로 용접하는 방식으로 부분적으로 강도와 경량화가 가능한 공법이다. 제조 공정은 절단 공정, 맞대기 용접, 프레스 공정으로 구성된다.

(2) 특징

① 기존의 성형 방법보다 부품수가 감소하며 차체의 경량화가 가능하다.
② 제조비용의 절감, 품질 향상, 충돌 안전성 향상, 차체 구조의 단순화가 가능하다.
③ 부분적인 강도 향상, 생산 공정수의 축소를 통한 생산 비용의 절감, 구조적 강성 증대가 가능하다.
④ 고가의 초기 설비 투자비용이 소요되나 생산성 향상, 작업 공간의 축소가 가능하다.
⑤ 자동차의 도어 이너(Door Inner), 사이드 멤버(Side Member), 센터 필러(Center Pillar), 테일 게이트(Tailgate) 등에 사용된다.

05 TRB(Taylor Rolled Blanks) 공법

(1) 개요

TRB(Taylor Rolled Blanks) 공법은 맞춤 재단 용접(TWB : Tailor Welded Blanks) 공법에서 강도와 두께가 다른 이종 또는 동종의 강판을 스탬핑(Stamping) 가공 전에 하나의 강판(Blank)으로 용접한 후 프레스 가공을 하는 방식으로 용접부위 두께의 불균일성에 의한 노치 효과(Notch Effect)가 발생하여 용접의 품질이 나빠질 수 있는 문제를 보완하기 위한 용접 공정을 없애고 판재를 성형하는 공법이며 압연 공정에서 롤 갭을 제어하여 두께가 상이한 소재를 제작하는 공법으로 용접 없이 필요한 부위에 맞는 두께로 일체 성형하는 공법을 말한다.

TRB(Taylor Rolled Blanks)를 핫 스탬핑 공정에 적용할 경우 두께 차이로 인한 이종 물성을 가짐과 동시에 초고강도 부품(1.5GPa 이상) 제작이 가능하기 때문에 필러류, 멤버류 등의 큰 강도가 요구되는 차체의 부품에 적용되고 있다.

> **참고** **노치 효과(Notch Effect)** : 물체의 표면에 반복적인 외력이 작용하면 우묵하게 들어가는 곳과 같은 불균일한 표면에 외력이 집중하여 피로 파괴가 발생하는 효과를 말한다. 피로 노치 계수는 kf로 나타낸다.

(2) 특징

① 안전성 및 경량화 실현을 위한 이종 두께 재질의 부품 제조가 가능하다.
② 접합 및 절단 공정이 필요하지 않아 생산비용이 절감된다.
③ 용접부가 없기 때문에 노치 효과에 의한 품질의 문제가 없다.
④ 보강재가 필요 없어 중량의 절감이 가능하다.
⑤ 필러류, 멤버류, 도어 이너 패널 등에 사용된다.

06 하이드로 포밍(Hydro foaming) 공법

(1) 개요

하이드로 포밍(Hydro foaming) 공법은 금형 속에 들어가 있는 파이프(Pipe) 내에 물(Water) 또는 오일(Oil)과 같은 액체를 주입한 후 내부에 강한 액압을 가하여 파이프가 금형 형상으로 성형되는 공법을 말한다.

(2) 특징

① 성형품이 중량에 비해 높은 구조 강성을 가진다.
② 복잡한 형상을 하나의 금형(Die)으로 생산이 가능하다.
③ 두께와 강도가 균일한 제품으로 성형이 가능하다.
④ 필요한 형상의 성형 가공이 한 번에 가능하므로 용접부위가 최소화되어 추가적인

용접공정이 불필요하여 품질의 향상, 원가 절감, 생산성 향상, 생산시 소음 저감의 효과가 있다.

⑤ 소재 회수율이 높고 환경 친화적인 기술이다.

⑥ 원가 절감(약 15%)과 경량화(약 10~20%)가 가능하다.

(3) 하이드로 포밍(Hydro foaming) 공정

엔진을 지탱하는 받침대 역할을 하는 엔진 크래들(Engine Cradle)의 제작 공정의 예는 다음과 같다.

① 파이프(Pipe)를 공급하여 벤딩(Bending) 공정에서 파이프를 벤딩(Bending)한다.

② 예비 성형 공정으로 프레스 성형을 한다.

③ 하이드로 포밍(Hydro foaming) 공정으로 내부에 강한 액압을 가하여 성형을 한다.

④ 레이저로 절단을 한다.

(4) 하이드로 포밍(Hydro foaming) 공법과 기존 스탬핑(Stamping) 공법의 차이

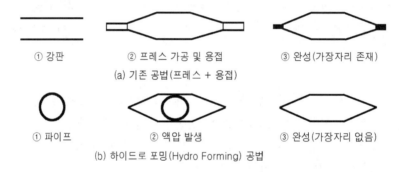

① 강판　　② 프레스 가공 및 용접　　③ 완성(가장자리 존재)

(a) 기존 공법(프레스 + 용접)

① 파이프　　② 액압 발생　　③ 완성(가장자리 없음)

(b) 하이드로 포밍(Hydro Forming) 공법

하이드로 포밍(Hydro foaming) 공법과 기존 공법

기존 스탬핑(Stamping) 공법은 프레스 가공, 트림(Trim), 점용접과 같은 최소한 세 가지 공정을 거쳐야 최종 제품의 제작이 가능하나, 하이드로 포밍(Hydro foaming)공법을 이용하면 파이프(Pipe)에 강한 액압을 가하여 최종 제품의 제작이 가능하다.

(5) 적용 사례

사이드 레일(Side rail), 서브 프레임(Sub frame), 대시 패널(Dash panel), 배기다기관(Exhaust manifold), 크로스 멤버(Cross member), 필러(Pillar) 등에 적용된다.

07 스탬핑(Stamping) 공법

(1) 개요

스탬핑(Stamping) 공법은 펀칭(Punching) 금형(Die)을 사용하여 펀칭(Punching) 기계로 금속 또는 비금속 판금을 절단 또는 성형시켜 원하는 부품을 만드는 가공 방법을 말한다. 스탬핑(Stamping)공법의 기본 공정은 펀칭(Punching), 블랭킹(Blanking), 벤딩(Bending), 드로잉(Drawing) 등이 있다.

판금 스탬핑(Stamping)은 일반적으로 상온에서 가공이 이루어지므로 냉간 스탬핑(Stamping)이라고도 하며 스탬핑(Stamping)에 사용되는 재료는 가소성이 좋아야 한다. 일반적으로 저탄소강, 플라스틱 합금강, 알루미늄 및 알루미늄 합금, 구리 및 구리 합금, 플라스틱 등이 사용된다.

스탬핑의 장점은 높은 생산성, 저렴한 생산 비용, 복잡한 형상 가공성, 높은 치수 정밀도, 우수한 표면 품질, 높은 강성, 높은 강도, 경량이며 절단 없이 사용할 수 있다.

(2) 박판 성형 공정

박판 성형 공정은 전단 가공과 성형 과정으로 구분된다. 전단 가공은 전단(Shearing), 블랭킹(Blanking), 피어싱(Piercing) 등으로 구분되며, 성형 공정은 딥드로잉(Deep drawing), 벤딩(Bending), 플랜징(Flanging) 등으로 구분된다.

1) 전단(Shearing)

전단(Shearing)은 코일 형태의 재료를 판재 형상으로 절단하는 가공법을 말한다.

2) 블랭킹(Blanking)

블랭킹(Blanking)은 전단 가공된 판재를 특정한 형상으로 전단하는 가공법으로 순차(Progressive) 공정과 연속 공정 첫 단계에서 이루어지는 공정이다. 블랭킹(Blanking)된 소재는 보통 피어싱(Piercing), 딥드로잉(Deep drawing), 벤딩(Bending)과 같은 후속 공정을 거쳐 최종 제품으로 만들어진다.

3) 피어싱(Piercing)

블랭킹(Blanking)에서 판재를 특정한 모양으로 전단하여 전단된 부분을 사용하지만 피어싱(Piercing)은 전단하고 남은 스크랩을 사용하여 다른 제품과 체결 또는 조립을 위한 안내 구멍을 가공하는데 주로 사용하는 공정을 말한다.

4) 트리밍(Trimming)

트리밍(Trimming)은 순차(Progressive) 공정과 연속 공정 후에 이루어지는 공정으로 박판 공정 이후에 남아 있는 가장자리 부분을 전단하여 최종 제품의 형상으로 만드는 공정을 말한다.

5) 딥드로잉(Deep drawing)

딥드로잉(Deep drawing)은 평판 재료를 두께는 유지하면서 원통 또는 각통 모양의 제품으로 성형하는 공정을 말한다. 이 가공 방법은 깊이가 깊은 제품을 만드는 가공을 의미하여 딥드로잉(Deep drawing)이라 하나 깊이가 깊지 않은 제품 가공에도 종종 사용된다. 딥드로잉(Deep drawing)으로 가공되는 제품은 자동차 내판재, 외판재, 캔 등이 있다.

6) 벤딩(Bending)

벤딩(Bending)은 재료를 필요한 각도로 굽히는 가공으로 가공하는 동안 인장과 압축이 동시에 일어나는 공정을 말한다. 가공하는 동안 발생하는 인장과 압축으로 인하여 가공 후에 제품의 치수가 변하는 탄성 회복(Spring back)이 발생할 수 있어 정밀도가 요구되는 자동차 부품의 경우 탄성 회복(Spring back) 방지 대책이 매우 중요하다.

7) 플랜징(Flanging)

플랜징(Flanging)은 재료의 가장자리를 굽히는 가공법을 말하며, 신장 플랜징(Flanging)의 경우 가장자리 부위의 인장력으로 인하여 크랙(Crack)이 일어날 수 있고, 수축 플랜징(Flanging)의 경우에는 가장자리 부위의 압축력으로 인하여 주름이 일어날 수 있다.

8) 헤밍(Hemming)

헤밍(Hemming)은 한 개 또는 두 개의 평판 재료를 구부려 접어서 포개는 가공법을 말하며, 재료의 강성을 향상시키고 외관을 아름답게 하며 날카로운 부위를 제거할 수 있다. 주로 자동차 후드, 도어, 트렁크 리드 등의 마무리 공정에 사용된다.

기출문제 유형

✦ 자동차 패킹(packing)용 재료에서 가류(加硫) 처리를 설명하시오.(110-1-9)

01 개요

고무에는 원재료에 따른 천연 고무와 합성 고무, 상(Phase)에 따른 고형고무와 액상고무, 가왕 유무에 따른 가황고무와 미가황고무 등으로 구분할 수 있다. 보통 원료 고무는 고형이고 미가황 상태가 대부분이다.

02 고무 가공 공정

(1) 준비 공정

고무제품의 용도에 적합한 약품의 배합 비율을 기준으로 일정량을 준비하는 공정이다.

(2) 소련 공정

롤, 혼합기 등을 통하여 원료 고무의 탄성을 제거하고 가소성화하여 고무 가공성을 좋게 하는 공정을 말한다.

(3) 혼련 공정

소련이 끝난 고무에 필요한 제품을 만들기 위하여 배합제 또는 다른 고무 등을 혼합시키는 공정을 말한다.

(4) 압출 공정

냉각된 배합 고무를 롤에 다시 넣어 열가소성을 부여한 후 압출기에 공급하는 공정을 말한다.

(5) 캘린더 공정

작업 목적에 따라 여러 가지 모양으로 배열된 롤로 이루어진 캘린더를 사용하여 균질하게 가소화된 배합 고무를 공급하여 토핑(Topping) 작업을 하는 공정을 말한다.

(6) 호인 공정

필요할 경우 작업하는 공정으로 준비 공정에서 1차 처리된 섬유포에 호인을 사용하여 고무풀을 도포하는 공정을 말한다.

(7) 성형 공정

성형기를 통하여 제품형태로 성형을 하는 공정이다.

(8) 가황 공정

1차 성형된 배합 고무에 황을 혼합하여 영구적인 고무의 탄성을 갖게 하여 필요한 제품의 형상을 만드는 공정을 말하며 제품 생산을 위한 마지막 공정이다.

03 가황 공정

(1) 가황의 정의

가황은 사슬 모양의 불포화 이중 결합의 고분자인 고무에 황을 혼합하여 자유롭게 움직이는 고무 분자가 그물 모양의 결합을 통하여 열가소성 성질의 고무가 탄성고무의 성질을 가질 수 있도록 하는 공정을 말한다.

(2) 가황 기술

가황 공정에서는 황이 없는 미가황 고무를 성형한 후 고무에 영구적인 탄성을 가질 수 있도록 다양한 압력과 고온 조건을 통하여 최종 제품을 만드는 공정을 말한다. 일반적으로 많이 사용되는 가황 방법은 프레스 가황(Press vulcanization), 상압 가황(Open vulcanization), 연속 가황(Continuous vulcanization), 저온 가황(Cold vulcanization) 등이 있다.

1) 프레스 가황(Press vulcanization)

프레스 가황(Press vulcanization)은 스팀(Steam)이나 전기에 의해 가열하고 유압으로 압착 및 탈착하는 두 개 이상의 판으로 구성되어 열과 압력이 인가된 프레스 내에 이루어지는 가황을 말한다.

2) 상압 가황(Open vulcanization)

상압 가황(Open vulcanization)은 뜨거운 공기 또는 스팀(Steam) 상태에서 이루어지는 가황을 말하며, 공기의 경우 열전달이 좋지 않은 단점이 있으며, 스팀(Steam)의 경우 포화증기의 열전달이 좋아 단시간에 가황이 가능한 특징이 있다.

3) 연속 가황(Continuous vulcanization)

연속 가황(Continuous vulcanization)은 한 공정에서 고무 콤파운드의 성형과 가황이 연속으로 이루어지는 가황을 말한다. 연속 가황은 일반적으로 압출 부품, 전선피복 등을 생산할 때 사용 된다.

기출문제 유형

✦ 자동차 엔진 재료에 사용되는 인코넬(Inconel)의 특성을 설명하시오.(110-1-8)

---

01 인코넬(Inconel)

인코넬(Inconel)은 니켈 소재에 크롬(15%), 철(6~7%), 티탄(2.5%), 알루미늄, 망간, 규소(1% 이하)의 원소를 첨가한 내열합금을 말하며 내열성이 좋고, 높은 온도(900℃ 이상)에서도 산화하지 않으며, 황을 함유한 대기 중에서 침지되지 않는 특징을 가지고 있다. 높은 온도(예 : 600℃)에서도 인장강도, 항복점 등 여러 성질들의 변화가 없어 기계적 성질이 매우 우수하다.

내열이 필요한 열처리로, 초고온 전기로 및 제트 기관, 원자로 연료용 스프링, 진공관 필라멘트 등에 사용된다.

02 인코넬(Inconel) 합금 종류

(1) 인코넬(Inconel) 600

니켈 함량(79%)이 높은 크롬(15.5%) 합금으로 고온 산화에 우수하며, 염화이온, 수분 또는 가알칼리성 부식에 강한 합금을 말하며 인코넬(Inconel) 금속 중 601과 같이 가장 많이 사용된다.

(2) 인코넬(Inconel) 601

니켈(60.5%)-크롬(23%) 합금에 알루미늄이 첨가되어 산화 및 고온부식에 특히 강하며 고온, 내산화성에 우수한 특징을 가진 합금을 말한다.

(3) 인코넬(Inconel) 625

니켈(61%)-크롬(21.5%) 합금으로 높은 온도(980°C)에서 높은 강도, 높은 인성, 내산화성, 높은 피로강도를 갖는 내식성이 우수한 합금을 말하며 화학 시설, 해상 배관 등에 사용된다.

(4) 인코넬(Inconel) 718

니켈(52.5%)-크롬(19%) 합금으로 시효경화가 서서히 일어나 시효상태에서 용접이 가능하며 넓은 온도 범위(- 250°C ~ 700°C)에서 우수한 강도를 나타내며, 높은 온도(예 : 980°C)까지 내산화성이 우수한 특성을 가지는 함금을 말한다. 석유 시추 공구 등에 많이 사용된다.

(5) 인코넬(Inconel) X-750

알루미늄(0.7%)과 티타늄(2.5%)을 추가로 첨가한 니켈(75%)-크롬(15.5%) 합금이며 높은 온도(예 : 700°C)에서 높은 인장 및 크리프 파단 특성을 가지며 부식, 산화에 우수한 합금을 말한다.

기출문제 유형

✦ 수소 취성(水素脆性)을 정의하고, 발생 원인을 설명하시오.(110-1-5)

---

01 수소 취성(水素脆性)

수소 취성(水素脆性)은 강 소재의 처리공정 동안에 발생하는 수소가 강의 금속 격자 내부에 침투하여 강이 부서지거나 깨져서 갈라지는 현상을 말한다. 보통 인(P), 비소(As), 안티몬(Sb) 등이 존재하는 환경에서 수소가 쉽게 금속 내부로 침투한다고 알려져 있으며, 용접 시 수분이 있을 경우 수분이 분해되면서 발생한 수소가 금속 내부에 수소가 침투할 수 있다.

(1) 수소 취성 발생 순서

① 1단계 : 금속 표면에 발생한 수소원자가 모인다.
② 2단계 : 금속 입계를 따라 수소원자가 이동한다.
③ 3단계 : 이동한 수소 원자에 의해 금속 입계간 갈라짐이 발생한다.
④ 4단계 : 금속은 인장응력을 이기지 못하고 부서짐이 발생한다.

02 수소 취성 발생 원인

탈지(Cleaning), 산처리(Acidic picking), 전기도금(Elcetrolyte plating)과 같은 공정에서 수소가 발생하며, 수소 원자의 크기가 다른 원자에 비해 크기가 작아 금속격자 내부로 쉽게 침투해 들어가기 때문에 발생한다.

기출문제 유형

✦ 압전 및 압저항 소재의 특성과 자동차 적용 분야에 대해 설명하시오.(111-1-6)

---

01 압전(Piezoelectric) 소자

(1) 개요

압전(Piezoelectric) 소자는 외력에 의해 변형 또는 진동이 일어나면 분극 현상에 의해 전기가 발생하는 성질을 가지고 있는 소재로서 에너지로 변하는 성질을 갖고 있으며 대표적인 압전 소자로는 다결정 구조인 티탄산바륨($BaTiO_3$) 또는 PZT계($Pb(Zr, Ti)O_3$)와 같은 세라믹 소자가 있다.

(2) 특성

압전 소자의 특성을 나타내는 지수는 다음과 같다.
① 전기기계 결합계수(Kp)는 소자의 에너지 변환효율(기계적으로 축적된 에너지/전기 입력 에너지)을 의미한다.
② 기계적 품질계수(Qm)는 에너지가 변환할 때 발생하는 에너지 손실을 의미한다.
③ 압전 전하 계수(d33)는 인가 전기장에 대한 변형 정도를 의미한다.

(3) 자동차 적용 분야

① 전기 → 기계 → 전기 에너지 변환을 이용한 자동 주차 지원용 초음파 센서
② 보쉬의 압전 액추에이터를 이용한 디젤 엔진의 연료 분사용 인젝터
③ 연료의 레벨을 측정하는 레벨 센서
④ 요소수 보충시기를 알려주는 레벨 센서

02 압저항 소재

(1) 개요

외력에 의해 변형이 일어나면 기하학적 변화에 의한 저항 변화보다 소자의 전기적 특

성인 저항의 변화가 더 크게 발생하는 압전 소자를 말하며 니켈-크롬(NI-Cr), 실리콘(Si) 등이 이에 속한다. 특히, 실리콘(Si)과 같은 반도체 소자의 압저항 계수는 니켈-크롬(NI-Cr)과 같은 금속 압저항 소자에 비해 수십 배 정도(게이지 계수 : 80~200)로 적용 범위가 넓으며, 차량 부문에는 주로 압력을 측정하는 센서 용도로 많이 사용되고 있다.

(2) 특성

압저항 소자의 중요한 특징을 나타내는 지표로는 다음과 같다.

① 게이지 계수(Gauge Factor)는 센서의 감도와 관련 있는 계수이며 압저항 소자의 변형 전후의 저항값의 변화를 말한다.

② 온도 저항 계수(TCR : Temperature Coefficient of Resistance)는 온도에 따른 저항의 변화율을 의미하며 실리콘(Si)과 같은 반도체 소자는 게이지 계수(Gauge Factor)가 우수하며, 니켈-크롬(NI-Cr)과 같은 금속 압저항 소자는 온도 저항 계수 가 우수하다.

(3) 자동차 적용 분야

① 저압용 센서 : 내연기관 연료 탱크 압력 센서, 내연기관 흡기 압력 센서, 연료탱크 압력 센서, 오일 압력 센서, 에어백 충돌 센서 등

② 고압용 센서 : 가솔린 직접분사(GDI : Gasoline Direct Injection) 엔진 연료 압력 센서, 디젤 엔진의 연료 압력 센서, ESC(Electronic Stability Control) 브레이 크 유압 센서 등

기출문제 유형

✦ 차체 알루미늄 재질의 전기적 부식(Electric Corrosion) 현상과 철재와 접합 시 공정을 순서대로 설명하시오.(113-2-3)

✦ 금속의 전기적인 부식 현상에 대하여 설명하시오.(117-2-2)

✦ 차량의 부식이 발생하는 이유와 화학적, 전기적 부식에 대하여 설명하시오.(108-1-2)

---

01 개요

1970년대부터 차량의 엔진 블록에 알루미늄 소재가 사용되었고, 최근에는 엔진 후드(Hood), 루프(Roof), 도어(Door) 등에 적용이 확대되고 있으며 알루미늄은 비중이 철에 비해 약 34% 수준(알루미늄 비중 2.71, 철 비중 7.87)으로 무게가 가볍고 내식성, 열전도성이 우수하여 철강을 대체할 수 있는 대표적인 소재이다.

그러나 철 대비 가격이 비싸고 강도가 약한 단점이 있다. 약한 강도의 단점을 보완하기 위하여 다양한 합금기술이 개발되어 알루미늄의 순도 기준에 따라 1000계, 2000계, 3000계, 4000계, 5000계, 6000계, 7000계 등으로 나누어진다. 5000계(Al-Mg계) 및 6000계(Al-Mg-Si계) 알루미늄 합금은 강도나 성형성이 우수하여 자동차용 합금 판재로 자동차에 사용 중이다.

알루미늄 부식에는 소공 부식(Pitting Corrosion), 균열 부식(Crevice Corrosion), 갈바닉 부식(Galvanic Corrosion), 캐비테이션 부식(Cavitation Corrosion), 입계 부식(Intergranular Corrosion) 등이 있다.

일반적으로 차체의 부식은 차량 생산 과정에서 다양한 형상의 전착 도장 공정에서 차체의 전처리 불안정, 안료층 불균일, 부위별 가열 건조가 부족한 경우에 발생하는 도장 불량 및 방청 불량으로 인하여 발생하거나 주행 중 겨울철 도로 위의 염화칼슘, 고온 다습한 환경, 산성비와 같은 대기오염 등으로 인해 발생한다.

02 부식 구분

금속 부식은 금속이 주변의 환경과 화학적 또는 전기 화학적으로 반응하여 산화 또는 다른 물질로 변하여 금속 성질을 잃어버리는 현상을 말한다.

(1) 화학적(Chemical) 부식

화학적 부식은 건식 부식(Dry Corrosion)이라고 하며 부식과정에서 대기 중의 산소(O_2), 질소(N_2), 이산화황(SO_2) 등의 가스가 금속에 직접적으로 접촉하여 금속표면에서 발생하는 부식을 말한다.

(2) 전기 화학적(Electrochemical) 부식

전기 화학적 부식은 습식 부식(Wet Corrosion)이라고 하며 산과 염기를 띠는 전해질(Electrolyte) 용액이 금속과 접촉하여 금속 원소의 이온화로 전자 이동이 일어나는 전기 화학반응에 의한 부식을 말한다. 전기 화학적 부식은 양극(Anode)에서 발생한다.

① 양극(Anode) : 전자를 잃어버리는 산화(Oxidation) 반응이 발생한다.
② 음극(Cathode) : 전자를 얻어 환원(Reduction) 반응이 발생한다.
③ 철의 표면에 염기성 수분이 있을 경우 녹 발생은 다음과 같다.

$$양극(Anode) : Fe \rightarrow Fe^{2+} + 2e^-$$
$$음극(Cathode) : O_2 + 2H_2O + 4e^- \rightarrow 4(OH)^-$$

$$전체\ 반응 : 2Fe + 2H_2O + O_2 \rightarrow 2Fe(OH)_2$$
$$녹\ 발생 : 2Fe(OH)_2 + H_2O + \frac{1}{2}O_2 \rightarrow Fe(OH)_3$$

철 표면의 염기성 수분이 있을 경우 음극(Cathode)에 수산화이온(OH^-)이 발생하며, 철이 양극(Anode), 공기가 음극(Cathode)이 되어 수산화철II $2Fe(OH)_2$가 발생하지만 다시 산소와 물과 반응하여 녹이라 불리는 수산화철III(Bernalite)$Fe(OH)_3$가 발생한다.

(3) 전기 화학적 반응(부식)을 하기 위한 조건

① 양극(Anode)과 음극(Cathode)이 있고 전자 이동으로 전류가 흐를 수 있는 회로가 구성되어야 한다..

② 산과 염기를 띠는 전해질(Electrolyte) 용액이 있어야 한다.

03 알루미늄(또는 금속) 부식의 종류

(1) 소공 부식(Pitting Corrosion)

소공 부식(Pitting Corrosion)은 금속 표면의 산화층 파괴로 금속 내부의 깊이 방향으로 부분적으로 부식되어 구멍이 발생하는 부식을 말한다. 알루미늄에서 가장 일반적으로 발생하는 부식의 일종이다.

(2) 균열 부식(Crevice Corrosion)

균열 부식(Crevice Corrosion)은 틈 부식이라고도 하며, 금속 볼트, 가스켓과 같은 다른 금속과 접촉부위의 미세한 틈에서 발생하는 부식을 말한다.

(3) 갈바닉 부식(Galvanic Corrosion)

갈바닉 부식(Galvanic Corrosion)은 서로 다른 금속이 접촉하고 있을 경우 전자를 잃어버리기 쉬운 금속 부위에서 발생하는 부식을 말한다. 다른 금속에 비해 알루미늄은 전자를 잃어버리기 쉬운 금속으로 철과 접촉할 경우 부식이 발생하기 쉽다.

1) 부식의 원리

물과 같은 전해질 용액이 알루미늄과 철 사이에 존재할 경우 전자를 쉽게 내보내는 알루미늄은 양극(Anode)이 되고, 전자를 받아들이는 철은 음극(Cathode)이 되어 전류가 흐르게 되면 갈바닉 부식이 발생한다.

2) 양극의 알루미늄 면적과 음극의 철의 면적의 비교

① 알루미늄 면적보다 철의 면적이 클 경우 : 면적이 작은 알루미늄에서 면적이 큰 철로 많은 전자를 방출하여 부식 속도가 빨라 최대 부식이 일어난다.

② 알루미늄 면적이 철의 면적보다 클 경우 : 부식 속도 느리다.

3) 부식 방지 방법

① 체결되는 부품을 동종 금속으로 사용한다.

② 도금, 비전도성 물질 보호제, 페인트 코팅 등을 이용하여 전해질 용액의 접촉을 제거한다.

③ 이종 금속을 사용할 경우 부싱이나 와셔 등을 사용하여 서로 접촉을 없앤다.

④ 철에 아연을 도금하여 알루미늄과 접촉할 경우 아연이 먼저 부식하는데 이것은 사용하는 소재보다 전자를 쉽게 내보내는 금속을 접촉시키도록 하여 알루미늄보다 아연이 먼저 부식하도록 하는 방법으로 희생 양극법이라 한다.

⑤ 내식성 금속 재료, 폴리머 재료, 세라믹 재료와 같은 내식성이 강한 재질을 금속 표면에 피복하여 금속 표면이 외부와 반응하지 않도록 하는 피복법을 사용한다.

(4) 캐비테이션 부식(Cavitation Corrosion)

캐비테이션 부식(Cavitation Corrosion)은 유체 속도가 변하여 압력의 변화가 발생하면 유체에 기포가 발생하고 이 기포가 금속 표면에 접촉하면 산화 피막이 파괴되어 발생하는 부식을 말한다.

(5) 입계 부식(Interrangular Corrosion)

입계 부식(Interrangular Corrosion)은 열처리 시 금속 조직의 입자간 경계인 입계에 불순물 또는 원소과소에 따라 발생하는 부식을 말한다. 오스테나이트계 스테인레스강을 가열할 경우 입계에서 크롬과 탄소가 반응하여 입계 주변에 크롬이 결핍되어 입계 부식이 발생하는 경우이다.

04 이종 소재 접합

이종 금속 접합 기술은 환경오염에 따른 환경 법규 강화로 연비 향상을 위한 자동차의 경량화를 위한 방법으로 개발이 진행되고 있으며, 알루미늄과 강과 같은 이종 금속 접합 기술과 관련하여 마찰 교반 용접(FSW : Friction Stir Welding), 아크 용접(Arc Welding), 레이저 용접(Laser Welding), 저항 점용접 등 다양한 형태의 이종 금속에 대한 접합 기술의 개발이 진행 중이다.

(1) 마찰 교반 용접(FSW : Friction Stir Welding)을 이용한 알루미늄(Al)과 철(Fe) 이종 금속 접합

마찰 교반 용접(FSW)은 접합 대상인 이음부의 맞대기 면을 따라 나사형태 모양의 회전 툴을 고속으로 회전시켜 마찰열에 의해 접합 대상을 소성 유동하면서 서로 재료를 혼합시켜 접합하는 기술이다. 용융 방식의 용접이 어려운 알루미늄과 강 또는 알루미늄과 구리와 같은 이종 금속의 접합이 가능하다. 이종 금속의 접합은 갈바닉 부식(Galvanic Corrosion)의 발생이 쉬우므로 이에 대한 충분한 검토가 이루어져야 한다.

1) 마찰 교반 용접(FSW) 장점

① 고상 상태로 접합이 가능하므로 용접부위가 길 경우 변형이 적어 용접 품질이 좋다.

② 접합부위를 용접 작업 전에 가공이 불필요하다.

③ 아크(Arc)나 흄(Fume) 발생이 없고 용융 방식 용접 시 발생하는 균열이나 기공과 같은 문제가 거의 없다.

④ 알루미늄 합금, 마그네슘 합금 등과 같은 합금 재료의 접합이 가능하다.

⑤ 용접봉, 보호가스, 열원장치 등이 필요하지 않다.

⑥ 작업자 숙련도가 중요하지 않아 표준화나 자동화 수준이 높다.

2) 마찰 교반 용접(FSW) 단점

① 용접부 끝단부에 회전 툴의 흔적이 남는다.

② 3D 형태 접합 시 접합이 어렵다.

③ 접합을 위하여 접합 대상의 고정을 위한 클램프가 필요하다.

④ 아직 경량 합금 또는 융점이 낮은 금속 위주로 사용이 가능하다.

3) 마찰 교반 용접(FSW) 순서

① 회전 툴 : 접합 대상에 삽입하기 전에 툴을 회전시킨다.

② 핀 접촉 : 접합 대상과 툴(Tool)이 접촉하여 마찰열을 발생한다.

③ 숄더 접촉 : 숄더(Shoulder)부분이 접촉되면서 마찰열의 발생 부위가 확대된다.

④ 이동 : 회전 툴 또는 접합 대상이 움직이면서 소재의 소성 유동하면서 너겟(nugget)을 형성하면서 접합이 이루어진다.

3) 마찰 교반 용접(FSW) 적용 예

① 알루미늄(Al)과 강(Steel)으로 구성된 서브 프레임(혼다 어코드)

② 알루미늄 휠

③ 흡기 매니폴드(Intake manifolder) 등

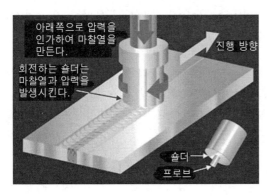
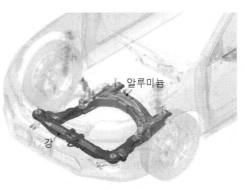

마찰 교반 용접(1)

(자료 : http://egloos.zum.com/whitebase/v/4737506)

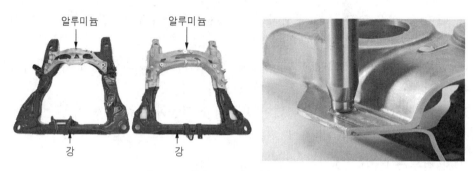

마찰 교반 용접(2)

(자료 : http://egloos.zum.com/whitebase/v/4737506)

기출문제 유형

✦ 재료의 기계적 성질에서 가단성과 연성에 대하여 설명하시오.(113-1-7)

01 개요

일반적으로 금속 재료의 성질은 기계적·물리적·화학적 성질로 구분할 수 있다.

(1) 기계적 성질

기계적 성질은 경도(Hardness), 전성(Malleability), 연성(Ductility), 인장강도(Tensile Strength), 인성(Toughness), 취성(Brittless, 메짐성) 등을 말한다.

(2) 물리적 성질

물리적 성질은 밀도(Density), 융점(Melting Point), 열전도도(Heat Conduction), 열팽창(Thermal Expansion) 등을 말한다.

(3) 화학적 성질

화학적 성질은 부식(Corrosion), 금속 이온화(Ionization) 등을 말한다.

02 기계적 성질

(1) 가단성(Malleability)

① 가단성(Malleability)은 전성이라고도 하며 재료에 압축력을 인가할 경우 부서지지 않고 얇고 넓게 펴지는 금속의 성질을 말한다. 재료의 가단성(Malleability)은 온도에 따라 다르며, 온도가 상승하면 재료의 연성이 증가하는 성질이 있으며 플라스틱의 경우 가단성은 있으나 금속에 비해 좋지 않다. 재료의 이런 특성을 이용한 공정은 단조 공정, 압입 공정, 압연 공정 등이 있다.

② 전성이 우수한 성질을 갖는 금속을 순서대로 나열하면 다음과 같다.

Au(금) > Ag(은) > Al(알루미늄) > Cu(구리) > Sn(주석) > Fe(철)

(2) 연성(Ductility)

① 연성(Ductility)은 재료에 인장력을 인가할 경우 재료가 탄성한계의 이상으로 끊어지지 않고 가늘고 길게 늘어날 수 있는 성질을 말한다. 즉, 재료에 인장력을 인가할 경우 재료가 탄성한계 이상으로 파괴되지 않고 소성 변형이 가능한 정도를 연성(Ductility)이라 한다. 재료의 이런 특성을 이용한 공정은 압출 공정이 있다. 추가로, 가단성(Malleability)과 연성(Ductility)의 차이점은 가단성(Malleability)은 압축력에 변형 정도, 연성(Ductility)은 인장력에 대한 변형 정도를 말한다.

② 연성(Ductility)이 우수한 성질을 갖는 금속을 순서대로 나열하면 다음과 같다.

Au(금) > Pt(백금) > Ag(은) > Fe(철) > Cu(구리) > Al(알루미늄) > Sn(주석)

(3) 강도(strength)

① 강도(strength)는 재료에 외력을 인가할 경우 받은 재료가 파괴되지 않고 외력에 대한 단위면적당의 저항력(N/m^2)을 말하며, 인장강도(Tensile Strength), 압축강도(Compressive Strength), 전단 강도(Shearing Strength) 등이 있다.

② 인장강도의 경우 인장강도가 우수한 성질을 갖는 금속을 순서대로 나열하면 다음과 같다.

Ni(니켈) >Fe(철) > Cu(구리) > Al(알루미늄) > Sn(주석) > Pb(납)

(4) 경도(hardness)

경도(hardness)는 재료의 표면을 다른 재료로 누르거나 긁을 경우 재료의 표면 변형에 대한 저항력의 크기를 말하며, 브리넬 경도(Brinell Hardness), 로크웰 경도(Rockwell Hardness) 등이 있다.

기출문제 유형

✦ 자동차 방음재료의 종류와 특징에 대하여 설명하시오.(114-3-1)

01 개요

자동차에 소음 및 진동을 막기 위한 흡음재 및 차음재가 장착되어 여러 부위에서 발생하는 소음 및 진동을 차단하여 승객에게 쾌적하고 편안한 승차감을 높여주는 부품으로 인식되고 있으며 최근 들어 적용이 점점 늘어 가고 있다.

또한, 흡음재 및 차음재 적용 시 소음 및 진동의 저감과 더불어 연비를 고려한 경량화 및 비용을 고려한 원가 절감의 측면도 같이 고려되고 있다. 일반적으로 자동차 실내의 소음과 진동을 저감하기 위하여 펠트와 유리섬유와 같은 섬유 재료, 폴리에스테르 섬유재, 폴리프로필렌 섬유재, 폴리우레탄 폼이나 멜라민(Melamine)과 같은 발포재료, 에폭시나 우레탄과 같은 발포 충전재가 많이 사용되고 있다.

02 정의

자동차에서 사용되는 방음재는 다공질 재료를 사용하는 부품으로 크게 소음을 차단하는 차음 역할을 하는 인슐레이터(insulator)와 소음을 흡수하는 흡음 역할을 하는 사이렌서(silencer)로 나눌 수 있으며, 일반적으로 방음 부품이라 함은 차음과 흡음 기능을 동시에 가지고 있다.

(1) 흡음재

흡음재는 흡음재 표면으로 들어오는 소리를 흡수하여 소리 에너지를 열에너지로 변환하여 소음을 감소시키는 역할을 하는 재료이다.

(2) 차음재

차음재는 차음재 표면으로 들어오는 소리를 흡수 및 반사시켜서 소리 에너지가 가능한 한 적게 전달하도록 하여 소음을 감소시키는 역할을 한다.

(3) 자동차 소음을 막기 위한 방법 분류

1) 능동적 방법

능동적 방법은 소음 발생원의 제거 또는 세기를 감소시켜 소음이 전달되지 않도록 차단시키고 소음을 전달하는 매질의 동특성을 파악하여 구조를 변경하고 내부 공간의 형상을 변경하는 방법을 말한다.

2) 수동적인 방법

수동적인 방법은 방음 재료를 사용하여 발생한 소음이 승객까지 전달되지 않도록 하는 방법을 말한다.

03 흡음재의 특성

일반적으로 흡음 재료는 소리 주파수, 재료의 두께, 재료의 구성, 재료의 표면, 재료의 설치방법 등에 따라 흡음 성능이 달라진다. 특히, 흡음 재료는 섬유의 크기와 밀도, 폼(Foam)의 셀(Cell) 크기, 폼(Foam)의 셀(Cell) 형태 등에 따라 많은 영향을 받는다.

(1) 흡음률(α)

흡음률(α)은 소리에 대한 흡음의 정도를 의미하며, 흡음 재료에 입사된 소리 에너지 중 흡수된 양의 비율을 나타내는 것을 말한다.

① 그림 (1) : 흡음률 0(흡수되는 양 0)

② 그림 (2) : 흡음률 1(흡수되는 양 100)

　　이론적으로 그림 (2)의 경우가 가장 이상적인 흡음 재료의 성능을 의미한다.

③ 그림 (3) : 흡음률 0.01(유리)

④ 그림 (4) : 흡음률 0.99(유리섬유)

같은 재료의 유리일지라도 유리 재료의 형태에 따라 유리의 흡음률(α)이 달라진다. 일반적으로 대부분 재료의 흡음률(α)은 $0.01 < \alpha < 0.99$ 값을 가진다.

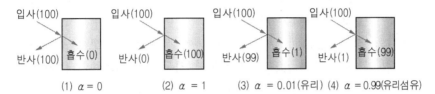

그림1. 유리와 유리섬유 흡음률(α)

(자료 : rako.or.kr/@/bbs/board.php?bo_table=51_025&wr_id=348&page=2)

04 자동차 방음재 요구사항

① 자동차에 사용되는 방음재는 섬유 및 발포제의 수지가 방음재의 골격을 구성하고 다공질 내부에는 공기가 들어가 있으며, 다공질 재료에 공기가 들어가 비어 있는 부분의 전체 부피에 대한 비율을 의미하는 다공률이 90% 이상일 때 다공질 내부의 좁은 유로를 지나면서 소리가 전달될 때 점성 저항으로 인하여 소리의 감쇠 효과가 크므로 방음의 성능을 최적화할 수 있다.

② 다공질 재료는 패널에 대한 공진 주파수의 약 1.4배 이상의 주파수 일 때 이중 차음의 효과를 낼 수 있다. 흡음 위주의 성능을 위하여 사용하고자 하는 차체 패널에 다공질 재료를 겹겹으로 쌓는 것이 좋고, 차음 위주의 성능을 위하여 수지 재료를 흡음재 위에 쌓으며 여기에 흡음 기능이 필요할 경우 인슐레이터 표면에 통기성을 고려하여야 한다.

05 방음재의 종류

자동차의 소음을 저감하기 위하여 사용되는 흡음재 및 차음재의 재료로 다공질의 특성을 많이 가지고 있는 섬유 재료가 많이 사용되고 있으며, 이런 섬유 재료의 다공질 특성은 소리 공학 측면에서 소음을 흡수하거나 차단하는 두 가지의 방음 기능을 가지고 있다.

(1) 폴리에틸렌 테레프탈레이트(PET) 섬유

① 내열성이 우수하여 일반적으로 엔진 언더커버(Engine Undercover)와 후드 내부 커버(Hood Silence)용으로 사용되고 있으나 인체에 유해 성분 때문에 대체 재료의 연구가 진행 중이다.

② PET 섬유는 경량화 및 재활용이 쉽고 섬유의 미세 기공으로 인하여 소음 감쇠 효과가 있으며 다공질 내부에 공기와 접촉 면적을 증대시켜 저탄성 및 고점성의 특성을 가지고 있다.

③ 엔진 부위의 인슐레이터(insulator)로 사용하기 위하여 내수성, 내유성, 내열성, 내충격성이 고려되어야 하므로 표면에 부직포를 사용한다.

(2) 폴리우레탄 폼(PU Foam)

① 저주파 대역 및 고주파 대역 등이 전주파수 대역의 소음에 대한 방음효과가 우수하며, NVH도 좋은 특성을 가진다.

② 아스팔트와 같은 재료의 점성을 갖게 하여 상쇄성이 높고 발포 배율을 공기 수준까지 높게 한 탄성률의 재료를 사용하여 자동차 대시(Dash), 플로어(Floor), 후드(Hood) 등에 자동차 방음제로 사용 중이다. 특히 저밀도 폴리우레탄 폼을 후드(Hood) 내부에 적용하여 엔진에서 발생하는 엔진 소음을 외부로 전달하는 것을 감소시킨다.

③ 자동차 시트의 경우 고탄성 폴리우레탄 폼(PU Foam)을 사용하여 공진 주파수 근처의 진동에 대한 전달을 저감하여 주행 안락함에 영향을 주는 공진 주파수(예 : 5~7Hz 범위) 발생을 줄이고 있다.

기출문제 유형

✦ 금속의 응력 측정 방법에서 광탄성 피막법, 취성 도료법, 스트레인 게이지법에 대하여 각각 설명하시오(117-4-6)

✦ 차체 응력 측정 방법 4가지에 대하여 설명하시오.(108-2-1)

✦ 자동차의 응력 측정 방법에서 광탄성 피막법(Photoelastic Film Method), 취성 도료법(Brittle Laquer Method), 스트레인 게이지법(Strain Gauge Method)에 대하여 설명하시오.(95-1-11)

---

01 개요

응력(Stress)은 재료의 형태를 변형시키는 힘으로 단위면적당 작용하는 힘(N/m^2)을 의미한다. 어떤 재료에 힘을 인가하여 변형이 일어날 경우 다음과 같이 나타낼 수 있다.

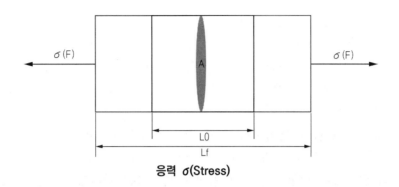

응력 σ(Stress)

$$\sigma = \frac{F}{A} = E \times \frac{L_f - l_0}{L_0} = E \cdot \epsilon$$

여기서, σ : 응력(Stress) [N/m^2], F : 힘(N), A : 단면적(m^2), ϵ : 변형률(Strain)

(1) 응력 발생의 특징

잔류 응력은 외부에서 힘을 받지 않는 상태에서 재료 내부에 있는 응력을 말하며 주위와 힘의 평형을 이루고 있으며, 재료를 만드는 거의 모든 공정에서 잔류 응력은 생성된다. 잔류 응력이 생기는 원인으로 크게 기계적 원인, 열적 원인, 화학적 원인으로 구분할 수 있다.

잔류 응력이 생기는 원인들의 공통적인 특징은 재료의 제조 과정에서 발생하는 재료 내부의 결함과 결함에 의한 격자 상수의 변화이다. 재료의 이러한 격자의 변형으로 인한 스트레인 필드(Strain Field)가 발생하여 잔류 응력이 존재하게 된다. 재료 내부에 적당한 잔류 응력은 재료를 강화하는 좋은 측면도 있지만 잔류 응력이 크면 크랙(Crack)이 발생할 수 있다. 따라서 제재료 제조 과정에서 잔류 응력을 측정하여 고려하고 관리가 필요하다.

02 광탄성 피막법(Photoelastic Film Method)

광탄성 피막법(Photoelastic Film Method)은 힘을 받는 재료 내에 발생하는 응력의 분포 상태 및 응력을 측정하여 계산하는 방법을 말하며, 재료의 내부 응력 상태와 전체 응력 상태를 쉽게 파악하기 위하여 광탄성 피막법(Photoelastic Film Method)이 널리 이용되고 있다.

광탄성(Photoelasticity)은 유리나 셀룰로이드와 같은 투명한 물체에 외력이나 가열에 의하여 재료 내부에 생기는 변형에 따라 복굴절이 발생하는 현상이다.

(1) 측정 원리

광탄성(Photoelasticity)을 측정하기 위하여 편광판(polariscope)을 통해서 입사한 빛이 광탄성체로 표시된 재료를 거쳐 검광판에 통과한 빛을 측정하여 재료의 변형력을 알 수 있다. 광탄성(Photoelasticity)을 측정하기 위한 구성은 기본적으로 측정하고자하는 재료의 양쪽에 편광판과 검광판을 위치시키는 면편광기(Plane Polariscope) 구성과 이들과 재료 사이에 1/4 파장의 판 두 개를 위치시키는 원편광기(Circular Polariscope) 구성 두 가지가 있다.

그림과 같이 검광판을 평행하게 하면 편광판과 검광판의 편광축이 평행하게 위치하고, 그렇지 않으면 수직하게 위치한다. 따라서 매질들은 고유한 굴절률을 가지며 재료의 변형에 따라 굴절률이 변하는 것을 이용하여 측정하는 원리이다.

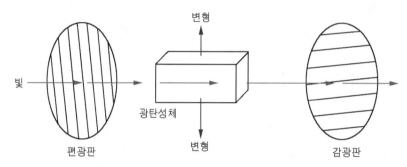

그림2. 광탄성 피막법(Photoelastic Film Method)
(자료 : physica.gsnu.ac.kr/phtml/optics/polarization/emeffect/emeffect6.html)

03 취성 도료법(Brittle Liquor Method)

취성 도료법(Brittle Liquor Method)은 응력(Stress) 도료법이라고도 하며 측정하고자 하는 재료 표면에 도료막을 만들어 힘을 인가하여 발생하는 균열 상태를 파악하여 재료의 표면 변형을 측정하는 방법을 말한다. 응력 도료에는 수지계와 유리계가 있으며 주로 복합소재, 플라스틱 재질이나 형상이 복잡하여 응력(Stress) 분포 파악이 쉽지 않은 곳을 유관으로 파악하는데 매우 유용한 방법이다.

04 스트레인 게이지법(Strain Gauge Method)

스트레인 게이지(Strain Gauge)는 저항형 센서를 측정하고자 하는 재료에 부착하고 재료의 물리적인 변형(Strain)을 휘스톤 브리지 회로를 이용하여 전기적인 신호를 측정하여 재료의 변형 정도를 측정하는 방법을 말한다.

(1) 금속 스트레인 게이지(Strain Gauge)

금속 스트레인 게이지(Strain Gauge)에는 선 게이지(Wire-type Strain Gauge)와 박 게이지(Foil-type Strain Gauge)가 있으며 일반적으로 박 게이지(Foil-type Strain Gauge)를 주로 사용한다. 박 게이지(Foil-type Strain Gauge)는 금속박을 코팅하여 일

정한 패턴으로 에칭하여 만들고 박 게이지(Foil-type Strain Gauge)는 선 게이지 (Wire-type Strain Gauge) 대비 게이지의 치수가 균일하고 정확하고 허용전류가 높다.

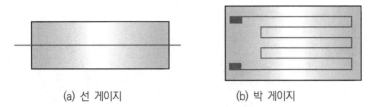

(a) 선 게이지   (b) 박 게이지

선 게이지(Wire-type Strain Gauge)와 박 게이지(Foil-type Strain Gauge)

(2) 반도체 스트레인 게이지(Strain Gauge)

반도체 스트레인 게이지(Strain Gauge)는 압저항 효과(Piezoresistive Effect)의 원리를 이용하여 재료의 물리적 변형으로 인하여 발생한 압저항 변화를 측정하는 방법을 말하며 금속 방식에 비해 감도 및 게이지율이 우수하여 현재 많이 사용되고 있는 방법이다.

(3) 스트레인 게이지(Strain Gauge)

1) 스트레인 게이지(Strain Gauge) 측정 원리

스트레인 게이지(Strain Gauge)는 저항형 센서를 이용하며 도체의 저항(Resistance)은 도체의 단면적(A)에 대한 비저항(ρ, Resistivity)과 길이(L)에 대한 비로 나타낼 수 있다. 따라서 도체의 변형은 도체의 단면적과 길이를 변화시키므로 이에 따른 저항의 변화를 이용하면 재료의 물리적인 변형(Strain)을 측정할 수 있다.

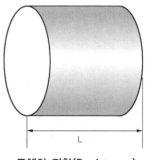

도체의 저항(Resistance)

스트레인 게이지를 통하여 힘을 측정할 경우 휘스톤 브리지(Wheatstone bridge) 회로를 통하여 스트레인 게이지 (Strain Gauge)의 수에 따라 1개를 사용할 경우 1 게이지 법, 4개를 사용할 경우 4 게이지법을 이용하여 측정한다. 1 게이지법 대비 4 게이지법을 사용할 경우 출력은 4배 증가하며 감도도 향상된다.

$$R = \rho \cdot \frac{L}{A} \qquad \frac{\triangle L}{L} = \frac{\triangle R}{R} = F \cdot \epsilon$$

여기서, R : 저항(Resistance)

ρ : 비저항(Resistivity), L : 길이, A : 단면적

F : 상수(Gauge Factor ≈ 2.0), ϵ : 변형률(Strain)

2) 휘스톤 브리지(Wheatstone bridge) 회로와 스트레인 게이지(Strain Gauge)

R_1과 R_{sg}는 직렬(Series) 연결, R_2와 R_3은 직렬(Series)연결, $(R_1$과 $R_{sg}) \parallel (R_2$와 $R_3)$는 병렬($\parallel$)연결이므로, V_{out}전압은 다음과 같다.

$$V_{out} = V_A - V_B = \frac{R_{sg}}{R_1 + R_{sg}} \cdot V_{in} - \frac{R_3}{R_2 + R_3} \cdot V_{in}$$

$$= \left(\frac{R_{sg}}{R_1 + R_{sg}} - \frac{R_3}{R_2 + R_3} \right) \cdot V_{in}$$

$$= \left(\frac{R_2 R_{sg} - R_1 R_3}{(R_1 + R_{sg})(R_2 + R_3)} \right) \cdot V_{in} \quad \cdots\cdots ①$$

저항 4개가 모두 R로 동일하고, R_{sg}가 $\triangle R$로 변화되었다면 식 ①은 다음과 같이 나타낼 수 있다.

$$\frac{V_{out}}{V_{in}} = \frac{R(R + \triangle R) - R \cdot R}{(R + R + \triangle R)(R + R)}$$

$$= \frac{R + \triangle R - R}{2(2R + \triangle R)} = \frac{\triangle R}{4R + 2\triangle R} = \frac{\triangle R/R}{4 + 2(\triangle R/R)}$$

여기서, $\triangle R/R$가 1보다 매우 작으므로,

$$= \frac{1}{4} \cdot \frac{\triangle R}{R} = \frac{1}{4} \cdot F \cdot \epsilon \quad \cdots\cdots ② \quad \cdot$$

식 ②에서 F(Gauge Factor $\approx$ 2.0)와 V_{in}값은 주어지고, 전압 V_{out}을 계측기로 측정하면 재료의 변형률 ϵ을 알 수 있다.

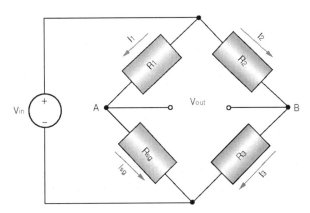

휘스톤 브리지(Wheatstone bridge)회로와 스트레인 게이지(Strain Gauge)

05 X선 회절법(X-ray Diffraction Method)

X선 회절법(X-ray Diffraction Method)은 재료에 X선을 비추면 재료의 결정과 부딪혀 X선 일부는 일정한 각도로 회절하는 원리를 이용하여 재료의 변형 정도를 측정하는 방법을 말한다.

(1) 측정 원리

재료를 구성하고 있는 원자 간의 간격이 d이고 평행한 격자면이 1, 2로 구성되어 있을 경우 파장 λ, 입사각 θ로 X선을 비추면, X선은 원자에 부딪혀 산란하게 된다. 산란된 X선은 A대비 B는 ①, ②, ③의 경로만큼 차이가 발생하고 입사된 X선 파장이 정수배로 되면 X선은 보강 간섭에 의해 강해지는 현상을 회절 현상이라 한다.

X선이 회절 현상을 발생할 경우 다음과 같은 식으로 표현할 수 있다.

X선 회절에서 입사각 θ를 알면 원자 간의 간격 d를 구할 수 있다.

$$n\lambda = 2d \cdot \sin\theta$$

여기서, d : 원자 간격, λ : X선 파장, θ : X선 입사각

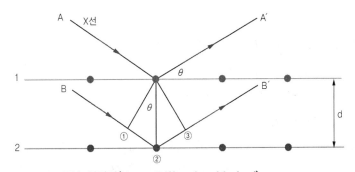

X선 회절법(X-ray Diffraction Method)

(2) 특징

X선 회절법(X-ray Diffraction Method)은 재료를 파괴하지 않고 재료의 변형 (Strain)을 측정할 수 있으며, 재료의 종류에 상관없이 측정이 가능하다.

기출문제 유형

✦ 금속의 프레팅 마모(fretting wear)에 대하여 설명하시오.(117-1-6)

---

01 마모(Wear)의 개요

마모는 고체 상태의 물체들의 반복적인 접촉에 의한 접촉면의 입자들이 이탈하여 고체 물체의 표면이 닳는 현상을 말한다. 마모는 마찰(Friction), 부식(Corrosion)은 응착(Adhesion) 등의 원인으로 발생하며 여러 가지 원인들이 서로가 상호 작용하여 나타나게 된다.

02 마모의 종류

(1) 응착 마모(Adhesive Wear)

응착 마모(Adhesive Wear)는 물체들의 반복적인 접촉에 의한 원자 간의 인력에 의해 접촉면이 응착(Adhesion)되면서 접촉면의 일부 입자들이 떨어져 나가서 발생하는 마모를 말한다.

(2) 절삭 마모(Abrasive Wear)

절삭 마모(Abrasive Wear)는 단단한 표면과 연한 표면의 물체들이 반복적인 접촉을 할 경우 물체 표면이 연한 부위가 제거되어 발생하는 마모를 말한다.

(3) 부식 마모(Corrosive Wear)

부식 마모(Corrosive Wear)는 부식 환경에서 고체 상태 물체들의 반복적인 접촉이 일어날 경우 접촉 표면의 화학적 반응으로 인한 부식이 발생하여 표면이 제거되어 발생하는 마모를 말한다.

(4) 표면 피로 마모(Surface Fatigue Wear)

표면 피로 마모(Surface Fatigue Wear)는 일정한 경로에 따라 물체들의 반복적인 접촉으로 물체 표면의 크랙(Crack)으로 인하여 발생하는 마모를 말한다.

(5) 미동 마모(Fretting Wear)

미동 마모(Fretting Wear)는 고체 상태 물체들의 미세한 진동으로 인한 반복적인 접촉을 할 경우 응착(Adhesion)되고, 산화되어 발생하는 마모를 말한다.

(6) 침식 마모(Erosive Wear)

침식 마모(Erosive Wear)는 고체 상태의 물체 표면에 고체 상태 또는 액체 상태 입자들과 충돌에 의해 발생하는 마모를 말한다.

기출문제 유형

✦ 자동차에 적용하는 헤밍(Hemming) 공법과 적용 사례를 설명하시오.(99-1-6)

01 정의

헤밍(Hemming) 공법이란 자동차 패널(Panel) 부품에서 외판 가장자리 플랜지부를 내판 끝단을 따라 접어서 결합하는 공법을 말한다. 기존에는 프레스 헤밍을 주로 사용하였으나, 근래에는 프레스 헤밍에 비해 작업성이 유리하며 소음 진동의 발생이 적은 로봇을 이용한 롤 헤밍이 주로 사용되고 있다.

02 헤밍(Hemming) 공법의 종류

(1) 프레스 헤밍 공법

① 금형을 이용하므로 대량 생산에 적합하다.
② 프레스 장비와 금형이 고가이다.
③ 차량이 단종될 경우 금형 보관 장소 등의 문제가 있을 수 있다.

(2) 롤 헤밍 공법

롤 헤밍 공법은 경량화와 안전을 확보하기 위하여 성형성이 좋지 않은 알루미늄이나 고강도 강판을 사용해야 할 경우 필요한 공법이다. 롤러 헤밍 공법은 상부와 하부의 세트 금형이 불필요하고 하부 금형만으로도 가능하며 헤밍부의 품질이 좋고 여러 가지 형상으로 가공이 가능하다.

① 혼다 아큐러 NSX의 엔진 후드(Hood), 트렁크 도어, 토요타 ES3의 후드(Hood) 등에 적용되었다.
② 소량 다품종 생산에 적합하고 프로토 타입 차량의 제작에 빨리 대응이 가능하며 작업 공간을 적게 차지한다.
③ 비싼 프레스 장비와 금형이 필요 없어 차량이 단종 될 경우 금형 보관 장소의 문제가 없다.
④ 작업용 로봇을 늘려 사이클 타임(Cycle time)을 줄일 수 있다.

✦ 자동차 제조에 적용되고 있는 단조(Forging)를 정의하고, 단조 방법을 3가지로 분류하여 설명하시오.(99-2-3)

01 개요

단조(Forging)는 금속 가공 중에서 가장 오래된 가공 방법으로 여러 가지 금형(Die) 및 공구를 이용하여 재료를 두드리거나 압력 등의 압축하중을 인가하여 재료의 소성 변형을 이용한 성형 방법을 말한다. 자동차에서는 크랭크 샤프트, 커넥팅 로드와 같은 엔진부품, 트랜스미션 기어, 디퍼렌셜 드라이브 기어와 같은 변속기 부품 등에 적용되고 있다.

단조(Forging) 가공은 작업 온도에 따라 냉간 단조(Cold Forging), 온간 단조(Warm Forging), 열간 단조(Hot Forging), 금형 사용 유무에 따라 자유 단조(Free Forging), 금형 단조(Die Forging)로 구분된다.

02 단조(Forging) 가공의 특징

단조(Forging) 가공은 프레스와 단련으로 나눌 수 있으며 단련은 재료의 성질을 개선하여 내부 결합을 줄여 조직의 안정성을 높이는 역할을 한다. 단련 후 단련 효과를 변형 정도로 판단하기는 쉽지 않으나 소성 변형량을 표시하기 위하여 단조비를 통하여 단련 효과를 판단할 수 있다.

보통 단조 가공을 통하여 재료의 항복점, 인장강도, 경도 등은 좋아지나 연신율 또는 단면 감소율의 경우 단조비가 어느 이상(예 : 단조비 3)이 되면 감소한다. 단조(Forging) 가공은 상온(냉간 단조) 또는 고온(온간 단조 또는 열간 단조)에서 이루어지며 일반적으로 마무리 작업을 추가적으로 해야 한다.

03 단조의 종류

(1) 작업 온도에 따른 분류

1) 냉간 단조(Cold Forging)

냉간 단조(Cold Forging)는 상온에서 단조(Forging) 작업을 하는 것을 말하며 상온에서 작업하므로 변형 저항이 크지만 정밀도가 가장 좋다.

2) 온간 단조(Warm Forging)

온간 단조(Warm Forging)는 열간 단조와 냉간 단조의 중간온도(예 : 약700℃)에서 단조(Forging) 작업을 하는 것을 말하며 정밀도는 열간 단조와 냉간 단조의 중간 정도이다.

3) 열간 단조(Hot Forging)

열간 단조(Hot Forging)는 재료의 재결정 온도(약 1,200℃) 이상으로 가열하여 단조

(Forging) 작업을 하는 것을 말하며 열간 단조 및 냉간 단조에 비해 정밀도는 다소 떨어지지만, 제작비용이 적게 들며 재료의 다양한 형상 가공이 가능하여 가장 많이 사용된다.

(2) 금형 형태에 따른 분류

1) 자유 단조(Free Forging)

자유 단조(Free Forging)는 금속을 적절한 온도로 가열한 후 해머(Hammer)로 두드려서 원하는 형상을 얻는 가공을 말한다. 가공을 위한 금형을 사용하지 않아 금형 단조(Die Forging)에 비해 에너지 소비가 적고 대형 부품 또는 소량 부품 생산에 적합하며, 작업속도가 느리며 치수 정밀도는 좋지 않다.

2) 금형 단조(Die Forging)

금형 단조(Die Forging)는 제품의 형상에 맞는 두 개의 금형을 사용하여 고온에서 재료를 변형시켜 형상을 얻는 가공을 말하며 가공을 위한 금형을 사용하므로 에너지 소비가 많고 부품의 대량 생산이 가능하며 부품의 치수 정밀도가 우수하다.

(3) 작업 형태에 따른 분류

1) 해머 단조(Hammer Forging)

해머 단조(Hammer Forging)는 해머(Hammer)로 여러 번 두드려서 원하는 형상을 얻는 가공 방법으로 작업자의 숙련 정도에 따라 단조 부품의 생산성과 품질에 영향을 많이 준다.

2) 프레스 단조(Press Forging)

프레스 단조(Press Forging)는 각 공정에서 1회의 작업을 하며 작업자의 숙련 정도에 따라 단조 부품의 생산성과 품질에 크게 영향을 주지 않는다.

3) 업세터 단조(Upsetter Forging)

업세터 단조(Upsetter Forging)는 업세터(Upsetter)는 개폐가 상하·좌우로 가능한 그립 금형(Grip Die)과 전후로 움직이는 펀치(Heading Tool)로 구성되어 있다.

4) 롤 단조(Roll Forging)

롤 단조(Roll Forging)는 회전하는 롤(Roll) 사이에 봉, 각재 등의 금속 재료를 삽입하여 단면적을 감소시켜 길이 방향으로 가공하는 방법을 말한다.

04 자동차 적용 부품

열간 단조(Hot Forging)는 엔진 부품, 변속기 부품, 섀시 부품 등에 사용되고 있으며 냉간 단조(Cold Forging)는 액슬(Axle) 부품 등에 사용되고 있다.

✦ 자동차용 부품에 적용되는 질화처리의 목적과 적용사례를 설명하시오.(107-1-13)

01 개요

강의 표면을 경화시키는 방법으로 강 표면의 화학적인 변화를 주어 경화하는 화학적 방법(침탄, 질화 등)과 강 표면의 화학적인 변화 없이 담금질을 통하여 경화하는 물리적 방법(유도가열 담금질과, 화염 담금질)이 있다. 강의 질화는 강 표면의 내마모성, 내식성, 피로강 등을 향상시키기 위한 가공방법으로 고성능이 요구되는 자동차 부품에 적합하다.

02 질화법(Nitriding)의 정의

질화법은 일정 온도(예 : 500℃)로 가열한 상태에서 암모니아(NH_3)가스를 이용하여 강의 표면에 질소(N)를 침투시켜 경질의 질화물($\varepsilon Fe2-3N$, $rFe4N$)을 형성하도록 하여 표면을 처리하는 열처리법을 말한다.

03 질화 처리의 특징

① 금속 표면에 경도를 주어 내마모성을 향상시킬 수 있다.
② 금속 표면의 처리로 인하여 내식성을 향상시킬 수 있다.
③ 내열성 및 내소착성을 향상시킨다.
④ 화합물 층에 의하여 피로강도를 향상시킨다.
⑤ 침탄법 대비 조작이 까다롭다.
⑥ 작업시간이 오래 걸리며 가격이 비싸다.

04 질화의 종류

(1) 가스 순질화

암모니아(NH_3) 등의 혼합가스를 사용하여 일정온도(예 : 500~550℃)로 가열하여 표면에 화합물 층을 생성하게 하는 열처리 방법을 말한다. 가스 순질화의 경우 매우 경도가 높으며 작업시간이 오래 걸리며 질화 깊이가 깊은 부품에 주로 많이 적용되고 있다.

(2) 염욕 질화

사이안화나트륨(NaCN)과 사이안화칼륨(KCN)의 혼합 염욕 질화염을 사용하여 일정 온도(예 : 500~600℃)로 가열하여 액체 질화 처리하는 열처리 방법을 말한다. 일반적으로 가스 순질화보다 화합물 층이 얇지만 내식성이 좋고 피로 수명이 길어 자동차 부품의 기어류에 많이 적용되고 있다.

(3) 가스 연질화

가스 연질화는 암모니아(NH_3) 등의 혼합가스를 사용하여 화합물층(Fe-N-C계)을 생성하게 하는 열처리 방법을 말하며 변형이 적어 변형이 없어야 하는 부품에 주로 적용되고 있다.

(4) 이온 질화

이온 질화는 질소(N_2), 수소(H_2) 가스 등을 사용하여 글로우 방전(Glow Discharge)을 통하여 이온화 가스를 이용하여 열처리하는 방법을 말하며 가장 최근부터 적용되는 열처리 방법으로 질화층의 선택적인 생성이 가능하고 재료의 변형방지, 빠른 작업시간 등의 특징을 갖는다.

1) 이온질화의 특징

① 질소(N_2), 수소(H_2) 가스를 소량만 사용하여 공해가 적다.

② 이온질화 처리 후에 후가공이 필요하지 않아 공정의 단순화가 가능하다.

③ 질화 후 변형이 적어 저온(예 : 400℃)에서도 작업이 가능하며 더 높은 온도(예 : 400~600℃)에서도 질화가 가능하다.

④ 질화 처리가 어려운 스테인리스(Stainless)강과 같은 특수강에도 적용이 가능하다.

2) 이온 질화의 적용 사례

① 크랭크 샤프트, 실린더(FCD, 550~570℃)

② 내접 기어, 유성 기어 등(SCM440 / SCM439, 500~530℃)

③ 판스프링, 브레이크 패드 등(SPCC / S10C, 570~590℃)

기출문제 유형

✦ 자동차의 강도 시험 중에서 정적 강도 시험, 정적 파괴 시험, 대상 내구 시험에 대해서 설명하시오.(86-3-1)

---

01 개요

차체 강성은 화이트 바디(BIW : Body In White) 상태에서 굽힘 강성, 비틀림 강성, 개구부 강성으로 구분되며 실차에서는 굽힘 강성과 비틀림 강성으로 구분된다. 일반적으로 차체의 강성은 굽힘 강성과 비틀림 강성으로 이루어지며 정적 구조 강성이 동적 구조 강성에 영향을 주므로 정적인 구조 성능에 대한 해석을 먼저 수행한 후 동적 구조 성능 해석을 수행한다.

차체 강성은 굽힘 강성(Flexural Rigidity)과 비틀림 강성(Torsional Rigidity)으로 나눌 수 있으며, 정지 상태에서 차체 전후에 하중을 주어 구조 변형 정도를 의미하는 굽힘 강성과 정지 상태에서 차체 좌우에 하중을 주어 구조 변형 정도를 의미하는 비틀림 강성은 소음과 진동(NVH)의 측면과 주행 성능 측면에 있어서 매우 중요한 요소이다.

일반적으로 차량이 주행 중에 일어나는 하중 이동은 전후보다 좌우가 더 심하므로 비틀림 강성이 좀 더 중요하게 고려되는 측면이 있다.

차량이 주행하던 중 특히 하중의 변화를 많이 받는 부위가 피로 파괴가 발생할 확률이 높으므로 부위별로 발생되는 응력 변화를 고려하여 각 부위에 대한 재질, 두께, 형상 등을 최적화 설계하여 내구성능을 충분히 가질 수 있도록 해야 한다.

02 정적 강도 시험

차체의 굽힘 강성과 비틀림 강성 시험은 차체 전후의 길이 방향 및 좌우 폭 방향에 위치한 부위들의 변형이 발생할 경우 응력과 변형률 에너지가 집중되는 부위의 임계 변형(Critical Deformation)과 피로 파괴가 발생하는지를 확인하는 시험이다. 굽힘 강성(Flexural Rigidity)은 재료의 종탄성 계수(E)와 단면적 관성 모멘트(I) 수치를 통하여 표현할 수 있다.

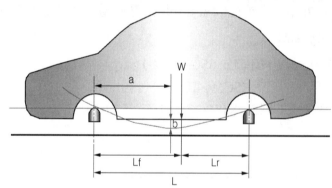

굽힘 강성(Flexural Rigidity) (자료 : 차체의 구조설계를 위한 해석, 2000년)

전체 굽힘 강성(Flexural Rigidity) EI는 다음 식으로 나타낼 수 있다.

$$EI = \frac{W \cdot a \cdot L_r (L^2 - L_{r^2} - a^2)}{6L \cdot b}$$

여기서, L : 축거(Wheelbase) 　　　a : 전륜 휠 중심축에서 처짐점 b까지의 거리
　　　　b : 처짐점　　　　　　　　W : 하중점
　　　　L_f : 전륜 휠 중심축에서 하중점 W까지의 거리
　　　　L_r : 후륜 휠 중심축에서 하중점 W까지의 거리

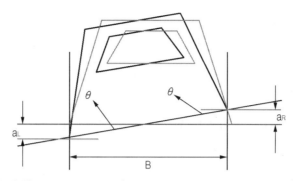

비틀림 강성(Torsional Rigidity) (자료 : 차체의 구조설계를 위한 해석, 2000년)

비틀림 강성(Torsional Rigidity)은 단위길이의 축을 1도(degree)만큼 비틀 때 필요한 토크(Torque)로 정의할 수 있으며 횡탄성 계수 G 와 단면 극관성 모멘트 J 수치를 통하여 표현할 수 있다.

전체 비틀림 강성(Torsional Rigidity) GJ는 다음과 같이 나타낼 수 있다.

$$비틀림강성(GJ) = \frac{T}{\dfrac{\theta}{L}} = \frac{T \cdot L}{\theta} = \frac{T \cdot B \cdot L}{a_L + a_R}$$

여기서, T : 비틀림 토크 L : 축거(Wheelbase)

      θ : 비틀림 각도 B : 차체 폭

      a_L : 좌측 비틀림 거리 a_R : 우측 비틀림 거리

03 정적 파괴 시험

피로(Fatigue)는 금속 등의 재료가 반복적으로 응력 또는 변형을 받을 경우 재료의 강도가 약해져 재료의 파괴까지 이르는 현상을 말하며 금속 등의 재료에 반복적으로 응력을 인가할 경우 재료의 인장강도보다 훨씬 작은 응력에서 재료가 파괴되는 것을 피로 파괴라고 한다.

피로 파괴를 고려한 설계는 차량의 안정성 측면에서 아주 중요한 항목 중에 하나이다. 피로 시험(Fatigue Test)에는 회전 굽힘 피로 시험, 비틀림 피로 시험, 축방향 피로 시험, 복합 피로 시험, 열 피로 시험 등이 있다.

(1) 회전 굽힘 피로 시험

회전 굽힘 피로 시험은 정지 상태에서 재료의 네 곳을 고정하고 축에 대하여 수직으로 반복 하중을 인가하여 굽힘 상태로 만들고 재료를 회전시켜 인장 및 압축 응력이 재료에 교대로 작용하게 하여 피로(Fatigue)를 확인하는 시험을 말한다.

(2) 비틀림 피로 시험

비틀림 피로 시험은 정지 상태에서 재료의 좌우에 비틀림 하중을 반복적으로 인가하여 재료에 대한 피로(Fatigue)를 확인하는 시험을 말한다.

(3) 축방향 피로 시험

축방향 피로 시험은 축방향으로 인장 또는 압축 응력을 인가하여 피로(Fatigue)를 확인하는 시험을 말한다.

(4) 복합 피로 시험

복합 응력 피로 시험은 재료에 2개 이상의 응력을 인가하여 피로(Fatigue)를 확인하는 시험을 말한다. 일반적으로 축 방향 피로 시험과 비틀림 피로 시험을 반복하여 시험을 한다.

(5) 열 피로 시험

열 피로 시험은 고온과 저온을 일정 주기로 반복 인가하여 열응력에 대한 피로(Fatigue)를 확인하는 시험을 말한다.

04 대상 내구 시험

자동차 내구 시험은 차량을 주행하여 시험 모드에서 필요한 차량의 데이터를 측정하여 측정 데이터를 기반으로 시험 모드를 개발하여 내구 시험을 실시하고 있으며, 내구 시험에는 다음과 같은 3가지 방법이 주로 사용된다.

① 차량의 주행 내구시험은 실제 노면상태, 환경 등을 고려하여 주행 시험장(Proving Ground)에 만들어 짧은 시간에 시험 조건을 기준으로 반복 주행을 하면서 시험하는 방법을 말한다.

② 실험 내구 시험은 차량을 모사한 대상을 이용하여 부품단위까지 시험이 가능한 방법으로 여러 가지 부품 시험이 가능하여 프로토 타입 제작비용의 절감 및 개발 기간의 단축이 가능하다.

③ 수명 추정 방법은 차량 또는 실험 내구시험을 통하여 대상 부품의 필요한 데이터 (예 : 응력, 온도)를 측정하고, 측정 데이터를 부품 또는 재료에서 측정한 S-N 곡선 (Stress Number Curve)을 사용해서 피로 정도 또는 열 피해 정도를 분석하는 시험 방법을 말한다.

✦ 자동차 부품에 사용되는 표면 경화법에 대하여 설명하고 부품의 적용 예를 들어 기술하시오.(48)

01 표면 경화법(Surface Hardening) 개요

강의 표면을 경화시키는 방법으로 강의 표면에 화학적인 변화를 주어 경화하는 화학적 방법(침탄, 질화 등)과 강의 표면에 화학적인 변화 없이 담금질을 통하여 경화하는 물리적 방법(유도가열 담금질과, 화염 담금질)이 있다. 강의 질화는 강의 표면에 내마모성, 내식성, 피로강 등을 향상시키기 위한 가공 방법으로 고성능이 요구되는 자동차 부품에 적합하다.

02 표면 경화법(Surface Hardening)의 종류

(1) 화학적 방법

1) 침탄법(Carburizing)

적은 탄소함유량(예 : 0.2% 미만)을 가진 저탄소강이나 저탄소 합금강의 표면에 탄소(C)를 침투시킨 후 담금질하여 표면만을 경화하는 표면처리 방법을 말한다. 표면은 단단하고 내부는 무른 기계적 성질을 가지므로 단단한 표면으로 인하여 내마멸성을 가지며, 무른 내부는 저탄소강으로 인성을 가진다. 이런 기계적 특성으로 인하여 부하가 크게 걸리는 기어에 일반적으로 침탄법을 사용한다.

침탄법의 종류에는 침탄제의 종류에 따라 고체 침탄, 액체 침탄, 가스 침탄이 있다. 특히, 액체 침탄의 경우 질화도 같이 이루어지므로 침탄 질화법이라 부르기도 한다. 참고로, 질화법이 침탄법보다 표면 경도가 더 크다.

2) 질화법(Nitriding)

질화법은 일정 온도(예 : 500℃)로 가열한 상태에서 암모니아(NH_3) 가스를 이용하여 강의 표면에 질소(N)를 침투시켜 경질의 질화물($\varepsilon Fe2-3N$, $rFe4N$)을 형성하도록 하여 표면처리를 하는 열처리법을 말한다.

질화처리의 특징은 다음과 같다.

① 금속 표면에 경도를 주어 내마모성을 향상시킬 수 있다.
② 금속 표면의 처리로 인하여 내식성을 향상시킬 수 있다.
③ 내열성 및 내소착성을 향상시킨다.
④ 화합물 층에 의하여 피로강도를 향상시킨다.
⑤ 침탄법 대비 조작이 까다롭다.
⑥ 작업시간이 오래 걸리며 가격이 비싸다.
⑦ 크랭크 샤프트, 실린더, 유성기어, 판스프링, 브레이크 패드 등에 적용된다.

(2) 물리적 방법

1) 고주파 표면 경화법(Induction hardening)

토코법(Toco process)이라고도 하며, 코일 내부에 재료를 넣고 코일에 고주파 전류를 인가하면 재료 표면에 맴돌이 전류가 발생하여 표면을 가열한 후 일정온도(예 : 700℃)가 되었을 때 냉각수를 분사하여 표면만 경화시키는 표면 처리 방법을 말한다. 주파수가 낮으면 경화가 깊어지고 주파수가 높으면 경화 깊이가 얕아진다.

고주파 표면 경화법(Induction hardening)의 특징은 다음과 같다.

① 강 표면에 맴돌이 전류에 의해 가열이 잘 되므로 가열시간이 짧아 산화 및 변형이 적다.

② 가열이 일부 또는 전체가 가능하며, 직접 가열이 가능하여 열효율이 우수하다.

③ 온도 제어가 쉬워 대량 생산이 가능하며 오염 발생이 없다.

④ 자동차 구동축, 허브 베어링, 엔진 캠 샤프트, 기어 스프로킷, 크랭크 샤프트 등에 적용된다.

2) 화염 경화법(Flame hardening)

산소-아세틸렌 가스 불꽃으로 강의 표면을 급속하게 가열한 후 담금질 온도가 되었을 때 냉각수로 냉각시켜 표면을 경화시키는 열처리 방법이다

화염 경화법(Flame hardening)의 특징은 다음과 같다.

① 열처리된 표면의 경도가 좋고 내마모성이 우수하다.

② 부품이 대형일 경우 부분 경화가 가능하고, 설비비가 적게 든다.

③ 균열 및 변형이 적고 조작에 있어 숙련이 필요하고 온도의 조절이 어렵다.

④ 크랭크 샤프트, 기어 등에 적용된다.

기출문제 유형

✦ 분말 야금의 개요 및 장, 단점과 공정의 분류에 대하여 설명하시오.(125-4-3)

01 정의

분말 야금(Powder Metallurgy)은 금속 또는 세라믹 분말(크기 0.001mm~1mm)을 성형하여 모양을 만들고 가열하여 결합시켜 소결(Sintering)을 통하여 부품을 만드는 공정 기술을 말한다. 분말 야금은 흡기 및 배기 밸브 시트, 기어 등에 적용된다.

02 분말 야금(Powder Metallurgy)의 장점

① 복잡한 모양의 제품을 비교적 간단한 공정을 통하여 제작이 가능하다.

② 분말을 원료로 제작되어 배합비가 정확하고 균일한 재질의 부품 제작이 가능하다.

③ 비교적 쉽게 다공정 부품 제작이 가능하다.
④ 주조 공정보다 낮은 온도에서 제작이 가능하다.
⑤ 복잡한 모양의 부품을 대량으로 생산이 가능하다.
⑥ 융점이 높은 부품과 같이 다른 공정으로는 제작이 힘든 부품 제작이 가능하다.

03 분말 야금(Powder Metallurgy)의 단점

① 주조 공정보다 더 많은 장비가 필요하다.
② 분말의 형상, 크기 분포에 대한 제어가 어렵다.

04 분말 야금(Powder Metallurgy) 공정

(1) 분말 생산 공정

분말 생산 공정은 기계적, 물리적, 화학적 방법을 통하여 원료를 분말로 만드는 공정을 말한다.

1) 기계적 방법

기계적 방법은 원료의 화학적 조성은 그대로 유지하고 원료의 크기를 절삭, 파쇄, 분쇄 방법을 통하여 크기를 줄이는 방법을 말하며 분말의 크기가 일정치 않다.

2) 물리 및 화학적 방법

물리적 방법은 분무나 냉각과 같은 물리적 방법으로 액체 금속을 분말로 만드는 방법을 말하며, 화학적 방법은 해리 또는 환원과 같은 화학 반응을 통하여 염 또는 금속 산화물을 환원하여 분말을 만드는 방법을 말한다. 분무 제조시 비교적 분말 조성이 균일하며 물 문무법은 분말 모양이 보통 불규칙하다.

(2) 분말 혼합 공정

분말 혼합 공정은 각종 분말을 일정하게 배합하고 균질화하여 녹색 분말을 만드는 공정을 말한다.

(3) 혼합 분말 성형 공정

혼합 분말 성형 공정은 균일하게 배합된 혼합물을 압축 금형에 넣고 일정 압력(예 : 15~600MPa)으로 압착하는 공정을 말한다.

(4) 소결 공정

소결 공정은 분말 야금에 있어서 가장 중요한 공정이며 성형 공정을 마친 성형품을 소결하여 최종 제품을 만드는 공정을 말한다. 소결 과정에서 분말은 용융, 확산, 재결정과 같은 화학적 및 물리적 과정을 통하여 최종 제품으로 생산된다.

참고문헌 REFERENCES

1. 김재휘, 「**자동차공학백과**」, (주)골든벨
   첨단 자동차가솔린기관 / 자동차디젤기관 / 첨단 자동차전기 전자
   첨단 자동차섀시 / 자동차 전자제어 연료분사장치 / 카 에이컨디셔닝
   자동차 소음·진동 / 친환경 전기동력자동차
2. 三栄書房(Sanei Shobo), 「Motor Fan Illustrated **시리즈**」, (주)골든벨
3. 이승호·김인태·김창용, 「**최신 자동차공학**」, (주)골든벨

차량기술사 SERIES 3

[자율주행 및 제동·전기·전자통신·안전충돌·소음진동· 제품설계·소재가공]

초판발행 | 2023년 1월 10일
제1판2쇄발행 | 2024년 4월 5일

지 은 이 | 표상학·노선일
발 행 인 | 김 길 현
발 행 처 | (주)골든벨
등 록 | 제 1987-000018 호
I S B N | 979-11-5806-615-4
가 격 | 50,000원

이 책을 만든 사람들

교 정 | 이상호, 김현하	본 문 디 자 인 | 김현하
편 집 및 디 자 인 | 조경미, 박은경, 권정숙	제 작 진 행 | 최병석
웹 매 니 지 먼 트 | 안재명, 임정현, 김경희	오 프 마 케 팅 | 우병춘, 이대권, 이강연
공 급 관 리 | 오민석, 정복순, 김봉식	회 계 관 리 | 김경아

⊕04316 서울특별시 용산구 원효로 245(원효로1가 53-1) 골든벨 빌딩 5~6F
• TEL : 도서 주문 및 발송 02-713-4135 / 회계 경리 02-713-4137
　　　　내용 관련 문의 070-8854-3656 / 해외 오퍼 및 광고 02-713-7453
• FAX : 02-718-5510　　• http : // www.gbbook.co.kr　　• E-mail : 7134135@naver.com